AF598568

Gmelin Handbuch der Anorganischen Chemie

Achte völlig neu bearbeitete Auflage

Main Series, 8th Edition

Gmelin Handbuch der Anorganischen Chemie

BEGRÜNDET VON Leopold Gmelin

Achte völlig neu bearbeitete Auflage

ACHTE AUFLAGE begonnen im Auftrage der Deutschen Chemischen Gesellschaft von R. J. Meyer
E. H. E. Pietsch und A. Kotowski

fortgeführt von
Margot Becke-Goehring

HERAUSGEGEBEN VOM Gmelin-Institut für Anorganische Chemie der Max-Planck-Gesellschaft zur Förderung der Wissenschaften

Springer-Verlag
Berlin · Heidelberg · New York 1977

Gmelin Handbuch der Anorganischen Chemie

Achte völlig neu bearbeitete Auflage

Main Series, 8th Edition

Mangan

Teil C 4

Verbindungen des Mangans mit Fluor

Mit 109 Figuren

HAUPTREDAKTEUR (CHIEF EDITOR) Hartmut Katscher

REDAKTEURE (EDITORS) Hartmut Katscher, Gerhard Kirschstein, Dieter Koschel, Peter Merlet

WISSENSCHAFTLICHE MITARBEITER (AUTHORS) Elisabeth Bienemann, Brigitte Heibel, Hannelore Keller-Rudek, Peter Kuhn, Joachim Wagner

System-Nummer 56

Springer-Verlag
Berlin · Heidelberg · New York 1977

ENGLISCHE FASSUNG DER STICHWÖRTER NEBEN DEM TEXT:
ENGLISH HEADINGS ON THE MARGINS OF THE TEXT:

E. LELL, LINZ, ÖSTERREICH

DIE LITERATUR IST BIS 1976 AUSGEWERTET,
IN MANCHEN FÄLLEN DARÜBER HINAUS

LITERATURE CLOSING DATE: 1976
IN SOME CASES MORE REGENT DATA HAVE BEEN CONSIDERED

Die vierte bis siebente Auflage dieses Werkes erschien im Verlag von
Carl Winter's Universitätsbuchhandlung in Heidelberg

Library of Congress Catalog Card Number: Agr 25-1383

ISBN 3-540-93343-3 Springer-Verlag, Berlin · Heidelberg · New York
ISBN 0-387-93343-3 Springer-Verlag, New York · Heidelberg · Berlin

Wiesbadener Graphische Betriebe GmbH, Wiesbaden

Vorwort

Der vorliegende Band behandelt die Verbindungen von Mangan mit Fluor, ebenso Verbindungen, die außer diesen beiden Elementen noch weitere Metalle enthalten, sowie Verbindungen mit Mn, F und Xenon, Sauerstoff bzw. Stickstoff.

Im ersten großen Abschnitt werden die reinen Manganfluoride, ihre Hydrate und Lösungen sowie die komplexen Fluoromanganat-Ionen beschrieben. Von allen diesen Verbindungen ist MnF_2 bei weitem am meisten untersucht. Neben den vielfältigen chemischen und physikalischen Eigenschaften hat sich das wissenschaftliche Interesse hauptsächlich auf die magnetischen Eigenschaften konzentriert.

Wie bei den bisher erschienenen „Mangan"-Bänden folgen auch hier im zweiten großen Abschnitt die Verbindungen von Mangan mit Fluor und weiteren Metallen. Der Schwerpunkt liegt dabei auf den zahlreichen Alkalifluoromanganaten, wobei ähnlich wie bei MnF_2 die magnetischen Eigenschaften weit ausführlicher bearbeitet worden sind als die anderen chemischen und physikalischen Eigenschaften. Das gilt insbesondere für die Verbindungen $KMnF_3$, $RbMnF_3$ und $CsMnF_3$.

Ein kurzer Abschnitt befaßt sich mit den Verbindungen aus Mangan, Fluor und Xenon. Bei den Verbindungen, die Sauerstoff als weiteres Element enthalten, ist das leicht flüchtige MnO_3F, das schon Wöhler 1828 entdeckte, von Interesse. Den Abschluß bilden Verbindungen von Mangan mit Fluor und Stickstoff.

In diesem Band sind die elektronischen Spektren von Mangan nicht im einzelnen behandelt; sie werden statt dessen in einer späteren Lieferung im Zusammenhang für alle Mangan-Verbindungen dargestellt.

Frankfurt (Main), Mai 1977 Hartmut Katscher

Preface

The present volume treats the compounds of manganese with fluorine as well as compounds containing additional metals. Compounds between Mn, F and Xenon, oxygen or nitrogen are also included.

The first large section deals with pure manganese fluorides, their hydrates and solutions and describes the complex fluoromanganate ions. Of all these compounds MnF_2 is by far the most thoroughly studied. In addition to the various chemical and physical properties, scientific interest has focused primarily on the magnetic properties.

Following the practice of the previously published „Mangenese" volumes, the second large section comprises the compounds of manganese with fluorine and additional metals. The emphasis is placed on the numerous alkali fluoromanganates. In these, similar to MnF_2, the magnetic properties have been more extensively investigated than the other chemical and physical properties. This is true in particular for the compounds $KMnF_3$, $RbMnF_3$, and $CsMnF_3$.

A short section covers the compounds of manganese with fluorine and xenon. Of the compounds that contain oxygen as an additional element, the highly volatile MnO_3F, discovered in 1828 by Wöhler, is of some interest. The volume concludes with the compounds of manganese with fluorine and nitrogen.

This volume does not treat the electronic spectra of manganese. Rather, these will be dealt with for all manganese compounds in a later volume.

Frankfurt (Main), May 1977 — Hartmut Katscher

Inhaltsverzeichnis

(Table of Contents see page IX)

Seite

Seite

Seite

Seite

Seite

Seite

Table of Contents

Inhaltsverzeichnis s. S. I)

Page

Page

Page

Page

4 Mangan und Fluor

Manganese and Fluorine

4.1 Das System Mangan-Fluor

The Manganese-Fluorine System

Im System Mn-F treten die Fluoride MnF, MnF_2, MnF_3, Mn_2F_5 und MnF_4 auf.

Das gasförmige MnF ist Bestandteil des Dampfes über MnF_2, MnF_3 und MnF_4 [1].

Reines MnF_2 läßt sich nicht durch direkte Reaktion der Elemente darstellen. Es reagiert mit Mn zu MnF und mit F_2 zu MnF_3.

Bei der Einwirkung von F_2 auf kompaktes metallisches Mangan entsteht bei Zimmertemperatur eine Fluoridschicht, die die weitere Reaktion behindert [2]. Schwach erwärmtes Manganpulver reagiert mit F_2 unter starker Erhitzung bis zur Funkenbildung [2, 3], wobei unter teilweiser Verflüchtigung von Mangan-Fluoriden eine rosa bis tiefviolett gefärbte uneinheitliche Masse verbleibt [2]. Die Reaktion von metallischem Mangan mit Fluor bei 700°C führt hauptsächlich zu MnF_3 mit nur 8 bis 10% MnF_2 (es wird angenommen, daß MnF_2 durch thermische Zersetzung von MnF_3 entsteht) [4]. MnF_3 reagiert mit F_2 zu MnF_4.

Mn_2F_5 bildet sich beim Erhitzen eines MnF_2-MnF_3-Gemisches auf 300°C unter einem F_2-Druck von 4 bar (um die thermische Zersetzung zurückzudrängen), s. S. 91.

MnF_4 entsteht aus Manganpulver und Fluor bei 600 bis 700°C, s. S. 91.

MnF_3 spaltet erst bei höherer Temperatur Fluor ab, aber MnF_4 ist so wenig stabil, daß es sich bereits bei Zimmertemperatur zu MnF_3 zersetzt. Höhere Fluoride als MnF_4 sind daher wahrscheinlich nur bei tiefen Temperaturen zu erwarten [4]. Untersuchungen in Effusionszellen bei einem F_2-Druck von 10^{-4} atm und 330 bis 750 K ergeben keinen Hinweis auf MnF_5, MnF_6 oder MnF_7 [1]. Wird Manganpulver mit ClF fluoriert, so entstehen geringe Mengen eines roten Reaktionsproduktes, das noch MnF_4, ClF und Chlor enthält und wegen seiner Instabilität nicht isoliert werden konnte. Bei dieser Reaktion ist die Bildung eines MnF_x mit $x > 4$ nicht auszuschließen. Bei der Hydrolyse des roten Produktes tritt kurzfristig die violette Farbe von MnO_4^- auf [5].

Literatur:

[1] T. C. Ehlert, M. Hsia (J. Fluorine Chem. **2** [1972/73] 33/51). — [2] H. Moissan (Compt. Rend. **130** [1900] 622/7, 623). — [3] H. Moissan (Ann. Chim. Phys. [6] **24** [1891] 224/82, 246). — [4] V. Gutmann, H. J. Emeléus (Monatsh. Chem. **81** [1950] 1157/9). — [5] H. W. Roesky, O. Glemser, K. H. Hellberg (Chem. Ber. **98** [1965] 2046/8).

4.2 Die Fluoride des Mangans

Manganese Fluorides

Übersicht

Review in German

Unter diesen Verbindungen ist das schon seit Berzelius bekannte MnF_2 am meisten untersucht. Die unter Normalbedingungen im Rutil-Typ kristallisierende Modifikation ist chemisch relativ stabil und in den meisten Lösungsmitteln nur wenig löslich. Von MnF_2 sind außerdem verschiedene magnetische Phasen bekannt. Sie werden zusammen mit ihren optischen Eigenschaften bis in die Gegenwart intensiv erforscht. — Das in wäßrigen Lösungen leicht lösliche MnF_3 eignet sich als schonendes Fluorierungsmittel besonders für organische Substanzen. — Das gasförmige MnF, das sehr instabile MnF_4 sowie Mn_2F_5 und die Manganfluoridhydrate sind dagegen nicht so ausführlich bearbeitet worden.

Review in English

Review. Among these compounds the best studied substance is MnF_2, which has been known since Berzelius. The modification crystallizing under normal conditions in the rutile structure is chemically relatively stable and only barely soluble in most solvents. Several magnetic phases of MnF_2 are known. These, together with their optical properties, have been extensively investigated up to the present time. — MnF_3 is readily soluble in aqueous solutions and is useful as gentle fluorinating agent in particular of organic compounds. — On the other hand, the gaseous MnF, the very instable MnF_4 as well as Mn_2F_5, and the manganese fluoride hydrates have not been studied as extensively.

Manganese Monofluoride

4.2.1 Manganmonofluorid MnF

Die Verbindung ist nur im gasförmigen Zustand bekannt.

Bildung

MnF-Moleküle existieren im Dampf über MnF_2. Sie werden anhand der Absorptions- [1, 2] und Emissionsspektren [3 bis 11] im nahen IR, Sichtbaren und UV oberhalb etwa 1300°C nachgewiesen. Bei massenspektrometrischen Untersuchungen der Sublimation und Verdampfung von MnF_2 in einer Knudsen-Zelle (T = 1054 bis 1193 K) werden MnF^+-Ionen mit einem Auftrittspotential AP = 8.7 ± 0.3 eV registriert und der Ionisierung von MnF(gas) zugeordnet [12]. MnF^+-Ionen mit AP ≈ 14.5 bzw. 13.27 eV entstehen aus MnF_2-Molekülen durch dissoziative Ionisierung [12] bzw. [13], vgl. S. 8/9. Durch die Hochtemperaturreduktion (T = 1089 bis 1126 K) von MnF_2 mit Mn läßt sich der Anteil an MnF(gas) erhöhen (AP(MnF^+) = 8.8 ± 0.3 eV) [12]. MnF^+-Ionen werden auch beobachtet (AP = 8.41 eV), wenn elementares Mn in einer fluorierten Ni-Zelle auf 1300 K erhitzt wird [13]. Ferner werden anhand der AP(MnF^+)-Werte bei massenspektrometrischen Untersuchungen der Systeme Al-Mn-F (AlF_3(fest) und Mn(fest) in Knudsen-Zelle, T ≈ 1100 K) [12], MnF_2-Ta und MnO-F-Ta (MnO und MnF_2 in Ta-Effusionszelle oder Reaktion von MnF_2 mit Ta_2O_5, T ≈ 1200 K; AP(MnF^+) = 8.1 ± 0.5 bzw. 14.5 ± 0.5 eV) [14] und bei massenspektrometrischen Untersuchungen der Bildung von GaOF aus MnF_2 und Ga_2O_3 in einer Knudsen-Zelle (T ≧ 800 K, AP(MnF^+) = 9.5 ± 0.5 eV) [15] MnF-Moleküle identifiziert. Im Dampf über festem MnF_3 treten keine MnF-Moleküle auf; MnF^+-Ionen mit AP = 14.2 ± 0.3 eV im Massenspektrum bei T = 1070 K sind Fragment-Ionen von MnF_3-Molekülen [16]; laut Ehlert, Hsia [13] jedoch von MnF_2-Molekülen (vgl. S. 80).

Bildungsenthalpie (für den Gaszustand, alle Werte in kcal/mol). $\Delta H^\circ_{298} = -13.4$ ist hergeleitet aus der Reaktionsenthalpie $\Delta H^\circ_{r,298} = -17.7 \pm 0.3$ für 2 MnF(gas) ⇄ Mn(gas) + MnF_2(gas), (berechnet nach dem 3. Hauptsatz aus Gleichgewichtskonstanten bei T = 1089 bis 1126 K [12] und thermodynamischen Funktionen für Mn(gas), MnF(gas) [17 bis 19] und MnF_2(gas) [20]) und aus der Atomisierungsenthalpie von MnF_2(gas) (s. S. 9) [12]. $\Delta H^\circ_{298} = -20 \pm 5$ [13] folgt aus den Gleichgewichtsdaten von Kent u. a. [12] ($\Delta H_{r,298} = -20.7 \pm 0.2$) und dem eigenen ΔH°-Wert für Mn(gas) [21]. Abweichende Werte, $\Delta H^\circ_0 = -5.0$ und $\Delta H_{298.15} = -5.2$ sind (ohne Quellenangabe) bei Wagman u. a. [22] zitiert.

Elektronenkonfiguration, Terme

Auf Grund der halbgefüllten 3d-Schale des Mn-Atoms werden Terme von hoher Multiplizität für MnF erwartet. Der Grundzustand erweist sich anhand der Multiplettstruktur in den Emissionsspektren [3 bis 5, 10, 11] als $^7\Sigma$ und wird als unterer Zustand der Übergänge $B^7\Sigma \leftarrow X^7\Sigma$ bei 240 nm [2 bis 4] und $A^7\Pi \rightleftarrows X^7\Sigma$ bei 350 nm [2 bis 5, 10, 11] identifiziert; s. auch [23, 24]. — Die MO-Konfiguration kann laut Jørgensen [25] mit Hilfe der Ligandenfeldtheorie vorhergesagt werden:

$$(\delta^2\pi^2\sigma)\sigma^* \quad {}^7\Sigma, {}^5\Sigma \text{ oder } (\delta^2\pi^2)(\sigma^*)^2 \quad {}^5\Sigma.$$

Hier sind δ, π, σ die 3d-Orbitale von Mn^{II} und σ^* ein nahezu nichtbindendes Orbital (Kombination von Mn 4s und Mn 4pσ) auf der dem F-Atom abgewandten Seite von Mn [25].

A n r e g u n g s z u s t ä n d e. $A^7\Pi$ mit dem Termwert $T_e = 28465.1\ cm^{-1}$ und der Spin-Bahn-Kopplungskonstante $A \approx 24\ cm^{-1}$ [10, 23] (älterer Wert $T_e = 28464.6\ cm^{-1}$ [4, 24]) und $B^7\Sigma$ mit $T_e = 41231.5\ cm^{-1}$ [2, 23, 24] folgen aus den Absorptions- und Emissionsübergängen im UV (s. oben). Ferner ergeben sich aus den Emissionsspektren im Sichtbaren und nahen IR die Zustände $^5\Sigma$, $^5\Pi$, $0^{\pm}$ sowie Π, Σ (mit unbekannter Multiplizität) und deren relative energetische Lage [23]:

Übergang	$^5\Pi \rightarrow {}^5\Sigma$ *)	$0^{\pm} \rightarrow \Sigma$	$0^{\pm} \rightarrow {}^5\Sigma$	$\Pi \rightarrow \Sigma$
T_e in cm^{-1}	20298.2	≈ 19800	14527.7	≈ 12150
Literatur	[7]	[7]	[6]	[8]

*) Auch von Rao [9] mit $A \approx 35\ cm^{-1}$ beobachtet, jedoch als $^5\Pi \rightarrow {}^7\Sigma$-Übergang interpretiert.

Für die I o n i s i e r u n g s e n e r g i e ergibt sich aus dem Auftrittspotential der MnF^+-Ionen aus MnF_2(gas) unter Elektronenbeschuß (T = 1300 K) $E_i = 8.41$ eV; eine Korrektur bezüglich des Einflusses innerer thermischer Energie führt zu $E_i = 8.51$ eV [13].

S c h w i n g u n g s k o n s t a n t e n. Die Schwingungsanalyse des $B^7\Sigma \leftarrow X^7\Sigma$-Übergangs ergibt $\omega_e'' = 618.8\ cm^{-1}$, $x_e''\omega_e'' = 3.01\ cm^{-1}$, $\omega_e' = 637.2\ cm^{-1}$, $x_e'\omega_e' = 4.46\ cm^{-1}$ [2, 23, 24], des $A^7\Pi \rightarrow X^7\Sigma$-Übergangs: $\omega_e'' = 618.1\ cm^{-1}$, $x_e''\omega_e'' = 2.25\ cm^{-1}$, $\omega_e' = 669.5\ cm^{-1}$, $x_e'\omega_e' = 2.45\ cm^{-1}$ [10, 23] (ältere Werte s. [4, 5, 24]). Konstanten für die Übergänge $^5\Pi \rightarrow {}^5\Sigma$ und $0^{\pm} \rightarrow {}^5\Sigma$ s. [6, 7, 23].

Die K r a f t k o n s t a n t e $k_e = 3.184$ mdyn/Å [26] ergibt sich aus den bei Herzberg [24] zitierten Werten für ω_e und die reduzierte Masse. Das T r ä g h e i t s m o m e n t wird zu $I \approx 76.8 \times 10^{-40}\ g \cdot cm^2$ geschätzt [18].

D i s s o z i a t i o n s e n e r g i e. $D_0^\circ = 5.2 \pm 1.5$ eV ≙ 120 ± 35 kcal/mol wird von Gaydon [27] empfohlen und ergibt sich durch lineare Birge-Sponer-Extrapolation der Schwingungsniveaus v = 0 bis 3 des Grundzustands [10]. Aus der massenspektrometrischen Untersuchung des Gleichgewichts 2 MnF(gas) ⇄ Mn(gas) + MnF_2(gas) folgt $D_{298}^\circ = 4.39 \pm 0.15$ eV ≙ 101.3 ± 3.5 kcal/mol [12] (bei Rosen [23] falsch übernommen) und $D_{298}^\circ = 105 \pm 4$ kcal/mol ≙ 4.55 ± 1.7 eV [13] (vgl. S. 2). — Ältere geschätzte (spektroskopische) D°-Werte s. [24, 26, 28, 29].

T h e r m o d y n a m i s c h e F u n k t i o n e n

Sie gelten für den idealen Gaszustand und sind mit den Konstanten aus Herzberg [24] berechnet: Die molare Wärmekapazität beträgt bei 298.15 K $C_p^\circ = 7.96\ cal \cdot mol^{-1} \cdot K^{-1}$ [18], die Interpolationsformel im Bereich T = 298 bis 2000 K lautet $C_p^\circ = 8.75 + 0.12 \times 10^{-3}\ T - 0.74 \times 10^5\ T^{-2}$ [17]. Die Entropie beträgt $S_{298.15}^\circ = 57.7 \pm 0.5\ cal \cdot mol^{-1} \cdot K^{-1}$ [18]. Wärmeinhalt $H_T^\circ - H_{298.15}^\circ$ und Entropiezuwachs $S_T^\circ - S_{298.15}^\circ$ in Abhängigkeit von der Temperatur [17, 19]:

T in K	400	600	800	1000	1200	1400	1600	2000
$H_T^\circ - H_{298.15}^\circ$ in cal/mol	830	2530	4265	6025	7790	9565	11340	14905
$S_T^\circ - S_{298.15}^\circ$ in $cal \cdot mol^{-1} \cdot K^{-1}$	2.39	5.83	8.33	10.29	11.90	13.27	14.45	16.44

Interpolationsformel (298 bis 2000 K): $H_T^\circ - H_{298.15}^\circ = 8.75\ T + 0.06 \times 10^{-3}\ T^2 + 0.74 \times 10^5\ T^{-1} - 2862$ [17].

E l e k t r o n e n b a n d e n s p e k t r e n

Sie sind sowohl in Absorption als auch in Emission registriert, s. Übersicht bei Rosen [23].

Im Absorptionsspektrum des Dampfes über MnF_2 wurden oberhalb von 1300°C zum erstenmal zwei UV-Bandensysteme beobachtet: Zwischen λ = 235 und 250 nm lassen sich (t = 1400°C) zwanzig nach Violett abschattierte Kanten in ein Schema mit Δv = 0, ± 1, ± 2 und $\nu_{00} = 41240.3\ cm^{-1}$ einordnen; die intensivsten Kanten liegen bei λ (0,0) = 242.41 nm, λ (0,1) = 246.06 nm, λ (1,0) = 238.77 nm. Bei etwa 1600°C erscheinen noch Banden der Δv = ± 3-Folgen [1, 2]. Ursprünglich wegen fehlender Multiplettstruktur als $^1\Sigma \leftarrow {}^1\Sigma$-Übergang bezeichnet [2], erweist sich das System

The MnF Molecule

(auf Grund des Emissionssystems im nahen UV, s. unten) als $^7\Sigma \leftarrow {}^7\Sigma$-Übergang [4, 7, 10]. Ein weiteres Absorptionssystem (zunächst dem MnF_2-Molekül zugeordnet) erscheint zwischen 330 und 370 nm mit den drei stärksten Kanten bei λ (0,0) = 351.73 nm, λ (0,1) = 359.33 nm, λ (1,0) = 343.87 nm (v′,v″-Zuordnung nach Emissionsspektrum, s. unten) [1, 2].

Zur Emission werden MnF-Moleküle angeregt durch Gleichstromentladungen in zirkulierendem He, in das überhitzter MnF_2-Dampf strömt [3 bis 5] oder im Dampf über erhitztem MnF_2 direkt [9 bis 11] sowie durch Hohlkathodenentladung in MnF_2 mit Ar als Trägergas [6 bis 8]. Insgesamt fünf Bandensysteme werden im nahen UV, Sichtbaren und photographischen IR beobachtet. Zwischen 330 und 370 nm erscheinen fünf Bandengruppen (entsprechend $\Delta v = 0, \pm 1, \pm 2$) des bereits in Absorption beobachteten Systems [3 bis 5, 10, 11] mit deutlicher O-P-Q-Struktur (entsprechend $\Delta K = -2, -1, 0$) und Septettaufspaltung der O-, P-, Q-Kanten [10, 11]. Folgende Wellenzahlen (in cm^{-1}) haben die Kanten der 0-0-Bande [10, 11] (in Klammern die älteren Werte von Bacher [4] in der Zuordnung von Rao u. a. [10, 11]; im Original [4] mit P_7 bis P_1 bezeichnet):

n . .	1	2	3	4	5	6	7
O_n . .	28403.5	—	28451.0	28478.1	—	28520.9	—
P_n . .	28418.2	28438.8	28461.0	28486.5	28509.7	28531.6	28562.7
Q_n . .	28426.4	28445.9	28466.8	28490.8	28514.0	28539.7	28570.6
	(28427.7)	(28446.8)	(28468.3)	(28493.0)	(28515.9)	(28543.3)	(28573.0)

Die Beobachtungen lassen sich durch einen $^7\Pi \rightarrow {}^7\Sigma$-Übergang deuten, wobei für den oberen Term $^7\Pi_J$ (J = −2, −1, 0, 1, 2, 3, 4 entsprechend O_1, P_1, Q_1 bis O_7, P_7, Q_7) ein Drehimpulskopplungsschema zwischen den Hundschen Fällen (a) und (b) gilt [4, 10, 11].

Im Sichtbaren wird zwischen 492 und 499 nm ein $^5\Pi \rightarrow {}^5\Sigma$-System mit $\Delta v = 0, \pm 1$-Banden, aufgelöster QR-Struktur und ν_{00} (Q) = 20293.5 cm^{-1}, ν_{00} (R) = 20308.9 cm^{-1} identifiziert, ferner zwischen 499.3 und 510.0 nm einige R- und Q-Kanten der 0-0-Folge eines Übergangs vom Typ $0^\pm \rightarrow \Sigma^+$ ($^7\Sigma^+$ oder $^5\Sigma^+$) mit ν_{00} (vermutlich) = 20869.3 (Q) oder 19823.7 (R) cm^{-1} [7]. (Bei älteren Untersuchungen ist nur ein Emissionssystem um 500 nm beobachtet und einem Interkombinationsübergang $^5\Pi \rightarrow {}^7\Sigma$ zugeordnet worden [4, 9].) Zwischen 623 und 730 nm liegen Bandenfolgen mit $\Delta v = 0, \pm 1, +2, +3$ und aufgelöster QRST-Struktur ($\Delta K = 0, 1, 2, 3$) eines Übergangs vom Typ $0^\pm \rightarrow {}^5\Sigma$, wobei die T- und R-Kanten vermutlich zu $0^+ \rightarrow {}^5\Sigma$, die S- und Q-Kanten zu $0^- \rightarrow {}^5\Sigma$ gehören: ν_{00} = 14500.1 (Q), 14500.8 (R), 14503.6 (S), 14508.3 (T) cm^{-1} [6].

Im nahen IR zwischen 818.0 und 849.5 nm werden P-, Q-, R-Kanten der $\Delta v = 0$-Folge eines Übergangs vom Typ $\Pi \rightarrow \Sigma$ mit ν_{00} = 12153.6 (P), 12179.6 (Q), 11893.5 (R) cm^{-1} registriert [8].

Literatur:

[1] F. A. Jenkins, G. D. Rochester (Phys. Rev. [2] **53** [1938] 213). — [2] G. D. Rochester, E. Olsson (Z. Physik **114** [1939] 495/9). — [3] J. Bacher, E. Miescher (Helv. Phys. Acta **20** [1947] 245/7). — [4] J. Bacher (Helv. Phys. Acta **21** [1948] 379/402). — [5] E. Miescher (J. Phys. Radium [8] **9** [1948] 153/5).

[6] W. Hayes, T. E. Nevin (Proc. Phys. Soc. [London] A **68** [1955] 665/9). — [7] W. Hayes (Proc. Phys. Soc. [London] A **68** [1955] 1097/106). — [8] W. Hayes, T. E. Nevin (Nuovo Cimento Suppl. [10] **2** [1955] 734/41). — [9] P. T. Rao (Proc. Natl. Inst. Sci. India **19** [1953] 149/51). — [10] S. V. K. Rao, S. P. Reddy, P. T. Rao (Proc. Phys. Soc. [London] **79** [1962] 741/4).

[11] P. T. Rao (Bhagavantam Vol. **1969** 18/21; C. A. **73** [1970] Nr. 50323). — [12] R. A. Kent, T. C. Ehlert, J. L. Margrave (J. Am. Chem. Soc. **86** [1964] 5090/3). — [13] T. C. Ehlert, M. Hsia (J. Fluorine Chem. **2** [1972/73] 33/51). — [14] K. F. Zmbov, J. L. Margrave (J. Phys. Chem. **72** [1968] 1099/101). — [15] K. F. Zmbov, J. L. Margrave (J. Inorg. Nucl. Chem. **29** [1967] 2649/50).

[16] K. F. Zmbov, J. L. Margrave (J. Inorg. Nucl. Chem. **29** [1967] 673/80). — [17] K. K. Kelley (U. S. Bur. Mines Bull. Nr. 584 [1960] 111, 121). — [18] K. K. Kelley, E. G. King (U. S. Bur. Mines

Bull. Nr. 592 [1961] 62/3, 110). — [19] A. D. Mah (U. S. Bur. Mines Rept. Invest. Nr. 5600 [1960] 10). — [20] L. Brewer, G. R. Somayajulu, E. Brackett (Chem. Rev. **63** [1963] 111/21).

[21] T. C. Ehlert (J. Inorg. Nucl. Chem. **31** [1969] 2705/10). — [22] D. D. Wagman, W. H. Evans, V. B. Parker, I. Halow, S. M. Bailey, R. H. Schumm (Natl. Bur. Std. [U. S.] Tech. Note 270-4 [1969] S. 48). — [23] B. Rosen (International Tables of Selected Constants, Bd. 17, Spectroscopic Data Relative to Diatomic Molecules, Oxford-New York-Toronto-Sydney-Braunschweig 1970, S. 258/9). — [24] G. Herzberg (Molecular Spectra and Molecular Structure. I. Spectra of Diatomic Molecules, 2. Aufl., Princeton, N. J.-Toronto-New York-London 1950, S. 550/1). — [25] C. K. Jørgensen (Mol. Phys. **7** [1963/64] 417/24).

[26] T. L. Cottrell (The Strengths of Chemical Bonds, 2. Aufl., London 1958, S. 220, 282). — [27] A. G. Gaydon (Dissociation Energies and Spectra of Diatomic Molecules, 3. Aufl., London 1968, S. 276). — [28] A. G. Gaydon (Dissociation Energies and Spectra of Diatomic Molecules, 2. Aufl., London 1953, 12. Kapitel). — [29] T. L. Allen (J. Chem. Phys. **26** [1957] 1644/9).

4.2.2 Mangandifluorid MnF_2

Manganese Difluoride

4.2.2.1 Darstellung und Bildung

Preparation. Formation

MnF_2 wird bereits 1824 von Berzelius [1] durch Abdampfen einer Lösung von $MnCO_3$ in Flußsäure als blaß amethystrote Kristalle oder als Pulver erhalten. Diese Darstellung aus $MnCO_3$ und Flußsäure ist bis heute die übliche Methode geblieben und ist wiederholt in der älteren [2, 3] und neueren Literatur beschrieben: Frisch gefälltes $MnCO_3$ wird in kleinen Portionen in 40%ige Flußsäure eingetragen. Das Carbonat zersetzt sich sofort unter stürmischer CO_2-Entwicklung. Das Fluorid scheidet sich bald am Boden des Platingefäßes ab. Aus der Mutterlauge läßt sich durch Zusatz von Alkohol weiteres MnF_2 ausfällen [4]. Nach anderen Autoren wird aus einer $MnSO_4$- [5, 6] oder $MnCl_2$-Lösung [6] ausgefälltes $MnCO_3$ mit 20%iger Flußsäure in einer Plastikschale umgesetzt bzw. durch Erwärmen auf dem Wasserbad gelöst [7]. — MnF_2 wird erhalten, wenn $MnCO_3$ zu einem Überschuß von geschmolzenem NH_4HF_2 in einer Platinschale gegeben wird. Überschüssiges NH_4HF_2 wird abdekantiert und die Masse dann bei 700°C im HF-Strom erhitzt [8], s. dazu die thermische Zersetzung von NH_4MnF_3 auf S. 6. — MnF_2 kann durch mehrstündiges Erhitzen von $MnCl_2 \cdot 4\,H_2O$ mit trockenem HF bei 300°C hergestellt werden [9]. — Bei der Reaktion von Mn^{II}-Jodat mit BrF_3 bilden sich MnF_2 (37%) und MnF_3 (63%) [10]. MnF_2 entsteht in Primärbatterien, wenn festes $MnCl_2 \cdot 4\,H_2O$ mit gasförmigem BF_3 oder SiF_4 reagiert [11].

Aus metallischem Mangan bildet sich MnF_2 beim Überleiten von HF-Gas bei erhöhter Temperatur unter Aufglühen [3]. Es kann aus Manganpulver und flüssigem HF im geschlossenen System in 24 h bei 180°C dargestellt werden [12]. Mangan löst sich in verdünnter Flußsäure in einer durch fließendes Wasser gekühlten Silberschale unter Bildung eines schwach rosa gefärbten MnF_2-Hydrats (s. S. 75). Beim Aufkochen der Lösung fällt wasserfreies MnF_2 aus [3]. Die Einwirkung von BrF_3 auf Mangan führt nur zu sehr unvollkommener Bildung von MnF_2 und MnF_3 [13]. Die Verbrennung von Mangan oder von Mn-Ge-Legierungen mit Polytetrafluoräthylen (Teflon) in komprimiertem Sauerstoff liefert MnF_2 neben GeF_4 und CO_2 (die Reaktion wird zur Bestimmung der Bildungsenthalpie von MnF_2 angewandt, s. S. 7) [14].

Aus Manganoxiden. MnF_2 bildet sich aus Mn_2O_3, wenn gasförmiges HF bei 500°C einwirkt; bei 150°C entsteht statt dessen MnF_3. Daher wird angenommen, daß die Reaktion in zwei Stufen erfolgt und intermediär entstehendes MnF_3 zu MnF_2 zersetzt wird [15]. MnF_2 entsteht bei der Reaktion von MnO_2 mit strömendem wasserfreiem HF bei 450 bis 500°C. Es wird vermutet, daß sich MnF_4 als Zwischenprodukt bildet, das zu MnF_2 und F_2 zerfällt [13]. Bei der Umsetzung von MnO_2 mit BrF_3 bilden sich MnF_2 und MnF_3 auch in der Wärme nur sehr unvollständig [10]. MnF_2 ist der Hauptbestandteil des festen Rückstands, der bei der Oxidation von SF_4 mit MnO_2 bei 300 bis 350°C anfällt (gasförmige Produkte der Reaktion sind SOF_4 und SF_6) [16].

Preparation of MnF_2

Durch thermische Zersetzung. MnF_2 fällt aus, wenn eine bei Zimmertemperatur gesättigte NH_4MnF_3-Lösung (s. S. 150) auf 60°C erhitzt wird [17]. Es kann aus festem NH_4MnF_3 durch Erhitzen auf höchstens 350°C (Oxidationsgefahr) [18], im N_2-Strom bei derselben Temperatur [19, 20] oder im CO_2-Strom bei 290 bis 350°C als farbloses Pulver dargestellt werden, wobei NH_4F entweicht [17, 21]. Näheres zur Zersetzungsreaktion s. S. 151. MnF_2 entsteht auch aus $MnSiF_6 \cdot 6\,H_2O$ bei 1000°C im HF-Strom [3].

Purification

Reinigung

Aus wäßrigen Lösungen gefälltes MnF_2 wird wie üblich mit Alkohol gewaschen, zwischen Filterpapier abgepreßt und an der Luft getrocknet [4]. Es wird auch nach mehrmaligem Waschen mit Wasser und einem Wasser-Äthanol-Gemisch im Vakuum getrocknet [5], oder man trocknet über P_2O_5, mahlt und bewahrt im Vakuumexsikkator in Polyäthylenbehältern über KOH-Granulat auf [22]. Eine gründlichere Reinigung ist besonders vor der Herstellung von reinen, schwach rosa gefärbten Einkristallen erforderlich. Wasser muß vollständig entfernt werden, um eine Grünverfärbung durch Hydrolyseprodukte beim Erhitzen zu vermeiden. Hellrosa gesintertes MnF_2 verbleibt, wenn das bereits an der Luft getrocknete Präparat in einer Atmosphäre von wasserfreiem HF-Gas bei etwa 800°C weiter getrocknet wird [23]. Wirksam ist bereits das Trocknen von MnF_2-Pulver in einem trockenen HF-Strom bei 300°C [5]. Geeignet ist auch die Reinigung durch Erhitzen von MnF_2-Pulver im Vakuum bei 975°C und anschließend in Argon bei 1130°C, während gleichzeitig ein HF-Strom durch die Schmelze geleitet wird [6]. Durch wiederholtes Umkristallisieren aus der Schmelze wird grünes MnO ausgeschieden [24]. Treten nach dem Sintern in HF-Atmosphäre infolge Hydrolyse von MnF_2 entstandene und durch die hohe Viskosität in der Schmelze verbleibende HF-Blasen auf, so können sie durch Evakuieren bei 1100°C entfernt werden [22, 25]. Eine sehr hohe Reinheit wird durch Zonenschmelzen unter reinem Ar erzielt [26], s. auch [27].

Preparation of Single Crystals

Darstellung von Einkristallen

Die Züchtung reiner MnF_2-Einkristalle ist eine wesentliche Voraussetzung für detaillierte physikalische Untersuchungen, die besonders wegen der antiferromagnetischen Eigenschaften zahlreich durchgeführt werden. Transparente, schwach rosa gefärbte Einkristalle wachsen in Ar-Atmosphäre aus der Schmelze [23]. Auch die Kristallisation in einer dem Stockbarger-Ofen ähnlichen Apparatur im trockenen HF-Strom liefert rosa transparente Kristalle [5]. Der Materialverlust durch Verdampfung während der Züchtung im Vakuum in Graphittiegeln nach der Stockbarger-Technik wird durch O_2-freien Stickstoff (etwa 20 Torr) vermindert [24]. Die Kristallisation nach einer modifizierten Bridgman-Technik in einem Strom von hochreinem Argon liefert vollkommen transparente Kristalle von 29 bis 42 mm Länge, 25 mm Durchmesser und 47 bis 72 g [26]. Auch das Verfahren nach Stöber [28] ist, entgegen früheren negativen Ergebnissen [25], anwendbar, wenn durch einen Graphittiegel und ein Nickelrohr für einen guten Temperaturausgleich gesorgt wird. Langsames Erstarren unter verminderter HF-Zufuhr liefert Kristalle, deren unterer Teil (40 g) vollkommen klar durchsichtig ist [6]. Das Ziehen von Einkristallen zahlreicher Verbindungen, darunter MnF_2, nach der Czochralski-Methode wird allgemein, ohne spezielle Angaben für MnF_2, beschrieben [29]. Diese Methode ist aber nach anderen Autoren nicht gut für MnF_2 geeignet [26]. Die Züchtung von MnF_2-Einkristallen gelingt außerdem durch Zonenschmelzen in inerter Atmosphäre [27], s. auch [26]. Sie ist ferner in $MnCl_2$-Schmelzen möglich. Nach dem Erkalten wird $MnCl_2$ mit Wasser und verdünnter Essigsäure herausgewaschen [3].

Literatur:

[1] J. J. Berzelius (Ann. Physik Chem. [2] **1** [1824] 1/48, 24). — [2] C. Brunner (Ann. Physik Chem. [2] **101** [1857] 264/71, 266). — [3] H. Moissan, A. Venturi (Compt. Rend. **130** [1900] 1158/62). — [4] A. Kurtenacker, W. Finger, F. Hey (Z. Anorg. Allgem. Chem. **211** [1933] 83/97, 87). — [5] M. Griffel, J. W. Stout (J. Am. Chem. Soc. **72** [1950] 4351/3).

[6] S. Legrand, M. Binard (Bull. Soc. Chim. France **1964** 1900/3). — [7] T. S. Srivastava (Current Sci. [India] **38** [1969] 538). — [8] E. Banks, O. Berkooz, J. A. de Luca (Mater. Res. Bull. **6** [1971] 659/67, 661). — [9] L. B. Asprey, M. J. Reisfeld, N. A. Matwiyoff (J. Mol. Spectry. **34** [1970] 361/9, 361). — [10] H. J. Emeléus, A. A. Woolf (J. Chem. Soc. **1950** 164/8).

[11] R. E. Johnson, G. Darland, C. A. Grulke, N. C. Cahoon, H. F. Schaefer, Union Carbide Corp. (U. S. P. 2948767 [1956/60]; C. A. **1960** 24032). — [12] E. L. Muetterties, J. E. Castle (J. Inorg. Nucl. Chem. **18** [1961] 148/53). — [13] V. Gutmann, H. J. Emeléus (Monatsh. Chem. **81** [1950] 1157/9). — [14] Yu. M. Golutvin, E. G. Maslennikova, B. G. Korshunov (Izv. Akad. Nauk SSSR Metally **1972** Nr. 5, S. 117/22, Nr. 6, S. 198/204; Russ. Met. **1972** Nr. 5, S. 89/92, Nr. 6, S. 154/8). — [15] J. C. Cousseins (Rev. Chim. Minerale **1** [1964] 573/616, 574/5).

[16] W. C. Smith, V. A. Engelhardt (J. Am. Chem. Soc. **82** [1960] 3838/40), W. C. Smith, E. I. Du Pont de Nemours & Co. (U. S. P. 2904398 [1957/59]; C. A. **1960** 3883). — [17] P. Nuka (Z. Anorg. Allgem. Chem. **180** [1929] 235/40). — [18] K. Levin (D. P. 498583 [1926/30]; C. A. **1930** 4593). — [19] J. C. Cousseins, M. Samouël (Compt. Rend. C **265** [1967] 1121/3). — [20] J. C. Cousseins, A. Erb, W. Freundlich (Compt. Rend. C **268** [1969] 717/9).

[21] W. J. de Haas, B. H. Schultz, J. Koolhaas (Physica **7** [1940] 57/69, 59). — [22] N. N. Mikhailov, S. V. Petrov (Kristallografiya **11** [1966] 443/7; Soviet Phys.-Cryst. **11** [1966] 390/3). — [23] J. Gustafson, C. T. Walker (Phys. Rev. [3] B **8** [1973] 3309/22, 3312). — [24] D. M. Finlayson, I. S. Robertson, T. Smith, R. W. H. Stevenson (Proc. Phys. Soc. [London] **76** [1960] 355/68, 356). — [25] E. Catalano, G. S. Stratton (UCRL-6370 [1961] 1/20; N. S. A. **15** [1961] Nr. 24856).

[26] E. Weinberg, N. K. Srinivasan (J. Cryst. Growth **26** [1974] 210/4). — [27] H. Guggenheim (J. Phys. Chem. **64** [1960] 938/9). — [28] F. Stöber (Z. Krist. **61** [1924/25] 299/314). — [29] K. Nassau (J. Appl. Phys. **32** [1961] 1820/1).

4.2.2.2 Thermodynamische Daten der Bildung

Thermodynamic Data of Formation

Bildungsenthalpie ΔH und freie Bildungsenthalpie ΔG in kcal/mol, Bildungsentropie ΔS in cal · mol^{-1} · K^{-1} für die Bildung aus den Elementen unter Standardbedingungen.

Die in der Literatur angegebenen Werte für ΔH°_{298} von kristallinem MnF_2 streuen beträchtlich. Häufig liegen sie bei $\Delta H^\circ_{298} \approx -190$, s. beispielsweise [1 bis 4], und basieren zum Teil auf Daten der Reduktion von MnF_2 mit H_2 von Jellinek und Rudat [5]. In neuerer Zeit wird unter Vernachlässigung dieser Meßdaten [5] ein Mittelwert von $\Delta H^\circ_{298} \approx -203$ bevorzugt [6].

Aus Reaktionsdaten für $MnCl_2$(fest) + 2HF(gas) → MnF_2(fest) + 2HCl(gas) von Jellinek und Koop [7] und aus Literaturwerten für HCl, HF und $MnCl_2$ [8, 9] wird nach dem 2. und 3. Hauptsatz ein mittlerer Wert von ΔH° = −203 ± 5 bei 298 K berechnet [6]. Ein weiterer Wert, ΔH° = −204.6, erhalten aus der Löslichkeit und verwandten Daten, zeigt hiermit gute Übereinstimmung [10], ebenso neuere Messungen der EMK der Festelektrolytkette Al,AlF_3|CaF_2|Mn,MnF_2, die in Kombination mit der Wärmekapazität ΔH° = −205.4 ± 1 erbringen [11]. — Der Wert ΔH° = −190 ± 5 bei 298 K ergibt sich als Durchschnittswert von ΔH° = −196, erhalten aus der Lösungswärme, und ΔH° = −195 aus den Gitterenergien sowie aus Reaktionsdaten für MnF_2(fest) + H_2(gas) → Mn(fest) + 2HF(gas) bei 873 bis 1073 K [5] und eigenen Werten der freien Enthalpie, nämlich ΔH° = −184 bis −187 [1]. Aus kalorimetrischen Messungen der indirekten Fluorierung von Mangan durch Verbrennen mit Polytetrafluoräthylen (Teflon) in komprimiertem Sauerstoff nach Mn + 0.5n $(C_2F_4)_n$ + O_2 → MnF_2 + CO_2 wird ΔH° = −192.8 ± 4.8 gefunden [12]. Aus der Bildungsenthalpie von MnF_2 in wäßriger Lösung (s. unten) [13] wird ΔH° = −190 geschätzt [5]. Ein aus den Bildungsenthalpien anderer Metallhalogenide abgeleiteter Wert beträgt ΔH° = −189.1 [14]. Die mit einer modifizierten Näherungsgleichung nach Pauling aus Elektronegativitäten berechnete Enthalpie ΔH° = −189.66 [15] stimmt hiermit gut überein.

Die Enthalpie der Bildung von geschmolzenem MnF_2 bei 1549 K wird aus Daten der Wasserstoffreduktion von MnF_2 bei 1448 bis 1649 K zu ΔH° = −170.9 berechnet [7]; aus Literaturdaten [1, 2] ergibt sich ΔH° = −185 ± 15 zwischen 1129 und 1500 K [16].

Thermodynamic Data of Formation of MnF_2

Die Enthalpie der Bildung von gasförmigem MnF_2 bei 298 K aus den Elementen im Standardzustand (festes Mn, gasförmiges F_2) ergibt sich aus eigenen Messungen und kritischer Berücksichtigung von Literaturdaten zu $\Delta H° = -127 \pm 7$ [6]. Ältere Werte sind dagegen kleiner: $\Delta H° = -115$ [3] und -113.4 [17].

Die Enthalpie der Bildung von MnF_2 in verdünnter wäßriger Lösung (1 mol in 1200 mol H_2O) bei 298 K wird mit $\Delta H° = -209.7$ angegeben [8]. Nach älteren kalorimetrischen Messungen der Reaktion $MnCl_2 + 2AgF \rightarrow MnF_2 + 2AgCl$ in wäßriger Lösung [18] wird $\Delta H° = -206.1$ berechnet [13].

Für die freie Enthalpie der Bildung wird aus EMK-Werten und ΔG von MgF_2 für festes MnF_2 $\Delta G° = -175.0 \pm 0.2$ bei 600°C erhalten [19]. Aus der Kombination von eigenen EMK-Messungen an Konzentrationsketten Mn, $MnF_2|CaF_2|Cr$, CrF_2 und anderen EMK-Messungen [20] ergibt sich $\Delta G° = -171.7$ [21], aus den Messungen von Hamer u. a. [20] wird $\Delta G° = -161.9$ bei 873 K erhalten [21]. — Die Temperaturabhängigkeit zwischen 740 und 820 K läßt sich durch $\Delta G^\circ_T = -(204.12 \pm 0.36) + (32.77 \pm 0.4) \times 10^{-3}\,T$ wiedergeben. Bei 800 K ist $\Delta G° = -177.90$ [11].

Auf Grund von Literaturdaten [1, 2] wird für festes MnF_2 eine Bildungsentropie von $\Delta S^\circ_{298} = -33.83 \pm 0.2$, für den Bereich von 298 bis 1129 K ein Mittelwert von $\Delta S° = -32.5$ und für flüssiges MnF_2 im Bereich von 1129 bis 1500 K eine mittlere Bildungsentropie von $\Delta S° = -27.5$ angegeben [16].

Literatur:

[1] L. Brewer, L. A. Bromley, P. W. Gilles, N. L. Lofgren (in: L. L. Quill, The Chemistry and Metallurgy of Miscellaneous Materials, Thermodynamics, McGraw-Hill, New York-Toronto-London 1950, S. 76/192, 109, 132). — [2] C. E. Wicks, F. E. Block (U. S. Bur. Mines Bull. Nr. 605 [1963] 74). — [3] L. Brewer, G. R. Somayajulu, E. Brackett (Chem. Rev. **63** [1963] 111/21, 116; UCRL-9840 [1961]). — [4] A. D. Mah (U. S. Bur. Mines Rept. Invest. Nr. 5600 [1960] 10). — [5] K. Jellinek, A. Rudat (Z. Anorg. Allgem. Chem. **175** [1928] 281/320, 295, 306, 310).

[6] T. C. Ehlert, M. Hsia (J. Fluorine Chem. **2** [1972/73] 33/51, 45). — [7] K. Jellinek, R. Koop (Z. Physik. Chem. A **145** [1929] 305/29, 307, 310). — [8] D. D. Wagman, W. H. Evans, I. Halow, V. B. Parker, S. M. Bailey, R. H. Schumm (Natl. Bur. Std. [U. S.] Tech. Note 270-3 [1968], 270-4 [1969]). — [9] K. K. Kelley (U. S. Bur. Mines Bull. Nr. 584 [1960], Nr. 592 [1961]). — [10] R. H. Schumm (private Mitteilung bei Ehlert, Hsia [6]).

[11] T. N. Rezukhina, T. F. Sisoeva, L. I. Holokhonova, E. G. Ippolitov (J. Chem. Thermodyn. **6** [1974] 883/93, 888, 890). — [12] Yu. M. Golutvin, E. G. Maslennikova, B. G. Korshunov (Izv. Akad. Nauk SSSR Metally **1972** Nr. 5, S. 117/22, 198/204; Russ. Met. **1972** Nr. 5, S. 89/92, 154/8). — [13] H. v. Wartenberg (Z. Anorg. Allgem. Chem. **151** [1926] 326/30). — [14] V. V. Fomin (Zh. Fiz. Khim. **27** [1953] 1689/92; C. A. **1955** 5100). — [15] H. W. Anderson, L. A. Bromley (J. Phys. Chem. **63** [1959] 1115/8).

[16] E. Steinmetz, H. Roth (J. Less-Common Metals **16** [1968] 295/342, 318). — [17] R. A. Kent, T. C. Ehlert, J. L. Margrave (J. Am. Chem. Soc. **86** [1964] 5090/3). — [18] E. Petersen (Z. Physik. Chem. **4** [1889] 384/412, 395). — [19] H. Tanaka, A. Yamaguchi, J. Moriyama (Nippon Kinzoku Gakkaishi **35** [1971] 1161/4; C. A. **76** [1972] Nr. 64246). — [20] W. J. Hamer, M. S. Malmberg, B. Rubin (J. Electrochem. Soc. **112** [1965] 750/5).

[21] K. Yoshihara, M. Kanno (J. Inorg. Nucl. Chem. **36** [1974] 309/12).

The Molecule

4.2.2.3 Molekül

MnF_2-Moleküle werden massenspektrometrisch bei der Sublimation und Verdampfung von MnF_2 nachgewiesen. Die gemessenen Auftrittspotentiale von MnF_2^+- und MnF^+-Ionen betragen $AP(MnF_2^+) = 11.21$ eV, $AP(MnF^+) = 13.27$ eV bei T = 1100 K. Eine Korrektur bezüglich des Einflusses innerer thermischer Energie ergibt $AP(MnF_2^+) = 11.38$ eV (= Ionisierungsenergie) und

AP(MnF^+) = 13.60 eV. Daraus folgt die Dissoziationsenergie D°_{298}(MnF-F) = 5.09 eV ≙ 117 ± 6 kcal/mol [1]. Ältere Elektronenstoßdaten sind AP(MnF_2^+) = 11.5 ± 0.3 eV, AP(MnF^+) = 14.5 ± 0.3 eV (T = 1054 bis 1193 K) [2], woraus D°_{298} = 119 kcal/mol folgt [3]. Die Untersuchung des Gleichgewichts 2 MnF(gas) ⇌ Mn(gas) + MnF_2(gas) (T = 1089 bis 1126 K) [2] ergibt D°_{298} = 126 ± 7 kcal/mol und die Atomisierungsenthalpie $\Delta H^\circ_{at,298}$ = 231 ± 11 kcal/mol [1]. Aus Dampfdruckdaten von MnF_2(gas) und thermochemischen Daten von MnF_2(fest), Mn(fest) und F_2(gas) folgt $\Delta H^\circ_{at,298}$ = 220.1 ± 5.5 kcal/mol [2] (in Übereinstimmung mit dem geschätzten Wert $\Delta H^\circ_{at,298}$ = 220 kcal/mol [4]).

MnF_2-Moleküle werden auch anhand der AP(MnF_2^+)-Werte bei massenspektrometrischen Untersuchungen der Reaktion von MnF_2 mit Ga_2O_3 zu GaOF oberhalb von 800 K [5] und der Systeme MnF_2-Ta, MnF_2-Ta_2O_5 und MnO-MnF_2-Ta [6] registriert. Ferner erscheinen MnF_2^+-Ionen als Fragment-Ionen im Massenspektrum von MnF_3 (s. S. 80) [1, 3] und MnF_4 (s. S. 92) [1]. — Dimere oder höhere Polymere von MnF_2 werden bei der Sublimation und Verdampfung von MnF_2 nicht nachgewiesen [2].

MnF_2 ist ein symmetrisches lineares Molekül (Punktgruppe $D_{\infty h}$, Dipolmoment $\mu = 0$), wie sich aus der massenspektrometrischen Untersuchung der Ablenkung von Molekularstrahlen im inhomogenen elektrischen Feld ergibt (unpolare Moleküle zeigen keine Ablenkung) [7]. Das lineare Modell wird bei Berechnungen von molekularen Parametern oder thermodynamischen Größen (s. S. 7) vorausgesetzt; dabei werden die Kernabstände aus denen von verwandten Molekülen, r(Mn-F) = 1.72 Å [4], 1.67 ± 0.05 Å [8], oder von festem MnF_2 und MnF_3, r(Mn-F) = 1.93 Å [1], abgeschätzt. Als elektronischer Grundzustand für MnF_2 wird $^6\Sigma$ von Mn^{2+} übernommen [1].

Das MnF_2-Molekül besitzt drei Fundamentalschwingungen: die symmetrische und antisymmetrische Streckschwingung $\nu_1(\Sigma_g^+)$ bzw. $\nu_3(\Sigma_g^-)$ und die zweifach entartete Biegeschwingung $\nu_2(\Pi_u)$. ν_2 und ν_3 sind IR-aktiv und werden in Edelgasmatrizen (T = 4.2 K) beobachtet: ν_3 = 700.1 cm^{-1} (Ar-Matrix), 722.1 cm^{-1} (Ne-Matrix); daraus wird mit Hilfe der an GeF_2 und SiF_2 beobachteten Matrixverschiebungen von ν_3 ein Gasphasenwert ν_3 = 740 ± 10 cm^{-1} abgeschätzt. ν_3 = 699.9 cm^{-1} (Ar) [11], ν_3 = 699.4 (Ar) [12] (Übergänge bei 615, 602, 433, 426, 376 cm^{-1} in höher dotierten Matrizen werden Schwingungen von Dimeren und höheren Polymeren zugeordnet [12]). ν_2 = 124.8 cm^{-1} (Ar), 132.0 cm^{-1} (Ne) [9, 10]. Die Frequenz der IR-inaktiven Schwingung ν_1 wird aus ν_3 nach den Beziehungen für ein Valenzkraftfeld [13] zu ν_1 = 569 cm^{-1} [1] oder unter Benutzung der Streck-Streck-Wechselwirkungskonstante k_{12} = 0.16 mdyn/Å (für CoF_2, NiF_2, CuF_2, ZnF_2) nach Hastie u. a. [14] zu ν_1 = 593 cm^{-1} [12] berechnet.

Aus der Frequenz von MnF sowie aus Frequenzen und Kraftkonstanten verwandter Moleküle geschätzte Werte ν_1 = 535 cm^{-1}, ν_2 = 70 cm^{-1}, ν_3 = 696 cm^{-1} und r(Mn-F) = 1.72 Å [4] werden benutzt zur Berechnung der mittleren Schwingungsamplituden u(Mn-F), u(F · · · F) und des Bastiansen-Morino-Schrumpfeffekts δ bei T = 0, 1000, 1250, 1500 K [15 bis 17]. Werte (in Å) für T = 0 und 1500 K [17]:

T in K	u(Mn-F)	u(F · · · F)	δ
0	0.04368	0.05760	0.01247
1500	0.08157	0.11495	0.37159

Kraftkonstanten für ein Valenzkraftfeld [13], berechnet aus experimentellen Schwingungsfrequenzen: $k_1 - k_{12}$ = 3.67 mdyn/Å, k_δ/r^2 = 0.058 mdyn/Å [9, 10], k_1 = 3.24 mdyn/Å [11].

Literatur:

[1] T. C. Ehlert, M. Hsia (J. Fluorine Chem. **2** [1972/73] 33/51). — [2] R. A. Kent, T. C. Ehlert, J. L. Margrave (J. Am. Chem. Soc. **86** [1964] 5090/3). — [3] K. F. Zmbov, J. L. Margrave (J. Inorg. Nucl. Chem. **29** [1967] 673/80). — [4] L. Brewer, G. R. Somayajulu, E. Brackett (Chem. Rev. **63** [1963] 111/21). — [5] K. F. Zmbov, J. L. Margrave (J. Inorg. Nucl. Chem. **29** [1967] 2649/50).

[6] K. F. Zmbov, J. L. Margrave (J. Phys. Chem. **72** [1968] 1099/101). — [7] A. Büchler, J. L. Stauffer, W. Klemperer (J. Chem. Phys. **40** [1964] 3471/4). — [8] V. G. Solomonik, K. S. Krasnov, E. V. Morozov (Izv. Vysshikh Uchebn. Zavedenii Khim. i Khim. Tekhnol. **16** [1973] 1291/3; C. A. **79** [1973] Nr. 151269). — [9] J. W. Hastie, R. Hauge, J. L. Margrave (Chem. Commun. **1969** 1452/3). — [10] J. L. Margrave, J. W. Hastie, R. H. Hauge (Am. Chem. Soc. Div. Petrol. Chem. Preprints **14** [1969] E11/E13; C. A. **73** [1970] Nr. 135521).

[11] S. H. Garnett (Diss. Princeton Univ. 1968, S. 61/84; Diss. Abstr. B **29** [1968/69] 3039). — [12] D. A. van Leirsburg, C. W. DeKock (RLO-2227-T-1-10 [1973] 1/39, 13; C. A. **80** [1974] Nr. 65255). — [13] G. Herzberg (Molecular Spectra and Molecular Structure. II. Infrared and Raman Spectra of Polyatomic Molecules, Princeton, N. J.-Toronto-New York-London 1945, S. 154, 172). — [14] J. W. Hastie, R. H. Hauge, J. L. Margrave (High Temp. Sci. **1** [1969] 76/85). — [15] G. Nagarajan (J. Mol. Spectry. **13** [1964] 361/92).

[16] G. Nagarajan, E. R. Lippincott (J. Chem. Phys. **42** [1965] 1809/18). — [17] S. J. Cyvin, B. Vizi (Veszpremi Vegyip. Egyet. Kozlemen. **11** [1968] 83/9; C. A. **72** [1970] Nr. 24977).

Crystallographic Properties

4.2.2.4 Kristallographische Eigenschaften

Polymorphism

4.2.2.4.1 Polymorphie

Außer der bei Normalbedingungen stabilen Modifikation MnF_2I, die im tetragonalen Rutil-Typ kristallisiert, existieren verschiedene Hochdruckmodifikationen:

MnF_2II, tetragonal oder rhombisch, verzerrter Fluorit-Typ
MnF_2III, rhombisch, $PbCl_2$-Typ
MnF_2IV, rhombisch, α-PbO_2-Typ, metastabil, abschreckbar
MnF_2V, kubisch, Fluorit-Typ

Diese Nomenklatur folgt den Angaben von Kabalkina u. a. [1, 2] und späteren Publikationen dieser Autoren. Abweichend davon ist in früheren Untersuchungen MnF_2II als MnF_2X [3] und MnF_2IV als MnF_2II bezeichnet worden [4, 5], s. auch [1, 6].

Bei MnF_2I sind polymorphe Umwandlungen nach Goldschmidt [7, 8] zu erwarten, da der Quotient der Radien von Kation und Anion $r_K/r_A = 0.68$ beträgt und damit dicht an der unteren Grenze des Existenzbereichs der kubischen Fluorit-Struktur liegt: $r_K/r_A = 0.67$ nach Goldschmidt [7, 8] bzw. 0.73 für korrigierte Ionenradien [6]. Zur theoretischen Berechnung der Stabilität von Fluoriden mit Rutil-Struktur im Hinblick auf Hochdruckumwandlungen auf der Basis eines Modells starrer Ionen s. [9]. — MnF_2I geht bereits bei Raumtemperatur und $p = 33 \pm 4$ kbar [1], ebenso bei höheren Temperaturen ($t \leqq 210°C$) und $p > 33$ kbar [2] in die rhombisch verzerrte Fluorit-Typ-Modifikation MnF_2II über [1, 2], s. **Fig. 1** [2, 10]. Mit diesem Übergang ist bei 25°C und $p = 25$ bis 30 kbar eine Verminderung des Volumens um etwa 11.4% verbunden [2]. Die Umwandlung MnF_2I $\rightarrow$ MnF_2II, mit der eine Zunahme der Koordinationszahl des Mangans von 6 auf 8 verknüpft ist, führt bei Drücken bis 90 kbar (und wahrscheinlich Raumtemperatur) zu einer Volumenabnahme von 18% [6]. Bei Temperaturen $t > 210°C$ und hohem Druck (gemessen bis 33 kbar) geht MnF_2I in die Fluorit-Typ-Modifikation MnF_2V über unter Verminderung des Volumens um etwa 7% bei 315°C und 25 bis 30 kbar. Eine Extrapolation der Phasengrenze zwischen MnF_2I und MnF_2V ergibt, daß auch bei Normaldruck und etwa 740°C MnF_2V entsteht [2]. Durch Differentialthermoanalyse wird bei $710 \pm 5°C$ und $p = 1$ atm eine unter Wärmeentwicklung verlaufende polymorphe Umwandlung gefunden [11]. Durch Hochtemperaturröntgenaufnahmen wird schließlich nachgewiesen,

Fig. 1

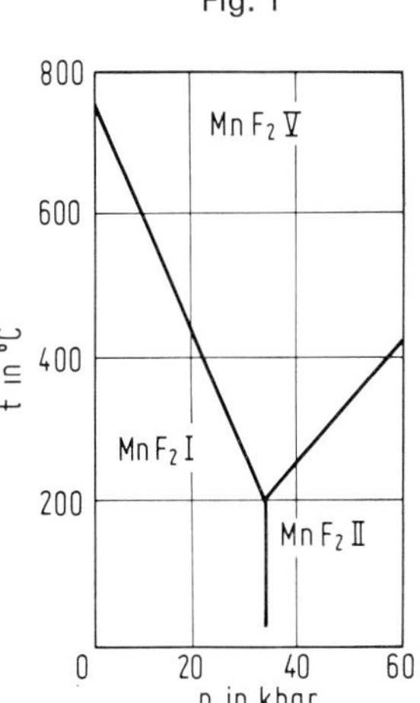

Phasendiagramm von MnF_2.

daß bei t ≧ 750°C und Normaldruck die Umwandlung $MnF_2I \rightarrow MnF_2V$ erfolgt. Das Volumen vermindert sich dabei um etwa 6.7%. Die MnF_2I-MnF_2V-Phasengrenze im p-t-Diagramm ist eine Gerade mit der Neigung dp/dt = −62 bar/grd. Volumenänderung entlang dieser Geraden: $\Delta V = 1.66 \pm 0.03\ cm^3/mol$; Entropieänderung nach der Clausius-Clapeyron-Gleichung $\Delta S(I \rightarrow V) = 2.4$ bis 2.5 cal · mol^{-1} · K^{-1} [10]. Zur Bildung von MnF_2I aus MnF_2III und zum Übergang $MnF_2I \rightleftharpoons MnF_2IV$ s. unten.

MnF_2II, die tetragonal oder rhombisch verzerrte Fluorit-Typ-Modifikation, bildet sich aus MnF_2I [12] oder MnF_2V [10] bei hohem Druck (s. Fig. 1). Sie geht bei einer Verminderung des Drucks bei 25°C etwa ab 10 ± 2 kbar in MnF_2IV mit α-PbO_2-Struktur über [12]. Wird MnF_2II aber bei 25°C einem Druck von p ≈ 150 kbar ausgesetzt, so wandelt es sich in MnF_2III mit $PbCl_2$-Struktur um. Gleichzeitig erhöht sich die Koordinationszahl des Mangans von 8 auf 9, die Dichte wächst um 6% [1]. Zur Bildung von MnF_2II aus MnF_2IV und MnF_2V s. unten und S. 12.

MnF_2III mit rhombischer $PbCl_2$-Struktur, das durch Umwandlung von MnF_2II bei Raumtemperatur unter hohem Druck (p ≈ 150 kbar) entsteht, geht bei Verminderung des Drucks hauptsächlich in MnF_2IV und zu einem geringeren Teil in MnF_2I über [1].

MnF_2IV, die rhombische, abschreckbare Modifikation mit α-PbO_2-Struktur ist wahrscheinlich metastabil, ohne definierten Existenzbereich im Phasendiagramm [3, 6, 12] und bildet sich anscheinend nur unter der Einwirkung von Scherungskräften [6, 12]. Sie kann unter Normalbedingungen 2 Jahre gelagert werden, ohne sich zu verändern [3]. Sie entsteht aus MnF_2I bereits bei Zimmertemperatur, wenn dieses starken mechanischen Kräften ausgesetzt wird: etwa wenn MnF_2I mehrere Stunden lang in Mörsern oder in Schwingmühlen (Wig-L-Bug-Typ) gemahlen wird [13], s. dazu [6]. Versuche bei hohen Drücken und Temperaturen ergeben, daß sich oberhalb einer durch die Punkte 10 kbar und 100°C sowie 14.5 kbar und 600°C verlaufenden Geraden die α-PbO_2-Struktur [4], d. h. MnF_2IV bildet [2]. Für Raumtemperatur wird ein Umwandlungsdruck von 9.5 kbar extrapoliert [13]. Mit der Umwandlung I → IV nimmt die Dichte um 1 bis 2% zu [12]. Versuche mit Drücken von 20 bis 90 kbar und Temperaturen bis 900°C zeigen einen Übergang von MnF_2I zu einer rhombischen Phase mit 6-3-Koordination an [14]. Der Übergang $MnF_2I \rightarrow MnF_2IV$ wird von Seifert [6] bei p = 80 kbar und t = 600°C festgestellt. Auch bei Drücken von 30 bis 140 kbar und Temperaturen bis zu 1700°C entsteht MnF_2IV aus MnF_2I [5]. Genauere Untersuchungen an MnF_2, das in Bor-Preßlingen eingeschlossen ist, ergeben folgende Umwandlungen: Wird MnF_2I für 5 bis

Polymorphism of MnF_2

10 min einem Druck von 70 kbar ausgesetzt und dann isotherm auf Normaldruck entspannt, so entsteht MnF_2IV bei 10 ± 2 kbar über die Reaktionen $MnF_2II \rightarrow MnF_2V \rightarrow MnF_2IV$ bei 300 oder 400°C und $MnF_2II \rightarrow MnF_2IV$ bei 25°C [12], vgl. auch [3]. Wird erneuter, aber geringerer Druck angewandt, so verlaufen die Umwandlungen in umgekehrter Richtung: $MnF_2IV \rightarrow MnF_2V \rightarrow MnF_2II$ bei 300 und 400°C (die Umwandlung V → II bei etwa 15 kbar) bzw. $MnF_2IV \rightarrow MnF_2II$ bei 25°C [12]. Andererseits zeigen von MnF_2IV ausgehende Versuche, daß mit wachsendem Druck MnF_2I entsteht:

$$MnF_2IV \xrightarrow{p < 30\ \mathrm{kbar}} MnF_2I \xrightarrow{p > 30\ \mathrm{kbar}} MnF_2V \text{ bei 300°C und}$$

$$MnF_2IV \xrightarrow{p < 30\ \mathrm{kbar}} MnF_2I \xrightarrow{p > 30\ \mathrm{kbar}} MnF_2II \text{ bei 25°C [3, 12].}$$

Unter Atmosphärendruck und 400°C ist MnF_2IV nach 4 h vollständig in MnF_2I übergegangen; bei 300°C liegt nach der gleichen Zeitdauer MnF_2IV unverändert als metastabile Phase vor. MnF_2IV bildet sich auch aus der Hochdruckphase MnF_2III bei Verminderung des Drucks bei Raumtemperatur [12], s. S. 11.

MnF_2V, die kubische Fluorit-Typ-Modifikation bildet sich aus MnF_2I bei Temperaturen über 210°C und hohen Drücken [2] (s. Fig. 1, S. 11) unter Verminderung des Volumens um etwa 7% [1]. Ab etwa 750°C entsteht MnF_2V auch bei Normaldruck [10, 11]. Der Übergang $MnF_2II \rightleftharpoons MnF_2V$ zeigt eine deutliche Druckhysterese: Bei 400°C entsteht MnF_2V bei fallendem Druck bei 40 kbar. Die Umwandlung liegt also 20 kbar tiefer als bei steigendem Druck [12], s. auch [1]. Beim Übergang von MnF_2V in MnF_2II wird keine Volumenänderung beobachtet, so daß eine Umwandlung 2. Art vorliegen dürfte [10]. Bei Temperaturen von 300 oder 400°C und einer Erniedrigung des Drucks auf 10 ± 2 kbar geht MnF_2V in metastabiles MnF_2IV über. Bei steigendem Druck liegt diese Umwandlung etwa 15 kbar höher [12]. Der verhältnismäßig kleine Stabilitätsbereich von MnF_2V im Phasendiagramm und sein Übergang in MnF_2II bei Druckerhöhung wird seiner hohen Kompressibilität zugeschrieben [1].

Außer den genannten Modifikationen wird ohne nähere Angaben erwähnt, daß MnF_2 unterhalb der Néel-Temperatur (67 K, s. S. 29) rhombisch, Raumgruppe Pbcn-D_{2h}^{14} (Nr. 60), kristallisiert [15] (das ist die gleiche Raumgruppe wie bei MnF_2IV, s. S. 13). Außerdem soll eine rosafarbige kubische Modifikation mit a = 4.25 Å bei der Reaktion von NH_4F mit $Mn(NO_3)_2$ unterhalb 180°C entstehen, die sich erst oberhalb dieser Temperatur in tetragonales MnF_2I umwandelt [16]. Diese Angaben lassen vermuten, daß es sich hierbei nicht um MnF_2, sondern um NH_4MnF_3 (s. S. 150) handelt. — In den „Tables" von Donnay und Ondik [17] wird die trikline Form von MnF_3 (s. S. 82) irrtümlich als MnF_2 angegeben.

Literatur:

[1] S. S. Kabalkina, L. F. Vereshchagin, L. M. Lityagina (Fiz. Tverd. Tela **11** [1969] 1040/2; Soviet Phys.-Solid State **11** [1969] 847/8). — [2] S. S. Kabalkina, L. F. Vereshchagin, L. M. Lityagina (Zh. Eksperim. i Teor. Fiz. **56** [1969] 1497/503; Soviet Phys.-JETP **29** [1969] 803/6). — [3] L. F. Vereshchagin, S. S. Kabalkina, A. A. Kotilevets (Zh. Eksperim. i Teor. Fiz. **49** [1965] 1728/32; Soviet Phys.-JETP **22** [1965] 1181/4). — [4] L. M. Azzaria, F. Dachille (J. Phys. Chem. **65** [1961] 889/90). — [5] S. S. Kabalkina, S. V. Popova (Dokl. Akad. Nauk SSSR **153** [1963] 1310/2; Soviet Phys.-Dokl. **8** [1963] 1141/3).

[6] K.-F. Seifert (Fortschr. Mineral. **45** [1967] 214/80, 227, 233/6, 243). — [7] V. M. Goldschmidt (Trans. Faraday Soc. **25** [1929] 253/83, 259; Ber. Deut. Chem. Ges. **60** [1927] 1263/96, 1271). — [8] V. M. Goldschmidt, T. Barth, G. Lunde, W. Zachariasen (Skrifter Norske Videnskaps Akad. Oslo I Mat. Naturv. Klasse **1926** Nr. 2, S. 75). — [9] M. E. Striefler, G. R. Barsch (Phys. Status Solidi B **64** [1974] 613/25). — [10] L. M. Lityagina, M. F. Kachan, S. S. Kabalkina, L. F. Vereshchagin (Dokl. Akad. Nauk SSSR **216** [1974] 1066/9; Dokl. Chem. Proc. Acad. Sci. USSR **214/219** [1974] 424/6).

[11] V. M. Agoshkov in: S. S. Kabalkina u. a. [2]. — [12] L. M. Lityagina, S. S. Kabalkina, L. F. Vereshchagin (Zh. Eksperim. i Teor. Fiz. **62** [1972] 669/72; Soviet Phys.-JETP **35** [1972] 353/4). —

[13] F. Dachille, R. Roy (Nature **186** [1960] 34, 71). — [14] A. E. Austin (J. Phys. Chem. Solids **30** [1969] 1282/5). — [15] A. Matsui, W. C. Walker (J. Opt. Soc. Am. **60** [1970] 358/65, 358).

[16] T. Baratali (Quart. Bull. Fac. Sci. Tehran Univ. **6** [1974] 103/6; C. A. **83** [1975] Nr. 21 053).— [17] J. D. H. Donnay, H. M. Ondik (Crystal Data, Determinative Tables, 3. Aufl., Bd. 2, 1973, S. A-34).

4.2.2.4.2 Kristallstruktur

Crystal Structure

MnF_2I kristallisiert unter normalen Bedingungen in hellrosa quadratischen Prismen; Angaben von Flächen und Winkeln s. im Original [1, 2]. Die tetragonalen Gitterkonstanten betragen nach Röntgenmessungen an Pulver (Präparate aus der Schmelze gezogen) bei 25°C: a = 4.8734 ± 0.0002, c = 3.3099 ± 0.0005 Å [3], s. auch [4]. Weitere Pulveraufnahmen ergeben: a = 4.8735 ± 0.0004, c = 3.3106 ± 0.0002 Å bei 25°C [5], a = 4.885, c = 3.295 Å [6], a = 4.873, c = 3.310 Å [7], a = 4.865, c = 3.284 Å [2], a = 4.87 ± 0.02, c = 3.31 ± 0.02 Å [8]. — Die Gitterkonstante a steigt von 4.8738 bei 30°C über 4.8766 bei 210°C und 4.8812 bei 354°C auf 4.8856 Å bei 497°C. Analog steigt c von 3.3107 über 3.3191 und 3.3268 auf 3.3351 Å [5]. Bei 850°C ist a = 4.92 ± 0.01 und c = 3.38 ± 0.01 Å [9]; bei 300°C, ≈ 25 kbar ist a = 4.815, c = 3.310 Å [10], s. auch S. 17. — Tabelle der d-Werte s. [11]; Z = 2 [2, 6, 8], Raumgruppe $P4_2/mnm\text{-}D_{4h}^{14}$ (Nr. 136). MnF_2I besitzt Rutil-Struktur wie eine Reihe anderer Fluoride der Nebengruppenmetalle [2, 3, 4, 6, 8, 12]. Mn besetzt die Punktlage 2a (0,0,0) und F 4b (x, x, 0). Der Parameter x wird zu 0.310 ± 0.003 [3, 4] und 0.305 ± 0.002 bestimmt [12]. (Bei 6 gleichen Mn-F-Abständen im MnF_6-Oktaeder würde x = 0.308 betragen [12].) Die vier koplanaren Abstände r_1(Mn-F) sind größer als die beiden anderen Abstände r_2(Mn-F) (beim Rutil, TiO_2, ist umgekehrt $r_1 < r_2$): r_1(Mn-F) = 2.132 ± 0.009, r_2(Mn-F) = 2.102 ± 0.013 Å; kürzester F-F-Abstand 2.688 ± 0.026 Å. Die Winkel F-Mn-F im Oktaeder betragen 78.2° (2×), 101.8° (2×) und 90.0° (8×) (berechnet mit der Elementarzelle von Stout und Reed [3]), R = 5.6% [12]. Mit etwas kleineren Gitterkonstanten als Berechnungsgrundlage ergeben sich r_1(Mn-F) = 2.14 ± 0.02, r_2(Mn-F) = 2.11 ± 0.01; kürzester F-F-Abstand: 2.62 ± 0.04 Å [3, 4]. Später werden r_1(Mn-F) = 2.13, r_2(Mn-F) = 2.10 Å und als kürzester F-F-Abstand 2.68 Å angegeben [7]. Über die Abstandsverhältnisse bei idealer Packung s. [13].

MnF_2II besitzt nach verschiedenen unabhängigen Untersuchungen tetragonale Symmetrie [9, 11, 14]. Gitterkonstanten bei Raumtemperatur, 50 kbar: a = 5.20, c = 4.97 Å [14] und bei 70 kbar: a = 5.18, c = 5.01 Å [11]; Z = 4; Tabelle der d-Werte s. Originale [11, 14]. Im Gegensatz dazu wird in einer Untersuchung bei 80 kbar dieser Modifikation rhombische Symmetrie zugeordnet, doch können mit der verwendeten MoKα-Strahlung a und b nicht getrennt werden: a ≈ b = 5.03, c = 5.28 Å, Z = 4 [15]. Die Struktur wird als verzerrter Fluorit(CaF_2)-Typ aufgefaßt [9, 15] und nicht wie früher als ZrO_2-Typ [11], s. auch [7, 14]. Ähnliche Hochdruckmodifikationen mit verzerrter Fluorit-Struktur treten auch bei anderen Fluoriden der Nebengruppenelemente auf [15].

MnF_2III ist rhombisch und hat bei Raumtemperatur und 80 kbar die Gitterkonstanten a = 3.323, b = 5.560, c = 6.454 Å [14], bei 150 kbar a = 3.25, b = 5.54, c = 6.88 Å; Z = 4. Raumgruppe $Pmnb\text{-}D_{2h}^{16}$ (Nr. 62). MnF_2III hat wahrscheinlich $PbCl_2$-Struktur [14, 15], s. „Blei" C1, S. 290. Ähnliche Strukturen können auch bei anderen Metallfluoriden vom Typ MF_2 auftreten [15].

MnF_2IV kristallisiert rhombisch. Abgeschreckte, MnF_2I-haltige Proben haben die Gitterkonstanten a = 4.960, b = 5.800, c = 5.359 Å [16]. Nach Pulveraufnahmen an phasenreinen Präparaten, hergestellt bei 80 kbar und 600°C, betragen a = 4.954, b = 5.822, c = 5.403 Å [7]. Tabelle der d-Werte s. [11, 16]; Z = 4; Raumgruppe $Pbcn\text{-}D_{2h}^{14}$ (Nr. 60). MnF_2IV kristallisiert im α-PbO_2-Typ (s. „Blei" C1, S. 155) [15, 16]. Mn besetzt die Punktlage 4c (0, y, 0.25) mit y = 0.165 und F die Lage 8d (x, y, z) mit x = 0.266, y = 0.390, z = 0.421, R = 21%. Die Mn-F-Abstände im MnF_6-Oktaeder betragen (je 2mal): 2.13, 2.17 und 2.07 Å. Die gemeinsame Oktaederkante ist 2.78 Å lang [17], s. auch [7]. Die Abstände unterscheiden sich kaum von denen der Rutil-Modifikation MnF_2I [7].

MnF_2V ist kubisch und hat die Gitterkonstante a = 5.345 ± 0.007 Å bei 850°C und 1 bar [9], a = 5.236 Å bei 300°C und etwa 25 kbar, a = 5.192 ± 0.006 Å bei 400°C und 40 kbar. Bei 420°C

Crystal Structure of MnF_2V

fällt a mit steigendem Druck linear von 5.258 Å bei 20 kbar auf 5.170 Å bei 50 kbar [10]. Tabelle von d-Werten bei 850°C, 1 bar und 400°C, 40 kbar s. Originale [9, 10]. MnF_2V kristallisiert im Fluorit-(CaF_2)-Typ, s. „Calcium" B, S. 393. Aus dem Volumen der Elementarzelle bei verschiedenen Drücken werden folgende Atomabstände berechnet:

p in kbar	r(Mn-F) in Å		r(F-F) in Å	
	25°C	420°C	25°C	420°C
20	2.263	2.277	2.613	2.629
35	2.240	2.258	2.587	2.607
50	—	2.238	—	2.585

Diese Abstände liegen nahe bei der Summe der Ionenradien, so daß die Mn-F-Bindung in MnF_2V als rein ionisch angesehen wird im Gegensatz zu den Modifikationen I und IV [10].

Literatur:

[1] A. de Schulten (Compt. Rend. **152** [1911] 1261/3). — [2] A. Ferrari (Atti Reale Accad. Lincei Rend. Classe Sci. Fis. Mat. Nat. [6] **3** [1926] 224/30; Atti 3° Congr. Nazl. Chim. Pura Appl., Firenze 1929, S. 452/60, 453). — [3] J. W. Stout, S. A. Reed (J. Am. Chem. Soc. **76** [1954] 5279/81). — [4] M. Griffel, J. W. Stout (J. Am. Chem. Soc. **72** [1950] 4351/3). — [5] K. V. K. Rao, S. V. N. Naidu (Proc. Indian Acad. Sci. **58** A [1963] 296/302).

[6] A. E. van Arkel (Rec. Trav. Chim. **45** [1926] 437/44, 437). — [7] K.-F. Seifert (Fortschr. Mineral. **45** [1967] 214/80, 233/6, 244, 262). — [8] V. M. Goldschmidt, T. Barth, D. Holmsen, G. Lunde, W. Zachariasen (Skrifter Norske Videnskaps Akad. Oslo I Mat. Naturv. Klasse **1926** Nr. 1, S. 7). — [9] L. M. Lityagina, M. F. Kachan, S. S. Kabalkina, L. F. Vereshchagin (Dokl. Akad. Nauk SSSR **216** [1974] 1066/9; Dokl. Chem. Proc. Acad. Sci. USSR **214/219** [1974] 424/6). — [10] S. S. Kabalkina, L. F. Vereshchagin, L. M. Lityagina (Zh. Eksperim. i Teor. Fiz. **56** [1969] 1497/503; Soviet Phys.-JETP **29** [1969] 803/6).

[11] L. F. Vereshchagin, S. S. Kabalkina, A. A. Kotilevets (Zh. Eksperim. i Teor. Fiz. **49** [1965] 1728/32; Soviet Phys.-JETP **22** [1965] 1181/4). — [12] W. H. Baur (Acta Cryst. **11** [1958] 488/90; Naturwissenschaften **44** [1957] 349). — [13] K. Sasvári (Acta Phys. Acad. Sci. Hung. **11** [1960] 353/90, 360). — [14] D. P. Dandekar, J. C. Jamieson (Trans. Am. Crystallogr. Assoc. **5** [1969] 19/27, 22/4). — [15] S. S. Kabalkina, L. F. Vereshchagin, L. M. Lityagina (Fiz. Tverd. Tela **11** [1969] 1040/2; Soviet Phys.-Solid State **11** [1969] 847/8).

[16] L. M. Azzaria, F. Dachille (J. Phys. Chem. **65** [1961] 889/90). — [17] S. S. Kabalkina, S. V. Popova (Dokl. Akad. Nauk SSSR **153** [1963] 1310/2; Soviet Phys.-Dokl. **8** [1963] 1141/3).

Lattice Energy

4.2.2.4.3 Gitterenergie U in kcal/mol

Aus der Differenz der Bildungsenthalpien ΔH der gasförmigen Ionen und der kristallinen Substanz (ΔH für F^- nach [2, 3], für Mn^{2+} und MnF_2 nach [4]) berechnet Yatsimirskii [1] U = 661. Der aus der Elektronenstruktur berechnete Wert U = 660.4 stimmt sehr gut damit überein [5]. Die Näherung durch Interpolation der U-Werte von 189 Metallsalzen führt zu U = 654 [6]. Aus verschiedenen energetischen Daten von Mangan, Fluor und MnF_2 berechnet Sherman [7] nach einer eigenen Methode U = 656.3. Das Verfahren von Lennard-Jones [9] ergibt U = 662 [10]. Nach der Born-Gleichung (Kreisprozeß) ergibt sich U = 645.0 [7, 8] und 664 ± 15 [10].

Literatur:

[1] K. B. Yatsimirskii (Zh. Neorgan. Khim. **3** [1958] 2244/52; Russ. J. Inorg. Chem. **3** Nr. 10 [1958] 26/36, 29). — [2] A. F. Kapustinskii, K. B. Yatsimirskii (Zh. Obshch. Khim. **26** [1956] 941/8; J. Gen. Chem. USSR **26** [1956] 1069/76). — [3] K. B. Yatsimirskii (Zh. Obshch. Khim. **26** [1956]

2376/80; J. Gen. Chem. USSR **26** [1956] 2655/60). — [4] F. D. Rossini, D. D. Wagman, W. H. Evans, S. Levine, I. Jaffe (Natl. Bur. Std. [U. S.] Circ. Nr. 500 [1952] 273/4). — [5] E. S. Sarkisov (Zh. Fiz. Khim. **28** [1954] 627/36, 632).

[6] M. Kh. Karapet'yants (Zh. Fiz. Khim. **28** [1954] 1136/52, 1151; C. A. **1955** 7917). — [7] J. Sherman (Chem. Rev. **11** [1932] 94/170, 153). — [8] A. Kapustinskii, B. Veselovskii (Z. Physik. Chem. B **22** [1933] 261/6). — [9] J. E. Lennard-Jones (Proc. Roy. Soc. [London] A **109** [1925] 584/97). — [10] W. H. Baur (Acta Cryst. **14** [1961] 209/14).

4.2.2.4.4 Gitterschwingungen

Lattice Vibrations

Von den 11 Fundamentalschwingungen beim Wellenvektor $\vec{q} = 0$ ($1\,A_{1g} + 1\,B_{1g} + 1\,B_{2g} + 1\,E_g + 1\,A_{2u} + 3\,E_u + 2\,B_{1u} + 1\,A_{2g}$) sind je vier ramanaktiv (A_{1g}, B_{1g}, B_{2g}, E_g) und infrarotaktiv (A_{2u} und E_u). Im Raman-Spektrum sind bei gewöhnlicher Temperatur (s. S. 66) die erwarteten vier Linien bei 61 (B_{1g}), 247 (E_g), 341 (A_{1g}) und 476 cm^{-1} (B_{2g}) zu beobachten [1]. Für die IR-aktiven Schwingungen mit den Symmetrien E_u (ordentlicher Strahl, $E \perp c$) und A_{2u} (außerordentlicher Strahl, $E \| c$) ergeben sich aus dem Reflexionsspektrum (300 K) folgende longitudinale und transversale Frequenzen [2]:

Symmetrie	E_u	E_u	E_u	A_{2u}
ν_{LO} in cm^{-1}	210	260	530	520
ν_{TO} in cm^{-1}	158.5	255	363.5	295

Neben den vier IR-aktiven Schwingungen (E_u und A_{2u}) finden Weaver u. a. [3] im Reflexionsspektrum in der Nähe von 230 und 280 cm^{-1} eine zusätzliche Struktur, die mit einem Multiphononeneffekt gedeutet werden könnte. Von obiger Tabelle abweichende Wellenzahlen findet Nakagawa [4] bei Untersuchungen an einem Kristall mit ungenügend ausgebildeten (001)- und (010)-Ebenen, wodurch eine experimentelle Symmetriebestimmung sowohl der beobachteten transversalen Schwingungen und wegen der zu dicht nebeneinanderliegenden zwei transversalen Frequenzen (172 und 161 cm^{-1}) auch der entsprechenden longitudinalen Frequenzen nicht möglich war.

Die nach einem Schalenmodell von Cran, Sangster [5] berechneten Wellenzahlen der Gitterschwingungen stimmen mit den experimentellen Werten von Porto u. a. [1] bzw. Parisot [2] recht gut überein (für 9 Frequenzen Fehler <4%, größter Fehler 12%). Gute Übereinstimmung mit den beiden zuvor genannten experimentellen Untersuchungen zeigen auch die theoretischen Werte von Katiyar, Krishnan [6], zu deren Berechnung das Modell starrer Ionen mit achsensymmetrischen Kräften kurzer Reichweite und Coulomb-Kräften großer Reichweite verwendet wurde. Dagegen weichen die Wellenzahlen der IR-aktiven longitudinalen Schwingungen, die von Striefler, Barsch [7] mit Hilfe des Modells starrer Ionen mit einer effektiven Ladung und mit Zentralkräften kurzer Reichweite zwischen nächsten und übernächsten Nachbarn berechnet wurden, stark von den experimentellen Ergebnissen von Parisot [2] ab.

Doped MnF_2

An einer mit Fe^{2+} dotierten Probe (4% FeF_2) ist im fernen IR eine Absorptionslinie bei 144.9 cm^{-1} (1.2 K) zu beobachten. Sie beruht vermutlich auf lokalisierten Zwei-Magnonenanregungen vom Typ $s_0 + f$ (gleichzeitige Anregung eines Fe^{2+}-Spins und eines übernächsten Mn^{2+}-Spins) [8]. Auch die bei etwa 140 cm^{-1} beobachtete Ramanlinie wird mit einem Zwei-Magnonenprozeß gedeutet [9]. Eine bei 94.8 cm^{-1} (1.2 K) gefundene Linie für die lokalisierte Schwingung in MnF_2:Fe^{2+} (0.04 Mol-% Fe) kann auf einen Übergang vom tiefsten zum 1. angeregten Spinniveau des orbitalen Grundzustandes von Fe^{2+} zurückgeführt werden [10].

Die bei einer Dotierung mit 1% Co^{2+} aus der Untersuchung des Raman-Spektrums beobachteten Linien bei 123, 167.5 und 169.5 cm^{-1} können s_0-, s_0d_{xz}- und s_0f-Schwingungen zugeordnet werden [11]. Messungen der Neutronenstreuung (4.2 K) an einer mit 5% Co dotierten Probe lassen eine lokalisierte Schwingung der Co^{2+}-Ionen bei 3570 ± 50 GHz erkennen, die bei reinem MnF_2 nicht beobachtet wird [12]. Bei Temperaturerhöhung auf 60 K fällt diese Frequenz auf 3120 ± 130 GHz ab [13].

Lattice Vibrations of Doped MnF_2

Die im Raman-Spektrum von Proben mit 1 bis 2% Ni bei 2 K beobachteten Linien bei 164.5 und 167 cm^{-1} sind einer s_0d_{xy}- bzw. s_0d_{xz}-Schwingung zuzuordnen [14].

Bei Zusatz von 0.01 Mol-% Eu^{2+} ist bei T = 2 K eine Gitterstörschwingung als scharfe Linie bei 15.95 ± 0.1 cm^{-1} zu beobachten [15].

Literatur:

[1] S. P. S. Porto, P. A. Fleury, T. C. Damen (Phys. Rev. [2] **154** [1967] 522/6). — [2] G. Parisot (Compt. Rend. B **265** [1967] 1192/4). — [3] J. H. Weaver, C. A. Ward, R. W. Alexander (J. Phys. Chem. Solids **35** [1974] 1625/8). — [4] I. Nakagawa (Bull. Chem. Soc. Japan **44** [1971] 3014/20). — [5] G. C. Cran, M. J. L. Sangster (J. Phys. C **7** [1974] 1937/48, 1942).

[6] R. S. Katiyar, R. S. Krishnan (J. Indian Inst. Sci. **51** [1969] 121/33). — [7] M. E. Striefler, G. R. Barsch (Phys. Status Solidi B **64** [1974] 613/25, 618). — [8] K. Johnson, R. Weber (J. Phys. [Paris] **32** [1971] Suppl. C 1-1070/C1-1072). — [9] A. Oseroff, P. S. Pershan (Phys. Rev. Letters **21** [1968] 1593/6). — [10] R. Weber (Phys. Rev. Letters **21** [1968] 1260/2).

[11] G. Parisot, S. J. Allen, H. J. Guggenheim, R. Moyal, P. Moch, C. Dugautier (J. Appl. Phys. **41** [1970] 890/1). — [12] W. J. L. Buyers, R. A. Cowley, T. M. Holden, R. W. H. Stevenson (J. Appl. Phys. **39** [1968] 1118/9). — [13] T. M. Holden, J. L. Buyers, R. W. H. Stevenson (J. Appl. Phys. **40** [1969] 991/2). — [14] P. Moch, G. Parisot, R. E. Dietz, H. J. Guggenheim (Phys. Rev. Letters **21** [1968] 1596/9). — [15] A. J. Sievers, R. W. Alexander, S. Takeno (Solid State Commun. **4** [1966] 483/5).

Chemical Bond

4.2.2.4.5 Chemische Bindung

Berechnungen der Gitterenergie weisen darauf hin, daß die Bindung in MnF_2 vorwiegend ionisch ist [1]. Die effektive Ladung des Kations wird aus IR-Untersuchungen [2] zu 1.6_3 e abgeleitet; aus der Elektronegativität folgt 1.56 e [3].

Für Mn^{2+} im S-Zustand wird nach dem Punktladungsmodell eine Kristallfeldberechnung durchgeführt unter Berücksichtigung der rhombisch angeordneten nächsten Umgebung des Mn^{2+}-Ions in tetragonalem MnF_2I. Die Aufspaltungsterme beim Feld Null ergeben sich zu $D[3\,S_z^2 - S(S+1)] = 7.70 \times 10^{-4}$ cm^{-1} und $E\,(S_x^2 - S_y^2) = -102.61 \times 10^{-4}$ cm^{-1} [4] im Vergleich zu den experimentellen Werten D = 11.5 ± 10^{-4} cm^{-1} und E = -121.5×10^{-4} cm^{-1} aus der EPR [5]. Werte von B_l^m nach Nijboer und de Wette [6] s. Original [4]. Zum Einfluß von Überlappung und von Kovalenzeffekten auf D und E s. [7]. — Über die Hyperfeinkopplung s. S. 56 und 61.

Literatur:

[1] W. H. Baur (Acta Cryst. **14** [1961] 209/14). — [2] G. Parisot (Compt. Rend B **265** [1967] 1192/4). — [3] E. V. Dulepov, E. G. Ippolitov, S. S. Batsanov (Zh. Strukt. Khim. **14** [1973] 386/7; J. Struct. Chem. [USSR] **14** [1973] 351/2). — [4] R. R. Sharma, T. P. Das, R. Orbach (Phys. Rev. [2] **149** [1966] 257/69). — [5] M. Tinkham (Proc. Roy. Soc. [London] A **236** [1956] 535/48, 538).

[6] B. R. A. Nijboer, F. W. de Wette (Physica **23** [1957] 309/21). — [7] P. Novák, I. Veltruský (Phys. Status Solidi B **73** [1976] 575/86).

Mechanical and Thermal Properties

4.2.2.5 Mechanische und thermische Eigenschaften

Density. Thermal Expansion

4.2.2.5.1 Dichte D in g/cm³, thermische Ausdehnung

Die pyknometrische Dichtebestimmung ergibt D = 3.922 ± 0.004 bei 25°C; aus den Gitterkonstanten wird D = 3.925 ± 0.003 berechnet [1]. Nach dem Petroleum-Hochvakuumverfahren wird D_4^{25} = 3.891 erhalten [2]. Der aus älteren Werten für die Gitterkonstanten abgeleitete Wert D = 3.97 [3] dürfte zu hoch liegen.

Für die Hochdruckmodifikation MnF_2II ergibt sich die Röntgendichte zu 4.59 [4], für die Modifikationen MnF_2III und MnF_2IV D = 4.98 [5] bzw. 3.99 [6].

Der lineare Ausdehnungskoeffizient $\alpha_{\parallel}$ (längs der c-Achse) bzw. $\alpha_{\perp}$ (senkrecht zur c-Achse) ergibt sich aus der Änderung der Gitterkonstanten, die von Gibbons [7] zwischen 10 und 280 K und von Strong [8] zwischen 25 und 298 K gemessen wurde. Die hieraus abgeleiteten Ausdehnungskoeffizienten sind in **Fig. 2** als Funktion der Temperatur dargestellt; danach erreicht z. B. $\alpha_{\parallel}$ das Maximum ($55.83 \times 10^{-6} K^{-1}$) bei der Néel-Temperatur T_N (67 K) und steigt oberhalb 90 K allmählich auf $12.23 \times 10^{-6} K^{-1}$ bei 280 K [7]. Unter Verwendung dieser Meßdaten berechnet Guseinov [9] nach Formeln, die für Kristalle mit Rutil-Struktur abgeleitet wurden [10], den magnetischen Anteil von $\alpha_{\parallel}$ im Bereich von 10 bis 55 K (leichter linearer Anstieg). Senkrecht zur c-Achse bleibt der Betrag von $\alpha_{\perp}$ unterhalb $3.1 \times 10^{-6} K^{-1}$ [7], d. h. daß sich die Gitterkonstante a unterhalb 300 K kaum ändert [8]. Nach Messungen an einer polykristallinen Probe soll sich $\alpha_{\parallel}$ bei T_N unstetig um $\Delta\alpha_{\parallel} = 12 \times 10^{-6} K^{-1}$ ändern [11].

Fig. 2

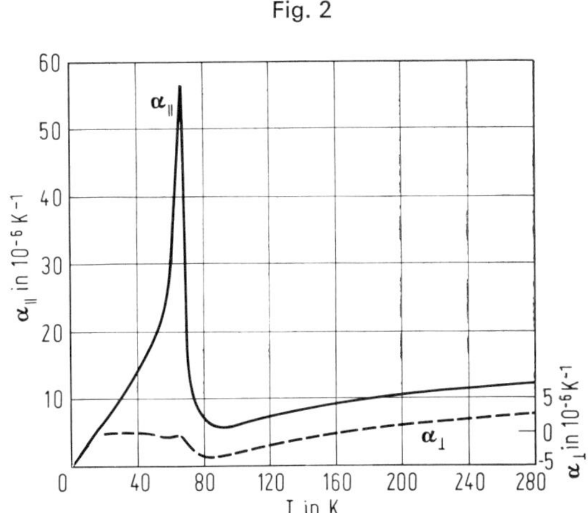

Temperaturabhängigkeit der thermischen Ausdehnungskoeffizienten parallel und senkrecht zur c-Achse bei MnF_2.

Aus der von Krishna Rao und Naidu [12] gemessenen Zunahme der Gitterkonstanten zwischen 28 und 608°C leitet Krishna Rao [13] für den Bereich von 25 bis 450°C einen Anstieg von $\alpha_{\parallel}$ von 12.9×10^{-6} auf $18.9 \times 10^{-6} K^{-1}$ sowie von $\alpha_{\perp}$ von 3.6×10^{-6} auf $7.7 \times 10^{-6} K^{-1}$ ab. An einem Preßkörper wird zwischen 450 und 25°C der mittlere Ausdehnungskoeffizient $\bar{\alpha} = 10.1 \times 10^{-6} K^{-1}$ erhalten [14].

Literatur:

[1] M. Griffel, J. W. Stout (J. Am. Chem. Soc. **72** [1950] 4351/3). — [2] W. Biltz, E. Rahlfs (Z. Anorg. Allgem. Chem. **166** [1927] 351/76, 374). — [3] A. Ferrari (Atti Reale Accad. Lincei [6] **3** [1926] 224/30). — [4] L. F. Vereshchagin, S. S. Kabalkina, A. A. Kotilevets (Zh. Eksperim. i Teor. Fiz. **49** [1965] 1728/32; Soviet Phys.-JETP **22** [1965] 1181/4). — [5] S. S. Kabalkina, L. F. Vereshchagin, L. M. Lityagina (Fiz. Tverd. Tela **11** [1969] 1040/2; Soviet Phys.-Solid State **11** [1969] 847/8).

[6] L. M. Azzaria, F. Dachille (J. Phys. Chem. **65** [1961] 889/90). — [7] D. F. Gibbons (Phys. Rev. [2] **115** [1959] 1194/5). — [8] S. L. Strong (Phys. Chem. Solids **19** [1961] 51/3). — [9] N. G. Guseinov (Izv. Akad. Nauk Azerb. SSR Ser. Fiz. Tekhn. i Mat. Nauk **1974** Nr. 4, S. 76/81 nach C. A. **82** [1975] Nr. 50748). — [10] N. G. Guseinov, Yu. M. Seidov (Fiz. Tverd. Tela **7** [1965] 3635/8; Soviet Phys.-Solid State **7** [1965] 2929/31).

[11] D. N. Astrov, S. I. Novikova, M. P. Orlova (Zh. Eksperim. i Teor. Fiz. **37** [1959] 1197/201; Soviet Phys.-JETP **10** [1959] 851/4). — [12] K. V. Krishna Rao, S. V. N. Naidu (Proc. Indian Acad. Sci. A **58** [1963] 296/302, 299; C. A. **60** [1964] 11441). — [13] K. V. Krishna Rao (AIP [Am. Inst. Phys.] Conf. Proc. Nr. 17 [1973] 219/30, 222). — [14] M. Murat, F. Chatelut, C. Bardot (Bull. Soc. Chim. France **1971** 3101/5).

Elasticity of MnF_2

4.2.2.5.2 Elastizität

Elastische Moduln c_{ik} und Kompressionsmodul K in 10^{10} N/m^2 (= 10^{11} dyn/cm^2), elastische Konstanten s_{ik} und Kompressibilität $\varkappa = 1/K$ in 10^{-10} m^2/N (= 10^{-11} cm^2/dyn).

Aus der Geschwindigkeit von Ultraschallwellen (30 MHz) bei 300 K ergeben sich die Moduln $c_{11} = 10.24$, $c_{33} = 16.95$, $c_{44} = 3.185$, $c_{66} = 7.208$, $c_{12} = 7.95$, $c_{13} = 7.07$ [1]. Damit sind frühere, aus der Beugung von Licht an stehenden Ultraschallwellen von 15 MHz abgeleitete Werte (10.30, 16.28, 3.00, 6.77, 8.16 bzw. 7.09) [2] im wesentlichen bestätigt. Neuere Messungen nach dieser Methode führen zu $c_{11} = 10.2$, $c_{33} = 16.2$, $c_{44} = 3.1$, $c_{66} = 7.3$, $c_{12} = 8.3$, $c_{13} = 7.4$ [3]. Durch Bestimmung der Resonanzfrequenz gelangen Hart und Stevenson [4] zu den Moduln $c_{11} = 10.02$, $c_{33} = 16.76$, $c_{44} = 3.09$, $c_{66} = 6.94$, $c_{12} = 7.80$ und $c_{13} = 7.10$; ferner werden die Konstanten $s_{11} = 26.5$, $s_{33} = 9.0$, $s_{44} = 32.4$, $s_{66} = 14.4$, $s_{12} = -18.0$ und $s_{13} = -3.6$ erhalten. Die Größe der Moduln in den Richtungen der Hauptbindungsketten ([001], [110], [1$\bar{1}$0]) wird von Haussühl [2] eingehend diskutiert. Diese und die durch Resonanz erhaltenen Moduln [4] lassen sich mit einem Modell starrer Ionen, bei dem Zentralkräfte nur bis zu den übernächsten Nachbarn wirken, gut erklären [5].

Die mittlere Kompressibilität wird (ohne Angabe einer Formel) aus den c_{ik} nur von Haussühl [2] berechnet; danach ist bei 20°C K = 8.83. Die Anisotropie von $\varkappa$ ist nicht aus den c_{ik} berechnet, sondern aus der Druckabhängigkeit der Gitterkonstanten abgeleitet worden, anscheinend im Bereich von 4.2 bis 35.7 K; hier ist $(1/c) \cdot (\partial c/\partial p) = \varkappa_{\parallel} = -0.31 \times 10^{-6}$ cm^2/kg und $(1/a) \cdot (\partial a/\partial p) = \varkappa_{\perp} = -0.45 \times 10^{-6}$ cm^2/kg [6]. Bei Kompressionsversuchen mit Drücken bis 10^4 atm ergibt sich bei 300 K $\varkappa = 5.5 \times 10^{-6}$ atm^{-1} [7]. — Qualitative Angaben über die Kompressibilität der Hochdruckmodifikation MnF_2V s. bei Kabalkina u. a. [8].

Die Abhängigkeit der c_{ik} von der Temperatur T ist in der Nähe der Raumtemperatur linear. Die Koeffizienten $T_{ik} = (1/c_{ik}) \cdot (\partial c_{ik}/\partial T)$ liegen nach ersten Messungen bei 0°C in den meisten Richtungen bei $-(0.24 \pm 0.03) \times 10^{-3}$ K^{-1}, dagegen ist $T_{66} = -0.39 \times 10^{-3}$ K^{-1} [2]. Genauere Messungen ergeben (in 10^{-6} K^{-1}) $T_{11} = -258$, $T_{33} = -215$, $T_{44} = -54.6$, $T_{66} = -328$ [1]. Bei weiter abnehmender Temperatur wird die Zunahme der c_{ik} schwächer, und am Néel-Punkt T_N tritt in einigen Richtungen ein Minimum auf, s. **Fig. 3**. Bei 200, 100 und 4.2 K gemessene Werte [1]:

T in K	c_{11}	c_{33}	c_{44}	c_{66}	c_{12}	c_{13}
200	10.50	16.91	3.201	7.442	8.20	7.26
100	10.75	17.20	3.208	7.652	8.47	7.44
4.2	10.92	17.39	3.202	7.736	8.64	7.46

Die bei 4.2 K gemessenen Moduln werden durch ein Magnetfeld von 93 kOe (Spin-Flop-Feld, s. S. 30) infolge magnetoelastischer Kopplung stark verändert; Einzelheiten s. bei Melcher [9].

Fig. 3

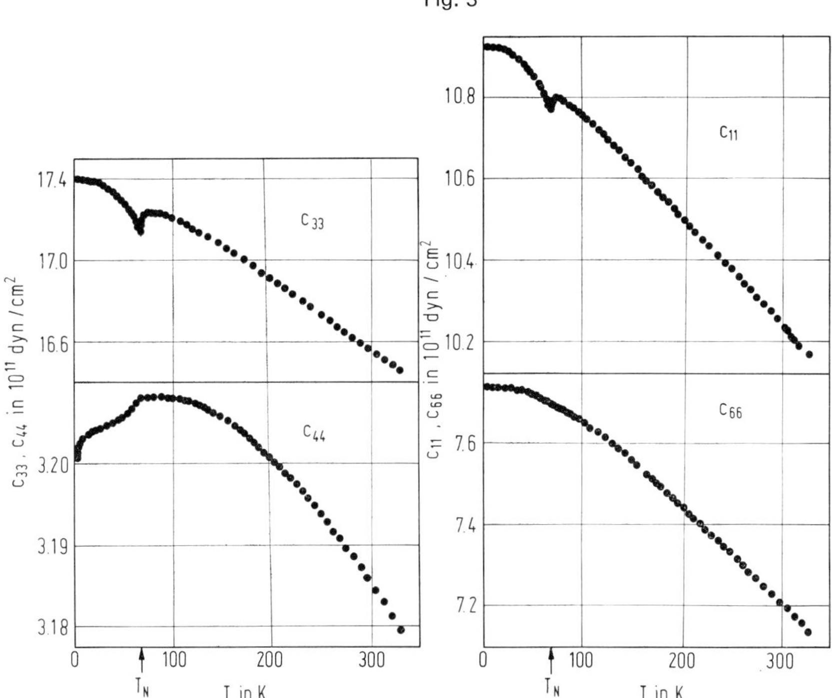

Temperaturabhängigkeit der elastischen Konstanten c_{ik} von MnF_2.

Literatur:

[1] R. L. Melcher (Phys. Rev. [3] B **2** [1970] 733/9). — [2] S. Haussühl (Phys. Status Solidi **28** [1968] 127/30). — [3] Yu. A. Popkov, V. I. Fomin, L. T. Kharchenko (Fiz. Tverd. Tela **13** [1971] 1626/30; Soviet Phys.-Solid State **13** [1971] 1360/4). — [4] S. Hart, R. W. H. Stevenson (J. Phys. D **5** [1972] 160/1). — [5] M. E. Striefler, G. R. Barsch (Phys. Status Solidi B **59** [1973] 205/17, B **64** [1974] 613/25).

[6] G. B. Benedek, T. Kushida (Phys. Rev. [2] **118** [1960] 46/57, 51). — [7] R. Stevenson (Can. J. Phys. **44** [1966] 281/3). — [8] S. S. Kabalkina, L. F. Vereshchagin, L. M. Lityagina (Zh. Eksperim. i Teor. Fiz. **56** [1969] 1497/503; Soviet Phys.-JETP **29** [1969] 803/6). — [9] R. L. Melcher (Phys. Rev. Letters **25** [1970] 235/7, 1201/4).

4.2.2.5.3 Schallausbreitung

Propagation of Sound

Schallgeschwindigkeit v in km/s, Schallabsorptionskoeffizient α.

Für die Wechselwirkung zwischen Schallwellen mit dem Spinsystem wurde auf Grund der ersten Messungen an MnF_2 [1] von Tani und Mori [2] eine Theorie entwickelt, um das Maximum der Schalldämpfung in antiferromagnetischen Stoffen bei der Néel-Temperatur zu erklären. Im Zuge der weiteren experimentellen und theoretischen Untersuchung der Schallausbreitung wurde es als zweckmäßig erkannt, sowohl die Geschwindigkeitsänderung $\Delta v/v$ als auch den Absorptionskoeffizienten α als Funktion der reduzierten Temperatur $\varepsilon = |T-T_N|/T$ darzustellen, und zwar kann $\Delta v/v$ als proportional $\varepsilon^{-\zeta}$, α als proportional $\varepsilon^{-\eta}$ angesehen werden; ζ und η sind die kritischen Exponenten. Die Bestimmung von ζ und η für MnF_2 war 1968 bis 1971 Gegenstand mehrerer Arbeiten [3 bis 9]; dabei wurde auch ein möglicher Beitrag von Magnonenpaaren zur Schalldämpfung theoretisch diskutiert [5].

Propagation of Sound in MnF_2

Die Geschwindigkeit von longitudinalen und transversalen Schallwellen beträgt bei 300 K in der (001)-Ebene v = 6.25 bzw. 2.8 [8]. Bei 4.2 K ergeben sich für Longitudinalwellen von 8 bis 310 MHz die Werte 6.6 in [001]- und [110]-Richtung sowie 5.2 in [100]-Richtung. Bei Transversalwellen wird in [001]-Richtung v = 2.84 gemessen, ebenso in [100]- und in [110]-Richtung (beide längs [001] polarisiert); in den Richtungen [100] (polarisiert längs [010]) und [110] (polarisiert längs [1$\bar{1}$0]) wird v = 4.4 bzw. 1.67 bestimmt [10].

Der kritische Exponent ζ, zunächst nur für Schallwellen in [001]- oder [110]-Richtung oberhalb T_N zu 0.33 ermittelt [4], ergibt sich bei weiteren Messungen — auch in [100]-Richtung — zu 0.12; auch unterhalb T_N hängt ζ nicht von der Ausbreitungsrichtung ab und beträgt 0.02. Frequenzabhängigkeit ist zwischen 10 und 30 MHz nicht zu beobachten [11]. Bei 50, 90 und 110 MHz ist das Minimum von v am Néel-Punkt, gemessen mit Schallwellen in [001]-Richtung, viel schwächer als bei 30 MHz [7].

Die Schalldämpfung ist lediglich in der Nähe der Néel-Temperatur untersucht worden, wo α proportional $\varepsilon^{-\eta}$ ist. Für den kritischen Exponenten η werden je nach Ausbreitungsrichtung Werte zwischen 0.13 und 0.16 gemessen [6, 8]; vorläufiger Wert: η = 0.2 [9]. Bei früheren Messungen [3, 4, 12] wurden Exponenten zwischen 0.29 und 0.53 erhalten. Unterhalb T_N findet Ikushima [6], daß η für Longitudinalwellen längs [100] bei steigender Frequenz (10 bis 110 MHz) von 0.090 auf 0.004 abnimmt. — Das Absorptionsmaximum scheint sich bei steigender Frequenz zu tieferen Temperaturen zu verschieben [13 bis 15]. Diese Verschiebung ist schon im Bereich von 10 bis 70 MHz nachweisbar [18]; sie wird allerdings bei Messungen bis 230 MHz nicht bestätigt [16]. Für Longitudinalwellen in [110]-Richtung wird maximale Absorption bei 63 K (250 MHz), 59 K (570 MHz) bzw. 57 K (955 MHz) gefunden [13]. Kritische Bemerkungen zu diesen Befunden werden von Moran und Lüthi [7] auf Grund eigener Messungen zwischen 30 und 150 MHz vorgebracht, jedoch von Bachellerie u. a. [14] als nicht ausreichend angesehen und durch weitere Deutungsversuche ergänzt.

Auch bei dem durch starke Magnetfelder bewirkten Spin-Flop-Übergang (s. S. 30) hat der Absorptionskoeffizient ein scharfes Maximum, wie Messungen mit Longitudinal- und Transversalwellen in Feldern bis 200 kOe zeigen [10, 17]. Es kommt durch die Kopplung zwischen Schall- und Spinwellen zustande, die bei geringer Abweichung der Feldrichtung von der Richtung der leichten Magnetisierbarkeit besonders stark ist [18].

Aus der Dispersion der Schallgeschwindigkeit in der Nähe von T_N kann für den Temperaturbereich $(T-T_N)/T_N \geqq 10^{-3}$ eine Relaxationszeit $\tau = (2.7 \pm 0.2) \times 10^{-9}$ s abgeleitet werden [7]. Der durch eine solche Relaxationszeit (neuere Messungen ergeben 3×10^{-9} s) charakterisierte Prozeß überwiegt erst in einem Temperaturbereich, der etwa 0.02 K oberhalb T_N beginnt [11].

Literatur:

[1] J. R. Neighbours, R. W. Oliver, C. H. Stillwell (Phys. Rev. Letters **11** [1963] 125/7). — [2] K. Tani, H. Mori (Progr. Theoret. Phys. [Kyoto] **39** [1968] 876/96; Phys. Letters **19** [1966] 627/9). — [3] J. R. Neighbours, R. W. Moss (Phys. Rev. [2] **173** [1968] 542/6). — [4] R. G. Leisure, R. W. Moss (Phys. Rev. [2] **188** [1969] 840/4; AD 695494 [1969]; C. A. **72** [1970] Nr. 83222). — [5] P. A. Fedders (Phys. Rev. [3] B **2** [1970] 4537/9).

[6] A. Ikushima (J. Phys. Chem. Solids **31** [1970] 283/9, 939/46). — [7] T. J. Moran, B. Lüthi (Phys. Rev. [3] B **4** [1971] 122/32, 122, 127, 129, 130). — [8] B. Lüthi, T. J. Moran, R. J. Pollina (J. Phys. Chem. Solids **31** [1970] 1741/58, 1747, 1748, 1750). — [9] B. Lüthi, P. Papon, R. J. Pollina (J. Appl. Phys. **40** [1969] 1029/30). — [10] Y. Shapira, J. Zak (Phys. Rev. [2] **170** [1968] 503/12, 505), Y. Shapira (Phys. Letters A **24** [1967] 361/2).

[11] K. Kawasaki, A. Ikushima (Phys. Rev. [3] B **1** [1970] 3143/51); vgl. A. Ikushima (Phys. Letters A **29** [1969] 364/5). — [12] R. G. Evans (Phys. Letters A **27** [1968] 451/2). — [13] A. Bachellerie (Solid State Commun. **8** [1970] 1059/63). — [14] A. Bachellerie, J. Joffrin, A. Levelut (Phys. Rev. Letters **30** [1973] 617/20). — [15] M. F. Cracknell, A. G. Semmens (J. Phys. C **4** [1971] 1513/8).

[16] Y. Shapira (Solid State Commun. **9** [1971] 809/11). — [17] Y. Shapira, S. Foner (Phys. Rev. [3] B **1** [1970] 3083/96, 3090/1). — [18] G. K. Chepurnykh (Fiz. Tverd. Tela **17** [1975] 430/2, 2712/5; Soviet Phys.-Solid State **17** [1975] 268/9, 1800/2).

4.2.2.5.4 Schmelzen, Sublimieren, Verdampfen

Melting. Sublimation. Vaporization

An reinen MnF_2-Proben werden sehr unterschiedliche Werte für den Schmelzpunkt t_f gemessen: 867 ± 5°C [1], 892°C [2], 929.5 ± 0.5°C [3]. Bei Systemuntersuchungen mit Alkalifluoriden bzw. BaF_2 werden die Werte t_f = 923°C [4] bzw. 897 ± 10°C [5] erhalten. Die Probe, an der t_f = 856°C gemessen wurde [6], dürfte verunreinigt gewesen sein. — Die Schmelzenthalpie bestimmen Hitchingham und Kana'an [7] aus der Verdampfungsenthalpie (ΔH_v = 69.75, s. unten) und der Sublimationsenthalpie in der Nähe des Schmelzpunktes (73.0 ± 1.5 kcal/mol [8]) zu ΔH_f = 3.25 ± 2.0 kcal/mol.

Für den Dampfdruck p über einer monokristallinen Probe ergeben sich nach der Langmuir-Methode folgende Werte (in Auswahl):

T in K	887.1	924.1	952.3	964.3	982.9
p in 10^{-9} atm	0.494	2.49	8.54	14.0	27.8

Bautista, Margrave [9]. Zwischen 1054 und 1193 K gilt für p (in atm) die Beziehung $\lg p = 8.70 \pm 0.02 - (1.596 \pm 0.034) \times 10^4/T$ [8]. Aus diesen Meßdaten folgt für T = 1000 K der Wert lg p = −7.26 [10]. — Zum F_2-Druck über festem MnF_2 s. S. 70.

Über flüssigem MnF_2 gilt nach Messungen mit der Knudsen-Effusionsmethode zwischen 1130 und 1270 K für p (in atm) die Gleichung $\lg p = 8.067 \pm 0.5 - (1.524 \pm 0.03) \times 10^4/T$; danach ist p = 1 atm bei $T \approx 1890$ K [7].

Die auf 298 K umgerechnete Sublimationsenthalpie ergibt sich aus Dampfdruckmessungen nach dem 2. Hauptsatz zu ΔH_s = 76.1 ± 2.0 kcal/mol, nach dem 3. Hauptsatz zu ΔH_s = 76.5 ± 3.0 kcal/mol [8, 10]; frühere Messungen ergaben ΔH_s = 76.0 ± 1.0 bzw. 76.4 ± 0.5 kcal/mol [9]. Aus thermodynamischen Funktionen berechnen Ehlert und Hsia [11] ΔH_s = 77.1 ± 1.5 kcal/mol. — Die Verdampfungsenthalpie bei 1165 K ergibt sich aus Dampfdruckdaten nach dem 2. Hauptsatz zu ΔH_v = 69.75 ± 1.5 kcal/mol [7].

Die massenspektrometrische Untersuchung der Verdampfung und Sublimation von MnF_2 in einer Knudsen-Effusionszelle zeigt, daß als dampfförmige Spezies überwiegend MnF_2 vorliegt; daneben werden MnF^+ und Mn^+ identifiziert. Dimere oder polymere Spezies von MnF_2 wurden nicht gefunden. Mn^+ bildet sich wahrscheinlich durch einfache Ionisierung von gasförmigem Mangan, das durch die Reaktion von MnF_2 mit dem Tantal-Tiegel entsteht [8].

Literatur:

[1] E. Weinberg, N. K. Srinivasan (J. Cryst. Growth **26** [1974] 210/4). — [2] L. M. Lityagina, M. F. Kachan, S. S. Kabalkina, L. F. Vereshchagin (Dokl. Akad. Nauk SSSR **216** [1974] 1066/9; Dokl. Chem. Proc. Acad. Sci. USSR **214/219** [1974] 424/6). — [3] M. Griffel, J. W. Stout (J. Am. Chem. Soc. **72** [1950] 4351/3). — [4] I. N. Belyaev, O. Ya. Revina (Zh. Neorgan. Khim. **11** [1966] 1446/50; Russ. J. Inorg. Chem. **11** [1966] 772/4). — [5] S. V. Petrov, E. G. Ippolitov (Izv. Akad. Nauk SSSR Neorgan. Materialy **7** [1971] 876/7; Inorg. Materials [USSR] **7** [1971] 769/71).

[6] H. Moissan, A. Venturi (Compt. Rend. **130** [1900] 1158/62). — [7] W. C. Hitchingham, A. S. Kana'an (High Temp. Sci. **1** [1969] 216/21).— [8] R. A. Kent, T. C. Ehlert, J. L. Margrave (J. Am. Chem. Soc. **86** [1964] 5090/3). — [9] R. G. Bautista, J. L. Margrave (J. Phys. Chem. **67** [1963] 1564/5). — [10] R. A. Kent, K. Zmbov, J. D. McDonald, G. Besenbruch, T. C. Ehlert, R. G. Bautista, A. S. Kana'an, J. L. Margrave (Proc. Conf. Nucl. Appl. Nonfissionable Ceram., Washington, D.C., 1966, S. 249/55, 251).

[11] T. C. Ehlert, M. Hsia (J. Fluorine Chem. **2** [1972/73] 33/51, 46).

Thermodynamic Functions of MnF_2

4.2.2.5.5 Thermodynamische Funktionen

Enthalpie H in cal/mol, Wärmekapazität C_p und Entropie S in cal · mol^{-1} · K^{-1}.

Bei Messungen an einem Einkristall wird zwischen 1.0 und 4.2 K folgender Verlauf der Temperaturabhängigkeit von C_p erhalten [1]:

T in K	1.0	1.5	2.0	2.2	2.4	2.6	3.0	3.4	3.8	4.2
C_p	3.11	1.415	0.900	0.832	0.810	0.836	1.007	1.351	1.85	2.48

In der Formel $C_p/R = a_1 \cdot T^3 + a_3 \cdot T^{-2} + C_m$ ergeben sich aus den Daten unterhalb 1.7 K, da dort $C_m \approx 0$ ist, für die Parameter des Gitteranteils und des Kernanteils die Werte $a_1 = (14.1 \pm 0.5) \times 10^{-6}$ bzw. $a_3 = (3.08 \pm 0.04) \times 10^{-3}$. Der Wert von a_1 entspricht der Debye-Temperatur $\Theta_D = 463 \pm 5$ K, während aus $\Theta_D = 475$ K (s. S. 24) $a_1 = 13.0 \times 10^{-6}$ folgt. Der Parameter a_3 ist gut vereinbar mit dem Wert 3.06×10^{-3}, der sich aus einer graphischen Analyse der Daten von Catalano und Phillips [2] ergibt, während Cooke, Edmonds [3] zwischen 0.5 und 2.0 K $a_3 = 3.2 \times 10^{-3}$ fanden. Unterhalb 1.1 K sind die Meßwerte (möglicherweise wegen zunehmender Spin-Gitter-Relaxationszeit) etwas größer als die mit den zitierten Parametern berechneten. Der magnetische Anteil ist als $C_m/R = a_2 \cdot \Phi(T_g/T) \cdot T^3$ anzusetzen, wobei Φ eine komplizierte Funktion der Temperatur ist (s. Original). Die Analyse der Meßdaten führt zu $T_g = 12.54$ K, $a_2 = (29.1 \pm 0.5) \times 10^{-6}$ [1]. Zur Deutung der älteren Meßdaten [2] s. Nagai [4].

Durch ein Magnetfeld von 33 kOe wird C_p unterhalb T = 6 K in der in **Fig. 4** dargestellten Weise erhöht [5]; die Kurven für C_g und C_n beruhen auf Messungen von Henderson u. a. [1].

Fig. 4

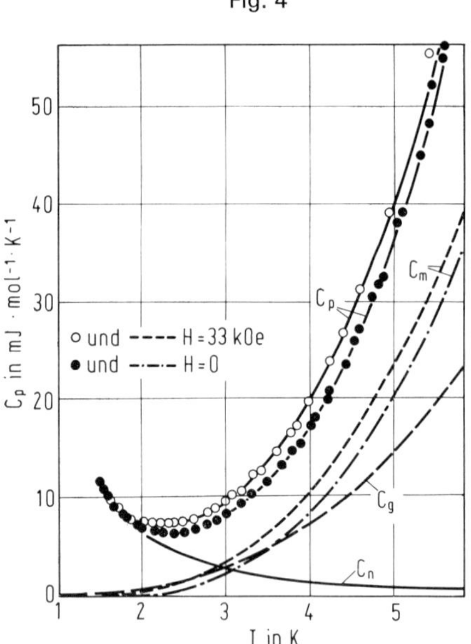

Temperaturabhängigkeit der Wärmekapazität C_p ohne und mit Magnetfeld || [001] sowie des Magnonenanteils C_m, des Gitteranteils C_g und des Kernanteils C_n.

Zwischen 15 und 320 K ist C_p an einer pulverförmigen Probe von Stout, Adams [6] gemessen worden. Aus den Ergebnissen wurde einerseits die Abnahme von C_p bei der magnetischen Umwandlung $\Delta C_p = 2.4$ [7], andererseits durch Subtraktion des Gitteranteils (der aus Meßwerten für ZnF_2 umgerechnet wird) ein „elektronischer" Anteil, der praktisch gleich C_m ist, abgeleitet [8]. Mit den so erhaltenen C_m-Werten stimmen einige berechnete Werte [11, 12] gut überein, andere [10] liegen zwischen 15 und 50 K um 20 bis 30% tiefer; vgl. ferner Low [13]. Neuere Meßdaten [9], die an einer polykristallinen Probe erhalten wurden, sind überwiegend kleiner als diejenigen für das Pulver [6]. Ausgeglichene Werte (in Auswahl) [9]:

T in K	10	20	40	60	67.30	80	100	200	298.15
$H^\circ - H^\circ_0$	0.29	6.03	56.56	173.1	240.8	330.7	485.0	1631.7	3106
C°_p	0.142	1.125	4.039	7.909	13.1	7.081	8.409	13.78	15.96
S°	0.037	0.395	2.031	4.342	5.402	6.628	8.345	16.075	22.043

Der Gitteranteil von C_p steigt zwischen 10 und 100 K monoton von 0.028 auf 8.04, der magnetische Anteil von 0.114 auf 8.3 bei $T_N = 67.30$ K, während zwischen 70 und 100 K eine Abnahme von 1.98 auf 0.37 stattfindet [9].

In der Nähe der Néel-Temperatur ist C_p besonders eingehend von Teaney [14] gemessen worden; in der Formel $C/R = A \cdot \lg|\Delta T/T_n| + B$ ergibt sich für $T < T_N$: A = 1.15, B = 0.82, für $T > T_N$: A = 0.6, B = 0.14. Theoretische Erörterungen über C_p in der Nähe von T_N s. bei Stout [15], Fisher [16] und Yamamoto u. a. [17].

Zwischen 330 und 770 K wird ein Anstieg von C_p von 16.4 auf 19.9 gemessen; dieser läßt sich auf 2% genau mit der Formel $C_p = 13.103 + 0.0114\,T - 3.55 \times 10^{-6}\,T^2$ erfassen. Mit dieser und einer daraus für $H-H_{298}$ abgeleiteten Formel können H und C_p bis 1200 K extrapoliert werden, und aus dem Anstieg von C_p kann S berechnet werden:

T in K	300	400	500	600	700	800	1000	1200
$H-H_{298}$	30	1700	3450	5280	7180	9150	13300	17500
C_p	16.2	17.1	17.9	18.7	19.4	20.0	21.0	21.7
$S-S_{298}$	0.10	4.89	8.80	12.13	15.06	17.69	22.26	26.15

Ehlert, Hsia [22]. — Ältere Angaben für H und S [23 bis 25], z. T. über den Schmelzpunkt hinaus, beruhen auf Schätzungen.

Für einen nur aus MnF_2-Molekülen bestehenden Dampf ergeben sich aus den Wellenzahlen der Molekülschwingungen (s. S. 8) und dem Kernabstand (1.93 Å) folgende Werte:

T in K	100	200	298.0	400	600	800	1000	1200
$H^\circ - H^\circ_{298}$	−2265	−1188	0	1330	4096	6959	9867	12797
C°_p	9.965	11.495	12.650	13.409	14.140	14.451	14.606	14.694
S°	52.876	60.277	65.096	68.929	74.526	78.642	81.885	84.557

Ehlert, Hsia [22]. Aus älteren Moleküldaten abgeleitete Funktionen (z.B. $H^\circ_{298.15} - H^\circ_0 = 3270$) s. bei Brewer u. a. [24].

Die Standardentropie wird aus der Temperaturabhängigkeit von C_p zunächst zu $S^\circ_{298.15} = 22.25 \pm 0.10$ berechnet [6]. Die von Wagman u. a. [20] angegebenen Werte $S^\circ_{298.15} = 22.05$ und $H^\circ_{298} - H^\circ_0 = 3110$ sowie $C^\circ_p = 15.96$ beruhen offenbar auf den privat mitgeteilten Ergebnissen von Boo und Stout [9]. Aus elektrochemischen Messungen leiten Rezukhina u. a. [21] $S^\circ_{298.15} = 20.9 \pm 1.1$ ab. — Die mit der magnetischen Umwandlung verbundene Entropieänderung beträgt $\Delta S = 3.54$ [18]; älterer Wert: 3.37 [19].

Literatur:

[1] A. J. Henderson, H. Meyer, H. J. Guggenheim (J. Phys. Chem. Solids **32** [1971] 1047/58). — [2] E. Catalano, N. E. Phillips (J. Phys. Soc. Japan **17** Suppl. B-I [1962] 527/9). — [3] A. H. Cooke, D. T. Edmonds (Proc. Phys. Soc. [London] **71** [1958] 517/9). — [4] O. Nagai (Progr. Theoret. Phys. [Kyoto] **27** [1962] 1282/4). — [5] W. Stutius, J. R. Dillinger (AIP [Am. Inst. Phys.] Conf. Proc. Nr. 5 [1972] 650/4; C. A. **76** [1972] Nr. 159263).

[6] J. W. Stout, H. E. Adams (J. Am. Chem. Soc. **64** [1942] 1535/8). — [7] D. N. Astrov, S. I. Novikova, M. P. Orlova (Zh. Eksperim. i Teor. Fiz. **37** [1959] 1197/1201; Soviet Phys.-JETP **10** [1959] 851/4). — [8] J. W. Stout, E. Catalano (J. Chem. Phys. **23** [1955] 2013/22, 2018). — [9] W. O. J. Boo, J. W. Stout (J. Chem. Phys. **65** [1976] 3929/34). — [10] N. A. Begum, A. P. Cracknell, S. J. Joshua, J. A. Reissland (J. Phys. C **2** [1969] 2329/34).

[11] M. Nauciel-Bloch (Ann. Phys. [Paris] [14] **5** [1970] 139/50, 147). — [12] O. Nagai, T. Tanaka (Phys. Rev. [2] **188** [1969] 821/30, 828/9). — [13] G. G. Low (Proc. Phys. Soc. [London] **82** [1963] 992/1001). — [14] D. T. Teaney (Phys. Rev. Letters **14** [1965] 898/900; Natl. Bur. Std. [U. S.] Misc. Publ. Nr. 273 [1965] 50/7). — [15] J. W. Stout (Pure Appl. Chem. **2** [1961] 287/96).

[16] M. E. Fisher (Phil. Mag. [8] **7** [1962] 1731/43). — [17] T. Yamamoto, O. Tanimoto, Y. Yasuda, K. Okada (Natl. Bur. Std. [U. S.] Misc. Publ. Nr. 273 [1965] 86/91; C. A. **66** [1967] Nr. 69477). — [18] J. A. Hofmann, A. Paskin, K. J. Tauer, R. J. Weiss (Phys. Chem. Solids **1** [1956/57] 45/60, 56/8). — [19] K. J. Tauer, R. J. Weiss (Phys. Rev. [2] **100** [1955] 1223/4). — [20] D. D. Wagman, W. H. Evans, V. B. Parker, I. Halow, S. M. Bailey, R. H. Schumm (Natl. Bur. Std. [U. S.] Tech. Note 270-4 [1969] 107).

[21] T. N. Rezukhina, T. F. Sisoeva, L. I. Holokhonova, E. G. Ippolitov (J. Chem. Thermodyn. **6** [1974] 883/93, 890). — [22] T. C. Ehlert, M. Hsia (J. Fluorine Chem. **2** [1972/73] 33/51, 44/6). — [23] A. D. Mah (U. S. Bur. Mines Rept. Invest. Nr. 5600 [1960] 10). — [24] L. Brewer, G. R. Somayajulu, E. Brackett (Chem. Rev. **63** [1963] 111/21, 112, 115; UCRL 9840 [1961]; N.S.A. **17** [1963] Nr. 2956). — [25] L. Brewer, L. A. Bromley, P. W. Gilles, N. L. Lofgren (in: L. L. Quill, The Chemistry and Metallurgy of Miscellaneous Materials, Thermodynamics, New York-Toronto-London 1950, S. 76/192, 82).

Debye Temperature of MnF_2

4.2.2.5.6 Charakteristische Temperatur Θ_D

Aus den etwas zu niedrigen Werten für die Wärmekapazität C_p unterhalb 2 K [1] berechnen Henderson u. a. [2] $\Theta_D = 458$ K, aus den elastischen Konstanten [3], umgerechnet auf T = 0, dagegen $\Theta_D = 475 \pm 10$ K [2]. Um den Faktor $6^{1/3} = 1.815$ kleinere Werte für Θ_D werden dann erhalten, wenn die Anzahl der Atome je Elementarzelle (6) nicht berücksichtigt wird [2]. Noch tiefer liegt der Θ_D-Wert, den Joenk [4] aus C_p-Werten für den Bereich 15 bis 120 K ableitet.

Zwischen 4.2 und 300 K nimmt Θ_D (mit dem obigen Faktor korrigiert) um weniger als 4 K ab [3].

Literatur:

[1] E. Catalano, N. E. Phillips (J. Phys. Soc. Japan **17** Suppl. B-I [1962] 527/9). — [2] A. J. Henderson, H. Meyer, H. J. Guggenheim (J. Phys. Chem. Solids **32** [1971] 1047/58, 1049, 1054/7). — [3] R. L. Melcher (Phys. Rev. [3] B **2** [1970] 733/9). — [4] R. J. Joenk (Phys. Rev. [2] **128** [1962] 1634/45, 1643).

Thermal Conductivity

4.2.2.5.7 Wärmeleitfähigkeit λ

Zwischen 0.4 und 10 K steigt λ annähernd proportional T^3. Das Maximum bei etwa 15 bis 20 K ist dadurch bedingt, daß Phononen von dieser Temperatur an überwiegend an Umklapp-Prozessen gestreut werden [1]. Bei neueren Messungen wird λ an Einkristallen in Richtung der a- und der c-Achse bestimmt, s. **Fig. 5**. Danach ist oberhalb etwa 7 K $\lambda_c > \lambda_a$ [2]. Zuvor wurde ein Anstieg von λ_c/λ_a von 1.42 bei Raumtemperatur auf 1.55 bei 100 K und darunter eine Abnahme auf 1.0 bei 15 K erhalten [3]. Die Meßwerte für diese Probe [3] sind allerdings durch Hydrolyseprodukte beeinflußt, wie sich an den geringeren Maximalwerten von λ zeigt [1]. Der Wärmetransport erfolgt nicht nur bei Raumtemperatur allein durch Phononen [3], sondern im ganzen untersuchten Temperaturbereich, auch in der Nähe der Néel-Temperatur [1]. Weitere Einzelheiten über die Phononenbewegung s. bei Hudson [2].

Fig. 5

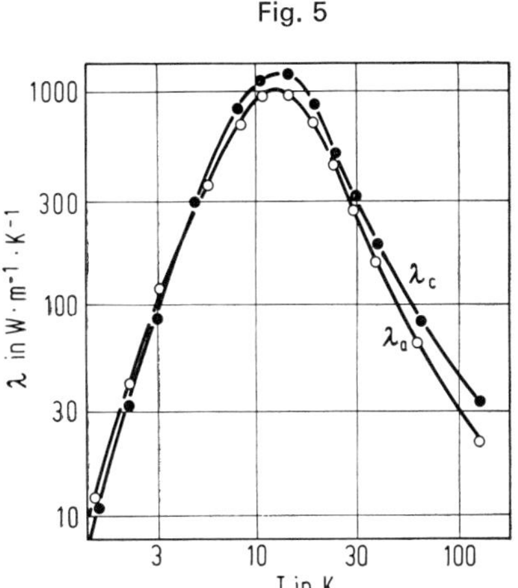

Temperaturabhängigkeit der Wärmeleitfähigkeit λ von MnF_2 in Richtung der a- und c-Achse.

Durch ein Magnetfeld wird λ zwischen 1.2 und 3.5 K geringfügig erhöht; bei Feldstärken bis 33 kOe bleibt jedoch der Einfluß gering. Daher kann nicht mit Sicherheit auf die Beteiligung von Magnonen am Wärmetransport geschlossen werden [4].

Literatur:

[1] J. Gustafson, C. T. Walker (Phys. Rev. [3] B **8** [1973] 3309/22, 3316). — [2] P. R. W. Hudson (J. Phys. C **9** [1976] 21/31, 26). — [3] G. A. Slack (Phys. Rev. [2] **122** [1961] 1451/64, 1457; Proc. Intern. Conf. Semicond. Phys., Prague 1960 [1961], S. 630/3; C. A. **56** [1962] 2059). — [4] W. Stutius, J. R. Dillinger (AIP [Am. Inst. Phys.] Conf. Proc. Nr. 5 [1972] 650/4).

4.2.2.6 Magnetische und elektrische Eigenschaften

Magnetic and Electrical Properties

4.2.2.6.1 Suszeptibilität

Susceptibility

Sie gehorcht zwischen 76 und 295 K dem Curie-Weiss-Gesetz: Curie-Konstante C = 4.47, paramagnetische Curie-Temperatur $\Theta_p = -97.0$ K, effektives magnetisches Moment $\mu_{eff} = 5.98\ \mu_B$ [1]. Finlayson u. a. [2] erhalten C = 4.37, $\Theta_p = -100$ K und $\mu_{eff} = 5.91\ \mu_B$.

Nach direkten Messungen der magnetischen Anisotropie (Drehfeldmethode) zwischen 12 und 295 K von Griffel, Stout [3] ist bei hohen Temperaturen die Suszeptibilität parallel zur c-Achse $\chi_\parallel$ nur wenig größer als die in Richtung senkrecht zur Achse $\chi_\perp$; die Anisotropie $\chi_\parallel - \chi_\perp$ ist in der Größenordnung von 0.1% (0.0133×10^{-3} bei 295.7 K). Bei Temperaturabnahme verstärkt sich die Anisotropie, erreicht ein Maximum bei etwa 120 K ($\chi_\parallel - \chi_\perp = 0.0334 \times 10^{-3}$ bei 131.7 K) und fällt darunter auf Null bei etwa 77 K ab. Die negativen Werte unterhalb 70 K (T_N) steigen auf $\chi_\parallel - \chi_\perp = -24.4 \times 10^{-3}$ bei 11.9 K an. Die aus diesen Messungen in Verbindung mit den Ergebnissen an pulverförmigen Proben von Haas u. a. [4] berechneten Werte der Molsuszeptibilität $\chi_\parallel$ und $\chi_\perp$ sind in **Fig. 6**, S. 26, dargestellt. Zwischen 70 und 14 K nimmt $\chi_\perp$ um etwa 12% zu, während $\chi_\parallel$ den Wert Null bei 0 K erreicht. Aus den Daten für Pulver von Bizette, Tsai [5] läßt sich $\chi_\parallel < 0$ für T = 0 extrapolieren [3], vgl. auch die Diskussion dieser Ergebnisse [3] bei Stout, Matarrese [6]. Die unterhalb T_N erhaltenen Anisotropiewerte $\chi_\perp - \chi_\parallel$ stimmen mit den experimentellen Werten [3] gut überein, dagegen weichen die von denselben Autoren [3] berechneten Werte für $\chi_\parallel$ und $\chi_\perp$ merklich ab [7]. Graphische Wiedergabe von experimentell bestimmten $\chi_\parallel$-Werten zwischen 60 und 80 K s. bei Bragg, Seehra [8]. — Die Anisotropie von χ [3] beruht nach Keffer [9] weitgehend auf magnetischer Dipolwechselwirkung.

Susceptibility of MnF_2

Fig. 6

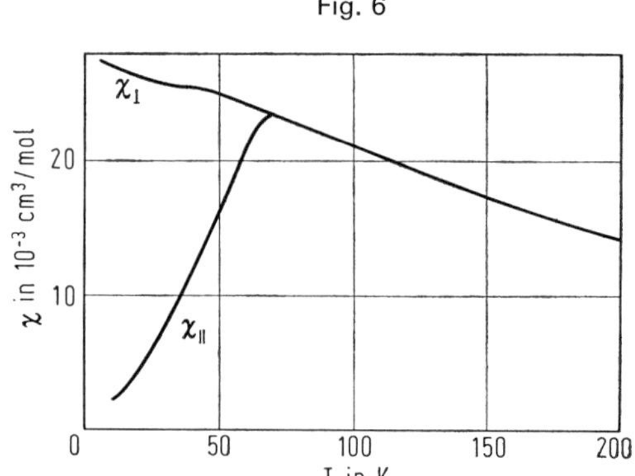

Temperaturabhängigkeit der Molsuszeptibilität von MnF_2 parallel und senkrecht zur kristallographischen c-Achse.

Messungen bei tiefen Temperaturen ergeben $\chi_\perp = 0.02524 \pm 0.00005$ cm³/mol bei 1 K [10]. Die Änderung zwischen 1 und 4.2 K ist kleiner als 0.1%, oberhalb 4.2 K erfolgt eine rasche Abnahme um 1.9% bis zu einem Minimum in der Nähe von 45 K, dann eine Zunahme bis zu einem breiten Maximum nahe 69 K, wo $\chi_\perp$ um 0.3% größer ist als bei 1 K. Bei weiterer Temperaturerhöhung nimmt $\chi_\perp$ monoton ab. Der in früheren Untersuchungen noch nicht beobachtete Abfall bei tiefen Temperaturen (Figur für den Bereich von 1 bis 20.4 K s. im Original) wurde von Kubo [11] auf Grund der Spinwellen-Theorie vorausgesagt, während nach Ziman [12] $\chi_\perp$ in diesem Temperaturbereich unabhängig von der Temperatur sein soll. Die Meßdaten lassen sich mit einer von Kanamori, Tachiki [13] aufgestellten halbempirischen Formel gut erfassen; vgl. auch [14].

Parallel zur c-Achse ist MnF_2 schon bei 1.16 K diamagnetisch: $\chi_\parallel = -(1.6 \pm 1.0) \times 10^{-5}$ cm³/mol (abgeschätzter diamagnetischer Anteil: -3.8×10^{-5} cm³/mol). Wird $(\chi_\parallel \times 10^6 + 16)/T^2$ als Funktion von T aufgetragen, so ergibt sich unterhalb 20 K annähernd der von Eisele, Keffer [15] nach der Spinwellen-Theorie vorausgesagte Verlauf (zur Korrektur hinsichtlich des Diamagnetismus und des temperaturunabhängigen Paramagnetismus wird der Wert bei 1.16 K von dem beobachteten $\chi_\parallel$-Wert subtrahiert) [10]. Die experimentellen Werte für $\chi_\parallel$ [10] liegen nur wenig über der nach einer Spinwellen-Theorie von Kanamari, Itoh [14] berechneten Kurve. Dagegen liegt die ähnlich berechnete Kurve von Low [16] oberhalb von etwa 10 K deutlich höher als die gleichen experimentellen Werte.

Im kritischen Bereich, d. h. in der Nähe der Néel-Temperatur, wird auf Grund longitudinaler und transversaler Spinschwankungen eine vom Wellenvektor $\vec{q}$ abhängige Suszeptibilität („staggered" susceptibility) beobachtet. Die von Moriya [17] aus der Molekularfeldtheorie abgeleitete Aussage, wonach die longitudinale „staggered" Suszeptibilität $\chi_\parallel^{stag}$ bei T_N divergiert, während die transversale Komponente $\chi_\perp^{stag}$ im kritischen Bereich endlich bleibt, wird experimentell bestätigt. Die wellenvektorabhängige Suszeptibilität wird oberhalb T_N durch Untersuchung der Winkelabhängigkeit der quasielastischen Neutronenstreuung im Temperaturbereich von $T_N + 0.04$ K bis $T_N + 8$ K ermittelt (Energien der einfallenden Neutronen: 56, 77 und 134 meV). Für $\vec{q} = 0$ gilt (unabhängig von der Neutronenenergie) $\chi_\parallel^{stag} \sim (T-T_N)^{-\gamma}$ mit $\gamma = 1.238 \pm 0.02$ und $T_N = 67.457 \pm 0.004$ K und $\chi_\perp^{stag} \sim (T-T_\perp)^{-\gamma}$ mit $\gamma = 1.47 \pm 0.1$ und $T_\perp = 64.40 \pm 0.5$ K ($T_\perp$ = transversale Umwandlungstemperatur, $T_N - T_\perp = 1.36$ K) [18]. Diese Werte für $\chi_\parallel^{stag}$ [18] sind in **Fig. 7** zusammen mit den aus der unelastischen Neutronenstreuung [19] in Abhängigkeit von der Temperatur ober- und unterhalb T_N wiedergegeben (normalisiert auf diese Daten bei 76 K). Eine Deutung dieser Ergebnisse unterhalb T_N durch Betrachtung der thermischen Diffusion innerhalb des Spinsystems s. bei Heller [20], eine versuchsweise für $\chi_\parallel^{stag}$ ober- und unterhalb T_N aufgestellte Gleichung s. bei Huber [21]. Relative

Fig. 7

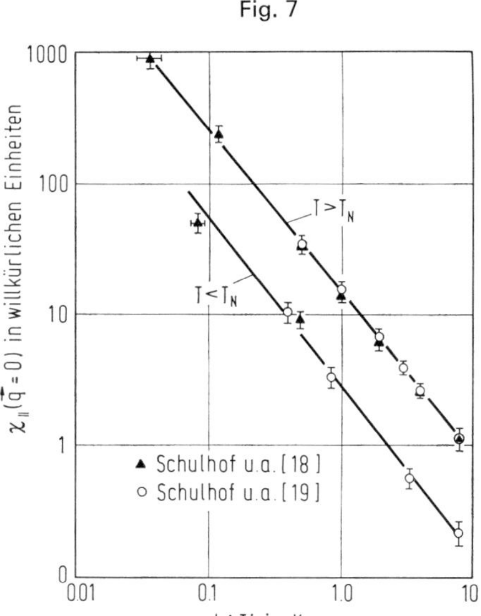

Temperaturabhängigkeit der longitudinalen „staggered" Suszeptibilität von MnF_2 ober- und unterhalb der Néel-Temperatur T_N.

Fig. 8

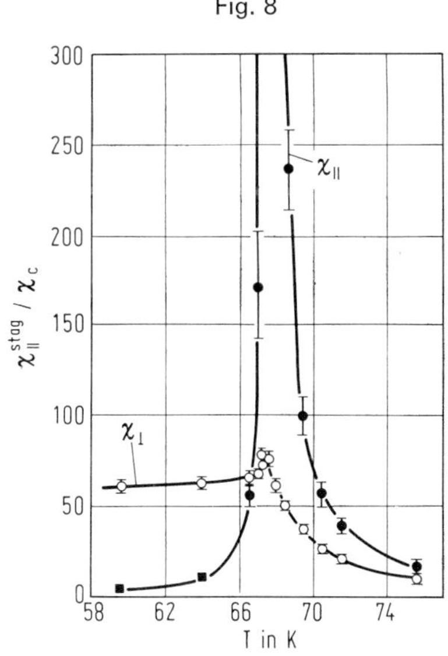

Relative Werte der longitudinalen und transversalen „staggered" Suszeptibilität von MnF_2 in der Nähe der Néel-Temperatur.

Werte von $\chi_{\parallel}^{stag}$ und $\chi_{\perp}^{stag}$ ober- und unterhalb T_N sind in **Fig. 8** auf der gleichen Skala dargestellt (dies ist möglich durch Berechnung des Verhältnisses $\chi_{\parallel}^{stag}/\chi_{\perp}^{stag}$, das beispielsweise 4.65 bei $T_N + 1$ beträgt). Die Molekularfeldtheorie von Moriya [17], wonach $\chi_{\perp}^{stag}$ unterhalb T_N konstant ist und bei 0 K den Wert C/T_A annimmt (C = Curie-Konstante, T_A = 1.30 K), erlaubt zusammen mit

Susceptibility of MnF_2

experimentellen Daten für das Anisotropiefeld eine grobe Eichung. Die Größe $\chi_C = C/T$ ist die Suszeptibilität eines idealen, dem Curie-Gesetz gehorchenden Paramagneten mit S = 5/2 bei T_N [22]; vgl. auch [23]. Weitere Messungen von $\chi_{\parallel}^{stag}$ und $\chi_{\perp}^{stag}$ in der Nähe von T_N s. bei Usha Deniz u. a. [24], Diskussion dieser Ergebnisse oberhalb T_N im Hinblick auf die Theorien von Moriya [17] und Tomita [25] bei Parette, Usha Deniz [26]; $\chi_{\perp}^{stag}$ allein wird ober- und unterhalb T_N von Schulhof u. a. [27], unterhalb T_N von Lurie u. a. [28] gemessen.

Ausgedehnte Messungen von $\chi(\vec{q})$ im Bereich der ersten Brillouin-Zone zwischen 1.45 T_N und 4.4 T_N werden gut durch eine auf der Potenzreihenentwicklung für hohe Temperaturen basierenden Theorie für einen einfachen Heisenberg-Antiferromagneten von Rushbrooke, Wood [30] beschrieben, nachdem die Werte auf tiefere Temperaturen extrapoliert wurden [31].

Bei hydrostatischer Kompression (etwa 1.9 kbar) steigt die Néel-Temperatur einer polykristallinen Probe um etwa 1.5 K (s. S. 29) an. Die Kurve für die Suszeptibilität (s. Original) verläuft oberhalb T_N parallel und nur wenig über der Kurve der Probe ohne Druckeinwirkung. Unterhalb T_N ist der Kurvenverlauf unterschiedlich; die Werte für die Messungen unter Druck liegen mit fallender Temperatur zunehmend höher [29].

Literatur:

[1] L. Corliss, Y. Delabarre, N. Elliott (J. Chem. Phys. **18** [1950] 1256/7). — [2] D. M. Finlayson I. S. Robertson, T. Smith, R. W. H. Stevenson (Proc. Phys. Soc. [London] **78** [1961] 318/20). — [3] M. Griffel, J. W. Stout (J. Chem. Phys. **18** [1950] 1455/8). — [4] W. J. de Haas, B. H. Schultz, J. Koolhaas (Physica **7** [1940] 57/69, 59). — [5] H. Bizette, B. Tsai (Compt. Rend. **209** [1939] 205/6).

[6] J. W. Stout, L. M. Matarrese (Rev. Mod. Phys. **25** [1953] 338/43). — [7] H. Bizette, B. Tsai (Compt. Rend. **238** [1954] 1575/6). — [8] E. Bragg, M. S. Seehra (Phys. Rev. [3] B **7** [1973] 4197/202). — [9] F. Keffer (Phys. Rev. [2] **87** [1952] 608/12). — [10] C. Trapp, J. W. Stout (Phys. Rev. Letters **10** [1963] 157/9).

[11] R. Kubo (Phys. Rev. [2] **87** [1952] 568/80; Rev. Mod. Phys. **25** [1953] 344/51). — [12] J. M. Ziman (Proc. Phys. Soc. [London] A **65** [1952] 540/7, 548/56). — [13] J. Kanamori, M. Tachiki (J. Phys. Soc. Japan **17** [1962] 1384/94). — [14] J. Kanamori, Y. Itoh (J. Appl. Phys. **39** [1968] 1358/9). — [15] J. A. Eisele, F. Keffer (Phys. Rev. [2] **96** [1954] 929/33).

[16] G. G. Low (Proc. Phys. Soc. [London] **82** [1963] 992/1001). — [17] T. Moriya (Progr. Theoret. Phys. [Kyoto] **28** [1962] 371/400, 391). — [18] M. P. Schulhof, P. Heller, R. Nathans, A. Linz (Phys. Rev. [3] B **1** [1970] 2304/11). — [19] M. P. Schulhof, P. Heller, R. Nathans, A. Linz (Phys. Rev. Letters **24** [1970] 1184/7), R. Nathans, M. P. Schulhof (Probl. Fiz. Elem. Chastits At. Yadra **2** [1971/72] 1029/46, 1044; C. A. **78** [1973] Nr. 77355). — [20] P. Heller (Intern. J. Magn. **1** [1970] 53/9; Dyn. Aspects Crit. Phenomena, Proc. Conf., New York 1970 [1972], S. 50/68).

[21] D. L. Huber (Intern. J. Quantum Chem. Symp. Nr. 5 [1971] 667/71). — [22] M. P. Schulhof, R. Nathans, P. Heller, A. Linz (Phys. Rev. [3] B **4** [1971] 2254/76, 2265), M. P. Schulhof (Diss. Brandeis Univ., Waltham, Mass., 1970, S. 1/110; Diss. Abstr. Intern. B **31** [1970] 3659). — [23] P. Heller, M. P. Schulhof, R. Nathans, A. Linz (J. Appl. Phys. **42** [1971] 1258/65). — [24] K. Usha Deniz, G. Parette, B. Farnoux (Proc. 14th Nucl. Phys. Solid State Phys. Symp., Roorkee, India, 1969 [1970], Bd. 3, S. 498/502). — [25] K. Tomita (Private Mitteilung 1964, laut [24]).

[26] G. Parette, K. Usha Deniz (J. Appl. Phys. **39** [1968] 1232/4). — [27] M. P. Schulhof, R. Nathans, A. Linz (J. Phys. [Paris] **32** [1971] Suppl. C 1-521/C 1-522). — [28] N. A. Lurie, G. Shirane, P. Heller, A. Linz (AIP [Am. Inst. Phys.] Conf. Proc. Nr. 10 [1972/73] 93/7). — [29] D. N. Astrov, S. I. Novikova, M. P. Orlova (Zh. Eksperim. i Teor. Fiz. **37** [1959] 1197/201: Soviet Phys.-JETP **10** [1959] 851/4). — [30] G. S. Rushbrooke, P. J. Wood (Mol. Phys. **1** [1958] 257/83, 274, **6** [1963] 409/21).

[31] H. Y. Lau, A. Tucciarone, F. Menzinger (Phys. Rev. [3] B **12** [1975] 2803/7).

4.2.2.6.2 Magnetische Umwandlungen

Magnetic Transitions

Allgemeine Literatur:

L. P. Kadanoff, W. Götze, D. Hamblen, R. Hecht, E. A. S. Lewis, V. V. Palciauskas, M. Rayl, J. Swift, Static Phenomena Near Critical Points: Theory and Experiment, Rev. Mod. Phys. **39** [1967] 395/431.

Néel-Temperatur T_N

Nach unterschiedlichen Methoden werden Werte zwischen 67.3 und 67.6 K erhalten. Der Temperaturbereich in der Nähe von T_N ist gekennzeichnet durch starke räumliche und zeitliche Spinschwankungen. Diese sind besonders ausgeprägt in Richtung der c-Achse, während die transversalen Schwankungen durch Anisotropiekräfte gedämpft werden. Messungen der Neutronenstreuung ermöglichen eine experimentelle Trennung zwischen den longitudinalen und transversalen Schwankungen [1].

Der aus Messungen der Temperaturabhängigkeit der NMR-Frequenz von ^{19}F dicht unterhalb T_N nach Extrapolation erhaltene Wert $T_N = 67.336 \pm 0.003$ K von Heller, Benedek [2] stimmt mit dem von Shapira, Foner [3] überein ($T_N = 67.33 \pm 0.03$ K), der aus dem Maximum in der Kurve für die Temperaturabhängigkeit der Ultraschalldämpfung longitudinaler Wellen bestimmt wurde; vgl. auch Shapira u. a. [4]. Bei der Untersuchung der Neutronenstreuung im kritischen Bereich fanden Okazaki u. a. [8] $T_N = 67.0$ K; neuere Messungen führten zu $T_N = 67.385 \pm 0.010$ K [5], 67.44 ± 0.005 K [6] und 67.458 ± 0.008 K [7]. Aus den Angaben von Stout, Adams [9] über die Temperaturabhängigkeit der Wärmekapazität berechnen Yamamoto u. a. [10] $T_N = 67.05$ K. Aus dem Maximum der Suszeptibilität χ leiten Bragg, Seehra [11] $T_N = 67.29$ K, Astrov u. a. [12] $T_N = 68.0$ K und Bizette, Tsai [13] $T_N = 72$ K ab. Diskussion der Unterschiede in der Bestimmung von T_N durch C_p- bzw. χ-Messungen s. bei Fisher [14] bzw. Bizette [15].

Im Druckbereich bis etwa 1.3 kbar nimmt T_N linear um 0.303 ± 0.003 K/kbar zu [16], s. auch [2]. Bei 1.9 kbar ist T_N um 1.5 ± 0.2 K verschoben, $dT_N/dp = 0.8 \pm 0.1$ K/kbar [12]. Diskussion dieser Ergebnisse s. bei Bloch, Pavlovich [17]. Die aus Messungen der Druckabhängigkeit der NMR abgeleitete Druckabhängigkeit von T_N (Drücke bis 100 atm) beträgt $\partial \ln T_N/\partial p = (4.4 \pm 0.3) \times 10^{-6}$ atm^{-1} [18].

Kritische Spinschwankungen

In der Nähe von T_N werden die kritischen Spinschwankungen von Dietrich [1] mit einem dreiachsigen Neutronenspektrometer von hohem Auflösungsvermögen untersucht und die Ergebnisse in drei Abschnitten wiedergegeben (1. Abschnitt für $T < T_N$, 2. und 3. Abschnitt für statische und dynamische Eigenschaften oberhalb T_N). Die aus zwei Spinwellen bestehenden, statischen transversalen Schwankungen unterhalb T_N, die durch Anisotropie gedämpft werden, verhalten sich bei Annäherung an die transversale Umwandlungstemperatur $T_\perp$ (diese liegt um 1.36 K niedriger als die aus der longitudinalen Umwandlung bestimmte wahre Néel-Temperatur T_N) nahezu klassisch, d. h. entsprechend der Molekularfeldtheorie. Die longitudinalen statischen Schwankungen weisen das für einen Magneten mit Heisenberg-Austauschkopplung erwartete Verhalten auf, und die Ergebnisse zeigen nicht die von Riedel, Wegner [19] vorgeschlagenen zwei Temperaturbereiche mit unterschiedlichen kritischen Exponenten. Die Ergebnisse von Dietrich [1] für die inverse Korrelationslänge $\varkappa$ der transversalen Schwankungen oberhalb T_N sind in guter Übereinstimmung mit den Daten von Torrie [20], während die Ergebnisse von Parette, Usha Deniz [6] um einen Faktor 2 höher liegen (s. Figur im Original).

Die dynamischen Eigenschaften oberhalb T_N werden von Dietrich [1] durch die Temperaturabhängigkeit des Zerfallsparameters $\Gamma(\vec{q}, T)$ für $\vec{q} = 0$ für die longitudinalen und transversalen Daten wiedergegeben (s. Tabelle und Figur im Original); sie können durch vorhandene Theorien der Spindynamik nicht erklärt werden. Die Temperaturabhängigkeit der longitudinalen Komponente $\Gamma'_{\|}(0, T)$

Magnetic Transitions of MnF_2

wird durch $g\{(T-T_N)/T_N\}^{\delta}$ beschrieben, mit $g = 1.5$ meV und $\delta = 0.62$. δ ist kleiner als der Wert, der aus den Theorien von Marshall [21] und Kawasaki [22] zu erwarten ist. Für die transversale Komponente wird eine $q^{3/2}$-Abhängigkeit beobachtet.

Weitere Untersuchungen der kritischen Schwankungen ober- und unterhalb T_N durch Messungen der Neutronenstreuung s. bei Heller u. a. [23], Schulhof u. a. [7, 24], Brya u. a. [25]. Diskussion der dynamischen Aspekte der Streuung von Neutronen und Ergebnisse für die Zeitabhängigkeit der Spinfluktuationen als Funktion von der Temperatur und vom Wellenvektor s. bei Schulhof [26].

Spin-Flop

In antiferromagnetischen Substanzen erfolgt in einem äußeren Feld, das parallel zur leichten Richtung angelegt wird, eine Umwandlung, sobald eine kritische Feldstärke H_{SF} überschritten wird: in beiden Untergittern klappen die Momente aus der leichten in die schwere Magnetisierungsrichtung um. In jeder der beiden Lagen hat die Gesamtmagnetisierung dieselbe Richtung wie das äußere Feld; dagegen sind die potentielle Energie im äußeren Feld und die Anisotropieenergie in den beiden Lagen verschieden groß. Die kritische (oder „Flop"-) Feldstärke H_{SF} wird annähernd durch das geometrische Mittel aus dem Austauschfeld H_E und dem Anisotropiefeld H_A (vgl. S. 36) beschrieben: $H_{SF} \approx (2 H_E H_A)^{1/2}$. Bei dieser Umwandlung springt die Magnetisierung je Volumeneinheit von $M/V = \chi_{\parallel} \mu_0 H \approx 0$ auf $M/V = \chi_{\perp} \mu_0 H$.

Bei Messungen an einem Einkristall findet Jacobs [28] bei 4.2 K in gepulsten Feldern bis 140 kOe (äußeres Feld um den Winkel $\delta = 7.5°$ bzw. 2.5° gegen die leichte Richtung, also die c-Achse geneigt) $H_{SF} = 93 \pm 2$ kOe. Die Magnetisierungskurven für die beiden Kristallorientierungen (wäre $\delta = 0$, so würde M/V bei $H_{SF} = 93$ kOe unstetig übergehen) sind in **Fig. 9** von Hellwege [29] dargestellt. Zu übereinstimmenden Ergebnissen gelangen Foner, Hou [30]. Aus den Anomalien in der differentiellen Magnetisierung und der Schalldämpfung bei 4.2 K (s. S. 20) erhalten Shapira, Foner [3] $H_{SF} = 91 \pm 1$ bzw. 92.4 ± 0.5 kOe; vgl. Shapira, Zak [32]. Ebenfalls bei 4.2 K ergibt sich aus Messungen der differentiellen Suszeptibilität in einem gepulsten Feld entlang der c-Achse des Kristalls $H_{SF} = 91.7$ kOe [33]. Aus der antiferromagnetischen Resonanz leitet Foner [34] $(2 H_E H_A)^{1/2} \approx H_{SF} = 96$ kOe ab, während Johnson, Nethercot [35] zu $H_{SF} = 90 \pm 8$ kOe gelangen. — Eine analytische Untersuchung der Dynamik des Spin-Flops in rhombischen Antiferromagneten und Anwendung auf MnF_2 s. bei Nagamiya, Nishikubo [31].

Fig. 9

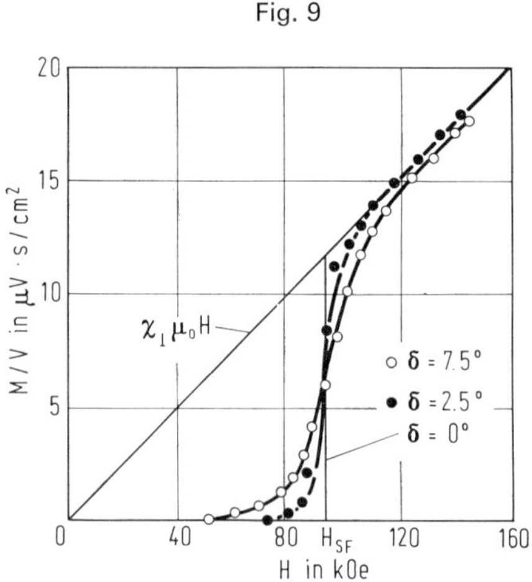

Magnetisierungskurven für MnF_2 im Bereich der Spin-Flop-Feldstärke H_{SF} bei verschiedenen Winkeln δ zwischen Feldrichtung und c-Achse.

Temperaturerhöhung von 0 auf 60 K bewirkt, wie Messungen in gepulsten Feldern zeigen, eine Zunahme von H_{SF} = 96 auf 125 kOe [36]. Eine aus berechneten Spinwellenfrequenzen von Timbie, White [37] erhaltene Kurve (s. Original) zeigt zwischen 0 und etwa 10 K den konstanten Wert H_{SF} = 92 kOe, darüber steigt H_{SF} auf 102 kOe bei 47 K. Die Kurve beschreibt gut die Werte, die aus den Magnetisierungsdaten von Shapira u. a. [4] berechnet wurden, während die aus der Schalldämpfung abgeleiteten Werte abweichen (schwache Abnahme von H_{SF} = 92 auf etwa 90 kOe zwischen etwa 4 und 20 K, dann Zunahme auf H_{SF} = 105 kOe bei 45 K).

Einachsige Kompression bewirkt auch dann, wenn die Richtung des Feldes um weniger als 5′ von der Symmetrieachse c des Kristalls abweicht, eine deutliche Verbreiterung des Übergangsbereichs, und zwar auf etwa 300 Oe bei 3000 atm in der Nähe von $H = H_{SF}$; zugleich nimmt H_{SF} nahezu linear mit p zu: $(1/H_{SF})(dH_{SF}/dp) = 2.9 \times 10^{-12}$ cm²/dyn [33].

Magnetisches Phasendiagramm

Aus Messungen der Ultraschalldämpfung und der differentiellen Magnetisierung bestimmen Shapira, Foner [3] das magnetische Phasendiagramm von MnF_2 in pulsierenden Magnetfeldern bis zu 200 kOe, die parallel [001] oder [100] gerichtet sind, s. **Fig. 10.** In der Nähe der Umwandlungen vom antiferromagnetischen in den paramagnetischen (AF-P) bzw. vom Spin-Flop- in den paramagnetischen (SF-P) Zustand (Umwandlungen 2. Ordnung) treten in der Dämpfung longitudinaler

Fig. 10

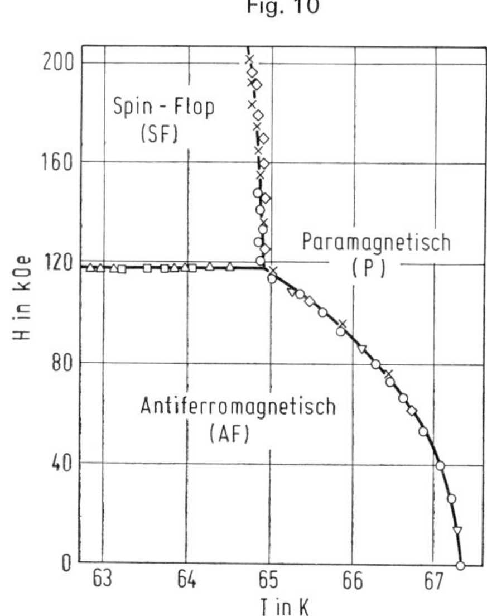

Magnetisches Phasendiagramm von MnF_2 in Magnetfeldern H || [001].

Schallwellen λ-Anomalien auf, während in der Nähe der Umwandlung (1. Ordnung) vom AF- in den SF-Zustand je nach der Fortpflanzungsart der Wellen Spitzen (spikes) und/oder ein plötzlicher Anstieg beobachtet werden. Außerdem hat das differentielle magnetische Moment bei der Spin-Flop-Umwandlung ein scharfes Maximum (etwa 2.5 kOe breit bei 4.2 K und etwa 3.5 kOe breit bei 64 K). Der Tripelpunkt zwischen AF, SF und P für $\vec{H}$ || [001] liegt bei $T_3 = 64.9 \pm 0.1$ K und $H_3 = 119 \pm 2$ kOe [3]. Weitere Schallabsorptionsmessungen ergeben $T_3 = 64.74 \pm 0.01$ K, $H_3 = 118.45 \pm 0.4$ kOe [39]. Über die Suszeptibilitätsänderungen und über das Signal der kernmagnetischen Resonanz in der Nähe des Tripelpunktes (64.793 K, 118.355 kOe) wird kurz von King und Rohrer [38] berichtet.

Magnetic Transitions of MnF_2

Die Kurvenform für die AF-P-Grenzlinie bei der Néel-Temperatur (T_N = 67.33 K) für $\vec{H}$ || [001] ist $d^2T/dH^2 = -(3.2 \pm 0.2)$, für $\vec{H}$ || [100] ist sie ungefähr eine Größenordnung kleiner [3]. Die AF-P-Grenzlinie für $\vec{H}$ || [001] läßt sich auch durch die Beziehung $\Delta T = T_N - T = DH^2$ darstellen, wobei $D = (1.65 \pm 0.15) \times 10^{-10}$ K/Oe² ist. NMR-Messungen bei kleinen Feldstärken von Heller [16] ergeben $D = (1.95 \pm 0.3) \times 10^{-10}$ K/Oe² [4]. Die Bestimmung der Phasengrenzen mit Hilfe von Ultraschallmessungen wird von Shapira [40] für mehrere antiferromagnetische Stoffe behandelt, wobei für MnF_2 die früheren Ergebnisse (λ-Anomalien in der Schalldämpfung und -geschwindigkeit in der Nähe der Umwandlungen 2. Ordnung) [4] wiedergegeben werden. Nach spektroskopischen Untersuchungen bei 20 K schließen Mil'ner u. a. [27] aus einer plötzlichen Verschiebung der D_1-Absorptionsbande (28024 cm⁻¹) bei Erreichen des kritischen Feldes (etwa 92 kOe) auf eine Umwandlung 1. Ordnung. In einem schmalen Feldbereich treten die AF- und SF-Phase gleichzeitig auf [27]. Aus Spinwellenfrequenzen berechnen Timbie, White [37] die Grenze zwischen der AF- und der SF-Phase.

Literatur:

[1] O. W. Dietrich (J. Phys. C **2** [1969] 2022/36). — [2] P. Heller, G. B. Benedek (Phys. Rev. Letters **8** [1962] 428/32). — [3] Y. Shapira, S. Foner (Phys. Rev. [3] B **1** [1970] 3083/96, 3089). — [4] Y. Shapira, S. Foner, A. Misetich (Phys. Rev. Letters **23** [1969] 98/101). — [5] N. A. Lurie, G. Shirane, P. Heller, A. Linz (AIP [Am. Inst. Phys.] Conf. Proc. Nr. 10 [1972/73] 93/7).

[6] G. Parette, K. Usha Deniz (J. Appl. Phys. **39** [1968] 1232/4). — [7] M. P. Schulhof, P. Heller, R. Nathans, A. Linz (Phys. Rev. [3] B **1** [1970] 2304/11, 2308). — [8] A. Okazaki, K. C. Turberfield, R. W. H. Stevenson (Phys. Letters **8** [1964] 9/11). — [9] J. W. Stout, H. E. Adams (J. Am. Chem. Soc. **64** [1942] 1535/8). — [10] T. Yamamoto, O. Tanimoto, Y. Yasuda, K. Okada (Natl. Bur. Std. [U. S.] Misc. Publ. Nr. 273 [1965] 86/91; C. A. **66** [1967] Nr. 69477).

[11] E. E. Bragg, M. S. Seehra (Phys. Rev. [3] B **7** [1973] 4197/202), E. E. Bragg (Diss. West Virginia Univ. 1974, S. 1/139, 80; Diss. Abstr. Intern. B **35** [1975] 6038). — [12] D. N. Astrov, S. I. Novikova, M. P. Orlova (Zh. Eksperim. i Teor. Fiz. **37** [1959] 1197/201; Soviet Phys.-JETP **10** [1959] 851/4). — [13] H. Bizette, B. Tsai (Compt. Rend. **209** [1939] 205/6). — [14] M. E. Fisher (Phil. Mag. [8] **7** [1962] 1331/43, 1339). — [15] H. Bizette (J. Phys. Radium **12** [1951] 161/9).

[16] P. Heller (Phys. Rev. [2] **146** [1966] 403/22, 409). — [17] D. Bloch, A. S. Pavlovich (Advan. High Pressure Res. **3** [1969] 41/151, 82). — [18] G. B. Benedek, T. Kushida (Phys. Rev. [2] **118** [1960] 46/57, 53). — [19] E. Riedel, F. Wegner (Z. Physik **225** [1969] 195/215; Phys. Letters A **32** [1970] 273/4). — [20] B. H. Torrie (Proc. Phys. Soc. [London] **89** [1966] 77/85).

[21] W. Marshall (nach [1]). — [22] K. Kawasaki (Progr. Theoret. Phys. [Kyoto] **39** [1968] 285/310). — [23] P. Heller, M. P. Schulhof, R. Nathans, A. Linz (J. Appl. Phys. **42** [1971] 1258/65). — [24] M. P. Schulhof, P. Heller, R. Nathans, A. Linz (Phys. Rev. Letters **24** [1970] 1184/7), M. P. Schulhof, R. Nathans, P. Heller, A. Linz (Phys. Rev. [3] B **4** [1971] 2254/76, 2266/74), M. P. Schulhof, R. Nathans, A. Linz (J. Phys. [Paris] **32** [1971] Suppl. C1-521/C1-522), R. Nathans, M. P. Schulhof (Probl. Fiz. Elem. Chastits At. Yadra **2** [1971/72] 1029/46; C. A. **78** [1973] Nr. 77355), H. P. Schulhof (Diss. Brandeis Univ., Waltham, Mass., 1970, S. 1/110; Diss. Abstr. Intern. B **31** [1970] 3659). — [25] W. J. Brya, P. M. Richards, R. R. Bartkowski (Phys. Rev. Letters **28** [1972] 826/9).

[26] M. P. Schulhof (Intern. J. Magn. **1** [1970] 45/52; Dyn. Aspects Crit. Phenomena, Proc. Conf., New York 1970 [1972], S. 32/49; C. A. **80** [1974] Nr. 53898). — [27] A. A. Mil'ner, Yu. A. Popkov, V. V. Eremenko (Pis'ma Zh. Eksperim. i Teor. Fiz. **18** [1973] 39/42; C. A. **79** [1973] Nr. 119820). — [28] I. S. Jacobs (J. Appl. Phys. **32** [1961] Suppl. Nr. 3, S. 61/2); vgl. I. S. Jacobs, D. S. Rodbell, W. L. Roth (ASD-TR-61-630 [1962] 7/12; N. S. A. **16** [1962] Nr. 25882). — [29] K. H. Hellwege (Einführung in die Festkörperphysik, Bd. 2, Berlin 1970, S. 201). — [30] S. Foner, S.-L. Hou (J. Appl. Phys. **33** [1962] 1289/90).

[31] T. Nagamiya, T. Nishikubo (J. Phys. [Paris] **32** [1971] Suppl. C1-769/C1-770). — [32] Y. Shapira, J. Zak (Phys. Rev. [2] **170** [1968] 503/12, 504). — [33] K. L. Dudko, V. V. Eremenko, V. M. Fridman (Fiz. Tverd. Tela **12** [1970] 83/8; Soviet Phys.-Solid State **12** [1970] 65/9). — [34] S. Foner (Phys. Rev. [2] **107** [1957] 683/5). — [35] F. M. Johnson, A. H. Nethercot (Phys. Rev. [2] **104** [1956] 847/8).

[36] J. de Gunzbourg, J. P. Krebs (J. Phys. [Paris] **29** [1968] 42/6); vgl. auch J. P. Krebs (CEA-R-3495 [1968] 1/165; C. A. **70** [1969] Nr. 52496). — [37] J. P. Timbie, R. M. White (Solid State Commun. **8** [1970] 513/6), J. P. Timbie (Diss. Stanford Univ. 1971, S. 1/84; Diss. Abstr. Intern. B **32** [1971] 1798). — [38] A. R. King, H. Rohrer (AIP [Am. Inst. Phys.] Conf. Proc. Nr. 29 [1975/76] 420/1). — [39] Y. Shapira, C. C. Becerra (Phys. Letters A **57** [1976] 483/4). — [40] Y. Shapira (J. Appl. Phys. **42** [1971] 1588/94, 1592).

4.2.2.6.3 Austauschwechselwirkung

Exchange Interaction

In MnF_2 kommt keine direkte Austauschwechselwirkung zwischen den magnetischen Momenten der Ionen zustande, sondern die Spinkopplung wird indirekt durch die zwischen den magnetischen Ionen vorhandenen F-Anionen bewirkt. Daß die direkte Austauschwechselwirkung in MnF_2 wesentlich schwächer ist als in MnO_2 (s. „Mangan" C 1, S. 198/9), schließt Goodenough [1] aus einem Vergleich der Néel-Temperaturen und der Gitterkonstanten. Die stärkere Beteiligung des indirekten Austauschs beruht darauf, daß Mn^{2+} zwei d-Elektroden mehr hat als Mn^{4+}.

Aus Untersuchungen der antiferromagnetischen Spinwellendispersion bei 4.2 K leiten Nikotin u. a. [2] unter Berücksichtigung der Dipolkräfte für die Austauschparameter zwischen nächsten, übernächsten und drittnächsten Nachbarn (s. Fig. 11, S. 34) die Werte (in meV): $J_1 = 0.028$ (ferromagnetisch), $J_2 = -0.152$ (antiferromagnetisch) und $J_3 = 0.004$ (ferromagnetisch) ab. Die gleichen Werte erhalten Okazaki u. a. [3] für J_1 entlang der [001]-Richtung (0.32 K) und J_2 entlang der [111]-Richtung (−1.76 K); $|J_3|$ muß in den Richtungen [100] und [010] < 0.05 K (0.004 meV) sein. Übereinstimmende Werte für J_1 und J_2 s. bei Butler u. a. [4] und Cribier, Jacrot [5]. Nach drei Methoden (aus T_N, χ in der Nähe von T_N und aus der Wärmekapazität) gelangt Smart [6] zu $J_2 = -1.8$ K als Mittelwert. Indirekt ermittelte J_2-Werte s. ferner bei Trapp und Stout [7].

Aus der Verschiebung der antiferromagnetischen Resonanzfrequenz als Funktion des hydrostatischen Druckes leiten Johnson, Sievers [8] die Änderung des Austauschparameters mit dem Volumen in der Form der magnetischen Grüneisen-Konstante $\gamma_m(J) = -(\partial \ln J/\partial \ln V)_T$ ab. Für den Austausch mit übernächsten Nachbarn ergibt sich $\gamma_m = 3.4 \pm 0.6$, übereinstimmend mit dem Wert 3.6 ± 0.4, den Benedek, Kushida [9] aus Messungen der NMR erhielten. Diese Volumenabhängigkeit ist ein Anzeichen dafür, daß die Bindung zwischen Mn und F (Überlappung von 3d- mit 2p-Orbitalen) stärker kovalent ist, als aus Messungen von Spinübergängen zu erwarten wäre [8]. Zur Austauschwechselwirkung bei Deformation s. Dudko u. a. [10].

Ein Modell für den Austauschmechanismus in MnF_2 und experimentelle Konsequenzen (2-Magnonenabsorption) s. bei Woods Halley [11], ein Bändermodell des Superaustausches mit Anwendung auf MnF_2 bei de Graaf, Strässler [12]. Zur Deutung der Exzitonen-Magnonen-Kopplung, der Dispersionskonstanten und anderer Meßdaten muß auch die Austauschwechselwirkung zwischen angeregten Mn^{2+}-Ionen berücksichtigt werden; eingehende theoretische Erörterungen hierzu s. bei Freeman [13].

Der zusätzlich zum bilinearen Term durch den Superaustausch bedingte biquadratische Anteil zur Wechselwirkung (vgl. „Mangan" C 1, S. 41) ist bei MnF_2 vermutlich sehr klein: $j/J \leqq 0.005$ [14].

Literatur:

[1] J. B. Goodenough (Phys. Rev. [2] **117** [1960] 1442/51). — [2] O. Nikotin, P. A. Lindgård, O. W. Dietrich (J. Phys. C **2** [1969] 1168/73). — [3] A. Okazaki, K. C. Turberfield, R. W. H. Stevenson (Phys. Letters **8** [1964] 9/11). — [4] M. Butler, V. Jaccarino, N. Kaplan (J. Phys. [Paris]

32 [1971] Suppl. C1-718/C1-723). — [5] D. Cribier, B. Jacrot (Inelastic Scattering of Neutrons in Solids and Liquids, Bd. 2, Vienna 1963, S. 309/15), B. Jacrot, D. Cribier (J. Phys. Radium [8] **23** [1962] 494/6).

[6] J. S. Smart (in: G. T. Rado, H. Suhl, Magnetism, Bd. 3, New York-London 1963, S. 90; Phys. Chem. Solids **11** [1959] 97/104). — [7] C. Trapp, J. W. Stout (Phys. Rev. Letters **10** [1963] 157/9). — [8] K. C. Johnson, A. J. Sievers (Phys. Rev. [3] B **10** [1974] 1027/38, 1031; Phys. Letters A **41** [1972] 283/4). — [9] G. B. Benedek, T. Kushida (Phys. Rev. [2] **118** [1960] 46/57). — [10] K. L. Dudko, V. V. Eremenko, L. M. Semenenko (Fiz. Nizk. Temp. [Kiev] **1** [1975] 68/78, 75; C. A. **83** [1975] Nr. 52230).

[11] J. Woods Halley (Phys. Rev. [2] **154** [1967] 458/70, 464). — [12] A. M. de Graaf, S. Strässler (Physik Kondensierten Materie **1** [1963] 13/9). — [13] S. Freeman (Phys. Rev. [3] B **7** [1973] 3960/86, 3981). — [14] D. S. Rodbell, I. S. Jacobs, J. Owen, E. A. Harris (Phys. Rev. Letters **11** [1963] 10/2).

Magnetic Structure of MnF_2

4.2.2.6.4 Magnetische Struktur

MnF_2 hat unterhalb T_N eine dreidimensionale antiferromagnetische Struktur; die leichte Magnetisierungsrichtung ist die c-Achse. Die beiden ineinander gestellten Untergitter, die beide in sich ferromagnetisch geordnet sind, sind kristallographisch gleichwertig; ihre magnetischen Momente sind antiparallel gegeneinander orientiert. Die entscheidende Wechselwirkung ist eine starke antiferromagnetische Kopplung jedes Ions mit den benachbarten Ionen des jeweils anderen Untergitters. Dagegen ist die ferromagnetische Kopplung zwischen den Ionen innerhalb jeden Untergitters nur schwach, s. S. 33.

Eine experimentelle Bestimmung der magnetischen Struktur von MnF_2 wurde erstmals von Erickson [1] mit Hilfe der elastischen Neutronenstreuung durchgeführt (s. Figur im Original). Die Untersuchung bestätigt ebenso wie die Messung der magnetischen Anisotropie von Stout, Matarrese [2] die Theorie von Van Vleck [3], nach der die Spins parallel und antiparallel zur c-Achse des Kristalls ausgerichtet sind. Eine Darstellung der magnetischen Elementarzelle wird in **Fig. 11** gegeben [4]. Unter Zugrundelegung der Strukturuntersuchungen von Erickson [1] bestimmt Le Corre [5]

Fig. 11

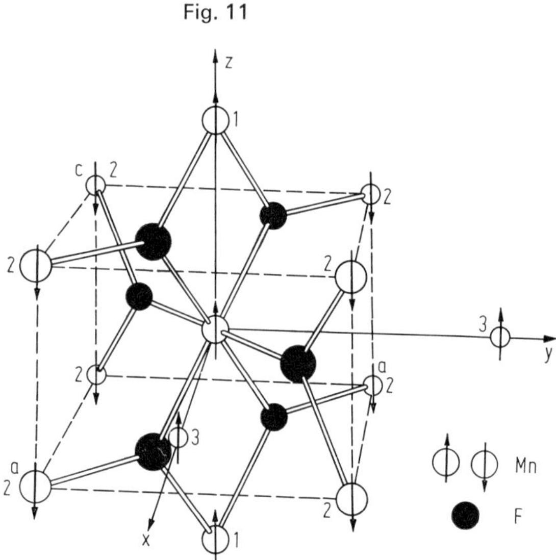

Magnetische Elementarzelle von MnF_2.

die magnetische Raumgruppe zu $P4_2'/mnm'$ (Nr. 499). Allgemeine gruppentheoretische Untersuchungen über die möglichen magnetischen Strukturen und kurze Bemerkungen über MnF_2 s. bei Dimmock, Wheeler [6]. — Eine Theorie der Auswahlregeln für Phononenprozesse in Kristallen dieser Raumgruppe (MnF_2) s. bei Cracknell [7].

Aus der ersten Strukturuntersuchung [1] leitet Dzyaloshinskii [8] die Möglichkeit ab, daß MnF_2 gemäß der Theorie der Phasenumwandlung 2. Art von Landau [9] schwach ferromagnetisch werden könnte.

Die lokale Verteilung der magnetischen Momentdichte in MnF_2-Kristallen bestimmen Nathans u. a. [10] aus Neutronenbeugungsuntersuchungen. Die Fourier-Synthese der projizierten kovalenten Spindichte (s. Diagramm im Original) zeigt nur die asymmetrischen Bindungsanteile. Man erkennt jedoch deutlich eine Spinkonzentration entlang der Mn^{2+}-F^--Verbindungslinie, wobei die kovalenten Spinanteile beim Übergang von Mn^{2+} nach F^- einen Vorzeichenwechsel erfahren. Diese Ergebnisse werden in einem Bericht von Will [11] erwähnt.

Literatur:

[1] R. A. Erickson (Phys. Rev. [2] **90** [1953] 779/85). — [2] J. W. Stout, L. M. Matarrese (Rev. Mod. Phys. **25** [1953] 338/43). — [3] J. H. Van Vleck (J. Chem. Phys. **9** [1941] 85/90). — [4] P. A. Fleury (Proc. Intern. School Phys. Enrico Fermi **42** [1969] 321/39, 326). — [5] Y. Le Corre (J. Phys. Radium [8] **19** [1958] 750/64, 760).

[6] J. O. Dimmock, R. G. Wheeler (Phys. Rev. [2] **127** [1962] 391/404, 394). — [7] P. Cracknell (Progr. Theoret. Phys. [Kyoto] **38** [1967] 1252/69, 1257). — [8] I. E. Dzyaloshinskii (Zh. Eksperim. i Teor. Fiz. **33** [1957] 1454/6; Soviet Phys.-JETP **6** [1957] 1120/2). — [9] L. Landau (Zh. Eksperim. i Teor. Fiz. **7** [1937] 19/32). — [10] R. Nathans, H. A. Alperin, S. J. Pickart, P. J. Brown (J. Appl. Phys. **34** [1963] 1182/6), R. Nathans (Trans. Am. Crystallogr. Assoc. **3** [1967] 96/109, 101).

[11] G. Will (Z. Angew. Physik **24** [1968] 260/9, 268).

4.2.2.6.5 Untergittermagnetisierung

Sublattice Magnetization

Zur Berechnung statistischer Größen wie Anisotropie, Magnetostriktion, magnetische Suszeptibilität usw. ist im allgemeinen die Kenntnis der Temperaturabhängigkeit der Untergittermagnetisierung notwendig. Diese kann aus der Frequenz der kernmagnetischen Resonanz am ^{19}F abgeleitet werden, weil die Überlappung zwischen den Elektronenorbitalen von Mn und F, solange die Gitterkonstanten nahezu temperaturunabhängig sind, konstant bleibt. Dann ist das Hyperfeinfeld (das effektive Feld am F-Kern) direkt proportional zur Untergittermagnetisierung M. Unter der Annahme, daß auch die Abstände zwischen den Ionen konstant sind und dadurch das elektronische dipolare Magnetfeld proportional M ist, ergibt sich, daß die ^{19}F-NMR-Frequenz direkt proportional M ist [1].

Aus der Temperaturabhängigkeit der NMR-Frequenz erhalten Jaccarino, Walker [2] unterhalb 21 K für die relative Änderung von M, also $\Delta M/M_0$, folgende Werte ($\Delta M = M_T - M_0$):

T in K	3.25	4.33	14.00	18.57	21.00
$\Delta M/M_0$	2.16×10^{-5}	8.24×10^{-5}	7.50×10^{-3}	1.85×10^{-2}	2.66×10^{-2}

Diese Ergebnisse werden durch eine theoretische Kurve, die von Kanamori, Tachiki [3] aus der Reihenentwicklung der Spinwellenfrequenzen nach Potenzen des Wellenvektors $\vec{k}$ (bis $\vec{k}^4$) berechnet wurde, gut beschrieben. Auch aus den NMR-Messungen von Heller, Benedek [4] in der Nähe von T_N kann nach Burgiel, Strandberg [1] $\Delta M/M_0$ zuverlässig genug bestimmt werden. Nach einem Modell, das die Temperaturabhängigkeit der Anisotropie und die Wechselwirkungen mit nächsten und übernächsten Nachbarn berücksichtigt, berechnet Low [5] eine Temperaturabhängigkeit von $\Delta M/M_0$, die mit den Meßdaten [2, 4] sehr gut übereinstimmt; vgl. hierzu die Diskussion von Nauciel-Bloch [6].

Sublattice Magnetization of MnF_2

Von den nach 3 Approximationen erhaltenen Kurven für die Temperaturabhängigkeit von M gibt die nach der „random-phase" Approximation (RPA) berechnete die experimentellen Ergebnisse [2, 4] gut wieder [7]. Schon Carleton u. a. [8] fanden gute Übereinstimmung dieser Meßdaten [2, 4] mit der nach der RPA-Näherung berechneten Temperaturabhängigkeit. — Die für die Temperaturabhängigkeit von M (H = 0) dicht unterhalb T_N geltende Beziehung $M \sim (T_N - T)^{1/3}$ stimmt mit den von Heller [9] nach der NMR-Methode erhaltenen Ergebnissen überein. Im Bereich $0.92 < T/T_N < 0.99993$ werden die hinsichtlich konstanter Gitterparameter korrigierten Ergebnisse durch $M(T)/M(0) = 1.19\ (1 - T/T_N)^{0.335 \pm 0.005}$ beschrieben; die Werte liegen zwischen 0.50 und 0.05 (ausführliche Untersuchungen zum Einfluß eines äußeren Magnetfeldes auf M s. im Original). — Aus den experimentellen Ergebnissen der Suszeptibilität parallel zur c-Achse der Probe von Foner [10] leiten Hornreich, Shtrikman [11] die normierte Untergittermagnetisierung M/M_0 als Funktion der reduzierten Temperatur T/T_N ab. Die Werte liegen gut auf der aus obigen NMR-Untersuchungen erhaltenen Kurve und sind nur wenig größer als die nach der Molekularfeld-Theorie berechneten Ergebnisse.

Die aus Messungen der AFMR unterhalb 22 K berechneten Werte $[\nu(T)/\nu(0)]_{AFMR}$ von Johnson, Nethercot [12] liegen unter den aus NMR-Bestimmungen erhaltenen [2]. Nach Umrechnung auf $[\nu(T)/\nu(0)]_{NMR}^{1.45}$ liegen die Punkte innerhalb des experimentellen Fehlerbereichs auf der AFMR-Kurve in Übereinstimmung mit der Berechnung von Oguchi [13]: $[\nu(T)/\nu(0)]_{AFMR} = [M(T)/M(0)]^{1.45}$.

Das dynamische Verhalten der Vektoren der Untergittermagnetisierung beim Spin-Flop wird von Nishikubo [14] durch numerische Integration der den Landau-Lifshits-Dämpfungsterm enthaltenden, phänomenologischen Bewegungsgleichung behandelt.

Durch Bestrahlung mit Laserlicht (Pulse von 7 mJ bei 0.6 μs Dauer) gelingt es, die Untergitter in unterschiedlicher Weise zu magnetisieren, so daß ein resultierendes Moment entsteht [15].

Literatur:

[1] J. C. Burgiel, M. W. P. Strandberg (J. Phys. Chem. Solids **26** [1965] 877/81). — [2] V. Jaccarino, L. R. Walker (J. Phys. Radium [8] **20** [1959] 341/2). — [3] J. Kanamori, M. Tachiki (J. Phys. Soc. Japan **17** [1962] 1384/94, 1392). — [4] P. Heller, G. B. Benedek (Phys. Rev. Letters **8** [1962] 428/32). — [5] G. G. Low (Proc. Phys. Soc. [London] **82** [1963] 992/1001, 999).

[6] M. Nauciel-Bloch (Ann. Phys. [Paris] [14] **5** [1970] 139/50, 146). — [7] O. Nagai, T. Tanaka (Phys. Rev. [2] **188** [1969] 821/30, 828). — [8] H. R. Carleton, R. Brout, R. Stinchcombe (J. Appl. Phys. **36** [1965] 1138/40). — [9] P. Heller (Phys. Rev. [2] **146** [1966] 403/22, 422). — [10] S. Foner (in: G. T. Rado, H. Suhl, Magnetism, Bd. 1, New York 1963, S. 387).

[11] R. Hornreich, S. Shtrikman (Phys. Rev. [2] **159** [1967] 408/10). — [12] F. M. Johnson, A. H. Nethercot (Phys. Rev. [2] **114** [1959] 705/16, 710). — [13] T. Oguchi (Phys. Rev. [2] **111** [1958] 1063/6). — [14] T. Nishikubo (J. Phys. Soc. Japan **27** [1969] 343/51). — [15] J. F. Holzrichter, R. M. Macfarlane, A. L. Schawlow (Phys. Rev. Letters **26** [1971] 652/5), J. F. Holzrichter (Diss. Stanford Univ. 1971; Diss. Abstr. Intern. B **32** [1971] 1155).

Magnetic Anisotropy Energy

4.2.2.6.6 Magnetische Anisotropieenergie E_A

Nach Keffer [1] wird die Anisotropie oberhalb T_N vorwiegend durch Dipol-Dipol-Wechselwirkung verursacht, und die Temperaturabhängigkeit von E_A ist unterhalb T_N bei nicht vorhandener Spinkorrelation proportional dem Quadrat der Untergittermagnetisierung: $E_A \sim M^2$ [1]. Bei tiefen Temperaturen soll E_A nach einer Spinwellenapproximation proportional M^n mit n = 2.9 sein, wobei Dipol-Dipol- und Kristallfeld-Wechselwirkungen berücksichtigt und kleinere Terme wie Quadrupol-Quadrupol-Wechselwirkung und Einwirkungen, die durch Spinwellen mit Wellenvektoren in der Nähe der Grenzen der Brillouinzone auftreten können, vernachlässigt werden [2]. Der Wert $E_A = 4.9 \times 10^6$ erg/cm³ [2] für 0 K stimmt mit dem von Foner [3] und Johnson, Nethercot [4] überein ($E_A = 5.0 \times 10^6$ erg/cm³), der aus AFMR-Messungen nach Extrapolation auf T → 0 K erhalten wird, und dem Wert von de Gunzbourg, Krebs [5] ($E_A = 4.85 \times 10^6$ erg/cm³), der aus der Temperaturabhängigkeit des Spin-Flop-Feldes bestimmt wird und einem Anisotropiefeld $H_A = 8100$ Oe entspricht.

Die Temperaturabhängigkeit von E_A bestimmen Shapira, Foner [6] aus dem von ihnen gemessenen Spin-Flop-Feld und den Suszeptibilitätsdaten von Trapp, Stout [7]. **Fig. 12** zeigt die Ergebnisse für das Verhältnis $E_A(T)/E_A(0)$ zusammen mit den Daten von de Gunzbourg, Krebs [5]. Die durchgezogene Linie gibt die Werte wieder, die nach den Voraussagen einer Molekularfeldapproximation berechnet wurden (danach ist $E_A \sim M^2$). Die theoretischen Werte sind mit den experimentellen in guter Übereinstimmung, abgesehen von der Nähe des Tripelpunkts T_3 (64.9 K, s. S. 31), wo die zur Berechnung von $E_A(T)$ verwendete Gleichung keine Gültigkeit hat. Der von de Gunzbourg, Krebs [5] durchgeführte Vergleich ihrer experimentellen Daten für $E_A(T)/E_A(0)$ mit den Berechnungen von Yosida [8] (keine Übereinstimmung) ist nicht gerechtfertigt, da die Berechnungen für den Fall einer Ein-Ionen-Anisotropie durchgeführt wurden und nicht für die Anisotropie in MnF_2, die vorwiegend auf Dipol-Dipol-Wechselwirkung beruht (unterschiedliche Temperaturabhängigkeit) [6].

Fig. 12

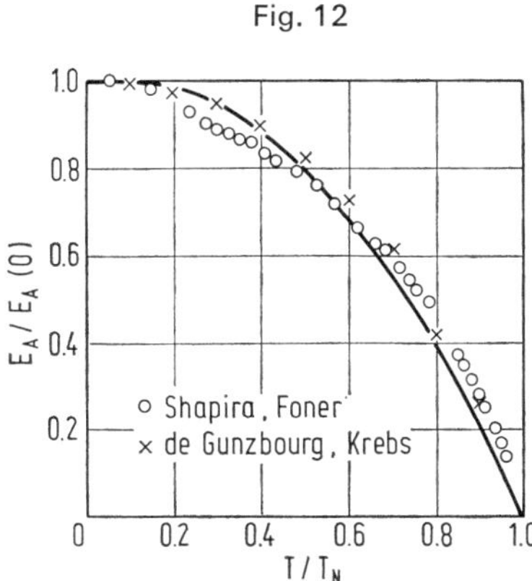

Temperaturabhängigkeit der magnetischen Anisotropieenergie E_A von MnF_2.

Die von Johnson, Nethercot [4] erhaltenen Werte sind nicht, wie diese Autoren behaupten, mit einem konstanten Exponenten n vereinbar, vielmehr nimmt, wie Burgiel, Strandberg [10] bei einer Überprüfung der Ergebnisse [4] feststellen, n von 3.4 ± 0.5 bei 10 K auf 2.90 ± 0.14 bei 18 K und 2.82 ± 0.14 bei 21 K ab. Nach eigenen Messungen kann mindestens oberhalb 52 K, wahrscheinlich auch bei tieferen Temperaturen, n als konstant gelten: 2.88 ± 0.16 [10], s. auch [9].

In einer theoretischen Betrachtung von Yosida [11] über die verschiedenen mikroskopischen Mechanismen der magnetischen Anisotropie für charakteristische Fälle der Spinzustände der magnetischen Ionen wird auch MnF_2 diskutiert.

Literatur:

[1] F. Keffer (Phys. Rev. [2] **87** [1952] 608/12). — [2] T. Oguchi (Phys. Rev. [2] **111** [1958] 1063/6). — [3] S. Foner (Phys. Rev. [2] **107** [1957] 683/5). — [4] F. M. Johnson, A. H. Nethercot (Phys. Rev. [2] **114** [1959] 705/16). — [5] J. de Gunzbourg, J. P. Krebs (J. Phys. [Paris] **29** [1968] 42/6); vgl. auch J. P. Krebs (CEA-R-3495 [1968] 1/165, 109; C. A. **70** [1969] Nr. 52496).

[6] Y. Shapira, S. Foner (Phys. Rev. [3] B **1** [1970] 3083/96, 3094). — [7] C. Trapp, J. W. Stout (Phys. Rev. Letters **10** [1963] 157/9). — [8] K. Yoshida (Progr. Theoret. Phys. [Kyoto] **6** [1951] 691/701, 695). — [9] C. Zener (Phys. Rev. [2] **96** [1954] 1335/7). — [10] J. C. Burgiel, M. W. P. Strandberg (J. Phys. Chem. Solids **26** [1965] 877/81; J. Appl. Phys. **35** [1964] 852/3).

[11] K. Yosida (J. Appl. Phys. **39** [1968] 511/8).

Domain Structure of MnF_2

4.2.2.6.7 Domänenstruktur

Die Untersuchung der kernmagnetischen Resonanz von ^{19}F in einem äußeren, senkrecht zur c-Achse verlaufenden Magnetfeld H_0, das sehr viel kleiner ist als das Spin-Flop-Feld ($H_{SF} \approx 93$ kOe, s. S. 30), ermöglicht es Paquette u. a. [1], die Existenz von antiferromagnetischen Elementardomänen nachzuweisen. Alle bei 4.2 K und in Magnetfeldern von 0.5 bis 24 kOe untersuchten Proben zeigen vier Resonanzlinien; dies ist ein Zeichen dafür, daß es zwei Typen von Domänen gibt, s. **Fig. 13.** Mit welcher Häufigkeit diese beiden Typen vorkommen, hängt von der Stärke des Magnetfeldes ab, dem die Kristalle beim Abkühlen durch den Néel-Punkt ausgesetzt werden [1]. Auch durch Streuung polarisierter Neutronen bei 4.2 K kann die Verteilung der antiferromagnetischen Domänen untersucht werden [2]; vgl. auch Nathans u. a. [3].

Fig. 13

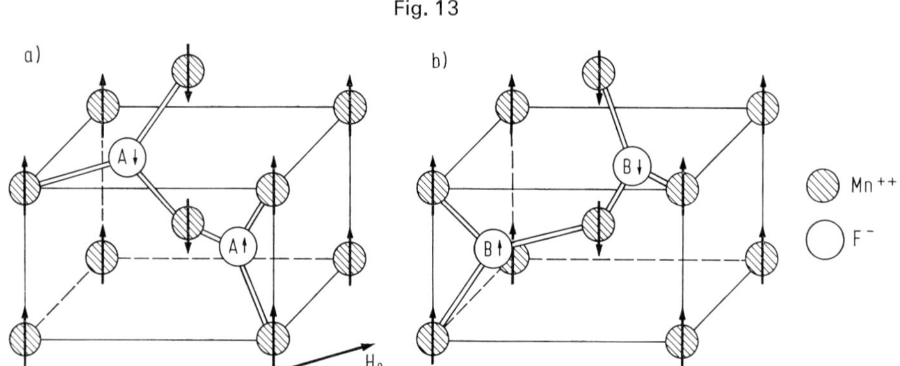

Die zwei Typen der antiferromagnetischen Domänenstruktur von MnF_2.

Wie die Diskussion der in Antiferromagneten möglichen Domänengrenzen zeigt, ist bei einachsigen Antiferromagneten (also auch bei MnF_2) der wichtigste Faktor bei der Bildung der Grenzflächen die Anisotropiekonstante 2. Ordnung; die Anisotropiekonstanten 4. und 6. Ordnung bestimmen nur die Lage der Grenzflächen. Die effektive Tiefe der Übergangsschicht wird zu $\delta \approx 10^{-6}$ cm, die Dichte der Domänengrenzflächenenergie zu $\Delta\omega = 7.3$ erg/cm² berechnet [4].

Ein andersartiger Zustand wird von King, Paquette [5] bei 4.2 K bei der Untersuchung der Kernresonanz des ^{19}F in der Nähe der Spin-Flop-Umwandlung gefunden. Anscheinend gibt es zwischen den antiferromagnetischen Domänen andere Bereiche in Form dünner Plättchen, in denen eine Spin-Flop-Anordnung besteht. Zusätzliche Messungen der Faraday-Rotation und der optischen Absorption (bei etwa 356 nm) sowie direkte Photographie der Domänenstruktur bestätigen diesen Zustand. Auch von Dudko u. a. [6] wird aus der Änderung der Magnetisierung als Funktion der Feldstärke in der Nähe von 92 kOe auf die Existenz von Spin-Flop-Domänen geschlossen, die ein thermodynamisch stabiles Gefüge bilden. Bei einer Abweichung der Feldrichtung von der c-Achse um nicht mehr als 30′ wird der Spin-Flop-Prozeß von einer magnetischen Schichtung in der Probe begleitet. Die einzelnen Bereiche unterscheiden sich sowohl in der Richtung als auch in der Stärke der spezifischen Magnetisierung [6]. Beobachtete Diskontinuitäten („Sprünge") in der Magnetisierung in einem Feld von 92 kOe lassen sich durch Entstehung bzw. Vernichtung der Domänenwände erklären [7].

Über Untersuchungen der Domänen in der Nähe des Spin-Flop-Feldes s. [8].

Literatur:

[1] D. Paquette, V. Jaccarino, M. Butler (Intern. J. Magn. **6** [1974] 25/31). — [2] H. A. Alperin, P. J. Brown, R. Nathans, S. J. Pickart (Phys. Rev. Letters **8** [1962] 237/9). — [3] R. Nathans, H. A.

Alperin, S. J. Pickart, P. J. Brown (J. Appl. Phys. **34** [1963] 1182/6), R. Nathans (Trans. Am. Crystallogr. Assoc. **3** [1967] 96/109, 99). — [4] M. M. Farztdinov (Fiz. Metal. i Metalloved. **19** [1965] 321/32; Phys. Metals Metallog. [USSR] **19** Nr. 3 [1965] 1/12). — [5] A. R. King, D. Paquette (Phys. Rev. Letters **30** [1973] 662/6).

[6] K. L. Dudko, V. V. Eremenko, V. M. Fridman (Zh. Eksperim. i Teor. Fiz. **61** [1971] 678/88; Soviet Phys.-JETP **34** [1971] 362/7). — [7] K. L. Dudko, V. V. Eremenko, V. M. Fridman (Zh. Eksperim. i Teor. Fiz. **61** [1971] 1553/63; Soviet Phys.-JETP **34** [1971] 828/33). — [8] Y. Shapira, J. Zak (Phys. Rev. [2] **170** [1968] 503/12, 509).

4.2.2.6.8 Magnetoelastische Eigenschaften

Magnetoelastic Properties

Die longitudinale Magnetostriktion in Richtung der leichten Achse, [001], untersuchen Shapira u. a. [1] bei Temperaturen 64 K < T < 300 K in Magnetfeldern bis zu 130 kOe. **Fig. 14** zeigt die Ergebnisse für zwei Temperaturen oberhalb und eine unterhalb T_N (67.3 K). In allen Fällen ist die relative Längenänderung $\Delta l/l$ bei kleinen Feldstärken proportional H^2; diese Proportionalität bleibt oberhalb T_N bis 130 kOe erhalten. Direkt unterhalb T_N ändert sich jedoch $(\Delta l/l)/H^2$ mit H und zeigt die durch H verursachte Umwandlung von der antiferromagnetischen in die paramagnetische Phase. Diese ist aus der Kurve bei T = 66.79 K zu erkennen. Die anfängliche Steigung der Kurven in Fig. 14 zeigt eine λ-Anomalie in der Nähe von T_N. Die Ergebnisse werden gut durch ein Modell beschrieben, das die Magnetostriktion in Beziehung zur Zweispin-Korrelationsfunktion setzt [1]. Messungen bei 10 K und H || [001] zeigen bei Erreichen des kritischen Feldes H_{SF} = 91.7 kOe eine schnelle Zunahme von $\Delta l/l$, was auf eine Spin-Flop-Umwandlung zurückzuführen ist. Für H > H_{SF} ist die Zunahme von $\Delta l/l$ nahezu proportional H^2. In Feldern senkrecht zur [001]-Richtung ist $(\Delta l/l) \sim H^2$ [2].

Fig. 14

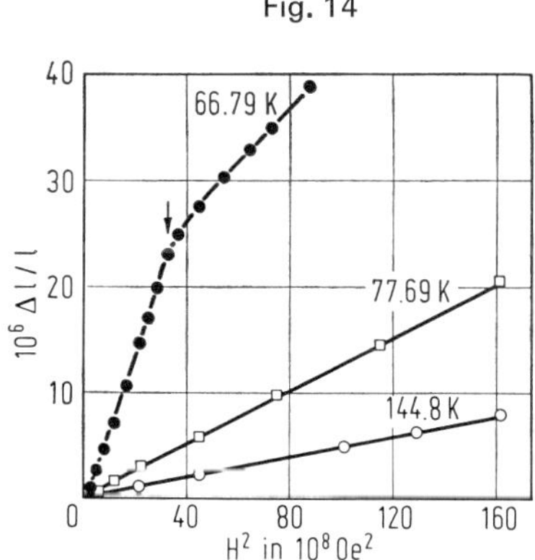

Longitudinale Magnetostriktion von MnF_2 als Funktion von H^2 bei verschiedenen Temperaturen.

Messungen der Magnetostriktion in [011]-Richtung als Funktion des Magnetfeldes (bis 15 kOe), der Feldrichtung und Temperatur (4.2 bis 77 K) zeigen, daß sich $(\Delta l/l)_{[011]}$ nahezu mit $\sin 2\Theta_H$ ändert (Θ_H = Winkel zwischen $\vec{H}$ und [001]). Unterhalb T_N (H = 11 kOe, Θ_H = 45°) erfolgt ein scharfer Anstieg für $(\Delta l/l)_{[011]}$ von etwa 0.15×10^{-6} auf 6.5×10^{-6} bei 4.2 K [3].

Vorläufige Untersuchungen der Volumenmagnetostriktion zwischen 65 und 78 K für H || [001] und H || [110] bestätigen ein Modell, in dem die Volumenmagnetostriktion durch die Volumenabhängigkeit der Austauschwechselwirkung mit nächsten Nachbarn zustande kommt [4].

Ein von Dzyaloshinskii [5] für eine Reihe antiferromagnetischer Kristalle (darunter MnF_2) aus Betrachtungen der Kristallsymmetrie vorausgesagter piezomagnetischer Effekt, d. h. das Auftreten eines magnetischen Moments bei Druckeinwirkung, wird von Borovik-Romanov [6] experi-

Magneto-elastic Properties of MnF_2

mentell untersucht. Bei 20.4 K und einem Druck von 520 kg/cm^2 wird an Einkristallen ein piezomagnetisches Moment von 0.12 emE = 5×10^{-3} G beobachtet (der entsprechende Modul beträgt 10^{-5} G · $(kg/cm^2)^{-1}$) in Verbindung mit einer leichten Abnahme (etwa 0.2%) der Suszeptibilität. Die Richtung des piezomagnetischen Moments ist unabhängig von der des angelegten Magnetfeldes (−1100 bis +1100 Oe). Sie kann nur geändert werden, wenn die gepreßte Probe in einem Magnetfeld von einer Temperatur oberhalb des Néel-Punktes auf eine tiefe Temperatur im antiferromagnetischen Bereich (etwa 20 K) abgekühlt wird. — Neben den in antiferromagnetischen Difluoriden der Fe-Gruppe auftretenden Schubspannungen σ_{xy} und σ_{yz}, die von einer Magnetisierung entlang der y- bzw. x-Richtung begleitet werden (durch Ausüben eines Drucks p auf die Probe entsteht eine Schubspannung von $\sigma = p/2$), kann nach Moriya [7] sogar eine lineare Kompression in der ab-Ebene ([110]-Richtung) eine Magnetisierung entlang der c-Richtung verursachen (Rechnung nur für CoF_2 durchgeführt). Dieser Effekt ist in MnF_2 nur sehr schwach ausgeprägt, da die magnetische Anisotropie vorwiegend durch Dipol-Dipol-Wechselwirkung zwischen den Spins entsteht und deswegen viel kleiner ist als bei anderen Fluoriden.

Zur theoretischen Untersuchung des piezomagnetischen Effekts berechnen Mitsek, Shavrov [8] die Komponenten des jeweiligen piezoelektrischen Tensors für antiferromagnetische Kristalle und ihre Temperaturabhängigkeit für MnF_2 (und CoF_2) unter Berücksichtigung der elastischen Spannungen. — Eine thermodynamische Theorie der magnetoelastischen Eigenschaften von kubischen Antiferromagneten (darunter MnF_2) gibt Mitsek [9].

Literatur:

[1] Y. Shapira, R. D. Yacovitch, D. R. Nelson (Solid State Commun. **17** [1975] 175/8). — [2] L. M. Semenenko, K. L. Dudko (Fiz. Nizk. Temp. [Kiev] **1** [1975] 1131/8; C. A. **84** [1976] Nr. 68695). — [3] J. Matolyak, M. S. Seehra, A. S. Pavlovic (Phys. Letters A **49** [1974] 333/4). — [4] Y. Shapira, R. D. Yacovitch, C. C. Becerra, S. Foner, E. J. McNiff (Phys. Letters A **55** [1976] 363/4; Y. Shapira, R. D. Yacovitch (AIP [Am. Inst. Phys.] Conf. Proc. Nr. 29 [1976] 435/6). — [5] I. E. Dzyaloshinskii (Zh. Eksperim. i Teor. Fiz. **33** [1957] 807/8; Soviet Phys.-JETP **6** [1957] 621/2).

[6] A. S. Borovik-Romanov (Zh. Eksperim. i Teor. Fiz. **38** [1960] 1088/98, **36** [1959] 1954/5; Soviet Phys.-JETP **11** [1960] 786/93, **9** [1959] 1390/1). — [7] T. Moriya (Phys. Chem. Solids **11** [1959] 73/7). — [8] A. I. Mitsek, V. G. Shavrov (Fiz. Tverd. Tela **6** [1964] 210/8; Soviet Phys.-Solid State **6** [1964] 167/73). — [9] A. I. Mitsek (Fiz. Metal. i Metalloved. **16** [1963] 501/8; Phys. Metals Metallog. [USSR] **16** Nr. 4 [1963] 5/13).

Spin Waves

4.2.2.6.9 Spinwellen

Allgemeine Literatur:

D. S. McClure, Excitons and Magnons in Antiferromagnetic Crystals, in: A. B. Zahlan, Excitons, Magnons and Phonons in Molecular Crystals, Cambridge 1968, S. 135/52.

F. Keffer, Spin Waves, in: S. Flügge, Handbuch der Physik, Bd. 18, Tl. 2, Berlin-Heidelberg-New York 1966, S. 1/273.

K. H. Hellwege, Einführung in die Festkörperphysik, Bd. 2, Berlin-New York 1970, S. 228/32.

R. Loudon, Theory of Infrared and Optical Spectra of Antiferromagnets, Advan. Phys. **17** [1968] 243/80.

Die Energien der magnetischen Anregungen (Spinwellen, Magnonen) werden in MnF_2 durch isotrope Austauschkopplung, aber auch durch anisotrope Wechselwirkung bestimmt. Die Anisotropie verlangt zusätzliche verschiedene Amplituden der Spins der beiden Untergitter, wenn eine stabile Spinwelle bestehen soll. Dies führt dazu, daß auch bei $\vec{q} = 0$ ($\vec{q}$ = allgemeiner Wellenvektor in der Brillouin-Zone) die Spins der beiden Untergitter in keinem Fall antiparallel stehen, so daß eine endliche magnetische Anisotropie resultiert und in jedem der beiden Zweige der Disperionskurve die Magnonenfrequenz $\hbar\omega$ (q = 0) > 0 wird (die Zweige sind in Abwesenheit eines äußeren Magnetfeldes entartet).

Die aus Messungen der unelastischen Neutronenstreuung bei 4.2 K (H = 0) in der (010)-Ebene der Brillouin-Zone bestimmte Spinwellendispersion ist in **Fig. 15** für die Richtungen $\vec{q}$ || [001] und

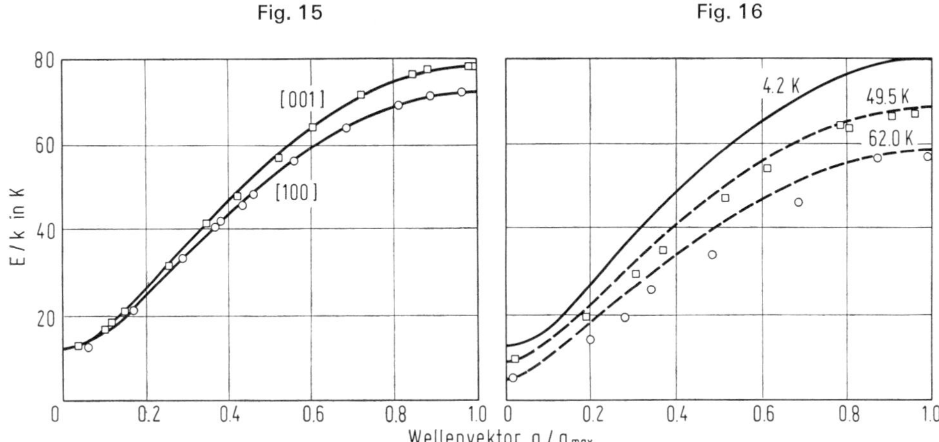

Spinwellenenergie E von MnF_2 bei 4.2 K in verschiedenen Richtungen (links) und in [001]-Richtung bei verschiedenen Temperaturen (rechts).

$\vec{q}$ || [100] dargestellt [1, 2]. Die ausgezogenen Linien beruhen auf der Spinwellentheorie von Ziman [3] und Kubo [4] unter Verwendung der Parameter J_1 = 0.32 K (ferromagnetisch), J_2 = −1.76 K (antiferromagnetisch), J_3 = 0 (s. S. 33) und eines Anisotropiefeldes H_A = 1.06 K (bei $\vec{q}$ = 0). Übereinstimmung mit diesen Ergebnissen erhalten Nikotin u. a. [5] unter den gleichen Versuchsbedingungen. Die aus den Dispersionskurven abgeleitete Zustandsdichte der Magnonen hat Maxima bei 48.4, 48.9, 53.2 und 53.7 cm^{-1}. — Eine theoretische Untersuchung der Spinwellendispersion für verschiedene angenommene Werte von J_2/J_1 und die Berechnung des Streuquerschnitts der durch die Spinwellen gestreuten unelastischen Neutronen s. bei Nagai, Yoshimori [6].

Bei der Untersuchung der Temperaturabhängigkeit der magnetischen Anregungsspektren zwischen 49.5 und 79.0 K (im Bereich $0.75\,T_N < T < 1.2\,T_N$) beobachten Turberfield u. a. [7] eine Verbreiterung der von Low u. a. [1] bei 4.2 K beobachteten Linie; ihre Energie wird mit zunehmender Temperatur kleiner. Außerdem wird oberhalb etwa 50 K eine kontinuierliche, dem paramagnetischen Charakter ähnliche Komponente beobachtet, die beim Durchlaufen von T_N bei großen Wellenvektoren $\vec{q}$ keine merklichen Effekte zeigt, bei kleinem $\vec{q}$ sich jedoch abrupt ändert, ähnlich wie bei Umwandlungen 2. Ordnung. **Fig. 16** zeigt die Spinwellenkurven für die Fortpflanzung in [001]-Richtung bei 4.2, 49.5 und 62 K zusammen mit den von Low [8] unter Verwendung einer Theorie der Spinwellenwechselwirkungen von Oguchi [9] berechneten Werten (gestrichelte Kurven), die sich den experimentellen Punkten innerhalb 10% bis etwa 62 K (0.9 T_N) anpassen [7]; vgl. auch die Diskussion von Nauciel-Bloch [10].

Mit Hilfe der von Nagai [11] entwickelten „random-phase"-Approximation, bei der der Hamilton-Operator neben dem üblichen Austausch zusätzlich eine Zeeman-Wechselwirkung beliebiger Größe und die magnetische Dipol-Dipol-Wechselwirkung enthält, berechnen Timbie, White [12] Spinwellenfrequenzen.

Eine genaue Bestimmung der Energielücke $\hbar\omega$ (q = 0) aus Messungen der AFMR von Johnson, Nethercot [13] ergibt 1.08 meV (T_{AE} = 12.54 K) [1]. Aus Messungen der unelastischen Neutronenstreuung (4.2 K) erhalten Schulhof u. a. [14, 15] eine Energielücke von 1.113 ± 0.005 meV. —

Spin Waves of MnF_2

Zwischen $T_N - 0.04$ K und $T_N - 20$ K ändert sich die Energielücke der Spinwellen mit der Temperatur proportional zu $p[(T_N-T)/T_N]^\varepsilon$; nach Dietrich [16] ist $\varepsilon = 0.33 \pm 0.01$ und $p = 1.24 \pm 0.03$ meV, während Schulhof u. a. [15] $\varepsilon = 0.37 \pm 0.02$ und $p = 1.20 \pm 0.06$ meV finden.

Die Abhängigkeit der Magnonenfrequenz von der Temperatur und dem Wellenvektor $\vec{q}$ untersuchen Schulhof u. a. [14] durch Messungen der unelastischen Neutronenstreuung im kritischen Bereich. Die in **Fig. 17** dargestellten Ergebnisse (die oberste Kurve bringt die Werte [1, 2] für 4.2 K) zeigen, in welcher Weise sich die Magnonen mit zunehmender Temperatur „renormalisieren". Das Verhältnis von Magnonenfrequenz zu Magnonenbreite nimmt für $T < T_N$ mit zunehmendem $\vec{q}$ ab, oberhalb T_N werden dagegen zwei Maxima bei großem $\vec{q}$ beobachtet, die mit abnehmendem $\vec{q}$ verschmelzen [14].

Fig. 17

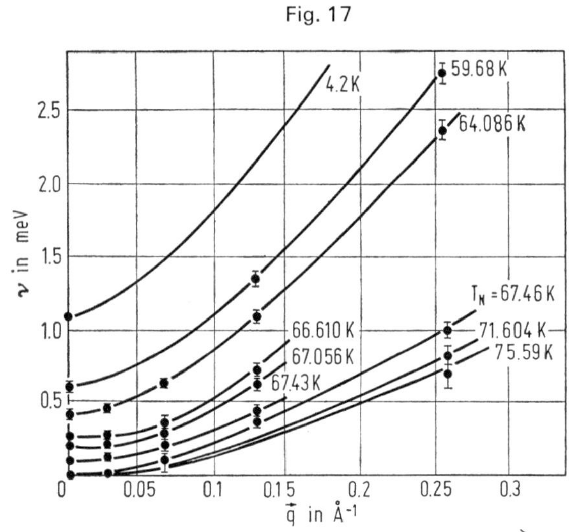

Abhängigkeit der Magnonenfrequenz ν von MnF_2 vom Wellenvektor $\vec{q}$ bei verschiedenen Temperaturen im kritischen Bereich.

Eine Theorie für die Dämpfung von Magnonen mit q = 0 in der Nähe von T_N in schwach anisotropen Antiferromagneten (MnF_2), die der unelastischen Streuung an Schwankungen der longitudinalen Komponente der wellenvektorabhängigen („staggered") Magnetisierung zugeschrieben wird, s. bei Huber [17]. Die Symmetrie von Spinwellen, die noch oberhalb T_N existieren und erst bei wesentlich höherer Temperatur verschwinden (Paramagnonen), wird von Cracknell [18] ermittelt.

Durch Depolarisationsmessungen in der Nähe von T_N weisen Gordeev u. a. [19] die Existenz von magnetischen Fluktuationen (langwelligen Spinwellen) nach.

Literatur:

[1] G. G. Low, A. Okazaki, R. W. H. Stevenson, K. C. Turberfield (J. Appl. Phys. **35** [1964] 998/9). — [2] A. Okazaki, K. C. Turberfield, R. W. H. Stevenson (Phys. Letters **8** [1964] 9/11). — [3] J. M. Ziman (Proc. Phys. Soc. [London] A **65** [1952] 540/7). — [4] R. Kubo (Phys. Rev. [2] **87** [1952] 568/80). — [5] O. Nikotin, P. A. Lindgård, O. W. Dietrich (J. Phys. C **2** [1969] 1168/73).

[6] O. Nagai, A. Yoshimori (Progr. Theoret. Phys. [Kyoto] **25** [1961] 595/602). — [7] K. C. Turberfield, A. Okazaki, R. W. H. Stevenson (Proc. Phys. Soc. [London] **85** [1965] 743/58, 749/50). — [8] G. G. Low (Inelastic Scattering Neutrons, Proc. 4th Symp., Bombay 1964 [1965], Bd. 1, S. 453/9, 458). — [9] T. Oguchi (Phys. Rev. [2] **117** [1960] 117/23). — [10] M. Nauciel-Bloch (Ann. Phys. [Paris] [14] **5** [1970] 139/50, 147).

[11] O. Nagai (Phys. Rev. [2] **180** [1969] 557/61). — [12] J. P. Timbie, R. M. White (Solid State Commun. **8** [1970] 513/6), J. P. Timbie (Diss. Stanford Univ. 1971, S. 1/84; Diss. Abstr. Intern. B **32** [1971] 1798). — [13] F. M. Johnson, A. H. Nethercot (Phys. Rev. [2] **114** [1959] 705/16, 710/2). — [14] M. P. Schulhof, R. Nathans, P. Heller, A. Linz (Phys. Rev. [3] B **4** [1971] 2254/76, 2268). — [15] M. P. Schulhof, R. Nathans, A. Linz (J. Phys. [Paris] **32** [1971] Suppl. C1-521/C1-522).

[16] O. W. Dietrich (J. Phys. C **2** [1969] 2022/36, 2030). — [17] D. L. Huber (Phys. Letters A **46** [1973] 83/4; Intern. J. Magn. **2** [1971] 405/8). — [18] A. P. Cracknell (J. Phys. C **2** [1969] 1764/76, 1768/9). — [19] G. P. Gordeev, G. M. Drabkin, I. M. Lazebnik, A. A. Aksel'rod, B. P. Toperverg (Pis'ma Zh. Eksperim. i Teor. Fiz. **19** [1974] 220/2; C. A. **80** [1974] Nr. 126088).

4.2.2.6.10 Antiferromagnetische Resonanz (AFMR)

Antiferro-magnetic Resonance

Nach der Theorie von Keffer, Kittel [1] ist die Resonanzbedingung in einem einachsigen antiferromagnetischen Kristall mit dem statischen Magnetfeld H || zur Symmetrieachse bei 0 K gegeben durch $\omega/\gamma = H_0 \pm [H_A(2H_E + H_A)]^{1/2}$, also für genügend hohe Frequenzen bei $H_0 = 0$ und $H_A \ll H_E$ durch $\omega/\gamma = (2H_EH_A)^{1/2}$. Hierbei sind H_A und H_E die effektiven Felder, durch die die Kräfte dargestellt werden, welche die Untergittermagnetisierungen in die bevorzugte Richtung zwingen; H_A mißt die Anisotropiekraft, H_E die Austauschkraft.

Messungen von Johnson, Nethercot [2] zwischen 4.2 und 64 K an plattenförmigen Einkristallen ohne Feld und in starken Feldern (über 30 kOe) im Frequenzbereich von 96 bis 247.2 GHz ergeben nach Extrapolation auf 0 K und (nach einer Beziehung von Keffer, Kittel [1]) auf H = 0 eine Resonanz bei 8.73 cm^{-1} (261.4 GHz). Etwa um 0.5 bis 1% höher ist der Wert, den Bloor, Martin [3] aus der IR-Absorption nach Extrapolation auf 0 K erhalten. Die unter Verwendung von gepulsten Magnetfeldern (etwa 90 kOe) von Foner [4] bestimmte Resonanzfrequenz liegt um etwa 4% tiefer. Nach der IR-Methode wird von Richards [5] $\nu = 8.68 \pm 0.05\ cm^{-1}$ (0 K) erhalten, von Johnson, Sievers [11] $\nu = 8.69 \pm 0.01\ cm^{-1}$.

Für die Temperaturabhängigkeit der AFMR-Frequenz ergibt sich aus Messungen mit H = 0 (die angegebenen Fehler in der Temperaturbestimmung sind vorwiegend bedingt durch die Schwierigkeit in der Bestimmung des Zentrums der Resonanzlinie mit großer Linienbreite) folgende Abnahme [2]:

T in K	24.7 ± 0.3	41.8 ± 0.3	57.5 ± 0.6	62.3 ± 0.8	63.6 ± 0.5
ν in GHz	247.2	212.7	146	117	96

Die Werte liegen gut auf der Verlängerung der Kurve, die Bloor, Martin [3] durch ihre drei Meßpunkte legen: $\nu = 8.77 \pm 0.16$, 8.55 ± 0.16 und $7.20 \pm 0.25\ cm^{-1}$ bei 5.5 ± 0.3, 16.0 ± 1.0 und 42.5 ± 1.0 K [3]. Aus Messungen im IR (H = 0) ergibt sich, daß ν zwischen 0 und T_N von $\nu \approx 8.7$ auf 3.1 cm^{-1} abnimmt [5]. Die von Burgiel, Strandberg [6] untersuchte Temperaturabhängigkeit der AFMR (Mikrowellenmethode, Werte auf H = 0 reduziert) ist in der Nähe von T_N (67.34 K) proportional $(T_N-T)^n$ mit $n = 0.483 \pm 0.025$.

Die Temperaturabhängigkeit der AFMR berechnen Nagai, Tanaka [7] nach einer Theorie für die Magnonenenergie unter Anwendung von zwei Approximationen („random-phase"- und „magnon-renormalization"-Approximation). Die experimentellen Werte [2] liegen zwischen den nach den beiden Approximationen erhaltenen Kurven; vgl. auch die nach der „random-phase"-Approximation erhaltene Kurve von Timbie, White [8]. Die Temperaturabhängigkeit der AFMR-Absorption in MnF_2 wird auch von einigen anderen Autoren [9, 10, 19] theoretisch behandelt.

Antiferro-magnetic Resonance of MnF_2

Bei Druckerhöhung auf 7.1 kbar verschiebt sich die Absorptionsfrequenz (8.69 cm^{-1}) um 0.15 cm^{-1}, die Druckabhängigkeit ist gegeben durch $(\partial \ln\nu/\partial p)_T = (2.44 \pm 0.24) \times 10^{-3}$ $kbar^{-1}$ [11].

Die mit der Temperatur zunehmende Linienbreite der AFMR wird von Johnson und Nethercot [2] durch Schwankungen des Austauschfeldes gedeutet. Für die bei tiefer Temperatur verbleibende Breite (300 Oe bei 4.2 K) wird jedoch keine Erklärung gefunden. Bei Untersuchungen des temperaturabhängigen Anteils zur Linienbreite (0.2 Oe bei 5 K, dann Zunahme mit T^4 zwischen $0.08\, T_N \leqq T \leqq 0.5\, T_N$) schließen Kotthaus, Jaccarino [12] auf einen Streuprozeß von zwei Magnonen, während Upadhyaya, Sinha [13] einen Prozeß von zwei Magnonen und einem Phonon für die temperaturabhängige Linienbreite (10 Oe bei 10 K) verantwortlich machen. Genkin, Fain [14] erhalten bei 6 K und H = 0 eine Linienbreite von 12 Oe und schließen auf einen Austauschmechanismus von vier Magnonen. In einer theoretischen Untersuchung zeigen White u. a. [15], daß der temperaturabhängige Anteil der AFMR-Linienbreite bei tiefen Temperaturen durch den Streuprozeß von vier Magnonen entsteht und die mit den Austausch- und Anisotropie-Wechselwirkungen verbundenen Streuamplituden vergleichbar, aber von entgegengesetztem Vorzeichen sind, was zu einer durch Anisotropie verringerten („anisotropy-narrowed") Linienbreite führt.

Die auf Grund der Schwankungen der Untergittermagnetisierung in der Nähe von T_N auftretenden Fluktuationen der AFMR-Linienbreite untersuchen Burgiel, Strandberg [16]. In starken Feldern H wird $\Delta\nu \approx 71.1\, (T_N-T)^{-5/6}$ beobachtet, bei H = 0 ist die Linienbreite größer: $\Delta\nu \approx 315\, (T_N-T)^{-4/3}$ (T in K, ν in GHz); der genaue Wert der Exponenten ist -0.83 ± 0.07 bzw. -1.32 ± 0.10. Im Bereich von 10 bis 30 kOe ist $\Delta\nu$ unabhängig vom Magnetfeld (parallel und senkrecht zur c-Achse). — Eine Untersuchung der Abhängigkeit der Linienbreite (0.2 Oe im schmalsten Fall) von der Geometrie der Probe, der Oberfläche und dem Verunreinigungsgehalt s. bei Kotthaus, Jaccarino [17], von dem Umfang der Probe und der Strahlungsdämpfung in einem geeigneten Wellenleiter s. [18].

Literatur:

[1] F. Keffer, C. Kittel (Phys. Rev. [2] **85** [1952] 329/37). — [2] F. M. Johnson, A. H. Nethercot (Phys. Rev. [2] **114** [1959] 705/16, **104** [1956] 847/8), F. M. Johnson (Diss. Columbia Univ. 1958; Diss. Abstr. **21** [1961] 3818). — [3] D. Bloor, D. H. Martin (Proc. Phys. Soc. [London] **78** [1961] 774/6). — [4] S. Foner (J. Phys. Radium **20** [1959] 336/40; Phys. Rev. [2] **107** [1957] 683/5). — [5] P. L. Richards (J. Appl. Phys. **34** [1963] 1237/8).

[6] J. C. Burgiel, M. W. P. Strandberg (J. Appl. Phys. **35** [1964] 852/3). — [7] O. Nagai, T. Tanaka (Phys. Rev. [2] **188** [1969] 821/30). — [8] J. P. Timbie, R. M. White (Solid State Commun. **8** [1970] 513/6), J. P. Timbie (Diss. Stanford Univ. 1971, S. 1/84; Diss. Abstr. Intern. B **32** [1971] 1798). — [9] T. Oguchi, A. Honma (J. Phys. Soc. Japan **16** [1961] 79/94, 92). — [10] J. Kanamori, M. Tachiki (J. Phys. Soc. Japan **17** [1962] 1384/94, 1393).

[11] K. C. Johnson, A. J. Sievers (Phys. Rev. [3] B **10** [1974] 1027/38, 1031, 1033). — [12] J. P. Kotthaus, V. Jaccarino (Phys. Letters A **42** [1973] 361/2). — [13] U. N. Upadhyaya, K. P. Sinha (Phys. Rev. [2] **130** [1963] 939/44). — [14] V. N. Genkin, V. M. Fain (Zh. Eksperim. i Teor. Fiz. **41** [1961] 1522/6; Soviet Phys.-JETP **14** [1961] 1086/8). — [15] R. M. White, R. Freedman, R. B. Woolsey (Phys. Rev. [3] B **10** [1974] 1039/43).

[16] J. C. Burgiel, M. W. P. Strandberg (Phys. Chem. Solids **26** [1965] 865/75, 869). — [17] J. P. Kotthaus, V. Jaccarino (Phys. Rev. Letters **28** [1972] 1649/52), J. P. Kotthaus, R. Sanders, V. Jaccarino (Tr. Mezhdunar. Konf. Magn., Moscow 1973 [1974], Bd. 3, S. 255/65; C. A. **84** [1976] Nr. 68777). — [18] R. W. Sanders, D. Paquette, V. Jaccarino, S. M. Rezende (Phys. Rev. [3] B **10** [1974] 132/8). — [19] I. E. Dzyaloshinskii, B. G. Kukharenko (Zh. Eksperim. i Teor. Fiz. **70** [1976] 2360/73; Soviet Phys.-JETP **27** [1976] 1232/9).

4.2.2.6.11 Kernmagnetische Resonanz (NMR)

Nuclear Magnetic Resonance

Die meist an Einkristallen ausgeführten Untersuchungen betreffen sowohl die ^{19}F-(im para- und im antiferromagnetischen Zustand) als auch die ^{55}Mn-Resonanz (nur im antiferromagnetischen Zustand). Der — für beide Kerne getrennten — Wiedergabe von Resonanzfeldern (oder -frequenzen), Intensitäten (nur gelegentlich), Linienbreiten und Relaxationszeiten schließt sich jeweils ein Abschnitt über die sich aus dem NMR-Spektrum ergebenden Folgerungen für die magnetische Hyperfein(HF)- und die elektrische Quadrupolkopplung an. Dabei wird auch auf einige wesentliche Ergebnisse auf Grund von andersartigen Untersuchungen Bezug genommen, insbesondere von Untersuchungen der paramagnetischen Elektronenresonanz (EPR) des $^{55}Mn^{2+}$ und — im Falle des bei 197 keV gelegenen Anregungszustands von ^{19}F — auf eine Untersuchung der gestörten Winkelkorrelation zur Bestimmung der Quadrupolkopplungskonstante.

4.2.2.6.11.1 ^{19}F-Resonanz

^{19}F Resonance

Lage. Intensität

Position. Intensity

Paramagnetischer Zustand

Bei beliebiger Orientierung des äußeren Feldes H_0 (in Oe) sind im allgemeinen zwei Resonanzlinien zu erwarten, da mit der Existenz von zwei verschiedenen Mn^{2+}-F^--Bindungen auch zwei magnetisch nicht äquivalente F^--Gitterplätze in der Elementarzelle verknüpft sind. (Jedes Mn^{2+}-Ion ist von 4 F^--Ionen koplanar im Abstand r_1 umgeben, „Typ I", und von 2 weiteren im (kürzeren) Abstand r_2, die sich auf gleicher Höhe z befinden, „Typ II". Entsprechend sind die F^--Ionen an 2 Mn^{2+}-Ionen vom Typ I und an eines vom Typ II mit gleicher z-Koordinate gebunden, s. auch S. 13. Bezeichnungsweise der Bindungen nach Tinkham [1].) Für H_0 in der (100)- oder der (010)-Ebene sollte dagegen nur 1 Linie auftreten, insbesondere also für $H_0 \parallel [001]$ [2, 3]. Die nach vergeblichen Versuchen von Bloembergen, Poulis [4] erstmals von Shulman, Jaccarino [3] beobachtete Resonanz ist durch eine Verschiebung des Resonanzfeldes (H_0) gegenüber dem „normalen" Wert $\omega/\gamma(^{19}F)$ ($\omega = 2\pi\nu$, $\gamma(^{19}F)$ = gyromagnetisches Verhältnis) gekennzeichnet, die proportional H_0 und (bei 300 K) etwa 30 mal größer ist als die „paramagnetische" Verschiebung auf Grund des durch die magnetischen Momente der Mn^{2+}-Ionen bedingten Feldes („Dipolfeld"). Die „anomale" Verschiebung kann mit einer Hyperfein(HF)-Wechselwirkung zwischen dem ^{19}F-Kern und den Elektronen der benachbarten Mn^{2+}-Ionen gedeutet werden (s. S. 56); zu diesem Zweck werden von Bleaney [5] die Kopplungskonstanten aus Untersuchungen der paramagnetischen Resonanz (EPR) von Mn^{2+} in einem ZnF_2-Wirtsgitter durch Tinkham [1] herangezogen, s. auch Korrektur bei Baker, Hayes [6]. Zahlenwerte für die Komponenten A^k_{ij} (k = I, II; i, j = x, y, z) des Tensors dieser „übertragenen" HF-Kopplung s. S. 56.

Für die bei 77 K mit $H_0 \parallel [001]$ gemessene Verschiebung $\delta H = \omega/\gamma\ (^{19}F) - H_0$ gilt nach Abzug der Einflüsse des Dipolfeldes und der Entmagnetisierung $\delta H = (0.0735 \pm 0.0003) H_0$ (unkorrigierte Werte bis $H_0 \approx 6500$ Oe s. Figur im Original). Für $H_0 \approx 3700$ Oe in der (001)-Ebene können bei 77 K die erwarteten zwei Resonanzlinien beobachtet werden. Die mit $\nu = 15.330$ MHz gemessenen Resonanzfelder H_0 zeigen eine vom Winkel ψ (zwischen H_0 und [110]) abhängige Aufspaltung (mit einer 4zähligen Symmetrie um [001]), die fast ganz mit dem Dipolfeld erklärt werden kann. Die über beide Linien gemittelte Verschiebung beträgt $\delta H = (0.0734 \pm 0.0005) H_0$ (korrigiert wie oben). Entsprechende Aufspaltungen mit einer 2zähligen Symmetrie um [110] werden mit H_0 in der (110)-Ebene und $\nu = 15.620$ MHz gemessen [2].

Mit zunehmender Temperatur wird für $H_0 \parallel [001]$ die in **Fig. 18**, S. 46, dargestellte Abnahme von δH beobachtet (unkorrigierte Werte). Sie ist weitgehend proportional zu der parallel [001] gemessenen Suszeptibilität $\chi_{\parallel}$ (ausgezogene Linie, nach Messungen von De Haas u. a. [7]). Die bei 300 K sichtbare Diskrepanz kann von Shrivastava [8] durch die Berücksichtigung phononeninduzierter Effekte in der übertragenen HF-Kopplung beseitigt werden. Diese Effekte können sich bis auf 10% der be

NMR of ^{19}F in Paramagnetic MnF_2

Fig. 18

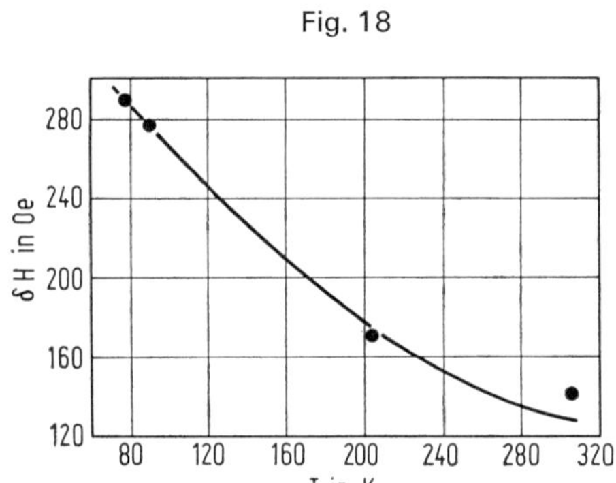

Temperaturabhängigkeit der Verschiebung des ^{19}F-Resonanzfeldes δH für $H_0 \parallel [001]$.

obachteten Verschiebung δH belaufen. Einflüsse der thermischen Ausdehnung spielen demgegenüber keine Rolle [8]. Vorläufige Angaben für 77, 195 und 310 K s. [3]. Verschiebungen bei hohen Temperaturen und in der Schmelze mißt Hogg [9].

Bei Annäherung an die Néel-Temperatur T_N (s. S. 29) wird eine schnelle Abnahme der Intensität des Resonanzsignals beobachtet, insbesondere bei $H_0 \parallel [100]$. Die Temperatur T_D, bei der das Signal verschwindet, liegt einige 10^{-3} K unterhalb von T_N. Die hierbei gemessene Druckabhängigkeit von T_D gilt auch für T_N. Die Feldabhängigkeit von T_N ergibt sich aus Messungen der Abnahme der NMR-Amplitude bei Annäherung an T_N in einem engen Temperaturbereich ($T < 67.370$ K) bei 2 verschiedenen äußeren Feldstärken (5.4 und 8.2 kOe, jeweils $\parallel [001]$ und $\parallel [100]$) [10].

Antiferromagnetischer Zustand

Wegen der Existenz eines starken, in erster Linie ebenfalls auf den HF-Wechselwirkungen beruhenden inneren Feldes H_i ist eine Beobachtung der NMR ohne äußeres Feld H_0 möglich. H_i ist an allen F^--Gitterplätzen dem Betrage nach gleich (Zahlenwerte z. B. bei Bloembergen [11], Jaccarino [12]) und wegen der positiven HF-Kopplungskonstanten (s. S. 56) jeweils parallel zu den magnetischen Dipolmomenten der beiden im „Typ I" gebundenen Mn^{2+}-Ionen. Aus der antiferromagnetischen Ausrichtung der Mn^{2+}-Spins resultiert so das entgegengesetzte Vorzeichen von H_i an den magnetisch nicht äquivalenten F^--Gitterplätzen; ein äußeres Feld $H_0 \parallel [001]$ führt demnach zu einer Erhöhung oder Erniedrigung von H_i und somit zu einer Aufspaltung der Resonanzlinie, s. beispielsweise Paquette u. a. [13]. Die ohne äußeres Feld H_0 beobachtete oder auf $H_0 = 0$ extrapolierte Resonanzfrequenz ν_0 wird im folgenden zuerst behandelt. Von besonderem Interesse ist ihre Temperaturabhängigkeit, da ν_0 direkt proportional der Untergittermagnetisierung M ist, s. Verknüpfung S. 57. Einige weitere Untersuchungen betreffen Einflüsse des Drucks, elektrischer Felder und von Verunreinigungen. Über die Resonanz in äußeren Feldern H_0 s. S. 49.

Bei 4.2 K werden für ν_0 (in MHz) von Gill u. a. [14] folgende Werte angegeben: 159.9703_2 für einen Einkristall, 159.9700_2 für eine polykristalline Probe (Teilchengröße ≈ 1 μm), 159.9699_2 für einen mit Neutronen bestrahlten Einkristall, 159.9702_2 für einen mit $\approx 0.2\%$ Zn^{2+}-Ionen dotierten Einkristall (vgl. dazu S. 48). Ebenfalls keine Änderung von ν_0 bei 4.2 K beobachten Davis u. a. [15] nach 231stündiger Neutronenbestrahlung (1.3×10^{13} n · cm^{-2} · s^{-1}, davon etwa 1/4 schnelle) eines Einkristalls. Das Fehlen der Resonanz in einem Pulver, das aus einer Lösung von Mn-Carbonat beim Mischen mit flüssigem HF langsam ausgefällt wird, beruht nach Davis u. a. [15] auf einer Verbreiterung durch vorhandene Spannungen.

Temperaturabhängigkeit. Auf $H_0 = 0$ extrapolierte Werte $\nu_0(T)$ nach Messungen in äußeren Feldern (300 bis 3000 Oe) durch Jaccarino, Shulman [16] (dort weitere Angaben für 13.95 und 17.0 K):

T in K	0	1.3 ± 0.1	4.22 ± 0.05	10.2 ± 0.1	16.0 ± 0.3	20.4 ± 0.05
ν_0 in kHz	159978.4 *)	159985 ± 10	159975 ± 10	159640 ± 50	158280 ± 80	156100 ± 20

*) Auf 0 K extrapolierter Wert nach Jaccarino, Walker [17], s. auch [12, 25]. $\nu_0(0)$ = 159978 kHz wird auf Grund der Messungen [16] von Heller [10] angegeben, s. auch [18]. $\nu_0(0)$ = 159.99 MHz benutzen Keffer u. a. [37].

Drei ohne äußeres Feld gemessene Werte (in MHz) sind 159.970 (4.2 K), 156.135 (20.4 K), 142.315 (35.7 K) [19]. — Unterhalb 21 K erfüllen die (einer privaten Mitteilung von V. Jaccarino entnommenen) NMR-Frequenzen eine auf theoretischen Untersuchungen von Oguchi [20] basierende Beziehung zu den Frequenzen ν_A der antiferromagnetischen Resonanz: $[\nu_0/\nu_0(0)]^{1.45} = \nu_A/\nu_A(0)$ [21]. Nach Oguchi, Honma [22] sollte die Beziehung aber nicht für diese tiefen Temperaturen gelten.

Oberhalb 52 K ergeben Messungen in äußeren Feldern $H_0 \| [001]$ und (nur oberhalb 67.220 K) $H_0 \| [100]$ (meist 6.9 ± 0.5 kOe) folgende Werte für die auf $H_0 = 0$ extrapolierte Resonanzfrequenz, wobei eine Korrektur der Temperatur auf Grund einer durch H_0 bewirkten Verschiebung von T_N vorgenommen wird (Unterschiede $\leqq 13 \times 10^{-3}$ K; Auswahl aus 42 Werten) [10]:

T in K	52.272	56.080	61.535	65.266	66.195	66.987	67.262	67.332
ν_0 in MHz	115.10	105.04	84.84	60.22	49.345	33.12	19.9	8.0

Graphische Darstellungen s. bei Heller [18, 23]. Im Bereich $0.92 < T/T_N < 0.99993$ erfüllen diese Frequenzen die Beziehung $\nu_0/\nu_0(0) = D\,(1-T/T_N)^\beta$ mit $\nu_0(0)$ = 159.978 MHz (s. oben), D = 1.200 ± 0.004, T_N = 67.336 ± 0.003 K, β = 0.333 ± 0.003. Bei Berücksichtigung des Einflusses der thermischen Ausdehnung auf die HF- und die Austauschkopplungskonstante ergeben sich die Werte D = 1.193, β = 0.335 [10, 23]; in der Form $D/T_N^\beta = 0.295 \pm 0.001\ K^{-\beta}$, β = 0.335 ± 0.01 bereits bei Heller, Benedek [18]. Eine erneute Analyse der Daten [10] in dem engeren Bereich $0.99 < T/T_N < 1$ ergibt β = 0.336 ± 0.006 (ohne Korrektur) und β = 0.338 ± 0.01 (mit Korrektur bezüglich der thermischen Ausdehnung) [23]. — Die Molekularfeldtheorie liefert dagegen in der Nähe von T_N Proportionalität mit $(1-T/T_N)^{1/2}$. Vgl. dazu die graphische Darstellung des Verlaufs von $\nu_0/\nu_0(0)$ im gesamten Bereich T/T_N = 0 bis 1.0 nach unveröffentlichten Messungen von V. Jaccarino, L. R. Walker (tiefe Temperaturen) und Heller, Benedek [18] sowie nach der genannten Theorie bei Jaccarino [12].

Verschiebungen $\delta\nu_0 = \nu_0(0) - \nu_0$:

T in K	1.3	3.25	4.33	14.00	16.5	18.57	21.00
$\delta\nu_0/\nu_0(0)$ in %	0	0.00216	0.00824	0.750	1.24	1.85	2.66
	a)	b)	b)	b)	a)	b)	b)

a) Von Yasuoka u. a. [24] nach unveröffentlichten Messungen von V. Jaccarino, L. R. Walker angegeben. Die Werte (4 weitere im Original) stimmen innerhalb des experimentellen Fehlers mit den entsprechenden eigenen Messungen für die ^{55}Mn-Resonanz überein (s. S. 59), was als Hinweis darauf gewertet wird, daß sie ein gutes Maß für das Verhalten der Untergittermagnetisierung darstellen.

b) Jaccarino, Walker [17], teilweise übernommen von Jones, Jefferts [25], die 3 weitere Werte nach privater Mitteilung von V. Jaccarino, L. R. Walker angeben. Unterhalb T_{AE} (≈ 13 K, Temperatur der Energielücke des Spinwellenspektrums, s. S. 40) wird eine Zunahme von $d(\lg \delta\nu_0)/d(\lg T)$ mit abnehmender Temperatur beobachtet [17]. Nach Jaccarino [12] ist dieses Verhalten in Einklang mit der Existenz einer Energielücke im Spinwellenspektrum für k = 0 (Wellenvektor). Eine numerische Berechnung von $\delta\nu_0$ auf der Grundlage der Spinwellentheorie ergibt gute Übereinstimmung mit den

NMR of ^{19}F in Antiferromagnetic MnF_2

vorliegenden Meßwerten in diesem Bereich [26], s. auch Wiedergabe bei Keffer [27] (dort Ordinate um Faktor 10 zu klein).

Differentialquotienten $(\partial \ln \nu_0/\partial T)_p$ in $10^{-3}K^{-1}$: -0.075 ± 0.15 (4.2 K), -3.2 ± 0.03 (20.4 K), -8.5 ± 0.08 (35.7 K) [19] nach Messungen von Jaccarino, Walker [17 sowie private Mitteilung]. Aus eigenen Messungen der Druckabhängigkeit von ν_0 (s. unten) und der Kompressibilität und vorliegenden thermischen Ausdehnungskoeffizienten folgt, daß $(\partial \ln \nu_0/\partial T)_p$ mit der expliziten Temperaturabhängigkeit der Untergittermagnetisierung bei konstanten Gitterparametern, $(\partial \ln M/\partial T)_{a,c,x}$, identifiziert werden kann (x ist die Koordinate des F^--Ions) [19]; s. hierzu auch die Überlegungen von Oguchi, Honma [22]. Angaben für $|d\nu_0/dT|$ zwischen 5 und 40 K s. bei Gill u. a. [14].

Die Größe $\delta\nu_0/\nu_0(0)T^2$ wird bis ≈ 50 K von Jaccarino [12] wiedergegeben (Figur im Original). Die experimentellen Werte lassen sich mit der Theorie nicht wechselwirkender Spinwellen in der Näherung kleiner Werte von k bis $T/T_N \approx 0.1$ erfassen (2 Kurven für $T_{AE} = 12.5$ bzw. 13.6 K). Bei Berücksichtigung von Zonenbegrenzungseffekten ergibt sich gute Übereinstimmung bis $T/T_N = 1/3$ [12]. Zur Anwendung der Spinwellentheorie im gesamten antiferromagnetischen Bereich s. auch die Berechnung von $\nu_0/\nu_0(0)$ bei Low [26], vgl. auch Keffer [27].

Druckabhängigkeit. Bei 4.2, 20.4 und 35.7 K wird bei Erhöhung des hydrostatischen Drucks p auf maximal 100, 700 bzw. 1000 kg/cm² jeweils eine lineare Zunahme von ν_0 beobachtet mit $\partial\nu_0/\partial p = 0.30 \pm 0.015$, 0.345 ± 0.006 bzw. 0.457 ± 0.01 kHz · cm²/kg. Hieraus wird die Druckabhängigkeit der HF-Kopplungskonstante (s. S. 57) und der Néel-Temperatur T_N (s. S. 29) abgeleitet [19]. Bei 4.2 K wird bei uniaxialem Druck p ⊥ [001] (≈ 23 und 41.5 kg/cm²) eine ebenfalls lineare Frequenzverschiebung mit $\partial\nu_0/\partial p = 0.092$ kHz · cm²/kg gemessen [15].

Einfluß eines elektrischen Feldes. Ein parallel [100] gerichtetes Feld E spaltet die Resonanzlinie ν_0 in ein Dublett auf (Ableitung der Resonanzkurve für 0, 47, 69 und 96 kV/cm bei 4.2 K im Original). Der mit E linear ansteigenden Aufspaltung entspricht eine Verschiebung der Resonanzfrequenz der ^{19}F-Kerne um ± 5 kHz bei E = 10 kV/cm. Ein Feld E || [110] von 10 kV/cm bewirkt eine Verschiebung um ± 7.1 kHz für je 1/4 aller ^{19}F-Kerne, während für den Rest keine Verschiebung eintritt. Der Effekt ist etwa eine Größenordnung kleiner als eine theoretische Vorhersage von Bloembergen [28]. Aus seiner Größe werden Schlüsse auf eine mögliche Änderung der Koordinate x von F^- mit dem hydrostatischen Druck und der HF-Kopplungskonstante mit dem Kernabstand gezogen [29], s. auch [11, 30].

Doped MnF_2

Einfluß von Verunreinigungen. Mit V, Fe, Co, Ni oder Zn in Konzentrationen ≦ 1% verunreinigte Einkristalle weisen eine Reihe zusätzlicher Resonanzfrequenzen auf. Bei deren Verschiebungen gegen die normale Frequenz lassen sich 2 Typen unterscheiden: Werte bis zur Größenordnung von ≈ 100 MHz (Typ A) sind durch eine Änderung des HF-Feldes bedingt, die auf der Substitution eines dem betreffenden ^{19}F-Kern unmittelbar benachbarten Mn^{2+}-Ions beruht. Werte bis ≈ 4 MHz (Typ B) sind durch Änderungen des Dipolfeldes bedingt, die aus der Substitution von entfernteren Mn^{2+}-Ionen resultieren. Messungen mit der Spinechomethode in variablem äußeren Feld H_0 || [001] bei 4.2 K ergeben für ein unmagnetisches (Zn^{2+}) und ein magnetisches Fremd-Ion (Co^{2+}) folgende, auf $H_0 = 0$ extrapolierte zusätzliche Frequenzen (in MHz):

Typ	A	A	B	B	B	B
Zn^{2+}	—	247.12	156.25	156.65	161.25	164.55
Co^{2+}	140.56	198.17	—	—	—	162.40

Werte für V^{2+}, Fe^{2+} und Ni^{2+} sowie Temperaturabhängigkeit bis 28.5 K im Original. Für die Abweichungen von berechneten Werten werden durch die Verunreinigungen bedingte Spannungen verantwortlich gemacht. Aus den Messungen ergeben sich Folgerungen für die Temperaturabhängigkeit der lokalen Magnetisierung und der lokalen Suszeptibilität [31], s. auch [32].

An einem 5% Zn^{2+}-Ionen enthaltenden Einkristall wird eine zusätzliche Resonanzfrequenz gefunden, die der Substitution zweier dem betreffenden ^{19}F-Kern unmittelbar benachbarter Mn^{2+}-

Ionen entspricht. Aus der für $H_0 \parallel [001]$ bei der festen Frequenz 190 MHz beobachteten Resonanz (16 kOe) folgt eine auf $H_0 = 0$ extrapolierte Frequenz $\nu_0 \approx 119$ MHz. Das Fehlen einer zweiten zusätzlichen Frequenz wird diskutiert [31].

Resonanz in äußeren Feldern H_0. Mit zunehmender Feldstärke bis zu einem kritischen Feld $H_{krit} = (2H_EH_A - H_A^2 - {}^8/_3\,\pi\,MH_A)^{1/2}$, H_E, H_A = Austausch- bzw. Anisotropiefeld, etwa 1 kOe unterhalb des Spin-Flop-Feldes bei 93.3 kOe, steigt der hochfrequente Zweig der Resonanzfrequenz (ν_h) linear bis über 500 MHz (bei 4.2 K) an, der niederfrequente (ν_n) fällt linear auf Null (bei $H_0 \approx 40$ kOe, entsprechend dem Betrag von H_i bei dieser Temperatur) und steigt dann ebenfalls an bis auf über 200 MHz, s. **Fig. 19**, Paquette u. a. [13]. Bei $H_{krit} = 92.4$ kOe (bei 4.2 K) endet nach King, Paquette [33] der lineare Anstieg von ν_n. Oberhalb H_{krit} wird ν_n feldunabhängig. Die Intensität des Resonanzsignals nimmt dort in einem Intervall von einigen 100 Oe bis auf Null ab [33]. Die Resonanz in der Spin-Flop-Phase an der Grenze zum paramagnetischen Bereich untersuchen King, Rohrer [34]. — Bei 65.560 K werden in Feldern $H_0 \parallel [001]$ bis ≈ 8000 Oe die Resonanzfrequenzen gemessen, um die Abhängigkeit der Feldstärke H_{kern} am ^{19}F-Kern von H_0 zu ermitteln. Für $H_0 = 0$ wird so ein inneres Feld $H_i(65.560\ K) = 14280 \pm 4$ Oe erhalten. Für die Koeffizienten a und b in $|H_{kern} - H_0| = H_i(T) + a\,H_0 + b\,H_0^2$ ergeben sich die Werte 0.0715 ± 0.005 bzw. $-(49 \pm 5) \times 10^{-8}$ Oe^{-1}. Der „nichtlineare" Koeffizient b ist mit der Verschiebung δT_N von T_N in einem äußeren Feld verknüpft: Mit dem im paramagnetischen Zustand gemessenen Koeffizienten c in $\delta T_N = -c\,H_0^2$ und einem ebenfalls selbst gemessenen Wert für dH_i/dT wird in guter Übereinstimmung $b(65.560\ K) = -(51 \pm 7) \times 10^{-8}\ Oe^{-1}$ berechnet [10], s. auch Heller, Benedek [38]. — Die Änderung des mit $H_0 = 53$ Oe ($\parallel [001]$) bei 4.2 K aufgenommenen Resonanzsignals durch ein elektrisches Feld E = 78 kV/cm ($\parallel [110]$) untersucht Pershan [35], s. auch [11, 30], um Aufschluß über die Existenz von Domänenwänden zu erhalten; s. jedoch die Kritik bei Paquette u. a. [36].

Fig. 19

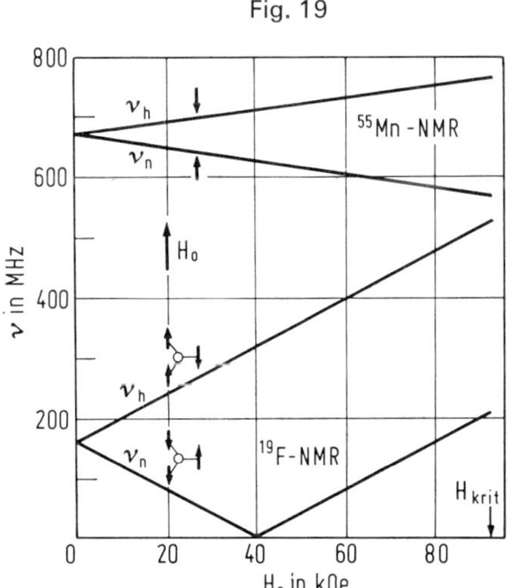

Feldabhängigkeit der Frequenzen ν der ^{19}F- und der ^{55}Mn-NMR bei 4.2 K und $H_0 \parallel [001]$. Die kleinen Pfeile bezeichnen die Richtung der Mn^{2+}-Spins mit Bezug auf H_0.

Literatur:

[1] M. Tinkham (Proc. Roy. Soc. [London] A **236** [1956] 535/48, 549/63). — [2] R. G. Shulman, V. Jaccarino (Phys. Rev. [2] **108** [1957] 1219/31). — [3] R. G. Shulman, V. Jaccarino (Phys. Rev. [2] **103** [1956] 1126/7). — [4] N. Bloembergen, N. J. Poulis (Physica **16** [1950] 915/9). — [5] B. Bleaney (Phys. Rev. [2] **104** [1956] 1190/1).

NMR of ^{19}F in MnF_2

[6] J. M. Baker, W. Hayes (Phys. Rev. [2] **106** [1957] 603/4). — [7] W. J. De Haas, B. H. Schultz, J. Koolhaas (Physica **7** [1940] 57/69). — [8] K. N. Shrivastava (J. Phys. C **3** [1970] 538/49). — [9] R. D. Hogg (Diss. Univ. of California, Santa Barbara 1975; Diss. Abstr. Intern. B **36** [1976] 5667/8). — [10] P. Heller (Phys. Rev. [2] **146** [1966] 403/22, 409/12).

[11] N. Bloembergen (Proc. Colloq. AMPERE **11** [1962/63] 39/56, 54). — [12] V. Jaccarino (in: G. T. Rado, H. Suhl, Magnetism, Bd. 2, Tl. A, New York-London 1965, S. 307/55, 318). — [13] D. Paquette, A. R. King, V. Jaccarino (Phys. Rev. [3] B **11** [1975] 1193/216, 1195/6). — [14] D. Gill, N. Kaplan, R. Thompson, V. Jaccarino, H. J. Guggenheim (Rev. Sci. Instr. **40** [1969] 109/13). — [15] J. L. Davis, G. E. Devlin, V. Jaccarino, A. L. Schawlow (Phys. Chem. Solids **10** [1959] 106/9).

[16] V. Jaccarino, R. G. Shulman (Phys. Rev. [2] **107** [1957] 1196/7). — [17] V. Jaccarino, L. R. Walker (J. Phys. Radium [8] **20** [1959] 341/2). — [18] P. Heller, G. B. Benedek (Phys. Rev. Letters **8** [1962] 428/32). — [19] G. B. Benedek, T. Kushida (Phys. Rev. [2] **118** [1960] 46/57). — [20] T. Oguchi (Phys. Rev. [2] **111** [1958] 1063/6).

[21] F. M. Johnson, A. H. Nethercot (Phys. Rev. [2] **114** [1959] 705/16, 711). — [22] T. Oguchi, A. Honma (J. Phys. Soc. Japan **16** [1961] 79/94, 92). — [23] P. Heller (Rept. Progr. Phys. **30** [1967] 731/826, 775). — [24] H. Yasuoka, T. Ngwe, V. Jaccarino, H. J. Guggenheim (Phys. Rev. [2] **177** [1969] 667/72). — [25] E. D. Jones, K. B. Jefferts (Phys. Rev. [2] **135** [1964] 1277A/1280A).

[26] G. G. Low (Proc. Phys. Soc. [London] **82** [1963] 992/1001, 997/1000). — [27] F. Keffer (in: S. Flügge, Handbuch der Physik, Bd. 18, Tl. 2, Berlin-Heidelberg-New York 1966, S. 1/273, 127). — [28] N. Bloembergen (Phys. Rev. Letters **7** [1961] 90/2). — [29] P. S. Pershan, N. Bloembergen (Phys. Rev. Letters **7** [1961] 165/7). — [30] P. S. Pershan, N. Bloembergen (Proc. 1st Intern. Conf. Paramagnetic Resonance, Jerusalem 1962 [1963], Bd. 2, S. 656/64).

[31] M. Butler, V. Jaccarino, N. Kaplan, H. J. Guggenheim (Phys. Rev. [3] B **1** [1970] 3058/83, 3062/3). — [32] M. Butler, V. Jaccarino, N. Kaplan (J. Phys. [Paris] **32** [1971] Suppl. C 1-718/C 1-723). — [33] A. R. King, D. Paquette (Phys. Rev. Letters **30** [1973] 662/6). — [34] A. R. King, H. Rohrer (AIP [Am. Inst. Phys.] Conf. Proc. Nr. 29 [1975/76] 456/7). — [35] P. S. Pershan (Phys. Rev. Letters **7** [1961] 280/1).

[36] D. Paquette, V. Jaccarino, M. Butler (Intern. J. Magn. **6** [1974] 25/31). — [37] F. Keffer, T. Oguchi, W. O'Sullivan, J. Yamashita (Phys. Rev. [2] **115** [1959] 1553/61). — [38] P. Heller, G. B. Benedek (Proc. 1st Intern. Conf. Paramagnetic Resonance, Jerusalem 1962 [1963], Bd. 2, S. 597/601).

Line Width. Relaxation

Linienbreite. Relaxation

Spin-Gitter-Relaxationszeit T_1

Im paramagnetischen Bereich liegt keine direkte Messung von T_1 vor. Die Größenordnung ergibt sich aus einer Gleichsetzung mit der Spin-Spin-Relaxationszeit T_2 (s. unten). Dieses Verfahren liefert exakte Werte nur im Falle einer isotropen HF-Wechselwirkung, s. [1 bis 4]. Eine dementsprechende (vorläufige) Angabe lautet $T_1 = 1.6 \times 10^{-6}$s für 77 K [34]. Abschätzung $T_1 < 10^{-6}$s bei Bloembergen, Poulis [5].

Mit zunehmender Temperatur ergibt sich eine Abnahme von T_1, s. Wiedergabe experimenteller Werte $T_1/T_{1\infty}$ nach Shulman, Jaccarino [4] ($T_{1\infty}$ = Grenzwert für Temperatur $\rightarrow \infty$) und theoretischer Werte in Abhängigkeit von T_N/T bei Silbernagel u. a. [2].

Im antiferromagnetischen Bereich ergeben Spinechomessungen ohne äußeres Magnetfeld an 99.999% reinen Einkristallen die in **Fig. 20** dargestellte Temperaturabhängigkeit der Relaxationsgeschwindigkeit $1/T_1$. Der Beginn der scharfen Abnahme von $1/T_1$ mit fallender Temperatur liegt unterhalb der Temperatur T_{AE} = 12 K der Spinwellenenergielücke [7]; s. auch Gegenüberstellung dieser Ergebnisse mit solchen für FeF_2 bei Butler u. a. [8]. Vorläufige Angaben: T_1 = 130 s für 4.2 K, 3 ms für 20.2 K [9]. Die von Jaccarino, Walker [10] für tiefe Temperaturen angegebenen Werte

Fig. 20

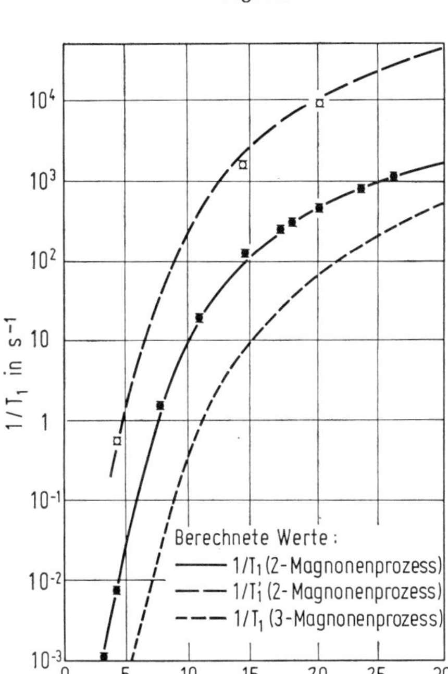

Temperaturabhängigkeit der ^{19}F-Spin-Gitter-Relaxationsgeschwindigkeit $1/T_1$.

($\approx$ 90 s für 1.3 K, $\approx$ 30 s für 4.2 K) sind vorwiegend durch Verunreinigungen bestimmt und zeigen deshalb nicht den scharfen Abfall [7]. Geschätzter Wert für 4.2 K bei Jaccarino, Shulman [11]. Eine theoretische Beziehung auf der Grundlage einer Kopplung von Magnonen und Phononen ist in Einklang mit den von Jaccarino und Walker [10] erhaltenen Ergebnissen [12].

In einem äußeren Magnetfeld $H_0 \perp$ [001] kann die Größe $1/T_1'$ aus der Beziehung $1/T_1 = 1/T_1^0 + \sin^2\Theta/T_1'$ gemessen werden. Hier ist Θ der Winkel zwischen den Quantisierungsrichtungen der Kern- und der Elektronenspins. (Ohne äußeres Feld ist $\Theta = 0$, somit $T_1 = T_1^0$.) Die ebenfalls in Fig. 20 dargestellte Temperaturabhängigkeit von $1/T_1'$ folgt aus den erwähnten Messungen von Kaplan u. a. [7] in Feldern bis zu 20 kOe (Θ bis zu $\approx 23°$).

In einem äußeren Magnetfeld $H_0 \parallel$ [001] werden für die dann vorliegenden beiden Zweige der Resonanz verschiedene Relaxationsgeschwindigkeiten gemessen. Die größere Geschwindigkeit wird für den niederfrequenten Zweig (ν_n) beobachtet, dessen Frequenz (anfänglich) mit zunehmender Feldstärke H_0 abnimmt. Mit zunehmender Feldstärke bis auf etwa H_{krit} (s. S. 49) steigt $1/T_1$ um etwa eine Größenordnung an, im Falle des hochfrequenten Zweigs ν_h erst nach einem flachen Minimum bei $\approx$ 20 kOe, s. **Fig. 21**, S. 52. Bei unmittelbarer Annäherung an H_{krit} nimmt $1/T_1$ für ν_n um fast eine weitere Größenordnung zu innerhalb eines Intervalls von nur 3 kOe; für ν_h wird dieser „anomale" Anstieg nicht oder nur in sehr abgeschwächter Form beobachtet. Mit steigender Temperatur wird der „anomale" Anstieg schwächer (s. Feldabhängigkeit von $1/T_1$ zwischen 70 kOe und H_{krit} bei 5.8 und 7.8 K im Original) [13].

Nach Neutronenbestrahlung eines Einkristalls wird eine Abnahme von T_1 beobachtet [14].

Mit V, Fe, Co, Ni oder Zn in Konzentrationen $\leqq$ 1% verunreinigte Einkristalle weisen in den Grenzen Doped MnF_2
des experimentellen Fehlers dieselben T_1-Werte wie die reine Substanz auf. Für die zusätzlichen Re-

NMR of ^{19}F in MnF_2

Fig. 21

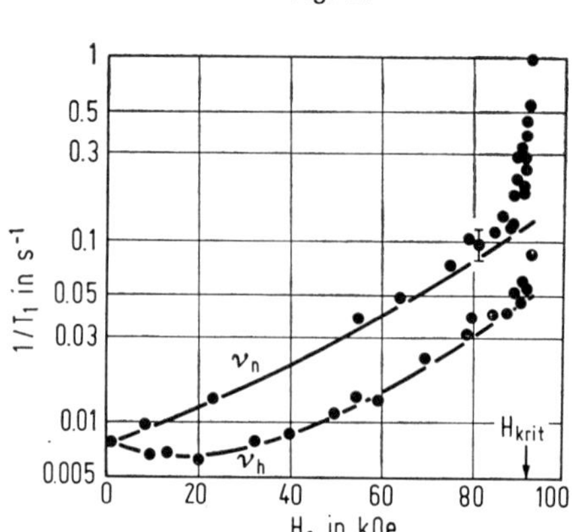

Feldabhängigkeit der ^{19}F-Spin-Gitter-Relaxationsgeschwindigkeit $1/T_1$ bei 4.2 K und $H_0 \parallel [001]$. Durchgezogene Kurven sind theoretisch berechnet.

Doped MnF_2

sonanzen (s. S. 48) werden Relaxationsgeschwindigkeiten $1/T_1^{neu}$ in Abhängigkeit von der Temperatur gemessen. T_1/T_1^{neu} bei Substitution eines im Typ I gebundenen Mn^{2+}-Ions durch Co^{2+} und eines im Typ II gebundenen durch Ni^{2+}:

	4.2 K	14.0 K	20.3 K
Co	3.2 ± 0.6	2.1 ± 0.4	1.0 ± 0.2
Ni	0.60 ± 0.12	0.77 ± 0.15	1.0 ± 0.2

Angaben für die Substitution eines im Typ II gebundenen Mn^{2+}-Ions durch Co^{2+} und Zn^{2+} und eines entfernteren Mn^{2+}-Ions durch Zn^{2+} s. im Original [15].

Discussion

Eine Deutung der beobachteten Abhängigkeit von $1/T_1$ von der Temperatur und dem Winkel Θ gelingt mit einem Relaxationsmechanismus, bei dem eine Kopplung der Kernspins an die Magnonen (Spinwellen) auf Grund der übertragenen HF-Wechselwirkung vorliegt. Wegen der unterschiedlichen Größe von Kern-Zeeman- und Spinwellenenergie ist eine Erzeugung oder Vernichtung eines einzelnen Magnons durch einen Kernspinumklapp-Prozeß nicht möglich. Dagegen kann hierbei eine „Ramanstreuung" eines thermisch angeregten Magnons stattfinden, d. h. eine Änderung seiner Energie E und seines Wellenvektors k („2-Magnonenprozeß"). Der auf dieser Basis unter Benutzung der Magnonenzustandsdichte von Allen u. a. [16] und einer HF-Kopplungskonstante $A^{I}_{yz} = 5.4 \times 10^{-4}\ cm^{-1}$ (s. S. 57) berechnete Verlauf von $1/T_1$ ist in Fig. 20, S. 51, wiedergegeben. Die für einen durch Austauschstreuung verstärkten 3-Magnonenprozeß (s. dazu [17, 18]) berechnete Relaxationsgeschwindigkeit ist etwa 1 Größenordnung kleiner (s. Fig. 20). Auch der Faktor $1/T_1'$ von $\sin^2\Theta$ läßt sich mit einem 2-Magnonenprozeß erfassen [7]. Die Berechnung von $1/T_1$ zwischen 0 und 30 K mit einem vereinfachten Modell durch Butler u. a. [8] ergibt durchweg zu hohe Werte. Von Beeman, Pincus [19] wird $1/T_1$ zwischen 0 und 20 K für den 2-Magnonen-, den durch Austauschstreuung verstärkten 3-Magnonen- und einen durch Dipolkopplung induzierten 2-Magnonenprozeß berechnet; Korrektur s. bei Harris [20]. Weitere nach dem 3-Magnonenmechanismus berechnete Werte $1/T_1$ zwischen 0 und 50 K ohne äußeres Feld und für 2.0, 4.2 und 15 K in Abhängigkeit von der Stärke eines äußeren Feldes (bis ≈ 100 kOe) s. bei Freyne [21]. Die theoretische Abhängigkeit von $1/T_1$ vom äußeren Feld untersuchen ferner Paquette u. a. [13]; für den 2-Magnonenprozeß mit $A^{I}_{yz} = 4.33 \times 10^{-4}\ cm^{-1}$ ergibt sich bis auf das „anomale" Verhalten unterhalb von H_{krit} quantitative Übereinstimmung mit dem Experiment [13]. Ältere Berechnungen von Relaxationsgeschwindigkeiten s. bei Moriya [6, 22], Kranendonk, Bloom [23], vgl. dazu auch Jaccarino [3].

Linienbreite ΔH in Oe, $\Delta\nu$ in kHz. Spin-Spin-Relaxationszeit T_2 in μs Line Width. Spin-Spin-Relaxtion Time

Im paramagnetischen Zustand mit $H_0 \| [001]$, $\nu = 15.666$ MHz (Figur: 15.660 MHz) gemessene Werte für ΔH (Abstand der Extrema in der abgeleiteten Absorptionskurve) lauten 25.8 (77 K), 27.2 (91 K), 36.7 (205 K) und 40.6 (305 K, Temperaturen z. T. nach [24]). Sie sind unabhängig von der Stärke des magnetischen Wechselfeldes H_{rf}. Die Linienform ist vom Lorentzschen Typ. Da außerdem die Intensitäten proportional H_{rf} sind, wird auf eine Austauschverschmälerung der Linien geschlossen. Von den beteiligten Verbreiterungsmechanismen sollte die übertragene HF-Kopplung in ihrer Wirkung das Dipolfeld um mindestens 1 Größenordnung übertreffen. Der Grenzwert für die Temperatur $T \to \infty$ wird extrapoliert zu $\Delta H_\infty = 43$ [4]; s. graphische Wiedergabe der entsprechenden $\Delta\nu$-Werte bei Jaccarino [3]. Bis 600 K ausgedehnte Messungen mit $\nu = 15.6$ und 60 MHz liefern $\Delta H_\infty = 44.6$ und Unabhängigkeit der ΔH-Werte von ν. Die Temperaturabhängigkeit von $\Delta H/\Delta H_\infty$ (s. Figur im Original, die auch Literaturwerte für den kritischen Bereich oberhalb T_N einschließt) läßt sich annähernd mit der Theorie von Moriya [6, 25, 26] beschreiben, wobei deren Erweiterung durch Berücksichtigung von Nahordnungseffekten insbesondere bei den niedrigen Temperaturen eine Verbesserung ergibt. Die mangelnde Übereinstimmung bei hohen Temperaturen könnte auf einem ungeeigneten Extrapolationsverfahren für ΔH_∞ oder einer Temperaturabhängigkeit der HF-Wechselwirkung beruhen [27]. Von Gulley u. a. [28] wird nach ähnlichen Messungen $\sqrt{3}\ \Delta H_\infty/2 = 37.2 \pm 1$ angegeben. $\Delta H/\Delta H_\infty = 1 \ -\alpha|\Theta|/T$ mit $\alpha = 0.44 \pm 0.05$, $\Theta = {}^1/_3\ z\ S(S+1)J/k$ (z = Zahl der nächsten Nachbarn, $S = {}^5/_2$, J/k = Austauschparameter in K) erfaßt nach Hone, Silbernagel [29] die Messungen [28] im Bereich $2.5\ T_N < T < 7\ T_N$. Ein theoretischer Wert ist $\alpha = 0.41 \pm 0.04$ K [29]. Für 4 verschiedene Linienprofile berechnete Werte $\sqrt{3}\ \Delta H_\infty/2$ liegen zwischen 19.9 und 40.4 [30], s. auch [31].

Bei Annäherung an T_N wird eine sehr starke Zunahme von ΔH beobachtet. Die Verbreiterung ist anisotrop: Im Bereich $T_N + 0.04\ K < T < T_N + 10$ K gilt (mit einer Genauigkeit von 15%) $\Delta\nu = 95\ [1 + 0.33/(T-T_N)]$ für $H_0 \| [001]$, $\Delta\nu = 85\ [1 + 0.12/(T-T_N)]$ für $H_0 \| [100]$. (Der untere Grenzwert für die Temperatur $T \to \infty$, $\Delta\nu_\infty = 95$, entspricht nicht dem oben angegebenen ΔH_∞.) Meßwerte ab $T_N + 0.006$ K ($H_0 \| [100]$) bzw. ab $T_N + 0.010$ K ($H_0 \| [001]$) für verschiedene äußere Feldstärken s. **Fig. 22** [32]. Als obere Grenzwerte werden angegeben $\Delta\nu(T_N) = 550$ ($H_0 \| [100]$) und 1100 ($H_0 \| [001]$); hier auch eingehende theoretische Erörterung [33]. Teilweise Wiedergabe der Ergebnisse [32] in Form von ΔH-Werten ab $T_N + 0.04$ K bei Jaccarino [3], in Form von $\Delta H/\Delta H_\infty$-Werten bei Scherer u. a. [27]. Zur Theorie für diesen kritischen Bereich s. auch Moriya [26].

Fig. 22

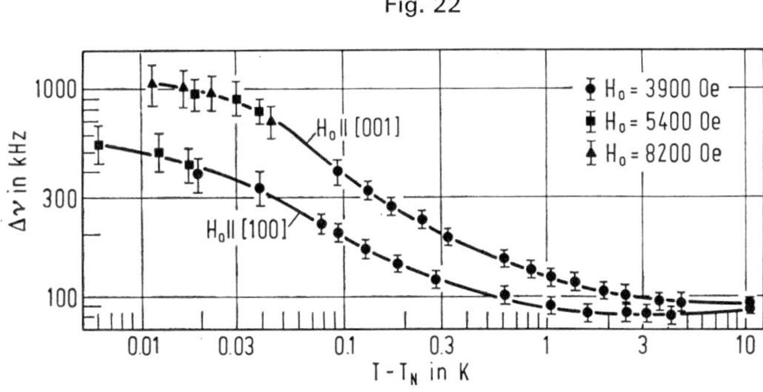

Temperaturabhängigkeit der ^{19}F-Linienbreite $\Delta\nu$ oberhalb T_N für verschiedene äußere Felder H_0.

NMR of ^{19}F in MnF_2

$T_{2\infty} = 1.06$ für den Grenzfall der Temperatur $T \to \infty$ ergibt sich aus dem eigenen Wert für ΔH_∞ gemäß $1/T_{2\infty} = \sqrt{3} \cdot \gamma(^{19}F) \cdot \Delta H_\infty/2 = 0.94 \times 10^6 s^{-1}$. T_2 nimmt mit abnehmender Temperatur zu, s. Figur im Original für $T_2/T_{2\infty}$ [4], s. auch [2]. Vorläufige Angabe $T_2 = 1.6$ bei 77 K [34]. Theoretische Werte für $1/T_2$ bei Walker [35] und — nach Moriya [25] — bei Jaccarino [3].

Im antiferromagnetischen Zustand wird eine Trennung der homogenen (dynamischen) und der inhomogenen (auf Spannungen, Kristallfehlern usw. beruhenden) Linienverbreiterung erzielt auf Grund von Messungen des Abfalls der freien Induktion nach Einwirkung eines starken, gepulsten rf-Feldes an einem Kristall von hoher Qualität bei 4.2 K (ohne äußeres Feld). Mittels der Beziehung $T_2 = (\gamma(^{19}F)\Delta H)^{-1}$ ergibt sich aus $\Delta H_{hom} = 2.24$ eine „homogene" Relaxationszeit $T_2 = 17.7$, entsprechend aus $\Delta H_{inhom} = 1.25$ eine „inhomogene" Relaxationszeit $T_2 = 31.5$ und aus $\Delta H = 3.50$ eine Gesamtzeit $T_2 = 11.3$. Die Berechnung von T_2 mittels einer modifizierten Momentenmethode zeigt, daß die (homogene) Linienbreite praktisch ausschließlich durch die Wechselwirkung der ^{19}F-Spins untereinander (d. h. ohne zusätzliche Beteiligung der ^{19}F-^{55}Mn-Dipolkopplung und der ^{55}Mn-^{55}Mn-Kopplung) erklärt werden kann: Der hierfür abgeleitete Wert ist $T_2 = 18.7$ (entgegen $T_2 \approx 330$ für die Kopplung über die ^{55}Mn-Kerne) [36]. Zur Wechselwirkung zwischen den ^{19}F-Spins trägt nach Hone u. a. [37] die direkte Dipolkopplung stärker bei als die indirekte Suhl-Nakamura-Kopplung (s. dazu [38 bis 40]), die auf der übertragenen HF-Kopplung zwischen ^{19}F und den Mn^{2+}-Elektronen und einer virtuellen (s. dazu [44]) Anregung von Spinwellen basiert. Ebenfalls zur Ausschaltung inhomogener Verbreiterungseffekte wird von Kaplan u. a. [9] T_2 nach dem Spinechoverfahren ohne äußeres Feld gemessen (zur Kritik s. jedoch [36]). Dabei ergeben sich an einer Probe P hoher Reinheit sowie an 3 weiteren, nominell reinen Proben A (bereits in einer kontinuierlichen Messung von Jaccarino, Shulman [11] benutzt, s. unten), B (mit schnellen Neutronen bestrahlt) und C (mit $^1/_2$% Zn^{2+} dotiert) folgende Werte, wobei die äquivalente Linienbreite ΔH nach $\gamma(^{19}F)\Delta H = 2/\sqrt{3}\ T_2$ berechnet ist:

Probe	P*)	A	B	C
T_2 bei 1.4 und 4.2 K	29 ± 1	65 ± 10	40 ± 3	74 ± 15
T_2 bei 20.2 K	22 ± 2	27 ± 3	24 ± 2	—
ΔH bei 1.4 K	1.6	0.8	1.2	0.6

*) Die Messung an P erfordert ein äußeres inhomogenes Feld von ≈ 20 Oe.

T_2 ist unterhalb der Temperatur T_{AE} der Energielücke der Spinwellen (12.55 K) konstant, oberhalb wird eine monotone Abnahme mit steigender Temperatur beobachtet. Eine Messung des Abfalls der freien Induktion für P liefert $\Delta H \approx 5$ bei 1.4 K. Die längeren Relaxationszeiten der weniger reinen Proben (A, B und C) werden auf eine verringerte Wirksamkeit der Suhl-Nakamura-Wechselwirkung zurückgeführt [9].

Eine kontinuierliche Messung von Jaccarino, Shulman [11] in äußeren Feldern $H_0 \| [001]$ ergibt den wesentlich auf inhomogener Verbreiterung beruhenden Wert $\Delta H = 14$ ($\Delta\nu = 56$); s. auch Wiedergabe bei Kaplan u. a. [9], die für ihre Probe B den gleichen Wert anführen. Ähnliche Messungen von Heller, Benedek [32] in der Nähe von T_N und für verschiedene Richtungen von H_0 ergeben, daß $\Delta\nu$ stark anisotrop ist. Die größten Werte ergeben sich für ein parallel [001] gerichtetes Feld am Kernort, die kleinsten für ein parallel [100] gerichtetes. Im ersten Fall nimmt $\Delta\nu$ zwischen $T_N - T = 15$ und 0.02 K von 100 auf 3000 zu. Mit einer Genauigkeit von 20% gilt die empirische Beziehung $\Delta\nu = 490\ (T_N - T)^{-1/2}$ (s. auch Figur im Original mit $\Delta\nu$ (4 K) nach Jaccarino und Shulman [11]) [32], s. auch [33]. Wiedergabe der Werte [11, 32] auch bei Jaccarino [3]. — Die relativ kleinen Linienbreiten ($\Delta\nu = 30$ für 5 bis 30 K, 100 für 40 K) sind nach Gill u. a. [41] eine Voraussetzung für die Verwendung der ^{19}F-Kernresonanz des MnF_2 zum Bau eines Präzisionsthermometers im Bereich von 10 bis 40 K. — Eine Verknüpfung der inhomogenen Linienbreite mit der Existenz einer antiferromagnetischen Domänenstruktur liefern kontinuierliche Messungen bei 4.2 K in äußeren Feldern $H_0 \perp [001]$ von Paquette u. a. [42]. — In der Spin-Flop-Phase wird in der Nähe des bikritischen

Punktes eine zwischen 63.5 und 65.0 K von der Temperatur unabhängige Linienbreite $\Delta H \approx 500$ beobachtet [43].

An mit Zn^{2+} dotierten Kristallen werden weitere Messungen nach dem Spinechoverfahren mit variablem äußeren Feld von Butler u. a. [15] ausgeführt. Das Verhältnis T_2/T_2^{rein} steigt zunächst steil, dann flacher mit der Konzentration der Verunreinigung (bis etwa 5%) an. Hieraus werden Schlüsse auf eine Beteiligung der ^{19}F-^{55}Mn-Dipolkopplung gezogen (s. jedoch S. 54). Die inhomogene Linienbreite nimmt etwa linear mit steigender Konzentration zu ($\Delta H \approx 100$ für 1% Zn^{2+}, s. auch Figur im Original) [15]. — Relaxationszeiten für die zusätzlichen Resonanzen, die mit verschiedenen Substitutionen von Mn^{2+}-Ionen verknüpft sind (s. S. 48), werden an Proben mit 1% der jeweiligen Verunreinigung gemessen: $T_2 = 64$ für die Co^{2+}-Substitution eines im Typ I gebundenen Mn^{2+}, $T_2 = 162$ für die eines im Typ II gebundenen [15]. Doped MnF_2

Literatur:

[1] M. Bose (Progr. Nucl. Magn. Resonance Spectrosc. **4** [1969] 335/444, 391). — [2] B. G. Silbernagel, V. Jaccarino, P. Pincus, J. H. Wernick (Phys. Rev. Letters **20** [1968] 1091/4). — [3] V. Jaccarino (in: G. T. Rado, H. Suhl, Magnetism, Bd. 2, Tl. A, New York-London 1965, S. 307/55, 335, 342/3). — [4] R. G. Shulman, V. Jaccarino (Phys. Rev. [2] **108** [1957] 1219/31, 1228). — [5] N. Bloembergen, N. J. Poulis (Physica **16** [1950] 915/9).

[6] T. Moriya (Progr. Theoret. Phys. [Kyoto] **16** [1956] 23/44). — [7] N. Kaplan, R. Loudon, V. Jaccarino, H. J. Guggenheim, D. Beeman, P. A. Pincus (Phys. Rev. Letters **17** [1966] 357/60). — [8] M. Butler, T. Ngwe, N. Kaplan, H. J. Guggenheim (Phys. Rev. [2] **185** [1969] 816/22). — [9] N. Kaplan, P. Pincus, V. Jaccarino (J. Appl. Phys. **37** [1966] 1239/41). — [10] V. Jaccarino, L. R. Walker (J. Phys. Radium [8] **20** [1959] 341/2).

[11] V. Jaccarino, R. G. Shulman (Phys. Rev. [2] **107** [1957] 1196/7). — [12] P. Pincus, J. Winter (Phys. Rev. Letters **7** [1961] 269/70). — [13] D. Paquette, A. R. King, V. Jaccarino (Phys. Rev. [3] B **11** [1975] 1193/216, 1198/9). — [14] J. L. Davis, G. E. Devlin, V. Jaccarino, A. L. Schawlow (Phys. Chem. Solids **10** [1959] 106/9). — [15] M. Butler, V. Jaccarino, N. Kaplan, H. J. Guggenheim (Phys. Rev. [3] B **1** [1970] 3058/83, 3064/5, 3072).

[16] S. J. Allen, R. Loudon, P. L. Richards (Phys. Rev. Letters **16** [1966] 463/6). — [17] F. Keffer (in: S. Flügge, Handbuch der Physik, Bd. 18, Tl. 2, Berlin-Heidelberg-New York 1966, S. 1/273, 196/200). — [18] P. Pincus (Phys. Rev. Letters **16** [1966] 398/400). — [19] D. Beeman, P. Pincus (Phys. Rev. [2] **166** [1968] 359/75). — [20] A. B. Harris (Phys. Rev. [2] **183** [1969] 486/92).

[21] F. Freyne (Phys. Rev. [3] B **9** [1974] 4824/37). — [22] T. Moriya (Phys. Rev. [2] **101** [1956] 1435/6). — [23] J. van Kranendonk, M. Bloom (Physica **22** [1956] 545/60, 559). — [24] K. N. Shrivastava (J. Phys. C **3** [1970] 538/49). — [25] T. Moriya (Progr. Theoret. Phys. [Kyoto] **16** [1956] 641/57, 647).

[26] T. Moriya (Progr. Theoret. Phys. [Kyoto] **28** [1962] 371/400, 383/5, 393/5). — [27] C. Scherer, J. E. Gulley, D. Hone, V. Jaccarino (Rev. Brasil. Fis. **4** [1974] 299/321, 317). — [28] J. E. Gulley, B. G. Silbernagel, V. Jaccarino (J. Appl. Phys. **40** [1969] 1318/9). — [29] D. W. Hone, B. G. Silbernagel (J. Phys. [Paris] **32** [1971] Suppl. C1-761/C1-762). — [30] J. E. Gulley, D. Hone, D. J. Scalapino, B. G. Silbernagel (Phys. Rev. [3] B **1** [1970] 1020/30).

[31] J. E. Gulley, B. G. Silbernagel, V. Jaccarino (Phys. Letters A **29** [1969] 657/8). — [32] P. Heller, G. B. Benedek (Phys. Rev. Letters **8** [1962] 428/32). — [33] P. Heller (Natl. Bur. Std. Misc. Publ. Nr. 273 [1966] 58/64). — [34] R. G. Shulman, V. Jaccarino (Phys. Rev. [2] **103** [1956] 1126/7). — [35] M. B. Walker (Proc. Phys. Soc. [London] **87** [1966] 45/8).

[36] R. E. Walstedt (Phys. Rev. [3] B **5** [1972] 41/53, 47). — [37] D. Hone, V. Jaccarino, T. Ngwe, P. Pincus (Phys. Rev. [2] **186** [1969] 291/305). — [38] H. Suhl (Phys. Rev. [2] **109** [1958] 606). — [39] H. Suhl (J. Phys. Radium [8] **20** [1959] 333/5). — [40] T. Nakamura (Progr. Theoret. Phys. [Kyoto] **20** [1958] 542/52).

[41] D. Gill, N. Kaplan, R. Thompson, V. Jaccarino, H. J. Guggenheim (Rev. Sci. Instr. **40** [1969] 109/13). — [42] D. Paquette, V. Jaccarino, M. Butler (Intern. J. Magn. **6** [1974] 25/31). — [43] A. R. King, H. Rohrer (AIP [Am. Inst. Phys.] Conf. Proc. Nr. 29 [1975/76] 456/7). — [44] A. H. Morrish (The Physical Principles of Magnetism, New York-London-Sydney 1965, S. 629).

Hyperfine and Quadrupole Coupling of ^{19}F in MnF_2

Hyperfein- und Quadrupolkopplung

Die für die anomale Verschiebung der ^{19}F-NMR verantwortliche Hyperfein(HF)-Kopplung resultiert aus einer Überlappung der F^-- und der Mn^{2+}-Wellenfunktionen. Die 3d-Funktionen des Mn^{2+} sind orthogonal zu den F^--Funktionen mit entgegengesetzter, aber nicht orthogonal zu denen mit gleicher Spinrichtung. Die dann nicht mehr exakt gepaarten F^--Elektronen führen zu einem inneren Feld am ^{19}F-Kern [1]. Demgegenüber teilweise modifizierte Interpretationen des Zustandekommens der HF-Kopplung s. [2 bis 8]. — Im folgenden werden Angaben für die Komponenten A^k_{ij} des HF-Kopplungstensors gemacht; k = I, II bezeichnet den Bindungstyp (s. S. 45), i, j = x, y, z. Im Nullpunkt des lokalen, von Tinkham [8] für die eigenen EPR-Untersuchungen gewählten Achsensystems befindet sich ein Mn^{2+}-Ion; die x-Achse verläuft durch die beiden F^--Ionen vom Typ II, die y-Achse parallel zur kurzen Kante des von den F^--Ionen vom Typ I aufgespannten Rechtecks und die z-Achse parallel zu dessen langer Kante. (x und y entsprechen hier also den Diagonalen der kristallographischen Achsenwahl und z ist || [001]. Eine Anordnung mit einem F^--Ion im Nullpunkt s. bei Keffer u. a. [1].) Die Diagonalelemente A^k_{ii} werden im folgenden mit A^k_i bezeichnet; ein Nichtdiagonalelement, A^I_{yz}, das für die Verschiebung der Resonanz keine Rolle spielt (wohl aber für die Relaxation, s. S. 52), wird auf Grund von EPR-Untersuchungen angegeben. — Ferner werden einige Angaben für die „effektiven Bruchteile" f ungepaarter F^--Elektronen gemacht, die für das HF-Feld am ^{19}F-Kern verantwortlich sind (Spintransfer-Koeffizienten).

Die Quadrupolkopplung wird für einen bei 197 keV gelegenen Anregungszustand des ^{19}F-Kerns untersucht, der im Gegensatz zum Grundzustand ein Quadrupolmoment aufweist, s. S. 58.

Für die im paramagnetischen Bereich mit $H_0 || [001]$ beobachtete, bezüglich des Dipolfeldes (s. jedoch S. 57) und der Entmagnetisierung korrigierte Resonanzverschiebung δH ergibt sich unter der Voraussetzung, daß der zeitliche Mittelwert $\langle S \rangle$ des elektronischen Spinmoments aus der parallel [001] gemessenen Molsuszeptibilität $\chi_{\parallel}$ bestimmt werden kann, die Beziehung $\delta H/H_0 = \alpha(2A^I_z + A^{II}_z)$ mit $\alpha = \chi_{\parallel}/Ng\mu_B\gamma(^{19}F)\hbar$, N = Avogadro-Zahl, s. z. B. Shrivastava [9]; dort auch Korrektur dieses Ausdrucks bezüglich phononeninduzierter Effekte. Liegt H_0 in der (001)-Ebene, sind die relativen Verschiebungen der aufgespaltenen Resonanz gegeben durch $\alpha(2A^I_x + A^{II}_y)\cos^2\psi + \alpha(2A^I_y + A^{II}_x)\sin^2\psi$ bzw. durch $\alpha(2A^I_y + A^{II}_x)\cos^2\psi + \alpha(2A^I_x + A^{II}_y)\sin^2\psi$ mit ψ = Winkel zwischen H_0 und [110] [7]. Ergebnisse (in 10^{-4} cm^{-1}) entsprechender Messungen:

$2A^I_x + A^{II}_y$	$2A^I_y + A^{II}_x$	$2A^I_z + A^{II}_z$	
38.1	54.3	49.5	a)
46.3	47.8	47.0	b)

a) Neubestimmung bei 77 K, H_0 = 14 kOe durch Davis, Jaccarino [10]. Angaben im Original in G. In diesen Werten ist der Beitrag des Dipolfeldes der 3 nächstbenachbarten Mn^{2+}-Ionen enthalten.

b) Messung bei 77 bis 305 K, H_0 = 3500 bis 3700 Oe durch Shulman, Jaccarino [7]. Alle Werte ± 0.5; s. auch Wiedergabe bei Keffer u. a. [1].

Bei Einbeziehung phononeninduzierter Effekte ist der Term $2A^I_z + A^{II}_z$ in $\delta H/H_0$ zu ergänzen durch eine temperaturunabhängige Größe $\Theta^4(2K^I_z + K^{II}_z)/8$, Θ = Debye-Temperatur, und eine temperaturabhängige Größe $T^4(2K^I_z + K^{II}_z)\, f(\Theta/T)$, wobei $f(\Theta/T)$ = Integral mit dem für $T \leqq \Theta/10$ annähernd konstanten Wert $\pi^4/15$. Eine Anpassung an die von Shulman, Jaccarino [7] gemessene Temperaturabhängigkeit von δH gelingt mit $2A^I_z + A^{II}_z + \Theta^4(2K^I_z + K^{II}_z)/8 = 60 \times 10^{-4}$ cm^{-1}, $2K^I_z + K^{II}_z = (0.92 \pm 0.06) \times 10^{-13}$ $cm^{-1} \cdot K^{-4}$, Θ = 475 K und den von De Haas u. a. [11] gemessenen Werten für $\chi_{\parallel}$ [9]; dort auch theoretisch abgeleiteter Wert für $2K^I_z + K^{II}_z$.

Für die im antiferromagnetischen Bereich mit $H_0 || [001]$ beobachtete, bezüglich des Dipolfeldes (s. jedoch unten) korrigierte Resonanzfrequenz ν gilt $h\nu(T) = (2A_z^I - A_z^{II})\ (5/2-\delta)\ M(T)/M(0) \pm \hbar\gamma(^{19}F)H_0$ mit δ = Spinabweichung bei 0 K und M(T) = temperaturabhängige Untergittermagnetisierung, s. z. B. Jaccarino, Shulman [12]. $2A_z^I - A_z^{II} = (15.3 \pm 0.2) \times 10^{-4}\ cm^{-1}$ folgt aus der nach Messungen [12] auf $H_0 = 0$ und T = 0 extrapolierten Frequenz $\nu_0(0)$, wenn $\delta = 3\%$ angenommen und ein Dipolfeld von 12120 Oe berücksichtigt wird [1]. $2A_z^I - A_z^{II} = 14.6 \times 10^{-4}\ cm^{-1}$ ($\delta = 0$, korrigiert bezüglich des Dipolfeldes) ergibt sich aus den von Jaccarino, Shulman [12] angegebenen Einzelwerten (s. unten). Folgende, in Abhängigkeit von δ angegebene Werte enthalten dagegen noch den Anteil des Dipolfeldes:

δ in %	0	1.6	3	3*)
$2A_z^I - A_z^{II}$ in $10^{-4}\ cm^{-1}$	21.6	21.9	22.2	21.63
Literatur	[5]	[5]	[5]	[4]

*) $M(0)/M^{\infty} = 0.987$ nach Fisher [14], wo M^{∞} = Untergittermagnetisierung bei völliger Spinausrichtung.

Bei Einbeziehung phononeninduzierter Effekte, s. dazu Shrivastava [9], ist der Term $2A_z^I - A_z^{II}$ um 2 additive Größen zu ergänzen. Die erste beträgt $2.54 \times 10^{-4}\ cm^{-1}$, die zweite, T^4 proportionale beträgt bei 50 K 0.050, bei 67.33 K $0.16 \times 10^{-4}\ cm^{-1}$ [13].

Eine Druckabhängigkeit von $2A_z^I - A_z^{II}$ ergibt sich aus Messungen der Resonanzfrequenz ν_0 bei verschiedenen Drücken p und 4.2 K in der Form $\partial \ln A/\partial p = (1.9 \pm 0.1) \times 10^{-6}\ cm^2/kg$ (wobei $A = 2A_z^I - A_z^{II}$ + Anteil des Dipolfeldes ist) [4].

Auf eine Zunahme der HF-Kopplung beim Übergang vom para- zum antiferromagnetischen Bereich schließt Shrivastava [13] auf Grund eines weiteren Beitrags, der aus einer in der Kette Mn^{2+}-F^--Mn^{2+} vom einen zum anderen Mn^{2+}-Ion übertragenen („supertransferred") HF-Kopplung resultiert. Hieraus werden Schlüsse auf die Spinabweichung δ gezogen.

Vollständige Angaben für die einzelnen Komponenten (in $10^{-4}\ cm^{-1}$) sind aus den NMR-Messungen nicht ohne zusätzliche Annahmen zu erhalten. Deshalb werden in der Literatur meist die Werte benutzt, die von Clogston u. a. [5] bei EPR-Untersuchungen an Mn^{2+} in ZnF_2 gemessen werden:

A_x^I	A_y^I	A_z^I	A_x^{II}	A_y^{II}	A_z^{II}	A_{yz}^I
11.81	15.57	17.83	23.34	13.44	12.90	4.4

Die Werte enthalten die Beiträge der Dipolfelder der 3 nächsten Mn^{2+}-Nachbarn; als Fehlergrenzen werden 1.5% für A_z, 2% für A_x und A_y und 10% für A_{yz} angegeben. Siehe auch Wiedergabe dieser Werte und von Komponenten des Tensors der dipolaren Wechselwirkung für einige entferntere Mn^{2+}-Ionen bei Paquette u. a. [15].

Aus den NMR-Messungen von Jaccarino, Shulman [7, 12] ergibt sich ein vollständiges System der A_i^k, wenn im System der weiter unten definierten isotropen und anisotropen Kopplungskonstanten $A_\pi^I = A_\pi^{II} = 0$ gesetzt wird. In der Reihenfolge obiger Tabelle lauten die (bezüglich des Dipolfeldes korrigierten) Werte 15.2, 15.4, 15.6, 17.0, 15.8, 15.8 [1]. Korrektur der von Tinkham [8] aus EPR-Messungen an Mn^{2+} in ZnF_2 abgeleiteten Konstanten (A_y, A_z) bezüglich des Dipolfeldes s. [7], bezüglich eines Bindungswinkels und des Dipolfeldes s. [1].

A_{yz}^I = 4.33 [15] und 5.4 [16] wird bei Berechnungen der Spin-Gitter-Relaxationszeit benutzt.

Die isotropen und anisotropen HF-Kopplungskonstanten A_s^k bzw. A_σ^k, A_π^k sind mit den A_i^k folgendermaßen verknüpft: $A_i^k = A_s^k + A_\sigma^k\ (3\cos^2\Theta_{i\sigma}-1) + A_\pi^k\ (3\cos^2\Theta_{i\pi}-1)$. Dabei bezieht sich σ auf die Bindungsrichtung, π auf eine dazu senkrechte Richtung. $\Theta_{i\sigma}$ = Winkel zwischen i und σ;

Hyperfine Coupling of ^{19}F in MnF_2

$\Theta_{i\pi}$ analog [1, 7, 17]. Ein vollständiges System dieser Konstanten (in 10^{-4} cm^{-1}) wird von Marshall, Stuart [2] angegeben:

A^{I}_{s}	A^{I}_{σ}	A^{I}_{π}	A^{II}_{s}	A^{II}_{σ}	A^{II}_{π}
15.09	0.46	−0.14	16.54	0.80	0.18

Die Werte sind bis auf A_{σ} identisch mit entsprechenden Angaben von Clogston u. a. [5] (dort in G); A_{σ} ist gegenüber [5] um die Anteile des Dipolfeldes herabgesetzt.

Unter der Annahme $A_{\pi} = 0$ ergeben sich auf Grund der NMR-Messungen [7, 12] die Werte $A^{I}_{s} = 15.4$, $A^{I}_{\sigma} = 0.2$, $A^{II}_{s} = 16.2$, $A^{II}_{\sigma} = 0.4$ [1]; dort auch Korrektur der von Tinkham [8] angegebenen 4 Werte A^{I}_{s}, A^{II}_{s}, A_{σ}, A_{π}. Von Shulman, Jaccarino [7] wird die Unterscheidung zwischen I und II ganz unterdrückt. Die NMR-Messungen im paramagnetischen Bereich ergeben dann $A_s = 15.7$, $A_{\sigma} = 0.6$, $A_{\pi} = 0.2$ (alle ± 0.3), s. auch Wiedergabe bei Bose [17] sowie Figur der r(Mn-F)-Abhängigkeit von A_s bei Ogawa [22]. — Theoretisch berechnete Werte mit und ohne Berücksichtigung der 1s-Elektronen des F^- und für 2 Werte eines Abschirmparameters der d-Funktionen des Mn^{2+} s. bei Marshall, Stuart [2].

Die Temperaturabhängigkeit der isotropen Kopplungskonstante scheint nach den Hochtemperatur-NMR-Untersuchungen von Hogg [18] weitgehend durch die anharmonische Gitterausdehnung bedingt zu sein. Die anisotropen Konstanten verschwinden mit zunehmender Temperatur (beginnend bei ≈ 700°C) [18].

Die effektiven Bruchteile ungepaarter Spins des F^- lassen sich mittels der isotropen und anisotropen Kopplungskonstanten und der Kopplungskonstanten A_{2s} und A_{2p} des F^--Ions erhalten: $f^k_s = 2S\,A^k_s/A_{2s}$, $f^k_{\sigma} - f^k_{\pi} = 2S\,(A^k_{\sigma} - A^k_{\pi})/A_{2p}$, s. [1, 17, 19]. Mit $S = {}^5/_2$, $A_{2s} = 1.57$ cm^{-1}, $A_{2p} = 0.044$ cm^{-1} (nach [21]) ergeben sich nach Keffer u. a. [1], Shulman [19] die Werte $f^{I}_{s} = (0.49 \pm 0.02)\%$, $f^{II}_{s} = (0.52 \pm 0.02)\%$, $f^{I}_{\sigma} - f^{I}_{\pi} = (0.2 \pm 0.3)\%$, $f^{II}_{\sigma} - f^{II}_{\pi} = (0.4 \pm 0.3)\%$. Auf Grund von Untersuchungen der Neutronenstreuung geben Nathans u. a. [25] $f_s + f_{\sigma} + 2f_{\pi} = 3.3\%$ an. Der hieraus und aus den NMR-Ergebnissen abgeleitete Wert $f_{\sigma} = 1.2\%$ wird jedoch von Rinneberg, Shirley [26] kritisiert (s. dazu unter $RbMnF_3$ S. 175). Vgl. auch die Angaben für den 2s-, 2pσ- und 2pπ-Charakter der Mn^{2+}-F^--Bindung bei Shulman, Jaccarino [7]. Theoretisch berechnete f-Werte von Keffer u. a. [1] werden z. T. von Casselman, Keffer [20] korrigiert. Nach einem auf Brown, Roby [23] basierenden semiempirischen Verfahren berechnete Werte s. bei Besnainou, Picart [24].

Quadrupole Coupling

Die Quadrupolkopplung untersuchen Richter, Wiegandt [27] mittels der gestörten Winkelverteilung der γ-Strahlung, die vom 197 keV-Niveau des ^{19}F emittiert wird. Letzteres wird mit einem gepulsten Protonenstrahl angeregt. Die Kopplungskonstante ergibt sich zu $e^2qQ/40\hbar = 1.73 \pm 0.05$ MHz (eq = größte Komponente des Feldgradienten in seinem Hauptachsensystem, weitere Komponenten im Original), wobei $Q = -(0.10 \pm 0.02) \times 10^{-24}$ cm^2 benutzt wird [27]. Der durch $f_Q = e^2qQ$ (Bindung)/e^2qQ (Atom) definierte Parameter, s. Bersohn, Shulman [28], wird auf Grund dieser Messung [17] und der Abschätzung e^2qQ/h (Atom) = 120 MHz mit 6.9% angegeben [29].

Literatur:

[1] F. Keffer, T. Oguchi, W. O'Sullivan, J. Yamashita (Phys. Rev. [2] **115** [1959] 1553/61). — [2] W. Marshall, R. Stuart (Phys. Rev. [2] **123** [1961] 2048/58). — [3] A. J. Freeman, R. E. Watson (Phys. Rev. Letters **6** [1961] 343/5). — [4] G. B. Benedek, T. Kushida (Phys. Rev. [2] **118** [1960] 46/57). — [5] A. M. Clogston, J. P. Gordon, V. Jaccarino, M. Peter, L. R. Walker (Phys. Rev. [2] **117** [1960] 1222/35).

[6] A. Mukherji, T. P. Das (Phys. Rev. [2] **111** [1958] 1479/82). — [7] R. G. Shulman, V. Jaccarino (Phys. Rev. [2] **108** [1957] 1219/31). — [8] M. Tinkham (Proc. Roy. Soc. [London] A **236** [1956] 535/48, 549/63). — [9] K. N. Shrivastava (J. Phys. C **3** [1970] 538/49). — [10] J. L. Davis, V. Jaccarino (unveröffentlicht laut [5]).

[11] W. J. De Haas, B. H. Schultz, J. Koolhaas (Physica **7** [1940] 57/69, 59). — [12] V. Jaccarino, R. G. Shulman (Phys. Rev. [2] **107** [1957] 1196/7). — [13] K. N. Shrivastava (J. Phys. C **3** [1970] 550/9). — [14] J. C. Fisher (Phys. Chem. Solids **10** [1959] 44/6). — [15] D. Paquette, A. R. King, V. Jaccarino (Phys. Rev. [3] B **11** [1975] 1193/216, 1196).

[16] N. Kaplan, R. Loudon, V. Jaccarino, H. J. Guggenheim, D. Beeman, P. A. Pincus (Phys. Rev. Letters **17** [1966] 357/60). — [17] M. Bose (Progr. Nucl. Magn. Resonance Spectrosc. **4** [1969] 335/444, 358, 363/4). — [18] R. D. Hogg (Diss. Univ. of California, Santa Barbara 1975; Diss. Abstr. Intern. B **36** [1976] 5667/8). — [19] R. G. Shulman (Phys. Rev. [2] **121** [1961] 125/43, 132). — [20] T. N. Casselman, F. Keffer (Phys. Rev. Letters **4** [1960] 498/500).

[21] T. Moriya (Progr. Theoret. Phys. [Kyoto] **16** [1956] 23/44, 40/1). — [22] S. Ogawa (J. Phys. Soc. Japan **15** [1960] 1475/81). — [23] R. D. Brown, K. R. Roby (Theoret. Chim. Acta **16** [1970] 175/93, 194/216, 278/302). — [24] S. Besnainou, J. Picart (Compt. Rend. B **275** [1972] 299/302). — [25] R. Nathans, G. Will, D. E. Cox (Proc. Intern. Conf. Magnetism, Nottingham 1964 [1965], S. 327/8).

[26] H. H. Rinneberg, D. A. Shirley (Phys. Rev. Letters **30** [1973] 1147/50). — [27] F. W. Richter, D. Wiegandt (Z. Physik **217** [1968] 225/46, 245). — [28] R. Bersohn, R. G. Shulman (J. Chem. Phys. **45** [1966] 2298/303). — [29] H. Haas, E. Recknagel, B. Spellmeyer (Proc. Congr. AMPERE **18** [1974/75] Tl. 1, S. 259/60).

4.2.2.6.11.2 ^{55}Mn-Resonanz

^{55}Mn Resonance

Spektrum

Ohne äußeres Feld werden an einem Einkristall bei 4.2 K fünf auf Quadrupolaufspaltung durch Q (^{55}Mn) ≈ 0.5 × 10^{-24} cm² (s. auch „Mangan" B, S. 87) zurückgehende Resonanzlinien beobachtet (Frequenzen ν_0 auf ± 0.05 MHz, Linienbreiten ΔH auf ± 50 Oe genau, m_I = magnetische Quantenzahl):

ν_0 in MHz	666.75	668.53	670.25	672.00	673.75
ΔH in Oe	430	520	570	520	430
m_I, m_I'	± 5/2, ± 3/2	± 3/2, ± 1/2	± 1/2, ∓ 1/2	∓ 1/2, ∓ 3/2	∓ 3/2, ∓ 5/2

Die Linienbreite und ihre Abhängigkeit vom m_I sind in Einklang mit der Suhl-Nakamura-Theorie (der indirekten Spin-Spin-Wechselwirkung durch virtuelle Spinwellenanregung, s. S. 54). Zwischen 1.3 und 18 K sind die Quadrupolaufspaltung $\delta\nu_Q$ = 1.75 ± 0.05 MHz und die Linienbreite von der Temperatur unabhängig. Für die Frequenz ν_0(T) der zentralen Linie (m_I = ± 1/2) ergibt sich folgende Abhängigkeit (Unsicherheit ± 0.05 MHz, oberhalb 15 K ± 0.1 MHz) [1]:

T in K	1.3	4.2	13.9	15.0	16.5	18.0
ν_0(T) in MHz	670.38	670.25	665.57	663.95	661.85	659.05

Erstmalige Beobachtung der (unaufgespaltenen) Resonanz bei 4 Temperaturen von 1.3 bis 20.5 K mit einem auf 0 K extrapolierten Wert $\nu_0(0)$ = 671.4 ± 0.2 MHz und einer Linienbreite $\Delta\nu$ ≈ 1.3 MHz bei Jones, Jefferts [2]; dort ferner Abschätzung von $\Delta\nu$ im Rahmen der Suhl-Nakamura-Theorie. Aus $\nu_0(0)$ = 680 MHz (nach [2]) schließt Jaccarino [3] auf die Größe des inneren Feldes (≈ 650 kOe).

In einem äußeren Feld $H_0 \| [001]$ spalten sämtliche Linien in je zwei Zweige ν_h und ν_n auf, deren Frequenzen mit zunehmender Feldstärke zu- bzw. abnehmen. Die Aufspaltung entspricht einer Aufhebung der räumlichen Entartung, die mit der antiferromagnetischen Ordnung verknüpft ist [1]. Für $0 \leqq H_0 < H_{krit}$ (s. Definition S. 49) und 4.2 K liegen die Frequenzen beider Zweige der zentralen Resonanzlinie etwa im Bereich 570 bis 770 MHz, s. Fig. 19, S. 49 [4]. Die Quadrupolaufspaltung in der bereits von Yasuoka u. a. [1] beobachteten symmetrischen Form bleibt bis H_0 ≈ 50 kOe bestehen. Bei höheren Feldern wird das Spektrum unsymmetrisch [4]. Nach Untersuchungen von King u. a. [5] an einer kugelförmigen, aus einer einzelnen Domäne bestehenden Probe bei Feld-

NMR of ^{55}Mn in MnF_2

stärken bis 92.4 kOe und Temperaturen von 1.5 bis 4.2 K findet ein kontiunierlicher Übergang zu einem kollektiven Anregungsverhalten (Kernspinwellen) statt. Im Grenzfall einer großen Verschiebung $\delta\nu_{FP}$ der Frequenz durch „frequency pulling", s. dazu S. 143 sowie Gennes u. a. [6], treten definierte „kernmagnetostatische" Schwingungstypen auf. Das Verhalten im einzelnen richtet sich nach den verschiedenen möglichen Größenbeziehungen zwischen $\delta\nu_Q$ ($\approx$ 1.75 MHz), der Linienbreite $\Delta\nu$ ($\approx$ 0.5 MHz), $\delta\nu_{FP}$ und dem Abstand $\delta\nu_{MSM}$ zwischen verschiedenen kernmagnetostatischen Schwingungen: Für $H_0 < 75$ kOe, T = 4.2 K gilt $\delta\nu_{FP} < \Delta\nu < \delta\nu_Q$. Dementsprechend wird ein quadrupolaufgespaltenes Spektrum mit Gaußschen Linienprofilen beobachtet. $\Delta\nu$ ist bei 75 kOe gegenüber den Werten ohne äußeres Feld etwa verdoppelt, in Übereinstimmung mit der Feldabhängigkeit der Suhl-Nakamura-Wechselwirkung. Für $75 \leqq H_0 \leqq 90$ kOe, T = 4.2 K gilt $\Delta\nu < \delta\nu_{FP} < \delta\nu_Q$. Die Abnahme von $\Delta\nu$ ist in Übereinstimmung mit der theoretischen Vorhersage von Richards [7]. Die Intensität des Übergangs $m_I = \pm 5/2 \leftrightarrow \pm 3/2$ nimmt relativ zu allen übrigen zu. Bei $H_0 \approx 90$ kOe (T = 4.2 K) oder $\approx$ 85 kOe (T = 2.1 und 1.5 K), entsprechend $\Delta\nu < \delta\nu_Q < \delta\nu_{FP}$, wird anstelle der praktisch nicht mehr vorhandenen Quadrupolstruktur eine einzelne Lorentz-Linie beobachtet. Bei weiterer Felderhöhung oder Temperaturerniedrigung, entsprechend $\Delta\nu^2/\delta\nu_{FP} < \delta\nu_{MSM}$, tritt eine Struktur auf, die mit der Anregung der von Blocker [8] vorausgesagten kernmagnetostatischen Schwingungen gedeutet wird [5].

Relaxation

Die Spin-Gitter-Relaxationsgeschwindigkeit $1/T_1$ (in s^{-1}) nimmt nach kontinuierlichen Messungen bei 4.2 K mit von 0 auf $\approx$ 90 kOe wachsendem äußeren Feld $H_0 || [001]$ um 2 Größenordnungen zu: von $\approx$0.01 auf $\approx$1, s. **Fig. 23**. Ein Anstieg um eine weitere Größenordnung findet in dem schmalen Intervall (3 kOe) unterhalb H_{krit} (s. S. 49) statt. Bei Annäherung von H_0 an das Spin-Flop-Feld H_{SF} divergiert $1/T_1$ wie $(H_{SF}-H_0)^{-3/2}$. Für die Kerne der beiden Untergitter werden unterschiedliche Relaxationsgeschwindigkeiten beobachtet. Ihr Verhältnis beträgt $\approx$ 2.5, wobei die höhere Geschwindigkeit für die Kerne der Ionen gilt, deren elektronisches magnetisches Moment entgegengesetzt zu H_0 gerichtet ist. Die gemessene Feldabhängigkeit ist unterhalb 90 kOe in Einklang mit einem durch Aus-

Fig. 23

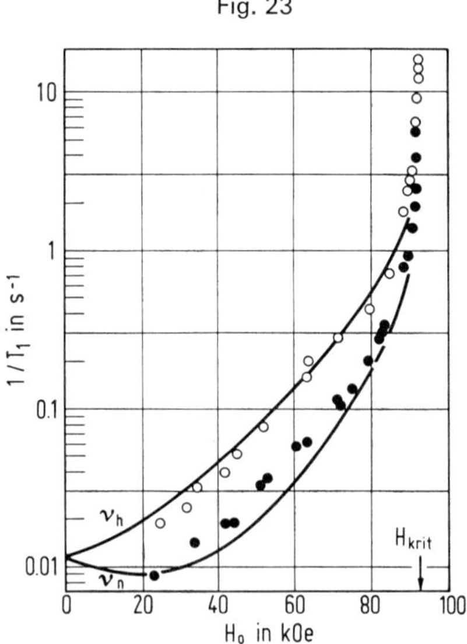

Feldabhängigkeit der ^{55}Mn-Spin-Gitter-Relaxationsgeschwindigkeit $1/T_1$ bei 4.2 K und $H_0 || [001]$.

tausch verstärkten 3-Magnonenprozeß. Erörterung des anomalen Verhaltens in der Nähe von H_{krit} mittels eines 1-Magnonprozesses im Original [4]. Weitere experimentelle und theoretische Untersuchung des anomalen Verhaltens s. bei Boucher, King [16]. Berechnung der Feldstärkenabhängigkeit von T_1 mit einer 3-Magnonentheorie s. auch bei Freyne [9]. Ältere theoretische Betrachtungen bei Mitchell [10].

Die Spin-Spin-Relaxationszeit $T_2 < 1$ μs wird von Yasuoka u. a. [1] auf Grund von negativen Versuchen, Spinechos oder eine freie Induktion zu beobachten, angegeben. Die von Moriya [11] für 1.5 bis 45 K berechneten Werte liegen demgegenüber zu hoch.

Hyperfein- und Quadrupolkopplung

Als Komponenten des Tensors der HF-Kopplung werden meist die von Clogston u. a. [12] bei EPR-Messungen an Mn^{2+} in ZnF_2 bestimmten Werte $A_{zz} = -97.1 \pm 0.3$ G, $A_{xx} = A_{yy} = -98.8 \pm 0.5$ G benutzt (Koordinatenanordnung s. S. 56). Hiernach ist $A_{zz} = -272.15 \pm 0.90$ MHz ($\triangleq -90.8 \times 10^{-4}$ cm^{-1}), s. Yasuoka u. a. [1], $A_{xx} = A_{yy} = -92.3 \times 10^{-4}$ cm^{-1}, s. Paquette u. a. [4], die diesen Wert zur Berechnung der Spin-Gitter-Relaxationsgeschwindigkeit heranziehen. Die tatsächliche HF-Kopplungskonstante in MnF_2 sollte aber nach Owen, Taylor [13], s. auch [14, 15], auf Grund von Kation-Kation-Wechselwirkungen von der in einer diamagnetischen Umgebung gemessenen abweichen. Nach Yasuoka u. a. [1] sind die in A_{zz} zu erwartenden Änderungen nach Vorzeichen und Größe so, daß sich bei der Kombination von A_{zz} mit der auf 0 K extrapolierten Resonanzfrequenz eine Spinabweichung δ ergibt, die mit dem theoretisch berechneten δ übereinstimmt.

Die Quadrupolkopplungskonstante ergibt sich aus den Messungen von Yasuoka u. a. [1] zu $e^2qQ/h = 11.7 \pm 0.3$ MHz in (weitgehend zufälliger) Übereinstimmung mit einem für ein Punktladungsmodell berechneten Wert von 11 MHz.

Literatur:

[1] H. Yasuoka, T. Ngwe, V. Jaccarino, H. J. Guggenheim (Phys. Rev. [2] **177** [1969] 667/72). — [2] E. D. Jones, K. B. Jefferts (Phys. Rev. [2] **135** [1964] 1277A/1280A). — [3] V. Jaccarino (in: G. T. Rado, H. Suhl, Magnetism, Bd. 2, Tl. A, New York-London 1965, S. 307/55, 318). — [4] D. Paquette, A. R. King, V. Jaccarino (Phys. Rev. [3] B **11** [1975] 1193/216, 1208). — [5] A. R. King, V. Jaccarino, S. M. Rezende (Phys. Rev. Letters **37** [1976] 533/6).

[6] P. G. de Gennes, P. A. Pincus, F. Hartmann-Boutron, J. M. Winter (Phys. Rev. [2] **129** [1963] 1105/15). — [7] P. M. Richards (Phys. Rev. [2] **173** [1968] 581/91). — [8] T. G. Blocker (Phys. Rev. [2] **154** [1967] 446/7). — [9] F. Freyne (Phys. Rev. [3] B **9** [1974] 4824/37). — [10] A. H. Mitchell (J. Chem. Phys. **27** [1957] 17/9).

[11] T. Moriya (Progr. Theoret. Phys. [Kyoto] **16** [1956] 641/57, 648). — [12] A. M. Clogston, J. P. Gordon, V. Jaccarino, M. Peter, L. R. Walker (Phys. Rev. [2] **117** [1960] 1222/35). — [13] J. Owen, D. R. Taylor (Phys. Rev. Letters **16** [1966] 1164/6). — [14] N. L. Huang, R. Orbach, E. Šimánek (Phys. Rev. Letters **17** [1966] 134/6). — [15] J. Owen, D. R. Taylor (J. Appl. Phys. **39** [1968] 791/6).

[16] J.-P. Boucher, A. R. King (Physica B + C **86/88** [1977] 1298/300).

4.2.2.6.12 Paramagnetische Relaxation

Paramagnetic Relaxation

Die Linienbreite der paramagnetischen Resonanz ΔH nimmt mit sinkender Temperatur (295 bis 70 K) zu und wird unterhalb 65 K so groß, daß die Resonanz nicht mehr beobachtbar ist [1]. Zwischen 350 und 90 K ist etwa eine Verdoppelung von ΔH festzustellen [2]. Oberhalb Raumtemperatur nimmt ΔH nicht nur bis zum Schmelzpunkt, sondern auch darüber hinaus ab [3].

Der Zusammenhang von ΔH mit der Austauschwechselwirkung wird durch vergleichende Messungen bei Raumtemperatur an mehreren Mn-Verbindungen von McLean und Kor [4] geklärt, wobei für MnF_2 $\Delta H = 470$ Oe erhalten wird. Weitere Messungen ergeben $\Delta H = 401 \pm 50$ Oe [5]. Zum

Paramagnetic Relaxation of MnF_2

Zusammenhang mit der Austauschwechselwirkung s. auch Owen [6]. Grundsätzlich bewirkt die Austauschwechselwirkung eine Verringerung von ΔH („exchange narrowing"). Außer der Breite muß jedoch die Linienform im ganzen analysiert werden; dies wird für MnF_2 (sowie $KMnF_3$ und $RbMnF_3$, s. S. 145 und 180) erstmals von Gulley u. a. [7] ausgeführt.

Die Temperaturabhängigkeit von ΔH ist besonders in der Nähe der Néel-Temperatur T_N interessant. In einem parallel zur c-Achse orientierten Feld hängt ΔH linear von $|T-T_N|^{-3/8}$ ab, in einem senkrecht dazu orientierten Feld nimmt ΔH bei Annäherung an T_N schwächer zu [8]. Weitere Messungen von 380 bis 68 K ergeben für die Formel $\Delta H = \Delta H(\infty) + A(T-T_c)^{-\gamma}$ die Parameter $\gamma = 1.17 \pm 0.03$ bei $H \parallel c$ und $T_c \approx T_N$ sowie $\gamma = 1.20 \pm 0.03$ und $T_c = 66.2 \pm 0.2$ K bei $H \perp c$; nur in diesem Fall bleibt die Linienform symmetrisch [9]. Weitere Daten über die Änderung von ΔH bei Annäherung an die Néel-Temperatur und eingehende theoretische Erörterungen s. bei Verbeek u. a. [10]. Dicht oberhalb T_N ist ΔH um so kleiner, je größer die Frequenz (9 bis 35 GHz) ist [11]. Außerdem ist im Bereich zwischen T_N und $T_N + 10$ K eine Anisotropie von ΔH festzustellen. Ist ϑ der Winkel zwischen äußerem Feld und der c-Achse, so ist ΔH proportional $1-{}^1/_2 \sin^2 \vartheta$ [12].

Bei theoretischen Erörterungen darüber, wie die Spin-Gitter-Relaxation berechnet werden kann, wird auch der Zusammenhang mit der Absorption von Ultraschall behandelt (explizit nur für $RbMnF_3$, s. S. 180) [13].

Literatur:

[1] C. A. Hutchinson (NP-3631 [1951]; N. S. A. **6** [1952] Nr. 2242); die Ergebnisse werden auch von L. R. Maxwell (Am. J. Phys. **20** [1952] 80/5) mitgeteilt. — [2] S. G. Salikhov (Zh. Eksperim. i Teor. Fiz. **34** [1958] 39/44: Soviet Phys.-JETP **7** [1958] 27/30). — [3] E. Dormann, V. Jaccarino (AIP [Am. Inst. Phys.] Conf. Proc. Nr. 18 [1974] 529/33). — [4] C. MacLean, G. J. W. Kor (Appl. Sci. Res. B **4** [1955] 425/33). — [5] L. Yarmus, A. A. Harkavy (Phys. Rev. [2] **173** [1968] 427/35).

[6] J. Owen (Discussions Faraday Soc. Nr. 26 [1958] 53/7). — [7] J. E. Gulley, D. Hone, D. J. Scalapino, B. G. Silbernagel (Phys. Rev. [3] B **1** [1970] 1020/30), J. E. Gulley, B. G. Silbernagel, V. Jaccarino (J. Appl. Phys. **40** [1969] 1318/9; Phys. Letters A **29** [1969] 657/8). — [8] J. C. Burgiel, M. W. P. Strandberg (J. Phys. Chem. Solids **26** [1965] 865/75). — [9] M. S. Seehra, T. G. Castner (Solid State Commun. **8** [1970] 787/90). — [10] P. W. Verbeek, J. C. Verstelle, J. A. Tjon (Physica **66** [1973] 545/66).

[11] M. S. Seehra (J. Appl. Phys. **42** [1971] 1290/2). — [12] M. S. Seehra (Phys. Rev. [3] B **6** [1972] 3186/9). — [13] D. L. Huber (Phys. Rev. [3] B **3** [1971] 836/42; Phys. Letters A **37** [1971] 283/4).

Dielectric Constant

4.2.2.6.13 Dielektrizitätskonstante

Messungen nach der Brückenmethode (1 kHz) ergeben für den Realteil der DK ε' und den dielektrischen Verlustfaktor bei −50, +25 und +150°C die Werte $\varepsilon' = 15$, 15, 20 und $10^4 \tan \delta = 30$, 40 und 2600 [1]. — $\varepsilon = 6.7$ (vermutlich für 4.2 K) [2]. — Die Berechnung der statischen DK ε und ihres Druckkoeffizienten $\partial\varepsilon/\partial p$ für das Modell starrer Ionen mit einer effektiven Ladung und einem Born-Meyer-Potential kurzer Reichweite (die Rutilstruktur gehört zur tetragonalen Klasse D_{4h}, so daß die einzigen nicht verschwindenden Elemente des DK-Tensors $\varepsilon_x = \varepsilon_{11} = \varepsilon_{22}$ und $\varepsilon_z = \varepsilon_{33}$ sind) ergibt $\varepsilon_x = 4.24$, $\varepsilon_z = 2.37$ und $\partial\varepsilon_x/\partial p = 9.60\ \text{Mbar}^{-1}$, $\partial\varepsilon_z/\partial p = -1.89\ \text{Mbar}^{-1}$ [3]. — Werte für ε' und den Imaginärteil ε'' im Frequenzbereich des IR-Spektrums s. S. 64.

Literatur:

[1] J. Claverie, G. Campet, M. Périgord, J. Portier, J. Ravez (Mater. Res. Bull. **9** [1974] 585/92, 588). — [2] F. M. Johnson, A. H. Nethercot (Phys. Rev. [2] **114** [1959] 705/16, 713). — [3] M. E. Striefler, G. R. Barsch (Phys. Status Solidi B **64** [1974] 613/25, 620).

4.2.2.6.14 Photoelektronenemission

Photo-electron Emission

Das unter Verwendung von AlKα-Röntgenstrahlen untersuchte Mn-3p-Spektrum von MnF_2-Einkristallen zeigt eine Struktur, die einer Multiplett-Aufspaltung zuzuschreiben ist. Für die Abstände der Komponenten des ^5P-Terms vom ^7P-Term, der um 46.76 eV unterhalb der oberen Kante des Valenzbandes liegt, ergeben sich folgende Energiewerte [1]:

Anregungszustand	$^5P(1)$	$^5P(2)$	$^5P(3)$	$^5P(4)$	$^5P(5)$
Energie in eV	2.75	7.6	12.75	17.5	21.8

Ein qualitativ gleiches Spektrum, jedoch mit geringerer Auflösung, wird von Fadley, Shirley [2] beobachtet; vgl. auch [3].

Eine Untersuchung der Mn-3s-Multiplett-Struktur, wobei die Energieskala auf das $4f_{7/2}$-Niveau von Au (84.0 eV) bezogen ist, ergibt für die Abstände der Zustände $^5S(1)$, $^5S(2)$ und $^5S(3)$ vom ^7S-Maximum 6.62, 20.7 und 37.8 eV [4]. Eine einfache Aufspaltung des 3s-Niveaus (Maxima bei E_B ≈ 90.5 und 84.5 eV, bezogen auf das 1s-Maximum von C = 285.0 eV eines Kohlenwasserstoff-Films) um $\Delta E = 6.3$ eV wird bei der Untersuchung des Photoelektronenspektrums (ausgelöst durch AlKα-Strahlung) beobachtet [5]. Andre Autoren [2, 3] erhalten $\Delta E = 6.5$ eV.

Auch das 2p-Niveau von Mn ist aufgespalten, und zwar sowohl $2p_{1/2}$ als auch $2p_{3/2}$ in je 4 Komponenten; der maximale Abstand beträgt $\Delta E = 13.00$ eV, der Abstand der Schwerpunkte $\Delta E = 12.07$ eV (die beiden Maxima sind asymmetrisch, $2p_{3/2}$ in Richtung zu höherer, $2p_{1/2}$ zu niedrigerer Bindungsenergie). Das beobachtete 2p-Spektrum stimmt mit den Ergebnissen von Untersuchungen des $K\alpha_1$-Röntgen-Emissionsspektrums [6] und Hartree-Fock-Berechnungen [7] qualitativ überein [1]. Außerdem wird $\Delta E \approx 12$ eV gefunden [2]. Zum Vergleich mit dem Röntgenspektrum (L-Reihe) s. Pessa [9]. — Vorläufige Untersuchungen des Mn-2s-Spektrums (Dublett-Aufspaltung) s. bei [2].

Der aus einer Untersuchung des Photoelektronenspektrums des Valenzbandes unter Verwendung von Photonen mit 40.81 eV bestimmte Energieabstand der äußersten Niveaus $E_s = 3.4$ eV ist in guter Übereinstimmung mit dem theoretischen Wert $E_s = 2.4$ eV, der nach dem Born-Modell für Kristalle mit Ionenbindung berechnet wurde. Diese Übereinstimmung ermöglicht es (in Verbindung mit Betrachtungen über die Bindungsenergie, die relativen Photoionisations-Wirkungsquerschnitte und die Breite des 2p-Bandes der F^--Ionen), im Valenzband eine eindeutige Reihenfolge der Niveaus aufzustellen [8].

Literatur:

[1] S. P. Kowalczyk, L. Ley, F. R. McFeely, D. A. Shirley (Phys. Rev. [3] B **11** [1975] 1721/7). — [2] C. S. Fadley, D. A. Shirley (Phys. Rev. [3] A **2** [1970] 1109/20). — [3] C. S. Fadley, D. A. Shirley, A. J. Freeman, P. S. Bagus, J. V. Mallow (Phys. Rev. Letters **23** [1969] 1397/405). — [4] S. P. Kowalczyk, L. Ley, R. A. Pollak, F. R. McFeely, D. A. Shirley (Phys. Rev. [3] B **7** [1973] 4009/11). [5] J. C. Carver, G. K. Schweitzer, T. A. Carlson (J. Chem. Phys. **57** [1972] 973/82, 977).

[6] V. I. Nefedov (Izv. Akad. Nauk SSSR Ser. Fiz. **28** [1964] 816/22; Bull. Acad. Sci. USSR Phys. Ser. **28** [1964] 724/30). — [7] R. P. Gupta, S. K. Sen (Phys. Rev. [3] B **10** [1974] 71/7). — [8] R. T. Poole, J. D. Riley, J. G. Jenkin, J. Liesegang, R. C. G. Leckey (Phys. Rev. [3] B **13** [1976] 2620/4). — [9] V. M. Pessa (J. Phys. C **8** [1975] 1769/75).

4.2.2.7 Optische Eigenschaften

Optical Properties

4.2.2.7.1 Absorption, Reflexion

Absorption. Reflection

Allgemeine Literatur:

R. Loudon, Theory of Infra-Red and Optical Spectra of Antiferromagnets, Advan. Phys. **17** [1968] 243/80, 267/71.

Im fernen IR ist die Absorption durch Zwei-Magnonen-Anregungen und Gitterschwingungen (s. S. 15) bedingt, bei sehr kleinen Wellenzahlen kann auch die antiferromagnetische Resonanz

Absorption of MnF_2

(s. S. 43) optisch registriert werden. — Über die durch gleichzeitige Bildung eines Exzitons und eines Magnons entstehenden Magnonenseitenbänder der scharfen Exzitonenübergänge im Sichtbaren wird in einer späteren Lieferung berichtet.

Bei der Messung der Dämpfungskoeffizienten bei 4.2 K (elektrischer Feldvektor E parallel und senkrecht zur c-Achse) finden Allen u. a. [1] eine starke Absorptionslinie in der Nähe von 100 cm^{-1}, die durch einen elektrischen Dipolübergang eines Magnonenpaars bedingt ist. Die Absorption für $E \parallel c$ nimmt bei Temperaturerhöhung an Intensität ab, sie verschiebt sich zu niedrigeren Frequenzen und ist oberhalb 55 K nicht mehr zu beobachten. Bei der schwächeren Absorption für $E \perp c$ wird, obwohl sie schon oberhalb 30 K nicht zu erkennen ist, ein ähnliches Verhalten vermutet [1]. Der von Halley, Silvera [2] vorgeschlagene Zwei-Magnonen-Absorptionsmechanismus (Spin-Bahn-Kopplung in Verbindung mit dem Quadrupol-Dipol-Anteil der Coulomb-Wechselwirkung) kann nicht für die starke Intensität der Absorption verantwortlich sein, da Mn^{2+} einen S-Grundzustand hat [1]. Diese läßt sich jedoch mit dem Austauschmechanismus vereinbaren, der sich aus einer Erweiterung einer Theorie von Dexter [3] ergibt und in ähnlicher Form auch von Tanabe u. a. [4] vorgeschlagen wird. Nach einer Gegenüberstellung der beiden Absorptionsmechanismen, unter Berücksichtigung der von Moriya [5] berechneten Absorptionskoeffizienten für die mit den Zwei-Magnonen-Anregungen verbundenen elektrischen Dipolübergänge, hält Richards [6] den Austauschmechanismus für ausreichend, um die experimentellen Ergebnisse von Allen u. a. [1] zu deuten. Zur genaueren Interpretation des Zwei-Magnonen-Spektrums [1] wird von Thorpe [7] eine Theorie entwickelt, die auch die Wechselwirkung zwischen den beiden Magnonen einschließt. Ebenfalls in Übereinstimmung mit den Meßdaten [1] ist das Zwei-Magnonen-Spektrum, das Satoko [8] unter Berücksichtigung der Wechselwirkung zwischen den Magnonen nach der Methode der Greenschen Funktion berechnet.

Zwischen 40 und 360 cm^{-1} wird von Shapiro, Stevenson [9] an dünnen Einkristallplättchen bei 4.2 und 80 K ein aus vielen scharfen Linien bestehendes Absorptionsspektrum, das einem breiten Phononenhintergrund überlagert ist, beobachtet. Dieses könnte nach neueren Untersuchungen an ähnlichen Proben von Neimanis, Timusk [10] zwar theoretisch der Absorption von mehr als 2 Magnonen zugeschrieben werden, experimentell ergeben jedoch Messungen bei 11 K das bereits bekannte Zwei-Magnonen-Maximum bei 100 cm^{-1} (bei 61 K verschiebt es sich auf etwa 80 cm^{-1}) und oberhalb 100 cm^{-1} Phononenlinien.

Den Einfluß der Spin-Flop-Umwandlung (Spin-Flop-Feld $H_{SF} \approx 93$ kOe, s. S. 30) auf die Zwei-Magnonen-Absorption untersuchen Bernstein u. a. [11] bei etwa 1.4 K in Magnetfeldern bis zu 140 kOe in Richtung der c-Achse. Für $E \perp c$ und $E \parallel c$ verschieben sich die Absorptionsbanden bei 100 und 110 cm^{-1} bei der Umwandlung um 2.15 ± 0.3 bzw. 0.8 ± 0.2 cm^{-1} zu niedrigeren Frequenzen in Übereinstimmung mit berechneten Differenzen. Nach Untersuchungen von Blewitt, Weber [12] im Spin-Flop-Bereich verschwindet dagegen die Zwei-Magnonen-Absorption für $E \perp c$ (4.2 K) bei einem Magnetfeld von 92.5 ± 1.0 kOe; an einer mit Fe^{2+}-dotierten Probe (0.4% FeF_2) erst bei 96.0 ± 0.5 kOe.

Reflection

Aus Messungen des Reflexionsvermögens R im fernen IR (beim MnF_2-Kristall sind 4 Gitterschwingungen IR-aktiv, vgl. S. 15) leitet Nakagawa [13] die in **Fig. 24** dargestellten Werte für die optischen und dielektrischen Konstanten (n = Brechungsindex, k = Absorptionskoeffizient, ε' und ε'' = Real- und Imaginärteil der DK) ab. Zuvor findet Parisot [14] bei der Untersuchung des Reflexionsvermögens (300 K) für $E \perp c$ drei Maxima bei 175, 250 und 400 cm^{-1} (letzteres breit und asymmetrisch), für $E \parallel c$ eine verzerrte Schulter bei 400 cm^{-1}. In qualitativer Übereinstimmung damit ist das von Weaver u. a. [15] erhaltene Spektrum, das wegen der besseren Auflösung für $E \perp c$ eine zusätzliche Feinstruktur aufweist.

Doped MnF_2

Einfluß von Fremd-Ionen. Nach Dotierung mit Fe^{2+} (1 Mol-% FeF_2) wird bei Absorptionsmessungen im fernen IR (1.2 K) eine durch einen magnetischen Dipolübergang bedingte lokalisierte Schwingung bei 94.8 cm^{-1} beobachtet (Halbwertsbreite 0.4 cm^{-1}). Mit zunehmender Temperatur

Fig. 24

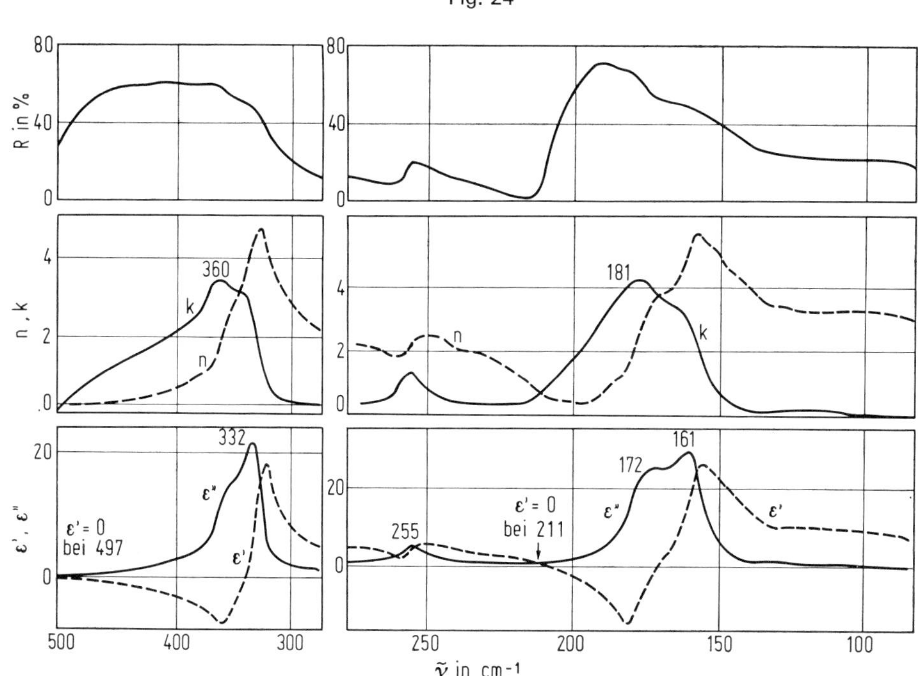

Reflexionsvermögen R, Brechungsindex n, Absorptionskoeffizient k, sowie Dielektrizitätskonstanten ε' und ε'' von MnF_2 als Funktion der Wellenzahl $\tilde{\nu}$.

verschiebt sich die Linie zu niedrigeren Frequenzen (um 1.2 cm^{-1} bei 21 K) und verschwindet bei etwa 25 K [16]. Die Wellenzahl dieser Schwingung nimmt bei Kompression zu; im Bereich bis 6.3 kbar gilt bei 4.2 K $\partial \ln\tilde{\nu}/\partial p = (1.37 \pm 0.10) \times 10^{-3}\ kbar^{-1}$ [25]. Zusätzlich zu dieser Linie wird für E||c eine strukturierte Absorptionsbande (Halbwertsbreite 9 cm^{-1}) beobachtet, deren Mittelpunkt bei etwa 145 cm^{-1} liegt und die mit einem elektrischen Dipolübergang zu erklären ist. Bei Temperaturerhöhung (bis 50 K) zeigt sich, daß nur ein Teil der Absorptionsbande temperaturabhängig ist, während die nicht von der Temperatur abhängige kurzwellige Flanke auf Absorption durch ein einzelnes Phonon beruht. Die temperaturabhängige Linie hat ihren Mittelpunkt bei 149.9 cm^{-1}. Die Halbwertsbreite beträgt 3.8 cm^{-1} bei 1.2 K und die Absorptionsintensität 14 cm^{-2} für eine mit 4% FeF_2 dotierte Probe. Bei steigender Temperatur ist außer der schon erwähnten Frequenzverschiebung eine starke Zunahme der Halbwertsbreite oberhalb 20 K zu beobachten, während die Absorptionsintensität abnimmt [17]. Absorptionsmessungen im nahen IR bei gewöhnlicher Temperatur an einer ebenfalls mit Fe^{2+} dotierten Probe zeigen zwei breite Banden, die sich bei Temperaturabnahme zu höheren Energien verschieben und etwas an Intensität verlieren. Bei 6 K liegen sie bei 9900 und 7400 cm^{-1}. Zusätzlich treten an der langwelligen Flanke der Bande bei 7400 cm^{-1} drei scharfe Linien auf [18].

Das Spektrum einer mit Co^{2+} dotierten Probe (0.5 Mol-% CoF_2) zeigt eine Linie bei 123.5 cm^{-1}, die auf einen magnetischen Dipolübergang zurückzuführen ist [19]. Die gleiche Linie (123.9 cm^{-1}) wird von Parisot u. a. [20] und Dürr, Button [21] (123.4 ± 0.05 cm^{-1}) für etwa die gleiche Co-Konzentration beobachtet, während Buyers u. a. [22] aus Messungen der Neutronenstreuung bei Dotierung mit 5% Co eine etwas kleinere Wellenzahl (119 cm^{-1}) erhalten. Die bei 8 K beobachtete Halbwertsbreite (1 cm^{-1}) ist etwa dreimal kleiner als der nach einer anderen Methode von Parisot (unveröffentlichte Dissertation) erhaltene Wert (3.1 ± 0.3 cm^{-1}) [21].

Absorption of Doped MnF_2

Das Absorptionsspektrum von MnF_2 mit geringen Eu^{2+}-Zusätzen zeigt im fernen IR eine scharfe Linie bei 16.05 ± 0.1 cm^{-1} (Halbwertsbreite etwa 0.15 cm^{-1}) und eine zweite, breitere bei 42.1 cm^{-1}. Die Frequenz der Linie bei 16.05 cm^{-1} ist bis 35 K temperaturunabhängig und bis 50 kOe unabhängig von der Feldstärke; die Intensität nimmt bei Temperaturerhöhung ab. — Das Spektrum einer mit Tm^{3+} dotierten Probe zeigt drei scharfe Linien bei 12.42 ± 0.1, 18.60 ± 0.1 und 36.5 ± 0.1 cm^{-1} und eine breite von 5 bis 8 cm^{-1} reichende Linie. Dagegen weisen mit Sm^{2+} und Nd^{3+} dotierte Proben im Bereich von 5 bis 100 cm^{-1} keine Absorptionslinien auf [23]. Einige dieser Absorptionslinien [23] werden von Sievers, Takeno [24] mit Dipolübergängen gedeutet.

Literatur:

[1] S. J. Allen, R. Loudon, P. L. Richards (Phys. Rev. Letters **16** [1966] 463/6). — [2] J. W. Halley, I. Silvera (Phys. Rev. Letters **15** [1965] 654/6). — [3] D. L. Dexter (Phys. Rev. [2] **126** [1962] 1962/7). — [4] Y. Tanabe, T. Moriya, S. Sugano (Phys. Rev. Letters **15** [1965] 1023/5). — [5] T. Moriya (J. Phys. Soc. Japan **21** [1966] 926/32).

[6] P. L. Richards (J. Appl. Phys. **38** [1967] 1500/4). — [7] M. F. Thorpe (J. Appl. Phys. **41** [1970] 892/3). — [8] C. Satoko (J. Phys. Soc. Japan **28** [1970] 1367). — [9] M. M. Shapiro, R. Stevenson (J. Appl. Phys. **40** [1969] 989/90; AD-674865 [1968] 1/28, 10, 12; C. A. **70** [1969] Nr. 72301). — [10] J. Neimanis, T. Timusk (Can. J. Phys. **52** [1974] 223/6).

[11] T. Bernstein, A. Misetich, B. Lax (Phys. Rev. [3] B **6** [1972] 979/86; Phys. Letters A **31** [1970] 71/2). — [12] R. Blewitt, R. Weber (J. Appl. Phys. **41** [1970] 884/5). — [13] I. Nakagawa (Bull. Chem. Soc. Japan **44** [1971] 3014/20). — [14] G. Parisot (Compt. Rend. B **265** [1967] 1192/4). — [15] J. H. Weaver, C. A. Ward, G. S. Kovener, R. W. Alexander (J. Phys. Chem. Solids **35** [1974] 1625/8).

[16] R. Weber (Phys. Rev. Letters **21** [1968] 1260/2). — [17] K. Johnson, R. Weber (J. Phys. [Paris] **32** [1971] Suppl. C1-1070/C1-1072). — [18] O. F. Schirmer, R. Schnadt (Solid State Commun. **7** [1969] 1159/62). — [19] R. Weber (J. Appl. Phys. **40** [1969] 995/6). — [20] G. Parisot, S. J. Allen, R. E. Dietz, H. J. Guggenheim, R. Moyal, P. Moch, C. Dugautier (J. Appl. Phys. **41** [1970] 890/1).

[21] U. Dürr, K. J. Button (Solid State Commun. **16** [1975] 695/7). — [22] W. J. L. Buyers, R. A. Cowley, T. M. Holden, R. W. H. Stevenson (J. Appl. Phys. **39** [1968] 1118/9). — [23] R. W. Alexander, A. J. Sievers (Opt. Prop. Ions Cryst. Conf., Baltimore 1966 [1967], S. 391/7), R. W. Alexander, A. E. Hughes, A. J. Sievers (Phys. Rev. [3] B **1** [1970] 1563/75, 1567); vgl. auch A. J. Sievers, R. W. Alexander, S. Takeno (Solid State Commun. **4** [1966] 483/5). — [24] A. J. Sievers, S. Takeno (Opt. Prop. Ions Cryst. Conf., Baltimore 1966 [1967], S. 399/408). — [25] K. C. Johnson, A. J. Sievers (Phys. Rev. [3] B **10** [1974] 1027/38, 1032).

Raman Scattering

4.2.2.7.2 Raman-Streuung

Das Raman-Spektrum von MnF_2 besteht aus einer Zwei-Magnonenlinie und vier Phononenlinien.

Die Möglichkeit von Lichtstreuung durch Magnonen wurde erstmals allgemein von Bass, Kaganov [1] und Elliott, Loudon [2] theoretisch behandelt. Dabei wurden Photon-Magnon-Wechselwirkungen untersucht, die entweder auf einer direkten magnetischen Dipolkopplung oder auf indirekter elektrischer Dipolkopplung über eine Spin-Bahn-Wechselwirkung beruhen.

Die ersten experimentellen Untersuchungen an tetragonalen Antiferromagneten bei 10 K von Fleury u. a. [3] lassen eine Lichtstreuung 1. Ordnung (Ein-Magnonenstreuung) in FeF_2 und eine solche 2. Ordnung (Zwei-Magnonenstreuung) in MnF_2 (und FeF_2) erkennen. Bei weiteren Messungen der Zwei-Magnonenstreuung (Anregung mit Ar-Ion-Laser, λ = 488 nm) bei 10 K in unterschiedlichen geometrischen Richtungen wird beobachtet, daß das xy-Maximum ziemlich symmetrisch ist mit dem Schwerpunkt bei etwa 100 cm^{-1}, während das xz-Maximum asymmetrisch ist mit einem steilen Abfall bei etwa 110 cm^{-1}; das xx-Spektrum ist breit, schwach und ohne besondere Merkmale (dabei bedeutet z. B. „xz", daß das einfallende Licht in x-Richtung linear polarisiert wurde, während das gestreute Licht parallel zur c-Achse des Kristalls in z-Richtung polarisiert war, usw.). Die Zwei-Magnonenstreuung läßt sich durch einen Mechanismus deuten, der auf Austauschwechselwirkung zwischen den angeregten magnetischen Untergittern beruht [4]. Einzelheiten der Theorie für die Zwei-Magnonenstreuung (Austauschmechanismus) s. bei [5].

Messungen zwischen 2 und 300 K zeigen bei tiefen Temperaturen, in Übereinstimmung mit den vorausgegangenen Untersuchungen, die Zwei-Magnonenlinie bei etwa 100 cm^{-1}. Bei Temperaturerhöhung nimmt die Gesamtintensität der Streuung zu, und das Maximum verschiebt sich zu niedrigeren Frequenzen. Genügend weit oberhalb der Néel-Temperatur (T_N = 67.7 K) ist das Spektrum durch eine symmetrische, unverschobene Linie charakterisiert. Die Ergebnisse sind im Einklang mit einem Modell, das auf Frequenzmomenten der Linie und auf der Intensität des gestreuten Spektrums beruht [6]. Das Spektrum dieser Untersuchung wird unterhalb T_N (bis etwa 50 K) gut durch die nach einer Mehrkörperstörungstheorie berechneten Werte (maßgebende Effekte der Magnon-Magnon-Wechselwirkung werden einbezogen) beschrieben [7].

Der von Terakawa, Okiji [8] untersuchte Einfluß eines Magnetfeldes auf die Ein-Magnonenstreuung in der Nähe der Spin-Flop-Umwandlung (s. S. 30) zeigt sich durch eine anomale Zunahme der Streuintensität bei zunehmender Feldstärke. — In einer theoretischen Untersuchung der Temperaturabhängigkeit von Intensität, Verschiebung und Breite des Spektrums der Lichtstreuung 1. Ordnung erweitert Loudon [9] bereits vorhandene Theorien für tiefe Temperaturen auf den Umwandlungsbereich (nahe T_N) und die paramagnetische Phase.

Den Raman-aktiven Phononen entsprechen zwei intensive Linien bei 341 und 247 cm^{-1} (A_{1g} bzw. E_g), eine scharfe Linie bei 61 cm^{-1} (B_{1g}) und eine schwache Linie bei hoher Frequenz (476 cm^{-1}) mit B_{2g}-Symmetrie [10].

Zur Untersuchung einer Raman-Resonanzstreuung (1.6 K) werden MnF_2-Kristalle mit einem Farbstofflaser im Bereich der Magnonenseitenbänder der E_1- und E_2-Exzitonen (etwa 18400 bis 18500 cm^{-1}) angeregt. Es werden 3 Zwei-Magnonenlinien bei 18420.7, 18429.5 und 18405.0 cm^{-1} beobachtet, die aus einer Resonanzverstärkung der σ_1-, σ_2- und π_1-Magnonenseitenbänder resultieren [11]. Von Rousseau u. a. [12] wird allerdings diese Zwei-Magnonen-Raman-Streuung weder an 15 eigenen Kristallen (von verschiedenem Reinheitsgrad) noch an einer von Amer u. a. [11] untersuchten Probe gefunden, möglicherweise wegen einiger experimentell bedingter Fehler bei der ersten Messung [11]. In erneuten Messungen an einer eigenen Probe und der reinsten Probe von Rousseau u. a. [12] finden Amer u. a. [13] ihre früheren Untersuchungen bestätigt und führen ihrerseits die Diskrepanz in den Ergebnissen auf die Meßanordnung von Rousseau u. a. [12] zurück.

Doped MnF_2

Den Einfluß von Fremdionen auf die Raman-Streuung untersuchen Oseroff, Pershan [14] an mit Fe^{2+} (0.2 und 0.65% Fe) dotierten Einkristallen (Anregung mit Ar-Ion-Laser). Für $T < 0.8\ T_N$ werden außer dem Zwei-Magnonen-Maximum des reinen MnF_2 drei zusätzliche, von der Temperatur und der Polarisation abhängige Linien beobachtet. Das Raman-Spektrum bei 10 K (0.65% Fe) zeigt je nach Polarisationsrichtung eine Linie bei 140 (bzw. 143 und 144.5) cm^{-1}, die durch Streuung an Magnonenpaaren, also mit gleichzeitiger Anregung der s_0-Schwingung eines Fe-Ions und der Schwingung eines benachbarten Mn-Spins zu erklären ist. Für die Entstehung von zwei weiteren Linien bei 164 und 185 cm^{-1} gibt es noch keine Begründung [14]. Bei einer Dotierung mit 2% Fe (8 K) beobachten Oseroff u. a. [15] außer dem Zwei-Magnonenmaximum der reinen Probe bei 106 cm^{-1} eine Linie bei 93.5 cm^{-1}, die durch einzelne Magnonen mit s_0-Symmetrie bedingt ist.

Bei Dotierung mit 1% Co^{2+} werden bei Untersuchung des Raman-Spektrums eine Linie bei 123 cm^{-1} (s_0-Schwingung) und zwei weitere bei 167.5 und 169.5 cm^{-1} (s_0d_{xz}- und s_0f-Schwingung) beobachtet [16].

Das Raman-Spektrum von Proben mit 1 bis 2% Ni (2 und 8 K) zeigt eine von der Polarisation abhängige Linie zwischen 160 und 170 cm^{-1} und eine sehr schwache Linie bei 185.5 cm^{-1} [17]. Bei

Raman Scattering of Doped MnF_2

Ni-Gehalten von 0.13 und 0.98% werden zwei Linien mit 162.5 und 165 cm^{-1} sowie eine mit 26.5 cm^{-1} beobachtet [14].

Literatur:

[1] F. G. Bass, M. J. Kaganov (Zh. Eksperim. i Teor. Fiz. **37** [1959] 1390/3; Soviet Phys.-JETP **10** [1959] 986/8). — [2] R. J. Elliott, R. Loudon (Phys. Letters **3** [1963] 189/91). — [3] P. A. Fleury, S. P. S. Porto, L. E. Cheesman, H. J. Guggenheim (Phys. Rev. Letters **17** [1966] 84/7). — [4] P. A. Fleury, S. P. S. Porto, R. Loudon (Phys. Rev. Letters **18** [1967] 658/62), P. A. Fleury, S. P. S. Porto (J. Appl. Phys. **39** [1968] 1035/41). — [5] P. A. Fleury, R. Loudon (Phys. Rev. [2] **166** [1968] 514/30, 525), P. A. Fleury (Proc. Intern. School Phys. Enrico Fermi Nr. 42 [1969] 321/39, 333/4).

[6] W. J. Brya, P. M. Richards, R. R. Bartkowski (Phys. Rev. Letters **28** [1972] 826/9), W. J. Brya, R. R. Bartkowski, P. M. Richards (AIP [Am. Inst. Phys.] Conf. Proc. Nr. 5 [1972] 339/43). — [7] M. G. Cottam (Solid State Commun. **11** [1972] 889/93). — [8] S. Terakawa, A. Okiji (J. Phys. Soc. Japan **39** [1975] 938/48). — [9] R. Loudon (J. Phys. C **3** [1970] 872/90, 884). — [10] S. P. S. Porto, P. A. Fleury, T. C. Damen (Phys. Rev. [2] **154** [1967] 522/6).

[11] N. M. Amer, Tai-chang Chiang, Y. R. Shen (Phys. Rev. Letters **34** [1975] 1454/7). — [12] D. L. Rousseau, R. E. Dietz, P. F. Williams, H. J. Guggenheim (Phys. Rev. Letters **36** [1976] 1098/101). — [13] N. M. Amer, Tai-chang Chiang, Y. R. Shen (Phys. Rev. Letters **36** [1976] 1102/3). — [14] A. Oseroff, P. S. Pershan (Phys. Rev. Letters **21** [1968] 1593/6). — [15] A. Oseroff, P. S. Pershan, M. Kestigian (Phys. Rev. [2] **188** [1969] 1046/7).

[16] G. Parisot, S. J. Allen, R. E. Dietz, H. J. Guggenheim, R. Moyal, P. Moch, C. Dugautier (J. Appl. Phys. **41** [1970] 890/1). — [17] P. Moch, G. Parisot, R. E. Dietz, H. J. Guggenheim (Phys. Rev. Letters **21** [1968] 1596/9).

Brillouin Scattering

4.2.2.7.3 Brillouin-Streuung

Für die Frequenzverschiebung $\Delta\nu$ werden bei Anregung mit einem He-Ne-Laser (632.8 nm) je nach Richtung der Wellen- und elektrischen Vektoren des einfallenden und gestreuten Lichts und der Richtung des Wellen- und Polarisationsvektors des Schalls für drei longitudinale und vier transversale Schallwellen Werte zwischen $\Delta\nu = 0.572$ und 0.726 cm^{-1} bzw. $\Delta\nu = 0.248$ und 0.405 cm^{-1}, für zwei quasilongitudinale Schallwellen $\Delta\nu = 0.650$ und 0.680 cm^{-1} erhalten, Yu. A. Popkov, V. I. Fomin, L. T. Kharchenko (Fiz. Tverd. Tela **13** [1971] 1626/30; Soviet Phys.-Solid State **13** [1971] 1360/4). Hieraus abgeleitete elastische Konstanten s. S. 18.

Refraction

4.2.2.7.4 Brechung

Bei 632.8 nm finden Popkov u. a. [1] nach zwei Methoden (Immersionsverfahren und mit dem Refraktometer) leichte Doppelbrechung: $n_\omega = 1.476$, $n_\varepsilon = 1.506$. Ältere Messungen (ohne Angabe der Wellenlänge) ergaben $n_\omega = 1.479$, $n_\varepsilon = 1.485$; hieraus wurde die Molrefraktion $R_m = 6.68$ cm^3 berechnet [2]. Zwischen $\lambda = 435$ und 632 nm (300 K) fällt n_ω von 1.4794 auf 1.4706, n_ε von 1.5090 auf 1.4992 [3]. Einzelwert (ohne Angabe der Wellenlänge, vermutlich n_D): n = 1.472 [4]. — Die bei $\lambda = 632.8$ nm gemessene Doppelbrechung $\Delta n = n_\varepsilon - n_\omega$ zeigt bei graphischer Wiedergabe in der Form $\Delta n(T) - \Delta n(300\ K)$ mit abnehmender Temperatur zunächst (700 bis 100 K) eine nahezu lineare Zunahme, unterhalb etwa 100 K jedoch einen starken Abfall auf Grund der sich einstellenden antiferromagnetischen Ordnung [4]. Dieser Abfall für Δn wird auch von Borovik-Romanov u. a. [6] unterhalb der Néel-Temperatur ($T_N = 66.5$ K) beobachtet, bei der $n_\omega = 1.472$ und $n_\varepsilon = 1.499$ beträgt.

Die rhombische Hochdruckform MnF_2 IV (s. S. 11) hat die Brechungsindizes 1.484, 1.490, 1.492; der Achsenwinkel liegt zwischen 4° und 18°. Die Molrefraktion ergibt sich zu $R_m = 6.72$ cm^3 [2].

Literatur:

[1] Yu. A. Popkov, V. I. Fomin, L. T. Kharchenko (Fiz. Tverd. Tela **13** [1971] 1626/30; Soviet Phys.-Solid State **13** [1971] 1360/4). — [2] L. M. Azzaria, F. Dachille (J. Phys. Chem. **65** [1961] 889/90). — [3] I. R. Jahn (Phys. Status Solidi B **57** [1973] 681/92, 683). — [4] S. V. Petrov, E. G. Ippolitov, P. P. Syrnikov (Izv. Akad. Nauk SSSR Ser. Fiz. **35** [1971] 1256/8; Bull. Acad. Sci. USSR Phys. Ser. **35** [1971] 1147/50). — [5] I. R. Jahn, H. Dachs (Solid State Commun. **9** [1971] 1617/20).

[6] A. S. Borovik-Romanov, N. M. Kreines, A. A. Pankov, M. A. Talalaev (Zh. Eksperim. i Teor. Fiz. **64** [1973] 1762/75; Soviet Phys.-JETP **37** [1973] 890/6).

4.2.2.7.5 Magnetooptische Effekte

Magneto-optical Effects

Die Beiträge zum Faraday-Effekt (die frequenzunabhängige Magnetoresonanz im Mikrowellenbereich und die frequenzabhängigen paramagnetischen, diamagnetischen und Polarisationseffekte) haben bei Mn^{II}-Verbindungen etwa dieselbe Größenordnung. Messungen im sichtbaren Bereich (zwischen $\lambda = 366$ und 579 nm) in Magnetfeldern H bis zu 150 kOe zwischen 20 und 150 K lassen Anomalien in der Faraday-Rotation am Übergang zum antiferromagnetischen Zustand ($T_N = 68$ K) und beim Spin-Flop ($H_{SF} = 95$ kOe, s. S. 30) erkennen. Die beobachtete Resonanzabsorption (20 K) ist positiv und nimmt zwischen 25 und 95 kOe linear von $\varphi \approx 0.4°$ auf 2° zu; bei $H = H_{SF}$ erfolgt ein steiler Anstieg auf $\varphi \approx 8°$. Die spezifische Rotation Θ (in Grad · mm^{-1} · kOe^{-1}) steigt zwischen 25 K und T_N von 1.1 auf 3.8 und fällt bis 150 K allmählich auf $\Theta = 3.6$ [1].

Für den frequenzabhängigen Teil des Faraday-Effekts müßte nach Kharchenko, Eremenko [2] der $^6S(3d^5) \rightarrow {}^6P(3d^44p)$-Übergang des Mn^{2+}-Ions verantwortlich sein, dessen Wellenlänge von Parkinson, Williams [3] zu $\lambda = 161.3$ nm bestimmt wurde. Doch lassen experimentelle Fehler in der Messung des Rotationswinkels der Polarisationsebene keine Folgerung zu, ob der Faraday-Effekt allein durch diese Bande verursacht wird oder auch durch Übergänge höherer Energie, und ob es sich um diamagnetische oder paramagnetische Dispersion handelt.

Die Temperaturabhängigkeit dieses Effekts (25 bis 150 K, $H \leqq 150$ kOe) wird vorwiegend durch das Verhalten der paramagnetischen Rotation ρ bestimmt, die durch die ungleichmäßige Besetzung der Zeeman-Komponenten des Grundzustands resultiert; die diamagnetische Rotation ist dagegen auf Grund der Änderung der elektronischen Übergangsfrequenzen im Magnetfeld temperaturunabhängig. Messungen von ρ als Funktion der magnetischen Suszeptibilität bei $H < H_{SF}$ zeigen, daß ρ nur bei tiefen Temperaturen proportional zur Magnetisierung ist. Für Licht mit genügend großer Wellenlänge ($\lambda = 579.0$, 632.8 nm) wird die Proportionalität über den gesamten Temperaturbereich beobachtet. Der Proportionalitätskoeffizient ist allerdings unter- und oberhalb T_N verschieden (für $\lambda = 546$ nm zeigt sich schon merkliche Abweichung von der Proportionalität) [2].

Die Untersuchung der Mikrowellen-Faraday-Rotation (die mit der statischen Suszeptibilität verbundene paramagnetische Rotation wird nicht diskutiert) ermöglicht es, die mit der Wechselwirkung der magnetischen Untergitter verbundene antiferromagnetische Rotation und somit die Lage der AFMR-Frequenz zu bestimmen. Die zwischen 30 und 300 K erhaltenen Ergebnisse sind in guter Übereinstimmung mit direkten Beobachtungen der AFMR (s. S. 43). Die Faraday-Elliptizität β ist kleiner als 1% der Rotation [4]. Im S- und im X-Band (3320 und 8780 MHz) wird von Servant [5] der paramagnetische Faraday-Effekt gemessen; der Rotationswinkel α und die Elliptizität β werden einerseits als Funktion der Feldstärke dargestellt, andererseits auch in Form eines α-β-Diagramms. Für den Deflexionsfaktor $D = |\alpha_{min}/\alpha_{max}|$ werden die Werte 0.69 und 0.88 erhalten. Vorläufige Angaben allein für das Verhalten im S-Band s. bei Servant [6].

Die magnetische Doppelbrechung, gemessen bei $\lambda = 632.8$ nm in Feldern bis 50 kOe, ist negativ (d. h. die gemessene Differenz $\Delta n = n_0 - n_e$ ist kleiner als ohne magnetische Wechselwirkung zu erwarten wäre); ihr Betrag nimmt zwischen 300 K und der Néel-Temperatur schwach, darunter viel stärker zu (s. Diagramm im Original). Ein Magnetfeld (Meßbereich bis 50 kOe) verändert Δn

Magneto-optical Effects of MnF_2

nicht [7]. — Von Bissey [8] durchgeführte Messungen des Cotton-Mouton-Voigt-Effekts im Bereich des X-Bandes werden in der gleichen Form wiedergegeben (α und β als Funktion des Magnetfelds, α-β-Diagramm); vgl. auch Sardos, Bissey [9].

Literatur:

[1] N. F. Kharchenko, V. V. Eremenko (Fiz. Tverd. Tela **9** [1967] 1655/9; Soviet Phys.-Solid State **9** [1967] 1302/5). — [2] N. F. Kharchenko, V. V. Eremenko (Fiz. Tverd. Tela **10** [1968] 1402/7; Soviet Phys.-Solid State **10** [1968] 1112/6). — [3] W. W. Parkinson, F. E. Williams (J. Chem. Phys. **18** [1950] 534/7). — [4] A. M. Portis, D. Teaney (Phys. Rev. [2] **116** [1960] 838/45). — [5] Y. Servant (Ann. Phys. [Paris] [14] **4** [1969] 597/615, 595, 610).

[6] Y. Servant (Compt. Rend. B **263** [1966] 34/7, **260** [1965] 5494/7). — [7] A. S. Borovik-Romanov, N. M. Kreines, A. A. Pankov, M. A. Talalaev (Zh. Eksperim. i Teor. Fiz. **64** [1973] 1762/75; Soviet Phys.-JETP **37** [1973] 890/6). — [8] J. C. Bissey (Rev. Phys. Appl. **6** [1971] 211/3). — [9] R. Sardos, J. C. Bissey (Compt. Rend. B **268** [1969] 1141/4, 1373/6).

Chemical Reactions

4.2.2.8 Chemisches Verhalten

Stability

Stabilität. MnF_2 ist thermisch stabil und zersetzt sich selbst beim Glühen nicht [1]. Der über festem MnF_2 herrschende Fluordruck (in atm) nach $MnF_2 \rightleftharpoons Mn + F_2$ wird aus der Reduktion von MnF_2 mit Wasserstoff berechnet: für 873, 973 und 1073 K ist lg $p(F_2)$ = −38.08, −34.26 bzw. −31.14 [2], für 1175 und 1376 K ist lg $p(F_2)$ = −28.35 bzw. −23.75 [3]. Aus der Bildungsenthalpie von Brewer (−190 kcal/mol, s. S. 7) wird lg $p(F_2)$ = −54.0 bei 673 K abgeleitet [4]. Im Vergleich mit anderen Fluoriden von Übergangsmetallen ist der F_2-Druck über MnF_2 am geringsten; es ergibt sich die Reihenfolge steigenden Drucks: $MnF_2 < CrF_2 < ZnF_2 < FeF_2 < CrF_3 < CdF_2 < FeF_3 < CoF_2 < NiF_2 < CoF_3 < CuF_2 < AgF$ [2, 3]. Aus den berechneten Gitterenergien der Manganfluoride wird abgeleitet, daß MnF_2 stabil sein sollte gegen eine Zersetzung nach $MnF_2 \rightarrow MnF + 1/2\ F_2$, aber instabil nach $MnF_2 \rightarrow 2/3\ MnF_3 + 1/3\ Mn$ [5].

Unter der Einwirkung von Kathodenstrahlen färbt sich MnF_2, vermutlich durch Abspaltung von Fluor, strohfarben [6].

Reactions with Elements

Gegen Elemente. MnF_2 wird im reinen H_2-Strom bei 500°C langsam, bei etwa 1000°C ziemlich rasch zu Manganpulver reduziert [7]. Im Ar-Strom mit 10% H_2 findet bei 500°C keine Reaktion statt [8]. Für die Reduktion $MnF_2 + H_2 \rightleftharpoons Mn + 2\ HF$ mit der Gleichgewichtskonstanten $K_p = p^2(HF)/p(H_2)$ ergibt sich aus der Konzentration der Reaktionsteilnehmer bei 873, 973 und 1073 K: lgK_p = −4.96, −4.43 bzw. −3.99 [2], bei 1175, 1273 und 1376 K ist lgK_p = −3.47, −3.17 bzw. −2.32 [3]. Aus thermodynamischen Daten der Literatur werden für das Reduktionsgleichgewicht die Enthalpie ΔH, die freie Enthalpie ΔG sowie die Gleichgewichtskonstante K_p berechnet. Bei 1890 K wird ΔG negativ. Die Ergebnisse stimmen gut mit denen von Jellinek und Koop [3] überein (Werte in Auswahl; sie gelten oberhalb 1129 K für flüssiges MnF_2 und oberhalb 1517 K für flüssiges Mn) [9]:

T in K	298.15	500	1000	1500	2000
ΔH in kcal/mol	61.1	60.5	59.2	51.65	52.6
ΔG in kcal/mol	50.05	42.7	25.6	11.15	−3.1
K_p	2.05×10^{-37}	2.17×10^{-19}	2.54×10^{-6}	2.37×10^{-2}	2.18

MnF_2 reagiert mit trockenem O_2 bei 400°C nur oberflächlich. Bei 1000°C geht es vollständig in Mn_3O_4 über [7], ebenso an feuchter Luft [10].

Mit F_2 reagiert MnF_2 in der Kälte nur langsam. Beim Erhitzen absorbiert es ab etwa 250°C stark Fluor und geht quantitativ in weinrotes MnF_3 über [7], s. S. 79. Bei 550°C entsteht MnF_4, s. S. 91. In H_2O suspendiertes MnF_2 löst sich unter Einwirkung eines F_2-Stroms langsam auf zu einer roten komplexen Lösung von Mn^{III}, s. S. 88. — Chlor verdrängt oberhalb dunkler Rotglut das Fluor aus MnF_2, und zwar zunehmend mit steigender Temperatur, jedoch auch bei 1200°C nur unvollständig. Als

Reaktionsprodukt entsteht $MnCl_2$; ein Manganfluoridchlorid konnte nicht nachgewiesen werden. Mit Chlor- und Bromwasser reagiert MnF_2 langsam bei Raumtemperatur zu HF und Mangan(IV)-oxidhydrat [7].

Von Schwefeldampf wird MnF_2 bei 1000°C rasch zu grünem MnS umgesetzt. Mit Kohlenstoff tritt bis 1200°C keine Reaktion ein. Dagegen bildet sich bei 1000°C mit Silicium ein Mangansilicid und mit Bor ein Manganborid neben SiF_4 bzw. BF_3 [7].

Von Na, K, Mg und Al wird MnF_2 unterhalb Rotglut ohne Feuererscheinung zum unreinen Metall reduziert [7]. Die Messung der galvanischen Kette Al, AlF_3 | CaF_2 | Mn, MnF_2 bei 740 bis 820 K ergibt für die Reaktion $MnF_2 + 2/3\ Al \rightarrow 2/3\ AlF_3 + Mn$ die Temperaturabhängigkeit der freien Enthalpie: $\Delta G_T^\circ = -(35.5 \pm 0.15) + (7.70 \pm 0.20) \times 10^{-3}\ T$ kcal/mol [11]. — Beim Erhitzen von Tantal mit MnF_2 in der Knudsen-Zelle werden massenspektrometrisch Mn, MnF, MnF_2 und TaF_5 in der Gasphase identifiziert. Geht man von Ta, MnO und MnF_2 oder Ta_2O_5 und MnF_2 aus, so werden Mn, MnF, MnF_2, TaF_5 und $TaOF_3$ gefunden. Die Enthalpie der Reaktion $2.5\ MnF_2(gas) + Ta(fest) \rightarrow 2.5\ Mn(gas) + TaF_5(gas)$ wird zu $\Delta H_{298} = 26 \pm 6$ kcal/mol erhalten [12]. — Mit Uranmetall läuft bei 915°C die Festkörperreaktion $2\ U + 3\ MnF_2 \rightarrow 2\ UF_3 + 3\ Mn$ in He-Atmosphäre ab. Die Ausbeute an Uranverbindungen beträgt in 1 h etwa 80% (davon 96% UF_3 und 3% UO_2). Die Änderung der freien Enthalpie wird aus thermodynamischen Daten [13] zu $\Delta G_{800} = -65.8$ kcal/mol UF_3 berechnet [14]. — Von Mangan-Metall läßt sich MnF_2 zu MnF reduzieren, s. S. 2.

Reactions with Compounds

G e g e n V e r b i n d u n g e n. Wird wasserfreies MnF_2 mehrere Monate lang bei 15 bis 19°C mit H_2O in Berührung gehalten, so geht es fast vollständig in das Hydrat $MnF_2 \cdot 4\,H_2O$ (s. S. 75) über. (Suspensionen feinteiliger MnF_2-Kristalle in H_2O bräunen sich leicht durch Oxidation bei längerem Schütteln.) Als Hydratationswärme wird 8.97 kcal/mol aus der Lösungswärme bestimmt [15]. Beim Kochen in H_2O entsteht ein Gemisch aus Oxid und Fluorid. In einer Atmosphäre aus H_2O-Dampf und N_2 wird MnF_2 oberhalb 500°C zu MnO und HF zersetzt. Bei 550°C ist die Reaktion beendet. Bis 900°C wird nur MnO gebildet [16] in Übereinstimmung mit älteren Versuchen zwischen 1200 und 1300°C [7]. Bei anderen Versuchen wird in Wasserdampf bei 500 bis 800°C die Reaktion $2\,MnF_2 + 3\,H_2O \rightarrow 4\,HF + Mn_2O_3 + H_2$ beobachtet [17].

In flüssigem NH_3 entsteht eine Komplexverbindung der Zusammensetzung $MnF_2 \cdot 2/3\ NH_3$. Mit NH_3-Gas bildet sich bei 1200°C eine braune NH_3-haltige Masse [7].

Mit flüssigem wasserfreiem HF reagiert MnF_2 nicht [18]. Bei der Reaktion mit gasförmigem HCl wird das Fluor durch Chlor verdrängt. Für $MnF_2(fest) + 2\,HCl(gas) \rightleftharpoons MnCl_2(fest) + 2\,HF(gas)$ beträgt die Gleichgewichtskonstante bei 588 und 786°C nach Messungen mit der Strömungsmethode $\lg K_p = -0.4685$ bzw. -0.1805. Aus der Temperaturabhängigkeit der Gleichgewichtskonstanten wird die Enthalpie bei diesen Temperaturen zu $\Delta H = -6.122$ kcal/Formelumsatz berechnet [3].

Mit H_2S reagiert MnF_2 bei 1200 bis 1300°C zu MnS [7].

Mit MnO bildet MnF_2 auch bei höheren Temperaturen und Drücken keine Mischkristalle und kein Manganoxidfluorid [19]. Beim Erhitzen von MnF_2-Ga_2O_3-Gemischen in Knudsen-Zellen treten bei 800 K Mn, MnF, MnF_2, Ga, GaF, GaF_2 und GaOF in der Gasphase auf [20]. Zur analogen Reaktion mit Ta_2O_5 s. oben. Mit TiO_2 reagiert MnF_2 ab 890°C unter Bildung von flüchtigem TiF_4 [21].

Von geschmolzenen Alkalicarbonaten wird MnF_2 zu Manganoxid und dem entsprechenden Fluorid zersetzt, von KNO_3- und $KClO_3$-Schmelzen zu Manganaten oxidiert [7].

Durch XeF_2 wird MnF_2 bei 120°C zu $XeMnF_6$, durch XeF_6 bei 60°C zu Xe_4MnF_{28} oxidiert, s. S. 261 und 262. Mit zahlreichen Metallfluoriden bildet MnF_2 Doppelfluoride, s. Kapitel 4.3, S. 98.

Zum Verhalten von MnF_2 in Flußsäure s. S. 74. Mit konzentrierter Schwefelsäure wird HF freigesetzt [7]. Zur Löslichkeit in Säuren s. S. 72. — Von kochender Natron- und Kalilauge sowie wäßriger NH_3-Lösung wird MnF_2 langsam zu Manganoxid und dem entsprechenden Fluorid zersetzt [7].

Wie die Untersuchung der Fluorierung von CCl_4 mit verschiedenen Metallfluoriden bei zweistündigem Erhitzen im Autoklaven bei 250°C zeigt, ist das Fluorierungsvermögen von MnF_2 (ähnlich wie von AlF_3 und CrF_3) geringer als das der Fluoride FeF_3, CuF_2, NiF_2 oder SbF_3 [22].

Literatur:

[1] J. J. Berzelius (Ann. Physik Chem. [2] **1** [1824] 1/48, 24). — [2] K. Jellinek, A. Rudat (Z. Anorg. Allgem. Chem. **175** [1928] 281/320, 306). — [3] K. Jellinek, R. Koop (Z. Physik. Chem. A **145** [1929] 305/29, 310, 328). — [4] S. A. Shchukarev, M. A. Oranskaya (Zh. Obshch. Khim. **24** [1954] 2109/19; J. Gen. Chem USSR **24** [1954] 2077/86, 2084). — [5] M. Barber, J. W. Linnett, N. H. Taylor (J. Chem. Soc. **1961** 3323/32, 3329).

[6] H. Nagaoka, Y. Sugiura, T. Mishima (Proc. Imp. Acad. [Tokyo] **9** [1933] 486/9; C A **1934** 2621). — [7] H. Moissan, A. Venturi (Compt. Rend. **130** [1900] 1158/62). — [8] T. C. Ehlert, M. Hsia (J. Fluorine Chem. **2** [1972/73] 33/51, 45). — [9] A. D. Mah (U. S. Bur. Mines Rept. Invest. Nr. 5600 [1960] 1/34, 24; C. A. **1960** 16159). — [10] A. Gorgeu (Compt. Rend. **106** [1888] 743/6; Bull. Soc. Chim. France [2] **49** [1888] 664/71, 670).

[11] T. N. Rezukhina, T. F. Sisoeva, L. I. Holokhonova, E. G. Ippolitov (J. Chem. Thermodyn. **6** [1974] 883/93, 888). — [12] K. F. Zmbov, J. L. Margrave (J. Phys. Chem. **72** [1968] 1099/101). — [13] A. Glassner (ANL-5750 [1957]). — [14] L. A. Khripin, L. A. Luk'yanova (Radiokhimiya **13** [1971] 297/9; Soviet Radiochem. **13** [1971] 303/5). — [15] I. G. Ryss, B. S. Vitukhnovskaya (Zh. Obshch. Khim. **25** [1955] 643/7; J. Gen. Chem. USSR **25** [1955] 617/20).

[16] T. Baratali, M. Abedini (J. Inorg. Nucl. Chem. **38** [1976] 604). — [17] L. Domange (Compt. Rend. **202** [1936] 1276/7; Ann. Chim. [Paris] [11] **7** [1937] 225/97, 267/9). — [18] G. Gore (J. Chem. Soc. **22** [1869] 368/406, 393). — [19] A. E. Austin (J. Phys. Chem. Solids **30** [1969] 1282/5). — [20] K. F. Zmbov, J. L. Margrave (J. Inorg. Nucl. Chem. **29** [1967] 2649/50).

[21] B. Leng, J. H. Moss (J. Fluorine Chem. **5** [1975] 93/8). — [22] S. Okazaki (Nippon Kagaku Zasshi **89** [1968] 1054/9, englische Zusammenfassung S. A 63 nach C. A. **70** [1969] Nr. 90810).

Solubility

4.2.2.9 Löslichkeit

In Wasser nimmt die Löslichkeit L mit steigender Temperatur ab im Gegensatz zur Löslichkeit des Tetrahydrats, s. **Fig. 25** und S. 75:

Temperatur in °C	0	20	30	40	50	60	100	Lit.
L in Gew.-%	1.380	1.060	0.908	—	—	—	—	[1]
	—	1.05	—	0.66	—	0.44	0.48	[2]
	—	1.06	—	—	0.67	—	0.41	[3]
L in mol/kg H_2O	0.1505	0.1150	0.0977	—	—	—	—	[1]
	—	0.1160	—	—	0.0725	—	0.0443	[3]

Die Beobachtung von Nuka [2], daß L bei einer Temperaturerhöhung von 60 auf 100°C zunimmt, wird von Ryss, Vitukhnovskaya [1] bezweifelt. Ein abweichender Wert L = 0.186 g/100 ml Lösung wird bei 25°C von Carter [4] gefunden. Aus der Temperaturabhängigkeit der Aktivität (s. S. 73) zwischen 0 und 30°C wird die Lösungswärme in H_2O zu ΔH = 5.22 kcal/mol bestimmt [1].

In wasserfreiem HF löst sich MnF_2 nicht [5]. Zur Löslichkeit in Flußsäure s. beim System MnF_2-HF-H_2O, S. 74. MnF_2 wird von verdünnter Salzsäure langsam gelöst, von konzentrierter Salzsäure und Salpetersäure schon in der Kälte leicht gelöst [6]. Von Essigsäure wird MnF_2 langsam gelöst [6], in Trifluoressigsäure lösen sich bei 25°C weniger als 0.1 Gew.-% MnF_2 [7]. — Die Löslichkeit von MnF_2 in H_2O wird durch die Anwesenheit von $Mn(NO_3)_2$ in der Lösung herabgesetzt [3], s. S. 271. $-MnF_2$ ist löslich in geschmolzenem $MnCl_2$ (s. auch S. 6) [6].

MnF_2 ist fast unlöslich in Alkohol und Diäthyläther [6]. In HNO_3-haltigem Diäthyläther ist die Löslichkeit von MnF_2 größer als in HF-haltigem; sie wächst mit steigendem HNO_3-Gehalt steil an. Extrapolation auf säurefreien Äther ergibt die geringe Löslichkeit von etwa 8×10^{-9} mol/ml bei 29°C [8]. MnF_2 kann daher aus Lösungen (s. S. 73) nur in sehr geringen Mengen mit Diäthyläther extrahiert werden [9], s. auch [10].

Fig. 25

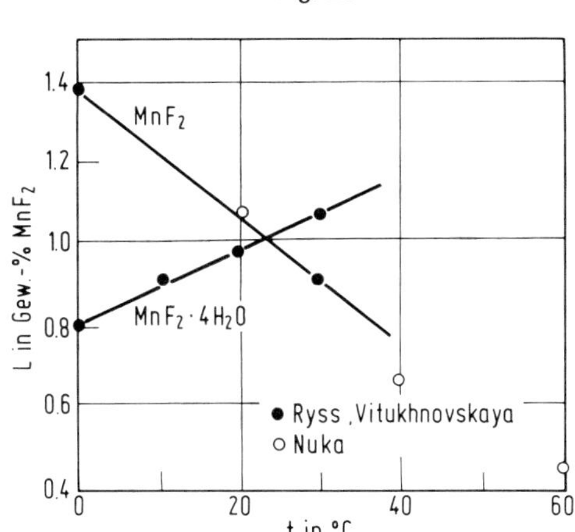

Temperaturabhängigkeit der Löslichkeit L von MnF_2 und $MnF_2 \cdot 4H_2O$ in H_2O.

Literatur:

[1] I. G. Ryss, B. S. Vitukhnovskaya (Zh. Obshch. Khim. **25** [1955] 643/7; J. Gen. Chem. USSR **25** [1955] 617/20). — [2] P. Nuka (Z. Anorg. Allgem. Chem. **180** [1929] 235/40). — [3] A. B. Zdanovskii, G. E. Zhelnina (Zh. Neorgan. Khim. **20** [1975] 1997/9; Russ. J. Inorg. Chem. **20** [1975] 1114/5). — [4] R. H. Carter (Ind. Eng. Chem. **20** [1928] 1195). — [5] G. Gore (J. Chem. Soc. **22** [1869] 368/406, 393).

[6] H. Moissan, A. Venturi (Compt. Rend. **130** [1900] 1158/62). — [7] R. Hara, G. H. Cady (J. Am. Chem. Soc. **76** [1954] 4285/7). — [8] R. A. A. Muzzarelli (Can. J. Chem. **44** [1966] 747/52). — [9] R. Bock, M. Herrmann (Z. Anorg. Allgem. Chem. **284** [1956] 288/304, 303). — [10] S. Kitahara (Rept. Sci. Res. Inst. [Tokyo] **25** [1949] 165/7 nach C. A. **1951** 3743).

4.2.3 Lösungen von MnF_2

Solutions of MnF_2

Die Bildungsenthalpie einer Lösung von 1 mol MnF_2 in 12000 mol H_2O beträgt bei 298 K unter Standardbedingungen $\Delta H° = -209.7$ kcal/mol [1]. Eine bei 25°C gesättigte wäßrige MnF_2-Lösung (s. S. 72) hat einen pH-Wert von 7 [2]. Die Aktivitätskoeffizienten gesättigter wäßriger MnF_2-Lösungen bei 0, 20 und 30°C werden unter der Annahme, daß sie mit entsprechenden Lösungen von $MnCl_2$ gleich sind, zu $-lgf_a = 0.316, 0.292$ bzw. 0.276 ($f_a = 0.483, 0.510$ bzw. 0.530) berechnet [3]. Aus den Löslichkeitsdaten von Nuka [4] wird $f_a = 0.5105$ bei 20°C erhalten [5]. Aus thermodynamischen Größen [6] wird der absolute Aktivitätskoeffizient bei der Konzentration Null in wäßriger Lösung bei 25°C zu $lgf_a = 5.54$ berechnet [7]. Bei Zusatz von $Mn(NO_3)_2$ nimmt f_a bei 20°C ab [5], s. S. 271.

Eine stabile, klare MnF_2-Lösung wird erhalten, wenn 0.04 g reines kristallines MnF_2 mit 3 Tropfen Salzsäure (D = 1.16 g/ml) und 1 ml einer 0.9%igen NaCl-Lösung versetzt und, falls nötig, mäßig erwärmt wird. Diese Lösung kann mit der 0.9%igen NaCl-Läsung auf 100 ml verdünnt werden (pH ≈ 6) [8]. Die Lösung kann bis pH = 7 durch Zusatz von komplexbildendem Ca-Lactat oder Glycerophosphat vor der Neutralisierung mit NaOH stabilisiert werden [9].

Schüttelt man flußsaure Lösungen von 0.1 mol Mn^{2+}/l mit Diäthyläther, so wächst das Konzentrationsverhältnis α des Mangans zwischen organischer und wäßriger Phase mit steigender HF-Konzentration an. Bei 20°C bleibt $\alpha < 0.0005$ bei 1 und 5 mol HF/l und steigt dann bis auf $\alpha = 0.013$ bei 20 mol HF/l [10].

Solutions of MnF_2

In einer LiF-NaF-KF-Schmelze (46.5, 11.5 bzw. 42.0 Mol-%) bei 500°C gelöstes MnF_2 zeigt im Absorptionsspektrum nur eine schwache Bande bei 408 nm. Demnach sollte Mn^{2+} in der Schmelze von 6 F^--Ionen in oktaedrischer Koordination umgeben sein [11].

Literatur:

[1] D. D. Wagman, W. H. Evans, V. B. Parker, I. Halow, S. M. Bailey, R. H. Schumm (Natl. Bur. Std. [U. S.] Tech. Note 270-4 [1969] 1/141, 107). — [2] R. H. Carter (Ind. Eng. Chem. **20** [1928] 1195). — [3] I. G. Ryss, B. S. Vitukhnovskaya (Zh. Obshch. Khim. **25** [1955] 643/7; J. Gen. Chem. USSR **25** [1955] 617/20). — [4] P. Nuka (Z. Anorg. Allgem. Chem. **180** [1929] 235/40). — [5] A. B. Zdanovskii, G. E. Zhelnina (Zh. Neorgan. Khim. **20** [1975] 1997/9; Russ. J. Inorg. Chem. **20** [1975] 1114/5).

[6] F. D. Rossini, D. D. Wagman, W. H. Evans, S. Levine, I. Jaffe (Natl. Bur. Std. [U. S.] Circ. Nr. 500 [1950]). — [7] A. M. Rozen, M. V. Ionin (Radiokhimiya **13** [1971] 287/9; Soviet Radiochem. **13** [1971] 290/2). — [8] L. Vintre (F. P. 1208207 [1960] nach C. A. **1961** 19166). — [9] L. Vintre (F. P. 77552 [1958/62], Addn. zu F. P. 1208207 [1960]; C. A. **58** [1963] 2184). — [10] R. Bock, M. Herrmann (Z. Anorg. Allgem. Chem. **284** [1956] 288/304, 303).

[11] F. L. Whiting, G. Mamantov, J. P. Young (J. Inorg. Nucl. Chem. **35** [1973] 1553/63, 1557).

The MnF_2-HF-H_2O System

4.2.4 Das System MnF_2-HF-H_2O

In diesem System treten drei Verbindungen auf: MnF_2, $MnF_2 \cdot 4H_2O$ und $MnF_2 \cdot 5HF \cdot 6H_2O$ (s. S. 5, 75 und 76). Aus Löslichkeitsuntersuchungen wird die in **Fig. 26** wiedergegebene Isotherme für 0°C abgeleitet. Bei 25°C hat die Löslichkeitskurve einen ähnlichen Verlauf wie bei 0°C, doch verschieben sich die Existenzbereiche von $MnF_2 \cdot 4H_2O$ und $MnF_2 \cdot 5HF \cdot 6H_2O$ zu kleineren MnF_2-Konzentrationen (s. Diagramm im Original) [1].

Fig. 26

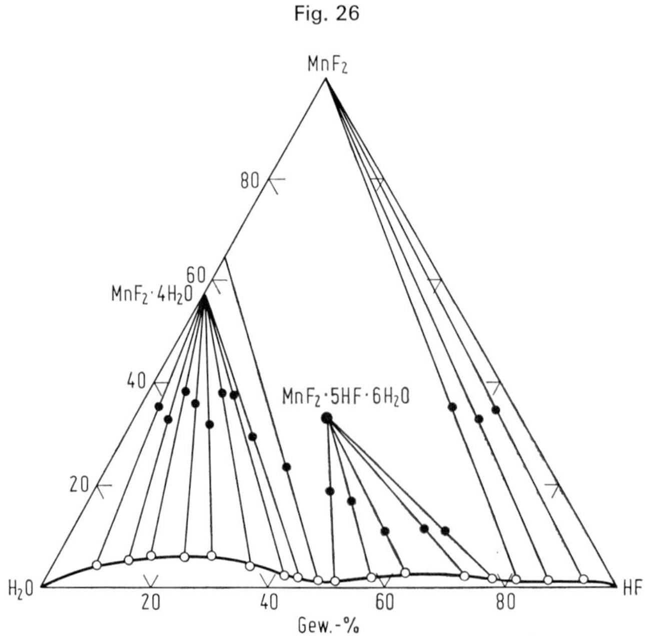

Löslichkeitsisotherme des Systems MnF_2-HF-H_2O bei 0°C.

Die Löslichkeit von MnF_2 wird mit steigendem HF-Gehalt der Lösung zunächst deutlich größer, nimmt aber bei höheren HF-Konzentrationen wieder ab; bei 0°C [1]:

Gew.-% MnF_2	1.28	5.68	0.94
Gew.-% HF	0	21.63	45.33

Die gleiche Tendenz wurde bereits früher bei 20°C gefunden [2]:

Gew.-% MnF_2	2.88	3.73	0.72
Gew.-% HF	5.28	17.05	36.42

Bei 25°C wird als maximale Löslichkeit von MnF_2 4.28 Gew.-% bei 18.48 Gew.-% HF gemessen [1]. Mit der Löslichkeitskurve stimmen ältere Beobachtungen überein, nach denen MnF_2 in verdünnter Flußsäure in Lösung geht [3], in konzentrierter aber nicht merklich löslich ist [4].

$MnF_2 \cdot 4H_2O$ kristallisiert bei 25°C aus, wenn die HF-Konzentration 0 bis 36.76 Gew.-% beträgt [1].

$MnF_2 \cdot 5HF \cdot 6H_2O$ hat bei 0°C die maximale Löslichkeit von 1.58% bei 67.94 Gew.-% HF; nur noch 0.34% lösen sich bei 77.83 Gew.-% HF. Bei 25°C setzt die Kristallisation des sauren Hydrats ein, wenn die HF-Konzentration größer als 46 bis 47 Gew.-% wird [1].

Die Bildung von $MnF_2 \cdot 4H_2O$ im System wurde von einigen Autoren [2] nicht erkannt, vermutlich wegen der schwierigen Abscheidung [1]. Auch die Existenz des schon früher dargestellten, wenig beständigen $MnF_2 \cdot 5HF \cdot 6H_2O$ [5] wurde bestritten und statt dessen ein durch die Reaktion mit Glas entstandenes Fluorosilicat vermutet [2].

Literatur:

[1] D. D. Ikrami, R. Okhunov, V. Karimov (Izv. Akad. Nauk Tadzh. SSR Otd. Fiz. Mat. Geol. Khim. Nauk **1975** Nr. 2, S. 59/62; C. A. **84** [1976] Nr. 170379). — [2] A. Kurtenacker, W. Finger, F. Hey (Z. Anorg. Allgem. Chem. **211** [1933] 83/97, 85, 91). — [3] J. J. Berzelius (Ann. Physik Chem. [2] **1** [1824] 1/48, 24). — [4] H. Moissan, A. Venturi (Compt. Rend. **130** [1900] 1158/62). — [5] F. H. Edmister, H. C. Cooper (J. Am. Chem. Soc. **42** [1920] 2419/34, 2424, 2431).

4.2.5 Mangandifluorid-tetrahydrat $MnF_2 \cdot 4H_2O$

Manganese Difluoride Tetrahydrate

Zum Existenzbereich der Verbindung im System MnF_2-HF-H_2O s. S. 74. — Das Hydrat entsteht bei langsamem Eindunsten einer wäßrigen Lösung von MnF_2 [1] oder einer gesättigten Lösung äquivalenter Mengen $MnCl_2$ und CdF_2 [2] über Schwefelsäure im Vakuumexsikkator bei Raumtemperatur in mehreren Tagen. Schneller erhält man kristalline Präparate durch Auflösen von $MnCO_3$ in verdünnter Flußsäure. Da das Hydrat thermisch nicht sehr stabil ist, muß die Temperatur während der exothermen Reaktion bei etwa 0°C gehalten werden. Wasserfreies MnF_2 wird in wäßriger Suspension bei 15 bis 19°C erst innerhalb mehrerer Monate fast vollständig in das Tetrahydrat umgewandelt [3]. Da es an der Luft bei Raumtemperatur verwittert [2] und von Alkohol dehydratisiert wird (s. S. 76), muß es bei der Isolierung rasch mit Alkohol und anschließend mit Äther gewaschen werden [3].

$MnF_2 \cdot 4H_2O$ kristallisiert rhombisch, Gitterkonstanten $a = 12.851 \pm 0.030$, $b = 5.395 \pm 0.010$, $c = 7.705 \pm 0.010$ Å; Z = 4, Raumgruppe $Pca2_1$-C_{2v}^5 (Nr. 29). Es ist mit der Modifikation $ZnF_2 \cdot 4H_2O$ I isotyp, dessen Struktur in der gleichen Publikation untersucht wird [4].

Die Verbindung gibt beim Lagern an der Luft bei Raumtemperatur H_2O ab, nach einem Monat enthält sie noch 0.3 H_2O. Die letzten Reste an H_2O werden aber erst oberhalb 100°C abgegeben, wobei auch HF entweicht [2], s. auch [3]. Der Wasserdampfdruck über $MnF_2 \cdot 4H_2O$ beträgt 16.66 Torr bei 20°C und 21.58 Torr bei 23.5°C. Die Enthalpie der vollständigen Entwässerung zu MnF_2(fest) + $4H_2O$(gas) beträgt −51.01 kcal [3].

$MnF_2 \cdot 4H_2O$

Bei der Behandlung mit flüssigem NH_3 und anschließend mit gasförmigem bei 0°C bildet sich $MnF_2 \cdot H_2O \cdot 5NH_3$ [1]. — Bei der Einwirkung von Alkohol wird der Wassergehalt bei Raumtemperatur innerhalb von 1 d auf 2.6 Gew.-% gesenkt ($MnF_2 \cdot 4H_2O$ enthält 43.7 Gew.-% H_2O) [3].

Löslichkeit L und Aktivitätskoeffizienten f_a von $MnF_2 \cdot 4H_2O$ in H_2O (f_a berechnet unter der Annahme, daß die Werte mit entsprechenden Lösungen von $MnCl_2$ gleich sind) [3]:

t in °C	0	12	20	30
L in Gew.-%	0.800	0.908	0.970	1.060
L in mol/kg H_2O	0.0868	0.0977	0.1055	0.1150
$-\lg f_a$	0.264	0.276	0.284	0.292

Früher wurde L = 1.05% bei 20°C gefunden [2]. Im Gegensatz zur wasserfreien Verbindung nimmt L mit steigender Temperatur zu, s. Fig. 25, S. 73. Die Lösungswärme wird zu −3.75 kcal/mol berechnet. Aus dem Dissoziationsdruck (s. S. 75) ergibt sich, daß $MnF_2 \cdot 4H_2O$ in Lösungen dehydratisiert wird, wenn die Gesamtkonzentration gelöster Substanzen $\geqq$ 2.75 molal bei 20°C und $\geqq$ 14.8 molal bei 0°C ist. Die zunehmende Löslichkeit in verdünnter Flußsäure mit der HF-Konzentration kann durch Übersättigung vorgetäuscht sein [3].

Literatur:

[1] W. Biltz, E. Rahlfs (Z. Anorg. Allgem. Chem. **166** [1927] 351/76, 358, 371). — [2] P. Nuka (Z. Anorg. Allgem. Chem. **180** [1929] 235/40). — [3] I. G. Ryss, B. S. Vitukhnovskaya (Zh. Obshch. Khim. **25** [1955] 643/7; J. Gen. Chem. USSR **25** [1955] 617/20). — [4] M. Nierlich, P. Charpin, P. Herpin (Compt. Rend. B **272** [1971] 948/50).

$MnF_2 \cdot 5HF \cdot 6H_2O$

4.2.6 $MnF_2 \cdot 5HF \cdot 6H_2O$

Zum Existenzbereich der Verbindung im System MnF_2-HF-H_2O s. S. 74.

Zur Darstellung wird $MnCO_3$ in Flußsäure gelöst und die Lösung bei Zimmertemperatur eingedunstet. Das abgeschiedene krustenartige Produkt wird mit H_2O extrahiert, der Extrakt mit Flußsäure angesäuert und wieder bei Zimmertemperatur eingedunstet, da beim Erhitzen Zersetzung eintritt. Nach längerer Zeit (etwa 6 Wochen) scheiden sich schwach rote Kristalle von $MnF_2 \cdot 5HF \cdot 6H_2O$ ab.

Sie bilden gut spaltbare hexagonale Prismen von rhomboedrischer Symmetrie. Sie sind vermutlich isomorph mit $CoF_2 \cdot 5HF \cdot 6H_2O$ und $NiF_2 \cdot 5HF \cdot 6H_2O$. Dichte D = 1.921 g/cm³. Die Kristalle sind optisch einachsig positiv.

$MnF_2 \cdot 5HF \cdot 6H_2O$ ist an der Luft unbeständig und zersetzt sich unter HF-Verlust, F. H. Edmister, H. C. Cooper (J. Am. Chem. Soc. **42** [1920] 2419/34, 2424, 2432/3).

Complex Manganese(II) Fluoride Ions

4.2.7 Komplexe Mangan(II)-fluorid-Ionen MnF^+ und MnF_6^{4-}

Das Mn^{2+}-Ion zeigt in Lösungen nur geringe Neigung zur Komplexbildung mit F^--Ionen. Darauf weist bereits die geringe Löslichkeit von MnF_2 in H_2O (s. S. 72) und in Lösungen mit überschüssigen Fluorid-Ionen hin. In Lösungen von 25°C mit einer Mn^{2+}-Gesamtkonzentration zwischen 0.025 und 0.1 M und einer F^--Konzentration $\leqq$ 0.1 M ist MnF^+ das Hauptprodukt der Reaktion zwischen Mn^{2+} und F^- [1]. Andere Komplexe (etwa $MnHF_2^+$ oder polynukleare Spezies) werden unter den Versuchsbedingungen nicht in nachweisbarer Menge gebildet [1, 2, 29]. In gesättigten wäßrigen MnF_2-Lösungen von 25 bis 30°C mit KF bis zu 10 mol/l liegen keine komplexen Fluoromanganat-Anionen vor, da Mangan von Anionenaustauschern (Dowex 1) nicht absorbiert wird [3].

Bei 25°C und der Ionenstärke I = 1 ($NaClO_4$) wird aus polarographischen Messungen die Stabilitätskonstante von MnF^+ zu β_1 = 10 ± 2 [4], aus Messungen mit einer Wasserstoff-Elektrode zu $\lg \beta_1$ = 0.79 ± 0.05 [1] (β_1 = 6.2 ± 1.0 [2]), potentiometrisch zu β_1 = 4.2 ± 0.2 gefunden [2]. Werden höherwertige Ionen des Mangans vorsorglich mit Natronlauge bei pH = 5 ausgefällt, so wird ein etwa doppelt so hoher Wert für β_1 erhalten [2]. Bei I = 0.5, 25°C wird aus kalorimetrischen Messungen $\lg\beta_1$ = 0.59 (β_1 = 3.9) erhalten [5]. β_1 = 3.7 (pH > 4), β_1 = 5.4 (pH < 2) [29]. Für die

Reaktion $Mn^{2+} + F^- \rightarrow MnF^+$ ergibt sich $\Delta H = 3.25 \pm 0.02$ kcal/mol, $\Delta G = -0.80$ kcal/mol und $\Delta S = 13.6$ cal · mol^{-1} · K^{-1} [5]. Als Standardwert der freien Enthalpie der Bildung von MnF^+ in wäßriger Lösung von 25°C aus den Elementen wird $\Delta G° = -122.3$ kcal/mol berechnet [6].

In festen komplexen Fluoriden ist das Mangan in der Regel oktaedrisch von Fluor koordiniert, s. Kapitel 4.3, S. 98. Dabei kommt ein MnF_6^{4-}-Ion als isolierte Struktureinheit nicht vor. Reguläre MnF_6-Oktaeder mit Verknüpfungen über Ecken gibt es in $NaMnF_3$ (s. S. 100), $KMnF_3$ (s. S. 116) und $RbMnF_3$ (s. S. 156). Bei diesen Verbindungen werden Angaben über den Kernabstand r(Mn-F) und die Wellenzahlen der Schwingungen des MnF_6^{4-}-Ions angegeben. — Zum sechsfach mit Fluor koordinierten Mn^{2+} in Alkalifluoriden sowie in ZnF_2 und KMF_3 mit M = Mg, Ca oder Cd s. „Mangan" B, S. 116, 119.

Aus Hartree-Fock-Rechnungen in einer „Multi-Center-NDO"-Näherung ergibt sich, daß der isolierte MnF_6^{4-}-Komplex instabil ist; erst in einer kristallinen Umgebung (modellmäßig gerechnet für $KMnF_3$) kommt ein wesentlicher Stabilisierungseffekt auf die Energien der Molekülorbitale zustande. Ferner zeigen die sich aus diesen Rechnungen ergebenden Atomladungen, daß der Komplex weitgehend ionisch ist [7]. Weitere Berechnungen von Orbitalenergien nach verschiedenen Näherungsverfahren s. [8 bis 11], von Atomladungen s. [8, 9, 11].

Die energetische Reihenfolge der Orbitale (nach abnehmender Bindungsenergie) $2t_{2g}$, $2e_g$, $2a_{1g}$, $3t_{1u}$ ergibt sich aus einer CNDO-Rechnung ebenso wie nach der Ligandenfeldtheorie zu erwarten (s. Fig. 29, S. 93) [8]. Berechnete Spin-Transfer-Koeffizienten f_σ und f_π s. [7, 10, 12 bis 15] (Definition s. S. 95), Vergleich mit experimentellen Werten s. [16], Einzelheiten s. S. 58, 142 und 175.

In der Ligandenfeldtheorie lassen sich die elektronischen Terme bei schwachem Ligandenfeld aus Termen des freien $Mn^{2+}(3d^5)$ gemäß folgendem Korrelationsschema ableiten: Der Grundzustand ^6S mit der Elektronenkonfiguration $(2t_{2g})^3$ $(2e_g)^2$ (s. MO-Schema S. 93) geht in $^6A_{1g}$ über; ferner gilt $^4G \rightarrow {}^4T_{1g}, {}^4T_{2g}, {}^4E_g, {}^4A_{1g}$; $^4D \rightarrow {}^4T_{2g}, {}^4E_g$; $^4P \rightarrow {}^4T_{1g}$; $^2I \rightarrow {}^2E_g, {}^2T_{2g}$ (u. a.); $^4F \rightarrow A_{2g}, {}^4T_{1g}, {}^4T_{2g}$. Ein Niveauschema für das freie Mn^{2+}-Ion und dasselbe Ion in schwachen bzw. starken Ligandenfeldern findet sich bei Figgis [17]. Von Tanabe, Sugano [18] sowie Stout [19] werden Termenergien in Abhängigkeit vom Ligandenfeldparameter Dq (s. S. 94) graphisch dargestellt. Die Quartett-Terme $^4E_g(^4G)$, $^4A_{1g}(^4G)$, $^4E_g(^4D)$ und $^4A_{2g}(^4F)$ (hier wie im folgenden in Klammern die korrelierenden Terme des freien Mn^{2+}-Ions) haben die Elektronenkonfiguration des Grundzustands, während $^4T_{1g}(^4G)$, $^4T_{2g}(^4G)$, $^4T_{2g}(^4D)$, $^4T_{1g}(^4P)$, $^4T_{1g}(^4F)$ und $^4T_{2g}(^4F)$ aus den Konfigurationen $(2t_{2g})^4$ $(2e_g)$ und $(2t_{2g})^2$ $(2e_g)^3$ gemischt sind [19].

Aus optischen Absorptionsspektren bei Raumtemperatur sind für die Quartett-Terme in verschiedenen Fluoriden folgende Energien (in cm^{-1}) oberhalb des Grundzustands $^6A_{1g}$ gemessen:

Term	$NaMnF_3$	$KMnF_3$	$RbMnF_3$	$RbMnF_3$	MnF_2
$T_{1g}(G)$	18919	18900	19300	19286	19440
$T_{2g}(G)$	23137	23120	23310	23282	23500
$A_{1g}(G)$	25170	25250	25250	25484	25190
				25700	25300
$E_g(G)$	25170	25250	25250	25151	25500
				25278	
$T_{2g}(D)$	28349	28200	28250	28362	28012
					28370
$E_g(D)$	30021	30150	30150	30067	30230
				30395	
$T_{1g}(P)$	32686	32550	32360	32414	33060
$A_{2g}(F)$	40782	41200	41150	41152	39000
$T_{1g}(F)$	41694	—	—	—	41400
$T_{2g}(F)$	44487	—	—	44429	—
Literatur	[20]	[21]	[21]	[22]	[19]

MnF_6^{4-}

Für $NaMnF_3$ sind die angegebenen Termenergien aus angepaßten Ligandenfeldparametern (s. unten) berechnet; die Banden bei 41694 und 44487 cm^{-1} können Paar-Exzitonen zugeordnet werden [20].

Nach der Ligandenfeldtheorie sind die Termenergien bei Vernachlässigung der Spin-Bahn-Kopplung bestimmt durch die Racah-Parameter B und C, den Aufspaltungsparameter Dq des kubischen Ligandenfeldes und einen Korrekturfaktor α, der Polarisationseffekte berücksichtigt (s. beispielsweise [23]). Diese Parameter werden mit einer Anpassungsrechnung aus den gemessenen Energien bestimmt, wobei sich aus Spektren bei Raumtemperatur folgende Werte (in cm^{-1}) ergeben: für $NaMnF_3$ B = 845, C = 3040, Dq = 760, α = 76 [20]; für $KMnF_3$ und $RbMnF_3$ B = 700, C = 3650 und Dq = 790 bzw. 750 [21]; für $RbMnF_3$ B = 835, C = 3080, Dq = 760, α = 76 [22]; für MnF_2 B = 825, C = 3346, Dq = 750 [24]. Werte bei tiefen Temperaturen s. [20, 22]. In einem anderen Anpassungsverfahren werden die B- und C-Werte des freien Mn^{2+} benutzt, und außer dem Aufspaltungsparameter Dq wird noch ein „Kovalenzfaktor" ε eingeführt, der die größere radiale Ausdehnung der 3d-Orbitale des komplex gebundenen gegenüber denen des freien Zentral-Ions berücksichtigt (s. beispielsweise [19]). Es sind folgende Werte für Dq (in cm^{-1}) und ε berechnet: $KMnF_3$ 731.1 und 0.0649, $RbMnF_3$ 730.4 und 0.0645, $CsMnF_3$ 786.5 und 0.0653 [25]; MnF_2 789.0 und 0.0645 [25] bzw. 780 und 0.064 [19]. — Quantenmechanisch wird Dq von Gondaira [15] und Boudreaux u. a. [14] berechnet.

Eine Feinstrukturanalyse der $^4T_{2g}(^4D)$-Bande ergibt für diesen Term eine Spin-Bahn-Kopplungskonstante ζ = 320 cm^{-1} [22].

Zwischen $^4A_{1g}(^4G)$ und $^4E_g(^4G)$ besteht eine zufällige Nahezu-Entartung. Ligandenfeld-Berechnungen ergeben, daß, falls die Racah-Parameter beider Terme als verschieden angenommen werden, ^4E_g um etwa 100 cm^{-1} unter $^4A_{1g}$ liegt [21]. Diese Termfolge ergibt sich auch aus einer HF-SCF-Rechnung [26]. — Termzuordnungen nach den irreduziblen Darstellungen der kubischen Doppelgruppe Γ s. [25, 27].

Die bei MnF_2 sowie $KMnF_3$, $RbMnF_3$ und $CsMnF_3$ auftretenden Feinstrukturen der optischen Spektren, insbesondere die durch die antiferromagnetische Ordnung bei tiefen Temperaturen hervorgerufenen, sind in zahlreichen Arbeiten untersucht; sie werden in einem späteren Band behandelt.

In oktaedrischen XY_6-Molekülen sind theoretisch sechs Schwingungen möglich, davon sind drei, nämlich $\nu_1(A_{1g})$, $\nu_2(E_g)$ und $\nu_5(F_{2g})$, ramanaktiv und die beiden F_{1u}-Schwingungen (ν_3, ν_4) infrarotaktiv. Die sechste Schwingung, $\nu_6(F_{2u})$, ist optisch inaktiv [28]. Die Wellenzahlen dieser Schwingungen werden bei den Fluoromanganaten(II) der Alkalimetalle angegeben.

Bei ^{19}F-NMR-Messungen wird die Relaxationsgeschwindigkeit $1/T_1$ bestimmt [29].

Literatur:

[1] L. Ciavatta, M. Grimaldi (J. Inorg. Nucl. Chem. **27** [1965] 2019/25). — [2] A. M. Bond, G. Hefter (J. Inorg. Nucl. Chem. **34** [1972] 603/7). — [3] G. B. Kauffman (Diss. Univ. of Florida 1956, S. 1/142, 55/6; Diss. Abstr. **16** [1956] 863). — [4] A. M. Bond (J. Phys. Chem. **75** [1971] 2640/9, 2646/7). — [5] R. Aruga (Ann. Chim. [Rome] **64** [1974] 439/43).

[6] D. D. Wagman, W. H. Evans, V. B. Parker, I. Halow, S. M. Bailey, R. H. Schumm (Natl. Bur. Std. [U. S.] Tech. Note 270-4 [1969] 1/141, 107). — [7] R. D. Brown, P. G. Burton (Theoret. Chim. Acta **18** [1970] 309/28). — [8] D. W. Clack, M. S. Farrimond (Theoret. Chim. Acta **19** [1970] 373/6). — [9] G. C. Allen, D. W. Clack (J. Chem. Soc. A **1970** 2668/72). — [10] O. Matsuoka (J. Phys. Soc. Japan **28** [1970] 1296/302).

[11] H. Basch, A. Viste, H. B. Gray (J. Chem. Phys. **44** [1966] 10/9). — [12] S. Larsson (Phys. Letters A **45** [1973] 185/6). — [13] D. W. Clack, N. S. Hush, J. R. Yandle (J. Chem. Phys. **57** [1972] 3503/10). — [14] E. A. Boudreaux, L. E. Harris, E. S. Elder (Proc. 13th Intern. Conf. Coord. Chem., Cracow-Zakopane 1970, Bd. 2, S. 262/4). — [15] K. I. Gondaira (J. Phys. Soc. Japan **21** [1966] 933/44).

[16] J. Owen, J. H. M. Thornley (Rept. Progr. Phys. **29** [1966] 675/728, 709). — [17] B. N. Figgis (Introduction to Ligand Fields, New York 1966, S. 159). — [18] Y. Tanabe, S. Sugano (J. Phys. Soc. Japan **9** [1954] 753/79, 770). — [19] J. W. Stout (J. Chem. Phys. **31** [1959] 709/19). — [20] J. P. Srivastava, A. Mehra (J. Chem. Phys. **57** [1972] 1587/91).

[21] J. Ferguson (Australian J. Chem. **21** [1968] 307/21). — [22] A. Mehra, P. Venkateswarlu (J. Chem. Phys. **47** [1967] 2334/42). — [23] A. Mehra, P. Venkateswarlu (J. Chem. Phys. **45** [1966] 3381/3). — [24] J. J. Foster, N. S. Gill (J. Chem. Soc. A **1968** 2625/9). — [25] R. Stevenson (Can. J. Phys. **43** [1965] 1732/43).

[26] L. L. Lohr (J. Chem. Phys. **55** [1971] 27/32). — [27] W. Low, G. Rosengarten (J. Mol. Spectry. **12** [1964] 319/46). — [28] H. Siebert (Anwendungen der Schwingungsspektroskopie in der anorganischen Chemie, Berlin 1966, S. 80/3). — [29] M. Eisenstadt (J. Chem. Phys. **51** [1969] 4421/32, 4428).

4.2.8 Mangantrifluorid MnF_3

Manganese Trifluoride

4.2.8.1 Bildung und Darstellung

Formation and Preparation

Weinrotes [1, 2] oder purpurrotes [3] bis blaß rosa [4] gefärbtes MnF_3 kann aus den Elementen bei 700°C im Nickelrohr dargestellt werden. Das Reaktionsprodukt enthält 8 bis 10% MnF_2 (wahrscheinlich infolge der thermischen Zersetzung von MnF_3, s. S. 84) [5], s. auch [1]. — Bei der Reaktion zwischen metallischem Mangan und flüssigem $NOF \cdot 3HF$ bildet sich langsam MnF_3 bei 20 bis 120°C [6]. Die Reaktion von Mn mit BrF_3 liefert nur sehr unvollkommen MnF_3 neben MnF_2 [5].

Gewöhnlich wird MnF_3 aus Manganverbindungen im Fluor-Strom hergestellt: MnF_2 reagiert bereits bei Raumtemperatur, jedoch nur unvollständig zu MnF_3 [1]. Quantitativ wird es erst ab 200 [7] bis 250°C erhalten [2, 8]. Zur Vervollständigung des Umsatzes wird die Temperatur anschließend auf 350°C erhöht [9], s. auch [3, 10]. Andere Autoren fluorieren bei 550 [11] oder 700°C, wobei die Präparate wie bei der Darstellung aus den Elementen (s. oben) noch MnF_2 enthalten [5]. Oberhalb 400°C geht bei allen Fluorierungsverfahren etwas Mangan durch Sublimation von MnF_4 (s. S. 91) verloren [11]. Anstelle von MnF_2 kann man auch NH_4MnF_3 (s. S. 150) auf 350°C im F_2-Strom erhitzen [12]. Analog läßt sich $MnCl_2$ fluorieren [1, 11]. Für präparative Zwecke ist MnJ_2 am besten geeignet, das schon bei Raumtemperatur exotherm reagiert [1, 8] und bei 250°C vollständig umgesetzt wird [13]. — Aus MnO oder Mn_3O_4 und F_2 (verdünnt mit N_2) bildet sich MnF_3 neben Spuren von MnF_2 ab etwa 100°C unter Aufglühen, aus MnO_2 und F_2 ab 150°C. $KMnO_4$ reagiert ebenfalls ab etwa 150°C mit F_2 unter Aufglühen und Funkenbildung, wobei neben wenig MnF_2 hauptsächlich MnF_3 und KF entstehen [14]. $MnSO_4$ reagiert bei 550°C mit F_2 zu MnF_3 [11].

Weitere Verfahren. MnF_3 entsteht aus MnF_2 und CoF_3 bei 300°C [15]. Es fällt als rotbrauner Niederschlag aus, wenn wasserfreies $MnCl_2$ in flüssigem BrF_3 gelöst wird, wobei gleichzeitig Brom und Chlor freigesetzt werden. Überschüssiges BrF_3 wird durch Erhitzen auf 200°C in einem trockenen N_2-Strom entfernt [16]. Wird $Mn(JO_3)_2$ in kochendem BrF_3 gelöst und bei 20°C eingedampft, so entsteht ein rotes Produkt, das sich bei 140°C unter Abgabe von Brom zu MnF_3 zersetzt [17], s. auch [16]. Dieses Verfahren ist eine geeignete Darstellung, wenn man das Primärprodukt bei 200°C zersetzt [13]. Andere Autoren tempern nach dem Abdampfen bei 140°C noch 1 h bei 500°C im F_2-Strom [4]. $Mn(JO_3)_2$ reagiert dagegen mit langsam zugetropftem BrF_3 unter Bildung von MnF_3 und MnF_2 etwa im Verhältnis 2:1 [18]. — Aus Mn_2O_3 und HF-Gas entsteht bei 150°C MnF_3 (bei 500°C MnF_2) [19]. Läßt man über Mn_2O_3 3 bis 4 h einen HF-Strom streichen bei gleichzeitiger Temperaturerhöhung von 25 auf 500°C, so bildet sich in exothermer Reaktion ein Produkt mit mehr als 80% MnF_3; hauptsächliche Beimengung ist MnF_2. Die Verwendung von $MnF_3 \cdot 3H_2O$ (im Original irrtümlich als Dihydrat angegeben, s. S. 87) als Ausgangsmaterial erbringt nur 53.6% MnF_3. Bei der Reaktion von Mn_2O_3 oder $MnF_3 \cdot 3H_2O$ mit kochendem flüssigem HF am Rückfluß entstehen geringere Mengen MnF_3 als mit gasförmigem HF [20].

Preparation of MnF_3

MnF_3 bildet sich bei der thermischen Zersetzung von MnF_4 bereits bei niedrigen Temperaturen, s. S. 92. Es entsteht auch durch thermische Zersetzung von $(NH_4)_2MnF_5$ im F_2-Strom [8] oder von K_2MnF_6 bei 800°C neben KF und F_2 [21].

Thermodynamische Daten der Bildung

Die Enthalpie der Bildung aus den Elementen unter Standardbedingungen wird aus massenspektrometrischen, kalorimetrischen und thermischen Untersuchungen zu $\Delta H^\circ_{298} = -256 \pm 14$ für festes MnF_3 und zu $\Delta H^\circ_{288} = -188 \pm 14$ kcal/mol für gasförmiges MnF_3 gefunden [10]. Aus der geschätzten Lösungswärme und aus der von Latimer [22] geschätzten Bildungswärme des Mn^{3+}-Ions (−27 kcal/mol) wird $\Delta H^\circ_{298} = -238 \pm 5$ kcal/mol für festes MnF_3 berechnet [23]. Mit Hilfe der Gitterenergie (nach Kapustinskii [24]) ergibt sich $\Delta H^\circ = -375$ kcal/mol bei Raumtemperatur. Dieser Wert ist im Vergleich mit anderen Metallfluoriden wahrscheinlich zu groß [25]. Die freie Bildungsenthalpie unter Standardbedingungen wird aus den Angaben von Brewer u. a. [23] zu $\Delta G = -222.1$ bei 25°C und -211.5 ± 4 kcal/mol bei 227°C berechnet [26]. — Die Funktion $(\Delta G - \Delta H_{298})/T$ hat bei 298 und 500 K den Wert 53 $cal \cdot mol^{-1} \cdot K^{-1}$ [23].

Literatur:

[1] H. Moissan (Compt. Rend. **130** [1900] 622/7). — [2] H. v. Wartenberg (Z. Anorg. Allgem. Chem. **244** [1940] 337/47, 346). — [3] R. D. Fowler, H. C. Anderson, J. M. Hamilton, W. B. Burford III, A. Spadetti, S. B. Bitterlich, I. Litant (Ind. Eng. Chem. Intern. Ed. **39** [1947] 343/5). — [4] M. A. Hepworth, K. H. Jack (Acta Cryst. **10** [1957] 345/51). — [5] V. Gutmann, H. J. Emeléus (Monatsh. Chem. **81** [1950] 1157/9).

[6] F. Seel, W. Birnkraut, D. Werner (Angew. Chem. **73** [1961] 806). — [7] G. Fuller, M. Stacey, J. C. Tatlow, C. R. Thomas (Tetrahedron **18** [1962] 123/33, 129). — [8] G. Brauer (Handbuch der Präparativen Anorganischen Chemie, 2. Aufl., Bd. 1, Enke, Stuttgart 1960, S. 241/2). — [9] E. T. McBee, R. M. Robb, Purdue Research Foundation (U. S. P. 2578721 [1945/51]; C. A. **1952** 6156). — [10] T. C. Ehlert, M. Hsia (J. Fluorine Chem. **2** [1972/73] 33/51, 35, 49).

[11] R. Hoppe, W. Dähne, W. Klemm (Liebigs Ann. Chem. **658** [1962] 1/5). — [12] G. Siebert, R. Hoppe (Z. Anorg. Allgem. Chem. **391** [1972] 117/25, 118). — [13] A. G. Sharpe (Advan. Fluorine Chem. **1** [1960] 29/67, 49). — [14] E. E. Aynsley, R. D. Peacock, P. L. Robinson (J. Chem. Soc. **1950** 1622/4). — [15] A. Tressaud, J. M. Dance (Compt. Rend. C **278** [1974] 463/5).

[16] P. Bouy (Ann. Chim. [Paris] [13] **4** [1959] 853/90, 885). — [17] A. G. Sharpe, A. A. Woolf (J. Chem. Soc. **1951** 798/801). — [18] H. J. Emeléus, A. A. Woolf (J. Chem. Soc. **1950** 164/8). — [19] J. C. Cousseins (Rev. Chim. Minerale **1** [1964] 573/616, 574/5). — [20] J. H. Moss, R. Ottie (J. Fluorine Chem. **4** [1974] 238/40).

[21] C. B. Root, R. A. Sutula (Proc. Ann. Power Sources Conf. **22** [1968] 100/2; C. A. **70** [1969] Nr. 25091). — [22] W. M. Latimer (The Oxidation States of the Elements and Their Potentials in Aqueous Solution, Prentice Hall, New York 1952, S. 235). — [23] L. Brewer, L. A. Bromley, P. W. Gilles, N. L. Lofgren (in: L. L. Quill, The Chemistry and Metallurgy of Miscellaneous Materials, Thermodynamics, McGraw-Hill, New York-Toronto-London 1950, S. 76/192, 110, 133). — [24] A. F. Kapustinskii (Quart. Rev. [London] **10** [1956] 283/94). — [25] M. Barber, J. W. Linnett, N. H. Taylor (J. Chem. Soc. **1961** 3323/32, 3325).

[26] H. H. Kellogg (J. Metals **3** [1951] Trans. **191** 137/41).

The Molecule

4.2.8.2 Molekül

MnF_3-Moleküle werden massenspektrometrisch im Dampf über MnF_3 (T = 870 K) nachgewiesen [1]: Die gemessenen Auftrittspotentiale von MnF_3^+- und MnF_2^+-Ionen betragen $AP(MnF_3^+) = 12.25$ eV, $AP(MnF_2^+) = 14.47$ eV; eine Korrektur bezüglich des Einflusses innerer thermischer Energie ergibt $AP(MnF_3^+) = 12.57$ eV (= Ionisierungsenergie) und $AP(MnF_2^+) = 14.79$ eV. Daraus folgen die Dissoziationsenergie D°_{298} (MnF_2-F) = 3.41 eV ≙ 79 ± 6 kcal/mol und die Atomisierungsenthalpie $\Delta H^{\circ}_{at,298}$ = 310 ± 17 kcal/mol. Eine ältere massenspektrometrische Untersuchung der Sublimation von MnF_3 (T = 999 bis 1133 K) ergab $AP(MnF_3^+)$ = 12 ± 0.8 eV, $AP(MnF_2^+)$ = 13.7 ± 0.3 eV und D°_{298} = 74 kcal/mol [2]. Laut Ehlert, Hsia [1] war die von Zmbov, Margrave [2] benutzte MnF_3-Probe jedoch vermutlich weitgehend zu MnF_2 zersetzt, was sich an dem großen Anteil an MnF^+-Ionen im Massenspektrum zeigt. — MnF_3^+-Ionen erscheinen auch als Fragment-Ionen im Massenspektrum von MnF_4 (s. S. 92) [1].

Molekulare Konstanten sind nur geschätzt [3]: Der Kernabstand r(Mn-F) = 1.67 Å wird von CrF_4 übernommen. Eine pyramidale Struktur (Punktgruppe C_{3v}) mit ∢ (FMnF) = 110° wird angenommen, jedoch ist die planare Struktur (C_{2v}) nicht auszuschließen, wie Betrachtungen der Valenzzustände des Mangan-Atoms in MnX_n-Molekülen (n = 2, 3, 4; X = einwertiger Ligand) zeigen [4]. Für die vier Fundamentalschwingungen werden die Frequenzen $\nu_1(A_1)$ = 584 cm^{-1}, $\nu_2(A_1)$ = 166 cm^{-1}, $\nu_3(E)$ = 647 cm^{-1}, $\nu_4(E)$ = 146 cm^{-1} abgeschätzt mit Hilfe der Beziehungen zwischen der Streck- (k_1) oder Biegekraftkonstante (k_δ/r^2) für ein Valenzkraftfeld [5] und der Kraftkonstante k_e von MnF: $k_1 = k_e$, $k_\delta/r^2 = 0.0235\ k_e$ (Beziehungen hergeleitet an FeCl und $FeCl_3$) [3].

Literatur:

[1] T. C. Ehlert, M. Hsia (J. Fluorine Chem. **2** [1972/73] 35/51). — [2] K. F. Zmbov, J. L. Margrave (J. Inorg. Nucl. Chem. **29** [1967] 673/80). — [3] V. G. Solomonik, K. S. Krasnov, E. V. Morozov (Izv. Vysshikh Uchebn. Zavedenii Khim. i Khim. Tekhnol. **16** [1973] 1291/3; C. A. **79** [1973] Nr. 151 269). — [4] O. P. Charkin (Zh. Strukt. Khim. **10** [1969] 754/6; J. Struct. Chem. [USSR] **10** [1969] 654/6). — [5] G. Herzberg (Molecular Spectra and Molecular Structure II. Infrared and Raman Spectra of Polyatomic Molecules, Princeton, N. J.-Toronto-New York-London 1945, S. 176).

4.2.8.3 Kristallstruktur

Crystal Structure

Zwischen Raumtemperatur und 1080 K wird keine polymorphe Umwandlung beobachtet (DTA, TGA) [1]. — MnF_3 kristallisiert nach Röntgen-Pulveraufnahmen monoklin mit einer pseudorhomboedrischen Struktur. Gitterkonstanten bei 18 ± 2°C: a = 8.904 ± 0.003, b = 5.037 ± 0.002, c = 13.448 ± 0.005 Å, β = 92.74° ± 0.04°; Z = 12. Raumgruppe C2/c-C^6_{2h} (Nr. 15) [2, 3]. — Atomlagen:

Atom	Punktlage	x	y	z
Mn	4a	0	0	0
Mn	$8f_1$	0.167	0.500	0.333
F	4e	0	0.617	0.25
F	$8f_2$	0.310	0.714	0.244
F	$8f_3$	0.167	0.117	0.583
F	$8f_4$	0.477	0.214	0.577
F	$8f_5$	0.143	0.214	0.911

Die Ungenauigkeit der Atomkoordinaten ist wahrscheinlich nicht größer als ± 0.003. Die Koordinaten der Mn-Atome auf der Lage $8f_1$ stehen mit denen auf 4a durch ± (1/6, 1/2, 1/3) in Beziehung, ebenso die F-Atome auf $8f_3$ mit denen auf 4e sowie die auf $8f_4$ und $8f_5$ mit denen auf $8f_2$. MnF_3 kristallisiert im VF_3-Typ (s. „Vanadium" B1, S. 182). Jedes Mn-Atom befindet sich in der Mitte eines von 6 F-Atomen gebildeten verzerrten Oktaeders: Mn-F-Abstände (je zweimal) 1.79, 1.91 und 2.09 Å. Die MnF_6-Oktaeder sind über alle Ecken verbunden, so daß -F-Mn-F-Mn-Ketten in drei Richtungen entstehen, die nahezu rechtwinklig zueinander angeordnet sind, s. **Fig. 27**, S. 82. Die Mn-Mn-Abstände betragen 3.63 und 3.73 Å, die F-F-Abstände liegen zwischen 2.60 und 2.85 Å [3]. Über die Beziehungen zwischen den Strukturen der Nebengruppentrifluoride s. [4].

Crystal Structure of MnF_3

Fig. 27

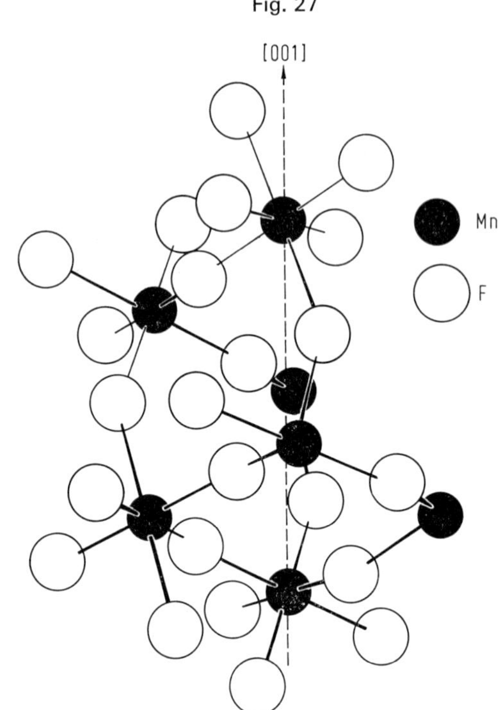

Verknüpfung der MnF_6-Oktaeder in der Kristallstruktur von MnF_3.

Außerdem wird das Pulverdiagramm eines Handelspräparates triklin indiziert, Gitterkonstanten a = b = 5.31 ± 0.02, c = 5.50 ± 0.02 Å, $\alpha = \beta = 56°40' \pm 10'$, $\gamma = 57° \pm 10'$ (reduzierte Zelle nach Niggli: a = 5.13, b = 5.31, c = 5.07 Å, α = 118° 30', β = 119°35', γ = 63°32'; der Verbindung wird irrtümlich die Zusammensetzung MnF_2 zugeschrieben [5]); Z = 2, Raumgruppe $P\bar{1}$-C_i^1 (Nr. 2). Die dem AlF_3 ähnliche Struktur ist ebenfalls verzerrt rhomboedrisch [6].

Die unterschiedlichen Mn-F-Abstände lassen sich mit Hilfe der Ligandenfeldtheorie erklären; nach der klassischen Valenztheorie können sie durch verschiedene Anteile ionischer und kovalenter Bindung gedeutet werden [2, 3].

Literatur:

[1] T. C. Ehlert, M. Hsia (J. Fluorine Chem. **2** [1972/73] 33/51, 43). — [2] M. A. Hepworth, K. H. Jack, R. S. Nyholm (Nature **179** [1957] 211/2). — [3] M. A. Hepworth K. H. Jack (Acta Cryst. **10** [1957] 345/51). — [4] M. A. Hepworth, K. H. Jack, R. D. Peacock, G. J. Westland (Acta Cryst. **10** [1957] 63/9). — [5] J. D. H. Donnay, H. M. Ondik (Crystal Data, Determinative Tables, 3. Aufl., Bd. 2, Inorganic Compounds, Washington, D. C., 1973, S. A-34).

[6] W. G. Thomas (Diss. Michigan State Univ. 1954, S. 1/151, 76/111; Diss. Abstr. **16** [1956] 467/8).

Mechanical and Thermal Properties

4.2.8.4 Mechanische und thermische Eigenschaften

Pyknometrische Dichte D = 3.54 g/cm³ [1], Röntgendichte 3.66 [2] und 3.701 g/cm³ [3].

Aus Effusionsmessungen nach Knudsen geht hervor, daß MnF_3 in Form monomerer MnF_3-Moleküle verdampft. Bei 1070 K treten daneben noch folgende Tochter-Ionen auf (relative Intensitäten in Klammern): Mn^+ (20.2), MnF^+ (100.0) und MnF_2^+ (35.3). Die relative Intensität von MnF_3^+ beträgt bei dieser Temperatur 3.2 [4], s. auch [5]. Der Dampfdruck p (in atm) erfüllt die Gleichung $R \ln p = -(67.66 \pm 0.5) \times 10^3/T - 4 \ln T + (78.54 \pm 0.7)$ zwischen 769 und 930 K. Bei 850 K ist demnach $p(MnF_3) = 7 \times 10^{-7}$ atm (also etwa 3 Größenordnungen höher als nach Zmbov, Margrave [4], s. im folgenden) [5]. Zwischen 999 und 1133 K wird $\lg p = -(1.425 \pm 0.011) \times 10^4/T + (7.68 \pm 0.10)$ gefunden [4]. Die Sublimationsenthalpie beträgt $\Delta H = 68.0 \pm 3$ [4] und $\Delta H = 68.1 \pm 1$ bei 298 K, sowie $\Delta H = 64.3 \pm 0.5$ kcal/mol bei 850 K [5]; die Sublimationsentropie ist $\Delta S = 35.1 \pm 0.5$ $cal \cdot mol^{-1} \cdot K^{-1}$ bei 982 K [4].

Die folgenden Werte (ΔH in kcal/mol, ΔS in $cal \cdot mol^{-1} \cdot K^{-1}$) von Brewer [6, 7] beruhen auf der geschätzten Lösungswärme von MnF_3, wobei als Bildungsenthalpie von Mn^{3+} der Wert $\Delta H = -27$ [8] verwendet wird [7]: Schmelzpunkt $T_f = 1350$ K (von anderen Autoren wird $T_f \approx 1700$ K geschätzt [5]), Schmelzenthalpie $\Delta H = 11$, Schmelzentropie $\Delta S = 8$ [6]. Thermogravimetrisch wird jedoch bereits bei 1003 K eine flüchtige Schmelze in N_2-Atmosphäre beobachtet [9]. Siedepunkt $T_S = 1600$ K, Verdampfungsenthalpie $\Delta H = 42$ und Verdampfungsentropie $\Delta S = 26$ [6]. $H_{500} - H_{298} \approx 5$, $S_{500} - S_{298} \approx 12$ (Ungenauigkeit 20%), $-(G - H_{298})/T = 28$ und 30 ± 7 bei 298.1 bzw. 500 K [7].

Literatur:

[1] H. Moissan (Compt. Rend. **130** [1900] 622/7). — [2] W. G. Thomas (Diss. Michigan State Univ. 1954, S. 1/151, 110; Diss. Abstr. **16** [1956] 467/8). — [3] M. A. Hepworth, K. H. Jack (Acta Cryst. **10** [1957] 345/51, 346). — [4] K. F. Zmbov, J. L. Margrave (J. Inorg. Nucl. Chem. **29** [1967] 673/80). — [5] T. C. Ehlert, M. Hsia (J. Fluorine Chem. **2** [1972/73] 33/51, 40, 42, 49).

[6] L. Brewer (in: L. L. Quill, The Chemistry and Metallurgy of Miscellaneous Materials, Thermodynamics, McGraw-Hill, New York-Toronto-London 1950, S. 193/275, 202). — [7] L. Brewer, L. A. Bromley, P. W. Gilles, N. L. Lofgren (in: L. L. Quill, The Chemistry and Metallurgy of Miscellaneous Materials, Thermodynamics, McGraw-Hill, New York-Toronto-London 1950, S. 76/192, 82, 96, 133). — [8] W. M. Latimer (The Oxidation States of the Elements and Their Potentials in Aqueous Solution, Prentice Hall, New York 1952, S. 235). — [9] C. B. Root, R. A. Sutula (Proc. Ann. Power Sources Conf. **22** [1968] 100/2; C. A. **70** [1969] Nr. 25091).

4.2.8.5 Magnetische und elektrische Eigenschaften

Magnetic and Electrical Properties

MnF_3 wird bei tiefen Temperaturen antiferromagnetisch. Messungen der Neutronenbeugung an MnF_3-Pulver ergeben die Néel-Temperatur $T_N = 43$ K [1], aus der Molsuszeptibilität (s. unten) folgt $T_N = 47$ K [3].

Neutronenbeugungsuntersuchungen bei 4.2 K zeigen, daß die magnetischen Momente parallel zu den (monoklinen) (101)-Ebenen angeordnet sind. Die magnetische Struktur ist vom A-Typ und läßt sich mit einer pseudotetragonalen Elementarzelle beschreiben [1], s. auch [2].

Das Maximum der Molsuszeptibilität χ_{mol} liegt bei 47 K ($= T_N$). Wie **Fig. 28**, S. 84, zeigt, gilt oberhalb etwa 50 K das Curie-Weiss-Gesetz: $\chi_{mol} = 3.10/(T-8)$, aus dem das effektive magnetische Moment $\mu_{eff} = 5.0$ μ_B abgeleitet wird. Die Zunahme von χ_{mol} unterhalb 20 K könnte darauf beruhen, daß sich die Probe zum Teil zersetzt hat (dies scheint bestätigt durch Messungen an einer nicht vor Feuchtigkeit geschützten Probe) [3]. In guter Übereinstimmung damit sind die Ergebnisse älterer Messungen zwischen 90 und 290 K: Abnahme von $\chi_{mol} \cdot 10^3 = 37.60$ auf 10.65 cm^3/mol bzw. von $\chi \cdot 10^6 = 336$ auf 94.8 cm^3/g; $\chi_{mol} = 3.01/(T-8)$ und $\mu_{eff} = 4.91$ μ_B [4]. Einzelwerte bei 20°C: $\chi_{mol} = 10.24 \times 10^{-3}$ cm^3/mol, $\mu_{eff} = 4.94$ μ_B [5].

NMR-Untersuchungen [6] an pulverförmigen Proben zwischen 77 und 300 K mit Frequenzen $\nu = 2$ bis 16 MHz ergeben eine Verschiebung δH der (breiten) ^{19}F-Resonanz gegen das „normale" Resonanzfeld ω/γ (^{19}F) um einige Prozente zu niedrigeren Werten. Bei konstanter Temperatur ist δH proportional H_0 (Symbole s. S. 45). Bei $\nu = 10.23$ MHz steigt δH mit abnehmender Temperatur von

Fig. 28

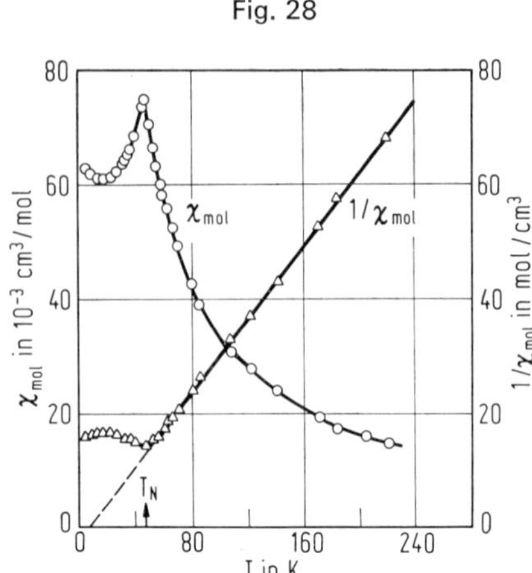

Temperaturabhängigkeit der Molsuszeptibilität χ_{mol} von MnF_3.

NMR of ^{19}F in MnF_3

≈ 55 Oe bei 300 K auf ≈ 230 Oe bei 77 K an, in einer mit der Temperaturabhängigkeit der Suszeptibilität gleichen Weise. Die Linienbreite ΔH (Abstand zwischen den Extrema der Ableitung der Resonanzkurve) wird mit (von 3750 Oe) abnehmendem H_0 kleiner; der auf $H_0 = 0$ extrapolierte, für den Einkristall zu erwartende Wert ist $\Delta H = 9.5$ Oe. Unter der Annahme einer Gaußschen Linienform folgt als Spin-Spin-Relaxationszeit $T_2 \approx 2$ µs. Hieraus und aus der Tatsache, daß keine Sättigung der Resonanz zu beobachten ist, wird für die Spin-Gitter-Relaxationszeit auf $4 \mu s < T_1 < 100 \mu s$ geschlossen. Aus der Richtung der Resonanzverschiebung wird gefolgert, daß die zugrundeliegende Hyperfeinwechselwirkung durch eine kovalente Bindung zwischen Mn^{3+} und F^- bedingt ist und nicht durch den von Shulman, Jaccarino [7] (für MnF_2) angenommenen Elektronentransfer [6]. Siehe auch die teilweise Wiedergabe bei Bose [8].

Die Analyse des Photoelektronenspektrums, ausgelöst durch Al Kα-Röntgenstrahlung, ergibt die Aufspaltung des 3s-Niveaus zu $\Delta E = 5.6$ eV [9].

Literatur:

[1] E. O. Wollan, H. R. Child, W. C. Koehler, M. K. Wilkinson (Phys. Rev. [2] **112** [1958] 1132/6). — [2] E. O. Wollan (Phys. Rev. [2] **117** [1960] 387/401, 389). — [3] R. M. Bozorth, J. W. Nielsen (Phys. Rev. [2] **110** [1958] 879/80), vgl. auch R. M. Bozorth, V. Kramer (J. Phys. Radium **20** [1959] 393/400, 400). — [4] W. Klemm, E. Krose (Z. Anorg. Allgem. Chem. **253** [1947] 226/7). — [5] R. S. Nyholm, A. G. Sharpe (J. Chem. Soc. **1952** 3579/85).

[6] R. G. Shulman, V. Jaccarino (Phys. Rev. [2] **109** [1958] 1084/5). — [7] R. G. Shulman, V. Jaccarino (Phys. Rev. [2] **108** [1957] 1219/31, 1223). — [8] M. Bose (Progr. Nucl. Magn. Resonance Spectrosc. **4** [1969] 335/444, 358, 364/5). — [9] J. C. Carver, G. K. Schweitzer, T. A. Carlson (J. Chem. Phys. **57** [1972] 973/82, 977).

Chemical Reactions. Use

4.2.8.6 Chemisches Verhalten, Verwendung

Bei den meisten Reaktionen mit Elementen und Verbindungen reagiert MnF_3 wie $MnF_2 + 0.5\ F_2$. Es wird daher als schonendes Fluorierungsmittel in der organischen Chemie verwendet. Zur Bildung von Doppelfluoriden mit anderen Metallfluoriden s. Kapitel 4.3, S. 98.

Beim Erhitzen. Nach Effusionsmessungen verdampft MnF_3 primär unzersetzt (s. S. 82) [1], was später bestätigt wird [2]. Die Sublimation beginnt bei 710 K. Bis 1300 K, wo der Sublimationsdruck 1 atm erreicht, herrscht die Sublimation gegenüber der Dissoziation in MnF_2 und F_2 vor [3]. Bei raschem Erhitzen im Platinrohr oder in N_2-Atmosphäre soll MnF_3 in MnF_2 und F_2 dissoziieren [4]. In einem Strom von F_2 oder einem Gemisch von CO_2 und 0.1 atm F_2 wird bei 600°C keine merkliche Zersetzung beobachtet. Der Dissoziationsdruck von MnF_3 sollte demnach bei 600°C unter 0.1 atm liegen [5]. Aus der Bildungsenthalpie (s. S. 80) wird für die Reaktion $2MnF_3 \rightarrow 2MnF_2 + F_2$ bei 400°C der Fluordruck $\lg p(F_2) = -22.6$ berechnet (p in atm) [6]. Die Enthalpie der Reaktion $MnF_3 \rightarrow MnF_2 + 0.5\ F_2$ von $\Delta H_{300} \approx 130$ kcal/mol ist wahrscheinlich etwas zu hoch (berechnet aus der Bildungsenthalpie) [7].

Gegen Elemente. Im H_2-Strom wird MnF_3 unterhalb Rotglut zu MnF_2 und HF reduziert. Mit O_2 bildet sich bei Rotglut ein schwarzes Oxid [4]. — Wird MnF_3 im F_2-Strom auf über 400°C erhitzt, so sublimiert MnF_4 ab [8]. Für die Reaktion MnF_3(fest) + 0.5 F_2(gas) $\rightarrow$ MnF_4(gas) wird mit Hilfe der thermodynamischen Daten aus dem Handbuch von Quill (s. S. 83) die Enthalpie zu $\Delta H_{298} \approx 26$ [3] und $\Delta H_{823} \approx 27$ kcal/mol berechnet [8]. Unter Benutzung thermodynamischer Funktionen von TiF_3 und TiF_4 ergibt sich $\Delta H_{298} = 24.7 \pm 1$ und $\Delta H_{680} = 23.1 \pm 0.5$ kcal/mol [3]. Für MnF_3(fest) + 0.5 F_2(gas) $\rightarrow$ MnF_4(fest) folgt $\Delta H_{298} = 10 \pm 5$ kcal/mol [8]. — Mit Chlor, Brom und Jod reagiert MnF_3 erst bei erhöhter Temperatur unter teilweiser Substitution des Fluors. Mit siedendem Schwefel entstehen flüchtige Schwefelfluoride neben MnF_2 [4]. Mit Selen reagiert MnF_3 bei 250°C [9]. Phosphordampf ergibt beim Erhitzen mit MnF_3 unter Aufglühen PF_3 und PF_5, Arsen unter gleichen Bedingungen ohne starke Wärmeentwicklung AsF_3. Bor, Kohlenstoff und Silicium reagieren bei dunkler Rotglut zu den entsprechenden Fluoriden BF_3, CF_4 bzw. SiF_4 [4]. — Mit Ag-Pulver reagiert MnF_3 bei 500°C nicht (thermogravimetrische Untersuchungen) [10].

Reactions with Elements

Gegen anorganische Verbindungen. Mit XeF_2 oder einem Gemisch von Xe und F_2 reagiert MnF_3 bei hohem Druck zu $XeMnF_6$ (s. S. 261); MnF_3 wirkt außerdem als Katalysator bei der Reaktion zwischen Xe und F_2 [11]. — Mit flüssigem N_2O_5 bildet sich in trockener Atmosphäre bei 5°C $Mn(NO_3)_3$ und $NO_2Mn(NO_3)_4$ (s. „Mangan" C 3, S. 305/6) [12]. — MnF_3 ergibt mit HCl-Gas in der Wärme Cl_2, HF und $MnCl_2$. H_2S-Gas wird durch MnF_3 bei 200°C zersetzt unter Bildung von Schwefelfluoriden. Aus SO_2Cl_2 wird bei 150°C Chlor freigesetzt [4]. Diese Reaktion kann zwischen 110 und 220°C zur Darstellung von SO_2ClF dienen [13]. MnF_3 reagiert mit PCl_3 zu PCl_2F_3, mit PCl_5 zu PF_5, mit CCl_4 zu CF_4 und mit Glas beim Erhitzen heftig zu SiF_4, MnF_2 und Manganoxid [4]. Mit Mn_2O_3 setzt sich MnF_3 in N_2-Atmosphäre oberhalb 360°C zu MnF_2 und O_2 um; bei 700°C ist die Reaktion vollständig [9].

With Inorganic Compounds

Verhalten in Lösungen und Schmelzen. Löslichkeit. Mit wenig H_2O ergibt MnF_3 einen dunklen Niederschlag und eine rote Lösung, die sich unter Bildung von MnF_2, HF und Manganoxidhydrat zersetzt. In wäßrigen Lösungen von HCl, HNO_3 oder H_2SO_4 löst sich MnF_3 zu einer dunkelkastanienfarbenen Lösung; bei Verdünnung tritt Zersetzung ein [4]. — Die Löslichkeit von MnF_3 in flüssigem HF bei −25.2, −7.8 und +11.5°C beträgt 0.134 ± 0.003, 0.147 ± 0.010 bzw. 0.164 ± 0.004 Gew.-% [14]. In flüssigem HF gelöste Fluorojodsäure, Fluorotellursäure, Fluorophosphorsäure und Fluoroniobsäure reagieren nicht mit MnF_3 [15]. Eine Suspension von MnF_3 in flüssigem BrF_3 reagiert mit $NOBrF_4$ im Überschuß zu $(NO)_2MnF_6$, s. S. 271 (die Lösung verhält sich also wie eine MnF_4-Lösung) [16]. In einer eutektischen LiF-NaF-KF-Schmelze löst sich MnF_3 bis 1000°C ohne Zersetzung mit violetter [10] bis rötlicher Farbe [17]. Bei 500°C nimmt jedoch die Intensität der Absorptionsbande von Mn^{III} bei 525 nm langsam ab [17].

In Solutions and Melts. Solubility

Reaktionen mit organischen Verbindungen. MnF_3 reagiert erst bei höheren Temperaturen mit organischen Verbindungen als die vergleichbaren Fluoride AgF_2 oder CoF_3 und verhält sich damit ähnlich wie CeF_4, BiF_5 und UF_8 [18 bis 20]. In Abhängigkeit vom Oxidationspotential des Metall-Ions wird für das Fluorierungsvermögen die Reihenfolge $AgF_2 > CoF_3 > MnF_3 > CeF_4$ aufgestellt [21 bis 23]. Bei der Reaktion mit Perfluorazapropen, F_3CNCF_2, ergibt sich folgende Abstufung der Aktivität: $AgF_2 > AgF > HgF_2 > CoF_3 > PbF_4 > MnF_3$ [24]. Der Vorteil von MnF_3 liegt in der schonenderen Fluorierung im Vergleich zu AgF_2 und CoF_3 in bezug auf die Erhaltung von Doppelbindungen und Kettenlänge [18, 25, 26], s. dazu auch die Patentliteratur [27 bis 33]. Da hier von

Reactions with Organic Compounds

Reactions of MnF_3 with Organic Compounds

den zahlreichen Reaktionen zwischen MnF_3 und organischen Verbindungen nur einzelne Beispiele genannt werden können, sei auf einige zusammenfassende Artikel [18, 21, 22, 34, 35] verwiesen.

Bis 100°C reagiert MnF_3 nicht mit Äthanol, Äther, Chloroform, Benzol und Terpentinöl [4]. Die Reaktion mit CH_4 setzt bei 550°C ein [9]. n-Heptan wird bei 150 bis 250°C fluoriert [21]. Mit Benzol läuft die Reaktion zwischen 200 und 350°C ab [23, 36, 37]. Hochsiedende Schmieröle lassen sich besser mit MnF_3 als mit CoF_3 fluorieren [18, 21, 26]. Zur Reaktion mit 1,1-Difluor- und 1,2-Dichloräthylen s. [19], mit Trichloräthylen s. [38, 39] und mit o-Dichlorbenzol s. [40]. In Chlorfluorkohlenwasserstoffen kann der Fluorgehalt mit MnF_3 noch weiter erhöht werden [29, 41].

Use

Verwendung. Reines MnF_3 oder mit Ag-Pulver gemischt eignet sich als Kathode in elektrochemischen Zellen bei hoher Temperatur mit einer eutektischen LiF-NaF-KF-Schmelze als Elektrolyt (t_s = 458°C) und Mg als Anode [10]. Läßt man Schmelzen von Fluoriden der Erdalkalimetalle oder der Seltenen Erden in einem MnF_3-Dampfstrom (etwa 0.25 bis 2 Gew.-% des Ansatzes) erstarren, so entstehen farblose Kristalle optischer Qualität für den IR-(CaF_2, SrF_2, BaF_2) und UV-Bereich (MgF_2, CaF_2) [42].

Literatur:

[1] K. F. Zmbov, J. L. Margrave (J. Inorg. Nucl. Chem. **29** [1967] 673/80). — [2] T. C. Ehlert (AD 731 856 [1971] 1/3; C. A. **76** [1972] Nr. 80350). — [3] T. C. Ehlert, M. Hsia (J. Fluorine Chem. **2** [1972/73] 33/51, 43, 48). — [4] H. Moissan (Compt. Rend. **130** [1900] 622/7). — [5] H. v. Wartenberg (Z. Anorg. Allgem. Chem. **244** [1940] 337/47, 346).

[6] S. A. Shchukarev, M. A. Oranskaya (Zh. Obshch. Khim. **24** [1954] 2109/19; J. Gen. Chem. USSR **24** [1954] 2077/86, 2084). — [7] M. Barber, J. W. Linnett, N. H. Taylor (J. Chem. Soc. **1961** 3323/32, 3328). — [8] R. Hoppe, W. Dähne, W. Klemm (Liebigs Ann. Chem. **658** [1962] 1/5; Naturwissenschaften **48** [1961] 429). — [9] J. H. Moss, R. Ottie (J. Fluorine Chem. **4** [1974] 238/40). — [10] C. B. Root, R. A. Sutula (Proc. Ann. Power Sources Conf. **22** [1968] 100/2; C. A. **70** [1969] Nr. 25091), R. A. Sutula, U. S. Dept. of the Navy (U. S. P. 3591 418 [1969/71]; C. A. **75** [1971] Nr. 104519).

[11] J. Slivnik, B. Zemva, O. Frlec, T. Ogrin (Inst. Jozef Stefan IJS Rept. R-566 [1969]; C. A. **74** [1971] Nr. 150454), J. Slivnik, B. Zemva (Inst. Jozef Stefan IJS Rept. R-598 [1971]; C. A. **79** [1973] Nr. 118817), B. Zemva (Inst. Jozef Stefan IJS Porocilo P-265 [1971]; C. A. **75** [1971] Nr. 25883). — [12] D. W. Johnson, D. Sutton (Can. J. Chem. **50** [1972] 3326/31). — [13] H. G. McCann, H. Q. Trout, Allied Chemical & Dye Corp. (Can. P. 477788 [1949/51]). — [14] A. W. Jache, G. H. Cady (J. Phys. Chem. **56** [1952] 1106/9). — [15] A. F. Clifford, H. C. Beachell, W. M. Jack (J. Inorg. Nucl. Chem. **5** [1957] 57/70, 61, 63/5).

[16] P. Bouy (Ann. Chim. [Paris] [13] **4** [1959] 853/90, 885). — [17] F. L. Whiting, G. Mamantov, J. P. Young (J. Inorg. Nucl. Chem. **35** [1973] 1553/63, 1556). — [18] M. Stacey, J. C. Tatlow (Advan. Fluorine Chem. **1** [1960] 166/98, 189/91). — [19] D. A. Rausch, R. A. Davis, D. W. Osborne (J. Org. Chem. **28** [1963] 494/7). — [20] C. M. Sharts (J. Chem. Educ. **45** [1968] 185/92, 188).

[21] R. D. Fowler, W. B. Burford III, H. C. Anderson, J. M. Hamilton, A. Spadetti, S. B. Bitterlich, I. Litant (in: C. Slesser, S. R. Schram, Preparation, Properties, and Technology of Fluorine and Organic Fluoro Compounds, Natl. Nucl. Energy Ser. Div. VII **1** [1951] 402/10, 405). — [22] J. Burdon, I. W. Parsons, J. C. Tatlow (Tetrahedron **28** [1972] 43/52). — [23] A. E. Pedler, T. W. Rimmington, R. Stephens, A. J. Uff (J. Fluorine Chem. **2** [1972/73] 121/7). — [24] J. A. Young, W. S. Durrell, R. D. Dresdner (J. Am. Chem. Soc. **81** [1959] 1587/9). — [25] W. A. Sheppard, C. M. Sharts (Organic Fluorine Chemistry, Benjamin, New York 1969, S. 70).

[26] R. D. Fowler, H. C. Anderson, J. M. Hamilton, W. B. Burford III, A. Spadetti, S. B. Bitterlich, I. Litant (Ind. Eng. Chem. Intern. Ed. **39** [1947] 343/5). — [27] R. D. Fowler, U. S. At. Energy Comm. (U. S. P. 2631170 [1943/53]; C. A. **1953** 5958). — [28] A. F. Benning, U. S. At. Energy Comm. (U. S. P. 2567759 [1945/51]; C. A. **1952** 2793). — [29] M. A. Perkins, U. S. At. Energy Comm. (U. S. P. 2499833 [1944/50], 2549988 [1945/51]; C. A. **1950** 5375, **1951** 8026). — [30] A. F. Benning, U. S. At. Energy Comm. (U. S. P. 2521626 [1944/50]; C. A. **1950** 11 085).

[31] N. F. Scarsfield, Imperial Chem. Ind. (B. P. 635201 [1945/50]; C. A. **1950** 4922; U. S. P. 2478666 [1946/49]; C. A. **1950** 1138). — [32] W. B. Burford III, C. E. Weber, U. S. At. Energy Comm. (U. S. P. 2496115 [1948/50]; C. A. **1950** 5091). — [33] A. F. Benning, U. S. At. Energy Comm. (U. S. P. 2541190 [1944/51]; C. A. **1951** 4439). — [34] E. Forche (in: Houben-Weyl, Methoden der Organischen Chemie, Bd. 5, Tl. 3, Stuttgart 1962, S. 1/397, 53/72). — [35] A. K. Barbour, L. J. Belf, M. W. Buxton (Advan. Fluorine Chem. **3** [1963] 181/270, 204, 219/21).

[36] R. Stephens, J. C. Tatlow, E. H. Wiseman (J. Chem. Soc. **1959** 148/58, 158). — [37] E. J. P. Fear, J. Thrower (J. Appl. Chem. [London] **5** [1955] 353/8). — [38] G. Fuller, M. Stacey, J. C. Tatlow, C. R. Thomas (Tetrahedron **18** [1962] 123/33). — [39] A. L. Dittmann, J. M. Wrightson, M. W. Kellogg Co. (U. S. P. 2690459 [1948/54]; C. A. **1955** 11681). — [40] V. V. Lindgren, E. T. McBee, Purdue Research Foundation (U. S. P. 2480081 [1946/49]; C. A. **1950** 2020).

[41] E. T. McBee, R. M. Robb (U. S. P. 2578721 [1945/51]; C. A. **1952** 6156). — [42] M. Sfiligoj, C. F. Swinehart (D. P. 1291321 [1963/69]; C. A. **71** [1969] Nr. 16749).

4.2.9 $MnF_3 \cdot 3H_2O$

Die bereits von Berzelius [1] dargestellte tiefrote, fast schwarze Verbindung entsteht, wenn man Manganit (γ-MnOOH, s. „Mangan" C 1, S. 393) [1, 2], Mn_2O_3 [3, 4] oder frisch gefälltes MnO_2 [2, 3] (besonders in Gegenwart von Mn^{II}-Salzen [5 bis 7])unter Erwärmen in Flußsäure löst und die dunkelbraune Lösung bis zur Kristallbildung eindampft. Sie wird aus verdünnter Flußsäure umkristallisiert [2]. Die Verbindung zeigt eine Neigung zur Bildung übersättigter Lösungen [8]. (Moss, Ottie [4] formulieren die Verbindung irrtümlich als $MnF_3 \cdot 2H_2O$ wie Sidgwick [9].)

Pulverdiagramme zeigen, daß $MnF_3 \cdot 3H_2O$ rhomboedrisch kristallisiert, hexagonale Gitterkonstanten a = 9.6, c = 9.8 Å; Z = 6, Raumgruppe $R\bar{3}$-C_{3i}^2 (Nr. 148). Die Struktur ist vom $NiSnCl_6 \cdot 6H_2O$ ($I6_1$)-Typ, d. h. im Kristall liegen MnF_6- und $Mn(H_2O)_6$-Oktaeder vor [10, 11]. — Röntgendichte 2.114 g/cm³ [11].

Für die Resonanzfelder der ^{19}F-NMR werden prozentuale Verschiebungen gegenüber dem „normalen" Wert $\omega/\gamma(^{19}F)$ von 1.015% bei 301.5 K und 2.93% bei 90 K angegeben [12].

$MnF_3 \cdot 3H_2O$ gibt über konzentrierter Schwefelsäure alles Wasser ab [2, 8]. Beim Erhitzen auf 100°C zersetzt es sich [2]. Auch beim Erhitzen in HF-Gas bis auf 500°C tritt erhebliche Zersetzung zu MnF_2 ein. In kochendem flüssigem HF am Rückfluß wird $MnF_3 \cdot 3H_2O$ nicht vollständig entwässert, so daß es als Ausgangsmaterial für wasserfreies MnF_3 ungeeignet ist [4]. $MnF_3 \cdot 3H_2O$ ist in einer sehr kleinen Menge Wasser löslich, zersetzt sich aber beim Verdünnen oder Kochen unter Abscheidung eines Niederschlags [1], s. auch [8] und „Mangan" B, S. 371 sowie C 1, S. 397. In Gegenwart von mindestens 1.5 Gew.-% HF ist die Lösung selbst in der Siedehitze beständig [3], s. auch [1, 6].

Literatur:

[1] J. J. Berzelius (Ann. Physik Chem. [2] **1** [1824] 1/48, 24). — [2] O. T. Christensen (J. Prakt. Chem. [2] **35** [1886/87] 57/82, 161/81, 70/2). — [3] A. Travers (Bull. Soc. Chim. France [4] **37** [1925] 456/71, 460). — [4] J. H. Moss, R. Ottie (J. Fluorine Chem. **4** [1974] 238/40). — [5] E. Müller, P. Koppe (Z. Anorg. Allgem. Chem. **68** [1910] 160/4).

[6] L. v. Putnoky, B. v. Bobest (Z. Elektrochem. **37** [1931] 156/63). — [7] I. G. Ryss, B. S. Vitukhnovskaya (Zh. Neorgan. Khim. **3** [1958] 1185/7; Russ. J. Inorg. Chem. **3** Nr. 5 [1958] 166/9). — [8] E. Petersen (Z. Physik. Chem. **4** [1889] 384/412, 411). — [9] N. V. Sidgwick (The Chemical Elements and Their Compounds, Clarendon Press, Oxford 1950, S. 1276). — [10] I. Maak, P. Eckerlin, A. Rabenau (Naturwissenschaften **48** [1961] 218).

[11] J. D. H. Donnay, H. M. Ondik (Crystal Data, Determinative Tables, 3. Aufl., Bd. 2, Inorganic Compounds, Washington, D. C., 1973, S. H-101). — [12] K. R. Katchapeswaran (Diss. 1966, zitiert nach M. Bose, Progr. Nucl. Magn. Resonance Spectrosc. **4** [1969] 335/444, 358).

Solutions of MnF_3

4.2.10 Lösungen von MnF_3

Die Bildungsenthalpie einer wäßrigen Lösung von MnF_3 bei unendlicher Verdünnung unter Standardbedingungen wird zu $\Delta H^\circ_{298} = -260$ kcal/mol berechnet [1].

Während MnF_3 und $MnF_3 \cdot 3H_2O$ von reinem H_2O leicht hydrolysiert werden, genügen relativ geringe Zusätze an Flußsäure, um stabile dunkelrote Lösungen zu erhalten, s. S. 85 und 87. Eine von Fremd-Ionen freie Lösung entsteht, außer bei den Verfahren, die bei der Herstellung von $MnF_3 \cdot 3H_2O$ genannt werden, beim Erwärmen äquivalenter Mengen $MnCO_3$ und MnO_2 [2] oder MnF_2 und MnO_2 in Flußsäure [3]. Bei der Oxidation einer wäßrigen Suspension von MnF_2 mit F_2 tritt H_2O_2 als Nebenprodukt auf [4]. $KMnO_4$ reagiert in flußsaurer Lösung mit Mn^{II}-Salzen zu einer komplexen Mn^{III}-Salzlösung [5]. Mn^{II}-Salze lassen sich in flußsaurer Lösung auch anodisch zu Mn^{III} oxidieren, s. beispielsweise [6, 7] und „Mangan" B, S. 381.

In diesen Lösungen treten die komplexen Ionen MnF_n^{3-n} mit n = 1 bis 6 auf, s. unten. In einer flußsauren Lösung, die aus MnF_2 und MnO_2 hergestellt wurde (s. oben), wird bei Raumtemperatur hauptsächlich das Ion MnF_6^{3-} nachgewiesen [3]. Aus den Lösungen lassen sich mit Metallsalzen leicht komplexe Fluoride mit n = 4 und 5, seltener auch mit n = 6 fällen, s. Kapitel 4.3, S. 98. Neben den reinen Fluorokomplexen bildet sich auch $Mn(OH)F^+$, s. S. 267. — Die Bildung von Fluoromanganat(III)-Ionen bei der Reaktion von Mn^{2+} und MnO_4^- ist für die analytische Bestimmung von Mangan von Bedeutung, s. „Mangan" C 2, S. 61.

Literatur:

[1] F. D. Rossini, D. D. Wagman, W. H. Evans, S. Levine, I. Jaffe (Natl. Bur. Std. [U. S.] Circ. Nr. 500 [1952] 274). — [2] I. G. Ryss, B. S. Vitukhnovskaya (Zh. Neorgan. Khim. **3** [1958] 1185/7; Russ. J. Inorg. Chem. **3** Nr. 5 [1958] 166/9). — [3] E. R. Scheffer, E. M. Hammaker (J. Am. Chem. Soc. **72** [1950] 2575/8). — [4] F. Fichter, E. Brunner (J. Chem. Soc. **133** [1928] 1862/8). — [5] E. Müller, P. Koppe (Z. Anorg. Allgem. Chem. **68** [1910] 160/4).

[6] N. C. Jones (J. Phys. Chem. **33** [1929] 801/24, 815/7). — [7] L. v. Putnoky, B. v. Bobest (Z. Elektrochem. **37** [1931] 156/63).

Complex Manganese (III) Fluoride Ions MnF_n^{3-n}

4.2.11 Komplexe Mangan(III)-fluorid-Ionen MnF_n^{3-n} (n = 1 bis 6)

Formation

4.2.11.1 Bildung

Diese Ionen treten in flußsauren Lösungen von MnF_3, $K_2MnF_5 \cdot H_2O$ und $(NH_4)_2MnF_5$ auf (s. oben und S. 205, 209). Bei der Umsetzung von $KMnO_4$ mit $MnSO_4$ in wäßriger Lösung bilden sich bei Raumtemperatur mit steigender F^--Konzentration die komplexen Ionen mit n = 1 bis 6. Gleichgewichtskonstanten K der Reaktion $MnO_4^- + 4Mn^{2+} + 8H^+ + 5nF^- \rightleftharpoons 5MnF_n^{3-n} + 4H_2O$ sowie reziproke Stabilitätskonstanten $[Mn^{3+}]\ [F^-]^n/[MnF_n^{3-n}] = 1/\beta_n$ bzw. $p(1/\beta_n)$, erhalten aus amperometrischen Titrationen bei 25°C, sind in der folgenden Tabelle wiedergegeben; Ionenstärke I zwischen 0.1 und 0.01 (H_2SO_4, KNO_3, NaF) [1]:

n	lg K_n	$1/\beta_n$	$p(1/\beta_n)$
1	27.4 ± 0.20	(3.0 ± 0.3) × 10^{-6}	5.52 ± 0.04
2	45.0 ± 0.10	(9.1 ± 0.4) × 10^{-10}	9.04 ± 0.02
3	57.96 ± 0.35	(2.3 ± 0.4) × 10^{-12}	11.64 ± 0.07
4	66.91 ± 0.75	(4.1 ± 1.3) × 10^{-14}	13.41 ± 0.15
5	73.42 ± 0.90	(2.1 ± 0.8) × 10^{-15}	14.72 ± 0.18
6	76.81 ± 1.20	(2.9 ± 1.4) × 10^{-16}	15.60 ± 0.24

Aus $^*K_1$ [2] (s. unten) und der Dissoziationskonstanten von HF wurde schon früher $1/\beta_1 \approx 2.2 \times 10^{-6}$ bei I = 2 ($HClO_4$) und 25.2°C erhalten [3], s. auch [4].

Aus titrimetrischen Messungen der HF-Konzentration wird für $Mn^{3+} + HF \rightleftharpoons MnF^{2+} + H^+$ als Gleichgewichtskonstante $^*K_1 = 320$ (lg $^*K_1 = 2.51$) bei I = 2 ($HClO_4$) und 25.2°C gefunden [2]. Aus der Änderung des Absorptionsspektrums mit der Fluoridkonzentration bei 23°C wird $^*K_1 = 250 \pm 50$ (lg $^*K_1 = 2.4$) bei $I = 5.3$ ($HClO_4$), $[H^+] \approx 1.44$ mol/l und $^*K_1 = 540 \pm 100$ (lg $^*K_1 = 2.7$) bei $I = 6.1$ ($HClO_4$), $[H^+] \approx 5.14$ mol/l erhalten [4]. Ebenfalls aus dem sichtbaren Absorptionsspektrum wird $^*K_1 = 160 \pm 10$ bei $I = 5.35$ ($Mn(ClO_4)_2$) und 23°C gemessen und $^*K_1 \approx 370$ bei $I = 2$ und 25°C berechnet [5]. Über die Spektren der Lösungen s. „Mangan" B, S. 191.

In festen Komplexverbindungen (s. Kapitel 4.3, S. 98) ist das Mangan in der Regel oktaedrisch von Fluor koordiniert. Isolierte MnF_6^{3-}-Gruppen treten in Alkalihexafluoromanganaten(III) und $[Cr(NH_3)_6]MnF_6$ auf (s. S. 202 und 272).

Literatur:

[1] V. I. Gordienko, V. I. Sidorenko (Zh. Neorgan. Khim. **14** [1969] 58/63; Russ. J. Inorg. Chem. **14** [1969] 30/3). — [2] H. Taube (J. Am. Chem. Soc. **70** [1948] 3928/35, 3931/2). — [3] I. G. Ryss, B. S. Vitukhnovskaya (Zh. Neorgan. Khim. **3** [1958] 1185/7; Russ. J. Inorg. Chem. **3** Nr. 5 [1958] 166/9). — [4] J. P. Fackler, I. D. Chawla (Inorg. Chem. **3** [1964] 1130/4). — [5] G. Davies, K. Kustin (Inorg. Chem. **8** [1969] 1196/8).

4.2.11.2 Das MnF_6^{3-}-Ion

The MnF_6^{3-} Ion

Elektronische Struktur, Terme

Die Besetzung der Molekülorbitale ist bis $2t_{2g}$ dieselbe wie bei MnF_6^{2-} (s. S. 93); das zusätzliche Elektron befindet sich im Grundzustand auf dem nächst höheren Orbital $2e_g$. Der Konfiguration $(2t_{2g})^3\,2e_g$ entspricht für ein Ion mit O_h-Symmetrie der Grundterm ^5E_g; zur gleichen Konfiguration gehören die Tripletts $^3T_{2g}$ und ^3E_g. Der erste Anregungsterm $^5T_{2g}$ ist der unterste der Konfiguration $(2t_{2g})^2\,(2e_g)^2$, und zur Konfiguration $(2t_{2g})^4$ gehört unter anderen der Term $^3T_{1g}$; s. hierzu beispielsweise Figgis [1].

Im Grundzustand rührt das magnetische Moment des MnF_6^{3-} nur vom Spin des Mn^{3+} her, müßte also 4.90 μ_B betragen. Gemessene Werte (in Auswahl): 4.95 μ_B in K_3MnF_6 (s. S. 203) [2], 4.90 μ_B in KCs_2MnF_6 (s. S. 215) [3] und 4.94 μ_B in $[Co(NH_3)_6]\,MnF_6$ [4].

Da der ^5E_g-Grundzustand zweifach bahnentartet ist, muß die Ligandenanordnung mit O_h-Symmetrie auf Grund des Jahn-Teller-Theorems instabil sein, d. h. ein axial verzerrtes Oktaeder (gedehnt oder gestaucht, Punktgruppe D_{4h}) ist energetisch günstiger als das streng reguläre, s. beispielsweise Liehr [5]. Bei MnF_6^{3-} beträgt die spektroskopisch bestimmte relative Stabilisierungsenergie gegenüber der fiktiven regulären Anordnung bei Zugrundelegung verschiedener Meßergebnisse 2680 cm^{-1} ($\triangleq$ 7.66 kcal/mol) oder 3200 cm^{-1} ($\triangleq$ 9.15 kcal/mol) [6]. Die Verzerrung kann längs jeder der drei vierzähligen Achsen des regulären Oktaeders vorliegen, und diese drei stabilen Anordnungen sind durch Potentialbarrieren voneinander getrennt. Wenn diese hoch genug sind, wird MnF_6 in einer der drei stabilen Lagen fixiert, so daß ein längs einer bestimmten Achse verzerrtes Oktaeder entsteht. Wenn jedoch die Barrierenhöhe vergleichbar mit der thermischen Energie ist, können alle drei stabilen Lagen simultan eingenommen werden, so daß die sechs Liganden und ihre Abstände zum Zentralatom ununterscheidbar sind. Der erste Fall scheint in K_3MnF_6 [2, 4], in NaK_2MnF_6 (s. S. 204) [7] und in KCs_2MnF_6 [3], der zweite in $[Cr(NH_3)_6]MnF_6$ (s. S. 272) [8] vorzuliegen. Röntgenographisch werden in NaK_2MnF_6 zwei lange und vier kurze Mn-F-Abstände gemessen [7], während in $[Cr(NH_3)_6]MnF_6$ die röntgenographisch gemessenen Mn-F-Abstände alle gleich sind [8], s. S. 90.

Für die Termaufspaltung im Ligandenfeld tetragonaler Symmetrie gilt folgendes Korrelationsschema gemäß $O_h \rightarrow D_{4h}$: $A_{1g} \rightarrow A_{1g}$, $A_{2g} \rightarrow B_{1g}$, $E_g \rightarrow A_{1g} + B_{1g}$, $T_{1g} \rightarrow A_{2g} + E_g$, $T_{2g} \rightarrow B_{2g} + E_g$ (entsprechend für die Orbitale) [9]. Für ein axial gestrecktes Oktaeder ergeben sich aus den beiden tiefsten Zuständen (in O_h) ^5E_g und $^5T_{2g}$ in energetischer Reihenfolge die Terme $^5B_{1g}$ ($e_g^2\,b_{2g}a_{1g}$) als Grundzustand sowie $^5A_{1g}$ ($e_g^2\,b_{2g}\,b_{1g}$), $^5B_{2g}$ ($e_g^2\,a_{1g}\,b_{1g}$) und ^5E_g ($e_g\,b_{2g}\,a_{1g}\,b_{1g}$) als angeregte Zustände. Die Energieabstände zum Grundzustand lassen sich durch die Ligandenfeldparameter Dq des regulär-oktaedrischen Feldes (s. S. 94) sowie Ds und Dt des tetragonalen Feldes (s. [9]) ausdrücken

The MnF_6^{3-} Ion

[6, 10]. Aus Messungen der diffusen Reflexion an K_3MnF_6 werden für die spin-erlaubten Übergänge folgende Energien und Ligandenfeldparameter in cm^{-1} bestimmt:

$^5A_{1g}$	$^5B_{2g}$	^5E_g	Dq	Ds	Dt	Lit.
9000	17800	19400	1740	1600	520	[11]
8600	17500	19200	—	—	—	[4]
9000	17500	21000	1750	1785	370	[6]
9000	17400	19600	1740	1600	520	[10, 13]

An $[Rh(NH_3)_6]MnF_6$ werden die Termenergien $T(^5B_{2g}) = 18000$ und $T(^5E_g) = 19300\ cm^{-1}$ gemessen; entsprechende Banden (teilweise verdeckt) sind an $[Co(NH_3)_6]MnF_6$ und $[Cr(NH_3)_6]MnF_6$ beobachtbar [4]. Die von Davis u. a. [6] angegebenen Werte beruhen auf Messungen von Hatfield, Parker [12]. Die $^5A_{1g} \leftarrow {}^5B_{1g}$-Bande bei 9000 cm^{-1} tritt auch in zahlreichen anderen Mn^{III}-Verbindungen auf [6].

Aus dem Reflexionsspektrum von K_3MnF_6 leiten Allen u. a. [11] folgende Energien (in 1000 cm^{-1}) von Triplett-Termen ab, die dieselbe Konfiguration ($e_g^2\ b_{2g}\ a_{1g}$) wie der Grundzustand haben: 18.91 ($^3B_{1g}$), 20.43 ($^3A_{2g}$), 21.32 ($^3A_{1g}$), 23.61 ($^3B_{1g}$) und 39.84 ($^3B_{2g}$). Eine Bande bei 26200 cm^{-1} wird dem Term $^3B_{2g}$ ($e_g^2\ b_{2g}\ b_{1g}$) zugeordnet, der eine Beimischung > 50% von B_{2g} ($e_g^2\ b_{2g}\ a_{1g}$) hat.

Die Zuordnung eines Absorptionsspektrums von Mn^{3+} in Flußsäure (mit einem Maximum bei etwa 21700 cm^{-1} [14, 15] und einer Vorbande bei 12750 cm^{-1} [16]) zu MnF_6^{3-} erscheint angesichts der Ergebnisse für K_3MnF_6 zweifelhaft [12, 17].

Kernabstände

Die deutlich verschiedenen Mn-F-Abstände 1.86 Å (4 ×) und 2.06 Å (2 ×) in NaK_2MnF_6 (röntgenographische Kristallstrukturbestimmung) gelten als Indiz für eine Jahn-Teller-Verzerrung [7]. In $[Cr(NH_3)_6]MnF_6$ werden röntgenographisch sechs gleiche Mn-F-Abstände von 1.922 ± 0.002 Å gemessen; diese Länge entspricht dem gewichteten Mittel der vier kurzen und zwei langen Abstände in NaK_2MnF_6 [8]. Theoretisch mit einer CNDO-Näherung berechnete Mn-F-Abstände s. bei Allen u. a. [18].

Schwingungen, Kraftkonstanten

Das MnF_6^{3-}-Ion hat in den Kristallen $[M^{III}(NH_3)_6]MnF_6$ mit M^{III} = Co, Cr oder Rh die Punktsymmetrie O_h. Wegen der Lagesymmetrie C_{3i} müßten theoretisch sechs infrarotaktive Schwingungen möglich sein: zwei Valenz- und vier Deformationsschwingungen. Beobachtet werden an diesen Verbindungen nur eine Valenzschwingung ($\nu = 545 \pm 1\ cm^{-1}$) und je zwei Deformationsschwingungen: 289 und 348, 289 und 351 bzw. 285 und 353 cm^{-1}. Die Valenzkraftkonstante ergibt sich zu f_r = 1.97 mdyn/Å [4]. Eine neuere Auswertung der spektroskopischen Daten von $[Cr(NH_3)_6]MnF_6$ führt zu f_r = 1.76 mdyn/Å und zu der Biegekraftkonstante f_α = 0.355 mdyn/Å [19]. — In K_3MnF_6 und NaK_2MnF_6 hat das MnF_6-Ion die Punktsymmetrie D_{4h}, so daß zwei Valenz- und drei Deformationsschwingungen zu erwarten sind. Gefunden werden je vier Absorptionsbanden bei etwa 200, 293, 394 und 565 cm^{-1} bzw. bei etwa 230, 300, 399 und 579 cm^{-1}. Die letzte (565, 579 cm^{-1}) ist der Valenzschwingung der kurzen Mn-F-Bindungen, ν_9 (E_u), die vorletzte der Valenzschwingung der langen Mn-F-Bindungen, ν_3 (A_{2u}), zuzuordnen [4]. Hieraus ergeben sich die Valenzkraftkonstanten f_r = 1.88 bzw. 0.92 mdyn/Å [19].

Literatur:

[1] B. N. Figgis (Introduction to Ligand Fields, New York 1966, S. 157). — [2] R. D. Peacock (J. Chem. Soc. **1957** 4684/5). — [3] S. Schneider, R. Hoppe (Z. Anorg. Allgem. Chem. **376** [1970] 268/76). — [4] K. Wieghardt, H. Siebert (Z. Anorg. Allgem. Chem. **381** [1971] 12/20). — [5] A. D. Liehr (Progr. Inorg. Chem. **3** [1962] 281/314).

[6] T. S. Davis, J. P. Fackler, M. J. Weeks (Inorg. Chem. **7** [1968] 1994/2002). — [7] K. Knox (Acta Cryst. **16** [1963] A 45). — [8] K. Wieghardt, J. Weiss (Acta Cryst. B **28** [1972] 529/34). — [9] C. J. Ballhausen (Introduction to Ligand Field Theory, New York 1962, S. 88, 100). — [10] D. Oelkrug (Ber. Bunsenges. Physik. Chem. **70** [1966] 736/44).

[11] G. C. Allen, G. A. M. El-Sharkawy, K. D. Warren (Inorg. Chem. **10** [1971] 2538/46). — [12] W. E. Hatfield, W. E. Parker (Inorg. Nucl. Chem. Letters **1** [1965] 7/9). — [13] D. Oelkrug (Angew. Chem. **78** [1966] 782; Angew. Chem. Intern. Ed. Engl. **5** [1966] 744). — [14] E. R. Scheffer, E. M. Hammaker (J. Am. Chem. Soc. **72** [1950] 2575/8). — [15] C. Furlani, A. Ciana (Ann. Chim. [Rome] **48** [1958] 286/98).

[16] R. Dingle (Inorg. Chem. **4** [1965] 1287/90). — [17] G. C. Allen, K. D. Warren (Struct. Bonding [Berlin] **9** [1971] 49/138, 73). — [18] G. C. Allen, D. W. Clack, M. S. Farrimond (J. Chem. Soc. A **1971** 2728/33). — [19] H. Siebert (Z. Naturforsch. **27b** [1972] 1101/2).

4.2.12 Dimanganpentafluorid Mn_2F_5

Dimanganese Pentafluoride

Erste Hinweise auf die Bildung dieser Verbindung gaben massenspektrometrische Untersuchungen von Gemischen aus MnF_2 und MnF_3, wobei im festen Rückstand eine neue Phase beobachtet wurde [1]. Mn_2F_5 wird aus MnF_2 und MnF_3 unter Argon in einem verschlossenen Goldrohr hergestellt. Dieses befindet sich in einem Ar-gefüllten geschlossenen Kupferrohr, um den durch teilweise Zersetzung von MnF_3 auftretenden Fluordruck auszugleichen. Wird bei 300°C, einem Fluordruck von etwa 4 bar und einem Molverhältnis $MnF_3:MnF_2 = 1.25$ gearbeitet, so wird MnF_2-freies Mn_2F_5 als violettes hygroskopisches Pulver erhalten [2].

Das Röntgendiagramm wird in Analogie zu $MnCrF_5$ (s. S. 259) rhombisch indiziert mit den Gitterkonstanten $a = 15.44 \pm 0.02$, $b = 7.27 \pm 0.01$, $c = 6.17 \pm 0.01$ Å; Z = 8 [2]; d-Werte s. Originale [1, 2]. Die Raumgruppe entspricht nicht der von $MnCrF_5$. Wahrscheinlich bewirkt der beim Mn^{III}-Ion auftretende Jahn-Teller-Effekt eine Erniedrigung der Symmetrie. — Experimentell bestimmte Dichte 3.86 ± 0.05, berechnete Dichte 3.93 g/cm³. — Mn_2F_5 ist unterhalb $T_N = 54 \pm 3$ K antiferromagnetisch. Bis 370 K folgt die magnetische Suszeptibilität dem Curie-Weiss-Gesetz; paramagnetische Curie-Temperatur $\Theta_p = -45 \pm 5$ K, Curie-Konstante $C_m = 7.29 \pm 0.05$ (experimentell) bzw. 7.38 (berechnet) [2].

Literatur:

[1] T. C. Ehlert, M. Hsia (J. Fluorine Chem. **2** [1972/73] 33/51, 41/2). — [2] A. Tressaud, J. M. Dance (Compt. Rend. C **278** [1974] 463/5).

4.2.13 Mangantetrafluorid MnF_4

Manganese Tetrafluoride

Bildung und Darstellung. Die Isolierung von MnF_4, dem bisher fluorreichsten Manganfluorid, ist erst in neuerer Zeit gelungen. Es sublimiert ab, wenn MnF_2, $MnCl_2$, $MnSO_4$, MnF_3 oder $LiMnF_5$ im Fluorstrom auf 550°C erhitzt werden und kann mit Hilfe eines wassergekühlten Goldfingers aufgefangen werden. Es wird unter Ar oder F_2 isoliert. Bei der Fluorierung der Mn^{II}-Verbindungen bildet sich zunächst MnF_3. Die Bildung von MnF_4 setzt bei etwa 400°C ein (s. dazu auch S. 85). Bei diesem Verfahren entstehen 15 bis 20 mg MnF_4/h [1, 2]. Zur Darstellung von MnF_4 aus MnF_2 und F_2 bei $T \leqq 750$ K s. auch [3]. Schneller und in größeren Mengen entsteht MnF_4 durch direkte Fluorierung von Manganpulver im Wirbelschichtverfahren bei 600 bis 700°C im Nickelrohr. Es wird in einer mit flüssiger Luft gekühlten Falle aufgefangen und im Vakuum bei −60°C von überschüssigem Fluor und HF befreit [4, 5]. Fluoriert man mit ClF statt mit F_2, so bildet sich hauptsächlich ein unbekanntes rotes Produkt neben wenig MnF_4 [5]. — MnF_4 entsteht ferner, wenn K_2MnF_6 in wasserfreiem flüssigem HF mit AsF_5 umgesetzt wird; daneben bildet sich $KAsF_6$ [6]. — Bei der heftigen Reaktion von $Mn(JO_3)_2$ mit überschüssigem BrF_3 wird zwar offensichtlich das Mangan zu Mn^{IV} oxidiert, doch kann aus der Lösung kein MnF_4 isoliert werden [7]. Die früher durchgeführten Reaktionen einer wäßrigen Suspension von MnF_2 mit F_2 [8], von MnO_2 mit strömendem wasserfreiem HF bei 450 bis 600°C

Manganese Tetrafluoride

sowie von metallischem Mangan [9] oder MnO_2 [10] mit BrF_3 sind für die Darstellung von MnF_4 nicht geeignet.

Die Standardenthalpie der Bildung aus den Elementen bei 298 K wird für MnF_4(fest) zu $\Delta H° = -265 \pm 21$ und für MnF_4(gas) zu $\Delta H° = -231 \pm 17$ kcal/mol aus thermodynamischen Daten von MnF_4 und MnF_3 ermittelt [3]. (Früher war $\Delta H^{\circ}_{298} = -230 \pm 7$ kcal/mol und $(\Delta G - \Delta H_{298})/T = 67$ cal · mol^{-1} · K^{-1} bei 298.1 und 500 K nach v. Wartenberg [11] für MnF_4(fest) geschätzt worden [12].)

The Molecule

Molekül. MnF_4-Moleküle werden massenspektrometrisch im Dampf über MnF_4 (T = 700 K) nachgewiesen: Die gemessenen Auftrittspotentiale von MnF_4^+- und MnF_3^+-Ionen betragen AP $(MnF_4^+) = 13.15$ eV, AP$(MnF_3^+) = 15.19$ eV; eine Korrektur bezüglich des Einflusses innerer thermischer Energie ergibt AP$(MnF_4^+) = 13.46$ eV, AP$(MnF_3^+) = 15.50$ eV. Daraus folgt die Dissoziationsenergie D°_{298} $(MnF_3\text{-}F) = 2.93$ eV $\triangleq 68 \pm 6$ kcal/mol. Die massenspektrometrische Untersuchung des Gleichgewichtes $MnF_3(\text{fest}) + {}^1/_2F_2(\text{gas}) \rightleftharpoons MnF_4(\text{gas})$ bei T = 604 bis 735 K ergibt D°_{298} $(MnF_3\text{-}F) = 62.3 \pm 2.4$ kcal/mol und die Atomisierungsenthalpie $\Delta H^{\circ}_{at,\,298} = 372 \pm 19$ kcal/mol [3].

Molekuare Konstanten sind geschätzt: Der Kernabstand r(Mn-F) = 1.67 Å wird von CrF_4 übernommen. Eine tetragonale Struktur (Punktgruppe T_d) wird angenommen [13], jedoch ist Symmetrieerniedrigung bis C_{2v} (gestörtes Tetraeder mit zwei nichtäquivalenten Bindungspaaren) nicht auszuschließen, wie Betrachtungen der Valenzzustände des Manganatoms in MnX_n-Molekülen (n = 2, 3, 4; X = einwertiger Ligand) zeigen [14]. Für die vier Fundamentalschwingungen werden die Frequenzen $\nu_1(A_1) = 715$ cm^{-1}, $\nu_2(E) = 215$ cm^{-1}, $\nu_3(F_2) = 870$ cm^{-1}, $\nu_4(F_2) = 220$ cm^{-1} abgeschätzt mit Hilfe der Beziehungen zwischen der Streck- (k_1) oder Biegekraftkonstante (k_δ/r^2) für ein Valenzkraftfeld [15] und der Kraftkonstante k_e von MnF: $k_1 = 1.8\ k_e$, $k_\delta/r^2 = 0.054\ k_e$ (Beziehungen hergeleitet an TiCl und $TiCl_4$) [13].

Physical Properties

Physikalische Eigenschaften. Festes MnF_4 ist nach Pulverdiagrammen röntgenamorph [2]. Aus thermischen Funktionen von TiF_4 wird für MnF_4 die Sublimationsenthalpie $\Delta H_{subl} = 34 \pm 4$ bei 298 K und $\Delta H_{subl} = 32 \pm 3$ kcal/mol bei 600 K abgeschätzt. Aus dem Sublimationsdruck von 10^{-6} atm bei 600 K wird $\Delta H_{subl} = 40 \pm 5$ kcal/mol abgeleitet. Der Schmelzpunkt liegt vermutlich oberhalb 600 K [3]. Der Wärmeinhalt wird auf $H_{500} - H_{298} = 6$ kcal/mol, das Entropie-Inkrement auf $S_{500} - S_{298} = 14$ cal · mol^{-1} · K^{-1} (Ungenauigkeit 20%), $-(G - H_{298})/T = 38 \pm 10$ und 40 ± 10 cal · mol^{-1} · K^{-1} bei 298.1 bzw. 500 K geschätzt [12].

Reines MnF_4 ist blau [4, 5] bis hell-blaugrau und in dünnen Schichten fast farblos [1, 2]. — MnF_4 befolgt das Curie-Weiss-Gesetz mit $\Theta_p = -10$ K zwischen 90 und 295 K. Die Molsuszeptibilität χ_{mol} fällt von etwa 18000×10^{-6} bei 90 K über etwa 8900×10^{-6} bei 195 K auf etwa 5900×10^{-6} cm^3/mol bei 295 K. Das magnetische Moment entspricht mit 3.84 μ_B recht gut dem für Mn^{4+} zu erwartenden Wert von 3.87 μ_B [1, 2].

Chemical Reactions

Chemisches Verhalten. MnF_4 dissoziert bei Raumtemperatur langsam zu MnF_3 und F_2 [2, 3], ebenso bei 0°C im Hochvakuum [5]. Aus massenspektrometrischen Daten wird $p(F_2) = 10^{-9} \pm 10$ atm bei etwa 300 K und $p(F_2) < 10^{-3} \pm 10$ atm bei 700 K geschätzt [3], vgl. auch das chemische Verhalten von MnF_3 gegen F_2, S. 85. Massenspektrometrisch werden im Dampf über MnF_4 die Ionen Mn^+ (37), MnF^+(23), MnF_2^+(49), MnF_3^+(100) und MnF_4^+(28) gefunden (relative Intensitäten in Klammern) [3].

MnF_4 ist ungewöhnlich reaktionsfähig. Es wird schon von Spuren von Feuchtigkeit heftig zersetzt [1, 2]. Bei der Reaktion mit H_2O werden unter starkem Zischen violettrote Nebel ($HMnO_4$?) gebildet [2]. Diese Nebel werden allerdings von anderen Autoren nicht beobachtet [4, 5]. Mit trockenem, dreimal über Natrium destilliertem Petroleum reagiert MnF_4 sofort unter Feuererscheinung [1, 2]. In abgeschmolzenen Glasampullen unter trockenem N_2 oder im Vakuum nimmt die Reaktionsfähigkeit schon in wenigen Stunden deutlich ab. Im Laufe einiger Tage wird das Glas angegriffen, und beim Öffnen länger aufbewahrter Ampullen zeigt sich ein geringer Überdruck (SiF_4?, F_2?) [2]. — Über komplexe Fluoride mit Mn^{IV} s. Kapitel 4.3, S. 98.

Literatur:

[1] R. Hoppe, W. Dähne, W. Klemm (Naturwissenschaften **48** [1961] 429). — [2] R. Hoppe, W. Dähne, W. Klemm (Liebigs Ann. Chem. **658** [1962] 1/5). — [3] T. C. Ehlert, M. Hsia (J. Fluorine Chem. **2** [1972/73] 33/51, 34, 40, 43, 48/9). — [4] H. W. Roesky, O. Glemser (Angew. Chem. **75** [1963] 920/1). — [5] H. W. Roesky, O. Glemser, K. H. Hellberg (Chem. Ber. **98** [1965] 2046/8).

[6] T. L. Court, M. F. A. Dove (Chem. Commun. **1971** 726). — [7] A. G. Sharpe, A. A. Woolf (J. Chem. Soc. **1951** 798/801). — [8] F. Fichter, E. Brunner (J. Chem. Soc. **1928** 1862/8). — [9] V. Gutmann, H. J. Emeléus (Monatsh. Chem. **81** [1950] 1157/9). — [10] H. J. Emeléus, A. A. Woolf (J. Chem. Soc. **1950** 164/8).

[11] H. v. Wartenberg (Z. Anorg. Allgem. Chem. **244** [1940] 337/47, 346). — [12] L. Brewer, L. A. Bromley, P. W. Gilles, N. L. Lofgren (in: L. L. Quill, The Chemistry and Metallurgy of Miscellaneous Materials, Thermodynamics, McGraw-Hill, New York-Toronto-London 1950, S. 76/192, 82, 96, 110). — [13] V. G. Solomonik, K. S. Krasnov, E. V. Morozov (Izv. Vysshikh Uchebn. Zavedenii Khim. i Khim. Tekhnol. **16** [1973] 1291/3; C. A. **79** [1973] Nr. 151269). — [14] O. P. Charkin (Zh. Strukt. Khim. **10** [1969] 754/6; J. Struct. Chem. [USSR] **10** [1969] 654/6). — [15] G. Herzberg (Molecular Spectra and Molecular Structure II. Infrared and Raman Spectra of Polyatomic Molecules, Princeton, N. J.-Toronto-New York-London 1945, S. 182).

4.2.14 Das Fluoromanganat(IV)-Ion MnF_6^{2-}

The Fluoromanganate(IV) Ion

Die elektronische Struktur oktaedrischer MX_6-Komplexe wird üblicherweise im Rahmen der Ligandenfeldtheorie [1 bis 4] beschrieben.

Für MnF_6^{2-} muß dasselbe Bindungsschema gelten wie für das isoelektronische CrF_6^{3-}, s. **Fig. 29** nach Allen, Warren [3]. Molekülorbitale werden aus den Orbitalen 3d, 4s und 4p von Mn^{4+} (links) und den 2pσ- und 2pπ-Orbitalen von F^- (rechts), die sich nach denselben irreduziblen Darstellungen der Gruppe O_h transformieren, gebildet. Überwiegend Ligandenbeitrag haben die σ-bindenden Orbitale $1a_{1g}$, $1e_g$ und $1t_{1u}$, überwiegend Zentralatombeitrag die π-Bindungs-Orbitale $1t_{2g}$, $2t_{2g}$ und die σ-antibindenden Orbitale $2e_g$, $2a_{1g}$ und $3t_{1u}$. Die π-Bindungs-Orbitale $2t_{1u}$, $1t_{2u}$ und $1t_{1g}$ sind vollständige Ligandenorbitale ohne Zentralatom-Beitrag [4]. Für $2t_{2g}(\pi)$ und die σ-antibindenden

Fig. 29

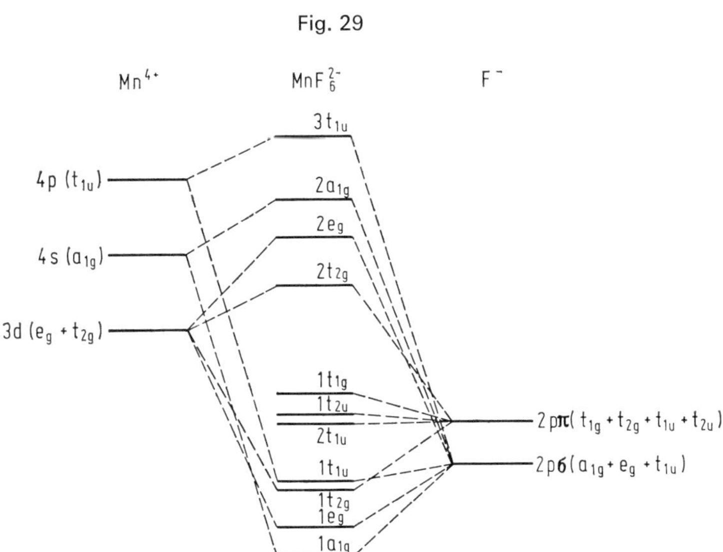

Molekülorbital-Diagramm für MnF_6^{2-}.

MnF_6^{2-}

Orbitale ergibt sich das gleiche Bild auch aus quantenmechanischen Rechnungen mit der CNDO-Näherung [5] bzw. mit der „multiple scattering X_α"-Methode [6]. — Resultierende Orbitalenergien s. Originale [5, 6], mit der Wolfsberg-Helmholz-Näherung berechnete s. [7], nach HF-Rechnungen mit einer „multi-center-NDO"-Näherung s. [8]. Von denselben Autoren [5 bis 8] werden auch Orbitalpopulationen und Atomladungen berechnet. Für das Mn-Ion ergibt sich dabei (naturgemäß) eine kleinere Ladung als der formalen Oxidationszahl +4 entspricht.

Terms

Terme. Von den 39 Valenzelektronen von MnF_6^{2-} besetzen 36 die Orbitale bis $1t_{1g}$ vollständig; das $2t_{2g}$-Orbital ist mit drei Elektronen halb gefüllt. Der Grundzustandsterm ist $^4A_{2g}$ (parallele Spins), und bei starkem Ligandenfeld ergeben sich aus der Konfiguration $(2t_{2g})^3$ darüber die Dubletts ^2E_g, $^2T_{1g}$ und $^2T_{2g}$, aus den Konfigurationen $(2t_{2g})^2\ 2e_g$ bzw. $2t_{2g}\ (2e_g)^2$ unter anderem die Terme $^4T_{1g}$, $^4T_{2g}$ und $^2A_{1g}$ bzw. $^4T_{1g}$, s. beispielsweise Figgis [4].

Die Lage der Terme hängt, wie die Analyse der elektronischen Spektren (Näheres s. in einer späteren Lieferung) ergibt, von den Kationen ab. So liegt beispielsweise der ^2E_g-Term nach Messungen an K_2MnF_6 (s. S. 217) um 16078 [9] oder 16085 cm^{-1} [10] über dem Grundterm, nach Messungen an Cs_2MnF_6 (s. S. 223) etwas tiefer: 16021 [11], 16031 [12, 13] oder 16034 cm^{-1} [14]. Für den Abstand der vier nächst höheren Terme vom Grundterm werden für MnF_6^{2-} in K_2MnF_6 folgende Werte (in cm^{-1}) angegeben:

$^2T_{1g}$	$^4T_{2g}$	$^4T_{1g}$
16781, 16807, 16875 [10]	22200 [15], 21750 [16]	28600 [15], 28200 [16].

Entsprechende an Cs_2MnF_6 erhaltene Termenergien:

$^2T_{1g}$	$^4T_{2g}$
16810 [14], 17300 [11]	20614, 20627, 20640 [14], 21500 [17], 21600 [12], 21801 [11]
$^2T_{2g}$	$^4T_{1g}$
25707 [11]	28090 [11], 28500 [12].

Der ^2E_g-Term des in Cs_2GeF_6 eingebauten MnF_6^{2-} hat praktisch dieselbe Energie wie in Cs_2MnF_6, nämlich 16040.7 [18] oder 16038 cm^{-1} [13]. Darüber liegen die Terme $^2T_{1g}$ (16706, 16788 cm^{-1}), $^4T_{2g}$ (20626.2, 20632.3, 20642.4 cm^{-1}), $^4T_{1g}$ (26000 cm^{-1}) [18]. Etwas tiefer liegt der ^2E_g-Term von MnF_6^{2-} in Cs_2SiF_6 (16033 cm^{-1}), dagegen etwas höher in Rb_2SiF_6 und K_2SiF_6 (16082 bzw. 16109 cm^{-1}) [13].

Dem Übergang aus einem der ungeraden π-Bindungs-Orbitale nach t_{2g} (charge transfer) entspricht eine Bande mit dem Maximum bei 39016 cm^{-1} [11]; zuvor wurde sie bei 38800 cm^{-1} [15] gefunden. Sie kann auch als π-$2e_g$-charge-transfer [19] oder als $^4A_{2g} \rightarrow {}^4T_{1g}$ (^4P)-Übergang [20] angesehen werden.

Ligand Field Parameters

Aus den gemessenen Termenergien lassen sich der Ligandenfeldparameter Dq (in der Einelektronen-Näherung ist 10 Dq der $2t_{2g}$-$2e_g$-Abstand) und die Racah-Parameter B_{35} und C_{35} (Elektronenpaar-Abstoßung in der Konfiguration $(2t_{sg})^2\ 2e_g$) sowie B_{55} und C_{55} (Abstoßung in der Konfiguration $(2t_{2g})^3$) berechnen, meist unter einschränkenden Annahmen, entweder $C_{35} = 4B_{35}$, $C_{55} = 4B_{55}$ [2] oder $B = B_{35} = B_{55}$ und $C = C_{35} = C_{55}$ [11, 15]. (Die Indizes erklären sich aus der Notation γ_5(gerade) für t_{2g} und γ_3(ungerade) für e_g, s. [2].) Folgende Werte in cm^{-1} sind jeweils aus eigenen Messungen bestimmt:

Dq	2220	2200	2180
B_{35}	585	587	650
B_{55}	708	587	650
C	—	—	3972
Lit.	[3]	[15]	[11]

Dq-Werte für MnF_6^{2-} in K_2MF_6-Kristallen mit M = Si, Ge, Ti s. bei Paulusz [21].

Die Quotienten aus B_{35} bzw. B_{55} und dem B-Wert des freien Zentral-Ions — für Mn^{4+} ist B = 1064 cm^{-1} [2] — heißen nach Jørgensen [2, 22] die „nephelauxetischen Verhältnisse" β_{35} und β_{55}; je kleiner die nephelauxetischen Verhältnisse, um so größer sind die radialen Ausdehnungen der zu $(2t_{2g})^3$ und $(2t_{2g})^2 2e_g$ gehörenden Wellenfunktionen.

Hyperfine Interaction

Die Kovalenz der Mn-F-Bindungen führt zu einem Spin-Austausch zwischen dem Zentral-Ion und den Liganden, der sich in einer Hyperfein-Wechselwirkung der Form $f \cdot s \cdot A_0 \cdot I$ zwischen einer Spin-Dichte s in den Ligandenorbitalen und dem Kernspin I = 1/2 von ^{19}F zeigt; A_0 ist ein Einelektronen-Kopplungstensor und f ein „Spin-Transfer-Koeffizient", s. beispielsweise Owen, Thornley [23]. Experimentell ergeben sich aus EPR-Untersuchungen an MnF_6^{2-} in $Cs_2(Ge,Mn)F_6$-Kristallen ($T \leqq 77$ K) die Tensorkomponenten $A_s(F)$ für die F(2s)- und $A_p(F)$ für die F(2p)-Orbitale zu $A_s = +5.5 \pm 1.0$ G und $A_p = -9.5 \pm 1.0$ G, ferner $A_s(Mn) = 77.0 \pm 1.0$ G für die Wechselwirkung mit dem Kernspin I = 5/2 von ^{55}Mn [24]. Aus berechneten $A_s(F)$- und $A_p(F)$-Werten für einfach besetzte Ligandenorbitale und den experimentellen Größen ergeben sich die Spin-Transfer-Koeffizienten $f_s = 0.10\%$ und $f_p = f_{p(\sigma)} - f_{p(\pi)} \approx -f_{p(\pi)} = -9.2\%$ [23] bzw. $f_{p(\sigma)} - f_{p(\pi)} = -6.12\%$ [8]. — Nach quantenmechanischen Näherungsmethoden werden f_s und f_p von mehreren Autoren [6, 8, 25] berechnet.

Mn-F Distance

Der Mn-F-Abstand ergibt sich aus Kristallstruktur-Untersuchungen an K_2MnF_6 und Cs_2MnF_6 zu 1.74 Å [26]. CNDO-Rechnungen mit verschiedenen Parametern ergeben die Abstände 1.90 oder 1.97 Å [25]; vgl. auch Allen u. a. [5].

Vibrations

Die Schwingungen des oktaedrischen MnF_6^{2-}-Ions haben dieselbe Symmetrie wie diejenigen des MnF_6^{4-}-Ions (s. S. 76); somit sind ebenfalls 2 Schwingungen (ν_3, ν_4) infrarotaktiv und 3 Schwingungen (ν_1, ν_2, ν_5) ramanaktiv. Die Wellenzahlen der Schwingungen werden auch oft aus der Schwingungsanalyse der ^2E_g-$^4A_{2g}$-Bande abgeleitet, die in Emission oder — weniger gut — in Absorption zu beobachten ist. Wenn das MnF_6^{2-}-Ion beim Einbau in ein Wirtsgitter verzerrt wird (z. B. in K_2GeF_6), wird die Entartung der Schwingungen z. T. aufgehoben, und einzelne Schwingungen (z. B. ν_4 und ν_6) spalten in mehrere Komponenten auf [18].

Die IR-Banden sollen nach Pfeil [14] bei Cs_2MnF_6 und K_2MnF_6 dieselben Wellenzahlen haben: $\nu_3 = 620$, $\nu_4 = 340$ cm^{-1}; dagegen wird von Novotny [27] an K_2MnF_6 $\nu_3 = 623$, $\nu_4 = 341$ cm^{-1}, an Cs_2MnF_6 $\nu_3 = 615$, $\nu_4 = 333$ cm^{-1} gefunden, von Asprey u. a. [28] $\nu_3 = 622$, $\nu_4 = 340$ cm^{-1} bzw. $\nu_3 = 620$, $\nu_4 = 334$ cm^{-1}. Novotny [27] untersucht auch Li_2MnF_6, Na_2MnF_6, Rb_2MnF_6, $SrMnF_6$ und $BaMnF_6$ (s. S. 215, 217, 221, 237 und 238). Flint [29] beobachtet an K_2MnF_6 außer $\nu_3 = 630$, $\nu_4 = 338$ cm^{-1} auch (möglicherweise, weil hier die Gitterplatzsymmetrie des MnF_6^{2-} C_{3v} ist) $\nu_6 = 260$ cm^{-1}, an Cs_2MnF_6 [12] dagegen nur $\nu_3 = 620$, $\nu_4 = 335$ cm^{-1}. Durch kombinierte Analyse des Lumineszenz- und des IR-Spektrums von Cs_2MnF_6 gelingt es Chodos u. a. [13], die longitudinalen und transversalen Schwingungen einzeln zu identifizieren: $\nu_3 = 616$(TO), 650(LO), $\nu_4 = 332$(TO), 338 cm^{-1} (LO). — In K_2SiF_6, Rb_2SiF_6, Cs_2SiF_6 und Cs_2GeF_6 eingebautes MnF_6^{2-} weist Lumineszenzbanden auf, aus denen die Wellenzahlen $\nu_3 = 647$, 640, 629 bzw. 639 cm^{-1} und $\nu_4 = 345$, 339, 335 bzw. 332 cm^{-1} abgeleitet werden können. Die in Cs_2GeF_6 beobachtete Lage der ν_3-Bande ist durch Resonanz mit der entsprechenden GeF_6^{2-}-Schwingung bedingt [13]. Von Helmholz und Russo [18] wird bei Cs_2MnF_6 $\nu_3 = 622$, $\nu_4 = 335$ cm^{-1} gefunden.

Für die ramanaktiven Schwingungen ν_1, ν_2 und ν_5 ergeben sich in K_2MnF_6 bei Anregung mit einem He-Ne-Laser (632.8 nm) die Frequenzen $\nu_1 = 600$, $\nu_2 = 507$, $\nu_5 = 310$ cm^{-1} [14] bzw. $\nu_1 = 600$, $\nu_2 = 510$, $\nu_5 = 308$ cm^{-1} [29]. In Cs_2MnF_6 wird bei Raman-Anregung mit einem Kr^+-Laser (647.1 nm) [12] und auch mit einem Ar^+-Laser (514.5 nm) [13] $\nu_1 = 592$, $\nu_2 = 508$, $\nu_5 = 308$ cm^{-1} gemessen (jeweils bei Raumtemperatur). Bei Cs_2MnF_6 regt die 632.8 nm-Linie des He-Ne-Lasers die intensive $^2E_g \rightarrow {}^4A_{2g}$ Emission an, so daß der Resonanz-Ramaneffekt in Konkurrenz mit Fluoreszenz-Anregung auftritt; zahlreiche von Matwiyoff, Asprey [17] und Asprey u. a. [28] als Ramanlinien angesehene Banden sind laut Flint [29] Emissionslinien; von Pfeil [14] kann unter zahlreichen Emissionslinien nur eine Schwingungs-Ramanbande identifiziert werden. — Bei einer Lösung von Cs_2MnF_6 in wasserfreiem HF haben die Ramanlinien die Wellenzahlen $\nu_1 = 610$, $\nu_2 = 488$, $\nu_3 = 290$ cm^{-1} [17, 28]. — Die Wellenzahlen dieser drei Schwingungen ergeben sich aus dem Luminoszenz

Vibrations of MnF_6^{2-}

spektrum von MnF_6^{2-} in K_2SiF_6 zu 604, 530, 310 cm^{-1}, in Rb_2SiF_6 zu 598, 517, 310 cm^{-1}, in Cs_2SiF_6 zu 595, 510, 309 cm^{-1} und in Cs_2GeF_6 zu 592, 508, 306 cm^{-1} [13]. Zuvor wurde an MnF_6^{2-} in Cs_2GeF_6 ν_1 = 600 und ν_5 = 305 cm^{-1} gefunden [18].

Für die optisch inaktive Schwingung ν_6 wird an K_2MnF_6 [14], Cs_2MnF_6 [12, 13, 28] und MnF_6^{2-} in verschiedenen Wirtsgittern [13] eine Wellenzahl zwischen 228 und 232 cm^{-1} gefunden.

In den ersten elektronisch angeregten Zuständen haben die Schwingungen, wie sich aus den Lumineszenz- und Absorptionsspektren von K_2MnF_6 und Cs_2MnF_6 ergibt, folgende Wellenzahlen (in cm^{-1}) [14]:

	ν_1	ν_2	ν_3	ν_4	ν_5	ν_6
^2E_g	605 ± 7	513 ± 20	611	335	316 ± 6	225
$^4T_{1g}$	580	480	—	—	—	—
$^4T_{2g}$	575 ± 15	482 ± 10	(381)	(232)	—	(172)

Unsichere Werte sind eingeklammert. — Von Flint [12, 29] werden vier Wellenzahlen für Schwingungen im ^2E_g-Zustand ermittelt.

Mittlere Schwingungsamplituden u ($\hat{=} \langle u^2 \rangle^{1/2}$) und Bastiansen-Morino-Schrumpfeffekt δ. Aus Kraftfeldberechnungen (s. unten) ergeben sich für T = 0 K folgende Werte in 10^{-2} Å:

u(Mn-F)	u(F···F)	u(F-Mn-F)	δ(F···F)	δ(F-Mn-F)	Lit.
4.54	8.30	5.83	—	—	[30]
4.49	6.85	5.74	0.061	0.085	[31]

u und δ bei 298 K s. [30, 31] u bei 500 K s. [30].

Force Constants

Kraftkonstanten. Das allgemeine Valenzkraftfeld (GVFF) enthält die Valenzkraftkonstanten f_r (Streckung) und f_α (Biegung, α = Bindungswinkel) sowie die Wechselwirkungskonstanten f_{rr} (zwei aufeinander senkrechte Bindungen), $f_{rr'}$ (zwei gegenüberliegende Bindungen), $f_{\alpha\alpha}$ (zwei Winkel in zueinander senkrechten Ebenen), $f_{\alpha\alpha'}$ (zwei Winkel in einer Ebene) und $f_{r\alpha}$ (Bindung und ein Winkel in einer dazu senkrechten Ebene). Bei $f_{\alpha\alpha}$ und $f_{\alpha\alpha'}$ werden Konstanten für zwei Winkel, die keine Bindung gemeinsam haben, durch Hinzufügung von zwei Strichen gesondert gekennzeichnet, zu $f_{\alpha\alpha}$ tritt also noch $f_{\alpha\alpha''}$ und zu $f_{\alpha\alpha'}$ tritt $f_{\alpha\alpha'''}$. Analog wird für $f_{r\alpha}$ unterschieden in $f_{r\alpha}$ bzw. $f_{r\alpha''}$ (die Bindung bildet einen Schenkel des Winkels bzw. Bindung und Winkel liegen abgewandt).

Die nachstehende Tabelle enthält (in mdyn/Å) die Kraftkonstanten, die Mehta [31] aus Wellenzahlen von Flint [29] nach zwei verschiedenen Verfahren [33, 34] berechnet hat, ferner die Daten von Asprey u. a. [28], die $f_{r\alpha}-f_{r\alpha''}$ = 0.03 ansetzten, und zuletzt die aus denselben Meßwerten [28] berechneten Konstanten, bei denen $f_{rr'} = (4/3) \cdot f_{rr}$, $f_{\alpha\alpha} = f_{\alpha\alpha'}$ sowie $f_{\alpha\alpha''} = f_{\alpha\alpha'''} = f_{r\alpha''} = 0$ angenommen wurde [32]:

f_r	f_{rr}	$f_{rr'}$	$f_{r\alpha}-f_{r\alpha''}$	$f_\alpha-f_{\alpha\alpha'''}$	$f_{\alpha\alpha}-f_{\alpha\alpha''}$	$f_{\alpha\alpha'}-f_{\alpha\alpha'''}$	Lit.
3.07	0.19	0.21	0.28	0.36	−0.01	−0.13	[31]
2.93	0.19	0.35	0.14	0.37	−0.01	−0.14	[31]
2.95	0.26	0.12	0.03	0.45	−0.04	0.11	[28]
2.83	0.25	0.33	0.07	0.30	0.03	0.03	[32]

Das Urey-Bradley-Kraftfeld (UBFF) enthält die Konstanten K und H für Streckung und Biegung sowie F und F′ für die Abstoßung zwischen nicht gebundenen Atomen. Im Orbital-Valenzkraftfeld (OVFF) wird als Winkelkoordinate der Winkel zwischen der Verbindungslinie zweier Atome und der

Richtung des bindenden Orbitals eingeführt. Die Biegungskraftkonstante im entsprechenden Potentialterm ist D; im übrigen sind OVFF und UBFF identisch.

Aus verschiedenen Meßwerten [28, 29] für die Wellenzahlen berechnete Werte (in mdyn/Å):

K	H	D	F	F′	Lit.
2.31	0.07	—	0.40	−0.02	[32]
2.35	—	0.26	0.36	−0.02	[32]
2.42	0.14	—	0.37	0.01	[31]
2.39	—	0.36	0.38	0.01	[31]
2.44	—	0.32	0.43	0.07	[28]
±0.03		±0.03	±0.02	±0.02	

Von Labonville u. a. [32] werden auch Konstanten für ein modifiziertes UBFF und OVFF berechnet; weitere Kraftkonstanten für ein modifiziertes UBFF s. bei Sanyal und Dixit [30] sowie Larsson und Connolly [19].

Literatur:

[1] C. J. Ballhausen (Introduction to Ligand Field Theory, New York 1962). — [2] C. K. Jørgensen (Advan. Chem. Phys. **5** [1963] 33/146, 42, 68/9, 74). — [3] G. C. Allen, K. D. Warren (Struct. Bonding [Berlin] **9** [1971] 49/138, 57, 94). — [4] B. N. Figgis (Introduction to Ligand Fields, New York 1966, S. 155, 196). — [5] G. C. Allen, D. W. Clack, M. S. Farrimond (J. Chem. Soc. A **1971** 2728/33).

[6] S. Larsson, J. W. D. Connolly (J. Chem. Phys. **60** [1974] 1514/21). — [7] H. Basch, A. Viste, H. B. Gray (J. Chem. Phys. **44** [1966] 10/9). — [8] R. D. Brown, P. G. Burton (Theoret. Chim. Acta **18** [1970] 309/28, 324). — [9] A. Pfeil (Spectrochim. Acta A **26** [1970] 1341/3). — [10] A. M. Black, C. D. Flint (J. Chem. Soc. Dalton Trans. **1974** 977/81).

[11] M. J. Reisfeld, N. A. Matwiyoff, L. B. Asprey (J. Mol. Spectry. **39** [1971] 8/20). — [12] C. D. Flint (J. Mol. Spectry. **37** [1971] 414/22). — [13] S. L. Chodos, A. M. Black, C. D. Flint (J. Chem. Phys. **65** [1976] 4816/24). — [14] A. Pfeil (Theoret. Chim. Acta **20** [1971] 159/70). — [15] G. C. Allen, G. A. M. El-Sharkarwy, K. D. Warren (Inorg. Nucl. Chem. Letters **5** [1969] 725/8).

[16] C. K. Jørgensen (Acta Chem. Scand. **12** [1958] 1539/41). — [17] N. A. Matwiyoff, L. B. Asprey (Chem. Commun. **1970** 75/6). — [18] L. Helmholz, M. E. Russo (J. Chem. Phys. **59** [1973] 5455/70). — [19] S. Larsson, J. W. D. Connolly (Chem. Phys. Letters **20** [1973] 323/8). — [20] D. S. Novotny, G. D. Sturgeon (Inorg. Nucl. Chem. Letters **6** [1970] 455/61).

[21] A. G. Paulusz (J. Electrochem. Soc. **120** [1973] 942/7). — [22] C. K. Jørgensen (Progr. Inorg. Chem. **4** [1962] 73/124, 86). — [23] J. Owen, J. H. M. Thornley (Rept. Progr. Phys. **29** [1966] 675/728, 701, 724). — [24] L. Helmholz, A. V. Guzzo, R. N. Sanders (J. Chem. Phys. **35** [1961] 1349/52; in: S. Kirschner, Advances in the Chemistry of Coordination Compounds, New York, S. 251/9). — [25] D. W. Clack, N. S. Hush, J. R. Yandle (J. Chem. Phys. **57** [1972] 3503/10).

[26] L. E. Sutton (Tables of Interatomic Distances and Configurations in Molecules and Solids, London 1958, S. M 89). — [27] D. S. Novotny (Diss. Univ. of Nebraska 1971, S. 1/117, 33; Diss. Abstr. Intern. B **32** [1971] 806). — [28] L. B. Asprey, M. J. Reisfeld, N. A. Matwiyoff (J. Mol. Spectry. **34** [1970] 361/9). — [29] C. D. Flint (Chem. Commun. **1970** 482/3). — [30] N. K. Sanyal, L. Dixit (Current Sci. [India] **41** [1972] 209).

[31] M. L. Mehta (Spectry. Letters **4** [1971] 395/8). — [32] P. Labonville, J. R. Ferraro, M. C. Wall, L. J. Basile (Coord. Chem. Rev. **7** [1971/72] 257/87). — [33] A. Müller (Z. Physik. Chem. **238** [1968] 116/32). — [34] A. Fadini (Z. Naturforsch. **21 a** [1966] 426/30).

Compounds of Manganese with Fluorine and Other Elements

Review in German

4.3 Verbindungen des Mangans mit Fluor und weiteren Elementen

Übersicht

Mit den Alkalimetallen bildet Mangan zahlreiche Fluoromanganate(II), -(III) und -(IV) (Kapitel 4.3.1). Die Fluoromanganate(II) (Kapitel 4.3.1.1) mit K, Rb und Cs sind am intensivsten untersucht worden, wobei der Schwerpunkt auf dem Verbindungstyp $AMnF_3$ (A = Alkalimetall) liegt. Die magnetischen Eigenschaften sind dabei von besonderem Interesse, doch wird die Untersuchung bei $KMnF_3$ durch mehrere komplizierte Phasenumwandlungen erschwert. Das kubische $RbMnF_3$ kommt dagegen dem Modell des isotropen Heisenberg-Antiferromagneten am nächsten. Die Fluoromanganate(III) und -(IV) sind im Vergleich dazu weniger ausführlich bearbeitet worden (Kapitel 4.3.1.2 und 4.3.1.3). — Die Verbindungen mit den Erdalkalimetallen sind ebenfalls Fluoromanganate(II), -(III) und -(IV) (Kapitel 4.3.3.2 bis 4.3.3.4), außer beim Beryllium, das Fluoroberyllate bildet (Kapitel 4.3.3.1). — Die übrigen Verbindungen mit den Metallen der 3. bis 5. Haupt- und 2. bis 8. Nebengruppe (Kapitel 4.3.4 bis 4.3.12) haben bisher weniger Interesse gefunden. Bei ihnen kann Mangan außer als Fluoromanganat-Ion auch als Kation auftreten.

Review in English

Review. Manganese forms numerous fluoromanganates(II), (III), and (IV) with alkali metals (chapter 4.3.1). The fluoromanganates(II) (chapter 4.3.1.1) with K, Rb, and Cs have been most extensively investigated, with the main emphasis placed on the compound type $AMnF_3$ (A = alkali metal). The magnetic properties have been of particular interest, but investigations of $KMnF_3$ are rendered difficult by various complex phase transformations. The cubic $RbMnF_3$, however, comes closest to the model of the isotropic Heisenberg antiferromagnet. By comparison, the fluoromanganates(III) and (IV) have been studied less thoroughly (chapter 4.3.1.2 and 4.3.1.3). — Compounds with alkaline earth metals are also fluoromanganates(II), (III), and (IV) (chapter 4.3.3.2 to 4.3.3.4), except in the case of beryllium which forms fluoroberyllates (chapter 4.3.3.1). — The remaining compounds with group III a to V a and II b to VIII b metals (chapter 4.3.4 to 4.3.12) have found little interest so far. In these compounds manganese may appear besides as fluoromanganate ion also as cation.

Allgemeine Literatur:

D. Babel, Structural Chemistry of Octahedral Fluorocomplexes of the Transition Elements, Struct. Bonding [Berlin] **3** [1967] 1/87.

Compounds of Manganese with Fluorine, Group Ia Metals and Ammonium

4.3.1 Verbindungen des Mangans mit Fluor, Metallen der 1. Hauptgruppe und Ammonium

Fluoromanganates(II)

4.3.1.1 Fluoromanganate(II)

The $LiF-MnF_2$ System

4.3.1.1.1 Das System $LiF-MnF_2$

Die beiden Fluoride bilden ein einfaches eutektisches System mit dem eutektischen Punkt bei 608°C und 43 Mol-% MnF_2 (Untersuchungen unter CO_2 [1] oder Ar [2]), s. **Fig. 30** [1]. Vorläufige Untersuchungen anderer Autoren ergeben 700°C als eutektische Temperatur [3]. Es bilden sich keine Doppelverbindungen oder Mischkristalle [1, 2]. — Die in Analogie zu den anderen Alkalifluorid-Manganfluorid-Systemen erwartete Verbindung $LiMnF_3$ wird auch aus wäßriger Lösung nicht erhalten. Die Reduktion von $LiMnF_4$ mit Wasserstoff führt nur zu einem Gemisch von LiF und MnF_2 [4].

Fig. 30

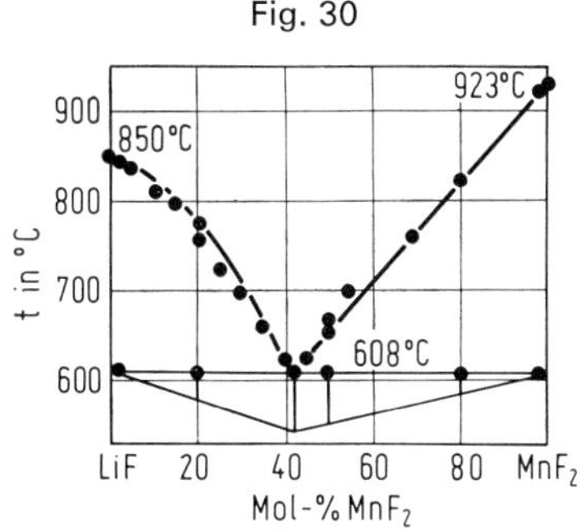

Zustandsdiagramm des Systems LiF-MnF_2.

Literatur:

[1] I. N. Belyaev, O. Ya. Revina (Zh. Neorgan. Khim. **11** [1966] 1446/50; Russ. J. Inorg. Chem. **11** [1966] 772/4; Fiz. Khim. Analiz Solevykh Sistem Sb. **1962** 77/87 nach C. A. **60** [1964] 56). — [2] J. C. Cousseins (Rev. Chim. Minerale **1** [1964] 573/616, 578). — [3] A. J. Singh, E. H. Guinn, R. G. Ross, R. E. Thoma (ORNL-3591 [1964] 232; N. S. A. **18** [1964] Nr. 22019). — [4] R. Hoppe, W. Dähne, W. Klemm (Liebigs Ann. Chem. **658** [1962] 1/5).

4.3.1.1.2 Das System NaF-MnF_2

The NaF-MnF_2 System

Die Untersuchungen der Schmelzkurve zwischen 0 und 20 Mol-% MnF_2 [1] sowie zwischen 50 und 100 Mol-% MnF_2 [2] stimmen im wesentlichen mit Messungen im gesamten Konzentrationsbereich [3] überein, s. **Fig. 31**. Auch die Existenz der kongruent schmelzenden Verbindung $NaMnF_3$

Fig. 31

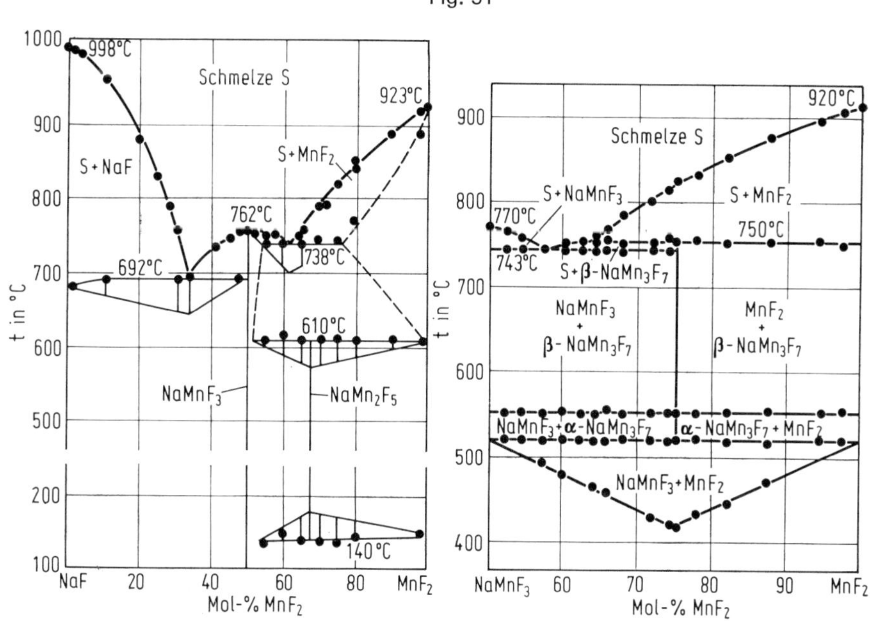

Zustandsdiagramm des Systems NaF-MnF_2 nach Belyaev, Revina [3] (links) und Barbalat, Védrine [2] (rechts).

The $NaF-MnF_2$ System

[4] wird bestätigt [2, 3]. Der eutektische Punkt auf der NaF-reichen Seite liegt bei 692°C und 34 Mol-% MnF_2 [3]. Dagegen divergieren die Angaben im Bereich zwischen 50 und 100 Mol-% MnF_2. Für den eutektischen Punkt werden die Werte 738°C und 66 Mol-% MnF_2 [3] bzw. 743°C und 57.5 Mol-% MnF_2 angegeben [2]. Die Verbindung $NaMn_2F_5$, die nur im festen Zustand zwischen 140 und 610°C existieren soll [3], kann später nicht bestätigt werden [2]. Statt dessen wird die peritektische Verbindung $NaMn_3F_7$, die in 2 Modifikationen auftritt, gefunden; peritektischer Punkt bei 750°C und 63 Mol-% MnF_2 [2]. Die gegenseitige Mischkristallbildung zwischen $NaMnF_3$ und MnF_2 reicht bei 738°C bis 55 bzw. 77 Mol-% MnF_2 [3]. (Alle Untersuchungen unter He [1], Ar [4] oder CO_2 [3] als Schutzgas bzw. in geschlossenen Goldampullen [2].)

Die überschüssige partielle molale freie Lösungsenthalpie von NaF im Bereich von 0 bis 20 Mol-% MnF_2 steigt von 0 auf etwa −340 cal. Es wird angenommen, daß Mn^{2+} auch in der Schmelze oktaedrisch von F^- koordiniert ist [1].

Literatur:

[1] S. Cantor, W. T. Ward (J. Phys. Chem. **67** [1963] 1868/70). — [2] C. Barbalat, A. Védrine (Rev. Chim. Minerale **11** [1974] 388/98, 390/2). — [3] I. N. Belyaev, O. Ya. Revina (Zh. Neorgan. Khim. **11** [1966] 1446/50; Russ. J. Inorg. Chem. **11** [1966] 772/4). — [4] J. C. Cousseins (Rev. Chim. Minerale **1** [1964] 573/616, 578/9).

$NaMnF_3$

4.3.1.1.3 $NaMnF_3$ (= $NaF \cdot MnF_2$)

Preparation. Formation

Darstellung und Bildung

$NaMnF_3$ bildet sich im System $NaF-MnF_2$ (s. S. 99) und im reziproken System Mn^{2+}-Na^+-F^--Cl^- [1]. Über den Existenzbereich im reziproken System Na^+-K^+-MnF_3^--Cl^- s. [2]. — Die bereits von Berzelius [3] hergestellte, rosa gefärbte Verbindung wird in Form winziger Kristalle erhalten, wenn eine überschüssige, warm gesättigte wäßrige NaF-Lösung in der Siedehitze mit konzentrierter $MnCl_2$ (oder $MnSO_4$ [4])-Lösung versetzt wird (Na:Mn = 4 bis 5:1) [5, 6]. Die Darstellung aus NaF und $MnBr_2$ in Methanol gelingt nicht im Gegensatz zu $KMnF_3$ und $RbMnF_3$ (s. S. 116 und 156) [7]. In einer Festkörperreaktion erhält man $NaMnF_3$ durch 6stündiges Erhitzen von MnF_2 und NaF bei 700°C in trockener Ar-Atmosphäre [8].

Einkristalle können aus der Fluoridschmelze in inerter Atmosphäre (CO_2, N_2) gezogen werden. Ein Zusatz von 10 bis 50 Mol-% NaCl erlaubt die Kristallzüchtung bei niedrigeren Temperaturen [2].

Crystal Structure

Kristallstruktur

Nach neueren röntgenographischen Untersuchungen an Pulverpräparaten kristallisiert $NaMnF_3$ rhombisch mit den Gitterkonstanten a = 5.7485 ± 0.0004, b = 8.0045 ± 0.0008, c = 5.5509 ± 0.0004 Å [25], a = 5.747, b = 8.004, c = 5.548 Å [9]; Z = 4, Raumgruppe Pnma-D_{2h}^{16} (Nr. 62) [25, 9]. Frühere röntgenographische Messungen ergaben eine viermal so große rhombische Zelle (a = 11.136, b = 8.000, c = 11.520 Å, Werte im Original in kX) mit einer monoklinen Subzelle: a = 4.005, b = 4.000, c = 4.005 Å, β = 91°57′; Z = 1 [10]. Die Neutronenbeugung zwischen 4.2 und 77 K weist eher auf eine monokline Zelle, jedoch von doppelter Größe hin [11]. — d-Werte s. [8, 10, 25].

$NaMnF_3$ hat eine verzerrte Perowskit-Struktur [9 bis 11] wie $KMnF_3$ bei 65 K [26]. Atomparameter:

Atom	Punktlage	x	y	z
Na	4c	0.0532	0.25	0.0074
Mn	4b	0.5	0.5	0
F	4c	0.4466	0.25	0.1208
F	8d	0.1935	0.5578	0.1876

Atomabstände: Mn-F = 2.10 bis 2.13 Å (Mittel der 6 Abstände 2.11 Å), Na-F (12×) = 2.23 bis 3.67 Å [9].

Als Dichte wird 3.48 gemessen [12], Röntgendichte 3.492 [10, 13] und 3.508 g/cm³ [25]. — Der Schmelzpunkt t_f beträgt nach neueren Untersuchungen 770°C [14]. Früher war t_f = 762°C gefunden worden [15]. Der Wert t_f = 705 ± 10°C weicht dagegen deutlich ab [16].

Magnetische Eigenschaften

Magnetic Properties

Die durch Messungen der Neutronenstreuung bestimmte magnetische Struktur von $NaMnF_3$ ist vom G-Typ wie bei $KMnF_3$, d. h. die kleine monokline Subzelle (s. S. 100) wird in 3 Richtungen verdoppelt, und jedes Mn-Ion ist von 6 Nachbar-Ionen mit entgegengesetzt gerichteten Momenten umgeben. Die Untergittermagnetisierung folgt einer Brillouin-Kurve, und die Néel-Temperatur beträgt T_N = 60 K [11]. Höher liegt der Wert T_N = 66.3 K, den Moruzzi, Teaney [17] aus Messungen der Temperaturabhängigkeit der Wärmekapazität erhalten, sowie die aus der Temperaturabhängigkeit der Suszeptibilität bestimmten Werte T_N = 66.7 ± 0.1 K von Maartense [18] und $T_N \approx$ 67 K von Shane u. a. [19].

Aus Messungen der unelastischen Neutronenstreuung an einer paramagnetischen Probe bestimmen Collins, Nathans [20] den Austauschparameter $|J|/k$ = 2.38 ± 0.12 und 2.23 ± 0.12 K bei 20 bzw. 300°C.

Über die antiferromagnetische Resonanz, gemessen bei 31.7, 35.17 und 37.25 GHz zwischen 4.2 und 67 K, wird von White und White [21] in einer kurzen Notiz provisorisch berichtet. Bei 4.2 K und 70 GHz wurde von Shane u. a. [22] die Winkelabhängigkeit gemessen. — Die kernmagnetische Resonanz (NMR) des ^{19}F-Kerns wird an polykristallinen Proben bei −170°C untersucht. Die isotrope Verschiebung der Resonanz (gegenüber der ^{19}F-NMR in diamagnetischer Umgebung) ergibt einen Bruchteil ungepaarten Spins f_s = (0.52 ± 0.04)% [27].

Die Molsuszeptibilität χ_{mol} (bei 6300 Oe) untersuchen Machin, Nyholm [23] im paramagnetischen Bereich. Werte für $1/\chi_{mol}$ (Auswahl):

T in K	313.8	292.8	253.5	205.5	159.4	115.1	78.6
$1/\chi_{mol}$ in mol/cm³	93.52	88.35	78.42	70.09	60.39	50.84	44.70

Bei hohen Temperaturen gehorchen die Werte dem Curie-Weiss-Gesetz (Θ_p = −117 K), bei tiefen Temperaturen weichen sie beträchtlich davon ab. Das effektive magnetische Moment beträgt 5.20 μ_B bei 300 K.

Optische Eigenschaften

Optical Properties

Als Brechungsindex wird n_D = 1.425 ± 0.003 gemessen [10, 25].

Im IR-Spektrum sind bei 77 K 13 Banden zu beobachten (fünf weniger als an $NaCoF_3$); davon ist diejenige bei 408 cm⁻¹ der Mn-F-Schwingung zuzuordnen. Von den übrigen (103 bis 289 cm⁻¹) entsprechen vier (103, 120, 132, 161 cm⁻¹) vermutlich translatorischen Gitterschwingungen. Die Banden sind bis auf die bei 181, 228 und 246 cm⁻¹ gefundenen Schultern auch bei Raumtemperatur nachweisbar [24]. Die aus der Feinstruktur dreier UV-Banden (25569 bis 30469 cm⁻¹) abgeleiteten Schwingungsfrequenzen (124, 358, 491 cm⁻¹) stimmen möglicherweise deswegen nicht mit den im IR-Spektrum beobachteten überein, weil hier die Mn-Ionen angeregt sind [12].

Chemisches Verhalten. Löslichkeit

Chemical Reactions. Solubility

$NaMnF_3$ ist bei Zimmertemperatur an der Luft beständig [6]. Bei höheren Temperaturen wird es in Anwesenheit von Sauerstoff leicht oxidiert und färbt sich irreversibel braun [2, 6]. Mit Fluor reagiert $NaMnF_3$ in der Wärme zu einer Verbindung der ungefähren Zusammensetzung $NaMnF_{4.6}$ (s. S. 217) [6]. — In wäßriger NaF-Lösung ist $NaMnF_3$ sehr wenig löslich [6].

Literatur:

[1] I. N. Belyaev, O. Ya. Revina (Zh. Neorgan. Khim. **13** [1968] 2542/6; Russ. J. Inorg. Chem. **13** [1968] 1313/5). — [2] I. N. Belyaev, O. Ya. Revina (Izv. Vysshikh Uchebn. Zavedenii Khim. i Khim. Tekhnol. **10** [1967] 852/5; C. A. **68** [1968] Nr. 63155). — [3] J. J. Berzelius (Ann. Physik Chem. [2] **1** [1824] 24, 197). — [4] K. Levin (D. P. 498583 [1926/30]; C. A. **1930** 4593). — [5] P. Nuka (Z. Anorg. Allgem. Chem. **180** [1929] 235/40, 238).

[6] R. Hoppe, W. Liebe, W. Dähne (Z. Anorg. Allgem. Chem. **307** [1961] 276/89, 279, 281). — [7] D. S. Crocket, H. M. Haendler (J. Am. Chem. Soc. **82** [1960] 4158/62). — [8] J. C. Cousseins (Rev. Chim. Minerale **1** [1964] 573/616, 578/9). — [9] F. Pompa, F. Siciliano (Ric. Sci. **39** [1969] 21/34; Structure Reports, Bd. A 34, 1969, S. 201). — [10] Yu. P. Simanov, L. R. Batsanova, L. M. Kovba (Zh. Neorgan. Khim. **2** [1957] 2410/5; Russ. J. Inorg. Chem. **2** Nr. 10 [1957] 207/15, 208, 214).

[11] S. J. Pickart, H. A. Alperin, R. Nathans (J. Phys. [Paris] **25** [1964] 565/6). — [12] J. P. Srivastava, A. Mehra (J. Chem. Phys. **57** [1972] 1587/91). — [13] J. D. H. Donnay, H. M. Ondik (Crystal Data, Determinative Tables, 3. Aufl., Bd. 2, Washington, D. C., **1973**, S. O-238). — [14] C. Barbalat, A. Védrine (Rev. Chim. Minerale **11** [1974] 388/98, 391). — [15] I. N. Belyaev, O. Ya. Revina (Zh. Neorgan. Khim. **11** [1966] 1446/50; Russ. J. Inorg. Chem. **11** [1966] 772/4).

[16] S. V. Petrov, E. G. Ippolitov, P. P. Syrnikov (Izv. Akad. Nauk SSSR Ser. Fiz. **35** [1971] 1256/8; Bull. Acad. Sci. USSR Phys. Ser. **35** [1971] 1147/50). — [17] V. L. Moruzzi, D. T. Teaney (Bull. Am. Phys. Soc. [2] **9** [1964] 225). — [18] I. Maartense (Intern. J. Magn. **2** [1972] 117/22). — [19] J. R. Shane, R. W. Kedzie, M. Kestigian, D. H. Lyons, F. F. Y. Wang (AD-645366 [1966] 1/137; C. A. **68** [1968] Nr. 34287). — [20] M. F. Collins, R. Nathans (J. Appl. Phys. **36** [1965] 1092/3).

[21] G. O. White, R. L. White (AIP [Am. Inst. Phys.] Conf. Proc. Nr. 24 [1974/75] 166/7). — [22] J. R. Shane, D. H. Lyons, M. Kestigian (J. Appl. Phys. **38** [1967] 1280/2). — [23] D. J. Machin, R. S. Nyholm (J. Chem. Soc. **1963** 1500/5). — [24] A. P. Lane, D. W. A. Sharp, J. M. Barraclough, D. H. Brown, D. A. Paterson (J. Chem. Soc. A **1971** 94/100, 99, 100). — [25] H. E. Swanson, H. F. McMurdie, M. C. Morris, E. H. Evans (Natl. Bur. Std. [U. S.] Monograph Nr. 25, Tl. 6 [1968] 1/97, 65).

[26] O. Beckman, K. Knox (Phys. Rev. [2] **121** [1961] 376/80). — [27] M. P. Petrov, V. V. Moskalev (Yadern. Magn. Rezonans Nr. 2 [1968] 120/3 nach C. A. **70** [1969] Nr. 52881).

$NaMn_2F_5$(?)

4.3.1.1.4 $NaMn_2F_5$? (= $NaF \cdot 2\,MnF_2$)

Die Verbindung wird bei Untersuchungen des Systems NaF-MnF_2 gefunden (s. S. 99). Sie soll sich zwischen 140 und 610°C bilden. Analoge Verbindungen mit anderen Alkalimetallen sind nicht bekannt, I. N. Belyaev, O. Ya. Revina (Zh. Neorgan. Khim. **11** [1966] 1446/50; Russ. J. Inorg. Chem. **11** [1966] 772/4).

$NaMn_3F_7$

4.3.1.1.5 $NaMn_3F_7$ (= $NaF \cdot 3\,MnF_2$)

Die Verbindung bildet sich im System NaF-MnF_2 (s. S. 99) in zwei Modifikationen; Umwandlungspunkt 552°C (diese Temperatur entspricht der in Fig. 31, S. 99, eingezeichneten, im Text des Originals wird dagegen 522°C angegeben).

Pulverdiagramme der Hochtemperatur-Modifikation β-$NaMn_3F_7$ lassen sich hexagonal indizieren mit den Gitterkonstanten $a = 7.42_7$, $c = 8.95_7$ Å; Z = 3. Die Pulverdiagramme der Tieftemperatur-Modifikation α-$NaMn_3F_7$ sind sehr ähnlich; sie lassen sich als Überstruktur der β-Modifikation mit doppelten Gitterkonstanten interpretieren: $a = 14.8_1$, $c = 17.7_8$ Å. Tabelle der d-Werte für beide Modifikationen im Original. — Die Dichte von β-$NaMn_3F_7$ wird zu 3.73_0 gemessen und zu 3.73_4 g/cm³ berechnet, C. Barbalat, A. Védrine (Rev. Chim. Minerale **11** [1974] 388/98, 390/2).

4.3.1.1.6 Das System LiF-NaF-MnF_2

The LiF-NaF-MnF_2 System

Randsysteme LiF-MnF_2 und NaF-MnF_2 s. S. 98 und 99; Randsystem LiF-NaF s. „Natrium" Erg.-Bd. 5, S. 2102. — Die thermische Analyse des Systems LiF-NaF-MnF_2 ergibt $NaMnF_3$ als einzige Verbindung, s. **Fig. 32**. Eutektische Punkte E liegen im Teilsystem LiF-NaF-$NaMnF_3$ bei 557°C und (in Mol-%) 41 NaF + 37 LiF + 22 MnF_2 sowie im Teilsystem LiF-$NaMnF_3$-MnF_2 bei 552°C und 14 NaF + 43 LiF + 43 MnF_2, I. N. Belyaev, O. Ya. Revina (Fiz. Khim. Analiz Solevykh Sistem Sb. **1962** 77/87; C. A. **60** [1964] 56).

Fig. 32

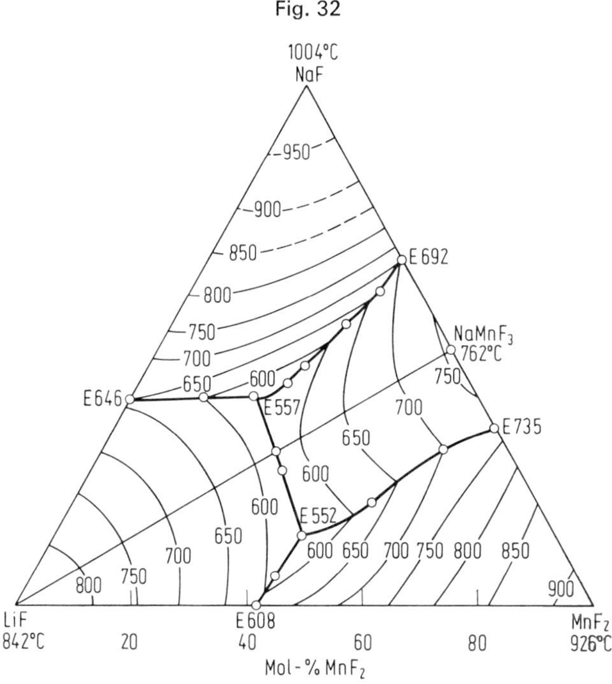

Zustandsdiagramm des Systems LiF-NaF-MnF_2.

4.3.1.1.7 Das System KF-MnF_2

The KF-MnF_2 System

Bei thermographischen Messungen unter CO_2 werden zwei Verbindungen gefunden: $KMnF_3$ (s. S. 116), das kongruent bei 1032°C schmilzt und K_2MnF_4 (s. S. 104), das bei 787°C eine polymorphe Umwandlung erfährt und bei 795°C inkongruent schmilzt, s. **Fig. 33**, S. 104. Eutektische Punkte liegen bei 17 Mol-% MnF_2 und 743°C bzw. 84 Mol-% MnF_2 und 814°C. Mischkristalle zwischen den Komponenten oder den Verbindungen werden nicht beobachtet [1]. Bei früheren Untersuchungen des Systems in trockener Ar-Atmosphäre wurden durch röntgenographische und chemische Analysen dagegen drei Verbindungen identifiziert: K_2MnF_4, $K_3Mn_2F_7$ (s. S. 115) und $KMnF_3$. Die beobachteten Existenzbereiche sind in der folgenden Tabelle wiedergegeben [2]:

Temperatur in °C	Molverhältnis KF : MnF_2	Feste Phasen
200 bis 525	0.08 bis 1.18	MnF_2, $KMnF_3$
550 bis 600	1.35 bis 1.63	$KMnF_3$, K_2MnF_4
625 bis 650	1.71 bis 1.78	$KMnF_3$, K_2MnF_4, $K_3Mn_2F_7$
675 bis 700	1.86 bis 1.89	K_2MnF_4, $K_3Mn_2F_7$
725 bis 750	1.94 bis 1.99	K_2MnF_4

The KF-MnF_2 System

Fig. 33

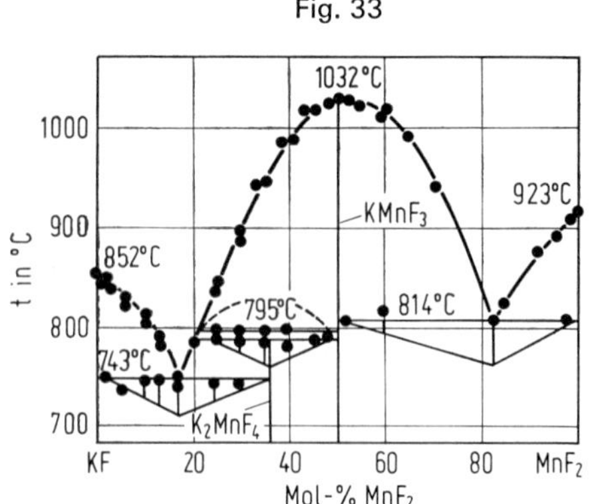

Zustandsdiagramm des Systems KF-MnF_2.

Bei der Untersuchung des Teilsystems $KMnF_3$-K_2MnF_4 werden die Komponenten 16 h bei 700°C in trockener Ar-Atmosphäre erhitzt und anschließend auf 20°C abgeschreckt. Es ergeben sich vier Bereiche [2, 3]:

Molverhältnis KF : MnF_2	Feste Phasen
1 bis 1.4	$KMnF_3$, $K_3Mn_2F_7$
1.4 bis 1.5	$K_3Mn_2F_7$
1.5 bis 1.92	$K_3Mn_2F_7$, K_2MnF_4
1.92 bis 2	K_2MnF_4

Literatur:

[1] I. N. Belyaev, O. Ya. Revina (Zh. Neorgan. Khim. **11** [1966] 1446/50; Russ. J. Inorg. Chem. **11** [1966] 772/4). — [2] J. C. Cousseins (Rev. Chim. Minerale **1** [1964] 573/616, 579, 595, 610). — [3] A. Chrétien, J. C. Cousseins (Compt. Rend. **259** [1964] 4696/9).

K_2MnF_4

4.3.1.1.8 K_2MnF_4 (= 2KF · MnF_2)

Formation. Preparation

4.3.1.1.8.1 Bildung und Darstellung

Die Verbindung tritt im System KF-MnF_2 (s. S. 103) und KF-MnF_2-$MnCl_2$ auf.

Zur Darstellung wird ein stöchiometrisches Gemisch von KF und MnF_2 3 h bei 750°C in trockener Ar-Atmosphäre oder mehrere Stunden bei 800°C in einem HF-Strom erhitzt. Die Verbindung entsteht auch durch die Reaktion von $KMnF_3$ (s. S. 116) mit KF [1].

Obwohl K_2MnF_4 inkongruent schmilzt (s. S. 106), lassen sich Einkristalle aus der Schmelze züchten, wenn KF im Überschuß eingesetzt wird. Sie werden erhalten, wenn eine Mischung von KHF_2 und $KMnF_3$ im Molverhältnis 3:1 [2] oder von KHF_2 und MnF_2 im Molverhältnis 4:1 [3] in Ar-Atmosphäre bei 900°C aufgeschmolzen und dann von 850°C langsam (in 120 h) auf 750°C abgekühlt wird [2, 3]. Große klare, schwach rosa gefärbte Kristalle bilden sich beim Zonenschmelzen eines Gemisches von $KMnF_3$ (18 g) und KF (9 g) in N_2-Atmosphäre. Die Wachstumsrichtung ist senkrecht zur c-Achse [4]. Klare, schwach rosa Einkristalle werden nach der vertikalen Bridgman-Methode aus einem Gemisch von KF + 35 Mol-% $KMnF_3$ im Nickeltiegel unter 100 Torr Ar gezogen (Länge 12 mm, Durchmesser 20 mm) [5, 6].

Literatur:

[1] J. C. Cousseins (Rev. Chim. Minerale **1** [1964] 573/616, 579, 600, 606, 610). — [2] D. J. Breed (Phys. Letters **23** [1966] 181/2). — [3] B. O. Loopstra, B. van Laar, D. J. Breed (Phys. Letters A **26** [1968] 526/7; Erratum in: Phys. Letters A **27** [1968] 188). — [4] H. Ikeda, K. Hirakawa (J. Phys. Soc. Japan **33** [1972] 393/9). — [5] K. Bittermann, G. Heger (J. Cryst. Growth **21** [1974] 82/4).

[6] R. J. Birgeneau, H. J. Guggenheim, G. Shirane (Phys. Rev. [3] B **8** [1973] 304/11, 305).

4.3.1.1.8.2 Kristallographische Eigenschaften

Crystallographic Properties

K_2MnF_4 kristallisiert unter Normalbedingungen tetragonal [1]. Die thermische Analyse zeigt bei 787°C eine polymorphe Umwandlung [2]. — Gitterkonstanten (in Å) der Normalmodifikation nach Röntgen-Einkristallaufnahmen bei Raumtemperatur: a = 4.1664 ± 0.0008, c = 13.217 ± 0.006 [3], a = 4.20 ± 0.01, c = 13.14 ± 0.01 [4], nach Röntgen-Pulveraufnahmen: a = 4.19, c = 13.30 [1], a = 4.19, c = 13.20 [5] und a = 4.22, c = 13.38 [6]. Nach Messungen der Neutronenbeugung an Einkristallen ist a = 4.171(3), c = 13.259(16) bei 300 K [7] und a = 4.151(3) [8] (wohl richtiger statt 5.871 [7]), c = 13.242(10) bei 4.2 K [7, 8]. Die Gitterkonstante a hat die gleiche Größe wie bei $K_3Mn_2F_7$ (s. S. 115) und bei kubischem $KMnF_3$ (s. S. 121) [1, 3], s. **Fig. 34** [9]. Z = 2 [1, 5], Raumgruppe I4/mmm-D_{4h}^{17} (Nr. 139) [8].

Fig. 34

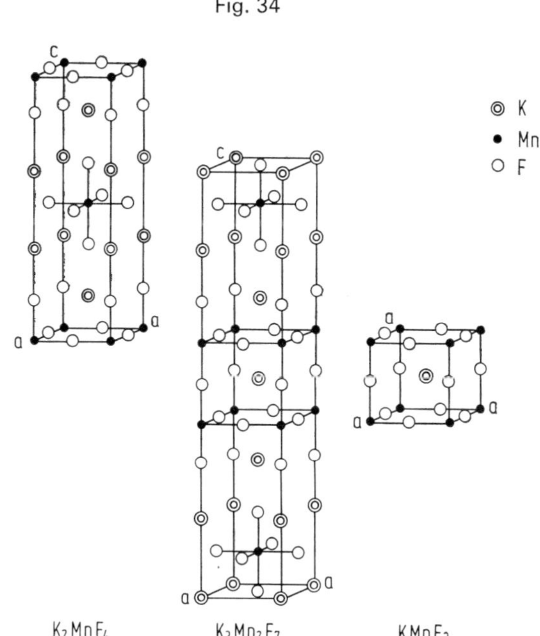

Kristallstrukturen von K_2MnF_4, $K_3Mn_2F_7$ und $KMnF_3$ (Perowskit-Typ).

K_2MnF_4 ist wie Rb_2MnF_4 (s. S. 153) isotyp mit K_2NiF_4 (s. „Nickel" B 3, S. 1032) [1, 4, 7]. Die Parameter der K- und F(1)-Atome auf der Lage 4e (0,0,z usw.) [7] sowie die Mn-F-Abstände (in Å) [8] sind in folgender Tabelle zusammengefaßt:

Crystal Structure of K_2MnF_4

T in K	z(K)	z(F(1))	r(Mn-F(1))	r(Mn-F(2))
300	0.3567(13)	0.1592(10)	2.111(15)	2.086(1)
4.2	0.3548(15)	0.1587(9)	2.102(14)	2.076(1)

Die Neutronenbeugung zeigt die für Schichtengitter charakteristische anisotrope Mosaikverteilung [3].

Literatur:

[1] J. C. Cousseins (Rev. Chim. Minerale **1** [1964] 573/616, 579). — [2] I. N. Belyaev, O. Ya. Revina (Zh. Neorgan. Khim. **11** [1966] 1446/50; Russ. J. Inorg. Chem. **11** [1966] 772/4). — [3] K. Bittermann, G. Heger (J. Cryst. Growth **21** [1974] 82/4). — [4] D. J. Breed (Phys. Letters **23** [1966] 181/2). — [5] A. Chrétien, J. C. Cousseins (Compt. Rend. **259** [1964] 4696/9).

[6] H. Ikeda, K. Hirakawa (J. Phys. Soc. Japan **33** [1972] 393/9). — [7] B. O. Loopstra, B. van Laar, D. J. Breed (Phys. Letters A **26** [1968] 526/7; Erratum in: Phys. Letters A **27** [1968] 188). — [8] A. H. M. Schrama (Physica **68** [1973] 279/302, 284). — [9] R. Navarro, J. J. Smit, L. J. de Jongh, W. J. Crama, D. J. W. Ijdo (Physica B + C **83** [1976] 97/116, 97).

Mechanical and Thermal Properties

4.3.1.1.8.3 Mechanische und thermische Eigenschaften

Pyknometrische Dichte D = 3.00 g/cm^3 [1].

K_2MnF_4 schmilzt bei 795°C unter Zersetzung [2]. — Die Wärmekapazität beträgt nach kalorimetrischen Messungen $C_p = 43 \pm 1$ cal · mol^{-1} · K^{-1} bei 295 K. Wegen der geringen Größe der Probe wird der Wert für etwas zu hoch gehalten. C_p hat ein sehr kleines Maximum bei der Néel-Temperatur T_N und ein ausgeprägtes Maximum bei 1.5 T_N (etwa 60 K). Der magnetische Beitrag zu C_p erstreckt sich über den Temperaturbereich $0.7 \lesssim T/T_N \lesssim 4$ [3]. Unterhalb 1 K wird $C_p \cdot T^2$ = 25.9 mJ · K · mol^{-1} gefunden. Der Wert stimmt innerhalb der Fehlergrenze (3%) mit dem von $KMnF_3$ (s. S. 129) überein [4].

Literatur:

[1] J. C. Cousseins (Rev. Chim. Minerale **1** [1964] 573/616, 580). — [2] I. N. Belyaev, O. Ya. Revina (Zh. Neorgan. Khim. **11** [1966] 1446/50; Russ. J. Inorg. Chem. **11** [1966] 772/4). — [3] M. B. Salamon, H. Ikeda (Phys. Rev. [3] B **7** [1973] 2017/24, 2018/20). — [4] J. H. P. Colpa, K. H. Chang, F. P. D. Obbema (Phys. Letters A **27** [1968] 380/1).

Magnetic Properties

4.3.1.1.8.4 Magnetische Eigenschaften

Susceptibility

Suszeptibilität

Messungen an Einkristallen ergeben in Magnetfeldern parallel und senkrecht zur c-Achse die in **Fig. 35** dargestellte Temperaturabhängigkeit der spezifischen Suszeptibilität χ (Maximum bei etwa 75 K, χ hängt unterhalb 300 K und 10040 Oe nicht von der Feldstärke ab). Trotz der verhältnismäßig niedrigen Néel-Temperatur (T_N = 45 K) ist χ anisotrop bis hinauf zur gewöhnlichen Temperatur, bei der $\chi_\perp - \chi_\parallel \approx 0.5 \times 10^{-6}$ cm^3/g ist. Eine grobe Abschätzung des effektiven magnetischen Moments μ_{eff} und der paramagnetischen Curie-Temperatur Θ_p ergibt $\mu_{eff} = 6.0\ \mu_B$ und Θ_p = 130 K [1]. $\mu_{eff} = 4.54\ \mu_B$ aus Messungen der Neutronenstreuung bei 4.2 K [2]. Die Ergebnisse bei tiefen Temperaturen werden gut durch die von Breed [3] nach der Spinwellentheorie unter Verwendung des Austauschparameters J/k = −4.20 K und der Anisotropiekonstante $\alpha = H_A/H_E = 3.9 \times 10^{-3}$ (H_A, H_E = Anisotropie- bzw. Austauschfeld) berechneten Werte beschrieben [4]. Wie es für zweidimensionale Heisenberg-Antiferromagneten mit S = 5/2 zu erwarten ist, liegt das Maximum von χ um etwa 40% oberhalb T_N. Dagegen ist die gemessene Anisotropie der Molsuszeptibilität bei gewöhnlicher Temperatur $\chi_\perp - \chi_\parallel = (1.05 \pm 0.1) \times 10^{-4}$ cm^3/mol wesentlich höher, als die Berechnung mit Dipolfeldern

Fig. 35

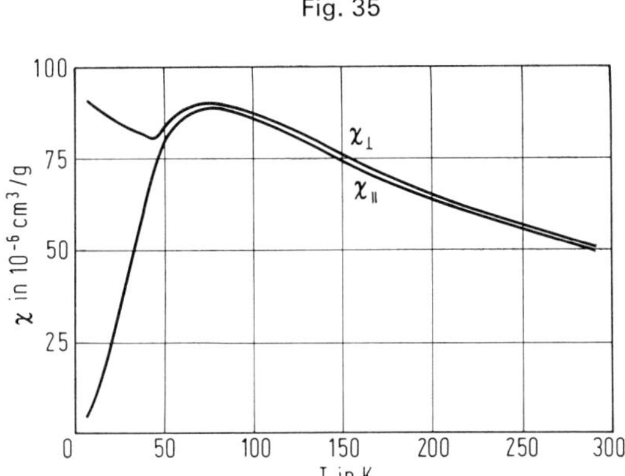

Temperaturabhängigkeit der spezifischen Suszeptibilität χ senkrecht und parallel zur c-Achse bei K_2MnF_4.

ergibt (0.39×10^{-4}) [5]; vgl. auch ein Diagramm bei De Vries u. a. [6]. — Die aus dem verminderten Spinwert (s. S. 109) resultierende Abnahme von $\chi_\perp$ bei T = 0 kann experimentell durch einen Vergleich des Verhaltens der Suszeptibilität des quasiisotropen Schichtentyps von verschiedenen Spinwerten beobachtet werden [7].

Literatur:

[1] D. J. Breed (Phys. Letters **23** [1966] 181/2). — [2] B. O. Loopstra, B. van Laar, D. J. Breed (Phys. Letters A **26** [1968] 526/7, A **27** [1968] 188). — [3] D. J. Breed (Diss. Amsterdam 1969). — [4] L. J. De Jongh, A. R. Miedema (Advan. Phys. **23** [1974] 1/260, 66), L. J. De Jongh (AIP [Am. Inst. Phys.] Conf. Proc. Nr. 10 [1972] 561/5). — [5] D. J. Breed (Physica **37** [1967] 35/46).

[6] G. De Vries, D. J. Breed, E. P. Maarschall, A. R. Miedema (J. Appl. Phys. **39** [1968] 1207/8). — [7] L. J. De Jongh (Phys. Letters A **40** [1972] 33/4).

Magnetische Struktur, Néel-Temperatur T_N, Austauschwechselwirkung

Magnetic Structure. Néel Temperature. Exchange Interaction

Die isotypen Verbindungen K_2MnF_4 und Rb_2MnF_4 sind nahezu ideale zweidimensionale Antiferromagnetika. Wegen des großen Abstandes zwischen den a-b-Ebenen, in denen die magnetischen Ionen ein quadratisches Gitter bilden, und der Symmetriebeziehungen zwischen diesen Ionenebenen sind die Wechselwirkungen zwischen den magnetischen Ionen äußerst schwach. Nur bei T_N, wo die zweidimensionale magnetische Ordnung von großer Reichweite ist, können dipolare und/oder Austauschwechselwirkungen eine dreidimensionale Ordnung der Ebenen bewirken. Siehe hierzu den Überblick von Cox [10] über verschiedene magnetische Strukturen.

Die magnetische Struktur von K_2MnF_4 wurde erstmals von Loopstra u. a. [1] durch Messungen der Neutronenstreuung bei 4.2 K bestimmt und identisch mit derjenigen von K_2NiF_4 gefunden. Für die magnetische Zelle gilt demnach $a_m = a\sqrt{2}$ und $c_m = c$ [11], s. **Fig. 36**, S. 108 [2]. Unmittelbar aufeinander folgende Schichten stehen in keiner wechselseitigen Beziehung, so daß in einem Einkristall mit vertikaler chemischer [110]-Achse getrennte magnetische Domänen in [010]- und [100]-Richtung auftreten [2]. Der zweidimensionale Charakter in K_2MnF_4 entsteht dadurch, daß die MnF_2-Ebenen durch KF-Ebenen getrennt sind und die magnetische Wechselwirkung zwischen benachbarten Ebenen um zwei bis drei Größenordnungen schwächer als die Austauschwechselwirkung ist [3].

Bei Untersuchung der Neutronenstreuung wird von den von Ikeda, Hirakawa [4] beobachteten zwei unterschiedlichen Strukturen nur diejenige mit der niedrigeren Néel-Temperatur bestätigt: $T_N =$

Magnetic Structure of K_2MnF_4

Fig. 36

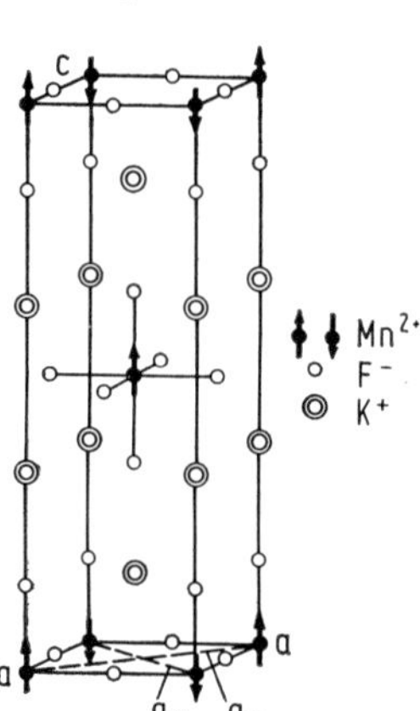

Magnetische Struktur von K_2MnF_4.

42.14 K; auch der Übergang vom zweidimensionalen zum dreidimensionalen kritischen Verhalten ist nicht sicher nachweisbar [2]. — $T_N = 45.0 \pm 0.1$ K aus Messungen der Suszeptibilität [5]; $T_N = 42.1 \pm 0.1$ K aus der Temperaturabhängigkeit der Wärmekapazität [6]; $T_N = 41.5 \pm 0.1$ K aus Untersuchungen der NMR [3].

Von den nach verschiedenen Methoden ($\chi_\perp$, $\chi_\|$, paramagnetische Curie-Temperatur Θ_p, T_N) bestimmten Werten für den Austauschparameter ist $J/k = -4.10$ K der zuverlässigste Wert; er wird aus einer Beziehung (Molekularfeldtheorie) für $\chi_\perp$ bei $T \to 0$ erhalten [5]. Aus den gleichen experimentellen Werten berechnen De Jongh, Miedema [7] nach einer Reihenentwicklung für 60 bis 100 K $J/k = -4.20$ K und De Jongh, Block [8] nach einer Theorie, die auf einer Näherung für die Austauschstörungen im Kation-Anion-Kation-Komplex beruht, $J/k = -3.90$ K bei 295 K. — Aus der kernmagnetischen Resonanzabsorption im Bereich unterhalb 40 K wird der Wert $J/k = -4.20 \pm 0.05$ K erhalten [9]. Aus Messungen der Neutronenstreuung bei 4.2 K leiten Birgeneau u. a. [2] den etwas größeren Wert $J/k = -4.23 \pm 0.05$ K ab.

Literatur:

[1] B. O. Loopstra, B. van Laar, D. J. Breed (Phys. Letters A **26** [1968] 526/7, A **27** [1968] 188). — [2] R. J. Birgeneau, H. J. Guggenheim, G. Shirane (Phys. Rev. [3] B **8** [1973] 304/11, 305). — [3] C. Bucci, G. Guidi (Phys. Rev. [3] B **9** [1974] 3053/63). — [4] H. Ikeda, K. Hirakawa (J. Phys. Soc. Japan **33** [1972] 393/9). — [5] D. J. Breed (Physica **37** [1967] 35/46), G. De Vries, D. J. Breed, E. P. Maarschall, A. R. Miedema (J. Appl. Phys. **39** [1968] 1207/8).

[6] M. B. Salamon, H. Ikeda (Phys. Rev. [3] B **7** [1973] 2017/24). — [7] L. J. De Jongh, A. R. Miedema (Advan. Phys. **23** [1974] 1/260, 100), L. J. De Jongh (AIP [Am. Inst. Phys.] Conf. Proc. Nr. 10 [1972] 561/5). — [8] L. J. De Jongh, R. Block (Physica B+C **79** [1975] 568/93, 574). — [9] H. W. De Wijn, L. R. Walker, R. E. Walstedt (Phys. Rev. [3] B **8** [1973] 285/99, 293). — [10] D. E. Cox (IEEE Trans. Magn. **8** [1972] 161/82, 178).

[11] E. Legrand, R. Plumier (Phys. Status Solidi **2** [1962] 317/20).

Sublattice Magnetization

Untergittermagnetisierung

Die Temperaturabhängigkeit der Untergittermagnetisierung M wird von Birgeneau u. a. [1] durch Messungen der Neutronenstreuung bestimmt. In Abwesenheit von Extinktionseffekten usw. ist die magnetische Bragg-Intensität I des Reflexes (100) proportional dem Quadrat von M; es gilt die

Beziehung $I_T/I_0 \sim (M_T/M_0)^2 = B^2\,(1-T/T_N)^{2\beta}$ (Index 0 für T = 0 K). Die experimentellen Ergebnisse gehorchen dieser Beziehung im Bereich $6 \times 10^{-4} < 1 - T/T_N < 0.3$ mit $\beta = 0.15 \pm 0.01$ und T_N = 42.14 K. Im Gegensatz dazu stehen die Ergebnisse von Ikeda, Hirakawa [2], die aus analogen Messungen für $1-T/T_N \geqq 5 \times 10^{-3}$ $\beta = 0.188$ und unterhalb 5×10^{-3} auf Grund des Übergangs vom zwei- zum dreidimensionalen kritischen Bereich (s. S. 107) eine Zunahme von β ($\geqq 0.3$) erhalten [2]. Die Temperaturabhängigkeit von M bestimmen De Wijn u. a. [3] durch Messungen der NMR (die ^{19}F-NMR-Frequenz ist proportional M) zwischen 1.5 und 36 K. Die Ergebnisse stimmen mit einer einfachen zweidimensionalen Spinwellentheorie für $T \leqq T_N/2$ ($T_N = 45 \pm 1$ K) überein; vgl. auch De Jongh, Miedema [4].

Die von Breed [5] an kleinen Einkristallen bei 4.2 K untersuchte Untergittermagnetisierung in Abhängigkeit vom Magnetfeld ist in **Fig. 37** dargestellt. Wird der Winkel zwischen der c-Achse und der Feldrichtung mit φ bezeichnet (eine vollständig parallele Ausrichtung der Kristalle gelang nicht), dann ist das Feld, bei dem $M = (M_\perp + M_\parallel)/2$ ist, gegeben durch $H = H_{SF} \cdot (\cos 2\varphi)^{1/2}$ ($M_\perp$ und $M_\parallel$ = Wert von M senkrecht und parallel zur c-Achse, H_{SF} = Spin-Flop-Feld = 55.1 ± 1 Oe) mit $\varphi = 7.5° \pm 2.5°$.

Fig. 37

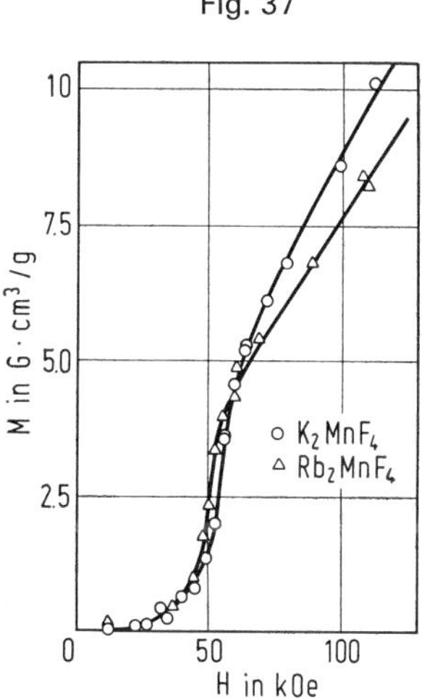

Untergittermagnetisierung M von K_2MnF_4 und Rb_2MnF_4 bei 4.2 K in Abhängigkeit von der magnetischen Feldstärke H.

Literatur:

[1] R. J. Birgeneau, H. J. Guggenheim, G. Shirane (Phys. Rev. [3] B **8** [1973] 304/11). — [2] H. Ikeda, K. Hirakawa (J. Phys. Soc. Japan **33** [1972] 393/9), H. Ikeda (J. Phys. Soc. Japan **37** [1974] 660/6). — [3] H. W. De Wijn, R. E. Walstedt, L. R. Walker, H. J. Guggenheim (Phys. Rev. Letters **24** [1970] 832/5; J. Appl. Phys. **42** [1971] 1595/601). — [4] J. L. De Jongh, A. R. Miedema (Advan. Phys. **23** [1974] 1/260, 100/1). — [5] D. J. Breed (Physica **37** [1967] 35/46, 41).

Spinabweichung am Nullpunkt

Spin Deviation at T = 0

Die von Anderson [1] und Kubo [2] in linearen Spinwellentheorien für nahezu isotrope Antiferromagneten vorausgesagte Abweichung der Spins vom vollständig geordneten Zustand am Nullpunkt wird von Walstedt u. a. [3] experimentell durch Messungen der Doppelresonanz (NMR-AFMR) an K_2MnF_4 und Rb_2MnF_4 untersucht. Die Differenz zwischen dem theoretischen Spin S = 5/2 und dem tatsächlichen Spin in Richtung der c-Achse $\langle S_z \rangle$ beträgt für beide Verbindungen

Spin Deviation at T = 0 of K_2MnF_4

$\Delta S = 0.17 \pm 0.03$. Der gleiche Wert wird nach einer von Lines [4] entwickelten, die Anisotropie enthaltenden Spinwellentheorie für Verbindungen mit quadratischem Schichtengitter erhalten [3]; vgl. auch De Wijn u. a. [5]. Eine Korrektur der linearen Spinwellentheorie für ΔS s. bei Stinchcombe [6]. In der sehr guten Übereinstimmung zwischen dem theoretisch vorausgesagten und dem gemessenen Spin-Flop-Feld sieht Breed [7] einen Nachweis für die Spinabweichung am Nullpunkt.

Literatur:

[1] P. W. Anderson (Phys. Rev. [2] **86** [1952] 694/701). — [2] R. Kubo (Phys. Rev. [2] **87** [1952] 568/80). — [3] R. E. Walstedt, H. W. De Wijn, H. J. Guggenheim (Phys. Rev. Letters **25** [1970] 1119/22). — [4] M. E. Lines (J. Phys. Chem. Solids **31** [1970] 101/16). — [5] H. W. De Wijn, L. R. Walker, R. E. Walstedt (Phys. Rev. [3] B **8** [1973] 285/99, 286).

[6] R. B. Stinchcombe (J. Phys. C **4** [1971] L79/L81). — [7] D. J. Breed (Physica **37** [1967] 35/46).

Spin Waves

Spinwellen

Die von Birgeneau u. a. [1] durch Messungen der Neutronenstreuung untersuchte Spinwellendispersion in der $(q_x, 0, q_z)$-Ebene bei 4.5 K und T_N (42.14 K) ist in **Fig. 38** für die Richtung $(\zeta_x a^*, 0, 0)$ dargestellt; in Richtung $(0.25\ a^*, 0, \zeta_z c^*)$ ist die Magnonenenergie konstant. Die Spinwellen verhalten sich genau so, wie es für einen einfachen quadratischen anisotropen Heisenberg-Antiferromagneten zu erwarten ist, mit dem Anisotropiefeld $g \cdot \mu_B \cdot H_A = 0.317 \pm 0.004$ K. Für die Energielücke bei q = 0 (4.5 K) ergibt sich unter Verwendung der Spinwellen-Theorie von Oguchi [2] (Korrektur für ein Magnetfeld Null durch Frequenzrenormierung) $E_0 = 0.65 \pm 0.05$ meV $\triangleq 7.5 \pm 0.6$ K. Übereinstimmend damit ist der Wert $E_0 = 7.55 \pm 0.07$ K für 0 K, den De Wijn u. a. [3] aus der Temperaturabhängigkeit der Untergittermagnetisierung erhalten. Aus der Frequenz der antiferromagnetischen Resonanz leiten De Wijn u. a. [4] $E_0 = 7.40 \pm 0.05$ K ab. — Das Spinwellenspektrum von reinem und mit Ni^{2+} dotiertem K_2MnF_4 wird mittels Lichtstreuung von Lehmann und Weber [6] untersucht.

Doped K_2MnF_4

Fig. 38

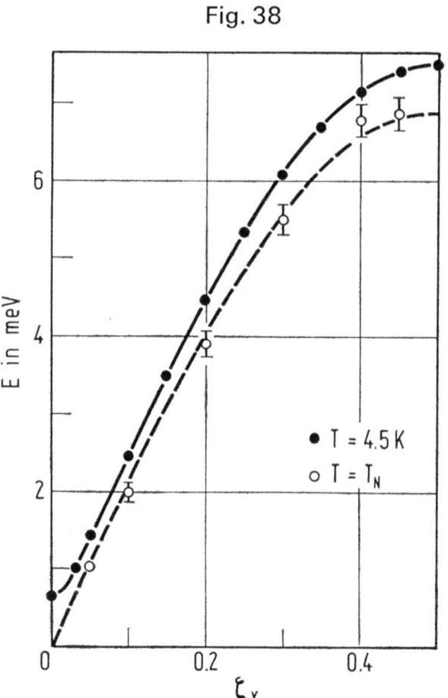

Spinwellendispersion bei K_2MnF_4 in der $(q_x, 0, q_z)$-Ebene bei 4.5 K und der Néel-Temperatur T_N.

Die Temperaturabhängigkeit der Wellenzahl der Magnonen bei q = 0 wird für den Bereich unterhalb 25 K von Joshua, Deonarine [5] berechnet.

Literatur:

[1] R. J. Birgeneau, H. J. Guggenheim, G. Shirane (Phys. Rev. [3] B **8** [1973] 304/11). — [2] T. Oguchi (Phys. Rev. [2] **117** [1960] 117/23). — [3] H. W. De Wijn, L. R. Walker, R. E. Walstedt (Phys. Rev. [3] B **8** [1973] 285/99, 293). — [4] H. W. De Wijn, L. R. Walker, S. Geschwind, H. J. Guggenheim (Phys. Rev. [3] B **8** [1973] 299/303). — [5] S. J. Joshua, S. Deonarine (Phys. Status Solidi A **25** [1974] K 125/K 127).

[6] W. Lehmann, R. Weber (Proc. 3rd Intern. Conf. Light Scattering Solids, Campinas, Brazil, 1975 [1976], S. 279; C. A. **85** [1976] Nr. 133088; J. Phys. C **10** [1977] 97/106).

Antiferromagnetische Resonanz

Antiferro-magnetic Resonance

In einem parallel zur c-Achse gerichteten statischen Feld wird bei 24 GHz die in **Fig. 39** dargestellte Temperaturabhängigkeit der Resonanzfeldstärke erhalten. Die Linienbreite steigt in diesem Temperaturbereich von etwa 0.8 auf 13.5 kOe, H. W. De Wijn, L. R. Walker, S. Geschwind, H. J. Guggenheim (Phys. Rev. [3] B **8** [1973] 299/303).

Fig. 39

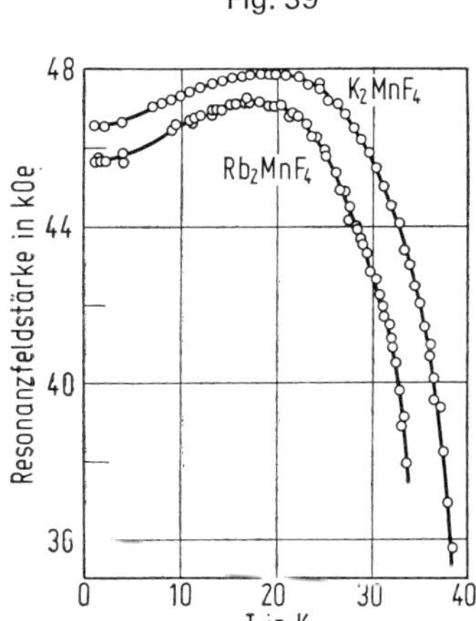

Temperaturabhängigkeit der Resonanzfeldstärke in K_2MnF_4 und Rb_2MnF_4.

Kernmagnetische Resonanz (NMR)

Nuclear Magnetic Resonance

^{19}**F-NMR.** Bei beliebiger Orientierung des äußeren Feldes H_0 sind nach Maarschall u. a. [1] drei getrennte Resonanzen zu erwarten, nämlich zwei für die F(2)-Kerne in den quadratischen Schichten und eine für die axialen F(1)-Kerne. Die entsprechenden Linien werden bei gewöhnlicher Temperatur und bei 78 K von Bucci u. a. [2] beobachtet: Die Verschiebungen δH der Resonanzfelder (gegenüber einer diamagnetischen Verbindung) betragen bei 78 K und H_0 = 4100 Oe ($\perp$ [001]) 63 ± 1 Oe für F(1), 163 ± 1 und 254 ± 2 Oe für F(2) mit Mn-F-Bindung $\perp$ bzw. $\parallel H_0$. Bei $H_0 \parallel$ [001] wird δH = 114 ± 1 Oe für F(1), 148 ± 1 Oe für F(2) gemessen. Abhängigkeit von δH vom Winkel zwischen H_0 (in der (100)-Ebene) und der [001]-Richtung s. im Original. Ferner wird zwischen 25 und 175 K die Temperaturabhängigkeit der Verschiebung der F(2)-Linie ($\parallel$ [001]) gemessen. Im gesamten paramagnetischen Bereich sowie in der Umgebung von T_N wird δH propor-

NMR of ^{19}F in K_2MnF_4

tional der magnetischen Suszeptibilität gefunden [2]. Zwischen 37 und 46 K wird δH für F(2) in Feldern || und ⊥ [001] auch von Bucci, Guidi [3] gemessen.

Die Temperaturabhängigkeit der ohne äußeres Feld im antiferromagnetischen Bereich gemessenen Resonanzfrequenz $\nu_0(T)$ für F(1) zeigt **Fig. 40** nach De Wijn u. a. [4], s. auch [5,6]. Bei der bis $T \approx T_N/2$ möglichen Beschreibung mittels der Spinwellen-Theorie wird $\nu_0(0) = 150.477 \pm 0.003$ MHz benutzt [4]. Meßwerte für 4.2 K: 150.092 ± 0.003 MHz [6], 150.06 MHz [7].

Fig. 40

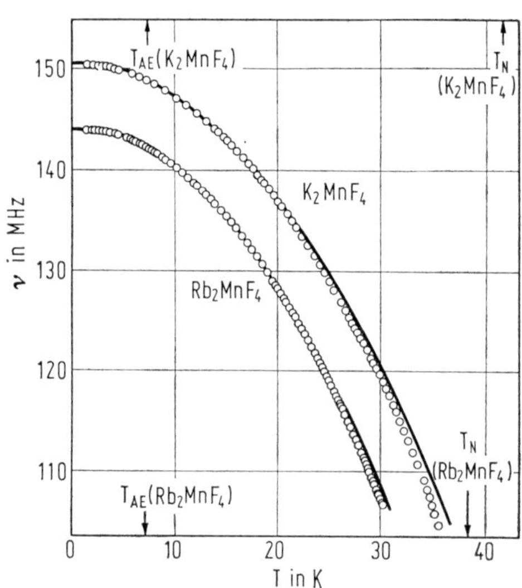

Temperaturabhängigkeit der ^{19}F-Resonanzfrequenz ν für F(1) von K_2MnF_4 und Rb_2MnF_4 und $H_0 = 0$. Die ausgezogenen Kurven sind nach der Spinwellen-Theorie berechnet mit Parametern (Austauschkopplung, Spinwellen-Energielücke und ^{19}F-NMR-Frequenz bei 0 K), die bis 18 bzw. 17 K angepaßt wurden.

Die Spin-Gitter-Relaxationszeit $T_1 \approx 10$ s bei 1.5 K ist vermutlich durch Verunreinigungen bedingt [4].

Die Temperaturabhängigkeit der Linienbreite ΔH (Abstand der Extrema in der abgeleiteten Absorptionskurve) zeigt **Fig. 41** nach [8,9] für beide Kernarten und $H_0 \perp$ [001]. Nach Maarschall [9] beruht die Zunahme von ΔH für F(1) mit $T \rightarrow T_N$ auf einer Abnahme der charakteristischen Schwankungsfrequenz des elektronischen Spinsystems und die Abnahme von ΔH für F(2) auf einer Korrelation benachbarter Elektronenspins, die die Amplitude des effektiven Felds am Ort von F(2) herabsetzt und über den Einfluß der Frequenzerniedrigung hinausgeht. Nach eingehenden experimentellen und theoretischen Untersuchungen [3] der Temperaturabhängigkeit von ΔH zwischen $0.5\,T_N$ und $7\,T_N$, insbesondere in der Umgebung von T_N, divergiert der Beitrag zu ΔH von F(1), der auf longitudinalen Magnetfeldschwankungen beruht, so, wie nach dem zweidimensionalen Ising-Modell zu erwarten ist [3]. Für 1.5 K wird $\Delta\nu$ von F(1) mit etwa 30 kHz angegeben [4]. Zahlenwerte für ΔH bei gewöhnlicher Temperatur mit $H_0 \perp$ und || [001] s. bei Bucci u. a. [2].

Fig. 41

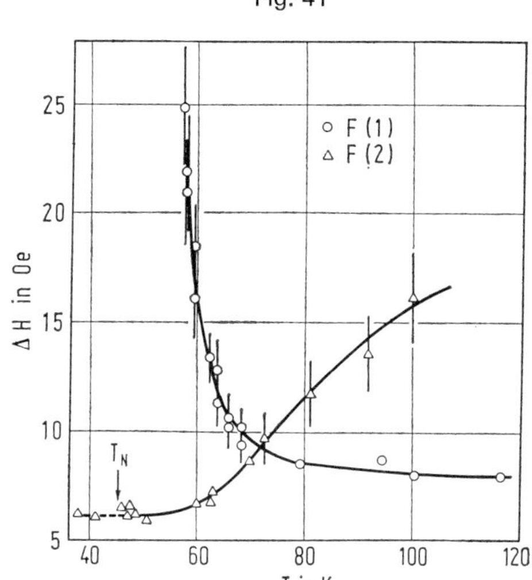

Temperaturabhängigkeit der Linienbreite ΔH der ^{19}F-NMR mit $H_0 \perp [001]$ bei K_2MnF_4.

Die isotropen und anisotropen Hyperfeinkopplungskonstanten (in $10^{-4}\ cm^{-1}$) ergeben sich aus der Proportionalität der gemessenen Verschiebungen δH (nach Abzug des Beitrags des Dipolfelds) mit $[A_s + A_a\ (3\cos^2\Theta - 1)]\ \langle S \rangle$, wo Θ den Winkel zwischen H_0 und der Mn-F-Bindung bezeichnet. Für F(1) folgen $A_s = 14.8 \pm 0.3$, $A_a = 0.7 \pm 0.3$, für F(2) $A_s = 17.5 \pm 0.3$, $A_a = 0.2 \pm 0.2$. Als z-Komponente des HF-Kopplungstensors von F(1) geben Rubinstein, Folen [7] $A_z = 20.9 \pm 0.3$ an.

^{55}**Mn-NMR.** Die Resonanz wird mittels der Elektronen-Kern-Doppelresonanz (AFMR-NMR) bei 1.45 K und $H_0 = 47.1$ kOe $\parallel [001]$ beobachtet (Verschiebung des AFMR-Feldes durch die Kernpolarisation). Für die Kerne der beiden Untergitter, deren Elektronenspins parallel bzw. antiparallel zu H_0 gerichtet sind, ergeben sich die Frequenzen $\nu_+ = 687.6 \pm 0.3$ bzw. $\nu_- = 591.5 \pm 0.3$ MHz mit einer Linienbreite von jeweils $\Delta\nu = 4.7$ MHz (volle Breite bei halber Höhe). Die rechnerische Berücksichtigung der Verschiebung auf Grund der indirekten Kopplung zwischen den Kernen („frequency pulling") liefert die unverschobenen Frequenzen $\nu_{HF} = 691.0$ bzw. 593.9 MHz. Der hieraus gebildete, auf 0 K extrapolierte Mittelwert 643.5 ± 1.0 MHz ist gleich $|A| \cdot c \cdot \langle S \rangle$ mit c = Lichtgeschwindigkeit, A (in $10^{-4}\ cm^{-1}$) = effektive Hyperfein(HF)-Kopplungskonstante, die außer A_{HF} noch den Dipolanteil A_D und einen Anteil A_{ST} von den 4 nächstbenachbarten Mn^{2+}-Ionen („supertransferred" HF interaction) enthält. $A \cdot c = -275.5$ MHz $\pm$ 1% folgt aus $A_{HF} \cdot c = -273.0$ (auf Grund von Elektronen-Kern-Doppelresonanz(ENDOR)-Untersuchungen [10] an Mn^{2+} in $KMgF_3$ und K_2MgF_4), $A_D \cdot c = 0.72$ (berechnet) und $A_{ST} \cdot c = -3.2$ MHz (auf Grund der Berechnung von Huang u. a. [11] für $KMnF_3$) [12], s. auch [5]. Wiedergabe des obigen NMR-Wertes in der Form $|A| \cdot \langle S \rangle = 214.7 \pm 0.3 \times 10^{-4}\ cm^{-1}$ und Diskussion von A s. bei Colpa u. a. [13]. Nach Schrama [14] ergeben ENDOR-Untersuchungen an Mn^{2+} in X_2MF_4 (X = K, Rb; M = Mg, Zn, Cd) mittels Interpolation zwischen den entsprechenden Zn- und Cd-Verbindungen einen besseren Wert für A_{HF}, nämlich $-89.8 \pm 0.2 \times 10^{-4}\ cm^{-1}$ bei 4.2 K; da sich auch A_{ST} ändert (-2.34 ± 0.31), resultiert $A = -91.9$ [14], s. auch [15]. $A_{HF} = -89.4$ laut Rubinstein, Folen [7]. NMR of ^{55}Mn

Literatur:

[1] E. P. Maarschall, A. C. Botterman, S. Vega, A. R. Miedema (Physica **41** [1969] 473/86). — [2] C. Bucci, G. Guidi, C. Vignali, V. Fano, M. Giordano (Solid State Commun. **10** [1972] 1115/9). —

[3] C. Bucci, G. Guidi (Phys. Rev. [3] B **9** [1974] 3053/63). — [4] H. W. De Wijn, L. R. Walker, R. E. Walstedt (Phys. Rev. [3] B **8** [1973] 285/99, 289/90, **9** [1974] 2419). — [5] H. W. De Wijn, R. E. Walstedt, L. R. Walker, H. J. Guggenheim (J. Appl. Phys. **42** [1971] 1595/601).

[6] H. W. De Wijn, R. E. Walstedt, L. R. Walker, H. J. Guggenheim (Phys. Rev. Letters **24** [1970] 832/5). — [7] M. Rubinstein, V. J. Folen (Phys. Letters A **28** [1968/69] 108/9). — [8] A. R. Miedema (J. Phys. [Paris] **32** [1971] Suppl. C1-305/C1-309). — [9] E. P. Maarschall (Magn. Resonance Relat. Phenomena, Proc. 16th Congr. AMPERE, Bucharest 1970 [1971], S. 485/92). — [10] A. H. M. Schrama, P. I. J. Wouters, H. W. De Wijn (Phys. Rev. [3] B **2** [1970] 1235/9).

[11] N. L. Huang, R. Orbach, E. Šimánek, J. Owen, D. R. Taylor (Phys. Rev. [2] **156** [1967] 383/90). — [12] R. E. Walstedt, H. W. De Wijn, H. J. Guggenheim (Phys. Rev. Letters **25** [1970] 1119/22). — [13] J. H. P. Colpa, E. G. Sieverts, R. H. van der Linde (Physica **51** [1971] 573/87, 585). — [14] A. H. M. Schrama (Physica **68** [1973] 279/302, 295/7). — [15] A. H. M. Schrama (J. Magn. Resonance **6** [1972] 432/7).

Paramagnetic Relaxation of K_2MnF_4

Paramagnetische Relaxation

Die Breite ΔH der Resonanzlinie hat bei etwa 150 K ein Minimum und steigt mit abnehmender Temperatur an, besonders stark unterhalb 100 K [1]. Unterhalb 80 K wird die Zunahme von ΔH auch von De Wijn u. a. [2] gemessen und mit einer dreiparametrigen Formel erfaßt. Dieser Verlauf kann erklärt werden, wenn die zunächst für dreidimensionale Antiferromagnetika entwickelte Theorie auf Kristalle erweitert wird, die aus antiferromagnetisch geordneten Schichten (zweidimensional) bestehen [3]. Bei neueren Messungen wird nicht nur die Temperaturabhängigkeit von ΔH, sondern auch die Frequenzabhängigkeit (9.3 und 23.4 GHz) untersucht, ferner die Abhängigkeit vom Winkel ϑ zwischen Magnetfeld und der Normalen zur antiferromagnetischen Netzebene (c-Achse). ΔH hat ein Minimum bei $\vartheta \approx 57°$. Die Verringerung von ΔH infolge Austauschwechselwirkung (exchange narrowing) wird theoretisch gedeutet [4].

Literatur:

[1] Y. Yokozawa (J. Phys. Soc. Japan **31** [1971] 1590). — [2] H. W. De Wijn, L. R. Walker, J. L. Davis, H. J. Guggenheim (Solid State Commun. **11** [1972] 803/5). — [3] D. L. Huber, M. S. Seehra (Phys. Letters A **43** [1973] 311/2). — [4] P. M. Richards, M. B. Salamon (Phys. Rev. [3] B **9** [1974] 32/45), M. B. Salamon, P. M. Richards (AIP [Am. Inst. Phys.] Conf. Proc. Nr. 10 [1972] 184/91).

Optical Properties

4.3.1.1.8.5 Optische Eigenschaften

Doped K_2MnF_4

Das Raman-Spektrum besteht bei 4.2 K aus fünf Linien, von denen vier auch bei Raumtemperatur auftreten. Sie werden den vier Raman-aktiven Phononen zugeordnet und haben die Wellenzahlen 94 und 133 cm^{-1} (E_g-Phononen) sowie 185 und 358 cm^{-1} (A_{1g}-Phononen). Der Erzeugung von Magnonenpaaren wird die Linie mit 115 cm^{-1} zugeordnet. Sie verschiebt sich mit steigender Temperatur zu niedrigeren Frequenzen bei gleichzeitiger Verbreiterung und ist nur bis etwa 100 K zu beobachten. Bei Ni-Zusatz tritt eine Magnonenpaarlinie bei 237 cm^{-1} auf [1]. An $K_2Mn_{0.98}Co_{0.02}F_4$ wird die analoge Linie bei 256 ± 1 cm^{-1} (T = 2 K) gefunden [5]. — Die unterhalb der Néel-Temperatur gemessene Temperaturabhängigkeit der Magnonenpaar-Raman-Streuung [2] steht in Einklang mit der Theorie von Balucani und Tognetti [3].

K_2MnF_4 ist optisch einachsig positiv. Für $\lambda = 632.8$ nm beträgt die Doppelbrechung $\Delta n = n_\varepsilon - n_\omega = 4.2 \times 10^{-3}$ bei 300 K. Die lineare optische Doppelbrechung, gemessen zwischen 5 und 300 K, zeigt unterhalb 200 K einen bedeutenden magnetischen Anteil, der mit abnehmender Temperatur rasch wächst, mit der größten Steigerung bei etwa 50 K. Bei der Néel-Temperatur hat die magnetische Doppelbrechung eine kleine Unstetigkeit. Unterhalb 30 K ist sie etwa proportional T^3 [4].

Literatur:

[1] W. Lehmann, R. Weber (Phys. Letters A **45** [1973] 33/4; J. Phys. C **10** [1977] 97/106). — [2] A. Van der Pol, G. De Korte, G. Bosman, A. J. Van der Wal, H. W. De Wijn (Solid State Commun. **19** [1976] 177/9). — [3] U. Balucani, V. Tognetti (Phys. Rev. [3] B **8** [1973] 4247/57). — [4] I. R. Jahn, K. Bittermann (Solid State Commun. **13** [1973] 1897/901). — [5] W. Lehmann, F. Macco, R. Weber (Solid State Commun. **20** [1976] 1049/51).

4.3.1.1.8.6 Chemisches Verhalten

Chemical Reactions

K_2MnF_4 wird durch Wasser oder Wasserdampf bei 20°C zu $KMnF_3$ und KF zersetzt, es ist aber widerstandsfähiger als das entsprechende Rb- und Cs-Salz. Mit HF-Gas reagiert die Verbindung bei 150°C zu $KMnF_3$, KHF_2, KF und etwas MnF_2; Temperaturerhöhung vermindert die Zersetzung. Mit MnF_2 bildet sich beim Erhitzen $KMnF_3$. K_2MnF_4 ist in Methanol praktisch unlöslich, J. C. Cousseins (Rev. Chim. Minerale **1** [1964] 573/616, 600, 610), A. Chrétien, J. C. Cousseins (Compt. Rend. **259** [1964] 4696/9).

4.3.1.1.9 $K_3Mn_2F_7$ (= $3KF \cdot 2MnF_2$)

$K_3Mn_2F_7$

Die Verbindung tritt im System KF-MnF_2 auf, s. S. 103. — Sie bildet sich aus KF-MnF_2-Gemischen ab etwa 625°C neben $KMnF_3$ und K_2MnF_4 [1 bis 3]. Durch die Reaktion $KMnF_3 + K_2MnF_4 \rightarrow K_3Mn_2F_7$ wird sie bei 700°C rein erhalten. Oberhalb 700 bis 725°C wird sie nicht mehr beobachtet [1, 2]. Zur Darstellung von pulverförmigem $K_3Mn_2F_7$ wird ein stöchiometrisches Gemisch von KF und MnF_2 2 Wochen in verschlossenen Goldampullen, die sich in Quarzampullen befinden, auf 700°C erhitzt [4].

Nach Röntgen-Pulverdiagrammen besitzt $K_3Mn_2F_7$ tetragonale Symmetrie [1, 2] mit den Gitterkonstanten a = 4.183(2), c = 21.592(8) Å [4], a = 4.19, c = 21.66 Å; Z = 2 [1, 2], Netzebenenabstände im Original [1]. Die Gitterkonstante a hat dieselbe Größe wie bei K_2MnF_4 (s. S. 105) und kubischem $KMnF_3$ (s. S. 121) [1, 3]. $K_3Mn_2F_7$ ist isotyp mit $Rb_3Mn_2F_7$ (s. S. 155) und $Rb_3Mn_2Cl_7$. Es hat $Sr_3Ti_2O_7$-Struktur [5], s. Fig. 34, S. 105; Raumgruppe I4/mmm-D_{4h}^{17} (Nr. 139) [1, 2, 4].

Pyknometrisch gemessene Dichte 3.142 g/cm^3 [1, 2].

Die Temperaturabhängigkeit der Suszeptibilität von $K_3Mn_2F_7$-Pulver zeigt zwischen 4 und 260 K ein breites Maximum bei 85 ± 5 K, wie es für antiferromagnetische Systeme kleinerer Dimensionen charakteristisch ist. Ein weiteres kleines Maximum bei T ≈ 5 K wird einer Verunreinigung durch ein anderes Mn^{2+}-Salz von etwa 1 Mol-% zugeschrieben [4]. Die Néel-Temperatur liegt bei 58 ± 1 K [6]. Die magnetische Struktur besteht aus einer Anordnung von antiferromagnetischen Doppelschichten, die durch zwei nichtmagnetische Schichten aus K und F voneinander getrennt sind (s. Fig. 34, S. 105). Der Vergleich von Suszeptibilitätsmessungen und theoretischen Überlegungen zeigt, daß das magnetische Verhalten von $K_3Mn_2F_7$ dem Heisenberg-Modell eines Doppelschicht-Antiferromagneten mit S = 5/2 entspricht. Unter Zugrundelegung dieses Modells ergibt sich für den paramagnetischen Bereich der Austauschparameter J/k = −4.04 ± 0.16 K [4]. Neuere Messungen bestätigen im wesentlichen den Wert: J/k = −3.81 ± 0.08 K aus $\chi_\perp$ und J/k = −3.85 ± 0.1 K aus $\chi_\parallel$ [6]. Für das Spin-Flop-Feld wird H_{SF} = 41 ± 1 kOe erhalten, für das Anisotropiefeld H_A = 1.12 ± 0.20 kOe. Das Austauschfeld ergibt sich aus dem Austauschparameter zu H_E = 752 ± 30 kOe [4].

Durch H_2O wird $K_3Mn_2F_7$ zu $KMnF_3$ und KF zersetzt; die Reaktion verläuft langsamer als bei K_2MnF_4 [1, 2].

Literatur:

[1] J. C. Cousseins (Rev. Chim. Minerale **1** [1964] 573/616, 595/6, 602). — [2] A. Chrétien, J. C. Cousseins (Compt. Rend. **259** [1964] 4696/9). — [3] K. Bittermann, G. Heger (J. Cryst. Growth **21** [1974] 82/4). — [4] R. Navarro, J. J. Smit, L. J. de Jongh, W. J. Crama, D. J. W. Ijdo (Physica B+C **83** [1976] 97/116, 98/9, 100, 104, 108). — [5] S. N. Ruddlesden, P. Popper (Acta Cryst. **11** [1958] 54/5).

[6] A. F. M. Arts, C. M. J. van Uijen, J. A. van Luijk, H. W. de Wijn (Solid State Commun. **21** [1977] 13/5).

$KMnF_3$

4.3.1.1.10 $KMnF_3$

Formation. Preparation

4.3.1.1.10.1 Bildung und Darstellung

Die schon seit langem bekannte Verbindung [1] wird bei den nassen Verfahren aus KF oder (leichter löslichem) KHF_2 und Mn^{II}-Salzen erhalten.

Wird eine etwa 10%ige wäßrige KF-Lösung bei Raumtemperatur langsam mit einer konzentrierten $MnCl_2$-Lösung versetzt (Molverhältnis K:Mn = 3:1 [2, 3] bis 5:1 [4]), so fällt $KMnF_3$ als feiner farbloser Niederschlag aus [2, 4, 5]. Auch aus angesäuerter KF-Lösung fällt $KMnF_3$ als feines Pulver aus [6]. Eine weitere Methode geht von den Metallcarbonaten aus. Dabei wird K_2CO_3 in möglichst wenig H_2O gelöst und durch tropfenweise Zugabe von 48%iger Flußsäure (10% Überschuß) unter Rühren in eine KHF_2-Lösung überführt. Diese Lösung wird tropfenweise einer äquivalenten Menge in möglichst wenig H_2O suspendiertem $MnCO_3$ unter Rühren zugegeben, über Nacht weitergerührt und der Niederschlag abfiltriert [7]. Einfacher, aber mit geringerer Ausbeute wird $KMnF_3$ erhalten, wenn man frisch gefälltes $MnCO_3$ (1 mol) mit der berechneten Menge verdünnter Flußsäure in eine gesättigte MnF_2-Lösung überführt und diese in der Siedehitze mit gesättigter KF-Lösung (1 mol) umsetzt [8]. Auch aus methanolischer Lösung läßt sich schwach rosa gefärbtes, gelatinöses $KMnF_3$ durch Reaktion von $MnBr_2$ mit KF ausfällen [9].

Auf trockenem Wege entsteht $KMnF_3$ beim Erhitzen eines äquimolaren Gemisches von KF und MnF_2 in 2 h bei 650°C in trockener Ar-Atmosphäre oder in mehreren Stunden bei 700°C in HF-Gas-Atmosphäre aus KF + MnF_2 sowie KCl + MnF_2 [10, 11]. Andere Autoren erhitzen die Fluoride zunächst in Ar auf 500°C und dann 1 h in einem HF-Ar-Strom auf 900°C [12]. Man kann auch stöchiometrische Mengen von KHF_2 und MnF_2 zusammenschmelzen (1050°C) [3]. $KMnF_3$ bildet sich ferner aus K_2MnF_4 und MnF_2 oberhalb 500°C [10, 11] sowie aus K_2MnF_4 und HF-Gas bei 150°C [10].

Reinigung. Reindarstellung. Aus wäßrigen Lösungen ausgefälltes $KMnF_3$ wird mit kalter verdünnter Flußsäure (um Hydrolyse zu vermeiden), dann mit Aceton gewaschen [8]. Getrocknet wird im Vakuum [2, 7], dann noch 2 d über NaOH-Preßlingen in dynamischem Vakuum [7] oder einfach an der Luft bei Zimmertemperatur [5] oder wenig über 100°C [6] bis 120°C [8]. Vor der Einkristallzüchtung (s. unten) wird das aus wäßriger Lösung gefällte $KMnF_3$ bei etwa 700°C in trockenem HF-Gas getrocknet und gesintert [13], s. auch [12, 14].

Single Crystals

Darstellung von Einkristallen

Sehr reine, rosa Einkristalle von hoher optischer Qualität und Vollkommenheit der Größe 6 × 2 × 2 cm werden nach der Czochralski-Technik bei 1000 bis 1050°C in Ar- [12] oder He-Atmosphäre gezogen [27, 28]. Frühere Züchtungen nach dieser Methode, ebenfalls unter Ar, s. [13]. Ähnliche Einkristalle werden auch aus einer Schmelze von KHF_2 + MnF_2 in Ar-HF-Atmosphäre mit Hilfe eines Impfkristalls erhalten [15]. Einkristalle erhält man auch durch Zonenschmelzen unter N_2 [14], s. auch [16]. Nach der Bridgman-Methode kann man von gefälltem $KMnF_3$ sowie von Gemischen aus KHF_2 und MnF_2 (stöchiometrisch [3] oder 48 + 52 Mol-% [17]) ausgehen, die in Graphittiegeln unter Ar bei 1050 [3] bis 1100°C [17] aufgeschmolzen und dann langsam (2 grd/h [3]) abgekühlt werden. Wegen der hohen Viskosität in der Nähe des Schmelzpunkts sollte der Gasdruck 0.2 atm nicht übersteigen [17]. Andere Autoren arbeiten mit der horizontalen Bridgman-Technik unter HF-Atmosphäre [18]. Die Rosafärbung der Kristalle wird der Anwesenheit von Mangan mit höherer Wertigkeit zugeschrieben [17].

Als Schmelzlösung eignen sich Alkalihalogenide. Im einfachsten Falle dient dazu KCl, das sich bei der Umsetzung von $MnCl_2$ mit überschüssigem KHF_2 (Molverhältnis 1:3) bei 800 [19] bis 900°C [20] bildet. Als Schutzgas dient Ar [2] oder ein Ar-HF-Gemisch [19, 20]. Aus Gemischen von $MnCl_2$ +

3 KF in KCl-Schmelzen von 900°C bilden sich schwach braune, durchsichtige Kristalle [21]. Andere Autoren erhalten durchsichtige, nur eine Spur rosa gefärbte Kristalle in N_2-Atmosphäre bei Zusatz von KCl oder KJ [2]. Nach Untersuchungen der reziproken Systeme K^+-Mn^{2+}-Cl^--F^- [22] und Na^+-K^+-Cl^--MnF_3^- [23] ist eine KCl-$KMnF_3$-Schmelze mit 20 bis 50 Mol-% $KMnF_3$ sowie eine NaCl-KCl-$KMnF_3$-Schmelze mit 50 bis 80% $KMnF_3$ geeignet (Temperaturen zwischen 410 und 800°C, Schutzgasatmosphäre). Dagegen wird der Zusatz von NaCl von anderen Autoren wegen der Bildung von Mischkristallen zwischen $NaMnF_3$ und $KMnF_3$ vermieden [24]. Zur Synthese von ^{57}Fe-haltigen $KMnF_3$-Einkristallen aus KF-$MnCl_2$-Schmelzen für Mößbauer-Untersuchungen s. [25].

Durch Gelzüchtung lassen sich aus $MnCl_2$-haltigem Agar-Agar-Gel, das mit einer KF- oder KHF_2-Lösung überschichtet wird, bei 18°C kleine Einkristalle (0.1 mm Kantenlänge) gewinnen [26]. Aus einer wäßrigen Lösung von $MnCl_2$ und KF wachsen erst nach 3 Monaten Einkristalle von $KMnF_3$ [29].

Literatur:

[1] J. L. Gay-Lussac, L. J. Thénard (Recherches Physico-Chimiques, Bd. 2, Paris 1811, S. 31). — [2] K. Hirakawa, K. Hirakawa, T. Hashimoto (J. Phys. Soc. Japan **15** [1960] 2063/8). — [3] A. Chełkowski, P. Jakubowski, D. Kraska, A. Ratuszna, W. Zapart (Acta Phys. Polon. A **47** [1975] 347/51; C. A. **83** [1975] Nr. 19791). — [4] R. Hoppe, W. Liebe, W. Dähne (Z. Anorg. Allgem. Chem. **307** [1961] 276/89, 279). — [5] P. Nuka (Z. Anorg. Allgem. Chem. **180** [1929] 235/40).

[6] R. L. Martin, R. S. Nyholm, N. C. Stephenson (Chem. Ind. [London] **1956** 83/5). — [7] P. O. Henk, D. Gabbe, K. Bangerskis laut R. H. Plovnick, S. J. Camobreco [12]. — [8] D. J. Machin, R. L. Martin, R. S. Nyholm (J. Chem. Soc. **1963** 1490/500, 1492). — [9] D. S. Crocket, H. M. Haendler (J. Am. Chem. Soc. **82** [1962] 4158/62). — [10] J. C. Cousseins (Rev. Chim. Minerale **1** [1964] 573/616, 600, 605/7).

[11] A. Chrétien, J. C. Cousseins (Compt. Rend. **259** [1964] 4696/9). — [12] R. H. Plovnick, S. J. Camobreco (Mater. Res. Bull. **7** [1972] 573/82, 574/8). — [13] K. Nassau (J. Appl. Phys. **32** [1961] 1820/1). — [14] O. Beckman, I. Olovsson, K. Knox (Acta Cryst. **13** [1960] 506). — [15] K. S. Aleksandrov, L. M. Reshchikova, B. V. Beznosikov (Phys. Status Solidi **18** [1966] K17/K20).

[16] H. Guggenheim (J. Phys. Chem. **64** [1960] 938/9). — [17] B. V. Beznosikov, N. V. Beznosikova (Kristallografiya **13** [1968] 188/9; Soviet Phys.-Cryst. **13** [1968] 158/9). — [18] W. W. Holloway, E. W. Prohofsky, M. Kestigian (Phys. Rev. [2] **139** [1965] A954/A961). — [19] T. Hashimoto (J. Phys. Soc. Japan **18** [1963] 1140/7, 1141). — [20] Y. Suemune, H. Ikawa (J. Phys. Soc. Japan **19** [1964] 1686/90).

[21] S. Ogawa (J. Phys. Soc. Japan **14** [1959] 1115). — [22] I. N. Belyaev, O. Ya. Revina (Zh. Prikl. Khim. **42** [1969] 1274/8; J. Appl. Chem. USSR **42** [1969] 1206/9). — [23] I. N. Belyaev, O. Ya. Revina (Izv. Vysshikh Uchebn. Zavedenii Khim. i Khim. Tekhnol. **10** [1967] 852/5; C. A. **68** [1968] Nr. 63155). — [24] J. Nouet, C. Jacoboni, G. Ferey, J. Y. Gérard, R. de Pape (J. Cryst. Growth **8** [1971] 94/8). — [25] S. Reiman, K. Mitrofanov (Eesti NSV Teaduste Akad. Toimetised Fuus. Mat. **24** [1975] 428/32 nach C. A. **84** [1976] Nr. 83525).

[26] R. Leckebusch (J. Cryst. Growth **23** [1974] 74/6). — [27] G. Shirane, V. J. Minkiewicz, A. Linz (Solid State Commun. **8** [1970] 1941/4). — [28] K. Gesi, J. Axe, G. Shirane, A. Linz (Phys. Rev. [3] B **5** [1972] 1933/41, 1934). — [29] Yu. P. Simanov, L. R. Batsanova, L. M. Kovba (Zh. Neorgan. Khim. **2** [1957] 2410/5; Russ. J. Inorg. Chem. **2** Nr. 10 [1957] 207/15, 212).

4.3.1.1.10.2 Kristallographische Eigenschaften

Crystallographic Properties

Polymorphie

Polymorphism

Allgemeine Literatur:

E. J. Samuelsen, E. Andersen, J. Feder, Structural Phase Transitions and Soft Modes, Universitetsforlaget, Oslo 1971.

Poly-
morphism
of $KMnF_3$

Beim Abkühlen wandelt sich die kubische, unter Normalbedingungen stabile Modifikation bei $T_{c1} \approx 186$ K in eine tetragonale um. Aus dieser bildet sich unterhalb $T_{c2} \approx 92$ K eine neue, möglicherweise auch mehrere Modifikationen. Zu den magnetischen Umwandlungen bei $T_N \approx 88$ K und $T_c \approx 82$ K s. S. 133 und 134. Nach neueren Neutronenbeugungsuntersuchungen ist der Übergang bei T_c auch mit strukturellen Änderungen verbunden. T_c zeigt eine Hysterese von 2.5 K, der Übergang sollte demnach von 1. Art sein [1], s. auch [2].

Transition
at T_{c1}

Umwandlung bei T_{c1}

Werte der wiederholt gemessenen Umwandlungstemperatur T_{c1} sind in folgender Tabelle zusammengestellt (ein + bei der Hysterese bedeutet, daß sie nur qualitativ bestimmt wurde):

T_{c1} in K	Hysterese in K	Methode, Literatur
179.0	—	Wärmekapazität [3]
182	—	Wärmeleitfähigkeit [4]
183.5	keine	Ultraschall [5]
184	—	Röntgenbeugung [6], Doppelbrechung [2, 7, 8]
185	keine	Röntgenbeugung [9]
185.4 ± 0.3	—	Neutronenstreuung [10]
186	—	Röntgenbeugung [11], Wärmekapazität [12], NMR (^{39}K) [13], Neutronenstreuung [14]
186.1	+	Elastizität [15], Neutronenstreuung [16]
186.4 ± 0.1	—	Raman-Spektrum [17]
186.6	0.1	Neutronenstreuung [18]
186.6	+	Wärmekapazität [19]
186.65	0.2	Wärmekapazität [20]
187	keine	Ultraschall [21]
187.5	0.2	Ultraschall [22]
187.6 ± 0.1	—	Mandelstam-Brillouin-Streuung [23]
190 ± 1	—	Mößbauer-Effekt an $KMnF_3$(Fe) [24]
191.44	—	Wärmekapazität [25]

Die Werte von T_{c1} oberhalb von 190 K (190 [26], 195 [27], 198 [28]) liegen vermutlich wegen Verunreinigungen mit Na zu hoch [26, 28]. Zur Mößbauer-Untersuchung kurz oberhalb und unterhalb T_{c1} s. [31]. Zu T_{c1} von $K_{1-x}Rb_xMnF_3$ s. S. 186.

Bis 10 kbar steigt T_{c1} nach $dT_{c1}/dp = 3.9$ K/kbar linear an (Ultraschallmessungen) [21, 29]. Oberhalb 10 kbar wird ein steilerer nichtlinearer Anstieg beobachtet; bei 15 kbar ist $T_{c1} \approx 250$ K [29]. Bei den untersuchten Drücken wird keine Temperaturhysterese gefunden [21]. Dagegen folgt aus DK-Messungen bis 6 kbar $dT_{c1}/dp = 2.63 \pm 0.09$ K/kbar. Bei allen Drücken tritt eine thermische Hysterese von etwa 0.3 K auf [30]. Theoretische thermodynamische Berechnungen nach Landau ergeben $dT_{c1}/dp = 2.9$ [31] und 5.3 K/kbar [32].

Auf Grund der thermischen Hysterese der Umwandlungstemperatur (s. oben) sowie der Diskontinuitäten der Gitterkonstanten (s. Fig. 96, S. 229) [20, 33], der Intensität der Neutronenstreuung [16], der Elastizitätsmoduln [15] und der Doppelbrechung [27] ist die Umwandlung von 1. Art. Dagegen hat die Temperaturabhängigkeit der Gitterschwingung Γ_{25} (T_{2u}, auch als R_{25} bezeichnet [34]) eher den Charakter einer Umwandlung 2. Art. Neutronenstreuungsuntersuchungen ergeben, daß die dreifach entartete Schwingung Γ_{25} der kubischen Modifikation an der Ecke R der Brillouin-Zone (1/2, 1/2, 1/2) bei T_{c1} kondensiert [14, 18, 36, 42]. Bei der tetragonalen Modifikation liegt R im Zentrum der Brillouin-Zone [23]. Bei Raumtemperatur liegt Γ_{25} bei 280 cm^{-1} (im Original mit R'_{15} bezeichnet, da Mn statt K in den Ursprung gelegt wird) [17]. In der tetragonalen Modifikation ist diese Gitterschwingung in A_{1g} und E_g aufgespalten (Γ_1 und Γ_5 im Original [17]) [23, 17]; sie werden bei 100 K bei 62 bzw. 20.5 cm^{-1} beobachtet [17], s. auch S. 124.

Die Intensität der Röntgenbeugung ist proportional zur reduzierten Temperatur $[(T-T_{c1})/T_{c1}]^{\beta}$. Der kritische Exponent sollte bei einer Umwandlung 2. Art $\beta = 1/2$ sein [13, 18]. In einem größeren Temperaturbereich wird $\beta = 0.49 \pm 0.04$ gefunden [33, 35], aber in der Nähe von T_{c1} ist $\beta = 0.24$ [18, 36] bis 1/3 [13]. Bei einer Umwandlung 2. Art fällt T_{c1} mit der tatsächlichen Umwandlungstemperatur in $(T-T_{c1})$ zusammen [18]. Statt dessen wird bei $KMnF_3$ $\Delta T = T_{c1}-T_a = 0.5$ [18] bis 0.6 K [20] in der Nähe der Umwandlung gefunden. Durch Extrapolation der tetragonalen Gitterkonstanten in den kubischen Bereich treffen sich a_t, c_t und a_k bei $T_a = 187.2$ K [20]. Das Fehlen einer deutlichen Umwandlungsenthalpie [25] und einer entsprechenden Volumenänderung [7] bei T_{c1}, die für Umwandlungen 1. Art typisch sind, wird mit diesem sehr kleinen Wert von ΔT erklärt [23].

In der tetragonalen Modifikation sind die MnF_6-Oktaeder gegenüber der kubischen leicht verdreht, die Umwandlung kann als displaziv aufgefaßt werden [13, 23]. Erste Anzeichen einer Umwandlung bei fallender Temperatur werden röntgenographisch [37, 38], aus Neutronenbeugungsuntersuchungen [36] und aus der NMR [13] bereits etwa 15 K oberhalb T_{c1} beobachtet. Die entstehende tetragonale Modifikation ist immer verzwillingt [2, 8, 18, 27, 33, 36].

Die geometrische Bedingung für den Stabilitätsbereich der Perowskit-Struktur läßt sich durch den Toleranzfaktor t nach Goldschmidt angeben: $r_K + r_F = t\sqrt{2}(r_{Mn} + r_F)$, wobei r die Ionenradien bezeichnet. Die Perowskit-Struktur kann bis t = 0.8 auftreten, jedoch in der idealen kubischen Form nur bei t > 1 [6]. Für $KMnF_3$ liegt t mit 0.88 (nach Ahrens) [6] bis 0.94 [2, 39] relativ niedrig und wird daher als Ursache der Umwandlung bei T_{c1} betrachtet [2, 6], s. auch [3, 40]. — Zu einer theoretischen Behandlung der Umwandlung s. [41].

Die Umwandlung bei T_{c1} ähnelt stark der entsprechenden Umwandlung bei $SrTiO_3$ und anderen Verbindungen vom Perowskit-Typ, über die ein sehr umfangreiches Schrifttum existiert, s. z. B. [43].

Umwandlung bei T_{c2} — Transition at T_{c2}

In der folgenden Tabelle sind neuere Werte für T_{c2} zusammengestellt:

T_{c2} in K	Hysterese in K	Methode, Literatur
91.5	7	Raman-Spektrum [17]
91.5	+	Neutronenstreuung [18]
91.5	-	Röntgenbeugung [34], Ultraschall [22]
91.55	keine	Neutronenstreuung [1]
92.3	+	Wärmekapazität [19]
95.13	—	Wärmekapazität [25]

Bei optischen Untersuchungen werden $T_{c2} = 102$ [23] und 110 K [8] gefunden. Auch röntgenographisch ergibt sich $T_{c2} = 110$ K [9]. Es wird darauf hingewiesen, daß in der Nähe von T_{c2} bis zu 7 h zur Gleichgewichtseinstellung nötig sind [25].

Aus der Hysterese von T_{c2}, den Gitterschwingungen [42], der Doppelbrechung [8] und Raman-Untersuchungen [17] wird auf eine Umwandlung 1. Art geschlossen, s. auch [32]. Außerdem kann eine Umwandlungsenthalpie von 15 ± 0.5 J/mol gemessen werden [25]. Ähnlich wie bei T_{c1} ist auch dieser Übergang durch einen soft mode charakterisiert, dessen Temperaturabhängigkeit mehr für einen Übergang 2. Art spricht. Die Schwingung M_3 (B_{1g}) bei 1/2, 1/2, 0 der Brillouin-Zone (bezogen auf die ursprünglich kubische Elementarzelle!) kondensiert bei T_{c2} [1, 14, 18, 34, 42], s. auch S. 124. (M_3 wird zu M_2, wenn Mn statt K in den Ursprung gelegt wird [17].) Außerdem wird auch aus Ultraschalluntersuchungen [22] und Intensitätsmessungen von Neutronenbeugungsreflexen auf die 2. Art geschlossen [1]. Der kritische Exponent beträgt jedoch $\beta = 1/3$ [1] und $\Delta T = 1.5$ K [18].

Literatur:

[1] M. Hidaka, N. Omaha, A. Okazaki, H. Sakashita, S. Yamakawa (Solid State Commun. **16** [1975] 1121/4). — [2] O. Beckman, K. Knox (Phys. Rev. [2] **121** [1961] 376/80). — [3] C. Deenadas, H. V. Keer, R. V. G. Rao, A. B. Biswas (Brit. J. Appl. Phys. **17** [1966] 1401/4), s. auch R. V. G. Rao, C. D. Das, H. V. Keer, A. B. Biswas (Proc. Phys. Soc. [London] **81** [1963] 191/2). — [4] K. Hirakawa, K. Hamazaki, H. Miike, H. Hayashi (J. Phys. Soc. Japan **33** [1972] 268). — [5] J. M. Courdille, J. Dumas (Solid State Commun. **9** [1971] 609/12).

[6] A. Okazaki, Y. Suemune (J. Phys. Soc. Japan **16** [1961] 671/5). — [7] O. Beckman, I. Olovsson, K. Knox (Acta Cryst. **13** [1960] 506). — [8] Yu. A. Popkov, V. V. Eremenko, V. I. Fomin (Fiz. Tverd. Tela **13** [1971] 2028/37; Soviet Phys.-Solid State **13** [1971] 1701/8). — [9] K. S. Aleksandrov, L. M. Reshchikova, B. V. Beznosikov (Fiz. Tverd. Tela **8** [1966] 3637/9; Soviet Phys.-Solid State **8** [1966] 2904/5). — [10] W. J. L. Buyers, R. A. Cowley, G. L. Paul (J. Phys. Soc. Japan Suppl. **28** [1970] 242/4).

[11] A. Ratuszna, D. Kraska-Skrzypek, P. Jakubowski, A. Chełkowski (Acta Phys. Polon. A **49** [1976] 155/7; C. A. **84** [1976] Nr. 97522). — [12] V. L. Moruzzi, D. T. Teaney (Bull. Am. Phys. Soc. [2] **9** [1964] 225). — [13] F. Borsa (Phys. Rev. [3] B **7** [1973] 913/7). — [14] K. Gesi, J. Axe, G. Shirane, A. Linz (Phys. Rev. [3] B **5** [1972] 1933/41). — [15] R. L. Melcher, R. H. Plovnick (Phonons Proc. Intern. Conf., Rennes, Fr., 1971, S. 348/52; C. A. **79** [1973] Nr. 10748).

[16] S. M. Shapiro, J. D. Axe, G. Shirane (Phys. Rev. [3] B **6** [1972] 4332/41). — [17] D. J. Lockwood, B. H. Torrie (J. Phys. C **7** [1974] 2729/44). — [18] G. Shirane, V. J. Minkiewicz, A. Linz (Solid State Commun. **8** [1970] 1941/4). — [19] W. D. McCormick, K. I. Trappe (Low Temp. Phys. LT 13 Proc. 13th Intern. Conf. Low Temp. Phys., Boulder, Colo., 1972 [1974], Bd. 2, S. 360/4; C. A. **82** [1975] Nr. 130039). — [20] M. Furukawa, Y. Fujimori, K. Hirakawa (J. Phys. Soc. Japan **29** [1970] 1528/32).

[21] B. Okai, J. Yoshimoto (J. Phys. Soc. Japan **34** [1973] 837). — [22] K. Fossheim, D. Martinsen, A. Linz (NATO Advan. Study Inst. Ser. E Nr. 1 [1974] 141/6 nach C. A. **84** [1976] Nr. 24641). — [23] V. I. Fomin, Yu. A. Popkov (Zh. Eksperim. i Teor. Fiz. **70** [1976] 123/31; Soviet Phys. - JETP **43** [1976] 64/8), V. V. Eremenko, V. I. Fomin, Yu. A. Popkov, N. A. Sergienko (Fiz. Nizk. Temp. [Kiev] **1** [1975] 1030/6). — [24] S. I. Reiman, K. P. Mitrofanov (Fiz. Tverd. Tela **18** [1976] 1320/3; Soviet Phys.-Solid State **18** [1976] 759/61). — [25] V. G. Khlyustov, I. N. Flerov, A. T. Silin, A. N. Sal'nikov (Fiz. Tverd. Tela **14** [1972] 175/7; Soviet Phys.-Solid State **14** [1972] 139/41).

[26] H. P. Baltes, M. Tosi, F. K. Kneubühl (J. Phys. Chem. Solids **31** [1970] 321/9). — [27] K. S. Aleksandrov, L. M. Reshchikova (Kristallografiya **14** [1969] 716/9; Soviet Phys.-Cryst. **14** [1969] 614/6). — [28] K. S. Aleksandrov, L. M. Reshchikova, B. V. Beznosikov (Phys. Status Solidi **18** [1966] K17/K20). — [29] B. Okai, J. Yoshimoto (J. Phys. Soc. Japan **39** [1975] 162/5). — [30] K. Gesi, K. Okazawa (J. Phys. Soc. Japan **34** [1973] 1698).

[31] L. M. Reshchikova, V. I. Zinenko, K. S. Aleksandrov (Fiz. Tverd. Tela **11** [1969] 3448/54; Soviet Phys.-Solid State **11** [1969] 2893/7). — [32] V. I. Zinenko (Fiz. Tverd. Tela **17** [1975] 1064/70; Soviet Phys.-Solid State **17** [1975] 678/81). — [33] L. A. Pozdnyakova, A. I. Kruglik, K. S. Aleksandrov (Kristallografiya **17** [1972] 336/9; Soviet Phys.-Cryst. **17** [1972] 284/6). — [34] M. Hidaka (J. Phys. Soc. Japan **39** [1975] 180/6). — [35] K. S. Aleksandrov, V. I. Zinenko, L. M. Reshchikova, B. V. Beznosikov, L. A. Pozdnyakova (Izv. Akad. Nauk SSSR Ser. Fiz. **35** [1971] 1820/4; Bull. Acad. Sci. USSR Phys. Ser. **35** [1971] 1655/60).

[36] V. J. Minkiewicz, Y. Fujii, Y. Yamada (J. Phys. Soc. Japan **28** [1970] 443/50). — [37] R. Comes, F. Denoyer, L. Deschamps, M. Lambert (Phys. Letters A **34** [1971] 65/6). — [38] F. Denoyer, M. Lambert, A. M. Levelut, A. Guinier (Kristallografiya **16** [1971] 1140/9; Soviet Phys.-Cryst. **16** [1971] 1002/11). — [39] Yu. P. Simanov, L. R. Batsanova, L. M. Kovba (Zh. Neorgan. Khim. **2** [1957] 2410/5; Russ. J. Inorg. Chem. **2** Nr. 10 [1957] 207/15, 213). — [40] M. A. Vinnik, L. N. Selezneva (Kristallografiya **14** [1969] 1068/70; Soviet Phys.-Cryst. **14** [1969] 928/30).

[41] A. P. Levanyuk, D. G. Sannikov (Fiz. Tverd. Tela **16** [1974] 2257/63; Soviet Phys.-Solid State **16** [1974] 1473/7). — [42] V. J. Minkiewicz, G. Shirane (J. Phys. Soc. Japan **26** [1969] 674/80). — [43] J. F. Scott (in: J. R. Durig, Vibrational Spectra and Structure **5** [1976] 67/100).

Kristallstruktur

Crystal Structure

Kubische Modifikation

Cubic Modification

Die Kristalle sind leicht nach (100) spaltbar [1 bis 3]. — Die zuerst von Klasens u. a. [4] bestimmte Gitterkonstante (a = 4.19 Å) wird später wiederholt bestätigt. Werte in Auswahl:

a in Å	T in K	Literatur
4.181	—	[5]
4.186 ± (0.001 bis 0.003)	—	[6 bis 10]
4.186	293	[11]
4.1890 ± 0.0001	298	[12]
4.190 ± 0.001	298	[1, 6]
4.191 ± 0.001	298	[13, 14]
4.193(1)	295	[15]
4.194	—	[16]

Tabelle der d-Werte s. [12]. — Bei Temperaturerniedrigung fällt a linear bis T_{c1} auf 4.182 [1], 4.178 [11], 4.177 [17] und 4.173 Å [18], s. Fig. 96, S. 229.

Die Modifikation kristallisiert im Perowskit($E2_1$)-Typ, Raumgruppe Pm3m-O_h^1 (Nr. 221); Z = 1 [4, 19], s. Fig. 34, S. 105. Die Elektronendichteverteilung des F^--Ions zeigt bei Raumtemperatur in der Projektion entlang [001] eine auffällige Verbreiterung senkrecht zur Richtung F ↔ Mn [20].

Auf (100)-Spaltflächen von Kristallen, die über die Schmelze gewonnen wurden, wird nach dem Ätzen mit einer wäßrigen Lösung von HF, CH_3COOH und FeF_3 eine Versetzungsdichte von 5 × 10^5 bis 1 × 10^6 je cm^2 gefunden [3]. — Beim Abkühlen von Einkristallen zeigen Röntgenaufnahmen in [100]-Richtung bereits bei 200 K charakteristische Reflexverbreiterungen, die auf die Umwandlung bei T_{c1} hindeuten. Beim Erwärmen von Temperaturen unterhalb T_{c1} bleiben die diffusen Reflexe selbst noch bei Raumtemperatur erhalten und werden als Versetzungen in (100) gedeutet [21, 22].

Modifikation unterhalb T_{c1}

Modification below T_{c1}

Die durch Abkühlen der kubischen Modifikation erhaltenen Präparate sind immer verzwillingt, s. S. 119. Die Zwillingsebenen verlaufen parallel (011), bezogen auf die pseudokubische Perowskit-Zelle. Beim Erwärmen innerhalb des Stabilitätsbereichs können große Zwillinge in [011]-Richtung entstehen, die sich durch den ganzen Kristall erstrecken. Sie selbst sind in kleinere Zwillinge nach (010) unterteilt [23], s. auch [24].

Die Symmetrie dieser Modifikation ist tetragonal [25], wie ursprünglich angenommen [10], und nicht rhombisch [7]. Bezogen auf die kubische Elementarzelle der Normalmodifikation hat die tetragonale Elementarzelle die Abmessungen $a_t = a_k \sqrt{2}$, $c_t = 2a_k$ [25]: a = 5.885, c = 8.376 Å bei 95 K (Pseudozelle der Perowskit-Struktur: a = b = 4.161, c = 4.188 Å) [7]; Z = 4 [7, 25]. Bezogen auf die ursprünglichen kubischen Richtungen nimmt a_t mit fallender Temperatur linear ab und c_t linear zu [7, 10, 11], s. Fig. 96, S. 229. Bei T_{c2} ist a = 4.164, c = 4.195 Å [1] und bei 112 K: a = 4.158, c = 4.181 Å [18]. Raumgruppe I4/mcm-D_{4h}^{18} (Nr. 140) [18, 25, 26].

Crystal Structure of $KMnF_3$ below T_{c1}

Die Atome besetzen folgende Punktlagen bei 145 K [25]:

Atom	Punktlage	x	y	z
K	4b	0	0.5	0.25
Mn	4c	0	0	0
F	4a	0	0	0.25
F	8h	0.21	0.71	0

Die Struktur unterscheidet sich vom Perowskit-Typ nur durch eine geringe Drehung der MnF_6-Oktaeder um die c-Achse [7, 25], s. **Fig. 42** [25]; der Verdrehungswinkel φ beträgt 8° bei 120 K [27], nach theoretischen Berechnungen 6.3° [28]. In der Nähe von T_{c1} werden diffuse Röntgenreflexe beobachtet, die auf eine ungleichmäßige Verdrehung der MnF_6-Oktaeder hindeuten könnten [21, 22].

Fig. 42

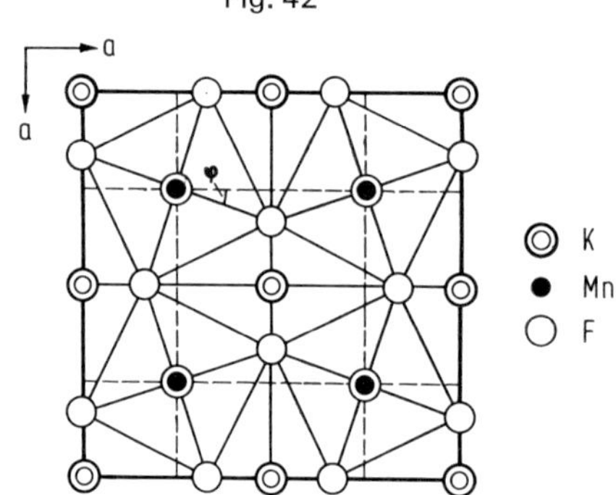

Projektion der Kristallstruktur von tetragonalem $KMnF_3$ bei 145 K. Die Gitterkonstanten beziehen sich auf die Pseudozelle der Perowskit-Struktur.

Modification(s) below T_{c2}

Modifikation(en) unterhalb T_{c2}

Es kann bisher nicht mit Sicherheit angegeben werden, wie viele Modifikationen unterhalb T_{c2} auftreten und welche Symmetrie sie besitzen. In der Literatur sind Angaben über tetragonale, rhombische und monokline Modifikationen zu finden, wobei offen bleibt, ob nicht derselben Modifikation verschiedene Symmetrien zugeordnet werden.

Tetragonal Modification

Tetragonale Modifikation. Sie wird unmittelbar unterhalb T_{c2} beobachtet [7, 10, 29]. Die Elementarzelle besitzt die Gitterkonstanten a = 5.894, c = 8.348 Å bei 50 K [29] und a = 5.900, c = 8.330 Å bei 65 K [7]; Z = 4 [7, 29]. Die auf die Perowskit-Struktur bezogene tetragonale Pseudozelle hat die Abmessungen a = 4.168, c = 4.174 Å bei 60 K und a = 4.160, c = 4.193 Å bei 91 K [29]. Nach älteren Untersuchungen ist dagegen $c/a < 1$: a = 4.172, c = 4.165 Å bei 65 K [7], s. auch [10]. Raumgruppe P4/mbm-D_{4h}^5 (Nr. 127) [29].

Einkristalluntersuchungen ergeben folgende Lagen für die Atome bei 50 K:

Atom	Punktlage	x	y	z
K	4f	0	0.5	0.246(1)
Mn	2a	0	0	0
Mn	2b	0	0	0.5
F(1)	4e	0	0	0.250
F(2)	4h	0.273(2)	0.773(2)	0.5
F(3)	4g	0.250	0.750	0

R = 17%. Die Struktur kann wie oberhalb T_{c2} als leicht verkantete Perowskit-Struktur beschrieben werden. Der Verdrehungswinkel φ, bezogen auf F(2), beträgt 5°15′ bei 50 K; er ändert sich zwischen 20 und 80 K nur um 1° [29].

Die tetragonale Symmetrie steht nicht in Übereinstimmung mit Untersuchungen des Raman-Spektrums. Danach ist die Modifikation eher rhombisch, mmm-D_{2h} [26], s. auch [28]. Nach der älteren röntgenographischen Untersuchung handelt es sich nur um eine tetragonale Pseudosymmetrie, während die wahre Symmetrie rhombisch ist [7].

Rhombische Modifikation. Das Neutronenbeugungsdiagramm dieser Modifikation bei 4.2 K kann auf der Basis einer (magnetischen) kubischen Perowskit-Überstrukturzelle mit a = 8.31_8 Å indiziert werden [30]. Röntgenographisch wird a = 4.171(2) Å gefunden [15]. Die oben angegebene (pseudo-)tetragonale Elementarzelle hat bei wahrer rhombischer Symmetrie die Gitterkonstanten a = 5.900, b = 5.900, c = 8.330 Å bei 65 K. (Die auf die Perowskit-Struktur bezogene Pseudozelle hat die Abmessungen a = b = 4.172, c = 4.165 Å.) Die Gitterkonstanten sind zwischen 15 K und T_{c2} nahezu unabhängig von der Temperatur [7]. Z = 4, Raumgruppe Pbnm-D_{2h}^{16} (Nr. 62, Standardaufstellung Pnma) [7, 30]. Orthorhombic Modification

Die Atome besetzen bei 4 [30] und 65 K [7] folgende Punktlagen (Aufstellung Pbnm):

Atom	Punktlage	x(4K)	y(4K)	z(4K)	x(65K)	y(65K)	z(65K)
K	4c	0.0	0.0	0.25	−0.005	0.02	0.25
Mn	4b	0.5	0	0	0.5	0	0
F(1)	4c	0.010	0.500	0.25	0.035	0.50	0.25
F(2)	8d	−0.270	0.260	0.040	−0.280	0.28	0.030

Die Abstände in den verzerrten MnF_6-Oktaedern betragen bei 65 K: Mn-F(1) = 2.09, Mn-F(2) = 2.12, F(1)-F(2) = 2.89, 2.91, 3.04, 3.06, F(2)-F(2) = 2.97, 3.01 Å. Die Struktur läßt sich auch hier als verzerrter Perowskit-Typ auffassen, bei dem die MnF_6-Oktaeder etwas verdreht sind, s. **Fig. 43** [7]. — Bei der Auswertung physikalischer Untersuchungen wird meist diese rhombische Modifikation zugrunde gelegt.

Fig. 43

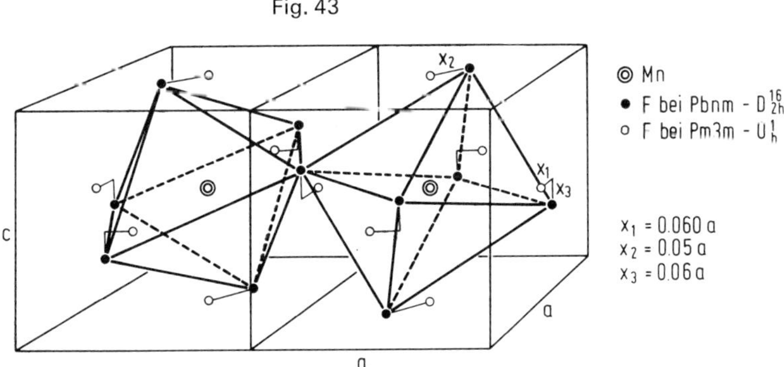

Anordnung der MnF_6-Oktaeder in rhombischem $KMnF_3$ bei 65 K im Vergleich zur kubischen Perowskit-Struktur. a und c beziehen sich auf die tetragonale Pseudozelle.

Monokline Modifikation. Sie wird unmittelbar unterhalb T_{c2} beobachtet [1, 13], von einigen Autoren jedoch nur bei steigender Temperatur [7]. Bei neueren Untersuchungen kann diese Modifikation nicht bestätigt werden [29]. Sie steht auch mit theoretischen Berechnungen nicht im Einklang [28]. Monoclinic Modification

Crystal Structure of Monoclinic $KMnF_3$

Bei 88 K werden Zwillinge nach (100), bezogen auf die pseudokubische Perowskit-Struktur, beobachtet [23]. — Gemessene Gitterkonstanten:

a in Å	b in Å	c in Å	β	T in K	Literatur
4.159 ± 0.001	4.174 ± 0.001	4.189 + 0.001	89°54′	78	[11]
4.168	4.171	4.185	89°51′ ± 1′	78	[1, 13]
4.169	4.175	4.190	89°49′	92	[7]

Mit fallender Temperatur nehmen die Gitterkonstanten bis 78 K leicht ab [11].

Literatur:

[1] A. Okazaki, Y. Suemune (J. Phys. Soc. Japan **16** [1961] 671/5). — [2] B. V. Beznosikov, N. V. Beznosikova (Kristallografiya **13** [1968] 188/9; Soviet Phys.-Cryst. **13** [1968] 158/9). — [3] R. H. Plovnick, S. J. Camobreco (Mater. Res. Bull. **7** [1972] 573/82, 579). — [4] H. A. Klasens, P. Zalm, F. O. Huysman (Philips Res. Rept. **8** [1953] 441/51, 446). — [5] S. Aléonard (Compt. Rend. **260** [1965] 1977/80).

[6] S. Ogawa (J. Phys. Soc. Japan **14** [1959] 1115). — [7] O. Beckman, K. Knox (Phys. Rev. [2] **121** [1961] 376/80). — [8] A. Chełkowski, O. Jakubowski, D. Kraska, A. Ratuszna, W. Zapart (Acta Phys. Polon. A **47** [1975] 347/51). — [9] Yu. P. Simanov, L. R. Batsanova, L. M. Kovba (Zh. Neorgan. Khim. **2** [1957] 2410/5; Russ. J. Inorg. Chem. **2** Nr. 10 [1957] 207/15, 208, 210). — [10] O. Beckman, I. Olovsson, K. Knox (Acta Cryst. **13** [1960] 506).

[11] M. A. Vinnik, L. N. Selezneva (Kristallografiya **14** [1969] 1068/70; Soviet Phys.-Cryst. **14** [1969] 928/30). — [12] H. E. Swanson, H. F. McMurdie, M. C. Morris, E. H. Evans (Natl. Bur. Std. [U. S.] Monograph Nr. 25, Tl. 6 [1968] 1/97, 45). — [13] A. Okazaki, Y. Suemune, T. Fuchikami (J. Phys. Soc. Japan **14** [1959] 1823/4). — [14] C. Deenadas, H. V. Keer, R. V. G. Rao, A. B. Biswas (Brit. J. Appl. Phys. **17** [1966] 1401/4). — [15] A. H. M. Schrama (Physica **66** [1973] 131/44, 134).

[16] R. Hoppe, W. Liebe, W. Dähne (Z. Anorg. Allgem. Chem. **307** [1961] 276/89, 279/80). — [17] A. Ratuszna, D. Kraska-Skrzypek, P. Jakubowski, A. Chełkowski (Acta Phys. Polon. A **49** [1976] 155/7; C. A. **84** [1976] Nr. 97522). — [18] L. A. Pozdnyakova, A. I. Kruglik, K. S. Aleksandrov (Kristallografiya **17** [1972] 336/9; Soviet Phys.-Cryst. **17** [1972] 284/6). — [19] K. Knox (Acta Cryst. **14** [1961] 583/5). — [20] A. Okazaki, Y. Suemune (J. Phys. Soc. Japan **16** [1961] 1474, **17** Suppl. B I [1962] 204/7).

[21] R. Comes, F. Denoyer, L. Deschamps, M. Lambert (Phys. Letters A **34** [1971] 65/6). — [22] F. Denoyer, M. Lambert, A. M. Levelut, A. Guinier (Kristallografiya **16** [1971] 1140/9; Soviet Phys.-Cryst. **16** [1971] 1002/11, 1007). — [23] Yu. A. Popkov, V. V. Eremenko, V. I. Fomin (Fiz. Tverd. Tela **13** [1971] 2028/37; Soviet Phys.-Solid State **13** [1971] 1701/8, 1704). — [24] K. S. Aleksandrov, L. M. Reshchikova (Kristallografiya **14** [1969] 716/9; Soviet Phys.-Cryst. **14** [1969] 614/6). — [25] V. J. Minkiewicz, Y. Fujii, Y. Yamada (J. Phys. Soc. Japan **28** [1970] 443/50).

[26] D. J. Lockwood, B. H. Torrie (J. Phys. C **7** [1974] 2729/44). — [27] F. Borsa (Phys. Rev. [3] B **7** [1973] 913/7). — [28] V. I. Zinenko (Fiz. Tverd. Tela **17** [1975] 1064/70; Soviet Phys.-Solid State **17** [1975] 678/81). — [29] M. Hidaka (J. Phys. Soc. Japan **39** [1975] 180/6). — [30] V. Scatturin, L. Corliss, N. Elliot, J. Hastings (Acta Cryst. **14** [1961] 19/26).

[31] K. Hanisch, M. Drosg (Phys. Letters A **58** [1976] 415/6).

Lattice Vibrations

Gitterschwingungen

Eine gruppentheoretische Analyse der in Gittern mit Perowskit-Struktur möglichen Schwingungen wird erstmals von Dvořák [1] gegeben, insbesondere für die drei Hauptrichtungen der würfelförmigen Brillouin-Zone ΓX (100), ΓM (110) und ΓR (111). Unabhängig davon stellt auch Cowley [2] die in solchen Gittern möglichen Schwingungen zusammen. Entsprechende Überlegungen über die optisch aktiven Schwingungen in Fluoriden mit Perowskit-Struktur s. bei Nakagawa u. a. [3].

Dispersionskurven für die Phononen geringer Energie sind, abgeleitet aus der Neutronenstreuung bei 295 K, in **Fig. 44** und **45** wiedergegeben [4]. Zuvor wurde die Neutronenstreuung auch bei 280 und 195 K untersucht; jedoch wurden Dispersionskurven nur für die Richtungen Σ (ΓM) und Λ (ΓR) abgeleitet [5]. Unter Einbeziehung spektroskopischer Daten geben Baltes und Kneubühl [6] Dispersionskurven für einen 3mal so großen Energiebereich für die Richtung Λ an. Aus den Kraft-

Fig. 44

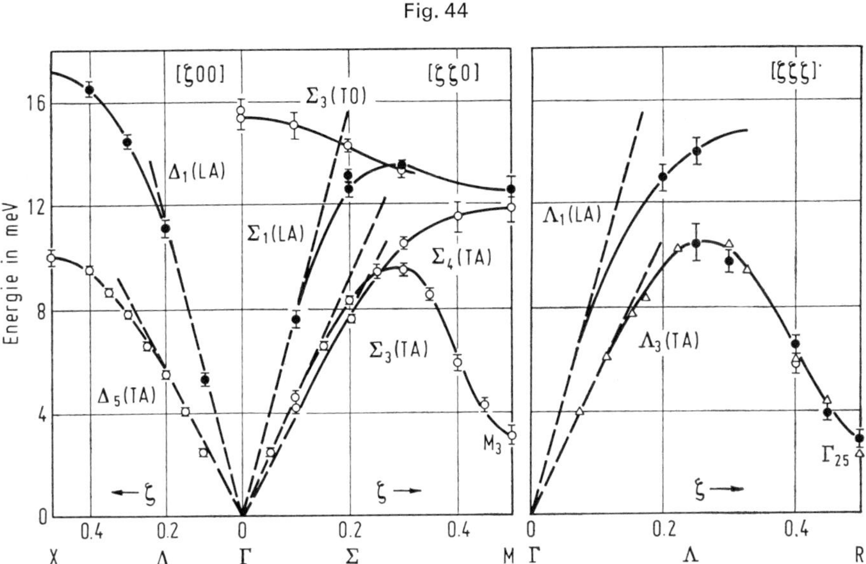

Phononendispersionskurven für kubisches $KMnF_3$, abgeleitet aus Neutronenstreuungsuntersuchungen von Gesi u.a. [4] (O ● bei 295 K) und Minkiewicz, Shirane [5] (△ bei 280 K); gestrichelte Geraden sind aus elastischen Konstanten berechnet.

Fig. 45

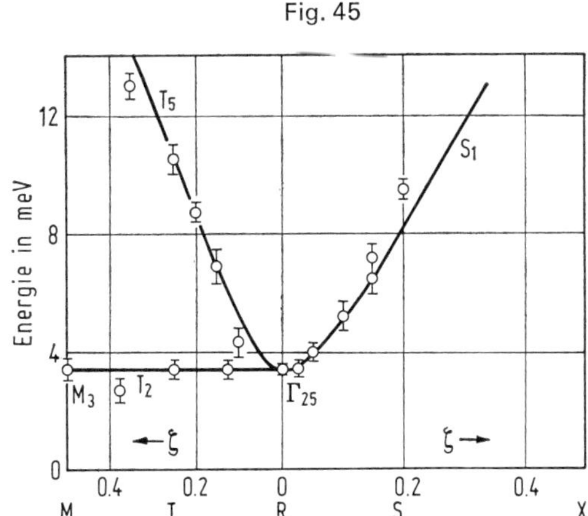

Dispersion des Phonons niedrigster Energie in der Umgebung von Punkt R in kubischem $KMnF_3$ bei 295°C.

Lattice Vibrations of $KMnF_3$

konstanten abgeleitete Dispersionskurven für die Hauptrichtungen im Frequenzbereich bis 100 THz s. bei Zinenko [7]. Welche Wellenzahlen die Schwingungen (einschließlich Kombinationsschwingungen) am Punkt Γ haben, wird von Young und Perry [8] ermittelt.

Optisch aktiv, d. h. im IR-Spektrum nachweisbar, sind die Transversalschwingungen am Punkt Γ; die Wellenzahlen der Longitudinalschwingungen können aus dem Reflexionsspektrum abgeleitet werden. Von den 3 optisch aktiven Schwingungen entspricht diejenige mit der kleinsten Wellenzahl den Bewegungen der K-Ionen und der MnF_6-Oktaeder gegeneinander (ν_1); die beiden anderen können der Verformung des MnF_6-Oktaeders (ν_2) und der Dehnung der Mn-F-Bindung (ν_3) zugeordnet werden; s. hierzu Cowley [2], Lane u. a. [9] und S. 76. Das Absorptionsspektrum bei Raumtemperatur weist Banden bei $\nu_1 = 130$, $\nu_2 = 212$, $\nu_3 = 410\ cm^{-1}$ auf [9]. Unter Einbeziehung des Reflexionsspektrums gelangt Karamyan [10] bei Raumtemperatur zu den Wellenzahlen $\nu_1 = 117$, $\nu_2 = 195$, $\nu_3 = 412\ cm^{-1}$ (TO) bzw. $\nu_1 = 144$, $\nu_2 = 270$, $\nu_3 = 500$ (LO) und bestätigt damit die älteren ν_1- und ν_2-Werte [11, 12], während für ν_3 früher kleinere Werte (395, 479 cm^{-1} [11], 399, 483 cm^{-1} [12]) gefunden wurden.

Die Wellenzahlen der akustischen Phononen können direkt nur durch Neutronenstreuung bestimmt werden. Beispielsweise finden Gesi u. a. [4] bei 295 K am Punkt R eine bei 24 cm^{-1} liegende Wellenzahl (entsprechende Energie: 3 meV) und verfolgen deren Änderung bis zur Phasenumwandlung bei 186 K, s. S. 118. Buyers u. a. [13] untersuchen an dieser Schwingung die Temperaturabhängigkeit der Wellenzahl und der Amplitude (Dämpfung).

Beim Übergang von der kubischen zur tetragonalen Gittersymmetrie spalten die entarteten Schwingungen auf. Die A_{2u}- und A_{2g}-Schwingung sind optisch inaktiv [14]. An der tetragonalen Modifikation ist somit ein (theoretisch aus vier Linien bestehendes) Raman-Spektrum zu beobachten, und das IR-Spektrum muß mehr Maxima aufweisen. Das zusätzliche Maximum, das von Lane u. a. [9] bei 263 cm^{-1} (168 K) bzw. 265 cm^{-1} (120 K) gefunden wird, kommt nach Baltes u. a. [6, 15] durch einen Zwei-Phononen-Prozeß zustande. Die anderen drei Maxima liegen bei 127, 208 und 427 cm^{-1} (120 K) [9]. — Bei einigen Absorptionsbanden im sichtbaren Bereich kann die Schwingungsstruktur aufgelöst werden. Von den dabei erhaltenen Wellenzahlen [16] kann wahrscheinlich nur eine (124 cm^{-1}) einer Grundschwingung zugeordnet werden; die beiden anderen (358, 491 cm^{-1}) dürften Kombinationsschwingungen entsprechen. Dagegen schreiben Novikov u. a. [17] die ebenso bei 20.4 K erhaltenen Wellenzahlen den Mn-F-Schwingungen ($\nu_3 = 338$, 459 cm^{-1}), der F-Mn-F-Biegeschwingung ($\nu_2 = 266\ cm^{-1}$) und der Schwingung des K-Ions gegen die MnF_6-Ionen ($\nu_1 = 113\ cm^{-1}$) zu.

Wie viele Schwingungen in dem unterhalb 88 K stabilen Gitter möglich sind, läßt sich erst dann feststellen, wenn dessen Struktur eindeutig aufgeklärt ist, s. S. 119 und 122. Somit kann aus den von Popkov u. a. [14] bei 4.2 K beobachteten Raman-Linien noch nicht auf die zugrunde liegenden Schwingungen geschlossen werden. Für akustische Phononen am Punkt M werden bei 85 K die Wellenzahlen 64 cm^{-1} (TA) und 70 cm^{-1} (LA) erhalten [8].

Die Neutronenstreuung an den Schwingungen, deren Wellenzahlen bei den Phasenumwandlungen gegen Null gehen (s. S. 118/9), wird nach einer vorläufigen Mitteilung [18] von Shapiro u. a. [19] eingehend beschrieben. Theoretische Erörterungen hierzu und zu analogen Beobachtungsdaten für $SrTiO_3$ s. bei Beck und Meier [20].

Kraftkonstanten werden zunächst für einige Fluoride mit Perowskit-Struktur aus den Wellenzahlen der IR-Absorptionsbanden ν abgeleitet. Dabei ergeben sich für $KMnF_3$ die Werte (in N/cm) K = 0.626 (Mn-F-Dehnung), $f_1 = 0.096$ (K-F-Dehnung), H = 0.051 (F-Mn-F-Deformation) und F = 0.053 (F···F-Abstoßung) [9]. Grundsätzlich sind, wie Cowley [2] für Kristalle mit Perowskit-Struktur allgemein zeigt und an $SrTiO_3$ als Beispiel explizit ausführt, sechs Kraftkonstanten A_i und B_i (i = 1, 2, 3) anzunehmen. Diese versucht Zinenko [7] aus den ν-Werten und den elastischen Moduln (c_{11}, c_{12}, c_{44}) zu bestimmen. Dabei zeigt sich, daß B_1 und B_3 wesentlich kleiner als die übrigen vier

Konstanten sind. Aus den elastischen Konstanten allein können nur drei Kraftkonstanten abgeleitet werden; dies wird von Rousseau u. a. [21] für sieben Fluoride, darunter $KMnF_3$ durchgeführt.

Literatur:

[1] V. Dvořák (Phys. Status Solidi **3** [1963] 2235/40). — [2] R. A. Cowley (Phys. Rev. [2] **134** [1964] A 981/97). — [3] I. Nakagawa, A. Tsuchida, T. Shimanouchi (J. Chem. Phys. **47** [1967] 982/9). — [4] K. Gesi, J. D. Axe, G. Shirane (Phys. Rev. [3] B **5** [1972] 1933/41). — [5] V. J. Minkiewicz, G. Shirane (J. Phys. Soc. Japan **26** [1969] 674/80).

[6] H. P. Baltes, F. K. Kneubühl (Helv. Phys. Acta **43** [1970] 486/7). — [7] V. I. Zinenko (in: A. V. Sechkarev, A. V. Korshunov, Voprosy Molekulyarnoi Spektroskopii, Novosibirsk 1974, S. 116/20; C. A. **82** [1975] Nr. 178675). — [8] E. F. Young, C. H. Perry (J. Appl. Phys. **38** [1967] 4624/8).— [9] A. P. Lane, D. W. A. Sharp, J. M. Barraclough, D. H. Brown, D. A. Paterson (J. Chem. Soc. A **1971** 94/100). — [10] A. A. Karamyan (Opt. i Spektroskopiya **33** [1972] 177/9; Opt. Spectry. [USSR] **33** [1972] 97/8).

[11] J. D. Axe, G. D. Pettit (Phys. Rev. [2] **157** [1967] 435/7). — [12] C. H. Perry, E. F. Young (J. Appl. Phys. **38** [1967] 4616/24, 4620). — [13] W. J. L. Buyers, R. A. Cowley, G. L. Paul (J. Phys. Soc. Japan Suppl. **28** [1970] 242/4). — [14] Yu. A. Popkov, V. V. Eremenko, V. I. Fomin (Fiz. Tverd. Tela **13** [1971] 2028/37; Soviet Phys.-Solid State **13** [1971] 1701/8). — [15] H. P. Baltes, F. K. Kneubühl (Solid State Commun. **8** [1970] 1029/30).

[16] J. P. Srivastava, A. Mehra (J. Chem. Phys. **57** [1972] 1587/91). — [17] V. P. Novikov, Yu. A. Popkov, V. V. Eremenko, S. V. Petrov (Ukr. Fiz. Zh. **13** [1968] 951/8; C. A. **70** [1969] Nr. 7737). — [18] G. Shirane, V. J. Minkiewicz, A. Linz (Solid State Commun. **8** [1970] 1941/4). — [19] S. M. Shapiro, J. D. Axe, G. Shirane, T. Riste (Phys. Rev. [3] B **6** [1972] 4332/41; NATO Advan. Study Inst. E Nr. 1 [1974] 135/40; C. A. **84** [1976] Nr. 24646; BNL-18053 [1973]; C. A. **80** [1974] Nr. 89199). — [20] H. Beck, P. F. Meier (Helv. Phys. Acta **46** [1973] 480/95).

[21] M. Rousseau, J. Nouet, A. Zarembowitch (J. Phys. Chem. Solids **35** [1974] 921/6).

4.3.1.1.10.3 Mechanische und thermische Eigenschaften

Mechanical and Thermal Properties

Dichte D in g/cm³

Density

Pyknometrisch wird D = 3.24 [1] und 3.395 [2] gefunden, als Röntgendichte D = 3.38 [1] bzw. 3.42 [3].

Literatur:

[1] R. Hoppe, W. Liebe, W. Dähne (Z. Anorg. Allgem. Chem. **307** [1961] 276/89, 280). — [2] S. S. Batsanov (Zh. Neorgan. Khim. **2** [1957] 628/31; Russ. J. Inorg. Chem. **2** Nr. 3 [1957] 245/51). — [3] O. Beckman, K. Knox (Phys. Rev. [2] **121** [1961] 376/80).

Elastische Moduln c_{11}, c_{12}, c_{44} in 10^{10} N/m² (= 10^{11} dyn/cm²). **Schallgeschwindigkeit** u in m/s

Elastic Moduli. Velocity of Sound

Aus der Geschwindigkeit von Schallwellen ergeben sich bei 20°C die Moduln c_{11} = 11.53, c_{12} = 3.97, c_{44} = 2.727 [1]. Zwischen 270 und 370 K nimmt c_{11} geringfügig ab, s. **Fig. 46**, S. 128 [2]. Aus der Lichtstreuung (He-Ne-Laser, 632.8 nm) an Einkristallen kann u in verschiedenen Richtungen für Longitudinal- und Transversalwellen berechnet werden; daraus ergeben sich bei Raumtemperatur die Moduln c_{11} = 11.46, c_{12} = 4.05, c_{44} = 2.56 [3].

Eingehend untersucht ist die Veränderung der Schallgeschwindigkeit im Bereich unterhalb 0°C, insbesondere in der Nähe der Umwandlungstemperatur T_{c1}. Aus Messungen von Aleksandrov u. a. [1, 4, 5] leiten Reshchikova u. a. [6] die Temperaturabhängigkeit der c_{ik} ab, s. **Fig. 47**, S. 128. Für c_{11} führen neuere Messungen [2] zu den in Fig. 46 dargestellten Kurven, die im Bereich von T_{c1} Hysterese erkennen lassen. Zu ähnlichen Ergebnissen (auch für c_{12} und c_{44}) gelangen Courdille und Dumas [7] bei akustischen Messungen (570 und 680 MHz) zwischen 184 und 200 K.

Elastic Moduli of $KMnF_3$

Fig. 46

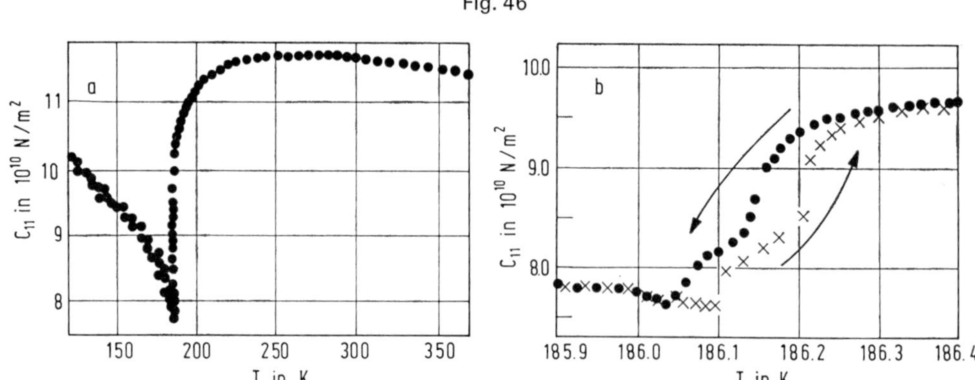

Temperaturabhängigkeit des elastischen Moduls c_{11} von $KMnF_3$ a) mit enger Temperaturskala, b) mit weiter Temperaturskala (die Pfeile bezeichnen Messungen bei steigenden oder fallenden Temperaturen).

Fig. 47

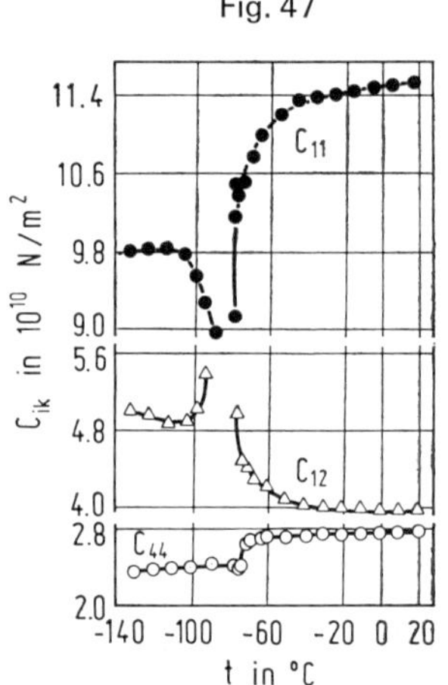

Temperaturabhängigkeit der elastischen Moduln c_{ik} von $KMnF_3$.

Literatur:

[1] K. S. Aleksandrov, L. M. Reshchikova, B. V. Beznosikov (Phys. Status Solidi **18** [1966] K17/K20). — [2] R. L. Melcher, R. H. Plovnick (Phonons Proc. Intern. Conf., Rennes 1971, S. 348/52; C. A. **79** [1973] Nr. 10748). — [3] Yu. A. Popkov, V. I. Fomin, L. T. Kharchenko (Fiz. Tverd. Tela **13** [1971] 1626/30; Soviet Phys.-Solid State **13** [1971] 1360/4). — [4] K. S. Aleksandrov, L. M. Reshchikova, B. V. Beznosikov (Fiz. Tverd. Tela **8** [1966] 3637/9; Soviet Phys.-Solid State **8** [1966] 2904/5). — [5] K. S. Aleksandrov, B. I. Spirin, V. M. Zapaishchikov, L. M. Reshchikova (Ultrazvuk. Tekhnika Nr. 5 [1967] 53) nach [6].

[6] L. M. Reshchikova, V. I. Zinenko, K. S. Aleksandrov (Fiz. Tverd. Tela **11** [1969] 3448/54; Soviet Phys.-Solid State **11** [1969] 2893/7). — [7] J. M. Courdille, J. Dumas (Solid State Commun. **9** [1971] 609/12).

Ultraschalldämpfung

Attenuation of Ultrasonics

Der Dämpfungskoeffizient α, der in der Nähe der Umwandlungstemperatur (T_{c1} = 187 K) zunächst bei 20 und 60 MHz [1] und bei 680 MHz [2] gemessen wurde, kann wahrscheinlich nicht selbst als Funktion der reduzierten Temperatur $\varepsilon = (T-T_{c1})/T_{c1}$ dargestellt werden, sondern eher der „kritische" Anteil $\Delta\alpha$, der sich als Differenz aus dem gemessenen Wert und dem fiktiven, durch den Umwandlungsbereich hindurch extrapolierten „eigentlichen" Koeffizienten ergibt. Für dieses $\Delta\alpha$ gilt nach Messungen bei ω = 30, 90, 150 und 270 MHz die Formel $\Delta\alpha = A \cdot \omega^x \cdot \varepsilon^{-\eta}$ mit x = 1.18 ± 0.03 und η = 1.30 ± 0.04, wenn $0.001 < \varepsilon < 0.10$ ist [3]. Damit sind Meßergebnisse von Fossheim u. a. [4], die α bei 10 MHz nicht nur in der Nähe von 187 K, sondern auch zwischen 90 und 95 K bestimmten, nicht bestätigt. — Die Frequenzabhängigkeit von α bei konstanter Temperatur läßt sich mit der Formel $\alpha = C\,\omega^2\tau/(1 + \omega^2\tau^2)$ gut erfassen; zwischen 186.8 und 189.9 K fällt τ von 4.1 ± 0.4 auf 0.46 ± 0.03 ns und C von 7.6 ± 0.7 auf 0.76 ± 0.04 ns/cm. Die Halbwertsbreite des Maximums auf der α-ω-Kurve steigt im gleichen Bereich von 19 ± 2 auf 173 ± 11 MHz [5].

Literatur:

[1] M. Furakawa, Y. Fujimori, K. Hirakawa (J. Phys. Soc. Japan **29** [1970] 1528/32). — [2] J. M. Courdille, J. Dumas (Solid State Commun. **9** [1971] 609/12). — [3] E. R. Domb, T. Mihalisin, J. Skalyo (Phys. Rev. [3] B **8** [1973] 5837/9). — [4] K. Fossheim, D. Martinsen, A. Linz (NATO Advan. Study Inst. Ser. E Nr. 1 [1974] 141/6; C. A. **84** [1976] Nr. 24641). — [5] I. Hatta, M. Matsuda, S. Sawada (J. Phys. C **7** [1974] L299/L302).

Schmelzpunkt t_f

Melting Point

Unter Bedingungen, die eine Pyrohydrolyse ausschließen, schmelzen $KMnF_3$-Einkristalle bei 973 ± 10°C [1]. In allen vorhergehenden Messungen wird t_f bei höheren Temperaturen gefunden: 1013°C [2], 1020°C [3] und 1032°C [4].

Literatur:

[1] S. V. Petrov, E. G. Ippolitov, P. P. Syrnikov (Izv. Akad. Nauk SSSR Ser. Fiz. **35** [1971] 1256/8; Bull. Acad. Sci. USSR Phys. Ser. **35** [1971] 1147/50). — [2] B. V. Beznosikov, N. V. Beznosikova (Kristallografiya **13** [1968] 188/9; Soviet Phys.-Cryst. **13** [1968] 158/9). — [3] I. N. Belyaev, S. A. Shilov (Zh. Neorgan. Khim. **14** [1969] 2243/5; Russ. J. Inorg. Chem. **14** [1969] 1178/9). — [4] I. N. Belyaev, O. Ya. Revina (Zh. Neorgan. Khim. **11** [1966] 1446/50; Russ. J. Inorg. Chem. **11** [1966] 772/4).

Thermodynamische Funktionen

Thermodynamic Functions

Enthalpie H in cal/mol, Wärmekapazität C_p, Entropie S in cal · mol^{-1} · K^{-1}.

Unterhalb 1 K überwiegt der Kernanteil, so daß C_p proportional $1/T^2$ ist. Nach Colpa u. a. [1] ist $C_p \cdot T^2 \approx 25.9$ mJ · K · mol^{-1}. — Zwischen 1 und 4 K macht sich auch der zu T^3 proportionale Anteil (Phononen- und Spinwellenanteil) bemerkbar [2]; dann gilt die Formel (C_p in mJ · mol^{-1} · K^{-1}) $C_p = 26.4\,T^{-2} + 0.310\,T^3$. C_p hat ein Minimum (8 mJ · mol^{-1} · K^{-1}) bei etwa 2.2 K. Ein Magnetfeld von 13.7 kOe bewirkt, daß die C_p-Werte am Minimum etwas erhöht werden, s. **Fig. 48**, S. 130 [3].

In mehreren Meßreihen wurde C_p von Deenadas u. a. [4] zwischen 80 und 300 K bestimmt; ausgeglichene Werte (C_p in cal · mol^{-1} · K^{-1}):

T in K	80	100	120	160	180	200	240	280	298.15
$H-H_0$	470.3	826.4	1161	1938	2396	2869	3848	4901	5399
C_p	19.40	15.75	17.78	20.98	25.23	23.49	25.45	27.13	27.50
$S-S_0$	9.95	13.96	17.01	22.60	25.29	27.79	32.24	36.31	38.02

Heat Capacity of $KMnF_3$

Fig. 48

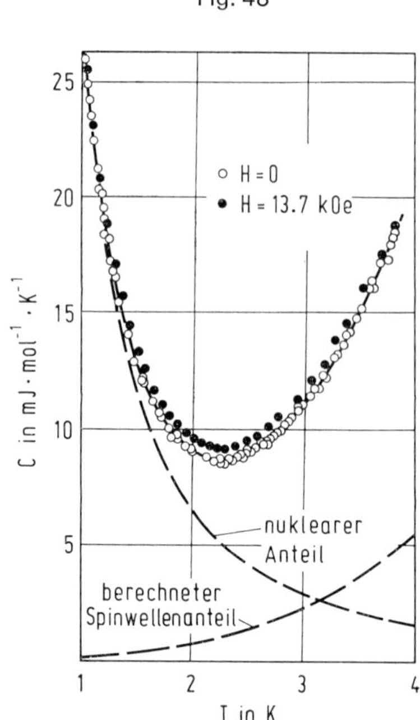

Temperaturabhängigkeit der Wärmekapazität von $KMnF_3$.

Bei 83.3 K wird ein scharfes, bei 179 K ein breiteres Maximum von C_p beobachtet. Nach Moruzzi und Teaney [5] liegen diese Maxima bei 87.6 und 186 K, nach Khlyustov u. a. [6] treten außer dem Maximum bei 191.44 K zwei weitere bei 85.75 und 95.13 K auf, nach McCormick und Trappe [7] sogar drei: bei 82.5, 87.8 und 92.3 K (neben dem bei 186.6 K). Das C_p-Maximum bei 92.3 K ist etwas verbreitert, wahrscheinlich durch Spannungen infolge der bei Temperaturerniedrigung bei 187 K eintretenden Zwillingsbildung. Die Unstetigkeit bei 187 K beträgt $\Delta C_p = 17.2$ [7]. Nach Furukawa u. a. [8] ist dieses C_p-Maximum scharf, zeigt aber Hysterese: 186.55 K beim Abkühlen, 186.75 K beim Erwärmen, s. auch S. 118.

Literatur:

[1] J. H. P. Colpa, K. H. Chang, F. P. D. Obbema (Phys. Letters A **27** [1968] 380/1). — [2] H. Montgomery, D. T. Teaney, W. M. Walsh (Phys. Rev. [2] **128** [1962] 80/1). — [3] H. Montgomery (Ann. Acad. Sci. Fennicae Ser. A VI Nr. 210 [1966] 214/7). — [4] C. Deenadas, H. V. Keer, R. V. G. Rao, A. B. Biswas (Brit. J. Appl. Phys. **17** [1966] 1401/4); vorläufige Angaben s. bei R. V. G. Rao, C. D. Das, H. V. Keer, A. B. Biswas (Proc. Phys. Soc. [London] **81** [1963] 191/2). — [5] V. L. Moruzzi, D. T. Teaney (Bull. Am. Phys. Soc. [2] **9** [1964] 225).

[6] V. G. Khlyustov, I. N. Flerov, A. T. Silin, A. N. Sal'nikov (Fiz. Tverd. Tela **14** [1972] 175/7; Soviet Phys.-Solid State **14** [1972] 139/41). — [7] W. D. McCormick, K. I. Trappe (Low Temp. Phys. LT 13 Proc. 13th Intern. Conf. Low Temp. Phys., Boulder, Colo., 1972 [1974], Bd. 2, S. 360/4; C. A. **82** [1975] Nr. 130039). — [8] M. Furukawa, Y. Fujimori, K. Hirakawa (J. Phys. Soc. Japan **29** [1970] 1528/32).

Wärmeleitfähigkeit λ

Thermal Conductivity

Die Wärmeleitung in einem Einkristall wird zuerst von Suemune, Ikawa [1] zwischen etwa 1.5 und 300 K gemessen. Sie zeigt ein breites Minimum im Bereich der strukturellen und magnetischen Umwandlungen zwischen 80 und 90 K (s. S. 119 und 134), s. **Fig. 49**a. Nach eingehenden Messungen von Hirakawa u. a. [2] an Einkristallen zwischen etwa 5 und 300 K liegen die λ-Werte insgesamt niedriger. Die Kurve der Temperaturabhängigkeit in Fig. 49a zeigt neben einem breiten Minimum bei 88 K ein kleineres, schärferes Minimum bei 182 K im Bereich der polymorphen Umwandlung kubisch ⇌ tetragonal, s. S. 118. Neuere Messungen von Martin u. a. [3] bestätigen, daß ein ausgeprägteres Minimum bei 92 K, s. Fig. 49b, und ein viel schwächeres bei 187 K auftreten. Die Wärmeleitfähigkeit wird insgesamt größer gefunden als bei den früheren Messungen, was vermutlich auf der größeren Reinheit der Einkristalle beruht. Die Unstetigkeiten der λ-Kurve können wahrscheinlich durch die Streuung von Phononen in Verbindung mit soft modes des Gitters an den Punkten der Strukturänderung erklärt werden [3].

Fig. 49

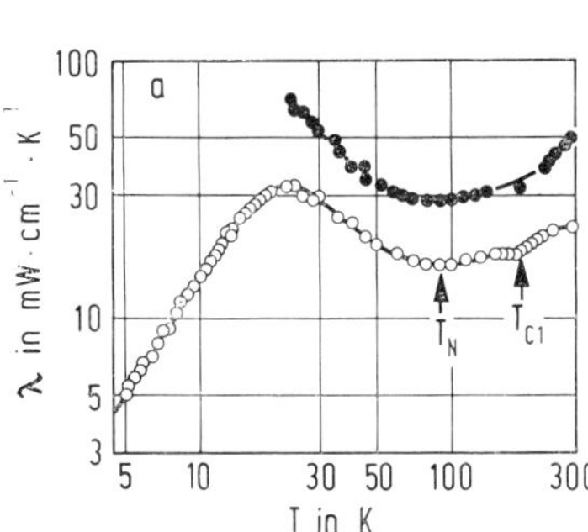

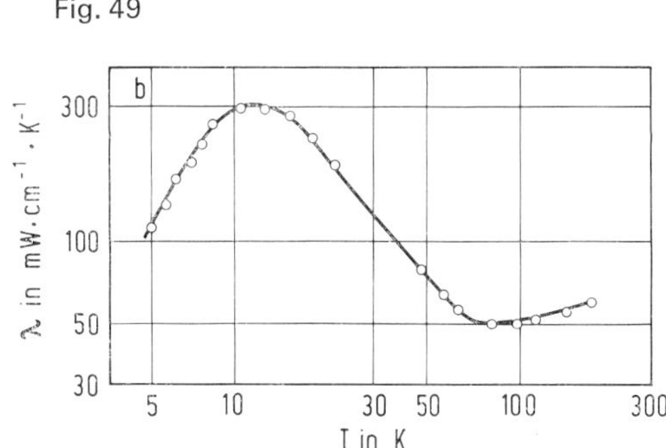

Temperaturabhängigkeit der Wärmeleitfähigkeit λ von $KMnF_3$. a) Obere Kurve nach Suemune, Ikawa [1], untere nach Hirakawa u. a. [2]. b) Nach Martin u. a. [3].

Literatur:

[1] Ya. Suemune, H. Ikawa (J. Phys. Soc. Japan **19** [1964] 1686/90). — [2] K. Hirakawa, K. Hamazaki, H. Miike, H. Hayashi (J. Phys. Soc. Japan **33** [1972] 268). — [3] J. J. Martin, G. S. Dixon, P. P. Velasco (Phys. Rev. [3] B **14** [1976] 2609/12).

4.3.1.1.10.4 Magnetische und elektrische Eigenschaften

Magnetic and Electrical Properties

Suszeptibilität

Susceptibility

Messungen der spezifischen Suszeptibilität χ an Einkristallen zwischen 80 und 700 K ergeben den in **Fig. 50**, S. 132, dargestellten Verlauf für χ und 1/χ. Im paramagnetischen Bereich folgt χ oberhalb 200 K dem Curie-Weiss-Gesetz, die paramagnetische Curie-Temperatur beträgt $\Theta_p = -158$ K. Aus der Curie-Konstante $C_M = 4.735$ ergibt sich das effektive magnetische Moment $\mu_{eff} = 6.15\ \mu_B$, also ein deutlich größerer Wert als der für Mn^{2+} berechnete (5.92 μ_B). Unterhalb der Néel-Temperatur T_N (etwa 88 K) hängt χ auf Grund der schwachen ferromagnetischen Komponente (s. S. 134) stark von der Feldstärke ab. In Feldern von mehr als 5 kOe ist χ im antiferromagnetischen Bereich unabhängig von der Temperatur. Daraus ist ersichtlich, daß die Spins in eine Ebene senkrecht zur Feldrichtung geflopt werden. Dicht oberhalb T_N zeigt die χ-Kurve einen Knick [1]. Einen analogen Kurvenverlauf für die Molsuszeptibilität χ_{mol} und für $1/\chi_{mol}$ erhält Ogawa [2] aus Messungen zwischen gewöhnlicher Temperatur und 77 K an zwei Proben, die zwar beide in der kubischen Perowskit-Struktur kristallisieren, aber nach unterschiedlichen Methoden dargestellt werden (Probe A aus einer

Suscepti-
bility
of $KMnF_3$

Fig. 50

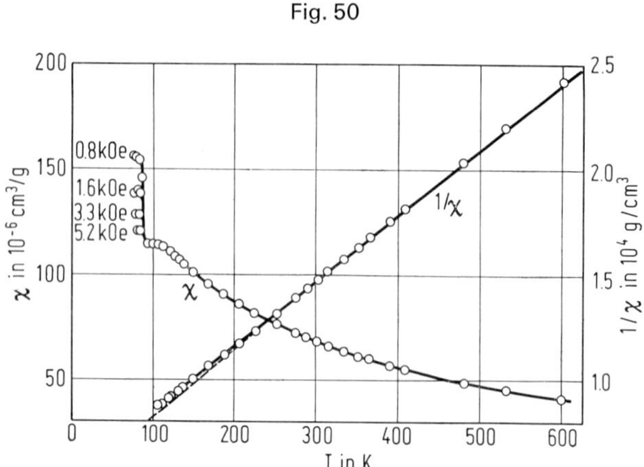

Temperaturabhängigkeit der Suszeptibilität χ von $KMnF_3$.

wäßrigen Lösung von KF und $MnCl_2$, feines weißes Pulver, Probe B aus 3 KF + $MnCl_2$ in KCl-Schmelze bei etwa 900°C, transparente, schwachbraune kubische Kristalle). Dabei liegt die χ_{mol}-Kurve für Probe A um etwa 7% höher als diejenige für Probe B. Die Werte gehorchen schon ab 100 K dem Curie-Weiss-Gesetz mit $\Theta_p = -202 \pm 2$ bzw. -204 ± 2 K, $C_M = 4.52 \pm 0.04$ bzw. 4.38 ± 0.04 und $\mu_{eff} = 6.04 \pm 0.03$ μ_B bzw. 5.94 ± 0.03 μ_B für die A- und die B-Probe; unterhalb T_N (95 ± 3 bzw. 89 ± 1 K) bleibt χ_{mol} konstant [2]. Zwischen 291.2 und 93.6 K nimmt χ_{mol} von 10.02×10^{-3} auf 16.20×10^{-3} cm³/mol zu; daraus wird für 300 K $\mu_{eff} = 4.86$ μ_B extrapoliert [3]. — Eine halbempirische Gleichung für die paramagnetische Suszeptibilität von kubischen Antiferromagneten mit Wechselwirkungen zwischen den nächsten und übernächsten Nachbarn zeigt gute Übereinstimmung mit unveröffentlichten experimentellen Daten von Hirakawa für $KMnF_3$ [4].

Messungen der Suszeptibilität bei 10 MHz (Hochfrequenzfeld und überlagertes Feld H parallel zur [100]-Richtung) von Maartense, Searle [5] im Temperaturbereich, der T_N und T_c (Umwandlung in die verkantete Struktur, s. S. 134) einschließt, zeigen einige Anomalien in der Nähe von T_N (87.9 K). Bei Abkühlung des Kristalls unterhalb T_N wird eine schwache feldabhängige Suszeptibilitätskomponente beobachtet, die bei etwa 100 Oe eine Sättigung erreicht und in der Nähe von T_N-1 K verschwindet. Sie ist bei anschließender Erwärmung viel schwächer, verstärkt sich aber wieder, wenn die Probe erneut von einer Temperatur oberhalb T_N abgekühlt wird. Außerdem zeigt sich eine negative Hysterese für die Feldabhängigkeit der Anomalie bei Abkühlung der Probe und ein Bereich mit Oszillatorverhalten der Suszeptibilität. Die meisten experimentellen Ergebnisse, einschließlich der von Heeger u. a. [6] (Untersuchung der Anisotropie der Suszeptibilität durch Messung der magnetischen Torsion), können mit einem magnetoelastischen Kopplungsmechanismus erklärt werden. Wenn die effektive elastische Konstante für Spannungen, die aus der magnetischen Verkantung resultieren, sehr klein ist, ist die große Zunahme der transversalen antiferromagnetischen Suszeptibilität verständlich (beobachtet wird 8%); dann kann ein genügend starkes Magnetfeld eine Umwandlung in eine verkantete Struktur bewirken (neben der Umwandlung 1. Ordnung bei $T_C \approx 82$ K) [5].

Bei Untersuchungen der Temperaturabhängigkeit der Suszeptibilität im verkanteten Zustand in einem Wechselfeld von 10 MHz beobachtet Maartense [7] ein anomales Maximum in der Nähe von 50 K und eine ungewöhnliche Feldabhängigkeit, s. **Fig. 51**. Da dieses Verhalten bei Teilchen kleiner als etwa 20 μm nicht beobachtet wird, scheint es mit Wandverschiebungen verbunden zu sein [7]. Eine Diskussion dieses Maximums anhand von Suszeptibilitätswerten, die aus der Temperaturabhängigkeit der Anisotropiefelder berechnet wurden, s. bei Saiki, Yoshioka [8] und Saiki [9].

Fig. 51

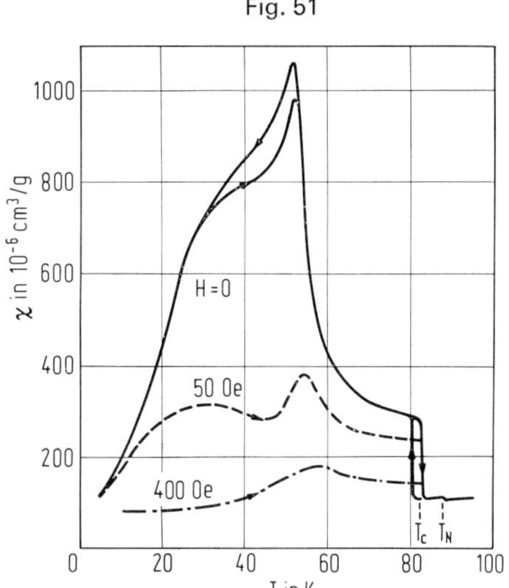

Temperaturabhängigkeit der Suszeptibilität χ von $KMnF_3$ in einem Wechselfeld von 10 MHz für überlagerte Magnetfelder H parallel zur [100]-Richtung.

Literatur:

[1] K. Hirakawa, K. Hirakawa, T. Hashimoto (J. Phys. Soc. Japan **15** [1960] 2063/8). — [2] S. Ogawa (J. Phys. Soc. Japan **14** [1959] 1115). — [3] D. J. Machin, R. L. Martin, R. S. Nyholm (J. Chem. Soc. **1963** 1490/500, 1497); vgl. auch R. L. Martin, R. S. Nyholm, N. C. Stephenson (Chem. Ind. [London] **1956** 83/5). — [4] G. Gorodetsky (Solid State Commun. **6** [1968] 159/62). — [5] I. Maartense, C. W. Searle (Phys. Rev. [3] B **6** [1972] 894/901).

[6] A. J. Heeger, O. Beckman, A. M. Portis (Phys. Rev. [2] **123** [1961] 1652/60). — [7] I. Maartense (Solid State Commun. **12** [1973] 1133/6). — [8] K. Saiki, H. Yoshioka (Solid State Commun. **15** [1974] 1067/70). — [9] K. Saiki (J. Phys. Soc. Japan **38** [1975] 373/82).

Néel-Temperatur T_N

Néel Temperature

Die aus neueren Messungen nach unterschiedlichen Methoden erhaltenen Werte für T_N liegen zwischen 88 und 89 K.

Messungen der Neutronenbeugung im kritischen Bereich ergeben $T_N = 88.06 \pm 0.02$ K [1]. Das Maximum der Kurve für die Temperaturabhängigkeit der Suszeptibilität wird bei 87.9 ± 0.1 K [2], 88 K [3] und 88.3 K [4] gefunden. Ogawa [5] gibt $T_N = 89 \pm 1$ K an. Die Wärmeleitfähigkeit hat ein Maximum bei $T_N = 88$ K [6]. Vergleichbar mit diesen Werten sind noch die von Moruzzi, Teaney [7] und McCormick, Trappe [8] aus dem Maximum der Wärmekapazität erhaltenen Werte $T_N = 87.6$ bzw. 87.8 K, während der ebenso ermittelte Wert $T_N = 83.3$ K [9] stärker abweicht. Die Differenz zwischen den höheren, durch magnetische Messungen erhaltenen Werten und denjenigen unterhalb 88 K ist möglicherweise dadurch bedingt, daß (wie die Analyse des EPR-Spektrums zeigt) die antiferromagnetische Ordnung zwar schon bei 88.5 K einsetzt, die paramagnetische Phase jedoch bis 87.9 K nachweisbar ist [10].

Literatur:

[1] M. J. Cooper, R. Nathans (J. Appl. Phys. **37** [1966] 1041/7). — [2] I. Maartense, C. W. Searle (Phys. Rev. [3] B **6** [1972] 894/901). — [3] K. Hirakawa, K. Hirakawa, T. Hashimoto (J. Phys. Soc. Japan **15** [1960] 2063/8). — [4] A. J. Heeger, O. Beckman, A. M. Portis (Phys. Rev. [2] **123** [1961] 1652/60). — [5] S. Ogawa (J. Phys. Soc. Japan **14** [1959] 1115).

[6] Y. Suemune, H. Ikawa (J. Phys. Soc. Japan **19** [1964] 1686/90). — [7] V. L. Moruzzi, D. T. Teaney (Bull. Am. Phys. Soc. [2] **9** [1964] 225). — [8] W. D. McCormick, K. I. Trappe (Low Temp. Phys. LT 13, Proc. 13th Intern. Conf. Low Temp. Phys., Boulder, Colo., 1972 [1974], Bd. 2, S. 360/4). — [9] H. V. Keer, C. Deenadas, A. B. Biswas (Proc. 13th Nucl. Phys. Solid State Phys. Symp., Bombay 1968 [1969], Bd. 3, S. 183/5; C. A. **72** [1970] Nr. 115406), vgl. auch R. V. G. Rao, C. D. Das, H. V. Keer, A. B. Biswas (Proc. Phys. Soc. [London] **81** [1963] 191/2). — [10] P. Jakubowski, D. Kraska-Skrzypek, A. Ratuszna, A. Chełkowski (Acta Phys. Polon. A **49** [1976] 285/8).

Magnetic Structure. Exchange Interaction of $KMnF_3$

Magnetische Struktur, Austauschwechselwirkung

Messungen der Neutronenbeugung an pulverförmigen Proben bei 4.2 K zeigen eine magnetische Struktur vom G-Typ. Die Gitterkonstante der kubischen magnetischen Elementarzelle ist mit a = 8.31_8 Å doppelt so groß wie bei der Elementarzelle vom Perowskit-Typ (s. S. 121) [1]. Die von Heeger u. a. [2] an Einkristallen durchgeführten Untersuchungen der magnetischen Torsion bestätigen die antiferromagnetische Anordnung unterhalb der Néel-Temperatur T_N (88.3 K). Bei weiterer Abkühlung entsteht eine Struktur mit verkanteten Spins (T_c = 81.5 K), so daß ein kleines magnetisches Moment resultiert (sogenannter „schwacher Ferromagnetismus"). Die leichte Verkantung der Vektoren der Untergittermagnetisierung wird verursacht durch eine Verzerrung der MnF_6-Oktaeder. Im Temperaturbereich zwischen T_N und T_c verläuft die Untergittermagnetisierung parallel [100] der kubischen Pseudozelle. Wird der Kristall jedoch in einem genügend starken Magnetfeld abgekühlt, verkantet sich nur etwa der dritte Teil der Spins.

Gruppentheoretische Betrachtungen, die von der Raumgruppe P4/mbm-D_{4h}^5 (Nr. 127) ausgehen (vgl. S. 122), ergeben, daß die Momente der Mn-Ionen im antiferromagnetischen Bereich parallel zur z-Achse ausgerichtet sind (Typ G), im schwach ferromagnetischen Bereich dagegen nahezu parallel zur x- (oder y-)Achse und leicht verkantet zur y- (oder x-)Achse [3]. Eine Prüfung dieser Strukturen durch eine Interpretation der magnetischen Torsionskurven von Heeger u. a. [2] (die allerdings die Raumgruppe Pbnm-D_{2h}^{16}, Nr. 62, s. S. 123, annehmen) zeigt völlige Übereinstimmung, wenn kristallographische und magnetische Domänenstrukturen in Betracht gezogen werden [3].

Das tatsächliche Moment (und somit auch der Spin S) der Mn-Ionen ist infolge der Hyperfeinwechselwirkung mit den benachbarten F-Kernen geringfügig reduziert, d. h. $\langle S \rangle$ ist kleiner als der theoretische Wert S = 5/2. Aus Messungen an Mn in $KMgF_3$ wird zunächst $\langle S \rangle/S = 0.998 \pm 0.015$ abgeleitet [14]. Neuere Messungen ergeben jedoch $\Delta S = S - \langle S_z \rangle = 0.023 \pm 0.013$ (und somit $\Delta S/S = 0.92\%$) statt der theoretischen Differenz $\Delta S = 0.078$ [15]. Aus Meßdaten von Minkiewicz und Nakamura [16], die ein Strukturmodell mit 4 Untergittern entwickeln, leiten Owen, Taylor [17] $\Delta S/S \approx 1.6\%$ ab.

Die Wechselwirkung zwischen je zwei benachbarten Mn-Ionen wird durch Superaustausch bewirkt (s. „Mangan" C 1, S. 41); die Austauschparameter werden aus der Spinwellendispersion bei 4.2 K zu $J_1/k = -3.80 \pm 0.04$ K und $J_2/k = 0.11 \pm 0.02$ K abgeleitet [4]. Aus NMR-Messungen von Witt, Portis [5] bzw. aus einer auf Greenschen Funktionen basierenden Theorie von Oguchi, Honma [6] lassen sich die Werte $J_1/k = -3.89$ und -3.8 K ableiten [4]. Ein Vergleich mit weiteren, nach verschiedenen Methoden bestimmten Werten für J_1 (s. Tabelle im Original) zeigt auf Grund der Vernachlässigung der thermischen Ausdehnung, eines von Null verschiedenen Wertes von J_2, von Symmetrieänderung und möglicherweise eines biquadratischen Austausches zum Teil stärkere Abweichungen. $J_1/k = -3.1$ K und -3.6 K ergibt sich aus der Néel-Temperatur T_N bzw. aus Suszeptibilitätsdaten bei T_N [7], -3.12 ± 0.16 K (20°C) aus Messungen der unelastischen Neutronenstreuung[1]) [8], -4.0 K aus Messungen der Wärmekapazität (80 bis 300 K) [9] und -4.51 K aus Messungen der Suszeptibilität (300 bis 600 K) unter Verwendung einer Molekularfeldapproximation [10]. Aus

[1]) Bei den aus Messungen der Neutronenstreuung bestimmten J_1-Werten ist das Vorzeichen nicht feststellbar; es muß aber auf Grund der antiferromagnetischen Anordnung und der nach anderen Methoden erhaltenen Werte negativ sein.

Messungen der Suszeptibilität von Breed [11] berechnen De Jongh, Block [12] nach einer Theorie, die auf einer Näherung für die Austauschstörungen im Kation-Anion-Kation-Komplex beruht, $J_1/k = -3.65$ und -3.70 K für 295 und 200 K. Durch Messungen der Neutronenstreuung bei Raumtemperatur gelangen Satya Murthy u. a. [13] zu $J_1 = -0.292$ meV (also $J_1/k \approx -3.5$ K).

Literatur:

[1] V. Scatturin, L. Corliss, N. Elliott, J. Hastings (Acta Cryst. **14** [1961] 19/26, 23; BNL-4404 [1961]; N. S. A. **15** [1961] Nr. 11796). — [2] A. J. Heeger, O. Beckman, A. M. Portis (Phys. Rev. [2] **123** [1961] 1652/60). — [3] M. Hidaka (J. Phys. Soc. Japan **39** [1975] 103/8). — [4] S. J. Pickart, M. F. Collins, C. G. Windsor (J. Appl. Phys. **37** [1966] 1054/5). — [5] G. Witt, A. M. Portis (Phys. Rev. [2] **135** [1964] A 1616/A 1618).

[6] T. Oguchi, A. Honma (J. Appl. Phys. **34** [1963] 1153/60). — [7] J. S. Smart (in: G. T. Rado, H. Suhl, Magnetism, Bd. 3, New York-London 1963, S. 90). — [8] M. F. Collins, R. Nathans (J. Appl. Phys. **36** [1965] 1092/3). — [9] H. V. Keer, C. Deenadas, A. B. Biswas (Proc. 13th Nucl. Phys. Solid State Phys. Symp., Bombay 1968 [1969], Bd. 3, S. 183/5; C. A. **72** [1970] Nr. 115406). — [10] T. Hashimoto (J. Phys. Soc. Japan **18** [1963] 1140/7, 1140).

[11] D. J. Breed (Diss. Amsterdam 1969). — [12] L. J. De Jongh, R. Block (Physica B+C **79** [1975] 568/93, 574). — [13] N. S. Satya Murthy, G. Venkataraman, K. Usha Deniz, B. A. Dasannacharya, P. K. Iyengar (Inelastic Scattering Neutrons, Proc. 4th Symp., Bombay 1964 [1965], Bd. 1, S. 433/42, 441; C. A. **65** [1966] 3228). — [14] H. Montgomery, D. T. Teaney (Phys. Rev. [2] **128** [1962] 80/1). — [15] A. H. M. Schrama (Physica **66** [1973] 131/44).

[16] V. Minkiewicz, A. Nakamura (Phys. Rev. [2] **143** [1966] 358/60). — [17] J. Owen, D. R. Taylor (J. Appl. Phys. **39** [1968] 791/6).

Magnetische Anisotropie

Magnetic Anisotropy

Zur Beschreibung der Anisotropie von $KMnF_3$ hält Pearson [1] ein Modell mit zwei Konstanten für ausreichend. Mit diesem Modell werten Heeger u. a. [2] ihre Meßdaten aus. Von den zwei Konstanten kann eine der kubischen und der axialen Anisotropie, die andere dem Winkel zwischen den gegeneinander verkanteten Spins zugeordnet werden [3]. Aus der Spinwellendispersion bei 4.2 K wird nur eine Konstante abgeleitet [4]. Allgemeine Formeln für die Temperaturabhängigkeit der Anisotropie in der Nähe der Néel-Temperatur werden von Nattermann [5] abgeleitet und unter anderem auf $KMnF_3$ angewendet.

Bei korrekter Beachtung der Strukturumwandlungen (s. S. 117) sind jedoch mindestens drei Anisotropiekonstanten anzusetzen: eine für die kubische und zwei für die rhombische Symmetrie. Die Temperaturabhängigkeit dieser drei Konstanten wird von Saiki [6] aus den Parametern der antiferromagnetischen Resonanz abgeleitet, wobei auch die Spin-Bahn-Wechselwirkung im Mn^{2+}-Ion und die Wechselwirkung zwischen Bahndrehimpuls und Kristallfeld zu berücksichtigen sind.

Literatur:

[1] J. J. Pearson (Phys. Rev. [2] **121** [1961] 695/702; Diss. Univ. of Pittsburgh 1961; Diss. Abstr. **22** [1961] 896). — [2] A. J. Heeger, O. Beckman, A. M. Portis (Phys. Rev. [2] **123** [1961] 1652/60). — [3] A. J. Heeger, A. M. Portis, D. T. Teaney, G. Witt (Phys. Rev. Letters **7** [1961] 307/9). — [4] S. J. Pickart, M. F. Collins, C. G. Windsor (J. Appl. Phys. **37** [1966] 1054/5). — [5] T. Nattermann (J. Phys. C **9** [1976] 3337/54).

[6] K. Saiki (J. Phys. Soc. Japan **38** [1975] 373/82, 379); vgl. auch K. Saiki, H. Yoshioka (Solid State Commun. **15** [1974] 1067/70).

Spinwellen

Spin Waves

Die Untersuchung der unelastischen Neutronenstreuung bei 4.2 K, bei der die Spinwellenfortpflanzung in der $(0\bar{1}1)$-Ebene in den kristallographischen Hauptrichtungen zu beobachten ist,

Spin Waves in Doped $KMnF_3$

ermöglicht es, die Spinwellenenergie als Funktion des Betrages des Wellenvektors q für die [111]- und die [100]-Richtungen zu erhalten [1]. — Substitution von etwa 20% der Mn-Ionen durch Co-Ionen bewirkt nur geringe Änderungen der Frequenzen der akustischen Spinwellenschwingungen, mit Ausnahme der Frequenzen in der Nähe des Zentrums der Brillouin-Zone, wie die Dispersionskurven in **Fig. 52**, erhalten für $KMn_{0.8}Co_{0.2}F_3$ bei 20 K, zeigen. Die durchgezogenen Kurven sind für $KMnF_3$ bei 4.2 K aus den Austausch- und Anisotropieparametern von Pickart u. a. [1] berechnet [2]. Neben den akustischen Spinwellen (maximale Frequenz: 2.30 ± 0.04 THz) wird bei 20 K noch eine lokalisierte magnetische Anregung bei 6.55 ± 0.15 THz beobachtet [2]. Diese Ergebnisse und weitere Meßdaten für Co-haltiges $KMnF_3$ [3] werden von mehreren Autoren [4 bis 7] theoretisch diskutiert. Über das Spinwellenspektrum von $KMn_{0.99}Mg_{0.01}F_3$ und $KMn_{0.96}Zn_{0.04}F_3$ s. March u. a. [12]. Entsprechende Untersuchungen an $KMn_{0.97}Ni_{0.03}F_3$ bei 15 K zeigen, daß außer den für $KMnF_3$ charakteristischen Magnonen auch solche auftreten, die einem Mn-Ion in der Nachbarschaft eines Ni-Ions zuzuordnen sind, ferner auch lokalisierte Ni-Magnonen [13]. Zur Theorie der lokalisierten Ni-Magnonen in $KMnF_3$ und $RbMnF_3$ s. Thorpe [14]. Für reines $KMnF_3$ wird das Spinwellenspektrum als Funktion der Orientierung und der Stärke des äußeren Feldes von Belyaeva und Kuleshov [8] berechnet.

Fig. 52

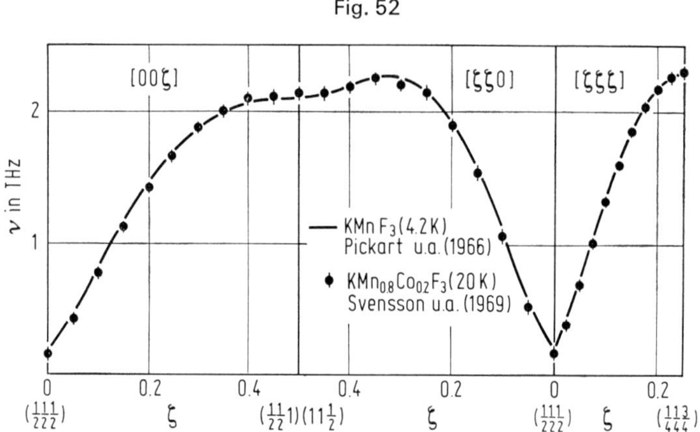

Dispersion der akustischen Spinwellen in den drei kristallographischen Hauptrichtungen von $KMnF_3$ und $KMn_{0.8}Co_{0.2}F_3$.

Durch unelastische Neutronenstreuung an einem Einkristall werden magnetische Anregungen noch bei 100 und 130 K (1.14 bzw. 1.48 T_N) nachgewiesen; bei 3.4 T_N (300 K) sind noch Spuren davon zu erkennen [9]. Auch Usha Deniz, Goyal [10] berichten nach Messungen an einer polykristallinen Probe von quasi-kollektiven magnetischen Anregungen (Paramagnonen), die in der paramagnetischen Phase vorhanden sind. Eingehende theoretische Erörterungen über die Neutronenstreuung im paramagnetischen Bereich s. bei Betsuyaku [11].

Literatur:

[1] S. J. Pickart, M. F. Collins, C. G. Windsor (J. Appl. Phys. **37** [1966] 1054/5). — [2] E. C. Svensson, W. J. L. Buyers, T. M. Holden, R. A. Cowley, R. W. H. Stevenson (Can. J. Phys. **47** [1969] 1983/8; AIP [Am. Inst. Phys.] Conf. Proc. Nr. 5, Pt. 2 [1972] 1315/33). — [3] W. J. L. Buyers, T. M. Holden, E. C. Svensson, R. A. Cowley, R. W. H. Stevenson (Phys. Rev. Letters **27** [1971] 1442/5). — [4] S. K. Lyo (Phys. Rev. Letters **28** [1972] 1192/6). — [5] C. Manohar (Phys. Rev. [3] B **7** [1973] 1128/30).

[6] W. J. L. Buyers, D. E. Pepper, R. J. Elliott (J. Phys. C **5** [1972] 2611/28). — [7] E. N. Economou (Phys. Rev. Letters **28** [1972] 1206/8). — [8] A. I. Belyaeva, V. S. Kuleshov (Tr. Fiz. Tekhn. Inst. Nizk. Temp. Akad. Nauk Ukr. SSR Nr. 7 [1970] 81/94; Ref. Zh. Fiz. **1971** 3 E 1008). — [9] H. Betsuyaku, Y. Hamaguchi (J. Phys. Soc. Japan **37** [1974] 975/82), H. Betsuyaku, S. Funahashi, Y. Hamaguchi (Tr. Mezhdunar. Konf. Magn. 1973 [1974], Bd. 5, S. 595/9; C. A. **84** [1976] Nr. 68687). — [10] K. Usha Deniz, P. S. Goyal (J. Phys. [Paris] **32** [1971] Suppl. C1-619/C1-621).

[11] H. Betsuyaku (J. Phys. Soc. Japan **38** [1975] 21/31). — [12] R. H. March, E. C. Svensson, T. M. Holden, R. Stedman, D. A. Jones (AIP [Am. Inst. Phys.] Conf. Proc. Nr. 29 [1976] 252/3). — [13] T. M. Holden, R. A. Cowley, W. J. L. Buyers, E. C. Svensson, R. W. H. Stevenson (J. Phys. [Paris] **32** [1971] Suppl. C1-1184/C1-1185). — [14] M. F. Thorpe (Phys. Rev. [3] B **2** [1970] 2690/702).

Antiferromagnetic Resonance

Antiferromagnetische Resonanz (AFMR)

Untersuchungen des Resonanzspektrums eines Einkristalls bei 4.2 K (Messungen mit drei Reflexionsklystrons zur Erfassung des Frequenzbereichs von 9 bis 24 GHz) ergeben die in **Fig. 53** dargestellten Werte für die Frequenzen als Funktion des statischen Magnetfeldes H, für H entlang der ⟨100⟩- und der ⟨110⟩-Richtungen der pseudokubischen Zelle (eine entsprechende Figur für H entlang der ⟨111⟩-Richtungen s. im Original). Die theoretischen Kurven sind aus einem Ausdruck der freien Energie berechnet, der die antisymmetrische Austauschenergie sowie die rhombischen und kubischen Anisotropieenergien enthält [1].

Fig. 53

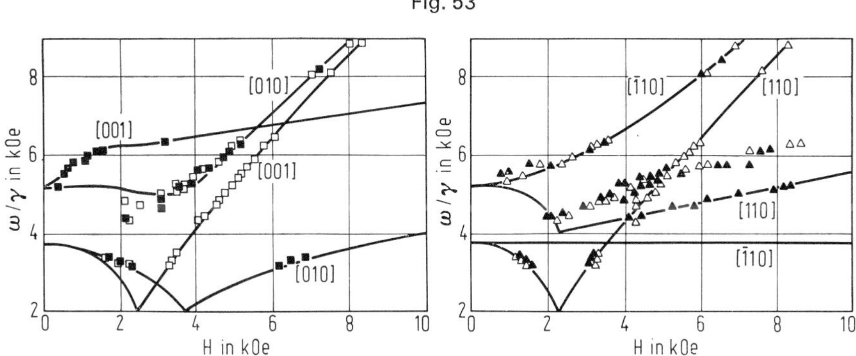

Frequenzen der AFMR als Funktion des statischen Magnetfeldes H entlang der ⟨100⟩- (links) und ⟨110⟩-Richtungen (rechts) der pseudokubischen Zelle von $KMnF_3$ bei 4.2 K. Die offenen und gefüllten Quadrate sowie Dreiecke geben die mit einem Wechselfeld senkrecht bzw. parallel zu H erhaltenen Werte wieder; berechnete Kurven sind durchgezogen.

Die Temperaturabhängigkeit der AFMR untersucht Saiki [2] bei 9.29, 22.48 und 24.67 GHz in den drei Hauptrichtungen ⟨100⟩, ⟨110⟩ und ⟨111⟩ der pseudokubischen Elementarzelle. Zwischen 90 und 300 K bleiben der g-Faktor g = 2.002 ± 0.004 und die Linienbreite ΔH = 60 ± 2 Oe konstant. Wie aus **Fig. 54**, S. 138, ersichtlich ist, verschieben sich die Resonanzpunkte bei Temperaturabnahme unterhalb 88.3 K zu niedrigen Feldern. Sie verschwinden bei der Umwandlung in die verkantete Phase (T_C = 81.5 K); dabei treten neue Linien auf [2]. Die bei gleichzeitiger Messung der AFMR und der NMR (Doppelresonanztechnik) von Heeger u. a. [3] beobachtete starke Temperaturabhängigkeit des Resonanzfeldes (AFMR) bei tiefen Temperaturen (Kurve für 1.6 bis 4.2 K, ν = 9.43 GHz) wird durch das Anisotropiefeld gedeutet, das durch die Hyperfeinwechselwirkung des antiferromagnetischen Systems mit den ^{55}Mn-Kernmomenten entsteht [3]. Eine eingehende Untersuchung des Phasenbereichs zwi-

Antiferro-magnetic Resonance of $KMnF_3$

Fig. 54

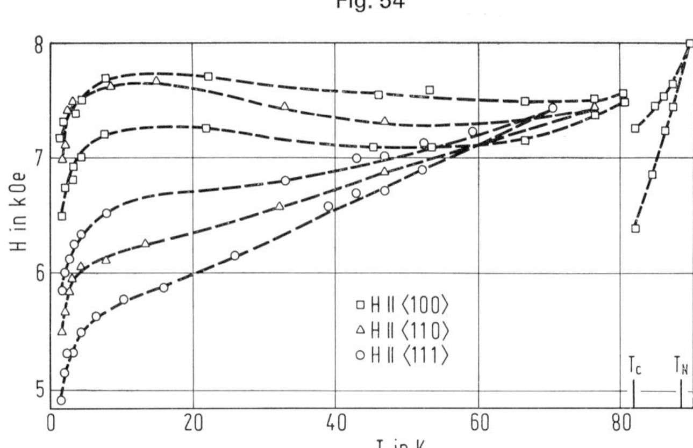

Temperaturabhängigkeit der AFMR in den drei Hauptrichtungen der pseudokubischen Elementarzelle von $KMnF_3$.

schen T_C und T_N von Saiki [2] ist in **Fig. 55** dargestellt. Sie läßt auch oberhalb der von Heeger u. a. [3] beobachteten kritischen Feldstärke, bei der die Verkantung erfolgt, Resonanzlinien erkennen; diese verschwinden jedoch unterhalb T_c. Die Resonanzpunkte erfahren eine Diskontinuität, und im Bereich um T_c sind gleichzeitig zwei Resonanzlinien vorhanden. Aus diesen Ergebnissen wird gefolgert, daß die Phasenumwandlung bei T_c von 1. Ordnung ist und daß sich die verkantete Phase oberhalb T_c von der bei tiefen Temperaturen unterscheidet; vgl. auch Saiki [4].

Fig. 55

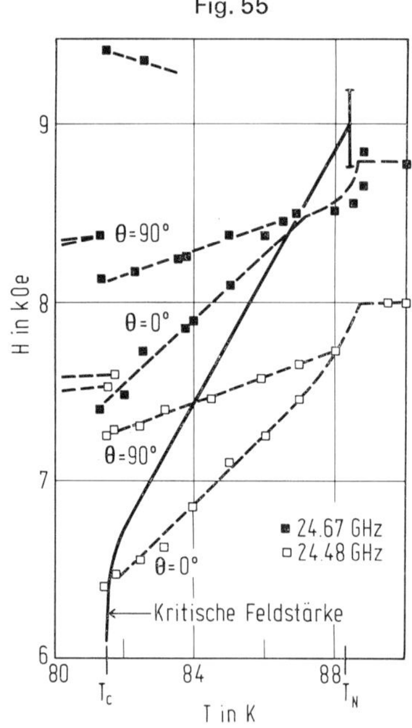

Temperaturabhängigkeit des Resonanzfeldes parallel zu den ⟨100⟩-Richtungen der pseudokubischen Elementarzelle von $KMnF_3$ (θ bezeichnet den Winkel zwischen dem Magnetfeld H und der leichten Achse).

Ein Vergleich der experimentellen Ergebnisse für den Bereich zwischen T_c und T_N mit einer Theorie für die AFMR-Frequenzen von Antiferromagneten, bei denen der Dzyaloshinsky-Moriya-Vektor parallel zur leichten Achse verläuft, zeigt gute Übereinstimmung [2]. Mit ähnlichen theoretischen Überlegungen können auch neuere Meßergebnisse, erhalten in Feldern bis 130 kOe zwischen 4.2 und 90 K (z. T. bei einachsiger Kompression), erklärt werden [5]. Eine halbklassische Theorie der Spinwelleninstabilität in der AFMR für verkantete Systeme mit Anwendung auf $KMnF_3$ s. bei Heeger [6].

Literatur:

[1] K. Saiki, K. Horai, H. Yoshioka (J. Phys. Soc. Japan **35** [1973] 1016/24). — [2] K. Saiki (J. Phys. Soc. Japan **33** [1972] 1284/91); vgl. auch H. Yoshioka, K. Saiki (J. Phys. Soc. Japan **33** [1972] 1566/73). — [3] A. J. Heeger, A. M. Portis, D. T. Teaney, G. Witt (Phys. Rev. Letters **7** [1961] 307/9). — [4] K. Saiki (J. Phys. Soc. Japan **38** [1975] 373/82). — [5] A. I. Petutin, Yu. V. Pereverzev, A. I. Zoyagin (Fiz. Nizk. Temp. [Kiev] **1** [1975] 341/52; C. A. **83** [1975] Nr. 70505).

[6] A. J. Heeger (Phys. Rev. [2] **131** [1963] 608/16).

Kernmagnetische Resonanz (NMR)

Nuclear Magnetic Resonance

Neben der hier behandelten eigentlichen NMR des ^{19}F, des ^{55}Mn und des ^{39}K (letztere Kerne nur im antiferromagnetischen Zustand) ist auch die kernakustische Resonanz (NAR), s. dazu [1,2,3], am ^{19}F- [4,5,6] und am ^{55}Mn-Kern [7], jeweils im antiferromagnetischen Zustand, untersucht. Zur kernakustisch-antiferromagnetischen Doppelresonanz am ^{55}Mn s. Bogdanova u. a. [8,9], s. auch S. 129. Bezüglich der Abschnitte „Hyperfein- und Quadrupolkopplung" gilt das beim MnF_2 Gesagte, s. S. 45.

Literatur:

[1] D. I. Bolef (Science [2] **136** [1962] 359/69; Proc. Colloq. AMPERE **14** [1966/67] 335/48, 341). — [2] S. D. Silverstein (Phys. Rev. [2] **132** [1963] 997/1003). — [3] L. L. Buishvili, N. P. Giorgadze (Fiz. Tverd. Tela **7** [1965] 769/74; Soviet Phys.-Solid State **7** [1965] 614/7). — [4] A. B. Denison, L. W. James, J. D. Currin, W. H. Tanttila, R. J. Mahler (Phys. Rev. Letters **12** [1964] 244/5). — [5] R. J. Mahler (Proc. Colloq. AMPERE **13** [1964/65] 202/9).

[6] R. J. Mahler, L. W. James (J. Appl. Phys. **41** [1970] 1633/6). — [7] Kh. G. Bogdanova, V. A. Golenishchev-Kutuzov, A. A. Monakhov, R. V. Saburova (Fiz. Tverd. Tela **17** [1975] 1198/200; Soviet Phys.-Solid State **17** [1975] 774). — [8] Kh. G. Bogdanova, V. A. Golenishchev-Kutuzov, F. S. Vagapova, A. A. Monakhov, R. V. Saburova (Zh. Eksperim. i Teor. Fiz. **68** [1975] 1834/40; Soviet Phys.-JETP **41** [1975] 919/22). [9] Kh. G. Bogdanova, V. A. Golenishchev-Kutuzov, R. V. Saburova (Tr. Mezhdunar. Konf. Magn., Moscow 1973 [1974], Bd. 1, Tl. 1, S. 323/7 nach C. A. **85** [1976] Nr. 86416).

^{19}F-Resonanz

^{19}F Resonance

Lage, Intensität

Position. Intensity

Im paramagnetischen Bereich sind bei beliebiger Orientierung des äußeren Feldes H_0, da es drei magnetisch nicht äquivalente F^--Gitterplätze gibt, drei Resonanzen zu erwarten. Für H_0 in der (110)-Ebene, insbesondere also auch für $H_0 || [001]$, ergeben sich zwei Resonanzen, für $H_0 || [111]$ eine Resonanz [1,2, s. auch 3]. Die mit $H_0 || [111]$ bei der festen Frequenz $\nu = 15.500$ MHz zwischen 90 und 300 K gemessenen Resonanzfelder sind gegenüber $\omega/\gamma(^{19}F)$ (Symbole s. S. 45) um δH zu kleineren Werten verschoben. $1/\delta H$ steigt linear von etwa 0.0073 Oe^{-1} bei 100 K auf etwa 0.0116 Oe^{-1} bei 300 K an (s. Figur im Original) und besitzt innerhalb des experimentellen Fehlers dieselbe Temperaturabhängigkeit wie die Suszeptibilität. Von den mit $H_0 || [001]$ bei $\nu = 60.000$ MHz und 298 K beobachteten zwei Resonanzlinien beruht die weniger stark verschobene

NMR of ^{19}F in $KMnF_3$

auf denjenigen ^{19}F-Kernen, deren Kernverbindungslinien zu den nächst benachbarten Mn^{2+}-Ionen $\perp H_0$ gerichtet sind. Die stärker verschobene Linie mit etwa halb so großer integrierter Intensität beruht auf ^{19}F-Kernen mit $\| H_0$ gerichteter Kernverbindungslinie. Die entsprechend gekennzeichneten relativen Verschiebungen $\alpha = \delta H/H_0$ werden mit $\alpha_\perp = (1.852 \pm 0.02) \times 10^{-2}$ bzw. $\alpha_\| = (2.970 \pm 0.02) \times 10^{-2}$ angegeben. Die mit H_0 in der (110)-Ebene für festes $\nu = 60.000$ MHz bei 298 K in Abhängigkeit vom Winkel φ zwischen H_0 und [001] gemessenen Resonanzfelder zeigen eine Aufspaltung, die für $\varphi = 0$ maximal ist (etwa 160 Oe, s. Figur im Original sowie bei Shulman, Knox [4], vgl. auch [5]). Eine maximale Aufspaltung von etwa 75 Oe ergeben entsprechende Messungen bei $\nu = 15.637$ MHz und 90 K [1]. Mit H_0 in der (001)-Ebene finden Egashira, Mirakawa [6] bei $\nu = 46.770$ MHz und 300.5 K ebenfalls maximale Aufspaltung für die äquivalenten [100]- und [010]-Richtungen. Verschiebungen bei hohen Temperaturen (bis 1500 K) s. bei Hogg [7]. Die Intensität der Resonanzlinie mit $H_0 \| [111]$ nimmt zwischen 90.2 und 88.3 K auf etwa $^1/_5$ des Anfangswertes ab [1]. Zwischen 100 und 300 K messen Gulley, Jaccarino [39] die Resonanzfrequenz an Proben, in denen 3% der Mn-Ionen durch Fe, Co, Ni oder Zn ersetzt sind, um die lokale Suszeptibilität zu ermitteln.

Doped $KMnF_3$

Im antiferromagnetischen Bereich werden bei 77 K sehr breite, von φ unabhängige Resonanzen beobachtet [1]. Aus der Abhängigkeit von der Frequenz des magnetischen Wechselfeldes und der Richtung des Gleichfeldes versucht Sandle [8], Aufschlüsse über verschiedene Beiträge zu lokalen Feldern zu erhalten. Zwischen 1.25 und 25 K werden von Mahler u. a. [9] zwei Resonanzen bei etwa 14.7 und 16 MHz beobachtet, bei 4.2 K von Kubo u. a. [10] eine starke Resonanz bei 8.4 MHz, die Kernen innerhalb einer Domäne zugeordnet wird, ferner starke und mittlere Resonanzen bei 14.8 und 15.5 MHz sowie schwache Resonanzen bei 15.0 und 17.0 MHz (von Kernen in den Domänenwänden). Die sich hieraus (und aus der ebenfalls untersuchten ^{55}Mn-Resonanz) ergebenden Folgerungen für die magnetischen Eigenschaften werden diskutiert [10].

Relaxation. Line Width

Relaxation, Linienbreite

Die Spin-Gitter-Relaxationsgeschwindigkeit $1/T_1$ für zwei nichtäquivalente F^--Gitterplätze (entsprechende Resonanzfrequenzen 14.7 und 16 MHz) zeigt **Fig. 56** nach Messungen [9] mit der Spinechotechnik ohne äußeres Feld zwischen 1.25 und 25 K an einer Probe mit <30 ppm Verunreinigungen. Oberhalb 12 K wird $1/T_1 \sim T^5$ gefunden, unterhalb $1/T_1 \sim \exp(-\beta/T)$ (β = Konstante), in Einklang mit der Existenz einer Energielücke im Spinwellenspektrum. Bei einer zweiten Probe ist dagegen oberhalb 12 K $1/T_1 \sim T^7$, vermutlich infolge stärkerer Konzentration (bis zu 10000 ppm) an Verunreinigungen [9]. Nach theoretischen Überlegungen von Beeman, Pincus [11] könnte das T^5-Gesetz für die vorliegende verkantete Struktur charakteristisch sein.

Die Linienbreite ΔH (Abstand der Extrema in der Ableitung der Absorptionskurve) wird mit $H_0 \| [001]$ bei $\nu = 60.000$ MHz und gewöhnlicher Temperatur zu $\Delta H_\perp = 17 \pm 1$ Oe, $\Delta H_\| = 22.5 \pm 2$ Oe bestimmt (Indizes wie bei α, s. oben). Die Linien besitzen Lorentz-Form. Da keine Sättigung erzielt werden kann, wird auf Austauschverschmälerung der Linie geschlossen [1]. Neuere Messungen von $\Delta H_\perp$ bei 15.6 und 60 MHz und bis 600 K bestätigen die Lorentz-Linienform und ergeben keine Frequenzabhängigkeit. Die Extrapolation auf $T \to \infty$ liefert $\Delta H_{\perp\infty} = 22.6$ Oe. Hierauf bezogene Relativwerte s. Figur im Original [12]. Von Gulley u. a. [13] wird nach ähnlichen Messungen $\sqrt{3}\,\Delta H_{\perp\infty}/2 = 19.5 \pm 1$ Oe (also $\Delta H_{\perp\infty} = 22.5$ Oe) angegeben. Eine formelmäßige Darstellung dieser Messungen [13] im Bereich $2.5\,T_N < T < 7\,T_N$ lautet $\Delta H_\perp/\Delta H_{\perp\infty} = 1 - \alpha\,|\Theta|/T$ mit $\alpha = 0.60 \pm 0.05$, Θ s. S. 50 [14]. Bis zu sehr hohen Temperaturen (1500 K) wird ΔH von Hogg [7] gemessen.

Bei Annäherung an T_N bleibt $\Delta H_\perp$ endlich (im Gegensatz zum Verhalten der F(1)-Kerne des K_2MnF_4, s. S. 112). Zwischen 230 K und T_N wird eine monotone Abnahme von etwa 15 auf 9 Oe beobachtet [15], s. auch Wiedergabe bei Miedema [16]. Daß ΔH für $T \to T_N$ nicht divergiert, bestätigen Scherer u. a. [12]. — Theoretische Werte: $\Delta H_\perp/\Delta H_{\perp\infty}$ wird auf der Basis der Theorie von Moriya [17,18,19] mit und ohne Einschluß von Nahordnungseffekten von Scherer u. a. [12]

Fig. 56

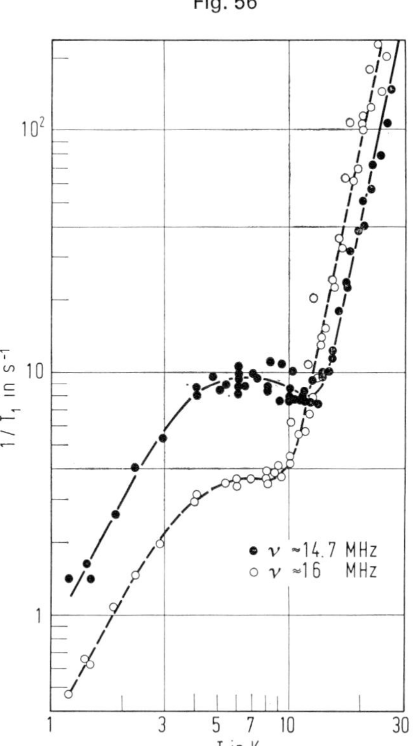

Temperaturabhängigkeit der ^{19}F-Spin-Gitter-Relaxationsgeschwindigkeit $1/T_1$ für zwei nichtäquivalente Gitterplätze bei $KMnF_3$.

berechnet. Ein Wert für α in obiger Formel ist 0.49 ± 0.05 [14]. Zwei neuere Werte für $\Delta H_{\|\infty}$ und $\Delta H_{\perp\infty}$ sind 20.8 bzw. 15.5 Oe [20]. Für 4 Linienmodelle berechnen Gulley u. a. [21] $\sqrt{3}\,\Delta H_{\perp\infty}/2$ nach der Momentenmethode; s. auch [22].

Die Spin-Spin-Relaxationszeiten $T_{2\perp} = 2.70$, $T_{2\|} = 2.04$ µs werden von Walker [23] aus den von Shulman, Knox [2] gemessenen Linienbreiten abgeleitet und zur Bestimmung des Austauschparameters herangezogen. Die Angaben 2.4 bzw. 1.8 µs [2] sind damit überholt.

Hyperfein- und Quadrupol-Kopplung

Hyperfine and Quadrupole Coupling

Der HF-Kopplungstensor ist diagonal; seine Hauptachsen sind mit denen des kristallographischen Achsensystems identisch. Seine Komponenten A_i (in 10^{-4} cm^{-1}, i = x, y, z) ergeben sich aus den Meßergebnissen von Shulman, Knox [1] zu $A_x = A_y = 16.09$, $A_z = 16.60$ [12], abgerundet: $A_x = 16.1$, $A_z = 16.6$ [20].

Die isotropen und anisotropen Kopplungskonstanten, A_s (Fermi-Kontaktwechselwirkung) bzw. $A_\sigma - A_\pi$ (nichtklassischer Beitrag der Dipol-Dipol-Wechselwirkung), ergeben sich aus den A_i nach $A_s = (2A_x + A_z)/3$, $A_\sigma - A_\pi = (A_z - A_x)/3$ [3]. $A_s = 16.8 \pm 0.4$, $A_\sigma - A_\pi = 0.30 \pm 0.04$ [6]. Ältere Angaben (16.26 ± 0.4 bzw. 0.17 ± 0.1) bei Shulman, Knox [1], s. auch [4]. Die Temperaturabhängigkeit beider Kopplungskonstanten bestimmt Hogg [7] bis etwa 1500 K. — Auf Grund von Messungen der paramagnetischen Resonanz (EPR) von Mn^{2+} in $NaMgF_3$, $KMgF_3$, $KCaF_3$, $KCdF_3$ und K_2MgF_4 wird A von Ogawa [24,25] ermittelt, und Hall u. a. [26] untersuchen das EPR-Spektrum von Mn in $KMgF_3$ und Alkalifluoriden.

Hyperfine and Quadrupole Coupling of ^{19}F in $KMnF_3$

Die Bruchteile ungepaarten Spins (zur Definition s. S. 58) ergeben sich nach Egashira, Hirakawa [6] zu $f_s = 0.56$, $f_\sigma - f_\pi = 0.35\%$. Die älteren Werte (0.52 bzw. 0.18%) von Shulman, Knox [1,4] (s. auch Hirakawa [27]), die auf A_{2s} und A_{2p} nach Moriya [17] basieren, sind bei Benutzung der F^--Wellenfunktionen von Froese [28] abzuändern in 0.54 bzw. 0.20% [6]. Explizite Werte für alle 3 Koeffizienten liefert die Kombination mit Untersuchungen der Neutronenbeugung. Auf der Basis der älteren Werte [2] werden angegeben $f_s = 0.5$, $f_\sigma = 1.2$, $f_\pi = 1.0$ [29,30,31]. Zur Kritik s. jedoch Rinneberg, Shirley [32]. Zum Einfluß der 1s-Elektronen des F^- s. [40]. Nach verschiedenen Verfahren werden f_s, f_σ, f_π von mehreren Autoren [30,33,34,35] berechnet, f_s allein auch von Eremin und Leushin [36].

Die Quadrupolkopplungskonstante ergibt sich zu $e^2qQ/h = 11.3 \pm 0.2$ MHz bei 300 K, 10.9 ± 0.5 MHz bei 90 K aus Messungen der gestörten Winkelkorrelation bei der γ-Emission vom isomeren ^{19}F-Niveau bei 197 keV, das mit einem gepulsten Protonenstrahl angeregt wird. Der analog $f_\sigma - f_\pi$ gebildete Parameter $f_Q = e^2qQ$ (Bindung)/e^2qQ (Atom), s. dazu Bersohn, Shulman [37], wird hiernach mit 4.8% angegeben [38].

Literatur:

[1] R. G. Shulman, K. Knox (Phys. Rev. [2] **119** [1960] 94/101). — [2] R. G. Shulman, K. Knox, B. J. Wyluda (Bull. Am. Phys. Soc. [2] **4** [1959] 166). — [3] M. B. Walker, R. W. H. Stevenson (Proc. Phys. Soc. [London] **87** [1966] 35/43). — [4] R. G. Shulman, K. Knox (Phys. Rev. Letters **4** [1960] 603/5). — [5] J. Owen, J. H. M. Thornley (Rept. Progr. Phys. **29** [1966] 675/728, 707/8).

[6] K. Egashira, K. Hirakawa (J. Phys. Soc. Japan **22** [1967] 344). — [7] R. D. Hogg (Diss. Univ. of California, Santa Barbara 1975; Diss. Abstr. Intern. B **36** [1976] 5667/8). — [8] W. J. Sandle (Bull. Am. Phys. Soc. [2] **7** [1962] 625; Diss. Univ. of California, Berkeley 1968; Diss. Abstr. B **29** [1968/69] 3451). — [9] R. J. Mahler, A. C. Daniel, P. T. Parrish (Phys. Rev. Letters **19** [1967] 85/7). — [10] H. Kubo, M. Hidaka, I. Yahara, N. Kaneshima (Kyushu Daigaku Kogaku Shuho **47** [1974] 291/9 nach C. A. **81** [1974] Nr. 161358).

[11] D. Beeman, P. Pincus (Phys. Rev. [2] **166** [1968] 359/75, 372). — [12] C. Scherer, J. E. Gulley, D. Hone, V. Jaccarino (Rev. Brasil. Fis. **4** [1974] 299/321, 312, 315). — [13] J. E. Gulley, B. G. Silbernagel, V. Jaccarino (J. Appl. Phys. **40** [1969] 1318/9). — [14] D. W. Hone, B. G. Silbernagel (J. Phys. [Paris] **32** [1971] Suppl. C1-761/C1-762). — [15] E. P. Maarschall (Magn. Resonance Relat. Phenomena, Proc. 16th Congr. AMPERE, Bucharest 1970 [1971], S. 485/92).

[16] A. R. Miedema (J. Phys. [Paris] **32** [1971] Suppl. C1-305/C1-309). — [17] T. Moriya (Progr. Theoret. Phys. [Kyoto] **16** [1956] 23/44, 40/1). — [18] T. Moriya (Progr. Theoret. Phys. [Kyoto] **16** [1956] 641/57). — [19] T. Moriya (Progr. Theoret. Phys. [Kyoto] **28** [1962] 371/400). — [20] C. W. Myles (Phys. Rev. [3] B **11** [1975] 3225/37, 3234).

[21] J. E. Gulley, D. Hone, D. J. Scalapino, B. G. Silbernagel (Phys. Rev. [3] B **1** [1970] 1020/30). — [22] J. E. Gulley, B. G. Silbernagel, V. Jaccarino (Phys. Letters A **29** [1969] 657/8). — [23] M. B. Walker (Proc. Phys. Soc. [London] **87** [1966] 45/8). — [24] S. Ogawa (J. Phys. Soc. Japan **15** [1960] 1475/81). — [25] S. Ogawa, Y. Yokozawa (J. Phys. Soc. Japan **14** [1959] 1116).

[26] T. P. P. Hall, W. Hayes, R. W. H. Stevenson, J. Wilkens (J. Chem. Phys. **38** [1963] 1977/84). — [27] K. Hirakawa (J. Phys. Soc. Japan **19** [1964] 1678/85). — [28] C. Froese (Proc. Cambridge Phil. Soc. **53** [1957] 206/13). — [29] J. Hubbard, D. E. Rimmer, F. R. A. Hopgood (Proc. Phys. Soc. [London] **88** [1966] 13/36, 22/3, 32). — [30] D. E. Rimmer (Proc. Intern. Conf. Magnetism, Nottingham 1964 [1965], S. 337/41).

[31] R. Nathans, G. Will, D. E. Cox (Proc. Intern. Conf. Magnetism, Nottingham 1964 [1965], S. 327/8). — [32] H. H. Rinneberg, D. A. Shirley (Phys. Rev. Letters **30** [1973] 1147/50). — [33] K. Gondaira (J. Phys. Soc. Japan **21** [1966] 933/44, 939). — [34] O. Matsuoka (J. Phys. Soc. Japan **28** [1970] 1296/302). — [35] O. Matsuoka, T. L. Kunii (J. Phys. Soc. Japan **30** [1971] 1771).

[36] M. V. Eremin, A. M. Leushin (Fiz. Tverd. Tela **16** [1974] 1917/23; Soviet Phys.-Solid State **16** [1974] 1252/5). — [37] R. Bersohn, R. G. Shulman (J. Chem. Phys. **45** [1966] 2298/303). — [38] H. Haas, E. Recknagel, B. Spellmeyer (Magn. Resonance Relat. Phenomena, Proc. 18th Congr. AMPERE, Nottingham, Engl., 1974 [1975], Bd. 1, S. 259/60). — [39] J. E. Gulley, V. Jaccarino (AIP [Am. Inst. Phys.] Conf. Proc. Nr. 5 [1972] 403/7). — [40] A. J. Freeman, R. E. Watson (Phys. Rev. Letters **6** [1961] 343/5).

^{55}Mn-Resonanz

^{55}Mn Resonance

Lage, Intensität

Eine direkte Beobachtung der zunächst nur indirekt (über die antiferromagnetische Resonanz) beobachteten NMR gelingt Nakamura u. a. [1]. Sowohl die ungewöhnlich hohe Intensität als auch die starke Temperatur- und Feldstärkeabhängigkeit werden mit der vorliegenden Kopplung zwischen Kern- und Elektronen-Resonanzfrequenzen (ν_A) begründet. Diese Kopplung (s. Gennes u. a. [2]) ist besonders stark bei kleinem Anisotropiefeld H_A und großer Kernmagnetisierung und führt zu einer Verschiebung der Resonanzfrequenz ν („frequency pulling") gegenüber der Hyperfeinfrequenz ν_{HF} gemäß $\nu = \nu_{HF}(1 - a/\nu_A^2)^{1/2}$ mit der Kopplungskonstante a, s. dazu auch S. 175. Ohne äußeres Feld wird bei 4.2 K $\nu = 578.8$ MHz gemessen. Die Temperaturabhängigkeit kann zwischen 2.1 und 4.2 K mit der aus vorstehender Verknüpfung abgeleiteten Beziehung $\nu = \nu_{HF}[1 - 1/(1 + cT)]^{1/2}$, $c = 0.57\ K^{-1}$, erfaßt werden [1]. Eine lineare Zunahme von $1/\nu^2$ (von 3 auf $4 \times 10^{-18}\ s^2$) mit fallender Temperatur (von 5 auf 2 K) geben Minkiewicz, Nakamura [3] an. Die in äußeren Feldern H_0 beobachtete Verschiebung von ν beruht auch auf derjenigen von ν_A [1]. Mit zunehmendem $H_0 \| [110]$ (magnetisches Wechselfeld $H_{rf} \| [001]$) steigt ν bei 4.2 K monoton von < 580 für $H_0 = 0$ auf > 620 MHz für $H_0 = 2500$ Oe an. Der Verlauf läßt sich mit der zuerst zitierten Formel erfassen, wenn $\nu_{HF} = 676 \pm 3$ MHz gesetzt wird [3]. Abhängigkeit von ν vom Winkel φ zwischen H_0 (in der (001)-Ebene) und [110] (ν ist maximal für $\varphi = 0$) für $H_0 = 1200$, 1500 und 2000 Oe s. im Original [1,3].

Die indirekte Beobachtung der Resonanz mittels der Feldverschiebung der antiferromagnetischen Resonanz beim Anlegen von H_{rf}, Näheres s. [4,5,6], wird mittels einer Abhängigkeit von ν von der Kernspintemperatur T_K interpretiert ($\nu \approx 565$ MHz für $T_K = 4.2$ K, $\nu = 687 \pm 2\ MHz = \nu_{HF}$ für $T_K \to \infty$) [7]. $\nu = 689 \pm 2$ MHz für $T_K \to \infty$ [8].

Linienbreite ΔH bzw. $\Delta\nu$, Relaxation

Für den paramagnetischen Bereich wird $\Delta H = 396.5$ Oe ($T \to \infty$) berechnet [9].

Im antiferromagnetischen Bereich (bei 4.2 K) ergibt sich nach der Doppelresonanztechnik die Kernspin-Gitter-Relaxationszeit $T_1 = 18.5$ ms [6]. $T_1 = 50$ ms bei 2.1 K [4], 100 ms bei 1.9 K sowie Proportionalität mit $1/T^2$ [10]. — $\Delta\nu = 740$ kHz (volle Breite bei halber Höhe der Absorptionskurve) bei 4.2 K messen Nakamura u. a. [1] in Übereinstimmung mit der Suhl-Nakamura-Theorie der indirekten Kopplung zwischen den Kernspins. Mit abnehmender Temperatur wird eine starke Zunahme von $\Delta\nu$ (auf etwa 3 MHz bei 2.1 K) beobachtet und mit einer Inhomogenität im antiferromagnetischen Anregungsspektrum begründet [1]. $\Delta\nu < 1$ MHz bei 4.2 K [6]. Die Spin-Spin-Relaxationszeit, zunächst zu $T_2 \approx 0.15\ \mu s$ geschätzt [4], wird aus der Suhl-Nakamura-Theorie zu $T_2 = 0.48\ \mu s$ berechnet [6].

Hyperfeinkopplung

Die unverschobene NMR-Frequenz ν_{HF} (in MHz) ist mit der Hyperfein(HF)-Kopplungskonstanten A (in $10^{-4}\ cm^{-1}$) durch $\nu_{HF} = |A| \cdot c \cdot \langle S \rangle$ verknüpft (c = Lichtgeschwindigkeit). Bei unbekanntem Erwartungswert $\langle S \rangle$ des Elektronenspins ermöglichen die NMR-Untersuchungen keine Aussage über A. Sie werden stattdessen benutzt, um bei bekanntem A (aus EPR-Messungen, s. S. 144) die Spinreduktion $S - \langle S \rangle$ zu bestimmen.

Hyperfine Coupling of ^{55}Mn in $KMnF_3$

A = −92.5 (4.2 K) ergibt sich nach Schrama [11] aus dem Wert A = −90.9 ± 0.2, der nach EPR-Messungen an Mn^{2+} in $KZnF_3$ und $KCdF_3$ durch Interpolation erhalten wird, und einem Beitrag $\delta A = -1.56 \times 10^{-4}\ cm^{-1}$ nach Owen, Taylor [12], der auf der von den 6 nächstbenachbarten Mn^{2+}-Ionen übertragenen („supertransferred") HF-Wechselwirkung (s. dazu auch [13,14,15]) beruht. Somit ist $|A| \cdot c \cdot 5/2 = 693.3 \pm 1.5$ MHz, während aus den NMR-Messungen ein Mittelwert $|A| \cdot c \cdot \langle S \rangle = 687$ MHz gebildet wird [11]. $|A| \cdot \langle S \rangle = 225.5 \times 10^{-4}\ cm^{-1}$ wird von Colpa u. a. [16] auf Grund des ν_{HF}-Wertes von Minkiewicz, Nakamura [3] angegeben. Weitere Werte für A: −93.16, aus −91.64 nach EPR-Messungen von Montgomery u. a. [17] an Mn^{2+} in $KMgF_3$ und $\delta A = -1.52$ [14]; −93.2, aus −91.64 und $\delta A = -1.55$ [12]; s. auch [13]. Damit ist der ältere Wert $\delta A = -4.0$ [15] korrigiert, und die Daten, die aus EPR-Messungen ohne Berücksichtigung von δA abgeleitet wurden [18,19], sind überholt.

Literatur:

[1] A. Nakamura, V. Minkiewicz, A. M. Portis (J. Appl. Phys. **35** [1964] 842/3). — [2] P. G. de Gennes, P. A. Pincus, F. Hartmann-Boutron, J. M. Winter (Phys. Rev. [2] **129** [1963] 1105/15). — [3] V. Minkiewicz, A. Nakamura (Phys. Rev. [2] **143** [1966] 356/60). — [4] A. J. Heeger, A. M. Portis, D. T. Teaney, G. Witt (Phys. Rev. Letters **7** [1961] 307/9). — [5] A. M. Portis, G. L. Witt, A. J. Heeger (J. Appl. Phys. **34** [1963] 1052/3).

[6] G. L. Witt, A. M. Portis (Phys. Rev. [2] **136** [1964] A1316/A1320). — [7] G. L. Witt, A. M. Portis (Phys. Rev. [2] **135** [1964] A1616/A1618). — [8] A. J. Heeger, A. M. Portis, G. Witt (Proc. Colloq. AMPERE **11** [1962/63] 694/8). — [9] C. W. Myles (Phys. Rev. [3] B **11** [1975] 3225/37, 3234). — [10] A. J. Heeger, A. M. Portis, G. Witt (Bull. Am. Phys. Soc. [2] **7** [1962] 54).

[11] A. H. M. Schrama (Physica **66** [1973] 131/44, 140/2). — [12] J. Owen, D. R. Taylor (J. Appl. Phys. **39** [1968] 791/6). — [13] J. Owen, D. R. Taylor (Phys. Rev. Letters **16** [1966] 1164/6). — [14] N. L. Huang, R. Orbach, E. Šimánek, J. Owen, D. R. Taylor (Phys. Rev. [2] **156** [1967] 383/90). — [15] N. L. Huang, R. Orbach, E. Šimánek (Phys. Rev. Letters **17** [1966] 134/6).

[16] J. H. P. Colpa, E. G. Sieverts, R. H. van der Linde (Physica **51** [1971] 573/87, 585). — [17] H. Montgomery, D. T. Teaney, W. M. Walsh (Phys. Rev. [2] **128** [1962] 80/1). — [18] S. Ogawa, Y. Yokozawa (J. Phys. Soc. Japan **14** [1959] 1116). — [19] S. Ogawa (J. Phys. Soc. Japan **15** [1960] 1475/81).

^{39}K Resonance

^{39}K-Resonanz

In einem äußeren Feld $H_0 \parallel [100]$ wird oberhalb der Umwandlung bei 186 K (s. S. 118) eine negative, (dem Betrage nach) der Suszeptibilität proportionale, isotrope Verschiebung $\delta\nu$ der Resonanzfrequenz (gegen die Larmor-Frequenz ν_L) beobachtet, die auf die isotrope Hyperfein(HF)-Wechselwirkung des ^{39}K-Kernspins mit den 8 nächstbenachbarten Mn^{2+}-Ionen zurückgeführt wird. Die bis 400 K gemessene Temperaturabhängigkeit läßt sich durch $\delta\nu/\nu_L = -0.4556/(150 + T)$ erfassen. Unterhalb 186 K tritt eine zusätzliche relative Verschiebung auf, die auf Quadrupoleffekten zweiter Ordnung beruht: $-3\nu_Q^2(1 - \cos^2\Theta)(9\cos^2\Theta - 1)/16\nu_L^2$ mit $\nu_Q = {}^1/_2 e^2qQ/h$, Θ = Winkel zwischen H_0 und der (tetragonalen) c-Achse. Da ferner eine Domänenstruktur existiert, entsprechend der jeweiligen Lage von c in einer der drei [100]-Richtungen, ergibt sich eine Aufspaltung der Resonanz in zwei Komponenten mit einem Intensitätsverhältnis 2:1, die den Fällen $H_0 \perp c$ und $H_0 \parallel c$ zuzuordnen sind. Für $H_0 \perp c$ ist die Verschiebung frequenzabhängig und wird mit abnehmender Temperatur dem Betrage nach kleiner (Werte für ν_L = 2080 und 3435 kHz im Original), für $H_0 \parallel c$ gilt dieselbe T-Abhängigkeit wie oberhalb 186 K [1].

Die Linienbreite im Grenzfall $T \rightarrow \infty$ wird zu $\Delta H = 0.056$ Oe berechnet [2]. Von Borsa [1] wird nur ein instrumentell bedingter Wert $\Delta H < 2$ Oe angegeben.

Die HF-Kopplungskonstante $A = -0.0084 \times 10^{-4}\ cm^{-1}$ folgt aus der gemessenen Verschiebung $\delta\nu$ und vorliegenden Daten für die Suszeptibilität [1], s. auch [2]. — Die Quadrupolkopplungskonstante e^2qQ/h (q = größte Komponente des elektrischen Feldgradienten) ergibt sich aus der

Differenz der Verschiebung für $H_0 \perp c$ und $H_0 || c$. Sie nimmt mit steigender Temperatur zunächst linear (von etwa 480 kHz bei 120 K auf etwa 260 kHz bei 160 K), dann steiler werdend (bis auf 0 bei 186 K) ab. Näheres dazu in der Diskussion des verallgemeinerten Ordnungsparameters φ (Rotationswinkel der MnF_6-Oktaeder), der proportional $(e^2qQ/h)^{1/2}$ gefunden wird [1].

Literatur:

[1] F. Borsa (Phys. Rev. [3] B **7** [1973] 913/7). — [2] C. W. Myles (Phys. Rev. [3] B **11** [1975] 3225/37, 3234).

Paramagnetische Relaxation

Paramagnetic Relaxation

Die Linienbreite der paramagnetischen Resonanz ΔH bleibt zwischen Raumtemperatur und der magnetischen Umwandlung in der Nähe von 60 Oe konstant [1]. Neuere Messungen ergeben, daß ΔH von etwa 60 Oe bei 300 K allmählich auf 57 Oe bei 88.3 K abnimmt und bei weiter fallender Temperatur stark ansteigt [2]. Weitere Messungen zeigen eine sprunghafte Zunahme der Linienbreite bei T_N = 87.9 K, darunter einen starken Abfall bis etwa 86 K und dann einen langsamen Anstieg (gemessen bis 81 K) [3]. — Oberhalb Raumtemperatur steigt ΔH bis zum Schmelzpunkt an, fällt jedoch oberhalb T_f stark ab [4].

Theoretische Überlegungen zur Änderung der Linienform in der Nähe der Néel-Temperatur s. bei Gulley u. a. [5].

Literatur:

[1] K. Horai, K. Saiki (J. Phys. Soc. Japan **21** [1966] 397). — [2] R. P. Gupta, M. S. Seehra, W. E. Vehse (Phys. Rev. [3] B **5** [1972] 92/5), R. P. Gupta (Diss. Univ. of West Virginia 1971; Diss. Abstr. Intern. B **32** [1972] 4777). — [3] P. Jakubowski, D. Kraska-Skrzypek, A. Ratuszna, A. Chełkowski (Acta Phys. Polon. A **49** [1976] 285/8). — [4] E. Dormann, V. Jaccarino (AIP [Am. Inst. Phys.] Conf. Proc. Nr. 18 [1974] 529/33). — [5] J. E. Gulley, D. Hone, D. J. Scalapino, B. G. Silbernagel (Phys. Rev. [3] B **1** [1970] 1020/30), J. E. Gulley, B. G. Silbernagel, V. Jaccarino (J. Appl. Phys. **40** [1969] 1318/9; Phys. Letters A **29** [1969] 657/8).

Dielektrizitätskonstante ε

Dielectric Constant

Aus Reflexionsmessungen im IR (2 bis 300 µm) bestimmt Karamyan [1] die DK bei niedrigen und hohen Frequenzen: $\varepsilon_0 = 9.49$ und $\varepsilon_\infty = 2.07$. Nach der gleichen Methode erhalten Perry, Young [2] $\varepsilon_0 = 9.02$, $\varepsilon_\infty = 2.10$ bei 300 K und $\varepsilon_0 = 8.70$ bei 85 K. Aus Messungen bei 300 K und niedrigen Frequenzen (10 bis 100 kHz) folgt $\varepsilon_0 = 8.28 \pm 0.15$ [3].

Fig. 57

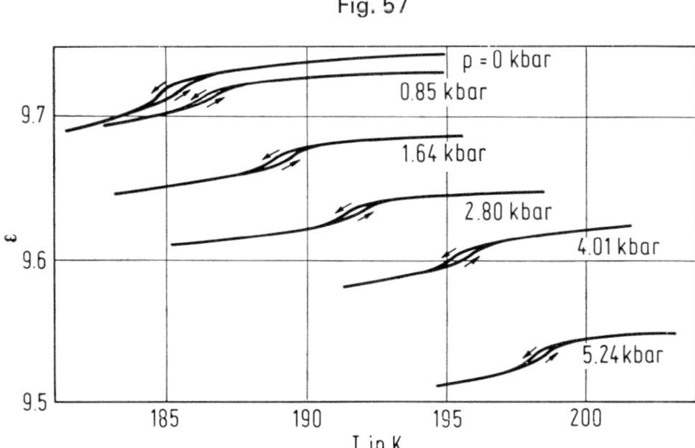

Temperaturabhängigkeit der Dielektrizitätskonstante ε von $KMnF_3$ bei verschiedenen Drücken.

Dielectric Constant of $KMnF_3$

Die Temperatur- und Druckabhängigkeit von ε untersuchen Gesi, Ozawa [4] an kleinen, aus einem Einkristall parallel (100) geschnittenen Plättchen. Die in **Fig. 57**, S. 145, dargestellten Ergebnisse zeigen am Umwandlungspunkt T_{c1} zwischen kubischer und tetragonaler Phase (186 K bei Atmosphärendruck, s. S. 118) einen diskontinuierlichen Verlauf und eine leichte thermische Hysterese.

Literatur:

[1] A. A. Karamyan (Opt. i Spektroskopiya **33** [1972] 177/9; Opt. Spectry. [USSR] **33** [1972] 97/8). — [2] C. H. Perry, E. F. Young (J. Appl. Phys. **38** [1967] 4616/24, 4622). — [3] J. D. Axe, G. D. Pettit (Phys. Rev. [2] **157** [1967] 435/7). — [4] K. Gesi, K. Ozawa (J. Phys. Soc. Japan **34** [1973] 1698).

Optical Properties

4.3.1.1.10.5 Optische Eigenschaften

Absorption. Reflection

Absorption, Reflexion

Die Absorptionslinien mit den kleinsten Energien kommen bei der Anregung von Magnonen zustande. Bei 4.2 K haben diese Linien Wellenzahlen, die sich durch Kombination der Fundamentalwellenzahlen $\nu_1 = 23.6$ und $\nu_2 = 27.8\ cm^{-1}$ (0.708 bzw. 0.834 THz) ergeben: 46.8 cm^{-1} ($2\nu_1$), 51.5 cm^{-1} ($\nu_1 + \nu_2$), 55.5 cm^{-1} ($2\nu_2$) usw. bis 140.8 cm^{-1} ($6\nu_1$), 145.0 cm^{-1} ($5\nu_1 + \nu_2$), 148.2 cm^{-1} ($4\nu_1 + 2\nu_2$), 160.8 cm^{-1} ($\nu_1 + 5\nu_2$), 167.8 cm^{-1} ($6\nu_2$) und 170.0 cm^{-1} ($6\nu_1 + \nu_2$). Bei 80 K haben die Absorptionslinien sehr ähnliche Wellenzahlen. Somit können maximal 7 Magnonen zugleich angeregt werden [1].

Im Bereich von etwa 120 cm^{-1} an werden auch Gitterschwingungen (Phononen) angeregt. So werden von Perry und Young [2] bei 85 K Reflexionsmaxima bei 261, 432 und 445 sowie eine Absorptionsbande bei 775 cm^{-1} gefunden. Die den Gitterschwingungen selbst entsprechenden Absorptionsbanden liegen bei 130, 212 und 410 cm^{-1} (T = 300 K) bzw. bei 127, 205, 265 und 427 cm^{-1} (T = 120 K) [3]. Aus dem Reflexionsvermögen und den daraus abgeleiteten optischen Konstanten k und n (Diagramme im Original) berechnet Karamyan [4] die Wellenzahlen der Transversalschwingungen zu 117, 195 und 412 cm^{-1}, diejenigen der Longitudinalschwingungen zu 144, 270 und 500 cm^{-1}. Die Transversalschwingungen machen sich auch im Absorptionsspektrum als breite Banden bei etwa 112, 200 und 450 cm^{-1} bemerkbar [5]. — Ältere Angaben über das Reflexionsvermögen im Infrarot s. bei Axe und Pettit [6].

Die bei 195 K noch nicht auftretende Reflexionsbande bei etwa 260 cm^{-1} wird von Baltes u. a. [7] bei tieferen Temperaturen eingehend untersucht. Sie besteht unterhalb $T_N = 88.3$ K aus 2 Komponenten, die mindestens zweien der 4 Kombinationen $TO_1 + LO_1$, $TO_2 + LA$, $O_4 - TA$ (am Punkt M) sowie $O_4 - TA$ (am Punkt R der Brillouin-Zone) entsprechen (O_4 bezeichnet die optisch inaktive Schwingung). Von Stekhanov und Karamyan [8] wurde das Absorptionsspektrum zwischen 560 und 2000 cm^{-1} untersucht, wobei Kombinations- und Oberschwingungen als Banden bei 580, 760 und 1050 cm^{-1} (295 K) bzw. bei 600, 780, 1075 und 1150 cm^{-1} (77 K) registriert wurden.

Im UV-Spektrum, das ausführlich in einer späteren Lieferung beschrieben wird, treten wie bei MnF_2 (s. S. 63) Magnonenseitenbanden auf. So wird z. B. bei 1.7 K und Wellenlängen in der Nähe von 550 nm eine solche Bande beobachtet, die Magnonen von etwa 63 cm^{-1} zugeordnet wird [9]. Auch bei Messungen in der Nähe von 390 nm (4.2, 20.4, 77 K) tritt eine solche Bande auf, die um $\Delta\nu = 61\ cm^{-1}$ vom Hauptmaximum entfernt ist [10]. Die erste Untersuchung dieser Art ergab bei 4.2 K $\Delta\nu = 67\ cm^{-1}$ [11]. Möglicherweise handelt es sich dabei jeweils um zwei oder drei Magnonen, denen bei 4.2 K eher die Wellenzahlen 23.6 und 27.8 cm^{-1} zuzuordnen sind (diese werden auch im fernen IR direkt beobachtet, s. oben) [1]. In einem Diagramm wird die Änderung dieses Übergangs (25000 bis 26000 cm^{-1}) und seiner Feinstruktur bei Temperaturerhöhung (4.2, 39, 47, 65 K) dargestellt [12].

Literatur:

[1] M. M. Shapiro, R. Stevenson (J. Appl. Phys. **40** [1969] 989/90). — [2] C. H. Perry, E. F. Young (J. Appl. Phys. **38** [1967] 4616/24), E. F. Young, C. H. Perry (J. Appl. Phys. **38** [1967] 4624/8). — [3] A. P. Lane, D. W. A. Sharp, J. M. Barraclough, D. H. Brown, D. A. Paterson (J. Chem. Soc. A **1971** 94/100). — [4] A. A. Karamyan (Opt. i Spektroskopiya **33** [1972] 177/9; Opt. Spectry. [USSR] **33** [1972] 97/8). — [5] A. A. Karamyan (Opt. i Spektroskopiya **30** [1971] 578/9; Opt. Spectry. [USSR] **30** [1971] 314/5).

[6] J. D. Axe, G. D. Pettit (Phys. Rev. [2] **157** [1967] 435/7). — [7] H. P. Baltes, M. Tosi, F. K. Kneubühl (J. Phys. Chem. Solids **31** [1970] 321/9), H. P. Baltes, F. K. Kneubühl (Helv. Phys. Acta **43** [1970] 486/7). — [8] A. I. Stekhanov, A. A. Karamyan (Izv. Akad. Nauk SSSR Ser. Fiz. **31** [1967] 1104/7; Bull. Acad. Sci. USSR Phys. Ser. **31** [1967] 1122/5). — [9] K. Aoyagi (J. Phys. Soc. Japan **22** [1967] 1516/7). — [10] V. V. Eremenko, Yu. A. Popkov, V. P. Novikov, A. I. Belyaeva (Zh. Eksperim. i Teor. Fiz. **52** [1967] 454/62; Soviet Phys.-JETP **25** [1967] 297/302).

[11] R. Stevenson (Phys. Rev. [2] **152** [1966] 531/5). — [12] H. Komura, V. C. Srivastava, R. Stevenson (Phys. Rev. [3] B **8** [1973] 377/84).

Lichtstreuung

Light Scattering

Die Streuung an Ultraschallwellen wird zunächst bei Raumtemperatur [1] und später im Bereich von 320 bis 60 K [2] untersucht, um die elastischen Konstanten und ihre Temperaturabhängigkeit (s. S. 127) zu ermitteln. Für die Wellenzahlen der longitudinalen akustischen Phononen wurden unstetige Änderungen bei der Umwandlung in die tetragonale Modifikation (187.6 K) sowie bei 102 K und T_N = 87 K gefunden.

Die Streuung an Magnonenpaaren wurde von Popkov u. a. [3] zwischen 20 und 90 K im Bereich von 120 bis 155 cm^{-1} untersucht. Weitere Messungen ergeben, daß sich die Wellenzahl von 140 cm^{-1} (auf T = 0 extrapoliert) bis 30 K nur wenig verringert, bei höheren Temperaturen dagegen stärker auf etwa 90 bis 100 cm^{-1} bei etwa 80 K [4].

Die Streuung an Phononen (Raman-Streuung) kann an der kubischen Modifikation nicht direkt beobachtet werden. Unterhalb 184 K werden zunächst zwei Raman-Linien (117, 230 cm^{-1}) gefunden, von denen die erste sich unterhalb 88 K nach 108 cm^{-1} verschiebt. Dazu treten bei 88 K Linien mit ν = 158, 170 und 252 cm^{-1} auf, bei 4.2 K ferner 3 Linien mit ν = 28, 50 und 66 cm^{-1} [5]. Die letzten drei Linien und eine weitere bei 39.5 cm^{-1} sind, wie aus Messungen bei 4.2 K abgeleitet wird, den „weichen" Phononen B_{2g} (Γ_{25}) = 28, B_{3g} (Γ_{25}) = 39.5, A_{1g} (Γ_{25}) = 50, A_{1g} (M_3) = 66 cm^{-1} zuzuordnen [6]. — Von Lockwood und Torrie [7] wird das Raman-Spektrum 2. Ordnung bei Raumtemperatur sowie das normale Raman-Spektrum bei 100 und bei 45 K bei verschiedenen Kristallorientierungen untersucht, wobei außer zwei (bei 100 K) bzw. vier (bei 45 K) Linien unterhalb 90 cm^{-1}, die soft modes zuzuschreiben sind, noch fünf bzw. vierzehn Wellenzahlen zwischen 90 und 450 cm^{-1} gefunden werden. Von anschließenden Untersuchungen des ganzen Spektrums in der Nähe von 187 K wird nur ein kurzer Bericht gegeben [8].

Literatur:

[1] Yu. A. Popkov, V. I. Fomin, L. T. Kharchenko (Fiz. Tverd. Tela **13** [1971] 1626/30; Soviet Phys.-Solid State **13** [1971] 1360/4). — [2] V. I. Fomin, Yu. A. Popkov (Zh. Eksperim. i Teor. Fiz. **70** [1976] 123/31; Soviet Phys.-JETP **43** [1976] 64/8). — [3] Yu. A. Popkov, V. I. Fomin, B. V. Beznosikov (Pis'ma Zh. Eksperim. i Teor. Fiz. **11** [1970] 394/7). — [4] D. J. Lockwood, G. J. Coombs (J. Phys. C **8** [1975] 4062/70). — [5] Yu. A. Popkov, V. V. Eremenko, V. I. Fomin (Fiz. Tverd. Tela **13** [1971] 2028/37; Soviet Phys.-Solid State **13** [1971] 1701/8).

[6] V. V. Eremenko, V. I. Fomin, Yu. A. Popkov, N. A. Sergienko (Fiz. Nizk. Temp. [Kiev] **1** [1975] 1030/6). — [7] D. J. Lockwood, B. H. Torrie (J. Phys. C **7** [1974] 2729/44), B. H. Torrie, D. J. Lockwood (Ferroelectrics **8** [1974] 583/4). — [8] D. J. Lockwood, B. H. Torrie (NATO Advan. Study Inst. E Nr. 1 [1974] 147/62; C. A. **84** [1976] Nr. 24077).

Refractive Index of $KMnF_3$

Brechungsindex n

Bei Raumtemperatur werden im sichtbaren Bereich folgende Werte gemessen [1]:

λ in nm	643.3	629	605	579.1	546.1	435.8
n	1.4454	1.4458	1.4464	1.4472	1.4484	1.4543

Der ältere Wert n = 1.447 [2] dürfte somit bei 589 nm (NaD-Linie) gemessen worden sein. Für den ganzen sichtbaren Bereich kann n = 1.44 ± 0.01 gelten [3]. Der Verlauf zwischen 50 und 650 cm^{-1}, aus dem Reflexionsspektrum abgeleitet, wird von Karamyan [4] graphisch dargestellt. — Extrapolation auf $\lambda \rightarrow \infty$ aus 6 Messungen zwischen λ = 486 und 656 cm^{-1} ergibt n_{∞} = 1.432 [5].

Unterhalb 188 K ist $KMnF_3$ doppelbrechend. Die Differenz zwischen den Hauptbrechungsindizes $n_c - n_a = \Delta n$ wird zunächst rein empirisch bestimmt [6] und dann auf Grund weiterer, zwischen 130 und 186 K erhaltener Meßdaten mit der Verschiebung der F-Ionen in Zusammenhang gebracht [7]. Mit einem kontinuierlich registrierenden Gerät wurde nicht nur die lineare Zunahme der Doppelbrechung bei der wachsenden tetragonalen Verzerrung zwischen 184 und 89 K gemessen, sondern auch die weitere, noch nicht sicher deutbare Änderung zwischen 89 und 70 K [8]. — Eine neue Meßapparatur wird an $KMnF_3$ in der Nähe der Strukturumwandlung bei T_{c1} (s. S. 118) geprüft [9].

Literatur:

[1] A. T. Anistratov, E. A. Popov, B. V. Beznosikov, I. T. Kokov (Opt. i Spektroskopiya **39** [1975] 692/6; Opt. Spectry. [USSR] **39** [1975] 390/2). — [2] Yu. P. Simanov, L. R. Batsanova, L. M. Kovba (Zh. Neorgan. Khim. **2** [1957] 2410/5; Russ. J. Inorg. Chem. **2** Nr. 10 [1957] 207/15). — [3] J. D. Axe, G. D. Pettit (Phys. Rev. [2] **157** [1967] 435/7). — [4] A. A. Karamyan (Opt. i Spektroskopiya **33** [1972] 177/9; Opt Spectry. [USSR] **33** [1972] 97/8). — [5] S. S. Batsanov (Zh. Neorgan. Khim. **2** [1957] 628/31; Russ. J. Inorg. Chem. **2** Nr. 3 [1957] 245/51).

[6] K. S. Aleksandrov, L. M. Reshchikova (Kristallografiya **14** [1969] 716/9; Soviet Phys.-Cryst. **14** [1969] 614/6). — [7] S. Hirotsu, S. Sawada (Solid State Commun. **12** [1973] 1003/5). — [8] D. J. Benard, W. C. Walker (Rev. Sci. Instr. **47** [1976] 122/7). — [9] P. A. Markovin, R. V. Pisarev, G. A. Smolensky, P. P. Syrnikov (Solid State Commun. **19** [1976] 185/8).

Chemical Reactions. Solubility

4.3.1.1.10.6 Chemisches Verhalten, Löslichkeit

An der Luft ist $KMnF_3$ bei Raumtemperatur beständig [1]. Es bleibt bis 530°C stabil [2]. Bei höheren Temperaturen wird es in Gegenwart von Sauerstoff leicht unter Braunfärbung oxidiert [1, 3, 4]. — Durch F_2 wird $KMnF_3$ in der Wärme zu $KMnF_5$ (s. S. 220) umgesetzt [1]. — Durch gasförmiges HF wird es bei 150°C in langsamer Reaktion zu MnF_2 und KHF_2 zersetzt; Temperaturerhöhung beeinflußt die Reaktion ungünstig [5]. Mit KHF_2 bildet sich bei hohen Temperaturen K_2MnF_4 (s. S. 104) [6]. Die Reaktion mit FeF_3 bei 700°C in evakuierten Goldröhren führt zu einphasigen Verbindungen $(FeF_3)_{1-x}(KMnF_3)_x$ mit $0 \leqq x \leqq 1$ [7]. Zur Reaktion mit $KMgF_3$ s. S. 228, mit $LiBaF_3$ s. S. 235, mit $KZnF_3$ s. S. 240, mit Fluoriden der Seltenerdelemente s. S. 250 und mit $KNbO_3$ s. S. 270.

Mit CCl_4-Dampf reagieren $KMnF_3$-Preßlinge bei 450°C nur mäßig stark; schwächer als andere Verbindungen vom Perowskit-Typ ($KFeF_3$, $KCuF_3$, $KCoF_3$, $KZnF_3$). Es bildet sich vorwiegend $CFCl_3$, daneben CF_2Cl_2, CF_3Cl und CF_4 [8].

$KMnF_3$ ist in H_2O schwer löslich und läßt sich daher leicht aus wäßriger Lösung ausfällen, s. unter Darstellung S. 116. Es bleibt in H_2O von 20°C unverändert [5]. In der KF und $MnCl_2$ enthaltenden Mutterlauge ist es etwas weniger löslich als NH_4MnF_3 in einer entsprechenden Lösung [9]. In wäßriger KF-Lösung ist $KMnF_3$ sehr wenig löslich [1]. — Aus KCl- oder NaCl-KCl-Schmelzen lassen sich Kristalle züchten, s. S. 116.

Literatur:

[1] R. Hoppe, W. Liebe, W. Dähne (Z. Anorg. Allgem. Chem. **307** [1961] 276/89, 279). — [2] P. E. Horn (Chemiker-Ztg. **96** [1972] 92/9). — [3] I. N. Belyaev, O. Ya. Revina (Izv. Vysshikh Uchebn. Zavedenii Khim. i Khim. Tekhnol. **10** [1967] 852/5; C. A. **68** [1968] Nr. 63155). — [4] I. N. Belyaev, O. Ya. Revina (Zh. Neorgan. Khim. **13** [1968] 2542/6; Russ. J. Inorg. Chem. **13** [1968] 1313/5). — [5] J. C. Cousseins (Rev. Chim. Minerale **1** [1964] 573/616, 600).

[6] D. J. Breed (Phys. Letters **23** [1966] 181/2). — [7] L. Darcy, P. J. Wojtowicz, M. Rayl (Mater. Res. Bull. **8** [1973] 515/22). — [8] P. E. Horn, G. Schiemann (Chemiker-Ztg. **95** [1971] 833/43). — [9] P. Nuka (Z. Anorg. Allgem. Chem. **180** [1929] 235/40).

4.3.1.1.11 Das System LiF-KF-MnF_2

The LiF-KF-MnF_2 System

Die Randsysteme LiF-MnF_2 und KF-MnF_2 sind auf S. 98 und 103 beschrieben, das Randsystem LiF-KF ist von Volkov, Shvab [1] übernommen.

Aus thermoanalytischen und röntgenographischen Untersuchungen von LiF-KF-MnF_2-Gemischen unter einem Strom von trockenem CO_2 erhalten Belyaev und Revina [2] das in **Fig. 58** wiedergegebene Zustandsdiagramm. Es zeigt 5 Kristallisationsfelder: für die 3 Ausgangsverbindungen LiF, KF und MnF_2 sowie für $KMnF_3$ und K_2MnF_4. Das $KMnF_3$-Feld hat die größte Ausdehnung. Das Feld des inkongruent schmelzenden K_2MnF_4 läuft spitz aus in den peritektischen Punkt P bei 710°C und der Zusammensetzung (in Mol-%) 11 LiF, 78 KF und 11 MnF_2. Der Schnitt LiF-$KMnF_3$ teilt das Gesamtsystem in 2 Dreiecke mit je einem eutektischen Punkt: E_1 bei 490°C und 50 LiF, 49 KF, 1 MnF_2 sowie E_2 bei 598°C und 51 LiF, 4 KF, 45 MnF_2 [2].

Fig. 58

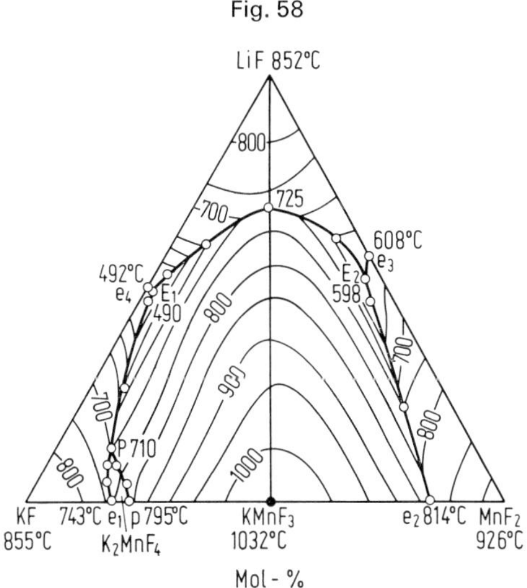

Zustandsdiagramm des Systems LiF-KF-MnF_2.

Das Teilsystem LiF-$KMnF_3$ hat nach DTA-Messungen einen eutektischen Punkt bei 725°C und 70 Mol-% LiF. $KMnF_3$ löst maximal 6 Mol-% LiF bei der eutektischen Temperatur [2].

Literatur:

[1] N. N. Volkov, T. F. Shvab (Izv. Fiz. Khim. Nauchn. Issled. Inst. Irkutsk. Univ. **2** Nr. 1 [1953] 55/9 nach [2]). — [2] I. N. Belyaev, O. Ya. Revina (Zh. Neorgan. Khim. **13** [1968] 2800/3; Russ. J. Inorg. Chem. **13** [1968] 1441/3).

The NaF-KF-MnF$_2$ System

4.3.1.1.12 Das System NaF-KF-MnF$_2$

Randsysteme NaF-MnF$_2$ und KF-MnF$_2$ s. S. 99 und 103, zum Randsystem NaF-KF, s. „Kalium", S. 1113.

Die thermische Untersuchung des Systems NaF-KF-MnF$_2$ zeigt ein ternäres Eutektikum mit NaF, KF und Mischkristallen (Na, K)MnF$_3$, s. **Fig. 59**. Der eutektische Punkt E liegt bei 660°C und den Konzentrationen (in Mol-%) 27.4 NaF, 59.6 KF und 13 MnF$_2$, I. N. Belyaev, O. Ya. Revina (Fiz. Khim. Analiz Solevykh Sistem Sb. **1962** 77/87, 81; C. A. **60** [1964] 56).

Fig. 59

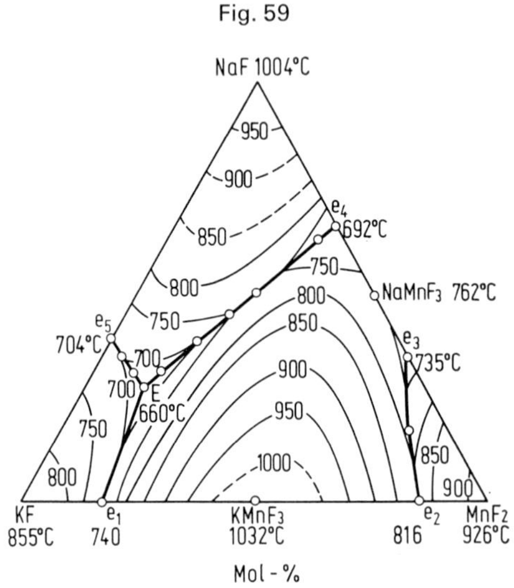

Zustandsdiagramm des Systems NaF-KF-MnF$_2$.

The NH$_4$F-MnF$_2$ System

4.3.1.1.13 Das System NH$_4$F-MnF$_2$

In diesem System wird durch röntgenographische und chemische Analysen NH$_4$MnF$_3$ als einzige Verbindung nachgewiesen, J. C. Cousseins (Rev. Chim. Minerale **1** [1964] 573/616, 581).

NH$_4$MnF$_3$

4.3.1.1.14 NH$_4$MnF$_3$ (= NH$_4$F · MnF$_2$)

Darstellung und Bildung

Preparation. Formation

Mikrokristallines, farbloses bis schwach rosa gefärbtes NH$_4$MnF$_3$ fällt aus, wenn eine konzentrierte wäßrige MnCl$_2$-Lösung mit einer nur halb gesättigten NH$_4$F-Lösung im Überschuß versetzt wird [1 bis 4]. Nach Dekantieren mit neutraler 5%iger NH$_4$F-Lösung wird mit verdünntem Alkohol gewaschen [1, 2, 4] und an der Luft [1] oder über P$_2$O$_5$ getrocknet [2]. — Aus Methanollösung erhält man rosa gefärbte Kristalle durch Umsetzen einer MnBr$_2$-Lösung mit einer NH$_4$F-Lösung in großem Überschuß bei 60°C unter Rühren. Anschließend wird mit kaltem CH$_3$OH, dann mit absolutem Äther gewaschen und bei 60°C getrocknet [5].

NH$_4$MnF$_3$ wird auf trockenem Wege durch einstündiges Erhitzen eines NH$_4$HF$_2$-MnF$_2$-Gemisches (Molverhältnis 4:1) bei 150°C in trockener Ar-Atmosphäre erhalten [6]. Es bildet sich auch bei der Kompression eines pulverförmigen NH$_4$F-MnF$_2$-Gemisches auf 689.5 MPa (10^5 psi), besonders bei erhöhter Temperatur (110°C) [7].

Einkristalle bis 2.0 mm Länge lassen sich durch Gelzüchtung aus MnCl$_2$- und NH$_4$HF$_2$-Lösung bei 35°C gewinnen [8].

Kristallographische Eigenschaften. Dichte

Crystallographic Properties

Bei den durch Gelzüchtung erhaltenen Einkristallen (s. S. 150) treten die Formen {100}, {110} und {111} auf [8].

Struktur. Nach Röntgen-Pulverdiagrammen kristallisiert NH_4MnF_3 wie $KMnF_3$ (s. S. 121) in der kubischen Perowskit-Struktur [3, 6, 9]. Diese Struktur ist auch auf Grund des Toleranzverhältnisses nach Goldschmidt (s. S. 119) mit t = 0.97 zu erwarten [9, 10]. — Gitterkonstante a = 4.238 [11], 4.239 ± 0.001 [9], 4.2410 bei 25°C [4], s. auch [3] und 4.242 Å [12]. Netzebenenabstände s. [4, 13].

Neutronenbeugungsuntersuchungen an NH_4MnF_3-Pulver stimmen gut mit der Annahme überein, daß die H-Atome statistisch die Lage 12i (0, x, x usw.) besetzen, d. h. entlang der Richtung der benachbarten F-Atome verteilt sind; R = 4.4%. Der N-H-Abstand beträgt 1.14 Å (ist also etwas größer als in NH_4Cl), der H-F-Abstand 1.84 Å [10]. Aus spektroskopischen Untersuchungen im fernen IR (s. unten) wird geschlossen, daß die NH_4-Ionen über H-Brücken gebunden sind [14].

Von den Gitterschwingungen sind nur diejenigen identifiziert, die der Dehnung der Mn-F-Bindung und der Deformation des MnF_6-Oktaeders entsprechen (390 bzw. 250 cm^{-1}, s. unten) [15].

Pyknometrisch gemessene Dichte 2.76 [3], Röntgendichte 2.829 bei 25°C [4] und 2.83 g/cm^3 [3].

Magnetische Eigenschaften

Magnetic Properties

Unterhalb der Néel-Temperatur T_N = 84 K weist NH_4MnF_3, wie die Untersuchung der Neutronenstreuung bei 4.2 K zeigt, eine magnetische Struktur vom Typ G wie $KMnF_3$ (s. S. 134) auf. Unregelmäßigkeiten in den relativen Intensitäten sind wegen der diffusen Streuung an den Momenten der H-Atome nicht eindeutig erklärbar [10]. Aus kalorimetrischen Messungen, deren Ergebnisse nicht mitgeteilt werden, wird auf eine magnetische Umwandlung bei 75.1 K geschlossen [16]. — Aus Suszeptibilitätsmessungen (offensichtlich bei Raumtemperatur) ergibt sich das effektive Moment zu 5.00 μ_B je Mn-Atom [12].

Optische Eigenschaften

Optical Properties

Die Brechungszahl im sichtbaren Bereich beträgt n = 1.490 [4] und 1.493 ± 0.002 [2, 9, 13].

Im IR-Spektrum treten zunächst zwei Absorptionsmaxima bei 250 und 390 cm^{-1} auf, die der Deformation des MnF_6-Oktaeders und der Dehnung der Mn-F-Bindung zuzuordnen sind [15]. Die bei 230 cm^{-1} liegende Bande ist sehr breit [14]. — Zwei weitere Banden, die 2 Fundamentalschwingungen des NH_4^+-Ions entsprechen, werden bei 1430 und 3250 cm^{-1} [15] bzw. bei 1428 und 3240 [14] gefunden. Diese Maxima wurden früher bei den Wellenzahlen 1437 und 3260 cm^{-1} beobachtet [11].

Chemisches Verhalten. Löslichkeit

Chemical Reactions. Solubility

An der Luft ist festes NH_4MnF_3 bei Raumtemperatur beständig, bei höheren Temperaturen färbt es sich irreversibel braun [3].

TG und DTA zeigen, daß NH_4MnF_3 bei 310°C in einem einzigen Reaktionsschritt in festes MnF_2 und dampfförmiges NH_4F zerfällt [15]. Damit sind frühere thermogravimetrische Untersuchungen bestätigt, nach denen sich NH_4MnF_3 im Ar-Strom bereits ab 200°C teilweise, ab etwa 300°C vollständig zersetzt [6]. Von anderen Autoren wird die thermische Zersetzung bei 240°C [12], bei 290 bis 300°C im CO_2-Strom [1] sowie bei 350°C in N_2-Atmosphäre beschrieben [17]. Zersetzungsenthalpie ΔH = 38.5 ± 0.5 cal/mol bei 310°C [15].

Wird NH_4MnF_3-Pulver mit pulverförmigem CaF_2 oder SrF_2 gemischt, so beobachtet man bereits nach 24 h eine merkliche Änderung der EPR, wahrscheinlich infolge der Diffusion von Mn^{2+} in Fehlstellen der Erdalkalifluoride [18]. Zur Reaktion mit NH_4BeF_3 und $(NH_4)_2BeF_4$ in wäßriger Lösung s. S. 226, zur Reaktion mit NH_4ZnF_3 s. S. 240.

Solubility of NH_4MnF_3

In 100 g H_2O von 20°C lösen sich nur etwa 1.2 g NH_4MnF_3; die Verbindung ist damit etwas besser löslich als $NaMnF_3$ und $KMnF_3$ [1]. Auch in wäßriger NH_4F-Lösung ist NH_4MnF_3 nur sehr wenig löslich [3].

In H_2O von 20°C bleibt NH_4MnF_3 unverändert [6] oder zersetzt sich sehr langsam [2]. Bei 60°C trübt sich eine bei Raumtemperatur gesättigte Lösung unter Ausfällung von MnF_2 [1]. Ein Zusatz von $(NH_4)_2BeF_4$ zur wäßrigen Lösung verhindert bei 25°C die Zersetzung, s. auch S. 226 [2].

Literatur:

[1] P. Nuka (Z. Anorg. Allgem. Chem. **180** [1929] 235/40). — [2] L. R. Batsanova, A. V. Novoselova (Zh. Obshch. Khim. **26** [1956] 1827/30; J. Gen. Chem. USSR **26** [1956] 2039/42). — [3] R. Hoppe, W. Liebe, W. Dähne (Z. Anorg. Allgem. Chem. **307** [1961] 276/89, 279). — [4] H. E. Swanson, H. F. McMurdie, M. C. Morris, E. H. Evans (Natl. Bur. Std. [U. S.] Monograph Nr. 25, Tl. 5 [1967] 1/90, 8). — [5] H. M. Haendler, F. A. Johnson, D. S. Crocket (J. Am. Chem. Soc. **80** [1958] 2662/4).

[6] J. C. Cousseins (Rev. Chim. Minerale **1** [1964] 573/616, 581, 589, 600). — [7] D. S. Crocket, R. A. Grossman (Inorg. Chem. **3** [1964] 644/6). — [8] R. Leckebusch (J. Cryst. Growth **23** [1974] 74/6). — [9] Yu. P. Simanov, L. R. Batsanova, L. M. Kovba (Zh. Neorgan. Khim. **2** [1957] 2410/5; Russ. J. Inorg. Chem. **2** Nr. 10 [1957] 207/15, 208). — [10] S. J. Pickart, H. A. Alperin, R. Nathans (J. Phys. [Paris] **25** [1964] 565/6).

[11] D. S. Crocket, H. M. Haendler (J. Am. Chem. Soc. **82** [1960] 4158/62). — [12] S. L. Roscoe, H. M. Haendler (Inorg. Chim. Acta **1** [1967] 73/5). — [13] L. R. Batsanova, A. V. Novoselova, Yu. P. Simanov (Zh. Neorgan. Khim. **1** [1956] 2638/41; Russ. J. Inorg. Chem. **1** Nr. 11 [1956] 214/7). — [14] J. T. R. Dunsmuir, A. P. Lane (Spectrochim. Acta A **28** [1972] 45/50). — [15] K. C. Patil, E. A. Secco (Can. J. Chem. **50** [1972] 1529/30).

[16] V. L. Moruzzi, D. T. Teaney (Bull. Am. Phys. Soc. [2] **9** [1964] 225). — [17] J. C. Cousseins, M. Samouël (Compt. Rend. C **265** [1967] 1121/3). — [18] G. F. Garlick, A. Cunliffe, M. N. Jones (Proc. Phys. Soc. [London] **79** [1962] 223/5).

The RbF-MnF_2 System

4.3.1.1.15 Das System RbF-MnF_2

Röntgenographische und chemische Analysen von RbF-MnF_2-Gemischen, die in trockener Ar-Atmosphäre in Platintiegeln erhitzt wurden, ergeben die Verbindungen Rb_2MnF_4 und $RbMnF_3$ (s. S. 153 und 156) [1]. Nach thermischen Untersuchungen schmilzt $RbMnF_3$ kongruent bei 986°C und Rb_2MnF_4 inkongruent bei 796°C. In einem kleinen Bereich (50 bis 54 Mol-% RbF) existieren

Fig. 60

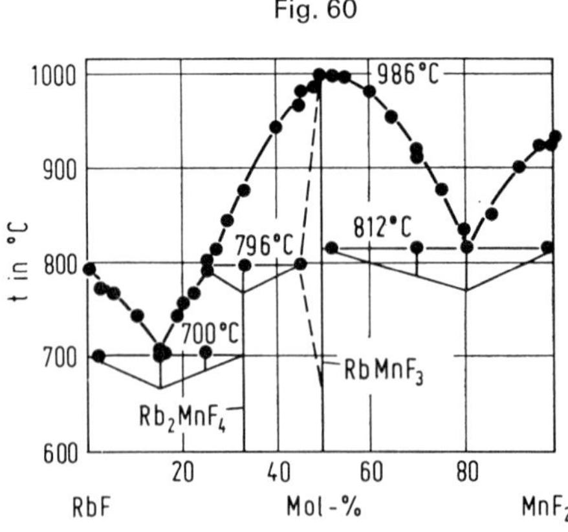

Zustandsdiagramm des Systems RbF-MnF_2.

Mischkristalle von RbF in $RbMnF_3$ bei etwa 800°C. Eutektische Punkte liegen bei 16 Mol-% MnF_2 und 700°C sowie bei 81 Mol-% MnF_2 und 812°C, der peritektische Punkt bei 24 Mol-% MnF_2 und 796°C, s. **Fig. 60** [2], vgl. auch [3]. Nach neueren Untersuchungen bildet sich aus RbF und MnF_2 noch die Verbindung $Rb_3Mn_2F_7$ (s. S. 155) [4].

Im Teilsystem $RbMnF_3$-Rb_2MnF_4 wird dagegen die Verbindung $Rb_3Mn_2F_7$ nicht gefunden. Die $RbMnF_3$-Rb_2MnF_4-Gemische werden 16 h in trockener Ar-Atmosphäre auf 700°C erhitzt und anschließend auf 20°C abgekühlt. Bei Molverhältnissen RbF:MnF_2 = 1 bis 1.75 liegen $RbMnF_3$ und Rb_2MnF_4 vor, bei höheren RbF-Gehalten nur Rb_2MnF_4 [1], s. auch [5].

Literatur:

[1] J. C. Cousseins (Rev. Chim. Minerale **1** [1964] 573/616, 582, 596). — [2] I. N. Belyaev, O. Ya. Revina (Zh. Neorgan. Khim **11** [1966] 1446/50; Russ. J. Inorg. Chem. **11** [1966] 772/4). — [3] I. N. Belyaev, O. Ya. Revina (Fiz. Khim. Analiz Solevykh Sistem Sb. **1962** 77/87 nach C. A. **60** [1964] 56). — [4] R. Navarro, J. J. Smit, L. J. De Jongh, W. J. Crama, D. J. W. Ijdo (Physica B + C **83** [1976] 97/116, 98). — [5] A. Chrétien, J. C. Cousseins (Compt. Rend. **259** [1964] 4696/9).

4.3.1.1.16 Rb_2MnF_4 (= 2RbF · MnF_2)

Rb_2MnF_4

Darstellung

Preparation

Die Verbindung bildet sich im System RbF-MnF_2, s. S. 152. — Sie wird durch 3stündiges Erhitzen eines stöchiometrischen RbF-MnF_2-Gemisches bei 650°C im Platintiegel in trockener Ar-Atmosphäre dargestellt [1], s. auch [2].

Einkristalle lassen sich wie bei der entsprechenden Kaliumverbindung (s. S. 104) aus einem stöchiometrischen RbF-MnF_2-Gemisch mit NH_4HF_2 als Schmelzlösung gewinnen [3]. NH_4HF_2 (etwa 5 Mol-% bezüglich RbF) entwickelt beim Erhitzen HF und verhindert dadurch die Oxidation. Dem Ausgangsgemisch kann überschüssiges MnF_2 (0.1 bis 1 Mol-%) zugesetzt werden [4]. Auch RbF kann als Schmelzlösung dienen, wenn man von einem RbF-MnF_2-Gemisch im Molverhältnis 4:1 ausgeht, auf 870°C erhitzt und dann langsam (in 120 h) auf 500°C abkühlt [5]. Einkristalle bis zu einer Größe von 1 cm^3 entstehen beim horizontalen Zonenschmelzen. Die Wachstumsrichtung ist $\perp c$ [6].

Kristallographische Eigenschaften

Crystallographic Properties

Rb_2MnF_4 kristallisiert tetragonal. Gitterkonstanten:

a in Å	c in Å	Temperatur in K	Material	Methode	Lit.
4.229(2)	13.888(2)	300	Einkristall	Röntgenbeugung	[5]
4.23 ± 0.02	13.92 ± 0.04	300	Einkristall	Röntgenbeugung	[3]
4.2295(18)	13.8883(14)	295	Einkristall	Röntgenbeugung	[4]
4.249	13.92	300	Pulver	Röntgenbeugung	[1,2]
4.2124(14)	13.834(8)	4.2	Einkristall	Neutronenbeugung	[4]
4.20 ± 0.01	13.77 ± 0.04	4.2	Einkristall	Neutronenbeugung	[6]

Tabelle der d-Werte s. [1]. Z = 2 [1, 2]. Raumgruppe I4/mmm-D_{4h}^{17} (Nr. 139) [4]. Rb_2MnF_4 ist wie K_2MnF_4 isotyp mit K_2NiF_4 (s. „Nickel" B 3, S. 1032), es besitzt also ein perowskitähnliches Schichtengitter [1, 3, 4], s. Fig. 34, S. 105. Der Abstand zwischen Mn und F(2) in der Schichtebene beträgt 2.1148(9) Å bei 295 K und 2.1062(7) Å bei 4.2 K [5].

Mechanische und thermische Eigenschaften

Mechanical and Thermal Properties

Pyknometrische Dichte D = 3.95 g/cm^3 bei 20°C (bezogen auf H_2O von 20°C) [1], Röntgendichte 3.987 g/cm^3 [10] nach [2].

Rb_2MnF_4 schmilzt inkongruent unter Zersetzung bei 796°C [7].

Der Kernanteil von ^{55}Mn der molaren Wärmekapazität vom Schottky-Typ wird bei Temperaturen unter 1 K zu $C_nT^2 = 23.6 \pm 0.6$ mJ · K · mol^{-1} gemessen und unter Berücksichtigung der magnetischen Wechselwirkung zwischen dem Mn-Spin und F(1)-Ionen (d. h. F^- mit nur einem Mn-Nachbaratom) auf $C_nT^2 = 23.4$ mJ · K · mol^{-1} korrigiert [3].

Magnetic Properties of Rb_2MnF_4

Magnetische Eigenschaften

Die Suszeptibilität χ verhält sich ähnlich wie die von K_2MnF_4 (s. Fig. 35, S. 107), zeigt jedoch senkrecht zur c-Achse eine kleine, nicht zu erklärende Diskontinuität bei etwa 45 K. Anstelle der theoretisch zu erwartenden Differenz der Molsuszeptibilität bei gewöhnlicher Temperatur $\chi_\perp - \chi_\parallel \approx 0.37 \times 10^{-4}$ cm³/mol wird der Wert $(0.45 \pm 0.1) \times 10^{-4}$ cm³/mol erhalten [3], s. auch [8].

Mittels Neutronenstreuung werden zwei deutlich zu unterscheidende Phasen festgestellt, die beide innerhalb der Ebenen die gleiche antiferromagnetische Ordnung, jedoch unterschiedliche Anordnung in der Stapelung der Spins zwischen den Ebenen aufweisen. Beide Phasen sind energetisch nahezu gleichwertig und haben die gleiche Néel-Temperatur $T_N = 38.4$ K [6]. $T_N = 38.5 \pm 1$ K ergibt sich aus Messungen der Suszeptibilität; die Bestimmung des Austauschparameters nach verschiedenen Methoden (s. S. 107) ergibt als zuverlässigsten Wert $J/k = -3.34$ K [3], s. auch [8]. $J/k = -3.76$ K nach einer Reihenentwicklung für 50 bis 100 K [9]; aus Messungen der NMR folgt $J/k = -3.69$ K für $T < 30$ K [10].

Die für die Temperaturabhängigkeit der Untergittermagnetisierung M aufgestellte Beziehung (s. S. 108) gilt im Bereich $3 \times 10^{-3} < 1 - T/T_N < 0.1$ mit $B = 1.02$, $T_N = 38.4$ K und $\beta = 0.18$ (für beide Phasen) [6]. In Analogie zu K_2MnF_4 wird die Temperaturabhängigkeit von M (Messungen der NMR zwischen 1.5 und 31 K) durch die Spinwellentheorie für $T \leqq T_N/2$ beschrieben [11]. Die von Breed [3] bei 4.2 K untersuchte Untergittermagnetisierung in Abhängigkeit vom Magnetfeld ist in Fig. 37, S. 109, dargestellt.

Im Spinwellenspektrum ergibt sich die Energielücke bei $q = 0$ (s. S. 110) aus Messungen der AFMR nach Extrapolation auf $T = 0$ K zu $E_0 = 7.28 \pm 0.05$ K [12], aus der Temperaturabhängigkeit der Untergittermagnetisierung zu $E_0 = 7.45 \pm 0.5$ K [10]. Zur Berechnung der Wellenzahlen im Bereich unterhalb 21 K s. Joshua, Deonarine [13]. Die Magnonenpaar-Energie wird auf 94 cm^{-1} abgeschätzt [14].

Die Spinabweichung am Nullpunkt beträgt nach Walstedt u. a. [15] wie für K_2MnF_4 $\Delta S = 0.17 \pm 0.03$, während Colpa u. a. [5] aus kalorimetrischen Messungen unterhalb 1 K den Spin $\langle S \rangle = 2.38$, also $\Delta S = 0.12$ ableiten; vgl. auch De Wijn u. a. [11]. Eine Korrektur der linearen Spinwellentheorie für ΔS s. bei Stinchcombe [16].

Die Temperaturabhängigkeit der Feldstärke, bei der antiferromagnetische Resonanz (24 GHz) auftritt, ist in Fig. 39, S. 111, dargestellt. Zwischen 1.5 und 34 K nimmt die Linienbreite von etwa 0.9 auf 12.9 kOe zu [12].

Bei der Untersuchung der kernmagnetischen Resonanz (NMR) von ^{19}F finden De Wijn u. a. [10] im antiferromagnetischen Bereich ohne äußeres Feld die in Fig. 40, S. 112, dargestellte Temperaturabhängigkeit der Resonanzfrequenz $\nu_0(T)$ für F(1); Extrapolation auf $T = 0$ ergibt $\nu_0(0) = 143.996 \pm 0.004$ MHz. Die Spin-Gitter-Relaxationszeit $T_1 \approx 10$ s bei 1.5 K ist vermutlich durch Verunreinigungen bedingt. Eine inhomogene Linienverbreiterung (50 bis 100 kHz bei höheren Temperaturen) beruht auf einer Ersetzung von etwa 1% Rb durch K [10].

Die ^{55}Mn-NMR wird mittels Elektronen-Kern-Doppelresonanz bei 1.45 K und $H_0 = 46.1$ kOe beobachtet (Näheres sowie Bezeichnungen s. S. 113). Die gemessenen Frequenzen lauten $\nu_+ = 685.7 \pm 0.3$, $\nu_- = 591.8 \pm 0.3$ MHz, die Linienbreite beträgt $\Delta\nu = 5.5$ bzw. 5.4 MHz. Die unverschobenen Frequenzen sind 688.6 bzw. 593.8 MHz mit einem auf 0 K extrapolierten Mittelwert von 642.4 ± 1.0 MHz $(= |A| \cdot c \cdot \langle S \rangle)$ [11,15]. $|A| \cdot \langle S \rangle = (214.3 \pm 0.3) \times 10^{-4}$ cm^{-1} bei

Colpa u. a. [5], die aus eigenen Messungen der Wärmekapazität $(216 \pm 2) \times 10^{-4}$ cm^{-1} ableiten. Die für K_2MnF_4 ermittelte Kopplungskonstante $A = -91.9 \times 10^{-4}$ cm^{-1} sollte auch für Rb_2MnF_4 gelten [4] (s. auch [20]), somit auch A · c (−275.5 MHz ± 1%) [11,15].

Die Breite der Resonanzlinie bei der paramagnetischen Resonanz hängt ebenso von der Temperatur ab wie bei K_2MnF_4; die 3 Parameter in der empirischen Formel haben dieselben Werte [17]. Somit kann die Relaxation auch mit demselben Modell [18] gedeutet werden.

Chemisches Verhalten

Chemical Reactions

Rb_2MnF_4 zersetzt sich peritektisch bei 796°C [1]. — Durch H_2O von 20°C wird es zu $RbMnF_3$ und RbF zersetzt; die Zersetzungsreaktion verläuft schneller als bei K_2MnF_4, aber langsamer als bei Cs_2MnF_4. Mit HF-Gas entsteht bei 150°C vollständig $RbMnF_3$ und $RbHF_2$. Mit MnF_2 bildet sich bei höheren Temperaturen $RbMnF_3$. — Rb_2MnF_4 ist in Methanol praktisch unlöslich [1, 2].

Literatur:

[1] J. C. Cousseins (Rev. Chim. Minerale **1** [1964] 573/616, 582, 600, 608). — [2] A. Chrétien, J. C. Cousseins (Compt. Rend. **259** [1964] 4696/9). — [3] D. J. Breed (Physica **37** [1968] 35/46, 36, 42). — [4] A. H. M. Schrama (Physica **68** [1973] 279/302, 282, 284). — [5] J. H. P. Colpa, E. G. Sieverts, R. H. van der Linde (Physica **51** [1971] 573/87, 575, 579, 581, 584).

[6] R. J. Birgeneau, H. J. Guggenheim, G. Shirane (Phys. Rev. [3] B **1** [1970] 2211/30, 2213, 2220). — [7] I. N. Belyaev, O. Ya. Revina (Zh. Neorgan. Khim. **11** [1966] 1446/50; Russ. J. Inorg. Chem. **11** [1966] 772/4). — [8] G. de Vries, D. J. Breed, E. P. Maarschall, A. R. Miedema (J. Appl. Phys. **39** [1968] 1207/8). — [9] L. J. de Jongh, A. R. Miedema (Advan. Phys. **23** [1974] 1/260, 100), L. J. de Jongh (AIP [Am. Inst. Phys.] Conf. Proc. Nr. 10 [1972] 561/5). — [10] H. W. De Wijn, L. R. Walker, R. E. Walstedt (Phys. Rev. [3] B **8** [1973] 285/99, 294).

[11] H. W. De Wijn, R. E. Walstedt, L. R. Walker, H. J. Guggenheim (J. Appl. Phys. **42** [1971] 1595/601). — [12] H. W. De Wijn, L. R. Walker, S. Geschwind, H. J. Guggenheim (Phys. Rev. [3] B **8** [1973] 299/303). — [13] S. J. Joshua, S. Deonarine (Phys. Status Solidi A **25** [1974] K125/K127). — [14] N. Suzuki, H. Kamimura (Solid State Commun. **8** [1970] 149/51). — [15] R. E. Walstedt, H. W. De Wijn, H. J. Guggenheim (Phys. Rev. Letters **25** [1970] 1119/22).

[16] R. B. Stinchcombe (J. Phys. C **4** [1971] L79/L81). — [17] H. W. De Wijn, L. R. Walker, J. L. Davis, H. J. Guggenheim (Solid State Commun. **11** [1972] 803/5). — [18] D. L. Huber, M. S. Seehra (Phys. Letters A **43** [1973] 311/2). — [19] J. D. H. Donnay, H. M. Ondik (Crystal Data, Determinative Tables, 3. Aufl., Bd. 2, Inorganic Compounds, Washington, D. C., 1973, S. T-172). — [20] A. H. M. Schrama (J. Magn. Resonance **6** [1972] 432/7).

4.3.1.1.17 $Rb_3Mn_2F_7$ (= 3 RbF · 2 MnF_2)

$Rb_3Mn_2F_7$

Pulverförmiges $Rb_3Mn_2F_7$ wird aus einem stöchiometrischen Gemisch von RbF und MnF_2 erhalten, das zwei Wochen bei 700°C in verschlossenen Goldampullen, die sich in Quarzampullen befinden, erhitzt wird.

Nach Röntgen-Pulverdiagrammen ist die Verbindung tetragonal, Gitterkonstanten a = 4.222(4), c = 22.26(2) Å. Sie ist isotyp mit $K_3Mn_2F_7$, s. S. 115.

Die Temperaturabhängigkeit der Suszeptibilität zeigt zwischen 4 und 260 K ein breites Maximum bei 75 ± 5 K, wie es für antiferromagnetische Systeme kleinerer Dimensionen charakteristisch ist. Die Néel-Temperatur liegt bei 50 bis 60 K. Die magnetische Struktur besteht wie bei $K_3Mn_2F_7$ aus antiferromagnetischen Doppelschichten, die durch zwei nichtmagnetische Schichten aus Rb und F getrennt sind (s. Fig. 34, S. 105). Der Vergleich von Suszeptibilitätsmessungen und theoretischen Überlegungen zeigt, daß das magnetische Verhalten von $Rb_3Mn_2F_7$ dem Heisenberg-Modell eines Doppelschicht-Antiferromagneten mit S = 5/2 entspricht. Unter Zugrundelegung dieses Modells ergibt sich der Austauschparameter J/k = −3.56(20) K. Für das Spin-Flop-Feld wird H_{SF} = 42.6 ± 0.6 kOe bei

$Rb_3Mn_2F_7$

T ≈ 1.3 K erhalten, für das Anisotropiefeld $H_A = 1.37 \pm 0.26$ kOe. Das Austauschfeld ergibt sich aus dem Austauschparameter zu $H_E = 663 \pm 40$ kOe, R. Navarro, J. J. Smit, L. J. de Jongh, W. J. Crama, D. J. W. Ijdo (Physica B + C **83** [1976] 97/116, 98/9, 100, 104, 108).

$RbMnF_3$

4.3.1.1.18 $RbMnF_3$

Preparation

4.3.1.1.18.1 Darstellung

Feinkristallines, rosafarbiges $RbMnF_3$ fällt aus, wenn eine etwa 40%ige wäßrige RbF-Lösung bei Raumtemperatur langsam mit einer $MnCl_2$-Lösung versetzt wird (Atomverhältnis Rb:Mn = 4:1) [1]. Die Verbindung entsteht ferner durch Umsetzung von Rb_2CO_3 und $MnCO_3$ mit Flußsäure; diese Methode ist bei $KMnF_3$ (s. S. 116) näher beschrieben [2]. Man kann auch ein stöchiometrisches Gemisch von RbF und $MnCO_3$ mit Flußsäure versetzen und die Mischung zur Vervollständigung der Reaktion 12 h rühren. Man wäscht mit Aceton und trocknet im Vakuum bei etwa 70°C [3]. — Auch aus Methanollösung läßt sich die Verbindung durch die Reaktion von $MnBr_2$ mit RbF ausfällen [4].

Auf trockenem Wege entsteht $RbMnF_3$ durch zweistündiges Erhitzen eines äquimolaren RbF-MnF_2-Gemisches bei 600°C in trockener Ar-Atmosphäre [5]; andere Autoren erhitzen auf 1100°C [6]. Zur Darstellung besonders reiner Kristalle aus RbF und MnF_2 verfährt man analog wie bei $KMnF_3$ auf S. 116 angegeben [7].

Die Darstellung von Einkristallen erfolgt nach der Czochralski-Methode [3, 7] in einer Atmosphäre von reinem Ar [3]. Einzelheiten s. bei $KMnF_3$ [7]. Um eine hohe Reinheit zu erzielen, muß die Methode mehrfach angewandt werden. Die Konzentration der meisten Elemente kann dadurch unter 10 ppm gesenkt werden, lediglich Co (oder auch Cs, Ni, Fe) kann Gehalte von 10 bis 100 ppm aufweisen, was sich besonders bei der Wärmeleitfähigkeit (s. S. 163) und anderen physikalischen Eigenschaften bemerkbar macht [8]. — Einkristalle bilden sich auch aus einer stöchiometrischen RbF-MnF_2-Schmelze, die auf 1000°C erhitzt und dann langsam (10 bis 20 grd/h) auf 700°C abgekühlt wird [9]. — Durch Gelzüchtung aus $MnCl_2$- und RbF-Lösung werden bei 18°C nur sehr kleine Einkristalle (0.2 mm Kantenlänge) erhalten [10].

Literatur:

[1] R. Hoppe, W. Liebe, W. Dähne (Z. Anorg. Allgem. Chem. **307** [1961] 276/89, 279). — [2] P. O. Henk, D. Gabbe, K. Bangerskis laut Plovnick, Camobreco [7]. — [3] A. Smakula (AD 663734 [1967] 1/128, 25; C. A. **69** [1968] Nr. 110874). — [4] D. S. Crocket, H. M. Haendler (J. Am. Chem. Soc. **82** [1960] 4158/62). — [5] J. C. Cousseins (Rev. Chim. Minerale **1** [1964] 573/616, 582).

[6] H. E. Swanson, H. F. McMurdie, M. C. Morris, E. H. Evans (Natl. Bur. Std. [U. S.] Monograph Nr. 25, Tl. 5 [1967] 1/90, 44). — [7] R. H. Plovnick, S. J. Camobreco (Mater. Res. Bull. **7** [1972] 573/82, 575). — [8] J. B. Hartmann (Phys. Rev. [3] B **15** [1977] 273/80, 276). — [9] J. H. P. Colpa, E. G. Sieverts, R. H. van der Linde (Physica **51** [1971] 573/87, 579). — [10] R. Leckebusch (J. Cryst. Growth **23** [1974] 74/6).

Crystallographic Properties

4.3.1.1.18.2 Kristallographische Eigenschaften

Struktur

Crystal Structure

Die über Gelzüchtung (s. oben) gewonnenen Einkristalle zeigen die Formen {100} und {110} [1].

Wie Röntgen-Pulverdiagramme [2 bis 6] und Messungen der Neutronenbeugung [7] zeigen, kristallisiert $RbMnF_3$ wie $KMnF_3$ (s. S. 121) in der kubischen Perowskit-Struktur. Eine Veränderung der kubischen Symmetrie ist nach Röntgenmessungen an Einkristallen bis 20 K nicht zu bemerken [8], s. auch [7, 9]. Das Toleranzverhältnis nach Goldschmidt von t = 1 läßt für $RbMnF_3$ eine hohe Stabilität des kubischen Gitters erwarten [2, 8].

Die Gitterkonstante ergibt sich aus Röntgenmessungen zu a = 4.2396 ± 0.0002 [10], 4.2399 ± 0.0004 bei 300 K [11], 4.2400 bei 25°C [12], 4.243 [2, 3], 4.249 [5] und 4.250 Å [4]. Aus der Neutronenbeugung folgt a = 4.236(1) Å bei 300 K [9]. — d-Werte s. [12, 13].

Mit abnehmender Temperatur fällt $\Delta a/a$ von 0 bei 298 K nichtlinear auf 3×10^{-3} bei 20 K [8]. Bei 4.2 K ist a = 4.222(1) Å (Neutronenbeugung) [9].

Ätzversuche wie bei $KMnF_3$ auf (100)-Spaltflächen ergeben eine Versetzungsdichte von 5×10^5 bis 1×10^6 cm^{-2} [14, 15].

Literatur:

[1] R. Leckebusch (J. Cryst. Growth **23** [1974] 74/6). — [2] Yu. P. Simanov, L. R. Batsanova, L. M. Kovba (Zh. Neorgan. Khim. **2** [1957] 2410/5; Russ. J. Inorg. Chem. **2** Nr. 10 [1957] 207/15). — [3] D. S. Crocket, H. M. Haendler (J. Am. Chem. Soc. **82** [1960] 4158/62). — [4] R. Hoppe, W. Liebe, W. Dähne (Z. Anorg. Allgem. Chem. **307** [1961] 276/89, 279). — [5] J. C. Cousseins (Rev. Chim. Minerale **1** [1964] 573/616, 582).

[6] A. Chrétien, J. C. Cousseins (Compt. Rend. **259** [1964] 4696/9). — [7] S. J. Pickart, H. A. Alperin, R. Nathans (J. Phys. [Paris] **25** [1964] 565/6). — [8] D. T. Teaney, V. L. Moruzzi, B. E. Argyle (J. Appl. Phys. **37** [1966] 1122/3). — [9] B. O. Loopstra, B. van Laar, D. J. Breed laut J. H. P. Colpa, E. G. Sieverts, R. H. van der Linde (Physica **51** [1971] 573/87, 575). — [10] Windsor, Wilson 1965, unveröffentlichte Mitteilung bei M. B. Walker, R. W. H. Stevenson (Proc. Phys. Soc. [London] **87** [1966] 35/43, 35).

[11] D. E. Eastman, M. W. Shafer (J. Appl. Phys. **38** [1967] 1274/6). — [12] H. E. Swanson, H. F. McMurdie, M. C. Morris, E. H. Evans (Natl. Bur. Std. [U. S.] Monograph Nr. 25, Tl. 5 [1967] 1/90, 44). — [13] I. N. Belyaev, O. Ya. Revina (Zh. Neorgan. Khim. **13** [1968] 2800/3; Russ. J. Inorg. Chem. **13** [1968] 1441/3). — [14] R. H. Plovnick, S. J. Camobreco (Mater. Res. Bull. **7** [1972] 573/82, 580). — [15] J. B. Hartmann (Phys. Rev. [3] B **15** [1977] 273/80, 276).

Gitterschwingungen

Lattice Vibrations

Wie in kubischem $KMnF_3$ (s. S. 124) sind in $RbMnF_3$ im Zentrum der Brillouin-Zone fünf dreifach entartete Schwingungen möglich, von denen drei optisch aktiv sind, s. Nakagawa u. a. [1].

Für die Wellenzahlen ν der transversalen und longitudinalen Gitterschwingungen werden bei verschiedenen Temperaturen T folgende Werte (in cm^{-1}) erhalten:

T in K	ν_1(TO)	ν_2(TO)	ν_3(TO)	ν_1(LO)	ν_2(LO)	ν_3(LO)	Lit.
300	113	197	369	124	273	452	[2]
300	114	198	372	124	272	435	[3]
300	112	192	373	124	271	456	[4]
300	118	215	385	—	—	—	[5]
120	118	219	403	—	—	—	[5]
85	111	194	396	126	267	469	[3]

Aus den Wellenzahlen von Kombinationsschwingungen, bei 85 K teils in Absorption, teils in Reflexion beobachtet, ergeben sich an der Kante der Brillouin-Zone nicht nur die Wellenzahlen der optisch aktiven Schwingungen (109, 193, 386 sowie 120, 224, 434 cm^{-1}), sondern auch diejenigen der optisch inaktiven Schwingung ν_4 (311 cm^{-1}) und der akustischen Schwingungen (80, 90 cm^{-1}) [3]. Bei der Untersuchung der Neutronenstreuung wird nur die Energie des ersten TO-Phonons (13.8 meV ≙ 111.32 cm^{-1}) beobachtet [6]. Auch die Analyse der Feinstruktur der UV-Banden ergibt nur einige ausgewählte Schwingungsfrequenzen. So gelangen Stokowski u. a. [7] bei 2 K zu den Wellenzahlen 90, 95 und 99 cm^{-1}. Dieselben drei Linien (92, 97, 101 cm^{-1}) finden auch Srivasta-

Lattice Vibrations of $RbMnF_3$

va und Stevenson [8] bei 4.2 K, daneben eine Linie mit 90 cm^{-1} Abstand vom Excitonenmaximum (18378 cm^{-1}), die durch Phononen-Magnonen-Kopplung zustande kommen könnte. Bei früheren Messungen in der Nähe von 390 nm (25.6 cm^{-1}) zwischen 4.2 und 77 K werden außer ν_1(TO) = 100 cm^{-1} die Wellenzahlen der optisch inaktiven Schwingung (ν_4 = 317 cm^{-1}) und der akustischen Schwingungen ν(TA) = 64, ν(LA) = 84 cm^{-1} erhalten [9].

Die Kraftkonstanten berechnet Nakagawa [4] so, daß die Wellenzahlen der sechs optisch aktiven Schwingungen zutreffend abgeleitet werden können; Werte in N/cm: K(Mn−F) = 0.782 ± 0.013, H(F-Mn-F) = 0.044 ± 0.010, F(F···F) = 0.04, f_1(Rb···F) = 0.107 ± 0.013, f_2(Rb···Mn) = 0.00. Zum Potential, das die Kräfte zwischen den verschiedenen Atomen bestimmt, s. Nakagawa [10]. Aus den in Absorption beobachteten Wellenzahlen allein berechnen Lane u. a. [5] K = 0.538, H = 0.053, F = 0.055, f_1 = 0.098, f_2 = 0.034. Zur Berechnung von Kraftkonstanten für Rb-F und Mn-F aus elastischen Konstanten und Gitterparametern nach einem einfachen Modell s. Rousseau u. a. [11].

Literatur:

[1] I. Nakagawa, A. Tsuchida, T. Shimanouchi (J. Chem. Phys. **47** [1967] 982/9). — [2] J. D. Axe, G. D. Pettit (Phys. Rev. [2] **157** [1967] 435/7). — [3] C. H. Perry, E. F. Young (J. Appl. Phys. **38** [1967] 4616/24, 4620). — [4] I. Nakagawa (Spectrochim. Acta A **29** [1973] 1451/61). — [5] A. P. Lane, D. W. A. Sharp, J. M. Barraclough, D. H. Brown, D. A. Paterson (J. Chem. Soc. A **1971** 94/100, 96).

[6] J. Harada, J. D. Axe, G. Shirane (Acta Cryst. A **26** [1970] 608/12). — [7] S. E. Stokowski, D. D. Sell, H. J. Guggenheim (Phys. Rev. [3] B **4** [1971] 3141/52, 3149). — [8] V. C. Srivastava, R. Stevenson (Solid State Commun. **13** [1973] 873/6). — [9] V. C. Srivastava, R. Stevenson (Solid State Commun. **11** [1972] 41/6). — [10] I. Nakagawa (Can. J. Spectrosc. **18** [1973] 1/6).

[11] M. Rousseau, J. Nouet, A. Zarembowitch (J. Phys. Chem. Solids **35** [1974] 921/6).

Mechanical and Thermal Properties

4.3.1.1.18.3 Mechanische und thermische Eigenschaften

Density. Thermal Expansion

Dichte D in g/cm^3, **thermische Ausdehnung**

Für Einkristalle ergibt sich aus der bei 25°C gemessenen Gitterkonstanten D = 4.29795; experimenteller Wert: D = 4.29781 [1]. An einer polykristallinen Probe wurde pyknometrisch D = 4.24 gefunden; die Röntgendichte ergab sich zu 4.27 [2], außerdem wird $D_{rö}$ = 4.300 bei 25°C bestimmt [7].

Der Ausdehnungskoeffizient weist nach Messungen zwischen 70 und 110 K nur eine schwache Unstetigkeit bei der Néel-Temperatur T_N (s. S. 164) auf [3]. Wegen der Kristallanisotropie ist diese Unstetigkeit nicht symmetrisch [4]. In unmittelbarer Nähe von T_N kann der magnetische Anteil der Ausdehnung getrennt bestimmt werden; Einzelheiten s. bei Golding [5]. Die Längenänderung einer Probe wurde in der Nähe von T_N teils ohne äußeres Feld, teils in Feldern bis zu 180 kOe von Shapira und Becerra [6] gemessen, um die Abhängigkeit der Néel-Temperatur von der Feldstärke (s. S. 165) zu bestimmen.

Literatur:

[1] A. Smakula (AD 663734 [1967] 128 S.; C. A. **69** [1968] Nr. 110874). — [2] R. Hoppe, W. Liebe, W. Dähne (Z. Anorg. Allgem. Chem. **307** [1961] 276/89). — [3] D. T. Teaney, V. L. Moruzzi, B. E. Argyle (J. Appl. Phys. **37** [1966] 1122/3). — [4] B. Golding (Phys. Rev. Letters **27** [1971] 1142/5). — [5] B. Golding (J. Appl. Phys. **42** [1971] 1381/2).

[6] Y. Shapira, C. C. Becerra (Phys. Rev. Letters **38** [1977] 358/61). — [7] H. E. Swanson, H. F. McMurdie, M. C. Morris, E. H. Evans (Natl. Bur. Std. [U. S.] Monograph Nr. 25, Tl. 5 [1967] 1/90, 44).

Elastische Moduln c_{ik} in 10^{11} dyn/cm², Kompressibilität $\varkappa$.

Aus den bei 300 K gemessenen Geschwindigkeiten von Schallwellen in verschiedenen Ausbreitungsrichtungen ergeben sich die Moduln $c_{11} = 11.74 \pm 0.02$, $c_{12} = 4.22 \pm 0.04$, $c_{44} = 3.193 \pm 0.008$; hieraus wird $1/\varkappa = (c_{11} + 2c_{12})/3 = (6.75 \pm 0.02) \times 10^{11}$ dyn/cm² berechnet [1]. Ältere, abweichende Moduln s. bei Eastman [2]. Direkte Messungen bei Drücken bis 10000 atm führen zu $\varkappa = 8.7 \times 10^{-6}$ atm^{-1} bei 300 K, 4.6×10^{-6} atm^{-1} bei 80 K und 3.6×10^{-6} atm^{-1} bei 4.2 K [3]. — Aus der Lichtstreuung an Schallwellen werden, ebenfalls bei Raumtemperatur, die Moduln $c_{11} = 11.65$, $c_{12} = 4.22$, $c_{44} = 3.2$ abgeleitet [4].

Die Temperaturabhängigkeit von c_{11} und c_{44} ist in **Fig. 61** dargestellt; bei 4.2 K werden die Werte $c_{11} = 12.66 \pm 0.02$, $c_{12} = 4.22 \pm 0.04$, $c_{44} = 3.281 \pm 0.008$ erreicht, aus denen $1/\varkappa = (7.01 \pm 0.02) \times 10^{11}$ dyn/cm² folgt. Extrapolation auf T = 0 führt zu $c_{11} = 13.07$, $c_{44} = 3.278$, $1/\varkappa = 7.55 \times 10^{11}$ dyn/cm² [1].

Fig. 61

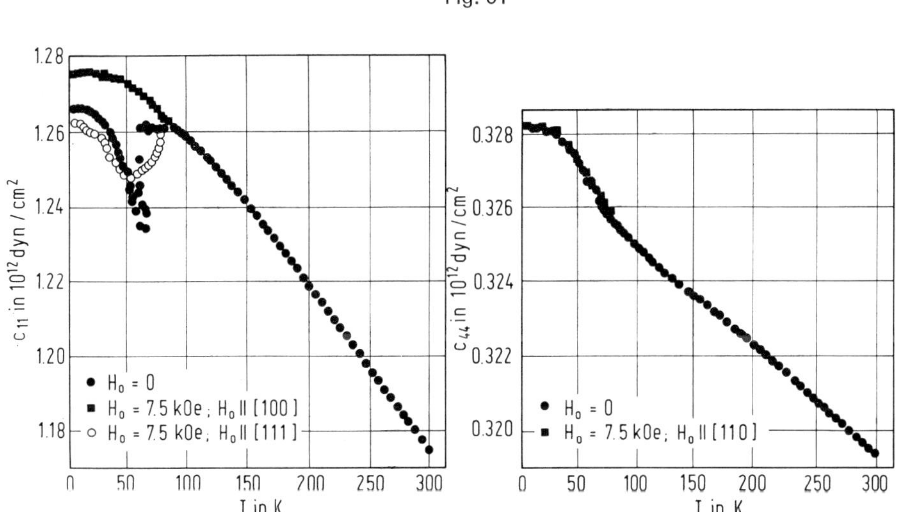

Temperaturabhängigkeit der elastischen Konstanten c_{11} und c_{44} von $RbMnF_3$.

Die Veränderung der c_{ik} bei Anlegen von verschieden orientierten Magnetfeldern ist bei 4.2 K eingehend untersucht worden; die Abhängigkeit von der Feldstärke ist in **Fig. 62**, S. 160, dargestellt. Zwei Teildiagramme gelten für Longitudinalwellen, das rechte für Transversalwellen, wobei die mechanische Spannung e ll [001] gerichtet ist. Ferner wurde die Temperaturabhängigkeit des Moduls c_{11} zwischen 4.2 und 80 K bestimmt [5].

Von den elastischen Konstanten 3. Ordnung sind nach Birch [6] sechs voneinander unabhängig. Messungen bei Raumtemperatur ergeben (in 10^{12} dyn/cm²) $c_{111} = -18.4$, $c_{112} = -2.4$, $c_{123} = 0.4$, $c_{144} = -0.6$, $c_{155} = -1.8$, $c_{456} = -0.5$ [7]. Nach dem Born-Modell berechnete Konstanten stimmen mit den Meßwerten befriedigend überein [8].

Elasticity of $RbMnF_3$

Fig. 62

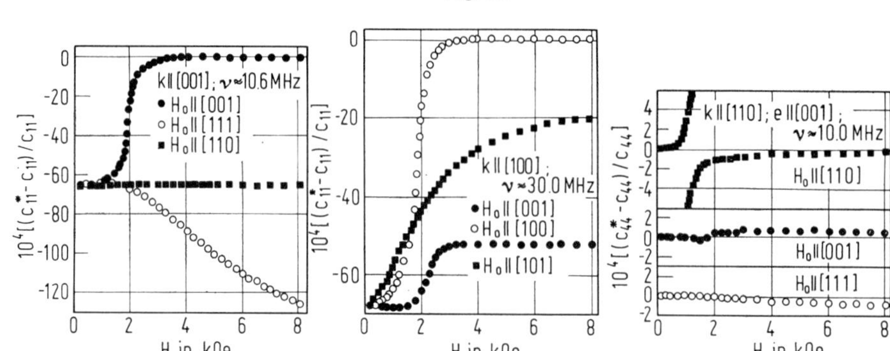

Die durch die magnetische Wechselwirkung bedingte Änderung der elastischen Moduln c_{11} und c_{44} von $RbMnF_3$ in Abhängigkeit von verschieden orientierten Magnetfeldern bei 4.2 K; c_{11}^* und c_{44}^* sind die gemessenen Größen, c_{11} und c_{44} die fiktiven Moduln, die ohne magnetische Wechselwirkung gelten würden.

Literatur:

[1] R. L. Melcher, D. I. Bolef (Phys. Rev. [2] **178** [1969] 864/73). — [2] D. E. Eastman (Phys. Rev. [2] **156** [1967] 645/54). — [3] R. Stevenson (Can. J. Phys. **44** [1966] 281/3). — [4] Yu. A. Popkov, V. I. Fomin, L. T. Kharchenko (Fiz. Tverd. Tela **13** [1971] 1626/30; Soviet Phys.-Solid State **13** [1971] 1360/4). — [5] R. L. Melcher, D. I. Bolef (Phys. Rev. [2] **186** [1969] 491/506).

[6] F. Birch (Phys. Rev. [2] **71** [1947] 809/24). — [7] E. R. Naimon, A. V. Granato (Phys. Rev. [3] B **7** [1973] 2091/4). — [8] E. R. Naimon (Phys. Rev. [3] B **9** [1974] 737/40).

Propagation of Sound

Schallausbreitung

Schallgeschwindigkeit v in km/s, Schallabsorptionskoeffizient α.

Bei gewöhnlicher Temperatur ist v entweder direkt [1, 2] oder durch Lichtstreuung an Ultraschallwellen [3] zwecks Bestimmung der elastischen Moduln (s. S. 159) gemessen worden. Zwischen 10 und 10^4 MHz hängt v kaum von der Frequenz ab [3].

Der Verlauf von v und α bei abnehmender Temperatur ist für Schallwellen in [111]-Richtung in **Fig. 63** dargestellt; wie bei MnF_2 (s. S. 19) hat v ein Minimum, α ein Maximum bei der Néel-Temperatur T_N. Ein zweites Maximum von α liegt um etwa 4 K unterhalb T_N [4]. In unmittelbarer Nähe von T_N werden v und α an 2 Einkristallen in [100]- und in [111]-Richtung eingehend untersucht; die Temperatur, bei der das Minimum von v und das Maximum von α auftritt, nimmt mit steigender Frequenz (30 bis 150 MHz bzw. 70 bis 395 MHz) um einige mK ab. Der kritische Exponent der Dämpfung beträgt $\eta \approx 0.25$. Wie bei MnF_2 wird die Schallausbreitung durch Kopplung der Phononen mit Fluktuationen der Spinenergiedichte (nicht der Spins selbst) bestimmt [4]; vgl. hierzu auch Lüthi u. a. [5] und Gorodetsky u. a. [6]. Frühere Messungen bei 110 und 150 MHz in [001]-Richtung ergaben $\eta \approx 0.32$ [9]. — Der Einfluß von Magnetfeldern auf v und α wurde zunächst von Melcher u. a. [7] bei 4.2 und 50 K im Feldstärkebereich bis 5.5 kOe untersucht. Ausführlichere, durch eingehende theoretische Erörterungen begründete Messungen [8] hatten die Bestimmung der elastischen Moduln in Feldern bis 8 kOe und der Temperaturabhängigkeit von c_{11} bis 80 K zum Ziel. Bei 4.2 und 77.4 K wurde auch der Einfluß des Winkels zwischen Magnetfeld und der Schallausbreitungsrichtung auf α gemessen. Daraus abgeleitete magnetoelastische Kopplungsparameter s. S. 169.

Die Temperaturabhängigkeit von α wird für den Bereich in der Nähe von T_N von Itoh [11] berechnet. Für den Bereich oberhalb T_N berechnet Schwabl [12] die Ultraschalldämpfung in Kristallen mit Perowskit-Struktur (gibt explizite Daten jedoch nur für $SrTiO_3$ an).

Fig. 63

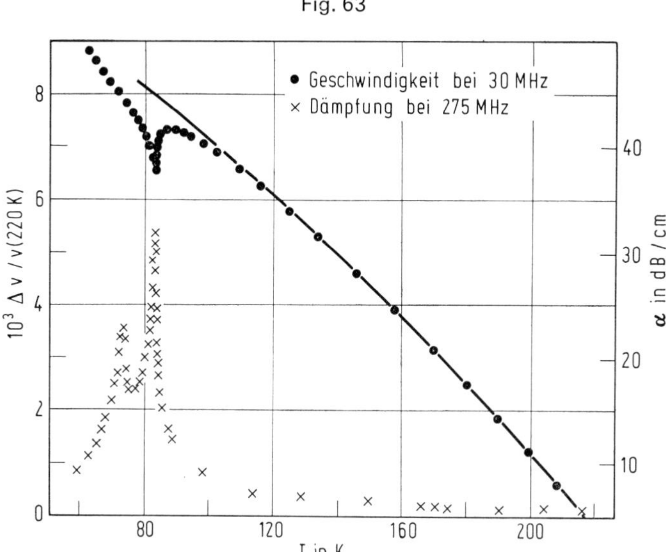

Temperaturabhängigkeit der Schallgeschwindigkeit v und der Schalldämpfung α in [111]-Richtung bei $RbMnF_3$.

Fig. 64

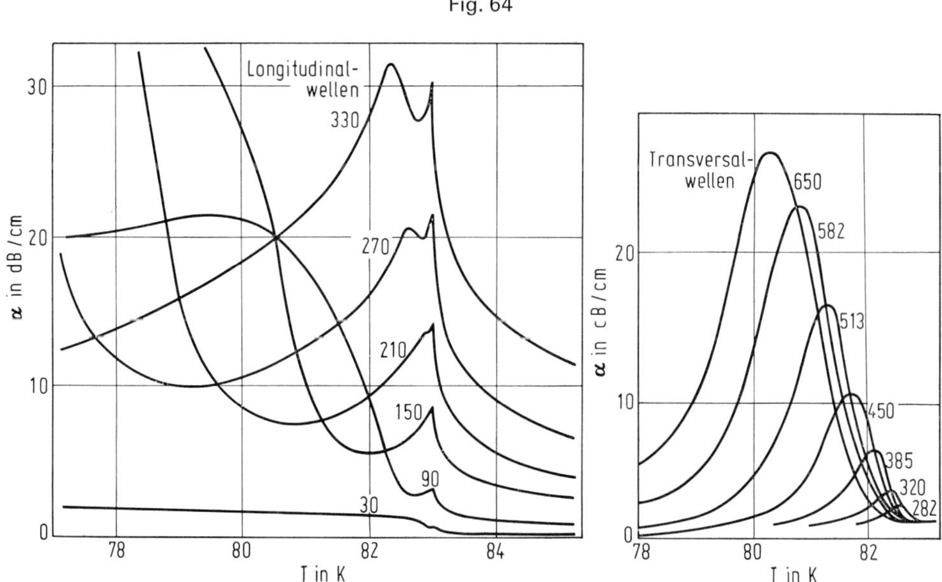

Dämpfung α von Ultraschall verschiedener Frequenzen (in MHz) in [001]-Richtung im Bereich der Néel-Temperatur (T_N = 82 K) bei $RbMnF_3$.

Das unterhalb T_N auftretende Absorptionsmaximum wird von Jimbo und Elbaum [10] nicht nur mit Longitudinalwellen (30 bis 510 MHz), sondern auch mit Transversalwellen (90 bis 700 MHz) untersucht. Wie **Fig. 64** zeigt, wird das Maximum für Longitudinalwellen mit steigender Frequenz

Propagation of Sound in $RbMnF_3$

deutlicher; außerdem verschiebt es sich zu tieferen Temperaturen. Diese Verschiebung ist bei Transversalwellen (die kein Absorptionsmaximum bei T_N aufweisen) noch stärker ausgeprägt. Diese Befunde und der Einfluß von verschieden orientierten Magnetfeldern (bis 3 kOe) auf die Lage der Absorptionsmaxima lassen sich mit der Annahme deuten, daß diese durch antiferromagnetische Resonanz zustande kommen [10].

Literatur:

[1] D. E. Eastman (Phys. Rev. [2] **156** [1967] 645/54). — [2] R. L. Melcher, D. I. Bolef (Phys. Rev. [2] **178** [1969] 864/73). — [3] Yu. A. Popkov, V. I. Fomin, L. T. Kharchenko (Fiz. Tverd. Tela **13** [1971] 1626/30; Soviet Phys.-Solid State **13** [1971] 1360/4). — [4] T. J. Moran, B. Lüthi (Phys. Rev. [3] B **4** [1971] 122/32). — [5] B. Lüthi, T. J. Moran, R. J. Pollina (J. Phys. Chem. Solids **31** [1970] 1741/58).

[6] G. Gorodetsky, B. Lüthi, T. J. Moran (Intern. J. Magn. **1** [1971] 295/306). — [7] R. L. Melcher, D. I. Bolef, R. W. H. Stevenson (Solid State Commun. **5** [1967] 735/8). — [8] R. L. Melcher, D. I. Bolef (Phys. Rev. [2] **186** [1969] 491/506). — [9] B. Golding (Phys. Rev. Letters **20** [1968] 5/7), s. hierzu B. Lüthi, P. Papon, R. J. Pollina (J. Appl. Phys. **40** [1969] 1029/30). — [10] T. Jimbo, C. Elbaum (Phys. Rev. Letters **28** [1972] 1393/6).

[11] Y. Itoh (J. Phys. Soc. Japan **38** [1975] 336/44, **36** [1974] 1204). — [12] F. Schwabl (Phys. Rev. [3] B **7** [1973] 2038/46).

Melting Point

Schmelzpunkt t_f

$RbMnF_3$ schmilzt bei 947 ± 5°C [1]. Der früher angegebene Wert t_f = 986°C [2] dürfte möglicherweise an einer Probe gemessen worden sein, die Hydrolyseprodukte enthielt [1].

Literatur:

[1] S. V. Petrov, E. G. Ippolitov, P. P. Syrnikov (Izv. Akad. Nauk SSSR Ser. Fiz. **35** [1971] 1256/8; Bull. Acad. Sci. USSR Phys. Ser. **35** [1971] 1147/50). — [2] I. N. Belyaev, O. Ya. Revina (Zh. Neorgan. Khim. **11** [1966] 1446/50; Russ. J. Inorg. Chem. **11** [1966] 772/4).

Heat Capacity

Wärmekapazität C_p in $J \cdot mol^{-1} \cdot K^{-1}$

Unterhalb 1 K überwiegt der Kernanteil, so daß C_p proportional $1/T^2$ ist. Nach Colpa u. a. [1] ist $C_p \cdot T^2 = 26.3 \pm 0.3\ mJ \cdot K \cdot mol^{-1}$. Zwischen 1 und 4 K macht sich auch der zu T^3 proportionale Anteil (Phononen- und Spinwellenanteil) bemerkbar: $10^3\ C_p = 27.7\ T^{-2} + 0.334\ T^3$. Somit hat C_p ein Minimum (9×10^{-3}) bei etwa 2.2 K [2]. Neuere Messungen ergeben $C_p/R = (3.34 \pm 0.05) \times 10^{-3}\ T^{-2} + (39 \pm 2) \times 10^{-6}\ T^3$ und dieselbe Temperatur für das Minimum von C_p [3]. Der zu T^3 proportionale Anteil kann so aufgeteilt werden, daß der magnetische Anteil mit dem aus der Spinwellendispersion (s. S. 169) berechneten Verlauf übereinstimmt [4].

In der Nähe der Néel-Temperatur T_N ist C_p zunächst von Teaney u. a. [5] gemessen worden. Die Ergebnisse sind jedoch mit Meßdaten für den Ausdehnungskoeffizienten nicht gut vereinbar [6]. Durch neuere Messungen an zwei Proben zwischen 76 und 88 K konnte dagegen bestätigt werden, daß die kritischen Exponenten oberhalb und unterhalb T_N gleich sind: $\alpha = -0.14$. Das negative Vorzeichen besagt, daß C_p sich beim Durchgang durch T_N kontinuierlich ändert. In der Formel $C_p = (A/\alpha) \cdot (|t|^{-\alpha}-1) + B + Et$ mit $t = (T-T_N)/T_N$ hat auch E ober- und unterhalb T_N den gleichen Wert, während A unterhalb T_N kleiner und B größer als oberhalb T_N ist [7].

Literatur:

[1] J. H. P. Colpa, E. G. Sieverts, R. H. van der Linde (Physica **51** [1971] 573/87). — [2] H. Montgomery (Ann. Acad. Sci. Fennicae A VI Nr. 210 [1966] 214/7). — [3] A. J. Henderson, H. Meyer, H. J. Guggenheim (J. Phys. Chem. Solids **32** [1971] 1047/58). — [4] N. A. Begum, J. A. Reissland (Indian J. Pure Appl. Phys. **12** [1974] 420/2). — [5] D. T. Teaney, V. L. Moruzzi, B. E. Argyle (J. Appl. Phys. **37** [1966] 1122/3).

[6] B. Golding (J. Appl. Phys. **42** [1971] 1381/2). — [7] A. Kornblit, G. Ahlers (Phys. Rev. [3] B **8** [1973] 5163/74), A. Kornblit, G. Ahlers, E. Buehler (Phys. Letters A **43** [1973] 531/2).

Charakteristische Temperatur Θ_D Debye Temperature

Aus den elastischen Moduln bei 300 K (s. S. 159) wird $\Theta_D = 375.0 \pm 1.5$ K berechnet. Bei abnehmender Temperatur geht Θ_D durch ein scharfes Minimum bei etwa 60 K, das durch magnetoelastische Kopplung bedingt ist. Bis 4.2 K steigt Θ_D auf 386.4 ± 1.5 K. Durch ein Magnetfeld von 7.5 kOe wird Θ_D praktisch nicht beeinflußt, R. L. Melcher, D. I. Bolef (Phys. Rev. [2] **178** [1969] 864/73, 868, 871).

Wärmeleitfähigkeit λ Thermal Conductivity

An zwei $RbMnF_3$-Einkristallen ist λ zwischen 0.3 und 100 K von Gustafson [1] gemessen worden, um festzustellen, ob die Magnonen am Wärmetransport in antiferromagnetischen Stoffen beteiligt sind. Mit fallender Temperatur steigt λ ohne Anomalie bei der Néel-Temperatur bis zu einem Maximum bei etwa 15 K und fällt darunter proportional $T^{2.7}$ bzw. $T^{2.85}$ ab. Dieser Verlauf zeigt, daß die Wärmeleitung durch Phononen allein zustande kommt, und ermöglicht eine eingehende Diskussion der Phononenstreuprozesse. — Der Einfluß verschieden orientierter Magnetfelder ($H \leqq 45$ kOe) auf λ wird zwischen 0.3 und 4.2 K gemessen [1, 2]. Die erhaltenen Kurven zeigen deutliche Anomalien bei der Feldstärke, die zum Spin-Flop (s. S. 169) führt; im übrigen ist die relative Änderung $\Delta\lambda/\lambda$ durch die nicht völlig geklärte Wechselwirkung der Phononen mit den elektronischen und den Kernspins bestimmt.

Nach neueren Messungen zwischen 0.2 und 100 K hängt λ, insbesondere unterhalb 10 K, ganz entscheidend von der Probenreinheit ab. Besonders stark wird λ durch kleine Zusätze von Fe, Co oder Ni beeinflußt, ebenso auch die Änderung von λ in einem Magnetfeld, die bei 5.5 kOe zwischen 0.3 und 2.5 K untersucht wurde. Wegen dieser bisher nicht völlig vermeidbaren Einflüsse ist eine sichere Aussage über die Beteiligung von Magnonen am Wärmetransport nicht möglich [3].

Literatur:

[1] J. Gustafson, C. T. Walker (Phys. Rev. [3] B **8** [1973] 3309/22), J. C. Gustafson (Diss. Northwestern Univ., Evanston, Ill., 1972; Diss. Abstr. Intern. B **33** [1972] 2762). — [2] J. C. Gustafson, C. T. Walker (Phys. Letters A **35** [1971] 363/4; AIP [Am. Inst. Phys.] Conf. Proc. Nr. 5 [1972] 663/7). — [3] J. Brown Hartmann (Phys. Rev. [3] B **15** [1977] 273/80; Diss. Cornell Univ., Ithaca, N. Y., 1974; Diss. Abstr. Intern. B **35** [1974] 993).

4.3.1.1.18.4 Magnetische und elektrische Eigenschaften

Magnetic and Electrical Properties

Von den Alkalitrifluoromanganaten ist $RbMnF_3$ am interessantesten, da sein Gitter auch im magnetisch geordneten Zustand, in dem die Mn^{2+}-Ionen zwei Untergitter mit antiparallelen magnetischen Momenten bilden, kubisch bleibt und — im Gegensatz zu $KMnF_3$ (s. S. 134) — keine Verkantung der Untergittermagnetisierungen resultiert. $RbMnF_3$ ist charakterisiert durch starke Austauschwechselwirkung (Austauschfeld etwa 890 kOe) und geringe Anisotropie (Anisotropiefeld etwa 4 Oe).

Spezifische Suszeptibilität χ in 10^{-6} cm^3/g Specific Susceptibility

Messungen zwischen 55 und 300 K ergeben, daß χ zwischen 80 und 300 K von etwa 88 auf 52 abnimmt. Unterhalb 80 K bleibt χ konstant; das Maximum tritt oberhalb der Néel-Temperatur ($T_N = 83$ K) auf. Aus der Temperaturabhängigkeit von $1/\chi$ im paramagnetischen Bereich läßt sich der g-Faktor zu 1.975 ableiten [1]. Die von De Jongh, Breed [3] zwischen 6 und 295 K an einem Einkristall gemessene transversale Suszeptibilität $\chi_\perp$ ist in **Fig. 65**, S. 164, in reduzierten Einheiten dargestellt; ihr Maximun $\chi_{max} = 87.2 \pm 0.1$ wird bei $T_{max} = 91 \pm 2$ K beobachtet, während die Umwandlungstemperatur $T_N = 84 \pm 2$ K aus der maximalen Neigung der χ-T-Kurve erhalten wird. Die Wieder-

Specific Susceptibility of $RbMnF_3$

Fig. 65

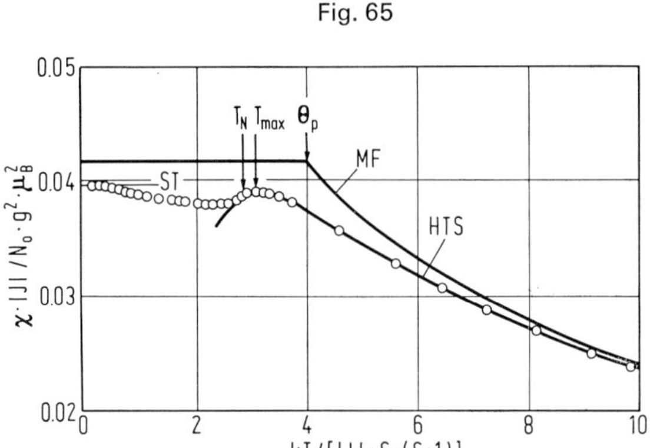

Temperaturabhängigkeit der transversalen Suszeptibilität χ von $RbMnF_3$ (in reduzierten Einheiten).

gabe der Meßwerte (Kreise) auf relativen Skalen erleichtert einen Vergleich mit theoretischen Ergebnissen für den einfachen kubischen Heisenberg-Antiferromagneten (S = 5/2). Diese enthalten Voraussagen, die durch Reihenentwicklung bei hohen Temperaturen (HTS-Kurve) von Rushbrooke, Wood [2] und durch Spinwellentheorien für $\chi_\perp$ bei T = 0 (horizontaler, mit ST bezeichneter Teil) von Keffer [4] gegeben werden. Die MF-Kurve wird aus der Molekularfeld-Theorie für χ im Bereich oberhalb der Curie-Temperatur Θ_p und für $\chi_\perp$ unterhalb Θ_p erhalten [3].

Im Bereich zwischen 93 und 300 K gehorchen die gemessenen Werte dem Curie-Weiss-Gesetz (Curie-Konstante C = 4.22, $\Theta_p = -190$ K). Bei 77 K erfolgt eine kleine anomale Zunahme von χ und bei weiterer Temperaturabnahme flacht die Kurve bei etwa $\chi = 90$ ab. Unterhalb 66 K wird χ in einem Magnetfeld von 1000 Oe in der (110)-Ebene anisotrop; bei 4.2 K ist $\chi_{[100]} \approx 0.8\,\chi_\perp$; für Felder zwischen 2600 und 3000 Oe wird χ isotrop [5].

Die statische, wellenvektorabhängige Suszeptibilität $\chi(\vec{q})$ untersuchen Tucciarone u. a. [6] durch Messungen der unelastischen Neutronenstreuung im paramagnetischen Bereich zwischen T_N und 3.55 T_N. Die Temperaturabhängigkeit der reduzierten Suszeptibilität $\bar{\chi}(\vec{q})$ stimmt für $\vec{q}$ = (1/2, 1/2, 1/2) mit berechneten Daten von Rushbrooke und Wood [2] überein, während die von Collins [7] berechneten Werte nur für $\vec{q}$ = (1/4, 1/4, 1/4) übereinstimmen, für $\vec{q}$ = (3/8, 3/8, 3/8) dagegen nicht.

Literatur:

[1] E. E. Bragg, M. S. Seehra (Phys. Letters A **39** [1972] 29/30), E. E. Bragg (Diss. West Virginia Univ. 1974, S. 1/139, 91/9; Diss. Abstr. Intern. B **35** [1975] 6038). — [2] G. S. Rushbrooke, P. J. Wood (Mol. Phys. **6** [1963] 409/21). — [3] L. J. De Jongh, D. J. Breed (Solid State Commun. **15** [1974] 1061/5). — [4] F. Keffer (in: S. Flügge, Handbuch der Physik, Bd. 18, Tl. 2, Berlin-Heidelberg-New York 1966, S. 109). — [5] T. R. McGuire (Bull. Am. Phys. Soc. [2] **8** [1963] 55).

[6] A. Tucciarone, L. M. Corliss, J. M. Hastings (J. Appl. Phys. **42** [1971] 1378/80). — [7] M. F. Collins (Phys. Rev. [3] B **2** [1970] 4552/8).

Magnetic Transition. Magnetic Structure

Magnetische Umwandlung, magnetische Struktur

$RbMnF_3$ hat unterhalb der Néel-Temperatur T_N = 82 K dieselbe magnetische Struktur (G-Typ) wie $KMnF_3$ (s. S. 134) [1]. Dieser durch Neutronenstreuung ermittelte Wert von T_N wird durch Messung der Schallgeschwindigkeit bestätigt: $T_N = 82.0 \pm 0.1$ K [2]. Die Wärmekapazität erreicht ihr Maximum bei 83.0 ± 0.2 K [3]. Die genaue Messung ihres magnetischen Anteils führt zu T_N = 83.0425 ± 0.0002 K [4]. Aus der Temperaturabhängigkeit des Ausdehnungskoeffizienten ergibt sich $T_N = 83.064 \pm 0.02$ K; das Minimum der $1/\chi$-T-Kurve ermöglicht dagegen nur eine grobe Abschätzung von $T_N \approx 84 \pm 2$ K [5].

Mit steigendem Druck erhöht sich T_N um 3.7×10^{-4} K/bar [6].

Die Vorgänge während der Umwandlung, die zu den kritischen Erscheinungen gehören, können grundsätzlich an allen Stoffen untersucht werden, die in einen magnetisch geordneten Zustand übergehen. Von denjenigen, die antiferromagnetisch werden, eignet sich $RbMnF_3$ wegen seiner kubischen Struktur und der geringen Anisotropie besonders gut zur Prüfung von theoretischen Modellen. Nach dem ersten zusammenfassenden Bericht über solche Modelle [7] werden zunächst Ergebnisse für MnF_2 und $KMnF_3$ (neben vielen anderen Verbindungen) zusammengestellt [8]. Einen Bericht über die experimentellen Daten und die theoretischen Deutungsmöglichkeiten geben Kadanoff u. a. [9], wobei auch eine übersichtliche Darstellung der sogenannten kritischen Exponenten gegeben wird, die zur Beschreibung der kritischen Erscheinungen verwendet werden. Für die magnetischen Umwandlungen werden solche Exponenten von Fisher [18] zusammengestellt und eingehend beschrieben. Neuere Meßwerte dafür s. bei Tucciarone u. a. [11]. Bei der Entwicklung entsprechender Modellvorstellungen zur Deutung dynamischer Erscheinungen nennen Halperin und Hohenberg [10] $RbMnF_3$ als die Substanz, die dem Modell des isotropen Heisenberg-Antiferromagneten am nächsten kommt. Im Anschluß an Neutronenstreuversuche von Tucciarone u. a. [11] an $RbMnF_3$ setzen Hohenberg u. a. [12, 13] die theoretische Entwicklung fort. Der 1976 erreichte Stand der Deutung kritischer Erscheinungen wird in zwei Bänden der Serie „Phase Transitions and Critical Phenomena" [14] von mehreren Autoren beschrieben. Auf neuere Ansätze zur Erfassung der dynamischen kritischen Erscheinungen [15, 16] und der nichtlinearen kritischen Relaxation [17] sei hier nur kurz hingewiesen. — In den Rahmen dieser Theorien gehört auch die Voraussage [19], daß bei steigender Feldstärke T_N bis zu einem Maximum ansteigt und danach wieder abnimmt. Dies wurde an $RbMnF_3$ bestätigt: von 83.13 K steigt T_N um maximal 0.18 K bei etwa 135 kOe [20].

Literatur:

[1] S. J. Pickart, H. A. Alperin, R. Nathans (J. Phys. [Paris] **25** [1964] 565/6). — [2] R. L. Melcher, D. I. Bolef, R. W. H. Stevenson (Solid State Commun. **5** [1967] 735/8). — [3] D. T. Teaney, V. L. Moruzzi, B. E. Argyle (J. Appl. Phys. **37** [1966] 1122/3). — [4] B. Golding (Phys. Rev. Letters **27** [1971] 1142/5). — [5] L. J. De Jongh, D. J. Breed (Solid State Commun. **15** [1974] 1061/5).

[6] B. Golding (J. Appl. Phys. **42** [1971] 1381/2). — [7] M. E. Fisher (Rept. Progr. Phys. **30** [1967] 615/730). — [8] P. Heller (Rept. Progr. Phys. **30** [1967] 731/826). — [9] L. P. Kadanoff, W. Götze, D. Hamblen, R. Hecht, E. A. S. Lewis, V. V. Palciauskas, M. Rayl, J. Swift, D. Aspnes, J. Kane (Rev. Mod. Phys. **39** [1967] 395/431). — [10] B. I. Halperin, P. C. Hohenberg (Phys. Rev. [2] **177** [1969] 952/71).

[11] A. Tucciarone, H. Y. Lau, L. M. Corliss, A. Delapalme, J. M. Hastings (Phys. Rev. [3] B **4** [1971] 3206/45). — [12] P. C. Hohenberg, A. Aharony, B. I. Halperin, E. D. Siggia (Phys. Rev. [3] B **13** [1976] 2986/96). — [13] B. I. Halperin, P. C. Hohenberg, S.-K. Ma (Phys. Rev. [3] B **10** [1974] 139/53, **13** [1976] 4119/31). — [14] C. Domb, M. S. Green (Phase Transitions and Critical Phenomena, Bd. 5a und 6, London 1976). — [15] K. Kawazaki, J. Gunton (Phys. Rev. [3] B **13** [1976] 4658/71).

[16] R. Bausch, H. K. Jansson, H. Wagner (Z. Physik B **24** [1976] 113/27). — [17] M. E. Fisher, Z. Rácz (Phys. Rev. [3] B **13** [1976] 5039/41). — [18] M. E. Fisher (J. Appl. Phys. **38** [1967] 981/90. — [19] J. M. Kosterlitz, D. R. Nelson, M. E. Fisher (Phys. Rev. [3] B **13** [1976] 412/32). — [20] Y. Shapira, C. C. Becerra (Phys. Rev. Letters **38** [1977] 358/61).

Exchange Interaction in $RbMnF_3$

Austauschwechselwirkung

Die Austauschwechselwirkung wird im wesentlichen durch Superaustausch zwischen den nächsten Mn-Ionen bewirkt (s. „Mangan" C 1, S. 41), während die Parameter für die Wechselwirkungen mit weiter entfernten Ionen kleiner als 0.2 K sind. Dies ist ersichtlich aus Untersuchungen von Windsor, Stevenson [1], die aus einer Analyse des Spinwellenspektrums bei 4.2 K für die Austauschwechselwirkung zwischen den nächsten, übernächsten und drittnächsten Nachbarn $J_1/k = -3.4 \pm 0.3$ K, $J_2/k = 0.0 \pm 0.2$ K und $J_3/k = -0.00 \pm 0.04$ K erhalten, aus einer Messung der Neutronenstreuung im paramagnetischen Bereich (300 K) $J_1/k = -3.2 \pm 0.5$ K. Ebenfalls aus Messungen der Neutronenstreuung ermittelt Windsor [2] bei gewöhnlicher Temperatur ($T = 2.8\ T_N$) nach zwei Bestimmungen (direkte Abschätzung des 2. Moments der Energieverteilung der Neutronen, Bestimmung der den Streuquerschnitt als Funktion des Energietransports am besten wiedergebenden Gaußschen Verteilungskurve) für polykristallines $RbMnF_3$ $J_1/k = -3.3 \pm 0.3$ K. Aus der Temperaturabhängigkeit der Suszeptibilität (55 bis 300 K) unter Verwendung der von Rushbrooke, Wood [3] durchgeführten Reihenentwicklung für $1/\chi$ bei hohen Temperaturen erhalten Bragg, Seehra [4] $J_1/k = -3.37 \pm 0.05$ K. Neuerer Wert aus den gleichen Untersuchungen: $J_1/k = -3.43$ K [5]. $J_1/k = -3.7$ bzw. -4.0 K berechnen Windsor, Stevenson [1] aus den AFMR-Messungen von Freiser u. a. [6] und Teaney u. a. [7]. Nach einer von Oguchi, Honma [8] entwickelten Theorie für die Magnetisierung von Antiferromagneten ergibt sich $J_1/k = -3.5$ K. Aus der guten Übereinstimmung dieser Werte mit den eigenen Ergebnissen ist zu schließen, daß biquadratische Austauscheffekte in dieser Verbindung von geringer Bedeutung sind [1].

Die Temperaturabhängigkeit des Austauschintegrals, die auf der Änderung der Gitterkonstante beruht, bestimmen De Jongh, Breed [9] aus ihren Messungen der transversalen Suszeptibilität $\chi_\perp$ (s. S. 163) zwischen 6 und 295 K. Danach nimmt J/k zwischen etwa 100 und 295 K von -3.45 auf -3.26 K ab; Extrapolation auf T = 0 ergibt $J/k = -3.40 \pm 0.04$ K. Eine Analyse dieser Ergebnisse und von mehreren Untersuchungen der Bindungslänge r (entspricht der Gitterkonstanten $a \approx 4.23$ Å bei 295 K) ergibt, daß die die nächsten Nachbarn verbindenden Wege des Superaustausches identische kollineare (180°) Mn-F-Mn-Bindungen sind und $|J/k|$ proportional r^{-n} ist, mit $n \approx 12$ für Mn^{2+} [10].

Literatur:

[1] C. G. Windsor, R. W. H. Stevenson (Proc. Phys. Soc. [London] **87** [1966] 501/4). — [2] C. G. Windsor (Proc. Phys. Soc. [London] **89** [1966] 825/31). — [3] G. S. Rushbrooke, P. J. Wood (Mol. Phys. **1** [1958] 257/83, 277, **6** [1963] 409/21). — [4] E. E. Bragg, M. S. Seehra (Phys. Letters A **39** [1972] 29/30). — [5] E. E. Bragg (Diss. West Virginia Univ. 1974, S. 1/139, 97; Diss. Abstr. Intern. B **35** [1975] 6038).

[6] M. J. Freiser, P. E. Seiden, D. T. Teaney (Phys. Rev. Letters **10** [1963] 293/4). — [7] D. T. Teaney, M. J. Freiser, R. W. H. Stevenson (Phys. Rev. Letters **9** [1962] 212/4). — [8] T. Oguchi, A. Honma (J. Appl. Phys. **34** [1963] 1153/60). — [9] L. J. De Jongh, D. J. Breed (Solid State Commun. **15** [1974] 1061/5). — [10] L. J. De Jongh, R. Block (Physica B + C **79** [1975] 568/93, 574, 585).

Spin Correlation

Spinkorrelation

Die Korrelationsfunktion $\langle S_0(0) \cdot S_r(t) \rangle$ gibt die Wahrscheinlichkeit dafür an, daß ein bestimmter Spin S_r, der sich vom Spin S_0 im Abstand r befindet, nach einer Zeit t parallel zu S_0 gerichtet ist. Diese Funktion geht durch Fourier-Transformation über Raum und Zeit in die vom Wellenvektor $\vec{q}$ und der Frequenz ω abhängige Korrelationsfunktion $\mathscr{S}(\vec{q}, \omega)$ über.

Die ersten von Lau u. a. [1] durch Messung der unelastischen Neutronenstreuung durchgeführten Untersuchungen des dynamischen Verhaltens der paramagnetischen Phase nahe T_N (83 K) werden von Schulhof u. a. [2] durch ein Diagramm für die charakteristische Frequenz $\Gamma(\vec{q}, T)$, die

die Abhängigkeit der Korrelationsfunktion von der Zeit beschreibt, als Funktion der Temperatur (zwischen T_N und etwa 94 K) und des Wellenvektors ($\vec{q}$ = 0 bis 0.2 $Å^{-1}$) wiedergegeben.

Die Spinkorrelationsfunktion $\mathcal{S}(\vec{q}, \omega)$ in der (110)-Ebene untersuchen Windsor u. a. [3] bei T = 3.5 T_N ebenfalls durch Messungen der Neutronenstreuung. Für $\vec{q}$ zwischen 0.1 und 0.4 $Å^{-1}$ ($\vec{q}_{max}$ = 0.74 $Å^{-1}$) ist die Streuung isotrop in $\vec{q}$ mit einer Frequenzabhängigkeit, die nahezu die Form einer Lorentzschen Verteilung mit nicht weit auslaufenden Flanken hat. Bei größeren $\vec{q}$-Vektoren wird gute Übereinstimmung mit zwei unabhängigen Theorien für Korrelationen bei unendlicher Temperatur gefunden. In guter Übereinstimmung mit diesen Ergebnissen sind die theoretischen Untersuchungen von Tahir-Kheli, McFadden [4], die die vom Wellenvektor abhängigen Frequenzmomente von $\mathcal{S}(\vec{q}, \omega)$ unter Berücksichtigung des Einflusses einer nahen Reichweite der Korrelationen auf die Spindynamik berechnen. Weitere experimentelle Untersuchungen der Spinkorrelationen werden von Evans, Windsor [5] bei T = 1.17 T_N und von Tucciarone u. a. [6] in der Nähe von T_N durchgeführt.

Die von Collins [7] nach Reihenentwicklungen für hohe Temperaturen erhaltenen Ausdrücke für die 2. und 4. Momente der Frequenzen in der Spinkorrelationsfunktion lassen sich auf lose gepackte kubische Bravais-Gitter mit allgemeinen Spinwerten und Wechselwirkungen zwischen den nächsten Nachbarn anwenden. Die Ergebnisse sind in guter Übereinstimmung mit den experimentellen Werten für die charakteristischen Frequenzen als Funktion der Temperatur (1.25 T_N bis 3.55 T_N) an den Gitterpunkten (1/2, 1/2, 1/2), (3/8, 3/8, 3/8) und (1/4, 1/4, 1/4) von Tucciarone u. a. [8]. Weitere theoretische Untersuchungen zur Spinkorrelation im paramagnetischen Bereich s. bei Kwon u. a. [9], Huber, Krueger [10] und Windsor [11].

Messungen des Spindiffusionskoeffizienten D (das Diffusionsmodell dient zur Beschreibung des Zerfalls von Korrelationen zwischen räumlich oder zeitlich weit voneinander entfernten Spins) zwischen 93.4 und 295 K ergeben für $D \cdot (Ka)^{1/2}$ Werte, die um den Mittelwert 22.47 ± 0.73 meV · $Å^2$ streuen (K ist ein Bereichsparameter, a die Gitterkonstante). D selbst ist bei gewöhnlicher Temperatur wesentlich größer (12.86 ± 0.21 meV · $Å^2$) als der von Windsor u. a. [3] erhaltene Wert (8.0 ± 1.0 meV · $Å^2$), stimmt aber mit den aus theoretischen Berechnungen erhaltenen Abschätzungen gut überein [12]. Wird D mit Hilfe der Spinrelaxationsfunktion berechnet, so werden unterhalb 100 K niedrigere D-Werte erhalten [13].

Literatur:

[1] H. Y. Lau, L. M. Corliss, A. Delapalme, J. M. Hastings, R. Nathans, A. Tucciarone (J. Appl. Phys. **41** [1970] 1384/9; Phys. Rev. Letters **23** [1969] 1225/8). — [2] M. P. Schulhof (Intern. J. Magn. **1** [1970] 45/52; Dyn. Aspects Crit. Phenomena Proc. Conf., New York 1970 [1972], S. 32/49; C. A. **80** [1974] Nr. 53898). — [3] C. G. Windsor, G. A. Briggs, M. Kestigian (J. Phys. C **1** [1968] 940/9). — [4] R. A. Tahir-Kheli, D. G. McFadden (Phys. Rev. [3] B **1** [1970] 3178/92). — [5] M. T. Evans, C. G. Windsor (J. Phys. C **6** [1973] 495/512, 502/3).

[6] A. Tucciarone, H. Y. Lau, L. M. Corliss, A. Delapalme, J. M. Hastings (Phys. Rev. [3] B **4** [1971] 3206/45, 3238/9). — [7] M. F. Collins (Phys. Rev. [3] B **4** [1971] 1588/93, B **2** [1970] 4552/8). — [8] A. Tucciarone, J. M. Hastings, L. M. Corliss (Phys. Rev. Letters **26** [1971] 257/61). — [9] T. H. Kwon, J. Daboul, H. A. Gersch (J. Phys. C **4** [1971] 621/4), T. H. Kwon (Phys. Rev. [3] B **5** [1972] 4561/4). — [10] D. L. Huber, D. A. Krueger (Phys. Rev. Letters **24** [1970] 111/3).

[11] C. G. Windsor (Proc. Phys. Soc. [London] **91** [1967] 353/5). — [12] A. Tucciarone, J. M. Hastings, L. M. Corliss (Phys. Rev. [3] B **8** [1973] 1103/8). — [13] J. W. Tucker (J. Phys. C **7** [1974] L16/L19).

Sublattice Magnetization. Magnetic Anisotropy of $RbMnF_3$

Untergittermagnetisierung, magnetische Anisotropie

Antiferromagnetisches $RbMnF_3$ hat eine magnetische Struktur mit zwei Untergittern (s. S. 164). Die [111]-Achsen sind die leichten Magnetisierungsrichtungen. Als Folge der vierfachen Entartung der Energie der Anisotropiefläche gibt es keine eindeutige Ausrichtung für die Untergittermagnetisierungen in Abwesenheit eines statischen Magnetfeldes für den Fall, daß die Spins entlang der vier [111]-Achsen verteilt sind. Auch in schwachen Feldern ist die Gleichgewichtsausrichtung der Untergitter nicht eindeutig. Erst für starke Felder (> 8 kOe) ist die Gleichgewichtsausrichtung der Magnetisierung genau bestimmt. Die Spins sind nahezu orthogonal zum Feld, sie können in der Ebene senkrecht zum statischen Magnetfeld H_0 rotieren und nehmen die Richtung des Anisotropieminimums in dieser Ebene an [1].

Bei Untersuchungen im Bereich kleiner Felder (0 bis 5 kOe) versucht Ince [2] die Gleichgewichtslage der Untergittermagnetisierung, $\vec{M} = (\vec{M}_1 - \vec{M}_2)/2$, unter Einfluß eines statischen Feldes H_0 für einen begrenzten Bereich der Feldrichtungen vorauszusagen. Mit der Annahme, daß H_0 und die Untergittermagnetisierungen M_1 und M_2 in einer {110}-Ebene liegen, wird die Gleichung $(4H_0^2/3\ H_E\ H_A) \cdot \sin 2(\Theta - \psi) = -\sin 2\Theta(1 + 3\cos 2\Theta)$ erhalten, deren Lösung die Gleichgewichtsorientierung gibt (Θ und ψ sind die Winkel zwischen M_1 und der [100]-Achse bzw. zwischen H_0 und der [100]-Achse, H_E und H_A sind Austausch- und Anisotropiefeld). Eine zur Bestätigung der Gültigkeit dieser Gleichgewichtsbetrachtungen durchgeführte Analyse der AFMR, bei der zur Berechnung normaler Schwingungsfrequenzen ein einfaches Modell verwendet wird, zeigt zwar bei niedrigen Frequenzen Übereinstimmung zwischen Theorie und den begrenzten experimentellen Daten für zwei der Hauptachsen, kann aber die beobachteten Resonanzen für H_0 parallel zur [110]-Achse nicht erklären [2]. Eine von Cole, Ince [1] durchgeführte verbesserte Analyse des Gleichgewichtsproblems, die es ermöglicht, die Gleichgewichtsspinkonfigurationen für H_0 parallel zu den 3 Hauptrichtungen [001] ($\psi = 0°$), [111] ($\psi = 54.7°$) und [110] ($\psi = 90°$), sowie für dazwischen liegende Richtungen zu bestimmen, ergibt die in **Fig. 66** dargestellte, nach Lösungen obiger Gleichung erhaltene Gleichgewichtslage von M als Funktion von H_0 in der (110)-Ebene. Messungen der AFMR (s. S. 170) zeigen bei Verwendung der Parameter $H_A = (4/3\ K)/M = 3.85 \pm 0.03$ Oe (K = Anisotropiekonstante, s. S. 169) und $H_E = (8.9 \pm 0.05) \times 10^5$ Oe eine sehr gute Bestätigung der Resonanztheorie

Fig. 66

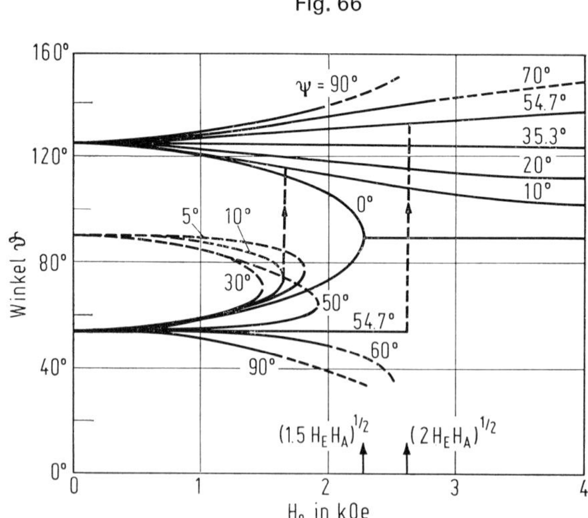

Gleichgewichtslage der Untergittermagnetisierung von $RbMnF_3$ als Funktion von Stärke und Richtung des statischen Magnetfeldes H_0 in der (110)-Ebene.

und beweisen die Gültigkeit der Gleichgewichtsanalyse [1]. Durch Anpassen theoretischer Kurven an experimentelle Werte der AFMR erhalten Teaney u. a. [3]: $H_A = 4.47 \pm 0.04$ Oe, $H_E = (8.9 \pm 2) \times 10^5$ Oe, Freiser u. a. [4]: $H_A = 4.6$ Oe, $H_E = 8.3 \times 10^5$ Oe. Das tatsächliche Moment der Mn-Ionen ist wie bei $KMnF_3$ (s. S. 134) etwas kleiner als das theoretische. Aus kalorimetrischen Messungen unterhalb 1 K wird von Colpa u. a. [7] $\langle S \rangle = 2.48$ abgeleitet.

Aus theoretischen und experimentellen Untersuchungen (bei 4.2 K) der Fortpflanzung von Ultraschallwellen ergibt sich unter Berücksichtigung des Einflusses der Ausrichtung von M auf die Kopplung zwischen elastischen und magnetischen Schwingungen $K = 620 \pm 60$ erg/cm³ [5].

Eine Untersuchung der Untergittermagnetisierung im Bereich von T_N $(0.006 < \Delta T/T_N < 0.05)$ ergibt $M \sim (\Delta T)^\beta$ mit $\beta = 0.316 \pm 0.008$ [6].

Literatur:

[1] P. H. Cole, W. J. Ince (Phys. Rev. [2] **150** [1966] 377/82). — [2] W. Ince (J. Appl. Phys. **37** [1966] 1132/3). — [3] D. T. Teaney, M. J. Freiser, R. W. H. Stevenson (Phys. Rev. Letters **9** [1962] 212/4). — [4] M. J. Freiser, P. E. Seiden, D. T. Teaney (Phys. Rev. Letters **10** [1963] 293/4). — [5] R. L. Melcher, D. I. Bolef (Phys. Rev. [2] **186** [1969] 491/506).

[6] L. M. Corliss, A. Delapalme, J. M. Hastings, H. Y. Lau, R. Nathans (J. Appl. Phys. **40** [1969] 1278). — [7] J. H. P. Colpa, E. G. Sieverts, R. H. van der Linde (Physica **51** [1971] 573/87, 584).

Spin-Flop

Spin Flop

Das Auftreten der AFMR (statisches Magnetfeld H in den {110}-Ebenen || [100]) bei $H > \omega/\gamma$, dem Feld für paramagnetische Resonanz, weist auf einen Spin-Flop bei einem Feld $H_{SF} = (2\,H_E H_A)^{1/2} = 2450$ Oe hin (vgl. S. 172) [1]. Wird in einem Feld parallel [100] für die gleichzeitige Anregung von je einer Elektronen- und Kernspinwelle durch paralleles Pumpen (Pumpfrequenz 8.469 GHz) gemessen, so ergibt sich $H_{SF} \approx 2400$ Oe [2]. Bei der Untersuchung, wie die Untergitter in verschieden orientierten Feldern ausgerichtet sind, zeigt sich, daß nur für H || [111] ein Spin-Flop erkennbar ist [3].

Literatur:

[1] D. T. Teaney, M. J. Freiser, R. W. H. Stevenson (Phys. Rev. Letters **9** [1962] 212/4). — [2] L. W. Hinderks, P. M. Richards (Phys. Rev. [2] **183** [1969] 575/85, 583). — [3] P. H. Cole, W. J. Ince (Phys. Rev. [2] **150** [1966] 377/82).

Magnetoelastische Kopplung

Magnetoelastic Coupling

Unterhalb T_N ist die Abhängigkeit der effektiven elastischen Konstanten vom Magnetfeld dadurch zu erklären, daß eine durch die Gleichgewichtsausrichtung der Untergittermagnetisierung bestimmte effektive magnetoelastische Kopplung besteht. Die bei 4.2 K erhaltenen magnetoelastischen Kopplungskonstanten betragen $b_1 = (1.95 \pm 0.15) \times 10^6$ und $b_2 \leqq (0.2 \pm 0.1) \times 10^6$ erg/cm³ [1]. Bei der gleichen Temperatur erhalten Eastman u. a. [2] aus der Verschiebung der Frequenz und der Änderung des Linienverlaufs der AFMR bei axialem Druck $b_1 = (1.5 \pm 0.15) \times 10^6$ und $b_2 = (0.16 \pm 0.02) \times 10^6$ erg/cm³.

Literatur:

[1] R. L. Melcher, D. I. Bolef (Phys. Rev. [2] **186** [1969] 491/506, 503). — [2] D. E. Eastman (Phys. Rev. [2] **156** [1967] 645/54, 651), D. E. Eastman, R. J. Joenk, D. T. Teaney (Phys. Rev. Letters **17** [1966] 300/2).

Spinwellen

Spin Waves

Die Spinwellendispersion bestimmen Windsor, Stevenson [1] aus Messungen der unelastischen Neutronenstreuung bei 4.2 K in der (110)-Ebene der Brillouin-Zone für Wellenvektoren $\vec{q}$ in

Spin Waves in $RbMnF_3$

[111]-, [110]- und [001]-Richtung. Die Spinwellenenergie (großer Fehlerbereich) ist für $|\vec{q}|$ zwischen 0.03 und 0.2 $Å^{-1}$ in den drei Richtungen gleich ($E(\vec{q})$ von 5 bis 40 K); für größere q-Werte divergieren die Kurven, und bei $|\vec{q}| = 0.6$ $Å^{-1}$ ergibt sich in den obengenannten Richtungen $E(\vec{q})$ = 103, 100 bzw. 92 K. — In einer hydrodynamischen Theorie der Spinwellen von Halperin, Hohenberg [2], die die Existenz von Spinwellen niedriger Frequenz bei großen Wellenlängen für jede Temperatur unterhalb T_N voraussagt, wird auch $RbMnF_3$ diskutiert. — Wegen der starken Kopplung zwischen Elektronen- und Kernspins müssen die zugehörigen Spinwellen gemeinsam untersucht werden, z. B. beim Einfluß von Magnonenpaaren auf die Absorption von Ultraschallwellen [3].

Die durch die Dämpfung bedingte Linienbreite der Spinwellen ist proportional zu $E^\alpha \cdot T^\beta$, wo E die Spinwellenenergie und T die Temperatur (Meßbereich 8.0 bis 49.8 K) ist und die Exponenten sich zu $\alpha = 2.13 \pm 0.18$ und $\beta = 3.29 \pm 0.39$ ergeben [7].

Die Spinwellen*relaxations*geschwindigkeiten können nach verschiedenen paramagnetischen Anregungsmethoden direkt gemessen werden. Von den am meisten verwendeten liegt der einen die Suhlsche Spinwelleninstabilität 2. Art und der anderen die durch paralleles Pumpen auftretende Instabilität zugrunde. Nach der ersten Methode erhalten Cole, Courtney [4] für kleine $\vec{q}$ bei 4.2 K die Relaxationsgeschwindigkeit der Elektronenspinwellen $\eta_q^e = 6.7 \times 10^7$ s^{-1}; bei gleichzeitiger Anregung von Elektronen- und Kernspinwellen (2. Methode) wird $\eta_q^e \cdot \eta_q^n = 1.8 \times 10^{13}$ s^{-2} und daraus mit $\eta_q^n = 2.8 \times 10^5$ s^{-1} die Geschwindigkeit $\eta_q^e = 6.4 \times 10^7$ s^{-1} erhalten [5]. Diese Ergebnisse werden durch eine Theorie von Woolsey, White [6] gut beschrieben, der ein durch räumliche Inhomogenitäten erzeugter 2-Magnonenstreuprozeß zugrunde liegt.

Literatur:

[1] C. G. Windsor, R. W. H. Stevenson (Proc. Phys. Soc. [London] **87** [1966] 501/4). — [2] B. I. Halperin, P. C. Hohenberg (Phys. Rev. [2] **188** [1969] 898/918, 915). — [3] P. A. Fedders (Phys. Rev. [3] B **1** [1970] 3756/62, **2** [1970] 4537/9). — [4] P. H. Cole, W. E. Courtney (J. Appl. Phys. **38** [1967] 1278/9). — [5] L. W. Hinderks, P. M. Richards (Phys. Rev. [2] **183** [1969] 575/85; J. Appl. Phys. **39** [1968] 824/5).

[6] R. B. Woolsey, R. M. White (Phys. Rev. [2] **188** [1969] 813/20). — [7] C. G. Windsor, D. H. Saunderson, E. Schedler (Phys. Rev. Letters **37** [1976] 855/8).

Antiferromagnetic Resonance

Antiferromagnetische Resonanz (AFMR)

In Feldern, die stärker als 2450 Oe sind (diese Feldstärke ist erforderlich, um die Spins in die Ebene senkrecht zum Feld zu drehen, s. S. 169), untersuchen Teaney u. a. [1] bei 4.2 K und 23.285 GHz die Anisotropie der Resonanzfeldstärke. Diese hat, als Funktion des Winkels zwischen H und der (100)-Ebene aufgetragen, ein Minimum (etwa 7600 Oe) in der [110]-Richtung (in diesem Fall ist die Resonanzbedingung gegeben durch $H = [(\omega/\gamma)^2 - 2\ H_E H_A]^{1/2}$, H_E und H_A = Austausch- bzw. Anisotropiefeld). Diese Erscheinung und die Beobachtung einer isotropen Resonanz bei Verlauf von H in der (111)-Ebene zeigen an, daß die [111]-Richtung die leichte Achse ist (s. S. 168). Liegt H in der (110)-Ebene, so wird nicht nur in [100]- und [110]-Richtung, sondern auch entlang der [111]-Richtung eine einzelne Resonanz beobachtet. Bildet dagegen H mit dieser Richtung einen kleinen Winkel $\Delta\varphi$, so zeigt sich eine zweite Resonanz, deren Intensität mit zunehmendem $\Delta\varphi$ rasch abnimmt [1]. Untersuchungen einer vom Magnetfeld unabhängigen longitudinalen AFMR geben die in **Fig. 67** dargestellten Werte für die Frequenz ν als Funktion des Winkels zwischen H und [100] bzw. [001] (H zwischen 4 und 14 kOe, Schwingung angeregt durch ein rf-Feld parallel zu H). Die Anpassung der theoretischen Kurven an die experimentellen Punkte wird durch geeignete Parameter (H_E, H_A und Kernhyperfeinfeld H_N) erhalten. Eine weitere Untersuchung der Resonanz bei fester Vorgabe von Frequenz und Winkel als Funktion der Temperatur zeigt, daß der stärkste Einfluß der Temperatur T auf die AFMR unterhalb 4.2 K durch die 1/T-Abhängigkeit von H_N, bei Temperaturen oberhalb 4.2 K durch die starke Temperaturabhängigkeit von H_A entsteht. Bei Magnetfeldern zwi-

Fig. 67

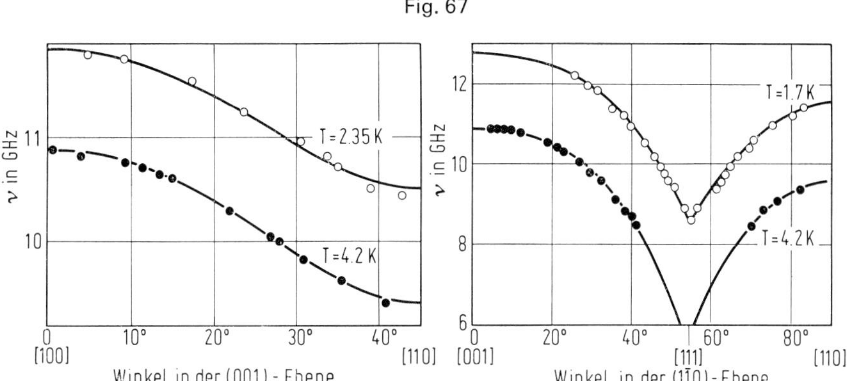

Resonanzfrequenz ν als Funktion der Feldrichtung in der (001)- und (1$\bar{1}$0)-Ebene von $RbMnF_3$ für die longitudinale Schwingung bei verschiedenen Temperaturen.

schen 4 und 14 kOe wird kein Einfluß auf die Resonanzfrequenz beobachtet, bei Feldern kleiner als 4 kOe nimmt die Absorption ab [2].

Bei Feldstärken unterhalb 5 kOe und 4.2 K werden von Cole, Ince [3] in verschieden orientierten Feldern die in **Fig. 68** dargestellten Resonanzen beobachtet. Im Diagramm (a) sind bei H || [001] deutlich drei Schwingungen zu erkennen. Die Zweige bei niedrigem Feld konvergieren gegen 9.23 GHz bei H = 0, der obere Zweig hat ein Maximum bei etwa 1.65 kOe. Bei höheren Feldern nimmt die Resonanzfrequenz ab, die Intensität wird gleichzeitig schwächer und verschwindet bei etwa 2.25 kOe. Die bei hohen Feldern oberhalb 3 kOe auftretende Schwingung folgt einer Geraden mit der Steigung von 3.0 MHz/Oe. Verläuft das Feld parallel zur [111]-Richtung (Diagramm b), werden nur zwei Schwingungszweige beobachtet. Der obere Zweig zeigt kein Maximum mehr und nähert sich mit zunehmendem Feld asymptotisch einer Geraden, der untere Zweig nähert sich nach einer anfänglichen, zunehmend schwächer werdenden Abnahme einer konstanten Frequenz bei hohen Feldern. Bei H || [110] (Diagramm c) werden zwei schwache, bei wenigen kOe verschwindende Resonanzen durch eine dritte sehr starke Resonanz verdeckt, deren Frequenz bei niedrigen Feldern nahezu konstant ist und bei Feldzunahme linear ansteigt. Die experimentellen Ergebnisse werden durch eine Resonanztheorie, die die statische Gleichgewichtslage der Untergittermagnetisierungen M_1 und M_2 berücksichtigt, gut beschrieben (durchgezogene Kurven), wenn für H_A und H_E die Werte 3.85 und 8.9×10^5 Oe angenommen werden [3]. Kurven für die AFMR unterhalb der Spin-Flop-

Fig. 68

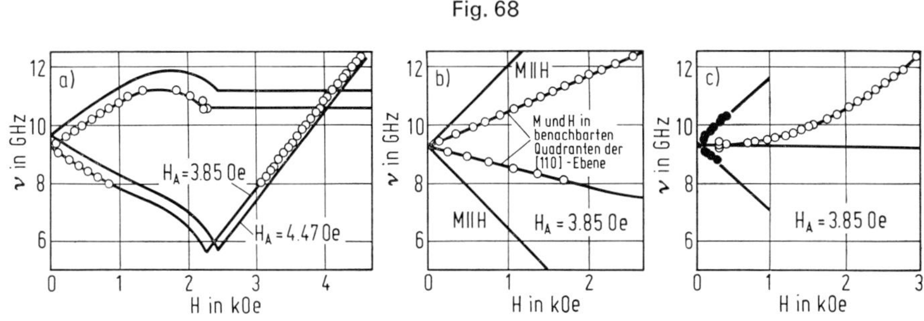

Resonanzfrequenz als Funktion des statischen Magnetfeldes H bei $RbMnF_3$:
a) H || [001], b) H || [111], c) H || [110] (durchgezogene Kurven sind theoretisch berechnet).

Antiferromagnetic Resonance of $RbMnF_3$

Umwandlung (2450 Oe) als Funktion von Stärke und Richtung des Magnetfeldes s. auch bei Ince [4]. Das Resonanzspektrum, das bei 4.2 K in schwachen Feldern (< 2 kOe) parallel [112] zu beobachten ist, besteht zwischen etwa 8 und 11 GHz aus 6 Zweigen. Die gemessenen Resonanzen sind in guter Übereinstimmung mit den theoretischen Kurven, wenn H_A = 4.08 Oe angenommen wird. Außerdem wird bei Zunahme des Feldes von H = 0 auf 1 kOe und anschließender Abnahme auf H = 0 eine Hysterese in der Resonanzabsorption beobachtet. Diese Beobachtungen stellen einen indirekten Nachweis für die Existenz von Elementarbezirken (vgl. „Mangan" C 1, S. 40) dar [5].

Bei Untersuchungen der Elektronen-Kern-Doppelresonanz (AFMR-NMR) durch Ince [6] bei 4.2 K, einer AFMR-Frequenz von 10.724 GHz und H || [001] wird eine auf der Sättigung der NMR beruhende Verschiebung des bei 4020 Oe gelegenen AFMR-Resonanzfeldes beobachtet, ferner ein Verschwinden der Resonanz bei 950 und 2250 Oe. Eine entsprechende Untersuchung für H || [100] s. bei Ince [7]. Theoretische und weitere experimentelle Untersuchungen der Kopplung von kernmagnetischer und antiferromagnetischer Resonanz s. bei Ince [8].

Die nichtlineare Kopplung zwischen den AFMR-Schwingungen im Bereich niedriger und hoher Magnetfelder untersucht Cole [9] durch Messungen der Kopplungsstärke zwischen den Resonanzschwingungen bei 5.25 und 10.5 GHz mit einem Feld von 2757 Oe bei 10 K.

Der Einfluß eines einachsigen Druckes in [001]-Richtung auf die Resonanzfeldstärke in [100]- und [110]-Richtung, gemessen bei 4.2 K, ist in **Fig. 69** dargestellt. Bei Druckzunahme (ausgehend von p = 0) drehen sich die Spins zur [001]-Achse hin (in der Ebene senkrecht zu H) und verlaufen bei p = 420 bar parallel zur Spannungsrichtung [001] (bei Vernachlässigung der Verkantung). Für größere Drücke ist die erzeugte einachsige Anisotropie größer als die eigentliche kubische Anisotropie; die Spins bleiben parallel zur [001]-Richtung, und das Resonanzfeld ist unabhängig von der Orientierung von H in der (001)-Ebene [10].

Fig. 69

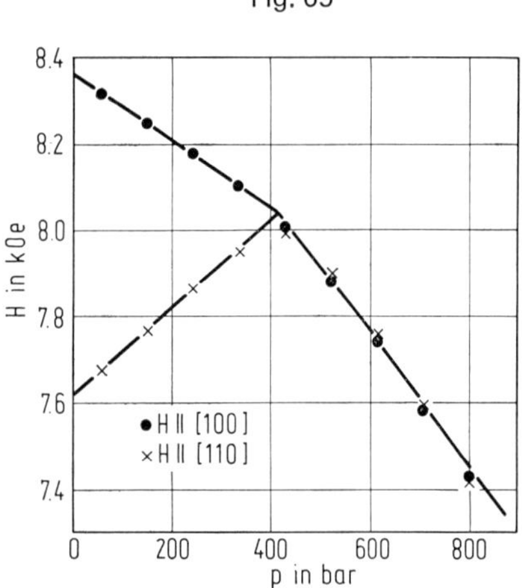

Resonanzfeldstärke H von $RbMnF_3$ in [100]- und [110]-Richtung als Funktion eines einachsigen Druckes p in [001]-Richtung bei 4.2 K und 23.2 GHz.

In der Nähe der Néel-Temperatur bewirkt die Wechselwirkung zwischen antiferromagnetischen Spinwellen und Ultraschallwellen ein resonanzartiges Absorptionsmaximum (s. S. 160) [11].

Literatur:

[1] D. T. Teaney, M. J. Freiser, R. W. H. Stevenson (Phys. Rev. Letters **9** [1962] 212/4). — [2] M. J. Freiser, P. E. Seiden, D. T. Teaney (Phys. Rev. Letters **10** [1963] 293/4). — [3] P. H. Cole,

W. J. Ince (Phys. Rev. [2] **150** [1966] 377/82). — [4] W. J. Ince (J. Appl. Phys. **37** [1966] 1132/3). — [5] W. J. Ince, A. Platzker (Phys. Rev. [2] **175** [1968] 650/3).

[6] W. J. Ince (Phys. Rev. [2] **177** [1969] 1005/7). — [7] W. J. Ince (J. Appl. Phys. **40** [1969] 1595/6). — [8] W. J. Ince (Phys. Rev. [2] **184** [1969] 574/88). — [9] P. H. Cole (Appl. Phys. Letters **10** [1967] 272/5). — [10] D. E. Eastman (Phys. Rev. [2] **156** [1967] 645/54, 650), D. E. Eastman, R. J. Joenk, D. T. Teaney (Phys. Rev. Letters **17** [1966] 300/2).

[11] T. Jimbo, C. Elbaum (Solid State Commun. **15** [1974] 123/6), T. Jimbo (Diss. Brown Univ. 1974; Diss. Abstr. Intern. B **35** [1975] 5590).

Kernmagnetische Resonanz (NMR)

Nuclear Magnetic Resonance

Neben der hier behandelten eigentlichen NMR des ^{19}F, des ^{55}Mn (nur im antiferromagnetischen Zustand) und des $^{85,87}Rb$ ist auch die kernakustische Resonanz (NAR) am ^{19}F- [1 bis 5] und am ^{55}Mn-Kern [6 bis 9] untersucht worden. Zur kernakustisch-antiferromagnetischen Doppelresonanz am ^{55}Mn s. Bogdanova u. a. [10,11]. Zur Möglichkeit der NAR für $^{85,87}Rb$ s. Myles [12]. Bezüglich der Abschnitte „Hyperfein- und Quadrupolkopplung" gilt das beim MnF_2 Gesagte, s. S. 45.

Literatur:

[1] R. L. Melcher, D. I. Bolef, R. W. H. Stevenson (Phys. Rev. Letters **20** [1968] 453/6). — [2] R. L. Melcher, D. I. Bolef (Phys. Rev. Letters **20** [1968] 1338/40; Phys. Rev. [2] **184** [1969] 556/64). — [3] R. L. Melcher, R. H. Plovnick (Phys. Rev. [3] B **7** [1973] 2136/45). — [4] J. B. Merry, P. A. Fedders, D. I. Bolef (Phys. Rev. [3] B **5** [1972] 3506/11). — [5] U. Kh. Kopvillem, L. N. Shakhmuratova (Ukr. Fiz. Zh. [Russ. Ed.] **21** [1976] 850/2).

[6] J. B. Merry, D. I. Bolef (Phys. Rev. Letters **23** [1969] 126/8; J. Appl. Phys. **41** [1970] 1412; Phys. Rev. [3] B **4** [1971] 1572/9). — [7] K. N. Shrivastava, K. W. H. Stevens (J. Phys. C **3** [1970] L64/L66). — [8] K. W. H. Stevens (J. Phys. [Paris] **32** [1971] Suppl. C1-609/C1-610). — [9] T. Jimbo, C. Elbaum (Phys. Rev. [3] B **10** [1974] 2131/3). — [10] Kh. G. Bogdanova, V. A. Golenishchev-Kutuzov, F. S. Vagapova, A. A. Monakhov, R. V. Saburova (Zh. Eksperim. i Teor. Fiz. **68** [1975] 1834/40; Soviet Phys.-JETP **41** [1975] 919/22).

[11] Kh. G. Bogdanova, V. A. Golenishchev-Kutuzov, R. V. Saburova (Tr. Mezhdunar. Konf. Magn., Moskva 1973 [1974], Bd. 1, Tl. 1, S. 323/7 nach C. A. **85** [1976] Nr. 86416). — [12] C. W. Myles (Phys. Rev. [3] B **11** [1975] 3238/50).

^{19}F-Resonanz

^{19}F Resonance

Lage

Das parallel zu einer Kante ⟨100⟩ der Elementarzelle gerichtete Resonanzfeld $H_{\parallel}$ (Mn^{2+}-Ionen in den Ecken) ist für den auf dieser Kante gelegenen ^{19}F-Kern gegenüber dem Wert in einer diamagnetischen Verbindung (ω/γ, Symbole s. S. 45) um $\delta H_{\parallel}$ zu niedrigeren Werten verschoben. Bei 298 K und Feldstärken von 6 bis 13 kOe wird $\alpha_{\parallel} = \delta H_{\parallel}/H_{\parallel} = (2.955 \pm 0.020) \times 10^{-2}$ gemessen. Für ein senkrecht zu dieser Kante gerichtetes Feld $H_{\perp}$ ergibt sich (für denselben Kern) $\alpha_{\perp} = \delta H_{\perp}/H_{\perp} = (1.800 \pm 0.015) \times 10^{-2}$. Bei 90 K sind $\alpha_{\parallel}$ und $\alpha_{\perp}$ im Verhältnis der Änderung der magnetischen Suszeptibilität größer [1]. Zwei z.T. aufgelöste Resonanzlinien werden an einem Splitter (vermutlich Einkristall) bereits von Payne u. a. [2] beobachtet. — Eine pulverförmige Probe besitzt (vermutlich bei gewöhnlicher Temperatur) eine asymmetrische Resonanzlinie, die mittels $\delta H/H_0 = \alpha_{is} + \alpha_{anis} (3 \cos^2 \Theta - 1)$, s. beispielsweise Tsang [3], analysiert wird (Θ = Winkel zwischen H_0 und einer der ⟨100⟩-Richtungen). Die isotrope Verschiebung $\alpha_{is} = 0.0215 \pm 0.0002$ entspricht dem Zentrum der Linie. Die anisotrope Verschiebung ergibt sich zu $\alpha_{anis} = 0.0040$ [2]. $\alpha_{is} = 0.022$ [4], s. auch [5].

Relaxation, Linienbreite

Die Spin-Gitter-Relaxationszeit T_1 nimmt zwischen 0.115 und 3 K für $H_0 \| [111]$ (1.07 bis 4.20 kOe) mit steigender Temperatur T ab, bei $H_0 = 2.20$ kOe etwa von 16 auf 1.3 s (aus Figur

NMR of ^{19}F in $RbMnF_3$

im Original abgelesen). Unterhalb 0.4 K gilt angenähert $T_1 \sim 1/T$. Mit steigender Feldstärke H_0 wird bei 0.2 und 1.0 K eine Zunahme von T_1 beobachtet, die etwas stärker als $T_1 \sim H_0^2$ ist. Messungen mit $H_0 \| [100]$ (4.2 kOe) ergeben für die bei höherem Feld gelegene Komponente der Resonanz unterschiedliche Werte für zwei Proben verschiedener Reinheit und Größe. Die um etwa 20% höheren Werte der größeren und vermutlich reineren Probe werden mit der Existenz von Domänen begründet. Es wird ein Relaxationsmechanismus vorgeschlagen, bei dem ein direkter Übergang der ^{19}F-Zeeman-Energie auf das ^{55}Mn-Kernspinsystem stattfindet, Näheres im Original [6]. Nach ähnlichen Messungen [7] zwischen 1.5 K und T_N (82.9 K) mit $H_0 \| [100]$ ändert sich bei etwa 6 K die Temperaturabhängigkeit von T_1. Im Intervall von 8 K bis T_N, das etwa vier Größenordnungen von T_1 umfaßt, gilt die empirische Arrhenius-Beziehung $1/T_1 = \exp(1-1.13\,T_N/T)/3.7$ mit T_1 in μs, T in K. Zwischen 8 und 16 K kann T_1 auch mit einem Potenzgesetz ($T_1 \sim T^{-7}$) erfaßt werden. Dieses Gesetz, das im Falle des $KMnF_3$ auf den Einfluß von Verunreinigungen zurückgeführt wird (s. S. 140), wird hier jedoch für eine andere Probe mit vermutlich größerer Reinheit bestätigt [7]. — Für den paramagnetischen Bereich liegt keine Messung vor. Hier wird deshalb $T_1 = T_2$ (s. unten) angenommen [8].

Die Linienbreite ΔH (Abstand der Extrema der Ableitung der Absorptionskurve) wird bei 298 K in einem parallel zu einer Würfelkante der Elementarzelle gerichteten Feld mit einer stationären Methode zu $\Delta H_\perp = 17 \pm 1$ Oe (für Kerne, deren nächste Mn^{2+}-Nachbarn auf Linien $\perp H_0$ liegen) und zu $\Delta H_\| = 20 \pm 2$ Oe (Mn^{2+} auf Linien $\| H_0$) gemessen. Bei 90 K gilt $\Delta H_\perp = 10.5$, $\Delta H_\| = 13$ Oe [1]. Entsprechende Angaben für $\Delta H_\perp$ von Melcher, Bolef [9] lauten 17 ± 2 bzw. 13.5 ± 1 Oe. Für $T \rightarrow T_N$ wird im Gegensatz zu MnF_2 und $KMnF_3$ keine Verbreiterung vom λ-Typ beobachtet [9]. Messungen von $\Delta H_\perp$ zwischen T_N und gewöhnlicher Temperatur durch Hess, Hunt [7] ergeben einen für $T \rightarrow \infty$ extrapolierten Wert $\Delta H_{\perp\infty} = 22 \pm 2$ Oe (ferner 17 ± 2 Oe bei gewöhnlicher Temperatur, 9 ± 1 Oe bei 90 K). Das Ausbleiben der Zunahme für $T \rightarrow T_N$ wird bestätigt [7]. Ein weiterer für $T \rightarrow \infty$ extrapolierter Wert $\sqrt{3}\,\Delta H_{\perp\infty}/2 = 19.7 \pm 1$ Oe wird von Gulley u. a. [10] angegeben. Deren Messungen zwischen 84 und 573 K (laut Hone, Silbernagel [11]) lassen sich zwischen $2.5\,T_N$ und $7\,T_N$ in der Form $\Delta H_\perp = \Delta H_{\perp\infty}(1 - \alpha|\Theta|/T)$ darstellen mit $\alpha = 0.55 \pm 0.05$, Θ s. S. 53 [11]. — Theoretische Werte: Zwischen T_N und gewöhnlicher Temperatur s. Tucker [12]. $\alpha = 0.49 \pm 0.05$ für vorstehende Formel berechnen Hone, Silbernagel [11]. $\Delta H_{\perp\infty} = 16.1$, $\Delta H_{\|\infty} = 21.3$ Oe, Myles [13]; $\Delta H_{\perp\infty}$ auch bei Tucker [14], Hess, Hunt [7]. $\sqrt{3}\,\Delta H_{\perp\infty}/2$ für 4 Linienmodelle s. bei Gulley u. a. [15], s. auch [10,16]. — Im antiferromagnetischen Bereich ergeben stationäre Messungen bei 13.5 MHz einen von der Temperatur unabhängigen Wert $\Delta H_\perp = 5.5 \pm 0.5$ Oe [7]. Eine monotone Zunahme mit abnehmender Temperatur bis auf $\Delta H_\perp = 35 \pm 3$ Oe bei 4.2 K beobachten dagegen Melcher, Bolef [9].

Die Spin-Spin-Relaxationszeit T_2 ergibt sich in Anbetracht der Lorentzschen Linienform aus den von Walker [1] gemessenen Linienbreiten nach der Formel $1/T_2 = \sqrt{3}\,\gamma(^{19}F) \cdot \Delta H/2$ zu $T_{2\perp} = 2.7 \pm 0.3\ \mu s$, $T_{2\|} = 2.3 \pm 0.2\ \mu s$ bei gewöhnlicher Temperatur [17]. Als Grenzwerte für $T \rightarrow \infty$ folgen $T_{2\perp} = 2.1 \pm 0.2\ \mu s$ aus $\Delta H_{\perp\infty}$ von Hess, Hunt [7], $T_{2\perp} = 2.02 \pm 0.10\ \mu s$ aus $\Delta H_{\perp\infty}$ von Gulley u. a. [10]. Ein theoretisch berechneter Wert ist $T_{2\perp} = 2.5 \pm 0.5\ \mu s$ [18]. — Im antiferromagnetischen Bereich bleibt T_2, mit der Spinechomethode bei 39 MHz gemessen, bis 35 K hinunter ebenso groß wie T_1. Unterhalb 30 K ist $T_{2\perp} = 79 \pm 8\ \mu s$ von der Temperatur unabhängig. Die Diskrepanz zwischen dem anomal hohen, gemessenen und dem mittels Dipol-Wechselwirkung berechneten Wert wird diskutiert. $T_{2\perp} = 8.4\ \mu s$ folgt aus der stationär gemessenen Linienbreite [7].

Hyperfein(HF)- und Quadrupolkopplung

Die Komponenten A_i^j (in $10^{-4}\ cm^{-1}$) des diagonalen HF-Kopplungstensors (i = x, y, z, wobei die z-Achse durch die beiden nächstbenachbarten Mn^{2+}-Ionen verläuft; j kennzeichnet die Mn^{2+}-Ionen) sind mit den relativen Verschiebungen $\alpha_\|$, $\alpha_\perp$ verknüpft durch $\Sigma A_z^j = N g \mu_B \gamma(^{19}F)\hbar\alpha_\|/\chi_{mol}$ (analog $\Sigma A_x^j = \Sigma A_y^j$ mit $\alpha_\perp$). Die Komponenten $A_\|$ (in Richtung der z-Achse), $A_\perp$ (senkrecht zur z-Achse) für die Wechselwirkung mit dem jeweils nächstbenachbarten Mn^{2+}-Ion ergeben sich hieraus nach

Abzug der klassischen Dipol-Wechselwirkung mit allen übrigen Mn^{2+}-Ionen und Halbierung. Mit den eigenen Werten für $\alpha_{\parallel}$ und $\alpha_{\perp}$ erhalten Walker, Stevenson [1] $A_{\parallel}$ = 21.49 ± 0.90, $A_{\perp}$ = 12.77 ± 0.55, s. auch Wiedergabe bei Bose [19]. Nach Abzug der Dipol-Wechselwirkung mit dem nächstbenachbarten Ion folgen $A'_{\parallel}$ = 16.29, $A'_{\perp}$ = 15.37 (Fehler wie vorher). Die hiermit gebildeten Größen $A_s = (A'_{\parallel} + 2\,A'_{\perp})/3$ = 15.68 ± 0.67 und $A_{\sigma}-A_{\pi} = (A'_{\parallel}-A'_{\perp})/3$ = 0.31 ± 0.18 sind ein Maß für die isotrope Verschiebung auf Grund der Fermi-Kontaktwechselwirkung bzw. für die (nicht auf der klassischen Dipol-Wechselwirkung beruhende) anisotrope Verschiebung [1]. Auf Grund von Messungen an polykristallinen Proben wird A_s = 15.7 [4], A_s = 15.3, $A_{\sigma}-A_{\pi}$ = 0.4 [2] angegeben.

Die Bruchteile ungepaarten Spins für die 2s- und 2p-Orbitale des F^- ergeben sich nach den auf S. 58 genannten Beziehungen zu f_s = (0.50 ± 0.02)% bzw $f_{\sigma}-f_{\pi}$ = (0.33 ± 0.18)% [1], s. auch f_s = 0.52%, $f_{\sigma}-f_{\pi}$ = 0.3% bei Hudson, Root [20]. Aus dem jeweiligen eigenen Wert für A_s folgt f_s = 0.51% [2], 0.52% [4]. f_{σ} = 3.8% folgt aus Messungen der gestörten Winkelkorrelation der γ-Strahlung von ^{111m}Cd, das in $RbMnF_3$ eingebaut wurde [21].

Die Quadrupolkopplungskonstante ergibt sich zu e^2qQ/h = 12.8 ± 0.2 MHz bei 300 K aus Messungen der gestörten Winkelkorrelation bei der γ-Emission des 197keV-Anregungsniveaus des ^{19}F. Der auf S. 142 definierte Parameter f_Q wird hiernach mit 5.3% angegeben [22].

Literatur:

[1] M. B. Walker, R. W. H. Stevenson (Proc. Phys. Soc. [London] **87** [1966] 35/43). — [2] R. E. Payne, R. A. Forman, A. H. Kahn (J. Chem. Phys. **42** [1965] 3806/8). — [3] T. Tsang (J. Chem. Phys. **40** [1964] 729/33). — [4] M. P. Petrov, G. A. Smolenskii, P. P. Syrnikov (Fiz. Tverd. Tela **7** [1965] 3689/90; Soviet Phys.-Solid State **7** [1965] 2984/5). — [5] M. P. Petrov, G. A. Smolenskii (Tr. 10-ogo Mezhdunar. Konf. Fiz. Nizkikh Temp., Moskva 1966 [1967], Bd. 4, S. 190/4 nach C. A. **70** [1969] Nr. 42297).

[6] M. Twerdochlib, E. R. Hunt (Phys. Rev. [3] B **14** [1976] 4826/9). — [7] L. L. Hess, E. R. Hunt (Phys. Rev. [3] B **6** [1972] 45/50). — [8] F. Borsa, M. Bosco (Solid State Commun. **14** [1974] 1105/9). — [9] R. L. Melcher, D. I. Bolef (Phys. Rev. [2] **184** [1969] 556/64). — [10] J. E. Gulley, B. G. Silbernagel, V. Jaccarino (J. Appl. Phys. **40** [1969] 1318/9).

[11] D. W. Hone, B. G. Silbernagel (J. Phys. [Paris] **32** [1971] Suppl. C1-761/C1-762). — [12] J. W. Tucker (J. Phys. C **8** [1975] 353/60). — [13] C. W. Myles (Phys. Rev. [3] B **11** [1975] 3225/37, 3234). — [14] J. W. Tucker (Phys. Letters A **48** [1974] 155/6). — [15] J. E. Gulley, D. Hone, D. J. Scalapino, B. G. Silbernagel (Phys. Rev. [3] B **1** [1970] 1020/30).

[16] J. E. Gulley, B. G. Silbernagel, V. Jaccarino (Phys. Letters A **29** [1969] 657/8). — [17] M. B. Walker (Proc. Phys. Soc. [London] **87** [1966] 45/8). — [18] T. Horiguchi, E. R. Hunt (Phys. Letters A **49** [1974] 227/8). — [19] M. Bose (Progr. Nucl. Magn. Resonance Spectrosc. **4** [1969] 335/444, 359). — [20] A. Hudson, K. D. J. Root (Advan. Magn. Resonance **5** [1971] 1/79, 74/5).

[21] H. H. Rinneberg, D. A. Shirley (Phys. Rev. Letters **30** [1973] 1147/50). — [22] H. Haas, E. Recknagel, B. Spellmeyer (Magn. Resonance Relat. Phenomena, Proc. 18th Congr. AMPERE, Nottingham 1974 [1975], Bd. 1, S. 259/60).

^{55}Mn-Resonanz

^{55}Mn Resonance

Lage, Intensität

Im antiferromagnetischen Bereich gibt es wegen der starken Kopplung zwischen Kern- und Elektronenspins zwei Kernresonanzfrequenzen. Näheres dazu s. bei Freisner u. a. [1], Ince u. a. [2]. Wenn das äußere Feld H_0 stärker als das Spin-Flop-Feld H_{SF} (s. S. 169, vgl. [2]) ist, gilt angenähert die folgende Verknüpfung mit den Frequenzen (ω_A) der antiferromagnetischen Resonanz: $\nu_{\parallel,\perp} = \nu_{HF}(1-2\gamma_e H_E H_{NE}/\omega^2_{A\parallel,\perp})^{1/2}$. Hier bezeichnen || und $\perp$ die Polarisationsrichtung des magnetischen Wechselfeldes H_{rf} relativ zu H_0, ν_{HF} = unverschobene Hyperfeinfrequenz, γ_e = gyromagnetisches Verhältnis der Elektronen, H_E = Austauschfeld, H_{NE} = durch die Kernpolarisation bedingtes Anisotropie-

NMR of ^{55}Mn in $RbMnF_3$

feld [1]; s. auch de Gennes u. a. [3]. $\nu_{\perp}$ und $\nu_{\parallel}$ (nur unterhalb H_{SF}) werden von Ince, Morgenthaler [4] sowie Ince [5] beobachtet, s. **Fig. 70.** Bei 250 MHz verschmelzen beide Resonanzen zu einer einzigen breiten Resonanz. Die theoretisch im Rahmen eines Modells mit 4 Untergittern (je 2 für Elektronen- und Kern-Magnetisierung) berechneten Frequenzen weichen insbesondere im Bereich kleiner Feldstärken H_0 ab; dabei benutzte Parameter sind $H_E = 8.16 \times 10^5$ Oe, Anisotropiefeld $H_A = 4.59$ Oe, $\nu_{HF} = 686.2$ MHz. Feldabhängigkeit der Resonanz für $H_0 \parallel [100]$ bei 10 K, für $H_0 \parallel [111]$ bei 4.2, 10, 20, 30 K und für $H_0 \parallel [110]$ bei 4.2, 10 K s. im Original [5]. Die relative Absorption in Abhängigkeit vom angelegten Feld H_0 (vermutlich $\parallel [100]$ bei 4.2 K) bei 520 MHz zeigt **Fig. 71.** Die im Spin-Flop-Zustand beobachtete zusätzliche Resonanz bei etwa 3.7 kOe könnte auf Domäneneffekten beruhen [5]. Die von Ince [5] oberhalb von H_{SF} nicht beobachtete feldunabhängige Frequenz $\nu_{\parallel}$, s. Fig. 70, wird auf Grund der Wechselwirkung mit einer longitudinalen Ultraschallwelle von Platzker, Morgenthaler [6] aufgefunden. Sehr gute Übereinstimmung mit der Theorie ergibt sich für $H_E = (8.22 \pm 0.06) \times 10^5$ Oe, $H_A = 4.81$ Oe, $\nu_{HF} = 686.2$ MHz [6]. Die feldabhängige Frequenz $\nu_{\perp}$ wird oberhalb H_{SF} (H_0 bis 27 kOe) von Freiser u. a. [1] beobachtet, die

Fig. 70

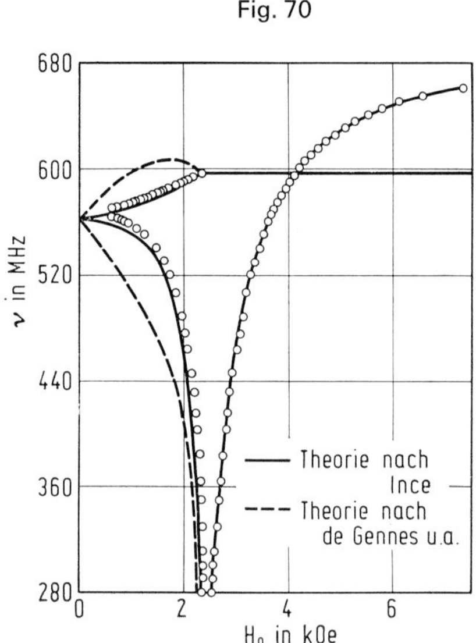

Feldabhängigkeit der ^{55}Mn-NMR-Frequenz ν in $RbMnF_3$ bei 4.2 K und $H_0 \parallel [100]$. Das horizontale Kurvenstück gehört zu $\nu_{\parallel}$.

Fig. 71

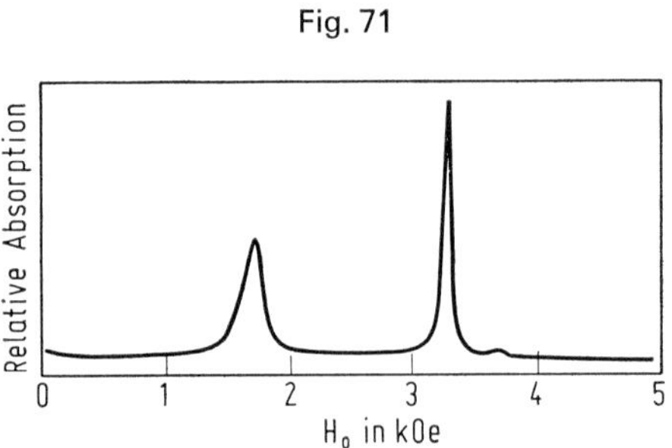

Feldabhängigkeit der Intensität der ^{55}Mn-NMR in $RbMn\ F_3$ bei 4.2 K und 520 MHz.

ν_{HF} = 686.2 ± 0.2 MHz extrapolieren (unabhängig von der Temperatur unterhalb 4.8 K). Eine Aufspaltung von $\nu_{\perp}$, die für $H_0 || [110]$ bei 680 MHz, für $H_0 || [100]$ bei 678.5 MHz beginnt, kann nicht erklärt werden [1]. Über die Aufspaltung bei 679 MHz berichtet auch Teaney [7]. In Untersuchungen der Elektronen-Kern-Doppelresonanz wird diese Aufspaltung nicht bestätigt. Hierbei wird auf ν_{HF} = 687.8 MHz geschlossen [8]. Aus ähnlichen Messungen leitet Ince [9] ν_{HF} = 686.5 MHz ab. Die feldabhängige Resonanz $\nu_{\perp}$ oberhalb H_{SF} beobachten Heeger, Teaney [10] bei 2.02 und 4.2 K mit $H_0 || [110]$.

Messungen mit der Kernspinecho-Methode zwischen 2 und 9 kOe bestätigen die mit den stationären Methoden [5, 10] gemessenen Frequenzen [11], s. auch [12]. Derartige Untersuchungen werden auch von Petrov u. a. [13, 14, 15] beschrieben.

Doped $RbMnF_3$

An Co-dotierten Proben (bis 0.045%) ergeben weder direkte Messungen noch Doppelresonanz-Untersuchungen eine Änderung gegenüber undotierten Proben [2].

Relaxation, Linienbreite

Die Spin-Gitter-Relaxationszeit T_1 = 50 ms bei 4.2 K mißt Ince [8, 9] für $\nu_{\perp}$ nach der von Heeger u. a. [16] beim $KMnF_3$ verwendeten Methode der Doppelresonanz.

Die Linienbreite im paramagnetischen Bereich berechnet Myles [17] zu ΔH = 441.1 Oe für den Grenzfall hoher Temperaturen. $\Delta\nu$ = 1.0 MHz folgt aus einer von Horiguchi, Hunt [18] aus der HF-Kopplungskonstanten ebenfalls für $T \to \infty$ berechneten Spin-Spin-Relaxationszeit T_2 = 0.18 μs. — Im antiferromagnetischen Bereich wird für die feldabhängige Resonanz $\nu_{\perp}$ von Weber, Seavey [19] oberhalb etwa 20 kOe eine konstante Linienbreite $\Delta\nu$ (etwa 0.52 MHz bei 4.2 K), s. **Fig. 72**, bei einer Gaußschen Linienform gemessen. Eine Anomalie bei 13.4 kOe (entsprechend $\nu_{\perp} \approx$ 678.5 MHz) wird mit dem von Freiser u. a. [1] gefundenen Aufspaltungseffekt in Zusammenhang gebracht. Bei 1.78 K liegt die Anomalie bei 20.0 kOe [19]. Messungen der Relaxationsgeschwindigkeit $\eta(k)$ von Kernspinwellen (in $10^6\ s^{-1}$, k = Wellenvektor), die durch sogenanntes „paralleles Pumpen" (s. [20, 21]) angeregt werden, ergeben jedoch Hinweise darauf, daß obige, für k = 0 geltende $\Delta\nu$-Werte zu hoch liegen. Während aus den Messungen von Weber, Seavey [19] $\eta(0)$ = 5.3 bei 1.79 K und 6500 Oe abgeleitet und mittels der dort beobachteten, für inhomogene Verbreiterung charakteristischen H_0^{-3}-Abhängigkeit auf $\eta(0)$ = 26 bei 3800 Oe extrapoliert wird, ergeben die eigenen Untersuchungen an Kernspinwellen (nach Anregung mit Photonen) $\eta(k \to 0)$ = 1.4 bei 1.15 K und 3800 Oe [22]. Platzker, Morgenthaler [23], die Kernspinwellen mit Phononen anregen (s. auch [24]), finden in Übereinstimmung mit Weber, Seavey [19] eine

Fig. 72

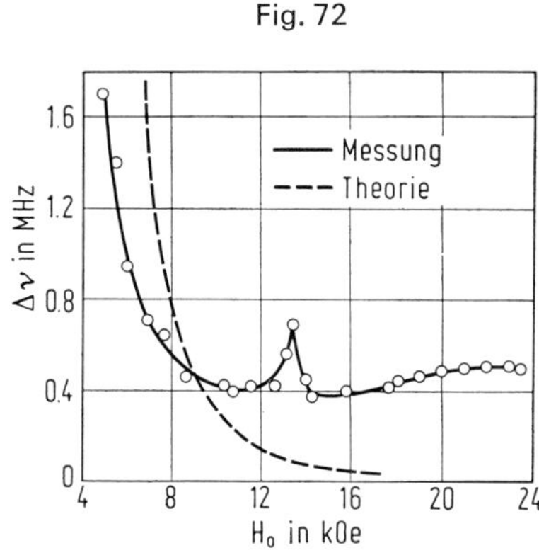

Feldabhängigkeit der Linienbreite $\Delta\nu$ der ^{55}Mn-NMR ($\nu_{\perp}$) in $RbMnF_3$ bei 4.2 K, $H_0 || [001]$ und $\perp H_{rf}$.

NMR of ^{55}Mn in $RbMnF_3$

Abnahme von $\eta(k)$ mit zunehmender Frequenz, aber um etwa 2 Größenordnungen niedrigere Werte. Die obigen $\Delta\nu$-Werte werden auf spannungsbedingte inhomogene Verbreiterung zurückgeführt [23]. Ähnliche Linienbreiten wie Weber, Seavey [19] messen Ince [5] (ΔH für 3250 Oe) und — mit einem Spinecho-Verfahren — Petrov u. a. [11] ($\Delta\nu$ und ΔH für 2 bis 9 kOe). Vorläufige Angaben s. [1,10]. Theoretische Überlegungen s. bei Richards [25].

Hyperfeinkopplung

Die HF-Kopplungskonstante (in 10^{-4} cm^{-1}, Näheres s. S. 143) $A = -92.5$ wird von $KMnF_3$ übernommen, s. Schrama [26]. $A = -92.32$ (aus -90.8 für Mn^{2+} in $KZnF_3$ nach privater Mitteilung von J. J. Krebs und $\delta A = -1.52$ nach Huang u. a. [27]) benutzen Colpa u. a. [28], um aus dem eigenen Wert $|A| \cdot \langle S \rangle = (229 \pm 1) \times 10^{-4}$ cm^{-1} die Spinreduktion abzuleiten; dort ferner $|A| \cdot \langle S \rangle = 229.4 \times 10^{-4}$ cm^{-1} nach den NMR-Messungen von Ince [8]. Für $|A| \cdot c \cdot \langle S \rangle$ folgt als Mittelwert auf Grund von NMR-Messungen 687 ± 2 MHz [26], wobei die Einzelwerte 687 [10], 686.2 [1], 687.8 [8] und 686.5 MHz [9] verwendet werden.

Literatur:

[1] M. J. Freiser, R. J. Joenk, P. E. Seiden, D. T. Teaney (Proc. Intern. Conf. Magnetism, Nottingham 1964 [1965], S. 432/6). — [2] W. J. Ince, D. Gabbe, A. Linz (Phys. Rev. [2] **185** [1969] 482/9). — [3] P. G. de Gennes, P. A. Pincus, F. Hartmann-Boutron, J. M. Winter (Phys. Rev. [2] **129** [1963] 1105/15). — [4] W. J. Ince, F. R. Morgenthaler (Phys. Letters A **29** [1969] 106/7). — [5] W. J. Ince (Phys. Rev. [2] **184** [1969] 574/88, 584).

[6] A. Platzker, F. R. Morgenthaler (Phys. Letters A **30** [1969/70] 515/6). — [7] D. T. Teaney (Bull. Am. Phys. Soc. [2] **13** [1968] 164). — [8] W. J. Ince (Phys. Rev. [2] **177** [1969] 1005/7). — [9] W. J. Ince (J. Appl. Phys. **40** [1969] 1595/6). — [10] A. J. Heeger, D. T. Teaney (J. Appl. Phys. **35** [1964] 846/7).

[11] M. P. Petrov, G. A. Smolenskii, A. A. Petrov, S. I. Stepanov (Fiz. Tverd. Tela **15** [1973] 184/92; Soviet Phys.-Solid State **15** [1973] 126/31). — [12] A. A. Petrov, M. P. Petrov, G. A. Smolenskii, P. P. Syrnikov (Pis'ma Zh. Eksperim. i Teor. Fiz. **14** [1971] 514/8; JETP Letters **14** [1971] 353/5). — [13] M. P. Petrov, V. P. Chekmarev, A. A. Petrov (Physica B + C **86/88** [1977] 1305/6). — [14] A. A. Petrov, M. P. Petrov, V. P. Chekmarev (Fiz. Tverd. Tela **17** [1975] 2640/5; Soviet Phys.-Solid State **17** [1975] 1755/8). — [15] V. P. Chekmarev, M. P. Petrov, A. A. Petrov (Fiz. Tverd. Tela **17** [1975] 1822/4; Soviet Phys.-Solid State **17** [1975] 1193).

[16] A. J. Heeger, A. M. Portis, D. T. Teaney, G. Witt (Phys. Rev. Letters **7** [1961] 307/9). — [17] C. W. Myles (Phys. Rev. [3] B **11** [1975] 3225/37, 3234). — [18] T. Horiguchi, E. R. Hunt (Phys. Letters A **49** [1974] 227/8). — [19] R. Weber, M. H. Seavey (Solid State Commun. **7** [1969] 619/22). — [20] F. Ninio, F. Keffer (Phys. Rev. [2] **165** [1968] 735/50).

[21] L. W. Hinderks, P. M. Richards (J. Appl. Phys. **39** [1968] 824/5; Phys. Rev. [2] **183** [1969] 575/85). — [22] L. W. Hinderks, P. M. Richards (J. Appl. Phys. **42** [1971] 1516/21). — [23] A. Platzker, F. R. Morgenthaler (Phys. Rev. Letters **26** [1971] 442/5). — [24] A. Platzker, F. R. Morgenthaler (Phys. Rev. Letters **22** [1969] 1051/4). — [25] P. M. Richards (Phys. Rev. [2] **173** [1968] 581/91).

[26] A. H. M. Schrama (Physica **66** [1973] 131/44, 140/2). — [27] N. L. Huang, R. Orbach, E. Šimánek, J. Owen, D. R. Taylor (Phys. Rev. [2] **156** [1967] 383/90). — [28] J. H. P. Colpa, E. G. Sieverts, R. H. van der Linde (Physica **51** [1971] 573/87, 584/5).

$^{85,87}Rb$ Resonance

^{85,87}Rb-Resonanz

Lage

Die Resonanzfrequenz ist bei einem Einkristall wegen der kubischen Symmetrie des Rb^+-Gitterplatzes von der Richtung des äußeren Feldes H_0 unabhängig. Die Verschiebung des Resonanzfeldes gegenüber dem Wert in einer diamagnetischen Verbindung, $\delta H = \omega/\gamma(^{85,87}Rb) - H_0$ (Symbole s.

S. 45), ist für beide Rb-Kerne praktisch gleich und negativ. Bei 298 K wird $\alpha = \delta H/H_0 = -(1.99 \pm 0.07) \times 10^{-3}$ für ^{85}Rb, $-(1.94 \pm 0.05) \times 10^{-3}$ für ^{87}Rb gemessen. Bei 90 K liegen die Werte dem Betrag nach im Verhältnis der geänderten Suszeptibilität höher [1]. An polykristallinen Proben wird bei gewöhnlicher Temperatur $\alpha = -0.00185 \pm 0.00010$ (für ^{85}Rb und ^{87}Rb) [2], bei 293 K $\alpha = -(1.9 \pm 0.2) \times 10^{-3}$ (für ^{87}Rb) [3,4] gemessen, s. auch [5]. Auch bei Temperaturerniedrigung bis 61 K wird keine Aufspaltung der Resonanzlinien beobachtet [2].

Relaxation, Linienbreite

Die Temperaturabhängigkeit der Spin-Gitter-Relaxationsgeschwindigkeit $1/T_1$ für ^{87}Rb zeigt **Fig. 73** nach gepulsten Messungen [6] mit $H_0 \parallel [100]$. In der Umgebung der Néel-Temperatur T_N wird keine Anomalie beobachtet. Die Extrapolation auf $T \rightarrow \infty$ liefert $1/T_{1\infty} \approx 500\ s^{-1}$. Mit der Theorie von Moriya [7] ergibt sich gute Übereinstimmung, wenn geeignete Näherungen für die Spinkorrelationsfunktionen benutzt werden, wodurch beispielsweise $1/T_{1\infty}$ von 304 in 530 s^{-1} geändert wird [6]. Aus ähnlichen Messungen zwischen 1.5 und 300 K extrapolieren Hunt, Horiguchi [8] $T_{1\infty} = 2.0 \pm 0.1$ ms. Zwischen 12 und 50 K, wo sich T_1 um 3 Größenordnungen ändert, gilt die empirische Arrhenius-Beziehung $1/T_1 = \exp(-1.17\ T_N/T)/3.8$ mit T_1 in ms. Bei etwa 12 K ist $T_1 \sim T^{-7}$. Unterhalb 4.2 K wird $T_1 \sim H_0^3$ (H_0 = 4 bis 10 kOe) und eine schwächere Temperaturabhängigkeit als $1/T$ gefunden [8]; hier sowie bei Tucker [9] weitere theoretische Überlegungen.

Fig. 73

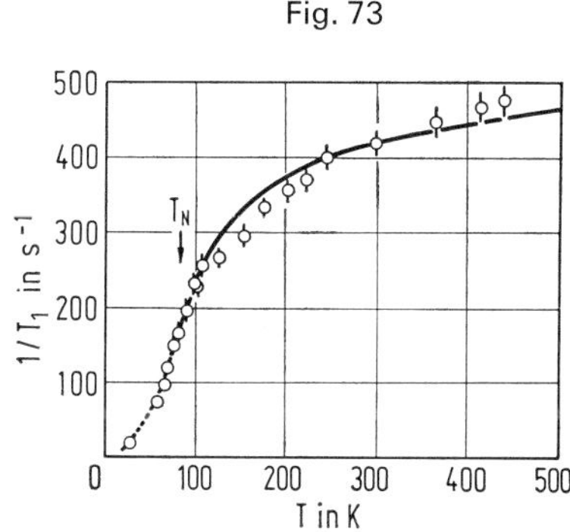

Temperaturabhängigkeit der Spin-Gitter-Relaxationsgeschwindigkeit $1/T_1$ der ^{87}Rb-NMR bei $RbMnF_3$. Die ausgezogene (unterhalb T_N gestrichelte) Kurve gibt berechnete Werte wieder.

Die Linienbreite ΔH der ^{87}Rb-Resonanz beträgt 1.5 ± 0.5 Oe bei 298 und 90 K [1]. Nach Hess [10] ist ΔH (^{87}Rb) unabhängig von Stärke und Richtung des Magnetfeldes und von der Temperatur. Für polykristalline Proben geben Payne u. a. [2] $\Delta H \approx 4.5$ Oe an. Berechnete Werte für den Grenzfall hoher Temperaturen sind $\Delta H = 1.84$ Oe (^{87}Rb), 0.343 Oe (^{85}Rb) [11].

Hyperfeinkopplung

Aus den gemessenen Verschiebungen folgen die HF-Kopplungskonstanten (in $10^{-4}\ cm^{-1}$) $A = -0.0366 \pm 0.0025$ (^{85}Rb), -0.1210 ± 0.0073 (^{87}Rb) [1], -0.0338 bzw. -0.114 [2], -0.12 (^{87}Rb) [3]. Als Bruchteile ungepaarten Spins geben Walker, Stevenson [1] für das 4s-Orbital der Rb^+-Ionen $f_{4s} = -(0.00395 \pm 0.00024)\%$ (^{87}Rb), $-(0.00405 \pm 0.00029)\%$ (^{85}Rb) an (Spinrichtung entgegengesetzt der des Mn^{2+}). Unter der Annahme, daß der ungepaarte Spin im 1s-Orbital vorliege, ergeben sich f_{1s}-Werte, die noch um etwa 3 Größenordnungen kleiner sind (s. Original). Für ungepaarte Spins im 5s-Orbital folgt dagegen $f_{5s} = -0.052\%$ (^{87}Rb) [3,4], s. auch [5], und -0.050% [2].

Literatur:

[1] M. B. Walker, R. W. H. Stevenson (Proc. Phys. Soc. [London] **87** [1966] 35/43). — [2] R. E. Payne, R. A. Forman, A. H. Kahn (J. Chem. Phys. **42** [1965] 3806/8). — [3] M. P. Petrov, G. A. Smolenskii, P. P. Syrnikov (Fiz. Tverd. Tela **7** [1965] 3689/90; Soviet Phys.-Solid State **7** [1965] 2984/5). — [4] G. A. Smolenskii, M. P. Petrov, R. V. Pisarev (J. Appl. Phys. **38** [1967] 1269/71). — [5] M. P. Petrov, G. A. Smolenskii (Tr. 10-ogo Mezhdunar. Konf. Fiz. Nizkikh Temp., Moskva 1966 [1967], Bd. 4, S. 190/4 nach C. A. **70** [1969] Nr. 42297).

[6] F. Borsa, M. Bosco (Solid State Commun. **14** [1974] 1105/9). — [7] T. Moriya (Progr. Theoret. Phys. [Kyoto] **16** [1956] 23/44, **28** [1962] 371/400). — [8] E. R. Hunt, T. Horiguchi (Phys. Rev. [3] B **11** [1975] 1804/7). — [9] J. W. Tucker (Phys. Status Solidi B **70** [1975] 245/51). — [10] L. L. Hess (Diss. Univ. of Ohio 1971; Diss. Abstr. Intern. B **32** [1972] 5392/3).

[11] C. W. Myles (Phys. Rev. [3] B **11** [1975] 3225/37, 3234).

Paramagnetic Relaxation of $RbMnF_3$

Paramagnetische Relaxation

Die Linienbreite der paramagnetischen Resonanzabsorption ΔH, gemessen bei 300 K sowie zwischen 170 und 70 K, nimmt unterhalb 150 K allmählich ab bis zu einem Minimum bei der Néel-Temperatur T_N, das jedoch bei 24.4 GHz wesentlich schwächer ausgeprägt ist als bei 9.2 GHz (H || [100]) [1]. Daher ist es verständlich, daß Siebert [2] bei 30 GHz zwischen 300 und 77 K eine konstante Linienbreite findet. Im Bereich von $T_N + 5$ K bis $T_N - 2$ K ändert sich ΔH (gemessen bei 9.7 GHz) nur sehr wenig, so daß ΔH für konstant gehalten wird [3]. — Bei steigender Temperatur verhält sich $RbMnF_3$ bis zum Schmelzpunkt ebenso wie $KMnF_3$ (s. S. 145) [4].

Für die Form der Resonanzlinie ist wie bei MnF_2 und $KMnF_3$ die Austauschwechselwirkung von großer Bedeutung; eingehende theoretische Erörterungen hierzu (‚exchange narrowing") s. bei Gulley u. a. [5]. Die Temperaturabhängigkeit von ΔH in der Nähe von T_N (die anders ist als bei MnF_2) kann mit dem unterschiedlichen Einfluß der Gittersymmetrie auf die Dipolwechselwirkung erklärt werden. So kann auch für die Spin-Gitter-Relaxation eine Zeitkonstante berechnet werden [6], die mit den Meßdaten der Ultraschalldämpfung [7] gut vereinbar ist. Der Relaxationsprozeß dürfte besser zu erfassen sein, wenn außer dem 2. und 4. auch das 6. Moment der Absorptionslinie berücksichtigt wird, zu dessen Berechnung Tucker [8] Formeln ableitet.

Bei der Anregung der paramagnetischen Resonanz durch Schallwellen (1.1 GHz, Ausbreitungsrichtung [110], 293 K) beobachten Miller u. a. [9] eine völlig abweichende Form der Resonanzlinie, die sich aber auch theoretisch gut erklären läßt.

Literatur:

[1] R. P. Gupta, M. S. Seehra (Phys. Letters A **33** [1970] 347/8), R. P. Gupta (Diss. Univ. of West Virginia 1971; Diss. Abstr. Intern. B **32** [1972] 4777). — [2] J. F. Siebert (Diss. Univ. of California 1968; Diss. Abstr. B **29** [1969] 3451/2; UCRL-18119 [1968]; C. A. **69** [1968] Nr 91399). — [3] E. Toyota, K. Hirakawa (J. Phys. Soc. Japan **30** [1971] 692/6). — [4] E. Dormann, V. Jaccarino (AIP [Am. Inst. Phys.] Conf. Proc. Nr. 18 [1974] 529/33). — [5] J. E. Gulley, D. Hone, D. J. Scalapino, B. G. Silbernagel (Phys. Rev. [3] B **1** [1970] 1020/30), J. E. Gulley, B. G. Silbernagel, V. Jaccarino (J. Appl. Phys. **40** [1969] 1318/9; Phys. Letters A **29** [1969] 657/8).

[6] D. L. Huber (Phys. Rev. [3] B **3** [1971] 836/42; Phys. Letters A **37** [1971] 283/4). — [7] G. Gorodetsky, B. Lüthi, T. J. Moran (Intern. J. Magn. **1** [1971] 295/306). — [8] J. W. Tucker (J. Phys. C **7** [1974] 4089/96). — [9] J. G. Miller, P. A. Fedders, D. I. Bolef (Phys. Rev. Letters **27** [1971] 1063/5).

Dielectric Constant

Dielektrizitätskonstante ε

Bei niedrigen Frequenzen (10 bis 100 kHz) erhalten Axe, Pettit [1] nach der Brückenmethode $\varepsilon_0 = 7.6 \pm 0.3$ bei 300 K. Nach Messungen zwischen 100 Hz und 13.9 GHz (zwischen 100 und 10^7 Hz nach der Brückenmethode, bei 466 MHz mit einem Hohlraumresonator und bei 13.9 GHz

Bestimmung der Wellenlänge in einem Hohlleiter) hat der Realteil von ε zwischen 10^2 und 10^7 Hz bei 25, 100 und 200°C den nahezu konstanten Wert $\varepsilon' \approx 8.0$. Bei 300°C hat ε' zwischen 10^4 und 10^7 den gleichen Wert, unterhalb 10^4 Hz zeigt die Kurve zunächst einen schwächeren, dann steilen Anstieg auf $\varepsilon' = 17.3$ bei 100 Hz. Starke dielektrische Verluste werden für hohe Temperaturen bei niedrigen Frequenzen beobachtet, s. **Fig. 74**. Sie sind vorwiegend Verluste der Gleichstromleitfähigkeit und beruhen auf der Bewegung der Elektronen und Ionen im elektrischen Feld [2].

Fig. 74

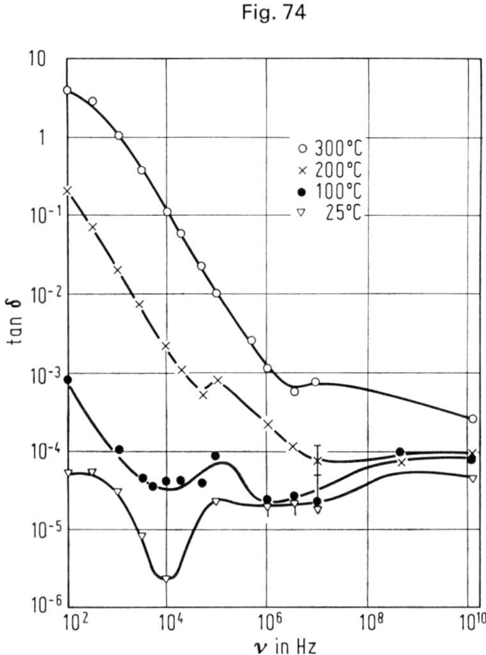

Frequenz- und Temperaturabhängigkeit des dielektrischen Verlustfaktors tan δ von $RbMnF_3$.

Aus Reflexionsmessungen im IR (40 bis 4000 cm^{-1}) bestimmen Perry, Young [3] die DK bei niedrigen und hohen Frequenzen: $\varepsilon_0 = 9.02$, $\varepsilon_\infty = 2.10$ bei 300 K und $\varepsilon_0 = 8.70$ bei 85 K. Graphische Wiedergabe der nach der gleichen Methode erhaltenen Werte für ε' und ε'' (Imaginärteil) zwischen etwa 50 und 450 cm^{-1} s. bei Nakagawa [4].

Literatur:

[1] J. D. Axe, G. D. Pettit (Phys. Rev. [2] **157** [1967] 435/7). — [2] Tung-Sheng Chang (J. Appl. Phys. **39** [1968] 3511/2). — [3] C. H. Perry, E. F. Young (J. Appl. Phys. **38** [1967] 4616/24, 4622). — [4] I. Nakagawa (Spectrochim. Acta A **29** [1973] 1451/61, 1453).

4.3.1.1.18.5 Optische Eigenschaften

Optical Properties

Über die im fernen IR zu erwartenden Magnonenabsorptionslinien liegen für $RbMnF_3$ noch keine Angaben vor.

Die Anregung von Phononen ist in Reflexion zwischen 100 und 600 cm^{-1} bestimmt worden [1 bis 3]. Bei 85 K haben die Maxima die Wellenzahlen 200, 420 und 431 cm^{-1}; Absorptionsbanden liegen bei 333, 600 und 746 cm^{-1} [2].

Optical Properties of $RbMnF_3$

Im sichtbaren und im ultravioletten Bereich sind die Magnonenseitenbanden (ebenso wie an MnF_2 und $KMnF_3$, s. S. 63 und 146) häufig untersucht worden. Beispielsweise sind neben den beiden Komponenten (18231, 18236 cm^{-1}) des $^6\Gamma_1$-$^4\Gamma_4$-Übergangs fünf Maxima zu beobachten, von denen drei durch Kopplung mit einer LA-Schwingung (90 cm^{-1}) zustande kommen; eines beruht auf der Kopplung mit Magnonen und das letzte (18378 cm^{-1}) auf der gleichzeitigen Kopplung mit Phononen und Magnonen [4]. Bei den ersten Messungen dieser Art wird die Magnonenwellenzahl zu 75 cm^{-1} bestimmt [5]. Bei der Untersuchung des Übergangs $^6A_{1g}$-^4E_g (G) wird die Magnonenseitenbande in 56 cm^{-1} Abstand vom reinen Exzitonenmaximum gefunden [6]. Ähnliche Meßdaten von Imbusch und Guggenheim [7] werden von Elliott und Thorpe [8] mit der Annahme gedeutet, daß zwischen je zwei entstehenden Magnonen eine starke Wechselwirkung besteht. Die Magnonenseitenbande in der Nähe von 400 nm wird auch von Meltzer u. a. [9] registriert. Nach weiteren Messungen zwischen 16 und 80 K ist die Feinstruktur dieser Bande bei 390 nm nur zu erklären, wenn 2 Arten von Magnonen (56 und 80 cm^{-1}) angenommen werden [10]. Die Seitenbanden können aber auch durch gleichzeitige Anregung von zwei oder drei Magnonen zustande kommen [11]; vgl. hierzu auch Fujiwara und Tanabe [12].

Die Streuung an Ultraschallwellen ist ebenso wie an $KMnF_3$ untersucht worden, bisher jedoch nur bei Raumtemperatur [13].

Die Streuung an Magnonenpaaren, von Fleury [14] zwischen 80 und 10 K experimentell untersucht, ist von mehreren Autoren [15 bis 17] theoretisch behandelt worden, zuletzt nach umfangreichen Messungen an MnF_2, aber nur sehr kurz beschriebenen Versuchen mit $RbMnF_3$ [18] von Richards und Brya [19]. Bei 1.5 K hat die Raman-Linie, die Magnonenpaaren an Mn zuzuordnen ist, die Wellenzahl 132.4 cm^{-1}; durch Einbau von 0.29 bzw. 0.74% Ni verschiebt sie sich nach 133.1 bzw. 134 cm^{-1}. Außerdem machen sich s_0d-Magnonen der Ni-Ionen als Streulinie mit 293.4 bzw. 295.4 cm^{-1} bemerkbar; auf die Ni-Konzentration c = 0 extrapoliert, ergibt sich die Wellenzahl 292.1 cm^{-1} [24]. Bei einer Ni-Konzentration von 0.8% wird bei 8 K diese Raman-Linie bei 295 cm^{-1} gefunden [25]. Zur Berechnung dieser Wellenzahl s. Thorpe [26]. Die entsprechende Raman-Linie, die an $RbMnF_3$ mit 0.30 bzw. 0.36% Co zu beobachten ist, hat bei 2 K die Wellenzahl 263 cm^{-1} [27].

Doped $RbMnF_3$

Für den Brechungsindex finden sich in der Literatur (ohne Angabe der Wellenlänge) die Werte n = 1.459 [21], 1.478 [20], 1.483 [22], 1.53 [1].

Der Faraday-Effekt ist nach Messungen zwischen 20 und 150 K in Feldern bis 150 kOe teilweise durch die antiferromagnetische Resonanzabsorption bestimmt [23].

Literatur:

[1] J. D. Axe, G. D. Pettit (Phys. Rev. [2] **157** [1967] 435/7). — [2] C. H. Perry, E. F. Young (J. Appl. Phys. **38** [1967] 4616/24, 4624/8). — [3] I. Nakagawa (Spectrochim. Acta A **29** [1973] 1451/61). — [4] V. C. Srivastava, R. Stevenson, A. Linz (Solid State Commun. **13** [1973] 873/6). — [5] R. Stevenson (Phys. Rev. [2] **152** [1966] 531/5).

[6] V. V. Eremenko, Yu. A. Popkov, V. P. Novikov, A. I. Belyaeva (Zh. Eksperim. i Teor. Fiz. **52** [1967] 456/62; Soviet Phys.-JETP **25** [1967] 297/302). — [7] G. F. Imbusch, H. J. Guggenheim (Phys. Letters A **26** [1968] 625/6). — [8] R. J. Elliott, M. F. Thorpe, G. F. Imbusch, R. Loudon, J. B. Parkinson (Phys. Rev. Letters **21** [1968] 147/50); R. J. Elliott, M. F. Thorpe (J. Phys. C **2** [1969] 1630/43, 1638), M. F. Thorpe, R. J. Elliott (Light Scattering Spectra Solids, Proc. Intern. Conf., New York 1968 [1969], S. 199/206). — [9] R. S. Meltzer, Y. M. Chen, D. S. McClure, M. Lowe-Pariseau (Phys. Rev. Letters **21** [1968] 913/6). — [10] V. C. Srivastava, R. Stevenson (Solid State Commun. **11** [1972] 41/6).

[11] V. V. Eremenko, V. P. Novikov, E. G. Petrov (Zh. Eksperim. i Teor. Fiz. **66** [1974] 2092/104; Soviet Phys.-JETP **39** [1974] 1030/5; J. Low Temp. Phys. **16** [1974] 431/54). — [12] T. Fujiwara, Y. Tanabe (J. Phys. Soc. Japan **39** [1975] 7/17). — [13] Yu. A. Popkov, V. I. Fomin, L. T. Kharchen-

ko (Fiz. Tverd. Tela **13** [1971] 1626/30; Soviet Phys.-Solid State **13** [1971] 1360/4). — [14] P. A. Fleury (Phys. Rev. Letters **21** [1968] 151/3; Light Scattering Spectra Solids, Proc. Intern. Conf., New York 1968 [1969], S. 185/97, 191; J. Appl. Phys. **41** [1970] 886/8). — [15] J. B. Parkinson (J. Phys. C **4** [1971] 498/511).

[16] M. G. Cottam (Solid State Commun. **10** [1972] 99/102; J. Phys. C **5** [1972] 1461/74). — [17] U. Balucani, V. Tognetti (Solid State Commun. **13** [1973] 811/4; Phys. Rev. [3] B **8** [1973] 4247/57, 4255). — [18] W. J. Brya, P. M. Richards (Phys. Rev. [3] B **9** [1974] 2244/63). — [19] P. M. Richards, W. J. Brya (Phys. Rev. [3] B **9** [1974] 3044/52). — [20] S. V. Petrov, E. G. Ippolitov, P. P. Syrnikov (Izv. Akad. Nauk SSSR Ser. Fiz. **35** [1971] 1256/8; Bull. Acad. Sci. USSR Phys. Ser. **35** [1971] 1147/50).

[21] Yu. P. Simanov, L. R. Batsanova, L. M. Kovba (Zh. Neorgan. Khim. **2** [1957] 2410/5; Russ. J. Inorg. Chem. **2** Nr. 10 [1957] 207/15). — [22] H. E. Swanson, H. F. McMurdie, M. C. Morris, E. H. Evans (Natl. Bur. Std. [U. S.] Monograph Nr. 25, Tl. 5 [1967] 1/90, 44). — [23] N. F. Kharchenko, V. V. Eremenko (Fiz. Tverd. Tela **9** [1967] 1655/9; Soviet Phys.-Solid State **9** [1967] 1302/5). — [24] G. Parisot, R. E. Dietz, H. J. Guggenheim, P. Moch, C. Dugautier (J. Phys. [Paris] **32** [1971] Suppl. C1-803/C1-805). — [25] A. Oseroff, P. S. Persham, M. Kestigian (Phys. Rev. [2] **188** [1969] 1046/7).

[26] M. F. Thorpe (Phys. Rev. [3] B **2** [1970] 2690/702; Phys. Rev. Letters **23** [1969] 472/4). — [27] P. Moch, R. Moyal, C. Dugautier, H. J. Guggenheim (J. Phys. [Paris] **32** [1971] Suppl. C1-806/ C1-808).

4.3.1.1.18.6 Chemisches Verhalten

Chemical Reactions

$RbMnF_3$ ist bei Zimmertemperatur an der Luft beständig. Bei höheren Temperaturen färbt es sich irreversibel braun. — Durch F_2 wird es bei erhöhter Temperatur zu $RbMnF_5$ (s. S. 222) oxidiert [1]. Von HF-Gas wird es bei 150°C zu MnF_2 und $RbHF_2$ zersetzt [2].

In H_2O zersetzt es sich bereits bei 20°C, stärker bei Siedetemperatur, in die beiden binären Fluoride [2]. In einer wäßrigen RbF-Lösung ist $RbMnF_3$ nur sehr wenig löslich [1], in Methanol ist es praktisch unlöslich [2].

Literatur:

[1] R. Hoppe, W. Liebe, W. Dähne (Z. Anorg. Allgem. Chem. **307** [1961] 276/89, 279, 281). — [2] J. C. Cousseins (Rev. Chim. Minerale **1** [1964] 573/616, 600/1).

4.3.1.1.19 Das System LiF-RbF-MnF_2

The LiF-RbF-MnF_2 System

Die Randsysteme LiF-MnF_2 und RbF-MnF_2 sind auf S. 98 bzw. 152 beschrieben. Für das Randsystem LiF-RbF werden Angaben von Dergunov [1] übernommen.

Durch Thermoanalyse der Fluoridgemische in einem CO_2-Strom wird das in **Fig. 75**, S. 184, wiedergegebene Zustandsdiagramm erhalten. Es zeigt 5 Kristallisationsfelder: LiF, RbF, MnF_2, $RbMnF_3$ und Rb_2MnF_4. Die 2 Schnitte LiF-$RbMnF_3$ und LiF-Rb_2MnF_4 teilen das System in 3 Dreiecke; dabei ist nur der Schnitt LiF-$RbMnF_3$ stabil. Die invarianten Punkte und der Sattelpunkt sind in der folgenden Tabelle angegeben (t_f = Schmelzpunkt):

Punkt	Zusammensetzung in Mol-%			t_f in °C	Feste Phasen im Gleichgewicht
	LiF	RbF	MnF_2		
E_1 (eutektisch)	46	53.5	0.5	448	LiF, RbF, Rb_2MnF_4
E_2 (eutektisch)	46	4	50	594	LiF, MnF_2, $RbMnF_3$
P(peritektisch)	51.5	41.5	7	616	LiF, $RbMnF_3$, Rb_2MnF_4
e(Sattel)	65	17.5	17.5	723	LiF, $RbMnF_3$

The LiF-RbF-MnF_2 System

Fig. 75

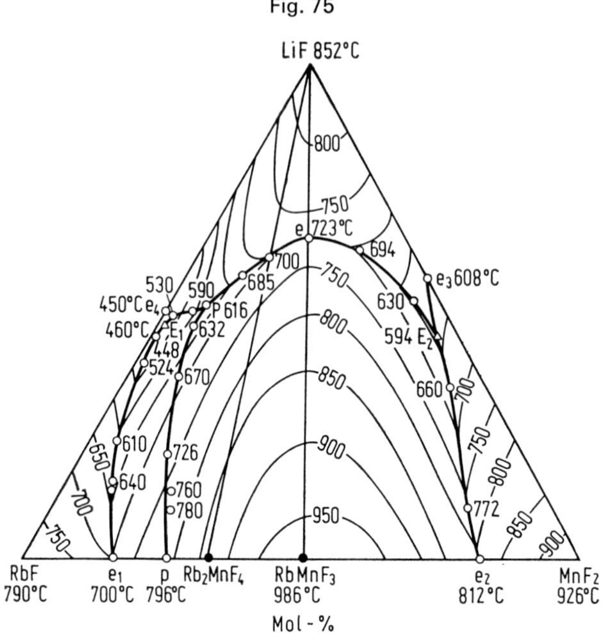

Zustandsdiagramm des Systems LiF-RbF-MnF_2.

Das Teilsystem LiF-$RbMnF_3$ ist eutektisch. Die Mischkristallbildung von LiF mit $RbMnF_3$ beträgt maximal 12 Mol-% LiF bei der eutektischen Temperatur [2].

Literatur:

[1] E. P. Dergunov (Dokl. Akad. Nauk SSSR [2] **58** [1947] 1369/72). — [2] I. N. Belyaev, O. Ya. Revina (Zh. Neorgan. Khim. **13** [1968] 1171/6; Russ. J. Inorg. Chem. **13** [1968] 613/5).

The NaF-RbF-MnF_2 System

4.3.1.1.20 Das System NaF-RbF-MnF_2

Die Randsysteme NaF-MnF_2 und RbF-MnF_2 sind auf S. 99 bzw. 152 beschrieben. Für das Randsystem NaF-RbF werden die Angaben von Dergunov [1] übernommen.

Durch Thermoanalyse der Fluoridgemische in einem trockenen CO_2-Strom wird das in **Fig. 76** wiedergegebene Zustandsdiagramm erhalten. Neben den Fluoriden NaF, RbF und MnF_2 kristallisieren die Verbindungen $NaMnF_3$, $RbMnF_3$ und Rb_2MnF_4 aus. Die drei Schnitte NaF-$RbMnF_3$, $NaMnF_3$-$RbMnF_3$ und NaF-Rb_2MnF_4 (instabil) unterteilen das Diagramm in 4 Bereiche. Entsprechend treten 4 ternäre und 2 binäre (Sattel) invariante Punkte auf, die in der folgenden Tabelle angegeben sind (t_f = Schmelzpunkt):

Punkt	Zusammensetzung in Mol-%			t_f in °C	Feste Phasen im Gleichgewicht
	NaF	RbF	MnF_2		
E_1 (eutektisch)	26	67	7	620	NaF, RbF, Rb_2MnF_4
E_2 (eutektisch)	61	4	35	675	NaF, $NaMnF_3$, $RbMnF_3$
E_3 (eutektisch)	32	4	64	716	MnF_2, $NaMnF_3$, $RbMnF_3$
P (peritektisch)	30	53	17	690	NaF, $RbMnF_3$, Rb_2MnF_4
e_6 (Sattel)	49	25.5	25.5	745	NaF, $RbMnF_3$
e_7 (Sattel)	45	5	50	738	$NaMnF_3$, $RbMnF_3$

Fig. 76

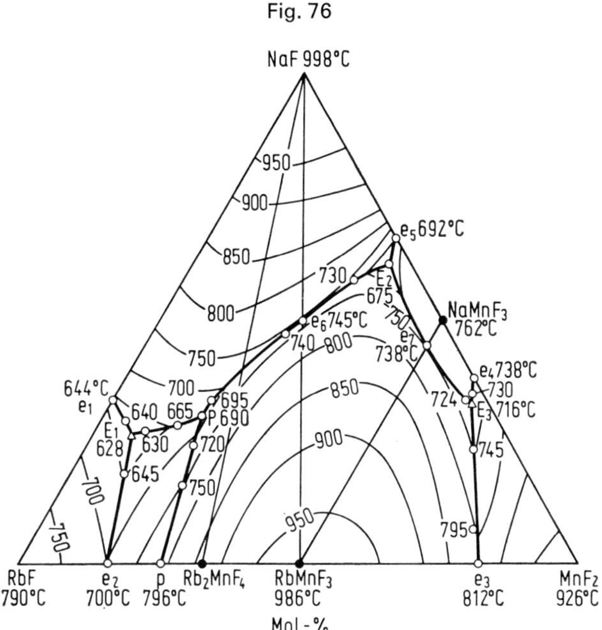

Zustandsdiagramm des Systems NaF-RbF-MnF_2.

Die thermographische Untersuchung der Teilsysteme NaF-$RbMnF_3$ und $NaMnF_3$-$RbMnF_3$ zeigt, daß beide Systeme eutektisch sind mit begrenzter Mischkristallbildung von maximal 10 Mol-% NaF bzw. $NaMnF_3$ in $RbMnF_3$ bei den eutektischen Temperaturen.

Literatur:

[1] E. P. Dergunov (Dokl. Akad. Nauk SSSR [2] **58** [1947] 1369/72). — [2] I. N. Belyaev, O. Ya. Revina (Zh. Neorgan. Khim. **13** [1968] 1171/6; Russ. J. Inorg. Chem. **13** [1968] 613/5).

4.3.1.1.21 Das System KF-RbF-MnF_2

The KF-RbF MnF_2 System

Zustandsdiagramm

Die Randsysteme KF-MnF_2 und RbF-MnF_2 sind auf S. 103 bzw. 152 beschrieben. Zum System KF-RbF s. [1].

In diesem System bilden sich nach Belyaev und Revina [2] die Verbindungen $KMnF_3$, $RbMnF_3$, K_2MnF_4 und Rb_2MnF_4 sowie Mischkristalle zwischen den entsprechenden K- und Rb-Verbindungen (s. S. 186). Nach Cousseins [3] existiert außerdem noch die Verbindung $K_3Mn_2F_7$, in der K nur teilweise durch Rb ersetzt werden kann.

Thermographische Messungen von KF-RbF-MnF_2-Gemischen in einem CO_2-Strom sowie röntgenographische Untersuchungen ergeben das in **Fig. 77**, S. 186, dargestellte Zustandsdiagramm. Es zeigt 4 Kristallisationsfelder: MnF_2, $K_xRb_{1-x}MnF_3$, $K_xRb_{1-x}F$ und $(K_xRb_{1-x})_2MnF_4$. Das System besitzt demnach keinen invarianten Punkt [2]. Die röntgenographische und chemische Untersuchung des Bereichs zwischen den Verbindungen $KMnF_3$, K_2MnF_4, $RbMnF_3$ und Rb_2MnF_4 zeigt das Existenzgebiet der Verbindung $K_3Mn_2F_7$, s. Fig. 77. Die Proben wurden durch 16stündiges Erhitzen von KF-RbF-MnF_2-Gemischen bei 700°C in trockener Ar-Atmosphäre und anschließendes Abkühlen auf 20°C erhalten [3].

The KF-RbF-MnF_2 System

Fig. 77

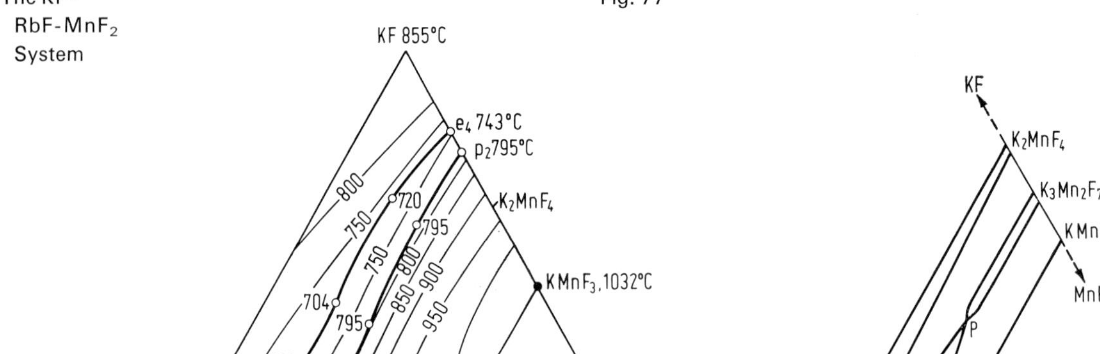

Zustandsdiagramm des Systems KF-RbF-MnF_2 nach Belyaev, Revina (links) und Cousseins (rechts).

Mischkristallreihen

K_2MnF_4 und Rb_2MnF_4 bilden eine lückenlose Mischkristallreihe. Die tetragonale Gitterkonstante a ändert sich genau nach der Vegard-Regel; c zeigt eine geringe positive Abweichung: 13.66 Å bei 50 Mol-% [3].

$K_3Mn_2F_7$ kann Rubidium nur bis zu einem Verhältnis von r = Rb/(Rb + K) = 0.40 einbauen (Punkt P in Fig. 77). Die tetragonalen Gitterkonstanten wachsen bis r = 0.35 auf a = 4.215 und c = 21.96 Å [3].

$KMnF_3$ und $RbMnF_3$ bilden eine lückenlose Mischkristallreihe [2, 3], Schmelzkurve s. [2]. Die kubischen Gitterkonstanten zeigen nur eine geringe positive Abweichung von der Vegard-Regel; bei 50 Mol-% ist a = 4.227 Å [3]. d-Werte bei 60 Mol-% $KMnF_3$ s. Original [2].

Die kernmagnetische Resonanz (NMR) des ^{39}K und des ^{87}Rb wird an Mischkristallen $K_{1-x}Rb_xMnF_3$ (x = 0.02 bis 0.27) zwischen 60 und 300 K untersucht, um Aufschluß über die Temperatur T_{c1} des strukturellen Phasenübergangs (s. S. 118) zu erhalten. Die Aufspaltung der ^{39}K-NMR durch Quadrupoleffekte ergibt T_{c1} = 179 ± 2 K für x = 0.02 (Verschiebung des Resonanzfelds in Abhängigkeit von der Temperatur s. Original). Bis x = 0.15 sinkt T_{c1} auf 143 ± 5 K. Aus dem Verhalten der Linienbreite (für x = 0.02) wird geschlossen, daß die Abweichung von der kubischen Symmetrie unterhalb T_{c1} mit einem räumlich variierenden Rotationswinkel der MnF_6-Oktaeder verknüpft ist. Auf $T \to 0$ extrapolierte Quadrupolkopplungskonstante des ^{39}K: $e^2qQ/2h$ = 567 ± 10 MHz bei x = 0.02 (gegen 583 ± 10 kHz bei x = 0). Die ^{87}Rb-NMR zeigt meßbare Quadrupoleffekte in den Verschiebungen (für x = 0.06 und 0.1) erst unterhalb 100 K. Eine rohe Abschätzung liefert für ^{87}Rb: $e^2qQ/2h \approx 1.3$ MHz (x = 0.06) und ≈ 0.9 MHz (x = 0.1, beide für $T \to 0$) [4].

Literatur:

[1] E. P. Dergunov, A. G. Bergman (Zh. Fiz. Khim. **22** [1948] 625/32, 628). — [2] I. N. Belyaev, O. Ya. Revina (Zh. Neorgan. Khim. **13** [1968] 2800/3; Russ. J. Inorg. Chem. **13** [1968] 1441/3). —

[3] J. C. Cousseins (Rev. Chim. Minerale **1** [1964] 573/616, 590, 596); s. auch A. Chrétien, J. C. Cousseins (Compt. Rend. **259** [1964] 4696/9). — [4] F. Borsa, D. J. Benard, W. C. Walker, A. Baviera (Phys. Rev. [3] B **15** [1977] 84/94).

4.3.1.1.22 Das System CsF-MnF_2

The CsF-MnF_2 System

Nach thermographischen Messungen in CO_2-Atmosphäre bilden sich in diesem System die Verbindungen Cs_2MnF_4 und $CsMnF_3$, die bei 725 bzw. 780°C schmelzen (s. S. 188 und 191). Die eutektischen Punkte liegen bei 14 Mol-% MnF_2, 620°C, 35 Mol-% MnF_2, 710°C und 71 Mol-% MnF_2, 706°C, s. **Fig. 78**. Cs_2MnF_4 bildet bei etwa 600°C mit maximal 20 Mol-% CsF Mischkristalle [1]. Diese Angaben bestätigen die früheren röntgenographischen und chemischen Analysen von CsF-MnF_2-Gemischen, die in trockener Ar-Atmosphäre erhitzt wurden. Von Cs_2MnF_4 existieren 2 Modifikationen [2].

Fig. 78

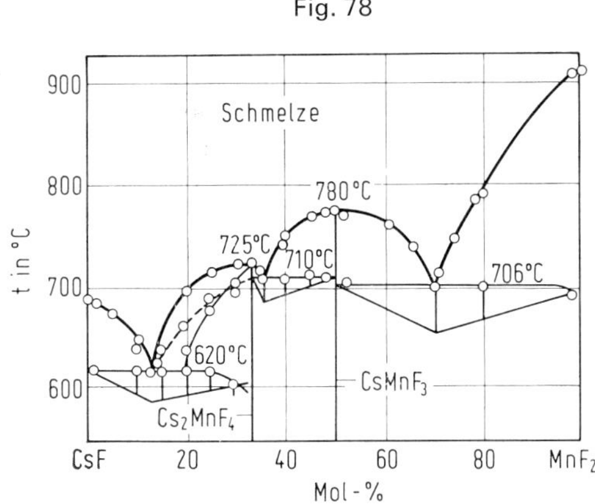

Zustandsdiagramm des Systems CsF-MnF_2.

Im Teilsystem $CsMnF_3$-Cs_2MnF_4 bildet sich im Gegensatz zu den Systemen $KMnF_3$-K_2MnF_4 (s. S. 103) und $RbMnF_3$-Rb_2MnF_4 (s. S. 152) keine Verbindung vom Typ $A_3Mn_2F_7$ (A = Alkalimetall). Bei 600°C werden zwei Bereiche beobachtet: ein heterogener bei Molverhältnissen CsF: MnF_2 = 1 bis 1.82 mit $CsMnF_3$ und Mischkristallen $Cs_{1.82}MnF_{3.82}$ des Typs α-Cs_2MnF_4, sowie ein homogener bei CsF: MnF_2 = 1,82 bis 2 mit CsF-Cs_2MnF_4-Mischkristallen [2].

Literatur:

[1] I. N. Belyaev, O. Ya. Revina (Zh. Neorgan. Khim. **11** [1966] 1446/50; Russ. J. Inorg. Chem. **11** [1966] 772/4); vgl. auch Fiz. Khim. Analiz Solevykh Sistem Sb. **1962** 77/87 nach C. A. **60** [1964] 56). — [2] J. C. Cousseins (Rev. Chim. Minerale **1** [1964] 573/616, 585, 599, 608); vgl. auch A. Chrétien, J. C. Cousseins (Compt. Rend. **259** [1964] 4696/9).

4.3.1.1.23 Cs_2MnF_4 (= 2 CsF · MnF_2)

Cs_2MnF_4

Die Verbindung bildet sich im System CsF-MnF_2, s. oben. — Sie tritt in zwei Modifikationen auf. α-Cs_2MnF_4 wird erhalten, wenn ein Gemisch von MnF_2 + 2 CsF 3 h bei 600°C erhitzt wird. β-Cs_2MnF_4 bildet sich aus einem äquimolaren oder besser CsF im Überschuß enthaltenden CsF-$CsMnF_3$-Gemisch, das auf wenigstens 600°C erhitzt und dann langsam abgekühlt wird. Daneben entsteht immer α-Cs_2MnF_4. Abschrecken führt zur α-Modifikation. Fast reines β-Cs_2MnF_4 wird erhalten, wenn ein äquimolares Gemisch von $CsMnF_3$ und RbF auf 650°C erhitzt und dann langsam abgekühlt wird. Aus einem äquimolaren MnF_2-CsF-RbF-Gemisch bildet sich unter diesen Bedingungen ein Gemisch gleicher Mengen der beiden Modifikationen.

Cs_2MnF_4

Netzebenenabstände von α-Cs_2MnF_4 s. Original. Das Röntgendiagramm von β-Cs_2MnF_4 läßt sich tetragonal indizieren. Gitterkonstanten a = 4.31, c = 14.63 Å; d-Werte s. Original. Die Struktur ist wahrscheinlich vom K_2NiF_4-Typ wie bei K_2MnF_4 und Rb_2MnF_4 (s. S. 105 und 153) [1].

Cs_2MnF_4 schmilzt unter Bedingungen, die eine Pyrohydrolyse ausschließen, bei 620 ± 10°C [2], nach anderen Autoren bei 725°C [3], doch werden hier Verunreinigungen durch Hydrolyseprodukte vermutet [2].

Cs_2MnF_4 wird durch flüssiges H_2O und in einer mit H_2O-Dampf gesättigten Atmosphäre von 20°C zu CsF und $CsMnF_3$ zersetzt. Die Zersetzungsreaktion verläuft schneller als bei der analogen K- oder Rb-Verbindung. — Von HF-Gas wird Cs_2MnF_4 bei 150°C vollständig in CsF, $CsHF_2$ und $CsMnF_3$ zerlegt, bleibt aber bei 800°C stabil. Mit MnF_2 reagiert Cs_2MnF_4 in der Wärme zu $CsMnF_3$. — In Methanol ist Cs_2MnF_4 praktisch nicht löslich [1].

Literatur:

[1] J. C. Cousseins (Rev. Chim. Minerale **1** [1964] 573/616, 587, 593/4, 600); vgl. auch A. Chrétien, J. C. Cousseins (Compt. Rend. **259** [1964] 4696/9). — [2] S. V. Petrov, E. G. Ippolitov, P. P. Syrnikov (Izv. Akad. Nauk SSSR Ser. Fiz. **35** [1971] 1256/8; Bull. Acad. Sci. USSR Phys. Ser. **35** [1971] 1147/50). — [3] I. N. Belyaev, O. Ya. Revina (Zh. Neorgan. Khim. **11** [1966] 1446/50; Russ. J. Inorg. Chem. **11** [1966] 772/4).

$CsMnF_3$

4.3.1.1.24 $CsMnF_3$ (= $CsF \cdot MnF_2$)

Formation. Preparation

4.3.1.1.24.1 Bildung und Darstellung

Mikrokristallines, zartrosa gefärbtes $CsMnF_3$ fällt aus, wenn eine etwa halbgesättigte wäßrige CsF-Lösung mit einer konzentrierten $MnCl_2$-Lösung versetzt wird. Aus verdünnteren Lösungen, die anschließend eingeengt werden, scheidet sich wahrscheinlich MnF_2-Hydrat ab [1], s. auch [2]. — In Methanollösung bildet sich aus CsF und $MnBr_2$ kein einheitliches Produkt [3].

Durch Festkörperreaktion erhält man $CsMnF_3$ aus einem äquimolaren CsF-MnF_2-Gemisch durch 2stündiges Erhitzen bei 550°C [2] oder durch 12stündiges Sintern bei 350 bis 500°C [4] in inerter Atmosphäre [2, 4]. Durch erhöhten Druck (80 kbar) entsteht bei diesem Verfahren die abschreckbare Hochdruckmodifikation [5]. — $CsMnF_3$ bildet sich hauptsächlich durch Reaktion der festen Fluoride nach $CsF + MnF_2 \rightarrow CsMnF_3$ oder über intermediär gebildetes Cs_2MnF_4 nach $Cs_2MnF_4 + MnF_2 \rightarrow 2CsMnF_3$. Die zweite Reaktion trägt hier erheblich mehr zur Bildung von $CsMnF_3$ bei als bei den analogen K- und Rb-Verbindungen [2, 6]. Anstelle von CsF kann (überschüssiges) $CsHF_2$ verwendet werden, das zunächst im He-Strom aufgeschmolzen wird (700°C), um entstehendes HF zu entfernen. Nach dem Abkühlen im He-Strom wird MnF_2 zugegeben und so vorsichtig erhitzt, daß die Fluoride hauptsächlich in festem Zustand reagieren [7]. Man kann $CsMnF_3$ auch in HF-Atmosphäre aus einem äquimolaren CsCl-MnF_2-Gemisch bei 700°C darstellen [2].

Rosa gefärbte, 3 mm lange Einkristalle werden nach einem modifizierten Verfahren nach Stockbarger über die Schmelze bei 900°C aus CsF und MnF_2 oder gefälltem $CsMnF_3$ im Graphittiegel in einer Atmosphäre von wasserfreiem HF erhalten [8]. Die aus stöchiometrischer Schmelze gezogenen Einkristalle sind unbegrenzt haltbar. Die Mischkristalle mit überschüssigem CsF zerbrechen nach einigen Tagen in kleine Blöcke [7]. Nach Untersuchungen des reziproken Systems Cs^+-Mn^{2+}-Cl^--F^- kristallisiert $CsMnF_3$ aus Chlorid-Fluorid-Schmelzen. Es ist in diesem System über einen großen Temperatur- und Konzentrationsbereich stabil und bildet sich auch durch Reaktion von festem MnF_2 oder Cs_2MnF_4 mit der Schmelze [9]. — Die Gelzüchtung aus CsF- und $MnCl_2$-Lösung in Agar-Agar erbringt bei 18°C nur Kristalle von 0.15 mm Länge [10].

Literatur:

[1] R. Hoppe, W. Liebe, W. Dähne (Z. Anorg. Allgem. Chem. **307** [1961] 276/89, 279). — [2] J. C. Cousseins (Rev. Chim. Minerale **1** [1964] 573/616, 585, 600, 608/9). — [3] D. S. Crocket, H. M. Haendler (J. Am. Chem. Soc. **82** [1960] 4158/62). — [4] Y. Syono, S. Akimoto, K. Kohn (J. Phys. Soc. Japan **26** [1969] 993/9). — [5] J. M. Longo, J. A. Kafalas (J. Solid State Chem. **1** [1969] 103/8).

[6] A. Chrétien, J. C. Cousseins (Compt. Rend. **259** [1964] 4696/9). — [7] S. V. Petrov (Izv. Akad. Nauk SSSR Ser. Fiz. **35** [1971] 1259/61; Bull. Acad. Sci. USSR Phys. Ser. **35** [1971] 1151/3).— [8] A. Zalkin, K. Lee, D. H. Templeton (J. Chem. Phys. **37** [1962] 697/9). — [9] I. N. Belyaev, O. Ya. Revina (Zh. Prikl. Khim. **42** [1969] 2220/5; J. Appl. Chem. USSR **42** [1969] 2086/90). — [10] R. Leckebusch (J. Cryst. Growth **23** [1974] 74/6).

4.3.1.1.24.2 Kristallographische Eigenschaften

Crystallographic Properties

Kristallstruktur

Die bei Normalbedingungen stabile hexagonale Modifikation $CsMnF_3$I geht bei 26 kbar in die kubische Hochdruckmodifikation $CsMnF_3$II vom Perowskit-Typ über. (In diesem Typ kristallisieren $KMnF_3$ und $RbMnF_3$ unter Normalbedingungen, s. S. 121 und 156.) Der Umwandlungsdruck ist zwischen 400 und 900°C kaum von der Temperatur abhängig [1], s. auch [2]. Das Volumen der Elementarzelle der auf Normalbedingungen abgeschreckten Hochdruckmodifikation ist 3.4 [1] bis 4.2% [2] kleiner als von $CsMnF_3$I. Der Toleranzfaktor nach Goldschmidt (s. S. 119) liegt mit t = 1.05 (bei Normalbedingungen) an der oberen Stabilitätsgrenze der Perowskit-Struktur [3].

An den Kristallen von hexagonalem $CsMnF_3$I werden die Formen von Prismen und Rhomboedern beobachtet [4, 5]. — Gitterkonstanten nach Röntgenmessungen an Einkristallen a = 6.213 ± 0.003, c = 15.074 ± 0.004 Å [6], a = 6.22, c = 15.10 Å [7], nach Pulveraufnahmen a = 6.21, c = 15.07 Å [1], a = 6.22, c = 15.09 Å [8], a = 6.222, c = 15.19 Å (im Original in kX) [3], a = 6.230 ± 0.002, c = 15.130 ± 0.008 Å [2]; d-Werte im Original [8]. Z = 6; Raumgruppe $P6_3/mmc$-D_{6h}^4 (Nr. 194) [6]. — Die Atome besetzen folgende Punktlagen:

Atom	Punktlage	x	y	z
Cs(1)	2b	0	0	0.25
Cs(2)	4f	1/3	2/3	0.0986 ± 0.0002
Mn(1)	2a	0	0	0
Mn(2)	4f	1/3	2/3	0.8498 ± 0.0004
F(1)	6h	0.522 ± 0.002	0.044 (2x)	0.25
F(2)	12k	0.835 ± 0.002	0.670 (2x)	0.078 ± 0.001

R = 9.2% [6]. Die Struktur wird durch Neutronenbeugungsuntersuchungen bestätigt (R = 5.3%) [9]. Sie ist isotyp mit hexagonalem $BaTiO_3$ (s. „Titan" S. 442) [3, 6], s. **Fig. 79**, S. 190, (nach [10] mit der Orientierung der magnetischen Momente). Die MnF_6-Oktaeder sind kaum verzerrt, mittlerer Mn-F-Abstand 2.13 Å. Der F-F-Abstand der beiden kantenverknüpften Oktaeder ist mit 2.69 Å deutlich kürzer als die übrigen F-F-Abstände (2.94 bis 3.52 Å). Die Cs-Atome sind von 12 F-Atomen im (mittleren) Abstand von 3.13 Å umgeben. Weitere Abstände s. Original [6]. Senkrecht zur c-Achse ist die Struktur aus einer Folge von 6 Schichten (abcacb) aufgebaut [1, 2].

Kubisches $CsMnF_3$II hat bei Normalbedingungen die Gitterkonstante a = 4.328 [1] bis 4.3308 ± 0.0002 Å [2]. Die Struktur ist vom Perowskit-Typ, besitzt also in der Diagonalrichtung eine Folge von 3 Schichten (abc) [1, 2].

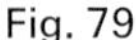
Fig. 79

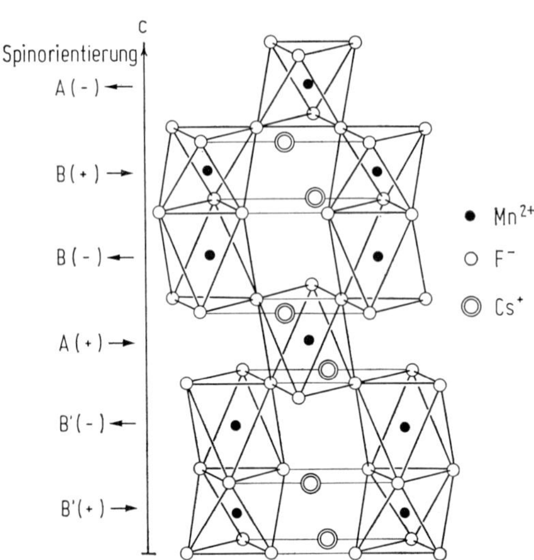

Anordnung der MnF_6-Oktaeder in der Kristallstruktur von $CsMnF_3$I und Ausrichtung der magnetischen Momente der Mn-Ionen.

Lattice Vibrations of $CsMnF_3$

Gitterschwingungen

Von den 90 möglichen Gitterschwingungen sind 22, nämlich sechs A_{2u}- und (doppelt gerechnet) acht E_{1u} -Schwingungen infrarotaktiv und 33 (fünf A_{1g}-, sechs E_{1g}- und acht E_{2g}-Schwingungen) ramanaktiv [11]. Bei Raumtemperatur haben die infrarotaktiven Schwingungen, wie die Analyse des Reflexionsspektrums zeigt, folgende Wellenzahlen [12]:

73.6, 96.6, 185.8, 208.5, 314.1, 406.4 cm^{-1} (A_{2u}),
108.5, 150.0, 173.4, 207.1, 242.0, 284.3, 339.8 cm^{-1} (E_{1u}).

Die achte E_{1u}-Schwingung dürfte eine Wellenzahl unterhalb 100 cm^{-1} haben [11]. Die Wellenzahlen, die sich aus dem UV-Spektrum für Zustände mit elektronisch angeregtem Mn ergeben, sind folgende:

T = 300 K:	77,	99,	110,	186,	212,	242,	287,	320,	348,	380 cm^{-1} [13]	
T = 13 K:			119,		217,			326,		378,	449 cm^{-1} [14].

Die Wellenzahlen der Schwingungen, die bei 300 K ν = 212 und 242 cm^{-1} betragen, verschieben sich beim Abkühlen auf 77 K nach 207 bzw. 237 cm^{-1} [13]. Die zu 378 (oder 380) und 449 cm^{-1} ermittelten Wellenzahlen dürften Kombinations- oder Oberschwingungen entsprechen.

Literatur:

[1] J. M. Longo, J. A. Kafalas (J. Solid State Chem. **1** [1969] 103/8). — [2] Y. Syono, S. Akimoto, K. Kohn (J. Phys. Soc. Japan **26** [1969] 993/9; Colloq. Intern. Centre Natl. Rech. Sci. [Paris] Nr. 188 [1969] 415/21). — [3] Yu. P. Simanov, L. R. Batsanova, L. M. Kovba (Zh. Neorgan. Khim. **2** [1957] 2410/5; Russ. J. Inorg. Chem. **2** Nr. 10 [1957] 207/15). — [4] I. N. Belyaev, O. Ya. Revina (Zh. Prikl. Khim. **42** [1969] 2220/5; J. Appl. Chem. USSR **42** [1969] 2086/90). — [5] R. Leckebusch (J. Cryst. Growth **23** [1974] 74/6).

[6] A. Zalkin, K. Lee, D. H. Templeton (J. Chem. Phys. **37** [1962] 697/9). — [7] S. V. Petrov (Izv. Akad. Nauk SSSR Ser. Fiz. **35** [1971] 1259/61; Bull. Acad. Sci. USSR Phys. Ser. **35** [1971] 1151/3). — [8] J. C. Cousseins (Rev. Chim. Minerale **1** [1964] 573/616, 585); s. auch A. Chrétien, J. C. Cousseins (Compt. Rend. **259** [1964] 4696/9). — [9] S. J. Pickart, H. A. Alperin, R. Nathans (J. Phys. [Paris] **25** [1964] 565/6). — [10] Y. Yamaguchi, T. Sakuraba (J. Phys. Soc. Japan **38** [1975] 1011/9, 1011).

[11] J. T. R. Dunsmuir, I. W. Forest, A. P. Lane (Mater. Res. Bull. **7** [1972] 525/30). — [12] S. R. Chinn (Phys. Rev. [3] B **3** [1971] 121/8). — [13] A. I. Belyaeva, V. I. Silaev, N. V. Gapon (Fiz. Tverd. Tela **13** [1971] 1800/3; Soviet Phys.-Solid State **13** [1971] 1503/5), A. I. Belyaeva, V. S. Kuleshov, V. I. Silaev, N. V. Gapon (Zh. Eksperim. i Teor. Fiz. **61** [1971] 1492/500; Soviet Phys.-JETP **34** [1971] 794/8). — [14] F. Saito (Solid State Commun. **8** [1970] 969/75).

4.3.1.1.24.3 Mechanische und thermische Eigenschaften

Mechanical and Thermal Properties

Dichte D in g/cm³. An Einkristallen wird pyknometrisch D = 4.551 gemessen [1]. Meßwert von polykristallinem Material: D = 4.742 [2]. Röntgendichte: D = 4.840 [3].

Schallgeschwindigkeit v in km/s. Bei sehr tiefen Temperaturen (T < 3 K) ist v nicht temperaturabhängig. In der Basisfläche wird für Longitudinalwellen $v_l = 4.16 \pm 0.02$, für Transversalwellen $v_t = 2.24 \pm 0.03$ und 2.31 ± 0.03 gemessen [4]. Zwischen 4.2 und 300 K werden Messungen in einem Magnetfeld (H = 2 kOe) in der Basisebene mit Ultraschall von 30 MHz, longitudinalen (Azimutwinkel $\varphi(H) = 0$) und transversalen Wellen ($\varphi(H) = 45°$) durchgeführt. Die „rein elastischen" Werte von v, parallel (q||z) und senkrecht (q||y) zur hexagonalen Kristallachse, nehmen mit abnehmender Temperatur zu. Bei der Néel-Temperatur (53.5 K, s. unten) zeigen longitudinale Wellen eine deutliche, transversale eine wesentlich schwächere Unstetigkeit. Bei allen Temperaturen ist die Geschwindigkeit longitudinaler Wellen größer als die von transversalen. Bei einer gegebenen Temperatur ist v für Wellen mit q||z größer als mit q||y [5].

Schmelzpunkt in °C. Unter Bedingungen, die eine Pyrohydrolyse ausschließen, wird von Petrov u. a. [6] der Schmelzpunkt bei 747 ± 5 gefunden. 750 ± 20 messen Zalkin u. a. [3]. Ein etwas älterer Wert von Belyaev, Revina [7] liegt mit 780 höher; nach Petrov u. a. [6] soll die Substanz Hydrolyseprodukte enthalten haben.

Literatur:

[1] I. N. Belyaev, O. Ya. Revina (Zh. Prikl. Khim. **42** [1969] 2220/5; J. Appl. Chem. USSR **42** [1969] 2086/90). — [2] J. C. Cousseins (Rev. Chim. Minerale **1** [1964] 573/616, 585). — [3] A. Zalkin, K. Lee, D. H. Templeton (J. Chem. Phys. **37** [1962] 697/9). — [4] R. Weber laut M. H. Seavey (Phys. Rev. Letters **23** [1969] 132/5). — [5] K. Walther (Phys. Letters A **42** [1972] 315/6).

[6] S. V. Petrov (Izv. Akad. Nauk SSSR Ser. Fiz. **35** [1971] 1259/61; Bull. Acad. Sci. USSR Phys. Ser. **35** [1971] 1151/3), S. V. Petrov, E. G. Ippolitov, P. P. Syrnikov (Izv. Akad. Nauk SSSR Ser. Fiz. **35** [1971] 1256/8; Bull. Acad. Sci. USSR Phys. Ser. **35** [1971] 1147/50). — [7] I. N. Belyaev, O. Ya. Revina (Zh. Neorgan. Khim. **11** [1966] 1446/50, 1952/8; Russ. J. Inorg. Chem. **11** [1966] 772/4, 1041/4).

4.3.1.1.24.4 Magnetische Eigenschaften

Magnetic Properties

Für die Molsuszeptibilität werden nach einer statischen Methode bei 298 und 77 K die Werte $\chi_{mol} \cdot 10^3 = 10.6$ bzw. 27.9 cm³/mol erhalten. Bei 4.2 K beträgt der aus $\chi_\perp$ und $\chi_\parallel$ gemittelte Wert $\chi_{mol} = 39.7 \times 10^{-3}$ cm³/mol $\approx \chi_\perp/2$, da $\chi_\parallel$ sehr klein ist (die Richtungsangaben beziehen sich auf die hexagonale c-Achse) [1]. Der Übergang in den magnetisch geordneten Zustand macht sich auf den χ-T-Kurven als Knickpunkt bemerkbar, s. **Fig. 80**, S. 192 [2]. Der für die Néel-Temperatur gefundene Wert $T_N = 53.5$ K [2] stimmt mit den Beobachtungen von Lee u. a. [1] überein. Antiferromagnetische Resonanz wird von Borovik-Romanov u. a. [3] unterhalb 53.6 ± 0.3 K, von Witt [4] erst unterhalb 52.328 K beobachtet.

Magnetic Properties of $CsMnF_3$

Fig. 80

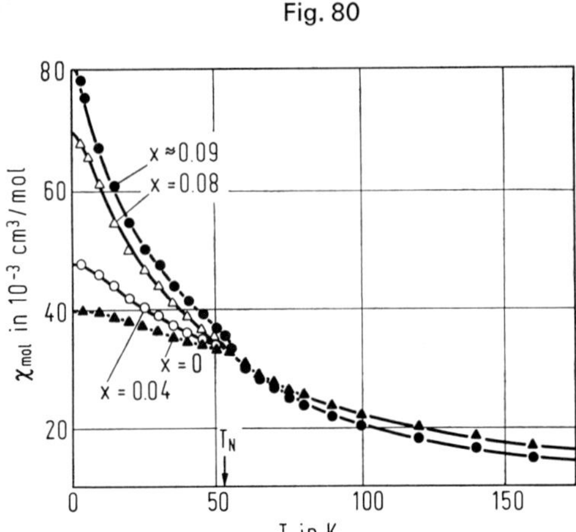

Temperaturabhängigkeit der Molsuszeptibilität χ_{mol} von reinem $CsMnF_3$ und mit Ni dotierten Proben $CsMn_{1-x}Ni_xF_3$.

Statische und dynamische magnetische Messungen bei 4.2 K (AFMR, magnetische Drehung) lassen eine schwache sechsfache Anisotropie in der (001)-Ebene (= Ebene der leichten Magnetisierung) und eine starke negative axiale Anisotropie entlang der c-Achse erkennen, entsprechend den Feldern $K_1/M = -7500$ Oe und $36K_3/M = 1.1$ Oe, die mit theoretischen Werten ($K_1/M = -7965$ Oe bzw. $36K_3/M \approx 2$ Oe) recht gut übereinstimmen. Die Temperaturabhängigkeit der sechsfachen Anisotropieenergie (Magnetfeld von 6 kOe mit einem Winkel von 45° zur [120]-Richtung) zeigt sich in einer Abnahme von $K_3 = 8.6$ auf 0 (dyn · cm)/cm^3 zwischen 4.2 und 53.5 K. Im Bereich von 0.3 bis 4.2 K tritt noch ein zusätzliches temperaturabhängiges Anisotropiefeld in Richtung entlang der Untergitter auf, dessen Stärke (in Oe) zu 9.15/T bestimmt wird [1].

Magnetic Structure

Im geordneten Zustand sind die Momente der Mn-Ionen senkrecht zur c-Achse gerichtet, und zwar in je 2 übereinander liegenden (001)-Ebenen antiparallel zueinander. Da es zwei verschiedene Mn-Lagen gibt, entsteht eine magnetische Struktur aus sechs Schichten [1], die in Fig. 79, S. 190, angegeben ist. In dieser Struktur sind, streng genommen, sechs Untergitter zu unterscheiden, und dementsprechend gibt es zwei Arten von Wechselwirkungen zwischen unmittelbar benachbarten Mn-Ionen: einen 180°-Superaustausch und einen 90°-Superaustausch. Für einige Zwecke genügen jedoch Modelle mit vier oder sogar nur zwei Untergittern. Beispielsweise verwenden Lee u. a. [1] für eine Analyse der Elektronen-Kern-Doppelresonanz (AFMR-NMR) bei tiefen Temperaturen und Minkiewicz, Nakamura [5] nach Untersuchungen der NMR ein Modell mit zwei Untergittern. Das dem Austauschfeld in diesem Modell entsprechende Austauschintegral ist jedoch zu klein, so daß Yamaguchi, Sakuraba [2] das von ihnen beobachtete ungewöhnliche Verhalten der Magnetisierung von reinem und mit Ni dotiertem $CsMnF_3$ durch ein Modell mit vier Untergittern analysieren (dotierte Verbindung: sehr starke Zunahme der Suszeptibilität mit abnehmender Temperatur unterhalb T_N, s. Fig. 80, ferrimagnetisches Verhalten in der Temperaturabhängigkeit der Suszeptibilität im paramagnetischen Bereich, nicht lineare Feldabhängigkeit der Magnetisierung bei 4.2 K). Die Austauschintegrale für den 180°- und 90°-Superaustausch werden abgeschätzt auf $J_{AB}/k = -6.8$ K und $J_{BB}/k = -4.5$ K, das Austauschintegral für den 90°-Superaustausch zwischen Mn und Ni in der dotierten Probe auf −8.5 K. Mit diesen Parametern wird auf eine magnetische Struktur geschlossen, die aus antiferromagnetisch aneinander gekoppelten ferrimagnetischen Schichten besteht [2]. Ein Modell mit 4 Untergittern wird auch von Welsh [6] bei der Deutung seiner NMR-Untersuchungen verwendet. Aus einer Analyse der magnetoelastischen Wellen leitet Seavey [7] für die Superaus-

Doped $CsMnF_3$

tauschwechselwirkung zwischen den nächsten Nachbarn die Austauschintegrale $J_1 = -3.5$ und $J_2 = -3.2\ cm^{-1}$ (umgerechnet: $J_1/k = -5.0$ K und $J_2/k = -4.6$ K) ab.

Wird das Spinwellenspektrum anhand eines Modells mit sechs Untergittern analysiert, so ergeben sich vier Austauschzweige (E_1, E_3, E_5, E_6), ein Hochfrequenz- (quasi-optischer) (E_2) und ein Niederfrequenz- (quasi-akustischer) Zweig (E_4) [8]. **Fig. 81** [8] zeigt die Dispersionskurven für Spin Waves

Fig. 81

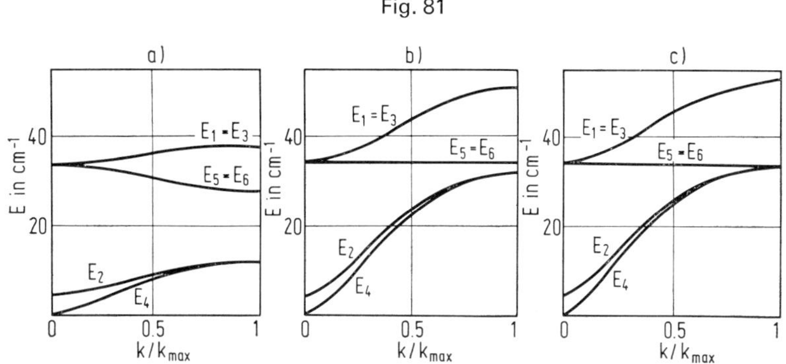

Dispersionskurven für Magnonen von antiferromagnetischem $CsMnF_3$ in den Richtungen ΓA (a), ΓM (b) und ΓK (c) der Brillouin-Zone.

die Hauptrichtungen der Brillouin-Zone, die mit den Austauschintegralen von Seavey [7] und der von Borovik-Romanov u. a. [3] bestimmten Energielücke im Hochfrequenzzweig des AFMR-Spektrums erhalten werden. An den kritischen Punkten der Brillouin-Zone ergeben sich folgende Wellenzahlen [8]:

Punkt	E_1	E_3	E_5, E_6	E_2	E_4
$\Gamma(0,0,0)$	33.3	33.6	33.4	3.7	0
$A(0,0,\pi/c)$	37.5	37.4	27	12.1	12.2
$M(2\pi/\sqrt{3}a,0,0)$	52	52	33.4	32.8	32.8
$K(0,4\pi/3a,0)$	53	53	33.4	33.4	33.4

Die erhaltenen Werte stimmen innerhalb 0.5 bis 1 cm^{-1} mit früheren Abschätzungen [7] überein, obwohl dabei die Anisotropieenergie vernachlässigt wurde. Wellenzahlen, die aus der Analyse von Absorptionsbanden im sichtbaren Bereich abgeleitet wurden, s. S. 198.

Die nach gleichzeitiger Anregung von Elektronen- und Kernspinwellen durch paralleles Pumpen (s. S. 170) bei 1.7 und 4.2 K gemessene Relaxationsgeschwindigkeit η_k^e der Elektronenspinwellen ist in **Fig. 82**, S. 194, für $k \approx 10^5\ cm^{-1}$ als Funktion des statischen Magnetfeldes dargestellt. Die starke Abnahme der Relaxationsgeschwindigkeit für $k \approx 0$ (von 6.3 auf 0.6 MHz zwischen 4.2 und 1.7 K) könnte der Nachweis für einen Dreimagnonen-Relaxationsprozeß sein [9]. Weitere Untersuchungen über die Anregung und die Relaxation von Spinwellen im Frequenzbereich von 9 bis 50 GHz s. bei Kotyuzhanskii, Prozorova [10]. Nach Messungen zwischen 1.2 und 3.3 K ist die parametrische Anregung durch ein Feld von 18 GHz, das innerhalb der (001)-Ebene orientiert ist, stark anisotrop, möglicherweise infolge von Gitterfehlern [17].

Im Spektrum der antiferromagnetischen Resonanz (AFMR) sind bei $CsMnF_3$ wie bei allen Antiferromagneten, die keine oder nur eine schwache Anisotropie in der Ebene senkrecht zur Hauptachse (= Ebene der leichten Magnetisierung) haben, zwei Frequenzzweige zu beobachten. Für den Niederfrequenzzweig gilt $(\nu/\gamma)^2 = H^2 + H_{\Delta T}^2$, für den Hochfrequenzzweig $(\nu/\gamma)^2 \approx 2\,H_A H_E$. Hierbei ist ν die Resonanzfrequenz, γ der gyromagnetische Faktor, H das äußere Magnetfeld, in dem Antiferromagnetic Resonance

Antiferromagnetic Resonance of $CsMnF_3$

Fig. 82

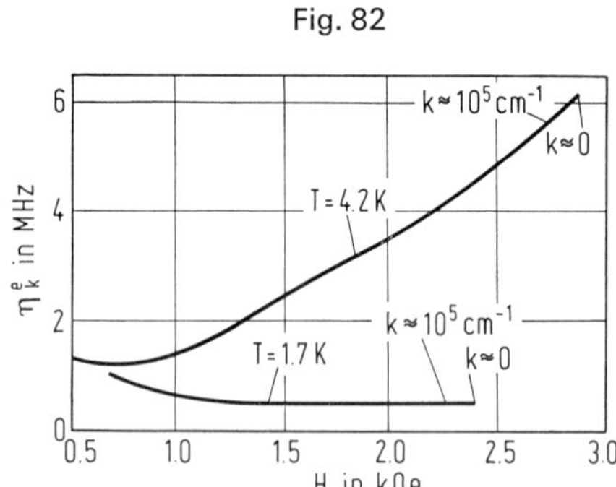

Relaxationsgeschwindigkeit η_k^e der Elektronenspinwellen als Funktion des statischen Magnetfeldes H bei verschiedenen Temperaturen in $CsMnF_3$.

die Resonanz beobachtet wird, $H_{\Delta T}^2$ die Lücke im Spektrum, die auf der durch Hyperfeinwechselwirkung bedingten Kernpolarisation beruht, H_A und H_E das Anisotropie- und das Austauschfeld. Die von Tulin [11] bei 4.2, 2.5 und 1.7 K durchgeführten Untersuchungen des Niederfrequenzzweiges zwischen 3.7 und 6.0 GHz zeigen bei graphischer Wiedergabe in der Form ν^2 als Funktion von H^2 für die verschiedenen Temperaturen parallele Geraden, deren Abschnitt auf der ν^2-Achse gleich $\gamma^2 H_{\Delta T}^2$ und deren Steigung gleich γ^2 ist (γ = 2.79 MHz/Oe). Die Energielücke $H_{\Delta T}^2$ ist eine lineare Funktion der reziproken Temperatur (Zunahme von $\gamma^2 H_{\Delta T}^2 \approx 10$ auf 30 GHz zwischen $1/T \approx 0.24$ und 0.6). Ebenfalls für den Niederfrequenzzweig beobachten Lee u. a. [1] bei 4.2 K Resonanz bei ν = 9.475 GHz. Bei den in der (001)-Ebene durchgeführten Untersuchungen zeigt das Resonanzfeld in Übereinstimmung mit den Torsionsmessungen (vgl. S. 192) eine sechsfache Änderung mit dem Magnetfeld; es hat sein Maximum und Minimum entlang der [120]- und [100]-Richtung (H = 3.38 und 3.07 kOe). Bei Temperaturabnahme verschiebt sich die Resonanzlinie zu kleineren Feldern, und der Abstand zwischen dem Maximum und Minimum verringert sich; unterhalb 0.3 K ist H < 500 Oe.

Den Hochfrequenzzweig der AFMR untersuchen Borovik-Romanov u. a. [3] im Bereich von 100 bis 200 GHz. Bei 4.2 K nimmt $(\nu/\gamma)^2$ zwischen H^2 = 250 und 750 kOe^2 von 1800 auf 2800 kOe^2 zu. Mit zunehmender Temperatur verschiebt sich die Resonanzlinie zu stärkeren Magnetfeldern. Die Temperaturabhängigkeit der Energielücke bei hohen Temperaturen (etwa oberhalb T/T_N = 0.6) wird durch eine Brillouin-Funktion beschrieben [3]. Eine Untersuchung des Einflusses der Hyperfeinwechselwirkung auf das AFMR-Spektrum s. bei Borovik-Romanov, Prozorova [12]. Eine von Ozhogin [13] theoretisch vorausgesagte biresonante Frequenzverdopplung im Hochfrequenzzweig der AFMR von Antiferromagneten mit einer Anisotropie vom Typ der „leichten Ebene" wird von Prozorova, Kotyuzhanskii [14] bei ν = 37 GHz und T = 41.8 K experimentell bestätigt.

Nuclear Magnetic Resonance

Die kernmagnetische Resonanz (NMR) ist in erster Linie im antiferromagnetischen Bereich für ^{55}Mn gemessen worden. Über die ^{19}F-NMR bei hohen Temperaturen s. Hogg [18], über die kernakustische Resonanz des ^{55}Mn s. Walther [19].

Die in **Fig. 83** für 4.2 K wiedergegebene Abhängigkeit der ^{55}Mn-Resonanzfrequenz vom äußeren Feld H_0 gilt für den Fall, daß sowohl H_0 als auch das magnetische Wechselfeld H_{rf} in der Basisebene liegen ($H_0 \perp H_{rf}$). Die Feldabhängigkeit beider Zweige kann mit einem aus 4 Untergittern bestehenden Modell gedeutet werden. Die Intensität des bei höheren Frequenzen gelegenen „Austausch"-Zweigs ist viel kleiner als die des „akustischen" Zweigs. Ersterer resultiert aus der unterschiedlichen Hyperfein(HF)-Kopplung der Kerne an den Mn(1)- und Mn(2)-Gitterplätzen. Aus seiner Temperaturabhängigkeit wird auf diejenige der Untergittermagnetisierung geschlossen [6]. Letzterer wird bereits von Minkiewicz, Nakamura [5] für $H_0 \| [120]$, $H_{rf} \perp [001]$ gefunden: Bei 4.2 K steigt seine Frequenz im Feldstärkebereich von 500 bis 8000 Oe von 250 auf 650 MHz,

Fig 83

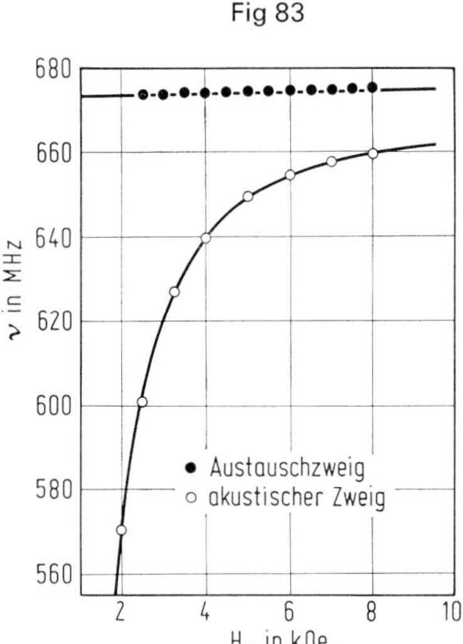

Feldabhängigkeit der ^{55}Mn-NMR-Frequenz ν in $CsMnF_3$ bei 4.2 K.

bei 1.99 K liegen die Frequenzen niedriger. Zur Deutung dieser Ergebnisse genügt das bereits von Lee u. a. [1] benutzte Modell mit zwei Untergittern. Die von letzteren beobachtete sechszählige Anisotropie in der Basisebene wird nicht bestätigt. Die starke Feld- und Temperaturabhängigkeit ist in Einklang mit der Theorie von Gennes u. a. [20], s. auch [5]. — Eine indirekte Beobachtung der NMR beruht auf der Untersuchung der antiferromagnetischen Resonanz bei der Einstrahlung geeigneter Kernfrequenzen [1,21]. — Gepulste Untersuchungen (Spinecho-Verfahren) s. [22 bis 26].

Die Feldabhängigkeit der Spin-Gitter-Relaxationszeit T_1 des „akustischen" Zweigs zeigt **Fig. 84.** Bei 5000 Oe steigt T_1 von 17 ms bei 4.2 K proportional zu $T^{-4.96 \pm 003}$ auf 3.7 s bei 1.4 K. Bei 1500 Oe ist $T_1 \sim T^{-4.60}$. Diese Temperaturabhängigkeit deutet auf einen Drei-Magnonen-Prozeß hin, für den $T_1 \sim T^{-5.4}$ bei 5000 Oe berechnet wird, wobei jedoch die gemessenen Werte

Fig. 84

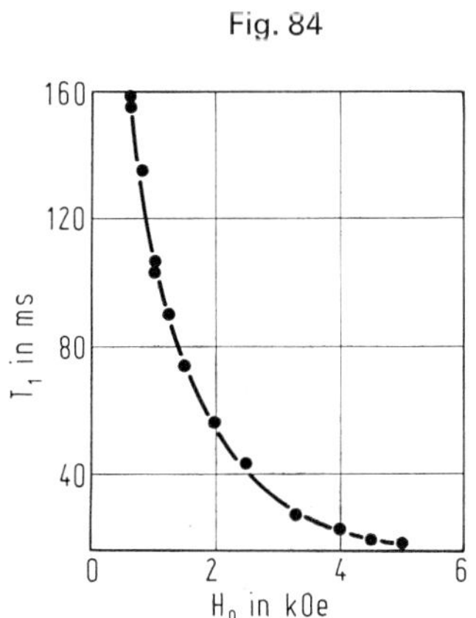

Feldabhängigkeit der Spin-Gitter-Relaxationszeit T_1 der ^{55}Mn-NMR in $CsMnF_3$ bei 4.2 K.

Nuclear Magnetic Resonance of $CsMnF_3$

um einen Faktor 10^3 zu hoch liegen [6]. T_1 = 14.5 ms bei 4.2 K messen Witt, Portis [21] mittels der Elektronen-Kern-Doppelresonanz. Ein Minimum von $1/T_1$ bei ≈2000 Oe und eine zu $H_0^{1.46}$ proportionale Zunahme bei hohen Feldern berechnen Beeman, Pincus [27] auf der Basis von durch Austauschstreuung verstärkten Zwei- und Drei-Magnonen-Prozessen. Daß die berechneten $1/T_1$-Werte etwa 4mal kleiner als die Meßdaten [6] sind, wird auf die Benutzung eines Modells mit nur 2 Untergittern zurückgeführt [27]. Zur T^5-Abhängigkeit von $1/T_1$ s. auch theoretische Überlegungen bei Pincus [28].

Ein Minimum in der Feldabhängigkeit der Linienbreite des „akustischen" Zweigs stellen Weber, Seavey [29], s. **Fig. 85**, und — ausgeprägter — Welsh [6] fest, der für 4.2 K und H_0 = 5000 Oe $\Delta\nu = 42 \pm 3$ kHz angibt. Messungen der Relaxationsgeschwindigkeit $\eta(k)$ von Kernspinwellen (k = Wellenvektor, s. auch S. 177) ergeben jedoch Hinweise darauf, daß vorstehende Werte, die für k = 0 gelten, zu hoch liegen, d.h. eine inhomogene Verbreiterung beinhalten. Während aus den Messungen von Welsh [6] $\eta(0) = 3.8 \times 10^5\ s^{-1}$ für 2500 Oe und von Weber, Seavey [29] $\eta(0) = 6.9 \times 10^6\ s^{-1}$ für 1500 Oe abgeleitet wird, ergeben die eigenen Untersuchungen an Kernspinwellen $\eta(k \to 0) = 0.9 \times 10^5\ s^{-1}$ für 1300 Oe (alle Werte für 4.2 K). Zwischen 1.2 und 4.2 K gilt ferner $\eta(0) \sim T^{1.3}$. Zur k-Abhängigkeit s. Original [30]. Zu $\eta(k)$ s. ferner [9, 31]. Nach der Spinecho-Methode gemessene Spin-Spin-Relaxationszeit: T_2 = 20 μs bei 4.2 K [22]. — Für den „Austausch"-Zweig wird eine Zunahme von $\Delta\nu \approx 0.18$ bei 2500 auf ≈0.4 MHz bei 7500 Oe und keine Änderung zwischen 1.35 und 4.2 K beobachtet [6].

Fig. 85

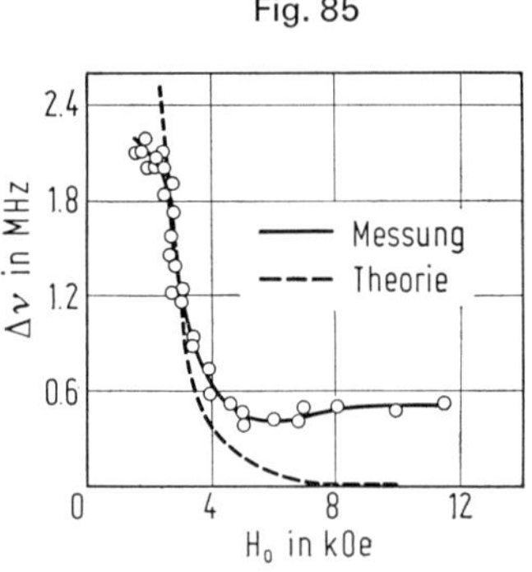

Feldabhängigkeit der Linienbreite $\Delta\nu$ der ^{55}Mn-NMR in $CsMnF_3$ bei 4.2 K.

Die Hyperfeinkopplungskonstanten A(Mn1) = −(92.3 ± 0.9) × 10^{-4} cm^{-1}, A(Mn2) = −(91.9 ± 0.9) × 10^{-4} cm^{-1} folgen aus einer Auftragung [32] von A gegen den Mn-F-Abstand [1]. Hieraus werden von Welsh [6] die Größen $|A| \cdot c \cdot \langle S \rangle$ = 692 ± 7 bzw. 688 ± 7 MHz (mit $\langle S \rangle = S = 5/2$) abgeleitet. Die eigenen NMR-Messungen liefern $|A| \cdot c \cdot \langle S \rangle$ = 676.85 ± 0.1 bzw. 666.0 ± 0.2 MHz und lassen damit einen Schluß auf die Spinreduktion zu [6]; s. dazu auch Owen, Taylor [33].

EPR

Bei der Elektronenspinresonanz ist die Temperaturabhängigkeit der Resonanzfeldstärke zwischen 75 und 300 K untersucht [15]. Die Breite der Resonanzlinie, gemessen bei 9.3 GHz, nimmt bis kurz unterhalb des Schmelzpunkts linear zu [16].

Literatur:

[1] K. Lee, A. M. Portis, G. L. Witt (Phys. Rev. [2] **132** [1963] 144/63). — [2] Y. Yamaguchi, T. Sakuraba (J. Phys. Soc. Japan **38** [1975] 1011/9). — [3] A. S. Borovik-Romanov, B. Ya. Kotyuzhanskii, L. A. Prozorova (Zh. Eksperim. i Teor. Fiz. **58** [1970] 1911/8; Soviet Phys.-JETP **31** [1970] 1027/30). — [4] G. L. Witt (Physica **61** [1972] 476/80). — [5] A. Minkiewicz, A. Nakamura (Phys. Rev. [2] **143** [1966] 361/5).

[6] L. B. Welsh (Phys. Rev. [2] **156** [1967] 370/82). — [7] M. H. Seavey (Phys. Rev. Letters **23** [1969] 132/5). — [8] A. I. Belyaeva, V. S. Kuleshov, V. I. Silaev, N. V. Gapon (Zh. Eksperim. i Teor. Fiz. **61** [1971] 1492/500; Soviet Phys.-JETP **34** [1971] 794/8); vgl. auch A. I. Belyaeva, V. V. Eremenko, V. I. Silaev, S. V. Petrov (Zh. Eksperim. i Teor. Fiz. **58** [1970] 475/85; Soviet Phys.-JETP **31** [1970] 253/8). — [9] M. H. Seavey (J. Appl. Phys. **40** [1969] 1597/8). — [10] B. Ya. Kotyuzhanskii, L. A. Prozorova (Zh. Eksperim. i Teor. Fiz. **65** [1973] 2470/8; Soviet Phys.-JETP **38** [1973] 1233/7; Pis'ma Zh. Eksperim. i Teor. Fiz. **19** [1974] 225/9; C. A. **80** [1974] Nr. 126086), L. A. Prozorova, B. Ya. Kotyuzhanskii, A. S. Borovik-Romanov (Magn. Resonance Relat. Phenomena Proc. 18th Congr. AMPERE, Nottingham, Engl., 1974 [1975], Bd. 1, S. 97/8; C. A. **83** [1975] Nr. 185917; Proc. 14th Intern. Conf. Low Temp. Phys., Otaniemi, Finland, 1975, Bd. 3, S. 188/91; C. A. **85** [1976] Nr. 71407); vgl. auch L. A. Prozorova, A. S. Borovik-Romanov (Pis'ma Zh. Eksperim. i Teor. Fiz. **10** [1969] 316/20; JETP Letters **10** [1969] 201/3).

[11] V. A. Tulin (Zh. Eksperim. i Teor. Fiz. **58** [1970] 1265/8; Soviet Phys.-JETP **31** [1970] 680/1). — [12] A. S. Borovik-Romanov, L. A. Prozorova (J. Phys. [Paris] **32** [1971] Suppl. S. C1-829/C1-836, C1-831). — [13] V. I. Ozhogin (Zh. Eksperim. i Teor. Fiz. **58** [1970] 2079/89; Soviet Phys.-JETP **31** [1970] 1121/6). — [14] L. A. Prozorova, B. Ya. Kotyuzhanskii (Pis'ma Zh. Eksperim. i Teor. Fiz. **12** [1970] 105/8; C. A. **73** [1970] Nr. 135385). — [15] J. F. Siebert (UCRL 18119 [1968]; C. A. **69** [1968] Nr. 91399; Diss. Univ. of California 1968; Diss. Abstr. B **29** [1969] 3451/2).

[16] E. Dormann, V. Jaccarino (AIP [Am. Inst. Phys.] Conf. Proc. Nr. 18 [1974] 529/33). — [17] B. Ya. Kotyuzhanskii, L. A. Prozorova (Pis'ma Zh. Eksperim. i Teor. Fiz. **24** [1976] 171/4). — [18] R. D. Hogg (Diss. Univ. of California, Santa Barbara 1975; Diss. Abstr. Intern. B **36** [1976] 5667/8). — [19] K. Walther (Phys. Status Solidi B **58** [1973] K1/K3). — [20] P. G. de Gennes, P. A. Pincus, F. Hartmann-Boutron, J. M. Winter (Phys. Rev. [2] **129** [1963] 1105/15).

[21] G. L. Witt, A. M. Portis (Phys. Rev. [2] **136** [1964] A 1316/A 1320). — [22] B. S. Dumesh (Pis'ma Zh. Eksperim. i Teor. Fiz. **14** [1971] 511/4; JETP Letters **14** [1971] 350/2). — [23] Yu. M. Bun'kov, B. S. Dumesh (Zh. Eksperim. i Teor. Fiz. **68** [1975] 1161/75; Soviet Phys.-JETP **41** [1975] 576/82). — [24] Yu. M. Bun'kov (Pis'ma Zh. Eksperim. i Teor. Fiz. **23** [1976] 271/6). — [25] B. S. Dumesh (Pis'ma Zh. Eksperim. i Teor. Fiz. **24** [1976] 167/70).

[26] A. S. Borovik-Romanov, Yu. M. Bun'kov, B. S. Dumesh (Physica B + C **86/88** [1977] 1301/2). — [27] D. Beeman, P. Pincus (Phys. Rev. [2] **166** [1968] 359/75, 371/2). — [28] P. Pincus (Phys. Rev. Letters **16** [1966] 398/400). — [29] R. Weber, M. H. Seavey (Solid State Commun. **7** [1969] 619/22). — [30] L. W. Hinderks, P. M. Richards (J. Appl. Phys. **42** [1971] 1516/21).

[31] B. T. Adams, L. W. Hinderks, P. M. Richards (J. Appl. Phys. **41** [1970] 931/2). — [32] S. Ogawa (J. Phys. Soc. Japan **15** [1960] 1475/81). — [33] J. Owen, D. R. Taylor (Phys. Rev. Letters **16** [1966] 1164/6).

4.3.1.1.24.5 Optische Eigenschaften

Optical Properties

Zwischen 50 und 500 cm^{-1} wird das Reflexionsvermögen von Nakagawa [1] gemessen und zur Ableitung der Absorptionskoeffizienten k und des Brechungsindex n verwendet. Zuvor wurde das Reflexionsspektrum bei Raumtemperatur zwischen 20 und 600 cm^{-1} untersucht [2]; die daraus abgeleiteten Wellenzahlen der A_{2u}- und der E_{1u}-Gitterschwingungen sind auf S. 190 wiedergegeben. Im Absorptionsspektrum sind bei 85 K zwischen 40 und 180 cm^{-1} drei Maxima zu beobachten, die Phononen zugeordnet werden. Bei 5 K treten weitere Maxima bei 48, 59 und 84 cm^{-1} auf, die vermutlich der Erzeugung von je 2 Magnonen entsprechen, sowie zwei Linien bei 71 und 118 cm^{-1}, die Kombinationen von je einem Phonon mit einem Magnon zugeordnet werden können [3].

Im Raman-Spektrum sind von 33 möglichen Linien 29 zu beobachten, besonders deutlich bei sehr tiefen Temperaturen (5 bis 40 K); mit steigender Temperatur werden einige Linien breiter, und wegen der Anharmonizität treten Verschiebungen auf. Unterhalb der Néel-Temperatur (53.5 K) wird eine Linie mit $\nu = 92.8\ cm^{-1}$ (bei 5 K) gefunden, die der Anregung eines Magnonenpaares

Optical Properties of $CsMnF_3$

entsprechen dürfte [4]. Die Wellenzahlen der ramanaktiven Schwingungen (A_{1g}, E_{1g}, E_{2g}) sind ebenfalls auf S. 190 angegeben. Von Dunsmuir u. a. [2] wird kurz bemerkt, daß bei der Untersuchung des Raman-Spektrums die Angaben von Chinn [4] bestätigt wurden.

In der Nähe von 542 nm wurde die auf Magnonen beruhende Feinstruktur der Absorptionsbande erstmals von Stevenson [5] beobachtet; als Wellenzahlen der Magnonen wurden die Werte 48.2 und 54.4 cm^{-1} abgeleitet. Bei der Analyse der C-Banden (24900 bis 26000 cm^{-1}) wird die Magnonenwellenzahl 38 cm^{-1} erhalten [6], und analoge Untersuchungen an den D-Banden (27700 bis 28300 cm^{-1}) führen zu den Wellenzahlen 38 und 47 cm^{-1} [7].

Die Differenz Δn der parallel und senkrecht zur c-Achse gemessenen Brechungsindizes ist zwischen 300 und 100 K sehr klein, steigt dann bis zur Néel-Temperatur schwach und darunter stärker an [8]. Bei Raumtemperatur finden Belyaev und Revina [9] $n = 1.527 \pm 0.003$.

Der Faraday-Effekt wird bei 1.15 μm von Damon u. a. [10] gemessen.

Literatur:

[1] I. Nakagawa (Spectrochim. Acta A **29** [1973] 1451/61). — [2] J. T. R. Dunsmuir, I. W. Forrest, A. P. Lane (Mater. Res. Bull. **7** [1972] 525/30). — [3] M. M. Shapiro (Can. J. Phys. **49** [1971] 941/4). — [4] S. R. Chinn (Phys. Rev. [3] B **3** [1971] 121/8). — [5] R. Stevenson (Can. J. Phys. **44** [1966] 3269/70).

[6] A. I. Belyaeva, V. V. Eremenko, V. I. Silaev, S. V. Petrov (Zh. Eksperim. i Teor. Fiz. **58** [1970] 475/85; Soviet Phys.-JETP **31** [1970] 253/8). — [7] A. I. Belyaeva, V. S. Kuleshov, V. I. Silaev, N. V. Gapon (Zh. Eksperim. i Teor. Fiz. **61** [1971] 1492/500; Soviet Phys.-JETP **34** [1971] 794/8). — [8] A. Borovik-Romanov, N. M. Kreines, A. A. Pankov, M. A. Talalaev (Zh. Eksperim. i Teor. Fiz. **66** [1974] 782/91; Soviet Phys.-JETP **39** [1974] 378/82). — [9] I. N. Belyaev, O. Ya. Revina (Zh. Prikl. Khim. **42** [1969] 2220/5; J. Appl. Chem. USSR **42** [1969] 2086/90). — [10] R. W. Damon, W. W. Holloway, M. Kestigian (AD 695490 [1969] nach C. A. **72** [1970] Nr. 72922).

Chemical Reactions. Solubility

4.3.1.1.24.6 Chemisches Verhalten. Löslichkeit

Kristallines $CsMnF_3$ ist bei Raumtemperatur an der Luft beständig [1]. Bei höheren Temperaturen wird es in Gegenwart von Sauerstoff leicht unter Braunfärbung oxidiert [1,2]. Mit F_2 reagiert $CsMnF_3$ in der Wärme zu $CsMnF_5$ (s. S. 224) [1].

Von reinem H_2O wird $CsMnF_3$ bei Raumtemperatur und höheren Temperaturen unter Abscheidung von MnF_2 zersetzt [3,4], ebenso von HF-Gas bei etwa 150°C [3] bis 300°C [4] nach $CsMnF_3 + HF \rightarrow MnF_2 + CsHF_2$, kann dagegen aber in HF-Atmosphäre bei 700°C dargestellt werden (s. S. 188) [3].

$CsMnF_3$ ist in Wasser schwer löslich und läßt sich daher leicht aus wäßrigen Lösungen ausfällen (s. S. 188). In wäßriger CsF-Lösung ist es sehr wenig löslich [1], in Methanol praktisch unlöslich [3]. — Wie Untersuchungen des reziproken Systems Cs^+-Mn^{2+}-Cl^--F^- zeigen, ist $CsMnF_3$ in der Schmelze über einen großen Temperatur- und Konzentrationsbereich stabil [2].

Literatur:

[1] R. Hoppe, W. Liebe, W. Dähne (Z. Anorg. Allgem. Chem. **307** [1961] 276/89, 279). — [2] I. N. Belyaev, O. Ya. Revina (Zh. Prikl. Khim. **42** [1969] 2220/5; J. Appl. Chem. USSR **42** [1969] 2086/90). — [3] J. C. Cousseins (Rev. Chim. Minerale **1** [1964] 573/616, 600/1). — [4] S. V. Petrov (Izv. Akad. Nauk SSSR Ser. Fiz. **35** [1971] 1259/61; Bull. Acad. Sci. USSR Phys. Ser. **35** [1971] 1151/3).

The LiF-CsF-MnF_2 System

4.3.1.1.25 Das System LiF-CsF-MnF_2

Über die Randsysteme LiF-MnF_2 und CsF-MnF_2 s. S. 98 und 187. Die Angaben zum System LiF-CsF (eutektische Punkte e_5 bei 49 Mol-% CsF und 490°C bzw. e_6 bei 61 Mol-% CsF und 480°C) stammen aus der vorliegenden Veröffentlichung.

Zur Untersuchung des Systems nach der visuell-polythermen Methode werden die Fluoridgemische unter trockenem CO_2-Gas geschmolzen. Das Zustandsdiagramm in **Fig. 86** zeigt die Kristallisationsfelder der im System existierenden Verbindungen: LiF, CsF, MnF_2, $LiCsF_2$, $CsMnF_3$

Fig. 86

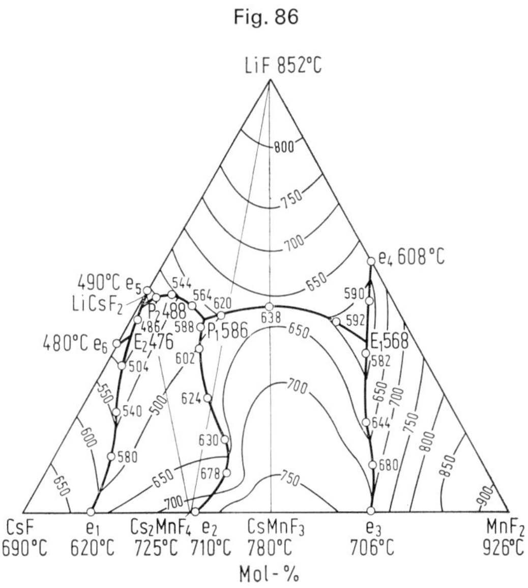

Zustandsdiagramm des Systems LiF-CsF-MnF_2.

und Cs_2MnF_4. Die Schnitte $LiCsF_2$-Cs_2MnF_4, LiF-Cs_2MnF_4 und LiF-$CsMnF_3$ teilen das Zustandsdiagramm in 4 Dreiecke, denen 4 invariante Punkte entsprechen (t_f = Schmelzpunkt):

Punkt	Zusammensetzung in Mol-%			t_f in °C	Feste Phasen
	LiF	CsF	MnF_2		im Gleichgewicht
E_1 (eutektisch)	40	10	50	568	LiF, MnF_2, $CsMnF_3$
E_2 (eutektisch)	40	58	2	476	CsF, $LiCsF_2$, Cs_2MnF_4
P_1 (peritektisch)	45	40	15	586	LiF, $CsMnF_3$, Cs_2MnF_4
P_2 (peritektisch)	47	52	1	488	LiF, $LiCsF_2$, Cs_2MnF_4

Der Schnitt LiF-Cs_2MnF_4 ist instabil, I. N. Belyaev, O. Ya. Revina (Zh. Neorgan. Khim. **11** [1966] 1952/8; Russ. J. Inorg. Chem. **11** [1966] 1041/4).

4.3.1.1.26 Das System NaF-CsF-MnF_2

The NaF-CsF-MnF_2 System

Die Randsysteme NaF-MnF_2 und CsF-MnF_2 sind auf S. 99 und 187 beschrieben. Angaben über das System NaF-CsF nach Deadmore, Machin [1].

Das System wird mit Hilfe der visuell-polythermen Methode unter trockenem CO_2-Gas untersucht. Das Zustandsdiagramm in **Fig. 87**, S. 200, zeigt die Kristallisationsfelder folgender Verbindungen: NaF, CsF, MnF_2, $NaMnF_3$, $CsMnF_3$ und Cs_2MnF_4. Die 3 stabilen Schnitte NaF-Cs_2MnF_4, NaF-$CsMnF_3$ und $NaMnF_3$-$CsMnF_3$ unterteilen das Zustandsdiagramm in 4 Dreiecke, von denen jedes

The NaF-CsF-MnF_2 System

Fig. 87

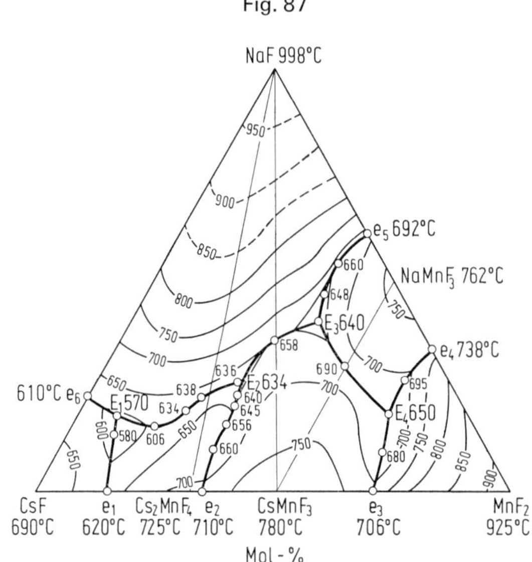

Zustandsdiagramm des Systems NaF-CsF-MnF_2.

ein unabhängiges ternäres System mit einem ternären eutektischen Punkt darstellt. In der folgenden Tabelle sind die invarianten, eutektischen Punkte wiedergegeben (t_f = Schmelzpunkt):

Punkt	Zusammensetzung in Mol-%			t_f in °C	Feste Phasen
	NaF	CsF	MnF_2		im Gleichgewicht
E_1	18	74	8	570	NaF, CsF, $CsMnF_3$
E_2	25	44	31	634	NaF, Cs_2MnF_4, $CsMnF_3$
E_3	41	20	39	640	NaF, $NaMnF_3$, $CsMnF_3$
E_4	17	16	67	650	$NaMnF_3$, $CsMnF_3$, MnF_2

Untersuchungen des Teilsystems $NaMnF_3$-$CsMnF_3$ zeigen, daß rhombisches $NaMnF_3$ mit hexagonalem $CsMnF_3$ bis maximal 20 Mol-% $NaMnF_3$ bei der eutektischen Temperatur von 690°C Mischkristalle bildet [2].

Literatur:

[1] D. L. Deadmore, J. S. Machin (J. Phys. Chem. **64** [1960] 824/5). — [2] I. N. Belyaev, O. Ya. Revina (Zh. Neorgan. Khim. **11** [1966] 1952/8; Russ. J. Inorg. Chem. **11** [1966] 1041/4).

The KF-CsF-MnF_2 System

4.3.1.1.27 Das System KF-CsF-MnF_2

Die Randsysteme KF-MnF_2 und CsF-MnF_2 sind auf S. 103 und 187 beschrieben. Das System KF-CsF ist ein einfaches eutektisches mit dem eutektischen Punkt bei 627°C und 43 Mol-% KF [1].

Das Zustandsdiagramm in **Fig. 88** wird mit Hilfe der visuell-polythermen Methode unter trockenem CO_2-Gas erstellt. Das Diagramm zeigt die Kristallisationsfelder der im System existierenden Verbindungen KF, CsF, MnF_2, $KMnF_3$, K_2MnF_4, $CsMnF_3$ und Cs_2MnF_4. Die 3 Schnitte KF-Cs_2MnF_4,

Fig. 88

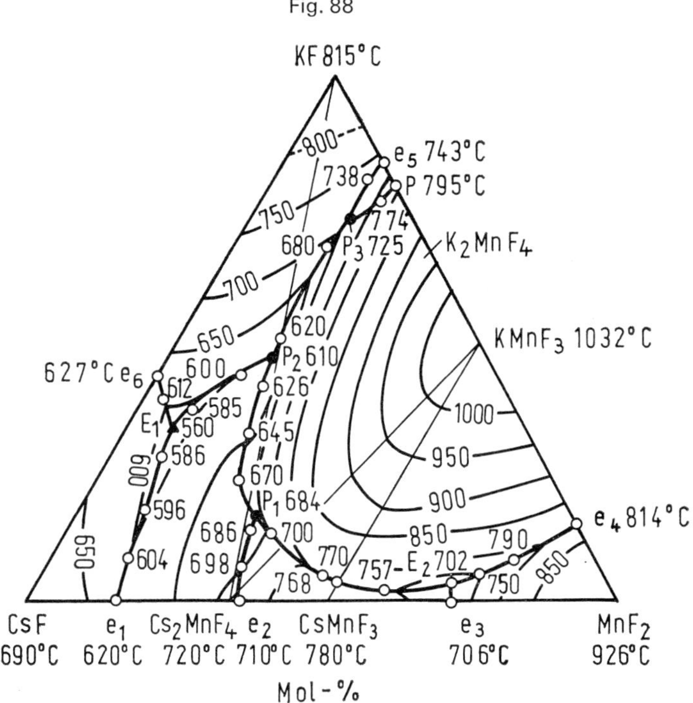

Zustandsdiagramm des Systems KF-CsF-MnF_2.

$KMnF_3$-Cs_2MnF_4 und $KMnF_3$-$CsMnF_3$ teilen das Zustandsdiagramm in 4 Dreiecke. Eine Zusammenstellung der invarianten Punkte gibt die folgende Tabelle (t_f = Schmelzpunkt):

Punkt	Zusammensetzung in Mol-%			t_f in °C	Feste Phasen
	KF	CsF	MnF_2		im Gleichgewicht
E_1 (eutektisch)	32	60	8	560	KF, CsF, Cs_2MnF_4
E_2 (eutektisch)	3	27	70	702	MnF_2, $KMnF_3$, $CsMnF_3$
P_1 (peritektisch)	16 *)	54	30	684	$KMnF_3$, Cs_2MnF_4, $CsMnF_3$
P_2 (peritektisch)	46	37	17	610	KF, $KMnF_3$, Cs_2MnF_4
P_3 (peritektisch)	73	11	16	725	KF, K_2MnF_4, $KMnF_3$

*) Wert aus Fig. 88, im Original ist irrtümlich 13 Mol-% KF angegeben.

Nur der Schnitt $KMnF_3$-$CsMnF_3$ ist stabil, die Schnitte KF-Cs_2MnF_4 und $KMnF_3$-Cs_2MnF_4 sind instabil [1].

Das Teilsystem $KMnF_3$-$CsMnF_3$ ist einfach eutektisch. Der eutektische Punkt liegt bei 770°C und etwa 10 Mol-% $KMnF_3$. Kubisches $KMnF_3$ und hexagonales $CsMnF_3$ bilden kubische Mischkristalle bis zum maximalen $CsMnF_3$-Gehalt von 30 Mol-% bei 770°C [1]. Nach chemischen und röntgenographischen Untersuchungen von Proben, die durch 16stündiges Erhitzen von $KMnF_3$-$CsMnF_3$-Gemischen bei 700°C in Ar-Atmosphäre erhalten wurden, bilden sich die kubischen Mischkristalle bis zu Gehalten von 27 Mol-% $CsMnF_3$. Dabei steigt die Gitterkonstante auf a = 4.24 Å [2].

Beim Teilsystem K_2MnF_4-Cs_2MnF_4 werden die Proben wie beim Teilsystem $KMnF_3$-$CsMnF_3$ dargestellt (s. S. 201). Chemische und röntgenographische Analysen ergeben, daß 3 Bereiche existieren: 1. ein einphasiger Bereich von 0 bis etwa 32 Mol-% Cs_2MnF_4 von tetragonaler Struktur, 2. ein zweiphasiger Bereich bis 55 Mol-% Cs_2MnF_4 mit Mischkristallen der Strukturen von α- und β-Cs_2MnF_4 (s. S. 188) und 3. ein einphasiger Bereich vom Typ des α-Cs_2MnF_4 von 55 bis 100 Mol-% Cs_2MnF_4 [2].

Literatur:

[1] I. N. Belyaev, O. Ya. Revina (Zh. Neorgan. Khim. **11** [1966] 1952/8; Russ. J. Inorg. Chem. **11** [1966] 1041/4). — [2] J. C. Cousseins (Rev. Chim. Minerale **1** [1964] 573/616, 591, 594), s. auch A. Chrétien, J. C. Cousseins (Compt. Rend. **259** [1964] 4696/9).

The RbF-CsF-MnF_2 System

4.3.1.1.28 Das System RbF-CsF-MnF_2

Die Randsysteme RbF-MnF_2 und CsF-MnF_2 sind auf S. 152 und 187 beschrieben.

Für die röntgenographischen und chemischen Analysen werden die Proben durch 16stündiges Erhitzen der Fluoridgemische in trockener Ar-Atmosphäre und anschließendes Abschrecken auf 20°C dargestellt.

Im Teilsystem $RbMnF_3$-$CsMnF_3$ bilden kubisches $RbMnF_3$ und hexagonales $CsMnF_3$ bei 700°C Mischkristalle von 0 bis 38 Mol-% $CsMnF_3$. Die Gitterkonstante wächst dabei von 4.25 auf 4.30 Å. Zwischen 38 und 100 Mol-% $CsMnF_3$ erstreckt sich eine Mischungslücke; es existieren kubische und hexagonale Phasen nebeneinander.

Im Teilsystem Rb_2MnF_4-Cs_2MnF_4 treten bei 650°C 3 Bereiche auf: 1. Zwischen 0 und 37 Mol-% Cs_2MnF_4 existieren Mischkristalle mit Rb_2MnF_4-Struktur; die tetragonalen Gitterkonstanten betragen a = 4.28, c = 14.24 Å bei der Grenzzusammensetzung. 2. Von 37 bis 65 Mol-% Cs_2MnF_4 liegt neben einer Phase mit α-Cs_2MnF_4-Struktur (s. S. 188) eine solche mit tetragonaler β-Cs_2MnF_4-Struktur vor; Gitterkonstanten bei 60 Mol-% Cs_2MnF_4: a = 4.29, c = 14.46 Å. 3. Von 65 bis 100 Mol-% Cs_2MnF_4 treten Mischkristalle mit α-Cs_2MnF_4-Struktur auf, J. C. Cousseins (Rev. Chim. Minerale **1** [1964] 573/616, 591, 593/4, s. auch A. Chrétien, J. C. Cousseins (Compt. Rend. **259** [1964] 4696/9).

Fluoromanganates(III) of Group Ia Elements and Ammonium

4.3.1.2 Fluoromanganate(III) der Elemente der 1. Hauptgruppe und Ammonium

Li_2MnF_5

4.3.1.2.1 Li_2MnF_5 (= 2 LiF · MnF_3)

Die Verbindung wird erhalten, wenn eine $LiHF_2$-Lösung im Überschuß einer Lösung von MnOOH in 20%iger Flußsäure zugegeben und die Lösung durch vorsichtiges Erwärmen konzentriert wird.

Nach Röntgen-Pulverdiagrammen ist Li_2MnF_5 (wie Na_2MnF_5, s. S. 203) isotyp mit dem rhombischen $(NH_4)_2MnF_5$ (s. S. 209); Gitterkonstanten a = 5.46, b = 7.78, c = 8.81 Å; Raumgruppe Pnma-D_{2h}^{16} (Nr. 62). Die Struktur ist durch lineare Ketten || b aus MnF_6-Oktaedern, die über Ecken verknüpft sind, charakterisiert.

Die magnetische Suszeptibilität χ zeigt zwischen 4.2 und 300 K ein Maximum bei etwa 25 K auf Grund antiferromagnetischer Wechselwirkungen innerhalb der -Mn-F-Mn-Ketten. Unterhalb etwa 5 K steigt χ wieder an, erreicht aber bis 4.2 K kein Maximum wie bei $(NH_4)_2MnF_5$. Nach Korrektur für den diamagnetischen Beitrag ist $10^3\ \chi_{mol}$ = 8.56 cm^3/mol bei 299 K. Der Austauschparameter J/k = −5.10 K stimmt mit berechneten Werten nach dem Heisenberg-Modell sowie dem Ising-Modell befriedigend überein, S. Emori, M. Inoue, M. Kishita, M. Kubo (Inorg. Chem. **8** [1969] 1385/8).

4.3.1.2.2 $LiMnF_4$ (= $LiF \cdot MnF_3$) $LiMnF_4$

Die braune Verbindung bildet sich (nicht ganz rein) bei der Reduktion von $LiMnF_5$ (s. S. 217) mit Wasserstoff bei 150 bis 200°C.

$LiMnF_4$ befolgt das Curie-Weiss-Gesetz mit $\Theta_p \approx -10$ K. Magnetisches Moment $\mu = 4.7\ \mu_B$.

Die Reduktion mit H_2 bei 150 bis 200°C führt zu einem Gemisch von LiF und MnF_2, R. Hoppe, W. Dähne, W. Klemm (Liebigs Ann. Chem. **658** [1962] 1/5).

4.3.1.2.3 Na_3MnF_6 (= 3 $NaF \cdot MnF_3$) Na_3MnF_6

Die violette Verbindung kann durch Erhitzen eines NaF-MnF_3-Gemisches im verschlossenen Silberrohr bei 450 bis 520°C [1] oder aus einem äquimolaren NaF-Na_2MnF_5-Gemisch bei 650 bis 800°C [2] unter Ar dargestellt werden.

DTA-Kurven weisen auf enantiomorphe Umwandlungen bei 562 und 653°C hin. Nach Röntgen-Pulveraufnahmen ist Na_3MnF_6 unter Normalbedingungen monoklin; Gitterkonstanten a = 5.56(1), b = 5.84(1), c = 8.10(2) Å, β = 90.7(2)°; Z = 2; Tabelle der d-Werte im Original. Na_3MnF_6 ist isotyp mit Kryolith [2] (Na_3AlF_6, $I2_6$-Typ, s. „Aluminium" A, S. 28).

Experimentelle Dichte (Schwebemethode) 3.13(1) bei 23°C, Röntgendichte 3.00 g/cm³. Der Schmelzpunkt liegt nach DTA-Messungen bei 800°C. — Das magnetische Moment $\mu_{eff} = 4.92\ \mu_B$ deutet auf eine high-spin-Anordnung hin (theoretisch 4.90 μ_B). — Im IR-Spektrum zeigen sich 3 starke Mn-F-Schwingungen bei 300, 400 und 570 cm^{-1} infolge einer größeren Deformation der MnF_6-Oktaeder durch den Jahn-Teller-Effekt [2].

Literatur:

[1] G. Siebert, R. Hoppe (Z. Anorg. Allgem. Chem. **391** [1972] 117/25, 124). — [2] P. Bucovec, J. Šiftar (Monatsh. Chem. **106** [1975] 1333/6).

4.3.1.2.4 Na_2MnF_5 (= 2 $NaF \cdot MnF_3$) Na_2MnF_5

Die Verbindung wird in leichter Abwandlung der Methode von Christensen [1] dargestellt, indem einer überschüssigen $NaHF_2$-Lösung eine Lösung von MnOOH in 20%iger Flußsäure zugegeben und anschließend eingeengt wird [2]. Sie bildet rote tafelförmige Kristalle [1]. Nach Röntgen-Pulveraufnahmen ist Na_2MnF_5 (wie Li_2MnF_5, s. S. 202) isotyp mit dem rhombischen $(NH_4)_2MnF_5$ (s. S. 209); Gitterkonstanten a = 6.08, b = 7.86, c = 9.28 Å; Raumgruppe Pnma-D_{2h}^{16} (Nr. 62) [2].

Die magnetische Suszeptibilität zeigt zwischen 4.2 und 300 K ein breites Maximum bei etwa 50 K auf Grund antiferromagnetischer Wechselwirkungen innerhalb der -Mn-F-Mn-Ketten || [010]. Nach Korrektur für den diamagnetischen Beitrag ist $10^3\ \chi_{mol}$ = 7.93 cm³/mol bei 296 K. Der Austauschparameter J/k = −7.88 K stimmt mit den berechneten Werten nach dem Heisenberg-Modell sowie dem Ising-Modell nicht so gut überein wie bei Li_2MnF_5 [2].

Na_2MnF_5 ist in verdünnter Flußsäure weniger löslich als $(NH_4)_2MnF_5$. Es wird von salzsaurer KJ-Lösung wenig angegriffen. Im übrigen ist das chemische Verhalten dem von $K_2MnF_5 \cdot H_2O$ (s. S. 208) ähnlich [1].

Literatur:

[1] O. T. Christensen (J. Prakt. Chem. [2] **35** [1887] 57/82, 161/81, 167/9). — [2] S. Emori, M. Inoue, M. Kishita, M. Kubo (Inorg. Chem. **8** [1969] 1385/8).

4.3.1.2.5 K_3MnF_6 (= 3 $KF \cdot MnF_3$) K_3MnF_6

Darstellung und Bildung. Reine violette Präparate werden durch Erhitzen eines KF-MnF_3-Gemischs im verschlossenen Ag-Rohr auf 450 bis 520°C erhalten [1]. Andere Autoren schmelzen

Preparation and Formation of K_3MnF_6

3 mol KHF_2 mit $^1/_3$ mol MnF_3 zusammen [2]. Blauviolettes K_3MnF_6 entsteht, wenn $K_2MnF_5 \cdot H_2O$ in kleinen Mengen zu einem großen Überschuß von geschmolzenem KHF_2 gegeben wird. Die bläulich bis purpurrot gefärbte Schmelze wird auf 400°C erhitzt, wobei sie unter HF-Entwicklung erstarrt. Überschüssiges KF wird nach dem Abkühlen mit Formamid ausgelaugt [3]. Etwas durch Hydrolyseprodukte verunreinigte himbeerfarbene Präparate werden aus frisch gefälltem $K_2MnF_5 \cdot H_2O$ erhalten, wenn es längere Zeit ($2^1/_2$ Monate) mit konzentrierter wäßriger KF-Lösung bei Raumtemperatur geschüttelt wird [4]. Gut ausgebildete rotbraune Prismen von K_3MnF_6 bilden sich, wenn $KMnO_4$ in 40%iger Flußsäure durch Diäthyläther in Gegenwart von KHF_2 reduziert wird, ausgefallenes K_2MnF_6 abgetrennt (s. S. 217) und die Lösung nach Zusatz von weiterem KHF_2 über Nacht stehengelassen wird [5]. — Die Verbindung wird mit einer Lösung von KF in 40%iger Flußsäure [6] oder mit Aceton und Äther gewaschen und an der Luft getrocknet [3].

Physical Properties

Physikalische Eigenschaften. K_3MnF_6 kristallisiert außer in den bereits oben genannten Formen in tetragonalen Bipyramiden [4]. Röntgen-Pulveraufnahmen zeigen, daß die Symmetrie tetragonal ist, Gitterkonstanten a = 17.50, c = 16.60 Å; Z = 32 (Subzelle bezogen auf die Kryolith-Struktur: a = 8.75, c = 8.30 Å) [3]. Zur Symmetrie des MnF_6^{3-}-Ions nach spektroskopischen Untersuchungen im IR s. [6,7] und S. 89.

Das magnetische Moment $\mu = 4.95\ \mu_B$ bei 25°C deutet auf die für Mn^{3+} erwarteten 4 ungepaarten Spins [3].

Chemical Reactions. Solubility

Chemisches Verhalten. Löslichkeit. K_3MnF_6 ist an der Luft unter Normalbedingungen stabil [3]. Es zersetzt sich nicht beim Erhitzen auf 530°C [8]. Preßlinge reagieren mit CCl_4-Dampf bei 250°C, besser bei 450 bis 550°C in einem mit der Temperatur gleichmäßig ansteigenden Ausmaß unter Bildung von Fluorchlormethanen, vorwiegend $CFCl_3$. Vergleicht man die Fähigkeit verschiedener Fluoride K_3MF_6 zum Halogenaustausch mit CCl_4, so ergibt sich für M die Reihenfolge Sc, Ti < Fe < Co, Mn, Cu, Cr < Ni < V [2]. Der Halogenaustausch von K_3MnF_6 mit CCl_4 ist stärker als der von $K_2MnF_5 \cdot H_2O$ (s. S. 208) [8].

K_3MnF_6 wird von warmem H_2O zu Mangan(III)-oxidhydrat zersetzt und reagiert mit verdünnter Flußsäure zu $K_2MnF_5 \cdot H_2O$ [3]. In wasserfreiem HF ist K_3MnF_6 löslich [9].

Literatur:

[1] G. Siebert, R. Hoppe (Z. Anorg. Allgem. Chem. **391** [1972] 117/25, 124). — [2] P. E. Horn, G. Schiemann (Chemiker-Ztg. **95** [1971] 833/43). — [3] R. D. Peacock (J. Chem. Soc. **1957** 4684/5). — [4] I. G. Ryss, B. S. Vitukhnovskaya (Dokl. Akad. Nauk SSSR [2] **97** [1954] 471/3; C. A. **1954** 13506). — [5] W. G. Palmer (Experimental Inorganic Chemistry, Cambridge 1954, S. 485).

[6] K. Wieghardt, H. Siebert (Z. Anorg. Allgem. Chem. **381** [1971] 12/20). — [7] R. D. Peacock, D. W. A. Sharp (J. Chem. Soc. **1959** 2762/7). — [8] P. E. Horn (Chemiker-Ztg. **96** [1972] 92/9). — [9] T. L. Court, M. F. A. Dove (Chem. Commun. **1971** 726).

NaK_2MnF_6

4.3.1.2.6 NaK_2MnF_6 (= $NaF \cdot 2KF \cdot MnF_3$)

Kleine rote Einkristalle entstehen beim Erhitzen von $K_2MnF_5 \cdot H_2O$ mit einem Gemisch von $2KHF_2 + 1NaHF_2$ in einem mit Pt ausgekleideten Autoklaven bei 400°C [1]. Die Kristalle werden aus der erstarrten Schmelze mit Wasser [1] oder einer Lösung von KF in 40%iger Flußsäure herausgelöst [2].

Einkristall-Aufnahmen ergeben die tetragonalen Gitterkonstanten a = 8.171, c = 8.577 Å; Z = 4; Raumgruppe F4/mmm-D_{4h}^{17} (Nr. 139). Die Atome besetzen folgende Punktlagen (bezogen auf die Standardaufstellung I4/mmm mit Z = 2):

Atom	Punktlage	x	y	z
Na	2b	0	0	0.5
K	4d	0	0.5	0.25
Mn	2a	0	0	0
F(1)	8h	0.2281	0.2281	0
F(2)	4e	0	0	0.2402

Das Mn^{3+}-Ion ist von $6F^-$-Ionen in Form eines durch den Jahn-Teller-Effekt verzerrten Oktaeders der Symmetrie D_{4h} umgeben; Abstände Mn-F(1) = 1.86 Å (4×) und Mn-F(2) = 2.06 Å (2×) [1]. Auch das IR-Spektrum gibt Hinweise auf die Verzerrung der MnF_6-Oktaeder, s. [2] und S. 89. — Zum Madelung-Anteil der Gitterenergie s. [3].

Die NaK_2MnF_6-Kristalle sind optisch einachsig negativ und zeigen starken Dichroismus [1].

Literatur:

[1] K. Knox (Acta Cryst. **16** [1963] Suppl., S. A 45). — [2] K. Wieghardt, H. Siebert (Z. Anorg. Allgem. Chem. **381** [1971] 12/20). — [3] G. Siebert, R. Hoppe (Z. Anorg. Allgem. Chem. **391** [1972] 117/25, 123).

4.3.1.2.7 K_2MnF_5 (= 2KF · MnF_3)

K_2MnF_5

Das Hydrat $K_2MnF_5 \cdot H_2O$ (s. unten) gibt bei 200°C das H_2O quantitativ ab.

Dichte D_4^{25} = 2.985 g/cm³. — In Abhängigkeit von der Wellenlänge λ werden folgende Brechungsindizes gemessen:

λ in nm	486	520	555	589	620	656	∞
n_α	1.414	1.412	1.410	1.408	1.407	1.406	1.395
n_β	1.443	1.440	1.438	1.436	1.435	1.434	1.424
n_γ	1.456	1.453	1.451	1.449	1.447	1.446	1.435

Aus dem Mittelwert 1.409 für $\lambda \to \infty$ ergibt sich die Molrefraktion R_∞ = 19.42, S. S. Batsanov (Zh. Neorgan. Khim. **2** [1957] 628/31; Russ. J. Inorg. Chem. **2** Nr. 3 [1957] 245/51).

4.3.1.2.8 $K_2MnF_5 \cdot H_2O$ (= 2KF · $MnF_3 \cdot H_2O$), $K_2MnF_5 \cdot D_2O$

$K_2MnF_5 \cdot H_2O$
$K_2MnF_5 \cdot D_2O$

Darstellung und Bildung

Preparation, Formation

Die rosarote oder purpurfarbene Verbindung wird zuerst von Nicklès [1] beschrieben, der das aus MnO_2, KF und Flußsäure erhaltene Kristallpulver aber irrtümlich für K_2MnF_6 hält. Später stellt Christensen [2], der die richtige Zusammensetzung $K_2MnF_5 \cdot H_2O$ erkennt, die Verbindung aus Manganoxiden oder -oxidhydraten mit Oxidationsstufen des Mangans > 2, KF und Flußsäure her.

$K_2MnF_5 \cdot H_2O$ entsteht aus Permanganat, einem Mn^{II}-Salz und KF in Flußsäure. Es fällt aus, wenn 8.9 g (4 mol) $MnSO_4 \cdot 4H_2O$ in 30 ml H_2O mit 8 ml 40%iger Flußsäure (3.2 g HF) gemischt werden und dann nacheinander eine Lösung von 1.58 g $KMnO_4$ in 25 ml H_2O sowie eine Lösung von 5.8 g KF in 20 ml H_2O zugesetzt werden [3], s. auch [4, 5]. Aus einer gesättigten Lösung von $KMnO_4$ in 40%iger Flußsäure wird auch durch langsames Zugeben von festem KNO_2 unter Kühlung reines $K_2MnF_5 \cdot H_2O$ ausgefällt; ebenso durch Zusatz von Äthanol, Aceton, Ameisensäure oder Essigsäure [6].

Die Verbindung wird in Anlehnung an frühere Arbeiten [1, 2] erhalten, wenn eine Lösung von MnF_2 und MnO_2 (in leichtem Überschuß) in 40%iger Flußsäure im Platingefäß 2 h auf dem Wasserbad erhitzt wird, die entstehende rotbraune Lösung von nicht umgesetztem MnO_2 abgetrennt und dann in der Kälte mit der zweifachen theoretischen Menge 2molarer KF-Lösung versetzt wird [7]. Die Darstellung aus anodisch abgeschiedenem MnO_2, das in Anwesenheit eines Mn^{II}-Salzes in Flußsäure gelöst und mit KF-Lösung ausgefällt wird, war bereits früher beschrieben worden [3]. Man

Preparation and Formation of $K_2MnF_5 \cdot H_2O$

kann auch MnO_2 mit KF zusammenschmelzen und nach dem Erkalten mit verdünnter Flußsäure aufnehmen [2]. Die Verbindung bildet sich ferner aus einer wäßrigen Lösung von K_2MnF_6, in die F_2 geleitet wird [8].

Die Darstellung gelingt aus Mn^{III}-Hydroxid, das in Flußsäure gelöst und mit einer KF-Lösung gefällt wird [9], s. auch [2].

$K_2MnF_5 \cdot H_2O$ entsteht in unvollständiger Reaktion aus einer wäßrigen Suspension von MnF_2, das durch einen F_2-Strom oxidiert (s. S. 88) und dann mit gesättigter KF-Lösung versetzt wird [8]. Man kann auch eine Lösung gleicher Gewichtsteile $MnCO_3$ und KF in starker Flußsäure mit festem KNO_2 oxidieren [6]. Die Verbindung bildet sich bei der Elektrolyse von MnF_2 in 40%iger Flußsäure durch Zusatz von überschüssigem, in Flußsäure gelöstem KHF_2 (die weitere Elektrolyse liefert K_2MnF_6, s. S. 218) [10].

$K_2MnF_5 \cdot D_2O$

Das Deuterohydrat $K_2MnF_5 \cdot D_2O$ wird aus gesättigten Lösungen von KF und $MnF_3 \cdot 3H_2O$ in D_2O dargestellt [11].

Das ausgefällte $K_2MnF_5 \cdot H_2O$ wird mit sehr verdünnter Flußsäure [3, 8] sowie mit Alkohol [3] gewaschen und bei Raumtemperatur getrocknet [3, 8]. Es kann im Exsikkator über H_2SO_4 aufbewahrt werden [3].

Einkristalle entstehen, wenn eine flußsaure Mn^{III}-Lösung (aus $KMnO_4$ und $MnSO_4 \cdot 4H_2O$) und eine KHF_2-Lösung in Flußsäure langsam zusammendiffundieren [5].

Crystal Structure and Physical Properties

Kristallstruktur und physikalische Eigenschaften

Die nadelförmigen Kristalle zeigen häufig Zwillingsbildung mit gemeinsamer b-Achse. — Nach Röntgenuntersuchungen an Einkristallen ist die Symmetrie monoklin; Gitterkonstanten a = 6.04 ± 0.01, b = 8.20 ± 0.01, c = 5.94 ± 0.01 Å, β = 96.5° ± 0.2°; Z = 2. Raumgruppe $P2_1/m\text{-}C_{2h}^2$ (Nr. 11). Die Atome besetzen folgende Punktlagen:

Atom	Punktlage	x	y	z
Mn	2a	0	0	0
K(1)	2e	0.0877(5)	0.25	−0.4830(5)
K(2)	2e	0.5037(5)	0.25	0.0917(5)
F(1)	4f	0.2029(11)	0.0045(8)	0.2559(12)
F(2)	4f	0.2334(11)	0.0281(11)	−0.1652(12)
F(3)	2e	−0.0437(21)	0.25	0.0202(18)
O	2e	0.5566(21)	0.25	−0.4558(22)

R = 9.3%. Um jedes Mn-Atom sind 6 F-Atome in Form eines verzerrten Oktaeders angeordnet; die Abstände r(Mn-F) betragen 1.821 (2×), 1.842 (2×) und 2.072 (2×) Å. Diese Anordnung von 2 langen und 4 kurzen Bindungen scheint für Mn^{III} im high-spin-Zustand charakteristisch zu sein, s. beispielsweise bei NaK_2MnF_6 (S. 205) und $(NH_4)_2MnF_5$ (S. 210). Die Mn-Atome sind durch brückenbildende F-Atome entlang der b-Achse zu endlosen geknickten Ketten verbunden, s. **Fig. 89.** Die H_2O-Moleküle sind nicht an Mn-Atome gebunden. Die K-Atome bilden zusammen mit den H_2O-Molekülen und den F-Atomen eine verzerrte kubisch dichte Packung. Zwei F- und zwei K-Atome sind um die H_2O-Moleküle verzerrt tetraedrisch angeordnet mit Abständen von 2.74 (F) sowie 2.67 und 2.82 Å (K). Zum Fluor besteht offensichtlich eine H-Brückenbindung, was sich auch in der Verlängerung der terminalen Mn-F-Bindung auswirkt. Weitere Atomabstände und Bindungswinkel im Original [5].

Die Dichte D (in g/cm³) wird pyknometrisch zu D_4^{25} = 2.710 [12] und durch Flotation zu D = 2.75 bestimmt [5]; Röntgendichte D = 2.79 [5].

Die spezifische magnetische Suszeptibilität beträgt bei 20°C $\chi = 18.6 \times 10^{-6}$ [13] und bei 30°C $\chi = 23.40 \times 10^{-6}$ bzw. nach der Korrektur für den diamagnetischen Anteil 24.10×10^{-6} cm³/g

Fig. 89

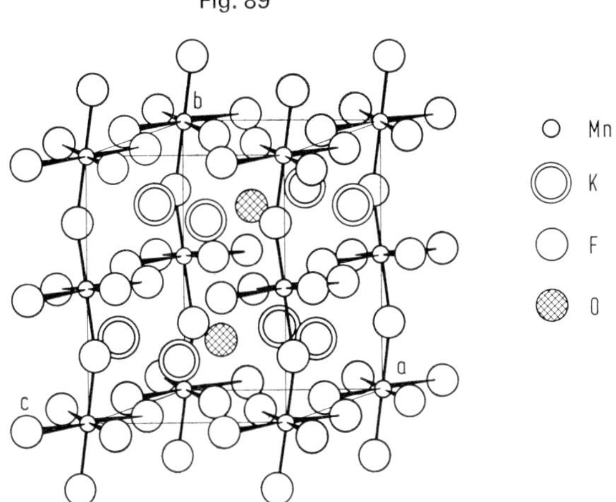

Kristallstruktur von $K_2MnF_5 \cdot H_2O$.

[14]. Die Molsuszeptibilität ist bei 20°C χ_{mol} = 4575 × 10^{-6} bzw. 4661 × 10^{-6} cm^3/mol (korrigiert) [13]. Das magnetische Moment ist mit 3.32 [13] und 3.87 μ_B [14] unerwartet niedrig und entspricht eher dem theoretischen Wert von 2 statt von 3 ungepaarten Elektronen (3.88 bzw. 4.90 μ_B) [13, 14].

Die purpurfarbenen Kristalle zeigen Dichroismus [5]. — In folgender Tabelle sind die Brechungsindizes bei verschiedenen Wellenlängen zusammengestellt: Optical Properties

λ in nm	486	520	555	589	620	656	∞
n_α	1.412	1.410	1.408	1.406	1.405	1.404	1.393
n_γ	1.431	1.429	1.427	1.425	1.424	1.423	1.413

Aus dem Mittelwert 1.414 für $\lambda \rightarrow \infty$ ergibt sich die Molrefraktion R_∞ = 22.70 [12].

Gemessene Wellenzahlen (in cm^{-1}) des IR- und Raman-Spektrums von festem $K_2MnF_5 \cdot H_2O$ sowie des IR-Spektrums von $K_2MnF_5 \cdot D_2O$ und ihre Zuordnung sind in der folgenden Tabelle wiedergegeben:

Zuordnung	$K_2MnF_5 \cdot H_2O$ IR	$K_2MnF_5 \cdot D_2O$ IR	$K_2MnF_5 \cdot H_2O$ Raman
$\nu(H_2O)$	3440 vs	2580 s	—
	3300 s, sh	2510 s	—
$\delta(H_2O)$ + lib. (H_2O)	2160 w	—	—
$\delta(H_2O)$	1660 s	1215 m	—
$2\nu(MnF_6)$	970 w	—	—
lib. (H_2O)	730 s, sh	—	—
	680 s	—	—
$\nu(MnF_6)$	580 vs	580 vs	540 vs
	480 s, sh	480 s	—
	410 s	410 s	—
lib. (H_2O)	370 m, sh	—	360 w, b
$\delta(MnF_6)$	280 vs	280 s	300 s

vs = sehr stark, s = stark, m = mäßig, w = schwach, vw = sehr schwach, b = breit, vb = sehr breit, sh = Schulter, lib. = Libration.

Die H_2O-Schwingungen sind in Übereinstimmung mit der auf S. 206 beschriebenen Kristallstruktur [11].

Chemical Reactions and Solubility of $K_2MnF_5 \cdot H_2O$

Chemisches Verhalten. Löslichkeit

$K_2MnF_5 \cdot H_2O$ ändert sein Gewicht nicht, wenn es auf 100°C erhitzt wird [2], gibt dagegen bis 200°C alles H_2O ab [12]. Bei 530°C zeigt sich ein deutlicher Substanzverlust unter Abnahme des Fluorgehaltes. Wahrscheinlich bilden sich dabei Manganoxide [15]. Vor dem Gebläse schmilzt $K_2MnF_5 \cdot H_2O$ unter Zersetzung [2]. Bei längerem Stehen im Glasgefäß färbt sich die Verbindung braun [3]; gleichzeitig wird das Glas angeätzt [4, 6].

Von H_2O wird $K_2MnF_5 \cdot H_2O$ bereits bei Raumtemperatur zersetzt. Bei längerem Stehen in Berührung mit H_2O oder in der Siedehitze scheiden sich Manganoxide ab. In schwach salzsaurer H_2O_2-Lösung löst sich $K_2MnF_5 \cdot H_2O$ allmählich unter O_2-Entwicklung. In verdünnter Flußsäure löst es sich etwas; aus der braunen Lösung kristallisiert ein nicht näher beschriebenes Salz im Gemisch mit KF [2]. In 40%iger Flußsäure löst sich $K_2MnF_5 \cdot H_2O$ vorwiegend unter Bildung des komplexen Anions MnF_6^{3-}. Da das sichtbare Spektrum der Lösung empfindlich auf überschüssige F^--Ionen reagiert, sind vermutlich auch Anionen vom Typ $MnF_x(H_2O)_y^{3-x}$ mit $x \geqq 4$ und $y \leqq 2$ vorhanden [16]. — In konzentrierter Salzsäure löst sich $K_2MnF_5 \cdot H_2O$ bei Raumtemperatur; aus der dunklen Lösung fallen bei starkem Verdünnen Manganoxide aus. In verdünnter Salpetersäure löst sich die Verbindung bei Raumtemperatur zu einer gelbroten Lösung, aus der sich beim Sieden ein braunschwarzer Niederschlag abscheidet, während ein Teil des Mangans in Lösung bleibt. In konzentrierter Schwefelsäure löst sie sich zu einer amethystvioletten Lösung, die bei Zusatz von wenig H_2O rot wird. In Phosphorsäure löst sich $K_2MnF_5 \cdot H_2O$ zu einer rotvioletten Lösung, aus der beim Sieden ein braunschwarzer Niederschlag ausfällt. In Oxalsäure löst es sich bei Raumtemperatur mit brauner Farbe; beim Sieden tritt unter CO_2-Entwicklung Zersetzung ein. In Weinsäure verhält es sich ähnlich [2].

$K_2MnF_5 \cdot H_2O$ reagiert mit konzentrierter wäßriger KF-Lösung bei Raumtemperatur zu K_3MnF_6 (s. S. 204) [7], ebenso mit einer KHF_2-Schmelze bei hohen Temperaturen [18]. Mit überschüssigem $2KHF_2 + NaHF_2$ entsteht bei 400°C im Autoklaven NaK_2MnF_6 (s. S. 204) [19]. In geschmolzenem KSCN von 200°C löst sich wenig $K_2MnF_5 \cdot H_2O$ mit orangeroter Farbe; es tritt keine chemische Reaktion ein [17].

Mit CCl_4 reagiert $K_2MnF_5 \cdot H_2O$ bei 450 bis 500°C unter Bildung von Fluorchlormethanen [15].

Literatur:

[1] J. Nicklès (Compt. Rend. **65** [1867] 107/11). — [2] O. T. Christensen (J. Prakt. Chem. [2] **35** [1887] 57/82, 161/81, 72/82). — [3] E. Müller, P. Koppe (Z. Anorg. Allgem. Chem. **68** [1910] 160/4). — [4] W. G. Palmer (Experimental Inorganic Chemistry, Cambridge 1954, S. 479/80). — [5] A. J. Edwards (J. Chem. Soc. A **1971** 2653/5).

[6] I. Bellucci (Gazz. Chim. Ital. **49** II [1919] 180/6, 183, 186). — [7] I. G. Ryss, B. S. Vitukhnovskaya (Dokl. Akad. Nauk SSSR [2] **97** [1954] 471/3; C. A. **1954** 13506). — [8] F. Fichter, E. Brunner (J. Chem. Soc. **1928** 1862/8). — [9] J. Meyer (Z. Anorg. Allgem. Chem. **81** [1913] 385/405, 403). — [10] B. Cox, A. G. Sharpe (J. Chem. Soc. **1954** 1798/803).

[11] P. Bucovec, B. Orel, J. Šiftar (Monatsh. Chem. **105** [1974] 1299/305). — [12] S. S. Batsanov (Zh. Neorgan. Khim. **2** [1957] 628/31; Russ. J. Inorg. Chem. **2** Nr. 3 [1957] 245/51). — [13] R. S. Nyholm, A. G. Sharpe (J. Chem. Soc. **1952** 3579/85, 3581). — [14] J. T. Grey (J. Am. Chem. Soc. **68** [1946] 605/8). — [15] P. E. Horn (Chemiker-Ztg. **96** [1972] 92/9).

[16] R. Dingle (Inorg. Chem. **4** [1965] 1287/90). — [17] D. H. Kerridge, M. Mosley (J. Chem. Soc. A **1967** 352/5). — [18] R. D. Peacock (J. Chem. Soc. **1957** 4684/5). — [19] K. Knox (Acta Cryst. **16** [1963] Suppl., S. A 45).

4.3.1.2.9 $KMnF_4$ (= $KF \cdot MnF_3$)

$KMnF_4$

Dunkel-braunviolett bis braun gefärbtes $KMnF_4$ wird durch etwa 2stündige Reduktion von $KMnF_5$ (s. S. 221) mit trockenem H_2 im Korundschiffchen bei 250°C hergestellt. — Die Röntgen-Pulveraufnahmen sind denjenigen von $RbMnF_4$ (s. S. 214) sehr ähnlich.

Die magnetische Suszeptibilität χ zeigt folgende Temperaturabhängigkeit:

Temperatur in K	90	195	294
$10^6 \cdot \chi_{mol}$ in cm^3/mol (korrigiert)	25100	13200	9230

Das magnetische Moment $\mu = 4.9\ \mu_B$ entspricht dem theoretischen Wert. $KMnF_4$ befolgt das Curie-Weiss-Gesetz mit $\Theta_p = -27$ K, R. Hoppe, W. Liebe, W. Dähne (Z. Anorg. Allgem. Chem. **307** [1961] 276/89, 277, 282/3), vgl. auch W. Klemm, R. Hoppe (Bull. Soc. Chim. France **1961** 15/8).

4.3.1.2.10 $(NH_4)_3MnF_6$ (= $3NH_4F \cdot MnF_3$)

$(NH_4)_3MnF_6$

Wird ein frisch ausgefällter Niederschlag von $(NH_4)_2MnF_5$ (s. unten) mit einer konzentrierten NH_4F-Lösung 2.5 Monate lang bei Raumtemperatur geschüttelt, so bildet sich himbeerfarbenes $(NH_4)_3MnF_6$ in Form von Aggregaten kleiner anisotroper Kristalle. Da sich die Verbindung beim Waschen mit H_2O zersetzt, wird sie nicht ganz rein erhalten, I. G. Ryss, B. S. Vitukhnovskaya (Dokl. Akad. Nauk SSSR [2] **97** [1954] 471/3; C. A. **1954** 13506).

4.3.1.2.11 $(NH_4)_2MnF_5$ (= $2NH_4F \cdot MnF_3$)

$(NH_4)_2MnF_5$

Die Verbindung wurde bereits 1887 von Christensen [1] auf verschiedenen Wegen analog zu $K_2MnF_5 \cdot H_2O$ (s. S. 205) dargestellt, analysiert und beschrieben. Zuerst hat sie wahrscheinlich Nicklés [2] 1867 dargestellt, aber irrtümlich für eine Mangan(IV)-Verbindung gehalten.

Darstellung

Preparation

Man erhält $(NH_4)_2MnF_5$ aus Mn_2O_3 oder MnOOH in ziemlich konzentrierter Flußsäure und überschüssigem NH_4F. Beim Eindunsten der Lösung bei Raumtemperatur entstehen gut ausgebildete purpurrote Kristalle [1,3 bis 5]. Man kann auch MnF_2 mit einem leichten Überschuß von MnO_2 in 40%iger Flußsäure 2 h auf dem Wasserbad erhitzen, von ungelöstem MnO_2 dekantieren und aus der rotbraunen Lösung in der Kälte mit der 2fachen stöchiometrischen Menge 2molarer NH_4F-Lösung die rosaviolette Verbindung ausfällen [6]. Die Elektrolyse einer Lösung von NH_4MnF_3 in 40%iger, NH_4F-haltiger Flußsäure liefert rotviolettes $(NH_4)_2MnF_5$ [7]. — Man wäscht mit HF-haltigem H_2O und trocknet bei Raumtemperatur [1]. $(NH_4)_2MnF_5$ läßt sich aus verdünnter Flußsäure [1] oder konzentrierter NH_4HF_2-Lösung umkristallisieren [5].

Kristallographische und mechanische Eigenschaften

Crystallographic and Mechanical Properties

$(NH_4)_2MnF_5$ kristallisiert in Form von Tafeln [7], vierseitigen Prismen [1,6] oder Nadeln entlang [010] mit gut ausgebildeten (100)- und (001)-Flächen [8]. Die Kristalle sind parallel zur b-Achse spaltbar [4]. Sie kristallisieren rhombisch [4,6]. Nach Einkristallaufnahmen betragen die Gitterkonstanten a = 6.20 ± 0.03, b = 7.94 ± 0.01, c = 10.72 ± 0.01 Å; Z = 4; Raumgruppe Pnma-D_{2h}^{16} (Nr. 62). Die Atome besetzen folgende Punktlagen (geschätzte Standardabweichung in Klammern):

Atom	Punktlage	x	y	z
Mn	4a	0	0	0
N(1)	4c	0.4353(24)	0.25	0.2015(9)
N(2)	4c	0.5096(30)	0.75	0.1364(9)
F(1)	4c	0.1012(25)	0.25	0.177(6)
F(2)	8d	0.2374(10)	0.589(6)	0.4338(4)
F(3)	8d	0.1047(10)	0.5365(6)	0.1585(3)

Crystallographic Properties of $(NH_4)_2MnF_5$

R = 6.1 %. Die Mn-Atome sind (wie in $K_2MnF_5 \cdot H_2O$, s. S. 206) durch brückenbildende F-Atome entlang der b-Achse zu endlosen geknickten Ketten verbunden; Winkel Mn-F(1)-Mn 143.4°, s. **Fig. 90**. Um jedes Mn-Atom sind 6 F-Atome in Form eines vorwiegend durch den Jahn-Teller-Effekt tetragonal (D_{4h}) verzerrten Oktaeders angeordnet. Die F-Mn-F-Bindungswinkel weichen höchstens 2.3° von 90° ab. Mn-F-Abstände: 2.09 (2×, achsial) entlang der b-Achse und 1.84 Å (4×, äquatorial). Die NH_4-Ionen sind von 7(N1) bzw. 9 F-Atomen (N2) umgeben. Die N-F-Abstände liegen zwischen 2.81 und 3.10 Å. H-Brückenbindungen scheinen nur eine untergeordnete Rolle zu spielen. Weitere Atomabstände und Bindungswinkel s. Original [4]. Aus der Kombination von ν_6 des NH_4^+-Ions mit Biegungsschwingungen, aus der Verbreiterung der Gitterschwingungsbanden sowie aus der hohen Wellenzahl von ν_4 (> 1400 cm^{-1}, s. S. 212) im IR-Spektrum wird dagegen auf H-Brücken geschlossen [9].

Fig. 90

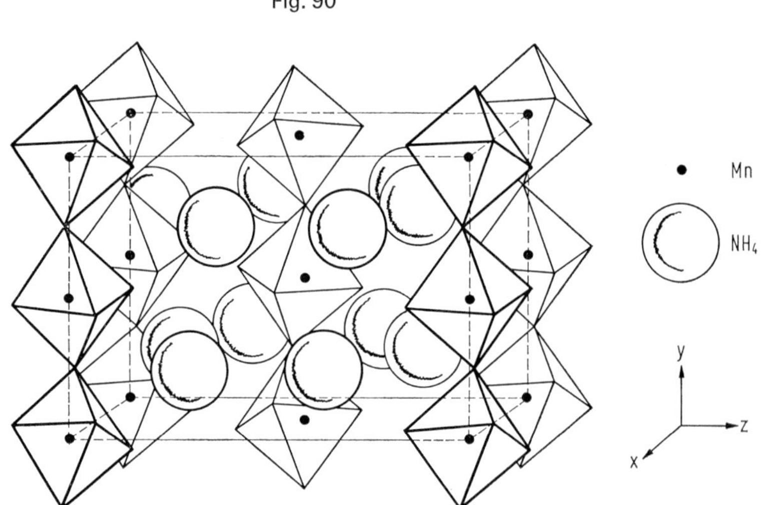

Kristallstruktur von $(NH_4)_2MnF_5$. Die F-Atome befinden sich an den Ecken der Oktaeder.

Density

Dichte (in g/cm³) aus Flotationsmessungen D = 2.35 [4], pyknometrische Dichte D_4^{25} = 2.297 [3], Röntgendichte D = 2.34 [4].

Magnetic Properties

Magnetische Eigenschaften

In $(NH_4)_2MnF_5$ sind die Mn-Ionen in den eindimensionalen Ketten antiferromagnetisch gekoppelt, so daß die Austauschkopplung J in der Kristallrichtung [010] stark ist im Vergleich mit der Wechselwirkung J′ senkrecht dazu. Das Vorhandensein von J′ bedingt zwar zwangsläufig die Umwandlung zum dreidimensionalen geordneten Zustand bei einer endlichen Néel-Temperatur T_N, doch ist die Spinordnung von kurzer Reichweite auch über einen großen Temperaturbereich oberhalb T_N zu beobachten [10]. Messungen der Suszeptibilität χ zwischen 15 und 120 K ergeben die in **Fig. 91** dargestellten Werte. Nach vorausgegangenen Untersuchungen bis zu 4.2 K [11] divergiert χ entlang der a-Achse bei T_N = 7.5 K. Die Änderung des Vorzeichens der Anisotropie von χ bei etwa 70 K kann mit einer Ordnung von kurzer Reichweite in der linearen Kette erklärt werden; der Austauschparameter läßt sich zu J/k = − 12.2 K abschätzen [11]. Die Kurve für χ_{mol} zwischen 4.2 und 300 K zeigt ein breites Maximum bei 58 K, das durch antiferromagnetische Wechselwirkungen innerhalb der -Mn-F-Mn-Ketten entsteht. Ein weiteres scharfes Maximum bei 5.8 K ist auf schwache ferromagnetische Wechselwirkung zwischen den Ketten zurückzuführen.

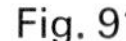

Fig. 91

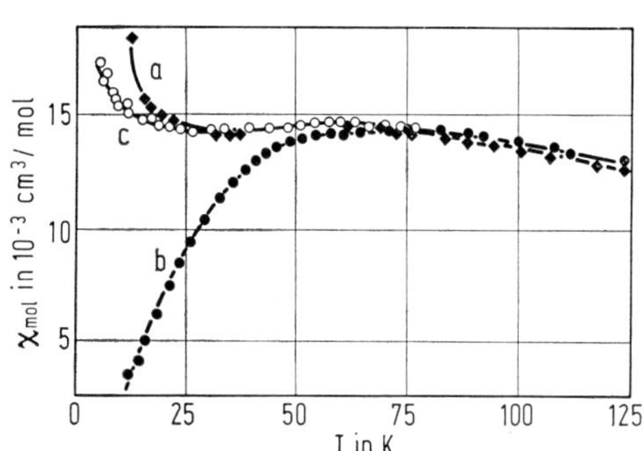

Temperaturabhängigkeit der Molsuszeptibilität χ_{mol} in Richtung der drei kristallographischen Achsen bei $(NH_4)_2MnF_5$.

Nach Korrektur für den diamagnetischen Beitrag ist $10^3\chi_{mol} = 7.53$ cm³/mol bei 298 K. Der Austauschparameter $J/k = -9.45$ K stimmt mit berechneten Werten nach dem Heisenberg- und Ising-Modell befriedigend überein [5].

Ein Beweis für eine dreidimensionale Ordnung von kurzer Reichweite unterhalb T_N ist durch das Auftreten von Hysterese-Erscheinungen und Restmagnetisierung gegeben. Messungen der Magnetisierung bei 4.2 K ergeben, daß die Spins im geordneten Zustand nahezu parallel zur b-Achse ausgerichtet sind, jedoch kleine Komponenten entlang der a-Achse haben.

Magnetic Structure

Die magnetische Struktur wird aus der Anordnung der durch die verkanteten Spins schwach ferromagnetischen Ketten erhalten. Von den zwei möglichen Spinstrukturen, die schwachen Ferromagnetismus verursachen können, ist nur die vom Typ Gb (Pnm'a', Nr. 447), s. **Fig. 92**, mit den Meßergebnissen vereinbar. Die ungewöhnlich lange Relaxationszeit des Umkehrprozesses der Magnetisierung (etwa 2 min in einem Feld von 5 kOe) läßt auf eine Domänenstruktur im geordneten Zustand schließen, bei der die Domänenwand wahrscheinlich parallel zur b-Achse verläuft [10].

Fig. 92

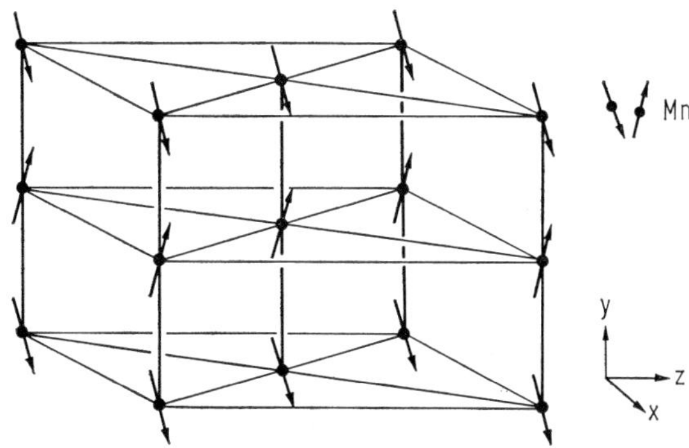

Anordnung der magnetischen Momente der Mn-Ionen in $(NH_4)_2MnF_5$.

Optical Properties of $(NH_4)_2MnF_5$

Optische Eigenschaften

Die Brechungsindizes bei verschiedenen Wellenlängen λ sind in folgender Tabelle zusammengefaßt:

λ in nm	486	520	555	589	620	656	∞
n_α	1.459	1.456	1.454	1.452	1.450	1.449	1.437
n_β	1.471	1.468	1.466	1.464	1.462	1.461	1.449
n_γ	1.505	1.501	1.498	1.495	1.493	1.491	1.475

Aus dem Mittelwert 1.467 für $\lambda \to \infty$ ergibt sich die Molrefraktion $R_\infty = 22.47$ [3].

Das IR-Spektrum der festen Verbindung zeigt Absorptionsmaxima bei 170 (140) und 260 (200) cm^{-1} (Bandenbreiten in Klammern), die Gitterschwingungen zugeordnet werden, ferner die Fundamentalschwingungen des NH_4^+-Ions (ν_2 bis ν_6) bzw. ihre Kombinationen untereinander sowie mit Gitterschwingungen: 1410 und 1432 (ν_4), 1680 (ν_2, ν_4 + Gitter), 1815 ($\nu_4 + \nu_6$), 2140 ($\nu_2 + \nu_6$), 2875 ($2\nu_4$), 3100 ($\nu_2 + \nu_4$) und 3235 cm^{-1} (ν_3); Erläuterungen zu den NH_4^+-Molekülschwingungen s. S. 151 [9].

Chemical Reactions

Chemisches Verhalten

Von salzsaurer 3%iger H_2O_2-Lösung wird $(NH_4)_2MnF_5$ zersetzt, auf Zusatz von wäßriger NH_3-Lösung fällt Manganoxidhydrat aus [5]. In Flußsäure verhält sich $(NH_4)_2MnF_5$ analog wie $K_2MnF_5 \cdot H_2O$ (s. S. 208) [8]. Wird gefälltes $(NH_4)_2MnF_5$ längere Zeit in konzentrierter NH_4F-Lösung bei Raumtemperatur geschüttelt, so entsteht $(NH_4)_3MnF_6$ (s. S. 209) [6].

Literatur:

[1] O. T. Christensen (J. Prakt. Chem. [2] **35** [1887] 57/82, 69; 161/81, 165/7). — [2] J. Nicklès (Compt. Rend. **65** [1867] 107/11). — [3] S. S. Batsanov (Zh. Neorgan. Khim. **2** [1957] 628/31; Russ. J. Inorg. Chem. **2** Nr. 3 [1957] 245/51). — [4] D. R. Sears, J. L. Hoard (J. Chem. Phys. **50** [1969] 1066/71), D. R. Sears (Diss. Univ. of Ithaca 1958 nach Diss. Abstr. **19** [1958] 1225). — [5] S. Emori, M. Inoue, M. Kishita, M. Kubo (Inorg. Chem. **8** [1969] 1385/8).

[6] I. G. Ryss, B. S. Vitukhnovskaya (Dokl. Akad. Nauk SSSR [2] **97** [1954] 471/3; C. A. **1954** 13506). — [7] J. B. Martinez, B. R. Rios (Anales Real Soc. Espan. Fiz. Quim. [Madrid] B **45** [1949] 519/32, 530/1). — [8] R. Dingle (Inorg. Chem. **4** [1965] 1287/90). — [9] J. T. R. Dunsmuir, A. P. Lane (Spectrochim. Acta A **28** [1972] 45/50). — [10] J. Kida, T. Watanabe (J. Phys. Soc. Japan **34** [1973] 952/8).

[11] J. Kida (J. Phys. Soc. Japan **30** [1971] 290).

Fluoromanganates of Organic Nitrogen Bases

4.3.1.2.12 Fluoromanganate organischer Stickstoffbasen R $RHMnF_4 \cdot nH_2O$, $(RH)_2MnF_5$

Bei den beiden Verbindungstypen dominiert, im Gegensatz zu den analogen Metallverbindungen, der Typ $RHMnF_4$. Die Verbindungen werden hergestellt, indem eine gekühlte Lösung von Mn^{III}-Acetat in 40%iger Flußsäure mit dem Fluorid der organischen Base versetzt und dann mit absolutem Alkohol ausgefällt wird. Nach dem Absaugen wird mit verdünnter Flußsäure gewaschen und zwischen Filterpapier getrocknet. Da die Verbindungen leicht HF abgeben, können sie nicht in Glasgefäßen aufbewahrt werden. In der folgenden Tabelle sind die dargestellten Verbindungen sowie ihre Löslichkeit L (in g/100 ml Lösung) in Alkohol und Eisessig aufgeführt:

Stickstoffbase R	Verbindung	L in Alkohol (96%)	L in Eisessig
Dimethylamin	$NH_2(CH_3)_2MnF_4 \cdot 2H_2O$	—	—
Tetramethylammonium	$N(CH_3)_4MnF_4 \cdot 2H_2O$	0.289	4.326
Äthylamin	$NH_3C_2H_5MnF_4$	—	—
Diäthylamin	$NH_2(C_2H_5)_2MnF_4 \cdot 2H_2O$	—	—
Propylamin	$NH_3C_3H_7MnF_4 \cdot H_2O$	—	—
Guanidin	$CNH(NH_2)_2HMnF_4 \cdot 3H_2O$	0.029	0.449
Pyridin	$C_5H_5NHMnF_4 \cdot H_2O$	0.729	3.926
Chinolin	$C_9H_7NHMnF_4 \cdot 3H_2O$	1.560	15.456
Äthylamin	$(NH_3C_2H_5)_2MnF_5$	—	—
Äthylendiamin	$(NH_3)_2C_2H_4MnF_5$	0.003	0.102
Guanidin	$(CNH(NH_2)_2H)_2MnF_5$	0.013	0.053

Mit Fluoriden anderer organischer Basen, wie Triäthylamin, Tetraäthylammonium, Tetrapropylammonium, Trimethylpyridin gelingt die Darstellung einheitlicher Produkte auf diesem Wege nicht.

Die Fluoride vom Typ $RHMnF_4 \cdot nH_2O$ bilden nadelförmige Kristalle, die vom Typ $(RH)_2MnF_5$ rhombische Tafeln. Alle sind schwach rot bis violett gefärbt.

An der Luft sind sie ziemlich beständig und zersetzen sich erst nach längerer Zeit; die Fluoride mit R = Äthylendiamin oder Guanidin sind wesentlich beständiger als die übrigen Verbindungen. Bei 100 bis 110°C zersetzen sie sich unter Dunkelbraunfärbung. In H_2O sind die Verbindungen löslich. Aus den rotbraunen Lösungen fällt bald Mangan(III)-hydroxid aus; später tritt vollständige Zersetzung in MnF_2 und eine (nicht genannte) Mangan(IV)-Verbindung ein. Mit konzentrierter Salzsäure bilden sich braune Lösungen, die sich allmählich unter Cl_2-Entwicklung zersetzen. Beim Verdünnen mit H_2O wird die Lösung violett, dann farblos. Mit verdünnter Schwefelsäure entstehen rotviolette Lösungen, die beim Erhitzen MnO_2 ausscheiden. Gleichzeitig wird die Lösung durch die Bildung von Mangan(II)-Salzen entfärbt. Konzentrierte Schwefelsäure liefert blauviolette Lösungen. Mit verdünnter Salpetersäure erhält man rotviolette Lösungen, die beim Sieden MnO_2 ausscheiden. — Durch Alkalihydroxide und NH_3 tritt Zersetzung unter Abscheidung von Mangan(III)-hydroxiden ein. — Durch SO_2 und andere Reduktionsmittel wird Mn^{III} zu Mn^{II} reduziert.

In Alkohol und in Eisessig bilden sich rotviolette Lösungen. Die Verbindungen vom Typ $(RH)_2MnF_5$ sind weniger löslich als die vom Typ $RHMnF_4$, s. Tabelle. Sie sind unlöslich in Äther; beim Ausfällen mit Äther tritt teilweise Zersetzung unter Reduktion ein. Insgesamt sind diese Fluoride wesentlich beständiger als die entsprechenden Chloride, F. Olsson (Z. Anorg. Allgem. Chem. **187** [1930] 313/20).

4.3.1.2.13 Rb_3MnF_6 (= $3RbF \cdot MnF_3$)

Rb_3MnF_6

Die violette Verbindung wird aus RbF und MnF_3 analog zu $NaRb_2MnF_6$ (s. unten) dargestellt, G. Siebert, R. Hoppe (Z. Anorg. Allgem. Chem. **391** [1972] 117/25, 124).

4.3.1.2.14 $NaRb_2MnF_6$ (= $NaF \cdot 2RbF \cdot MnF_3$)

$NaRb_2MnF_6$

Die violette Verbindung wird aus einem stöchiometrischen Gemisch der Metallfluoride bei 450 bis 520°C im verschlossenen Silberrohr unter Ar dargestellt.

Pulveraufnahmen ergeben tetragonale Symmetrie; Gitterkonstanten $a = 5.91_5$, $c = 8.66_0$ Å; Z = 2; Raumgruppe $I4/mmm-D_{4h}^{17}$ (Nr. 139). $NaRb_2MnF_6$ besitzt die gleiche Struktur wie NaK_2MnF_6 (s. S. 204). Die Parameter der Fluoratome betragen x = 0.221 für F(1) und z = 0.231 für F(2). Toleranzfaktor nach Goldschmidt t = 0.95. Zur Berechnung des Madelung-Anteils der Gitterenergie s. Original.

$NaRb_2MnF_6$

Magnetische Messungen ergeben folgende Molsuszeptibilitäten χ_{mol}:

Temperatur in K	82	195.7	293
$\chi_{mol} \cdot 10^6$ in cm^3/mol	34300	15025	10310

$NaRb_2MnF_6$ ist paramagnetisch und befolgt das Curie-Weiss-Gesetz mit $\Theta_p = -8$ K. Das magnetische Moment $\mu = 4.98\ \mu_B$ bei 293 K entspricht praktisch dem reinen Spinwert für Mn^{3+} ($\mu = 4.90\ \mu_B$).

Die Verbindung ist an der Luft beständig. Mit H_2O zersetzt sie sich unter Hydrolyse, mit Salzsäure unter Cl_2-Entwicklung, G. Siebert, R. Hoppe (Z. Anorg. Allgem. Chem. **391** [1972] 117/25, 118, 120).

KRb_2MnF_6

4.3.1.2.15 KRb_2MnF_6 (= $KF \cdot 2\,RbF \cdot MnF_3$)

Die violette Verbindung wird auf dem gleichen Wege wie $NaRb_2MnF_6$ (s. S. 213) dargestellt.

Nach Pulveraufnahmen kristallisiert KRb_2MnF_6 tetragonal, Gitterkonstanten a = 6.101, c = 9.160 Å; Z = 2; Raumgruppe $I4/mmm-D_{4h}^{17}$ (Nr. 139). Zusätzliche Reflexe weisen jedoch auf eine Überstruktur. Bei Annahme von Isotypie mit $NaRb_2MnF_6$ ist x = 0.209 bei F(1) und z = 0.218 bei F(2). Toleranzfaktor nach Goldschmidt t = 0.88.

Das chemische Verhalten ist dem von $NaRb_2MnF_6$ analog, G. Siebert, R. Hoppe (Z. Anorg. Allgem. Chem. **391** [1972] 117/25, 121/2).

$RbMnF_4$

4.3.1.2.16 $RbMnF_4$ (= $RbF \cdot MnF_3$)

Die dunkelbraunviolett bis braun gefärbte Verbindung wird aus $RbMnF_5$ (s. S. 222) in H_2-Atmosphäre bei 275°C in etwa 2 h erhalten.

Die Röntgen-Pulveraufnahmen zeigen Ähnlichkeit mit denen von $KMnF_4$ (s. S. 209). — Messungen der magnetischen Suszeptibilität χ ergeben:

Temperatur in K	90	195	295
$\chi_{mol} \cdot 10^6$ (korrigiert) in cm^3/mol	32400	15000	10200

Hieraus ergibt sich das magnetische Moment $\mu = 5.0\ \mu_B$; theoretischer Wert $\mu = 4.9\ \mu_B$. $RbMnF_4$ gehorcht dem Curie-Weiss-Gesetz mit $\Theta_p = -7$ K, R. Hoppe, W. Liebe, W. Dähne (Z. Anorg. Allgem. Chem. **307** [1961] 276/89, 277, 282/3), vgl. auch W. Klemm, R. Hoppe (Bull. Soc. Chim. France **1961** 15/8).

Cs_3MnF_6

4.3.1.2.17 Cs_3MnF_6 (= $3\,CsF \cdot MnF_3$)

Die Darstellung der violetten Verbindung erfolgt analog zu $NaRb_2MnF_6$ (s. S. 213) aus CsF und MnF_3, G. Siebert, R. Hoppe (Z. Anorg. Allgem. Chem. **391** [1972] 117/25, 124).

$NaCs_2MnF_6$

4.3.1.2.18 $NaCs_2MnF_6$ (= $NaF \cdot 2\,CsF \cdot MnF_3$)

Die violette Verbindung wird aus einem Gemisch der Metallfluoride bei 450 bis 520°C im verschlossenen Silberrohr unter trockenem Ar erhalten.

Röntgen-Pulveraufnahmen zeigen keine strukturelle Verwandtschaft mit den anderen bekannten Alkalihexafluoromanganaten(III). Toleranzfaktor nach Goldschmidt t = 1.01.

Die chemischen Reaktionen entsprechen denen von $NaRb_2MnF_6$ (s. oben), G. Siebert, R. Hoppe (Z. Anorg. Allgem. Chem. **391** [1972] 117/25, 122).

4.3.1.2.19 KCs_2MnF_6 (= $KF \cdot 2\,CsF \cdot MnF_3$)

KCs_2MnF_6

Ein leuchtend violettes Kristallpulver entsteht aus entsprechenden Mengen von KF, CsF und MnF_3, die mehrere Tage im Silberbömbchen bei 400 bis 700°C unter Ar erhitzt werden.

Nach Röntgen-Pulveraufnahmen kristallisiert die Verbindung tetragonal, Gitterkonstanten a = 8.93_3, c = 9.26_5 Å. Raumgruppe F4/mmm-D_{4h}^{17} (Nr. 139, Standardaufstellung I4/mmm). KCs_2MnF_6 ist mit NaK_2MnF_6 (s. S. 204) isotyp. Bei der flächenzentrierten Zelle mit Z = 4 ist K in 4b, Cs in 8d, Mn in 4a, F(1) in 16h mit x = 0.213 und F(2) in 8e mit z = 0.223. Das Mn-Ion wird von 6 F-Ionen in Form eines durch den Jahn-Teller-Effekt verzerrten Oktaeders umgeben. Die Abstände betragen Mn-F(1) = 1.92 Å (4×) und Mn-F(2) = 2.07 Å (2×).

Pyknometrisch gemessene Dichte D = 4.24 g/cm³, Röntgendichte D = 4.25 g/cm³.

Magnetische Messungen ergeben folgende korrigierte Molsuszeptibilitäten χ_{mol}:

Temperatur in K	90	195	296
$\chi_{mol} \cdot 10^6$ in cm³/g	30950	14850	9770

KCs_2MnF_6 befolgt das Curie-Weiss-Gesetz mit $\Theta_p = -5$ K. Magnetisches Moment $\mu = 4.8_8\,\mu_B$, theoretischer Wert 4.90 μ_B.

Die Verbindung ist gegen Luftfeuchtigkeit empfindlich; die thermische Vorbehandlung beeinflußt aber merklich die Geschwindigkeit der hydrolytischen Zersetzung, S. Schneider, R. Hoppe (Z. Anorg. Allgem. Chem. **376** [1970] 268/76).

4.3.1.2.20 $Cs_2MnF_5 \cdot H_2O$ (= $2\,CsF \cdot MnF_3 \cdot H_2O$)

$Cs_2MnF_5 \cdot H_2O$

Wird eine flußsaure MnF_3-Lösung mit einer CsF-Lösung versetzt, so fällt feinkristallines $Cs_2MnF_5 \cdot H_2O$ aus. Man wäscht mit 5%iger Flußsäure, Alkohol und Äther und trocknet bei 80°C.

Die rosafarbigen, optisch anisotropen Kristalle sind etwas heller als $K_2MnF_5 \cdot H_2O$ (s. S. 205). Die Verbindung wird von H_2O zersetzt unter Bildung brauner Manganoxide. Im übrigen ist das chemische Verhalten sehr ähnlich wie bei $K_2MnF_5 \cdot H_2O$, I. G. Ryss, B. S. Vitukhnovskaya (Zh. Neorgan. Khim. **3** [1958] 1185/7; Russ. J. Inorg. Chem. **3** Nr. 5 [1958] 166/9).

4.3.1.3 Fluoromanganate(IV) der Elemente der 1. Hauptgruppe und Ammonium

Fluoromanganates(IV) of Group Ia Elements and Ammonium

4.3.1.3.1 Li_2MnF_6 (= $2\,LiF \cdot MnF_4$)

Li_2MnF_6

Die leuchtend gelbe Verbindung entsteht praktisch quantitativ, wenn „$Li_2MnP_2O_7$" oder besser „$Li_2Mn(SO_4)_2$" in einem F_2-Strom langsam auf 250 bis 350°C erhitzt wird. (Die beiden Ausgangs-„Verbindungen" werden durch Zusammenschmelzen von LiH_2PO_4 und $MnCO_3$ bei 450 bis 650°C bzw. von überschüssigem Li_2SO_4 und $MnSO_4$ erhalten.) Um die große Empfindlichkeit gegen Luftfeuchtigkeit zu verringern, wird unter F_2 langsam weiter bis 500°C erhitzt, kurz getempert und langsam im F_2-Strom erkalten gelassen [1]. Li_2MnF_6 bildet sich auch beim Erhitzen von 2 LiF + MnF_2 [1] oder $LiMnF_5$ (s. S. 217) im F_2-Strom auf 450 bis 550°C, wobei MnF_4 absublimiert [2].

Die Röntgen-Pulveraufnahmen lassen sich hexagonal indizieren mit den Gitterkonstanten a = 8.42, c = 4.59 Å; Z = 3 [1]. Raumgruppe P321-D_3^2 (Nr. 150) [3] oder P$\bar{3}$m1-D_{3d}^3 (Nr. 164) [1]. Li_2MnF_6 ist isotyp mit Na_2SiF_6 (s. „Natrium" Erg.-Bd. 4, S. 1535). Unter Annahme der Raumgruppe P$\bar{3}$m1 ergeben sich folgende Atomlagen:

Crystal Structure of Li_2MnF_6

Atom	Punktlage	x	y	z
Mn	1a	0	0	0
Mn	2d	1/3	2/3	0.5
F(1)	6i	0.09_6	-0.09_6	0.21_6
F(2)	6i	0.23_7	-0.23_7	0.71_6
F(3)	6i	0.43_0	-0.43_0	0.28_4

Die Lage der Li-Atome kann nicht angegeben werden, s. **Fig. 93** [1].

Fig. 93

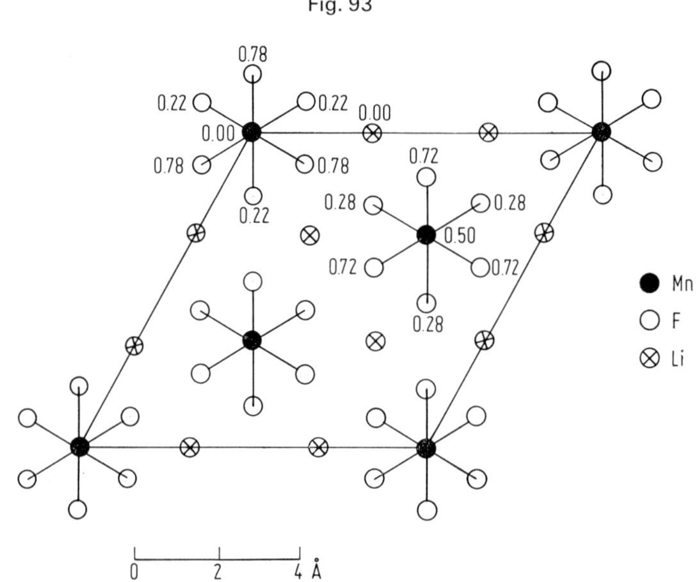

Projektion der Kristallstruktur von Li_2MnF_6 entlang [001].

Physical Properties

Pyknometrische Dichte 3.09, Röntgendichte 3.23 g/cm³. — Li_2MnF_6 gehorcht dem Curie-Gesetz, $\Theta = 0$ K. Die Molsuszeptibilität fällt von $\chi_{mol} \cdot 10^6 = 20600$ bei 90 K über 9090 bei 205 K auf 6120 cm³/mol bei 298 K. Gemessenes magnetisches Moment $\mu = 3.85\ \mu_B$, berechnet 3.87 μ_B [1].

Chemical Reactions

In F_2-Atmosphäre getempertes Li_2MnF_6 läßt sich in trockener N_2- oder Ar-Atmosphäre mehrere Tage lang unzersetzt aufbewahren. An der Luft werden auch getemperte Präparate nach 3 bis 4 min braun, besonders in Berührung mit Glas. Durch Wasser und wäßrige Alkalihydroxidlösungen tritt sofort Zersetzung unter Bildung eines braunen Niederschlags ($MnO_2 \cdot xH_2O$?) ein. Verdünnte Mineralsäuren lösen Li_2MnF_6 ebenfalls unter sofortiger Zersetzung [1]. — Beim Erhitzen unter F_2 färbt sich Li_2MnF_6 gelbrot [1], bleibt aber bis 550°C unzersetzt [1, 4].

Literatur:

[1] R. Hoppe, W. Liebe, W. Dähne (Z. Anorg. Allgem. Chem. **307** [1961] 276/89, 283/9). — [2] R. Hoppe, W. Dähne, W. Klemm (Liebigs Ann. Chem. **658** [1962] 1/5). — [3] J. Portier, F. Menil, P. Hagenmuller (Bull. Soc. Chim. France **1970** 3485/7). — [4] R. Hoppe, W. Dähne, W. Klemm (Naturwissenschaften **48** [1961] 429).

4.3.1.3.2 LiMnF$_5$ (= LiF · MnF$_4$)

LiMnF$_5$

Die ziegelrote, in der Hitze dunkelrote Verbindung erhält man durch dreistündiges Erhitzen einer äquimolaren LiF-MnF$_2$-Mischung im F$_2$-Strom bei 350°C [1].

LiMnF$_5$ gehorcht dem Curie-Weiss-Gesetz mit $\Theta_p = -10$ K, magnetisches Moment $\mu = 3.8\ \mu_B$ [1].

Von H$_2$ wird die Verbindung bei 150 bis 200°C über LiMnF$_4$ (s. S. 203) zu LiF und MnF$_2$ reduziert [1]. Beim Erhitzen im Fluorstrom entsteht oberhalb 400°C Li$_2$MnF$_6$ (s. S. 215) und MnF$_4$ [1, 2]. Im übrigen entspricht das chemische Verhalten von LiMnF$_5$ weitgehend dem der entsprechenden K-, Rb- und Cs-Verbindungen (s. S. 221, 223 und 224); es ist aber noch wesentlich empfindlicher gegen Feuchtigkeit [1].

Literatur:

[1] R. Hoppe, W. Dähne, W. Klemm (Liebigs Ann. Chem. **658** [1962] 1/5). — [2] R. Hoppe, W. Dähne, W. Klemm (Naturwissenschaften **48** [1961] 429).

4.3.1.3.3 Na$_2$MnF$_6$ (= 2 NaF · MnF$_4$)

Na$_2$MnF$_6$

Die gelb gefärbte Verbindung wird durch elektrolytische Oxidation von MnF$_2$ in NaF-haltiger 40%iger Flußsäure dargestellt, analog zur Darstellung von K$_2$MnF$_6$, s. S. 218. Im Reaktionsprodukt verbleibendes NaF darf wegen der hohen Löslichkeit von Na$_2$MnF$_6$ nicht mit Flußsäure ausgewaschen werden.

Röntgen-Pulveraufnahmen ergeben hexagonale Symmetrie mit den Gitterkonstanten a = 9.03, c = 5.13 Å; Z = 3. Na$_2$MnF$_6$ ist wie Li$_2$MnF$_6$ (s. S. 215) isotyp mit Na$_2$SiF$_6$ [1]. — Das magnetische Moment beträgt $\mu = 3.9\ \mu_B$ [2].

Literatur:

[1] B. Cox (J. Chem. Soc. **1954** 3251/2). — [2] W. Klemm, R. Hoppe (Bull. Soc. Chim. France **1961** 15/8).

4.3.1.3.4 „NaMnF$_5$" (= NaF · MnF$_4$)

„NaMnF$_5$"

Die stöchiometrische Zusammensetzung wird bei der Umsetzung von NaMnF$_3$ (s. S. 100) mit F$_2$ nicht erreicht, da NaMnF$_3$ bei den zur vollständigen Fluorierung notwendigen hohen Temperaturen sintert oder schmilzt. Die anfallende ziegelrote Substanz hat etwa die Zusammensetzung NaMnF$_{4.5}$. Ihr chemisches Verhalten entspricht dem von KMnF$_5$ (s. S. 221), R. Hoppe, W. Liebe, W. Dähne (Z. Anorg. Allgem. Chem. **307** [1961] 276/89, 281).

4.3.1.3.5 K$_2$MnF$_6$ (= 2 KF · MnF$_4$)

K$_2$MnF$_6$

Darstellung und Bildung

Preparation. Formation

In fast 100%iger Ausbeute wird die gelbe Verbindung aus einem KF-MnF$_3$-Gemisch unter F$_2$-Gas von 1 atm Druck bei 600°C in rotierenden Al$_2$O$_3$-Rohren erhalten [1]. Durch Verwendung von K$_2$MnF$_5$ · H$_2$O als Ausgangsverbindung läßt sich die Fluorierungstemperatur auf 150°C herabsetzen [2]. Eine äquivalente Mischung von KCl und MnCl$_2$ · 4 H$_2$O wird 3 h bei 400°C mit trockenem F$_2$-Gas von 0.5 atm Druck behandelt [3], s. auch [4], K$_2$MnCl$_6$ bei 350°C [5]. Auch aus K$_2$MnO$_4$ oder KMnO$_4$ erhält man durch Behandeln mit F$_2$ bei 350 bis 375°C gelbes K$_2$MnF$_6$ (aber keine Fluorokomplexe mit Mn in höheren Oxidationsstufen als 4) [4]. Aus KMnO$_4$ entsteht bei 150°C unter diesen Bedingungen kein K$_2$MnF$_6$ [6].

Aus Lösungen. K$_2$MnF$_6$ wurde erstmals durch Disproportionierung von K$_2$MnO$_4$ in 40%iger Flußsäure dargestellt. Die Verbindung fällt beim Abkühlen der Lösung aus [7]. Häufig wird die Reduktion von Permanganat mit reinem Diäthyläther angewandt: Man löst 2 g KMnO$_4$ und ebensoviel KF in 20 ml 40%iger Flußsäure auf, kühlt in Eiswasser und gibt tropfenweise Äther zu bis die Flüssig-

Preparation and Formation of K_2MnF_6

keit beinahe entfärbt ist. Dabei scheidet sich gelbes mikrokristallines K_2MnF_6 in guter Ausbeute ab [8, 9]. Wird anstelle von Äther als Reduktionsmittel Äthanol, Aceton, Ameisen- oder Essigsäure verwendet, so entsteht $K_2MnF_5 \cdot H_2O$ (s. S. 205) [8]. Die Verwendung von Flußsäure geringerer Konzentration erbringt weniger K_2MnF_6. Konzentriertere Flußsäure (60 bis 90%) reagiert bereits mit kleinen $KMnO_4$-Mengen unter Lichtblitz und starker Erwärmung; als festes Produkt wird dunkles unreines K_2MnF_6 erhalten [5]. — Die Verbindung kann auch dargestellt werden, indem $KMnO_4$ (etwa 1.5 g) in einer Lösung von 30 g KHF_2 in 100 ml 40%iger Flußsäure bei guter Kühlung unter Rühren tropfenweise mit etwa 2 ml 30%iger H_2O_2-Lösung reduziert wird [10].

Die Umsetzung einer elektrolytisch zu MnF_3 oxidierten flußsauren MnF_2-Suspension mit KHF_2 und fortgesetzter weiterer Elektrolyse liefert gleichfalls K_2MnF_6 (vgl. Darstellung von $(NH_4)_2MnF_6$ S. 221) [11]. Die Darstellung gelingt auch aus MnO_2 und KF-haltiger 60 bis 80%iger Flußsäure, ist aber wesentlich von der Qualität des verwendeten MnO_2 abhängig [10]. — Wird K_2MnO_4 in wasserfreiem flüssigem HF aufgelöst, so entsteht MnO_3F (s. S. 263) und K_2MnF_6 [3].

Die Verbindung wird auch erhalten, wenn ein äquimolares $KMnO_4$-KCl-Gemisch mit BrF_3 fluoriert wird. Sie entsteht ferner aus einer Lösung von $Mn(JO_3)_2$ in BrF_3 auf Zusatz von trockenem KF über $KMnF_5$ (s. S. 220) als Zwischenprodukt [12].

Die Präparate werden mit Eisessig und Aceton [9], mit KHF_2-haltiger Flußsäure, dann mit reiner Flußsäure [10] oder mit 40%iger Flußsäure, Alkohol und Äther gewaschen [11]. Zur Reinigung kann aus 48%iger Flußsäure bei 40°C [7, 13, 23] oder aus flüssigem HF umkristallisiert werden [3]. Einkristalle lassen sich aus 40%iger Flußsäure durch langsames Eindampfen gewinnen [13].

Crystallographic and Other Physical Properties

Kristallographische und weitere physikalische Eigenschaften

K_2MnF_6 kristallisiert unter gewöhnlichen Bedingungen hexagonal. Nach 48stündigem Erhitzen bei 350 bis 370°C ist es zum größten Teil in eine kubische Modifikation übergegangen. Sie wird aber nicht rein erhalten [14]. Über die strukturellen Beziehungen zwischen der hexagonalen und der kubischen Modifikation s. [14, 16]. Ferner wird eine trigonale Modifikation gefunden, die nur im Gemisch mit der hexagonalen Modifikation auftritt [14].

Aus Flußsäure kristallisiert K_2MnF_6 in Form von sechsseitigen Tafeln [7] mit den Formen {001} und {101}; unvollkommene Spaltbarkeit nach (001) [15]. Röntgendiagramme bestätigen die bereits von der äußeren Form abgeleitete [7, 15] hexagonale Symmetrie. Die Gitterkonstanten betragen:

a in Å	5.67	5.70	5.70
c in Å	9.35	9.33	9.35
Literatur	[14]	[11]	[4]

Z = 2 [4]. Raumgruppe $P6_3mc-C_{6v}^4$ (Nr. 186). K_2MnF_6 ist isotyp mit Rb_2MnF_6 (s. S. 221), auch die Atomkoordinaten sind praktisch von gleicher Größe [14]. Die Struktur ist in **Fig. 94** nach [16] wiedergegeben.

Die kubische Modifikation besitzt die Gitterkonstante a = 8.28 Å; Z = 8. Raumgruppe $Fm3m-O_h^5$ (Nr. 225). Sie ist vom K_2PtCl_6-Typ (s. „Platin" C, S. 179) [14].

Die trigonale Modifikation hat nach einer vorläufigen Bestimmung die Gitterkonstanten a = 5.71, c = 4.65 Å; Z = 1. Raumgruppe $P\bar{3}m1-D_{3d}^3$ (Nr. 164), K_2GeF_6-Typ [14], s. auch [17].

Dichte in g/cm³. Hexagonale Modifikation: pyknometrisch D_{pyk} = 2.93, Röntgendichte $D_{rö}$ = 3.10 [4]; kubische Modifikation: $D_{rö}$ = 2.891; trigonale Modifikation: $D_{rö}$ = 3.125 [17].

Fig. 94

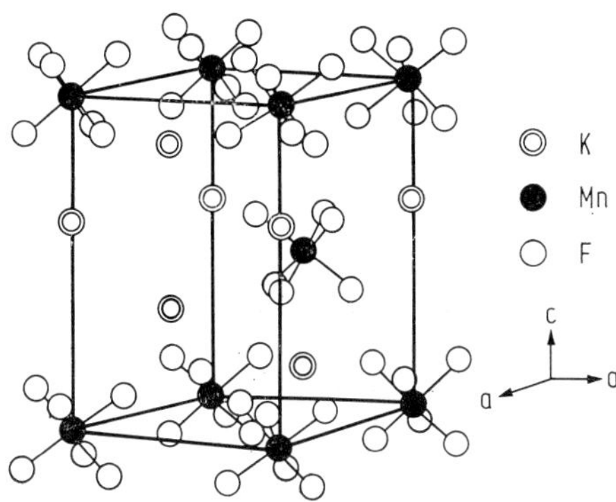

Kristallstruktur von hexagonalem K_2MnF_6.

Die Kristalle sind optisch einachsig; die Doppelbrechung ist schwach und negativ [7, 15].

Das Schwingungsspektrum von festem oder in Flußsäure gelöstem K_2MnF_6 weist vor allem die Banden bzw. Linien auf, die den Schwingungen des MnF_6^{2-}-Ions (s. S. 93) entsprechen. Außerdem werden im Raman-Spektrum bei Raumtemperatur zwei schwache Linien mit etwa 75 und etwa 350 cm^{-1} beobachtet [18]. Die Analyse des bei 4.5 K beobachteten Lumineszenzspektrums ergibt, daß eine der Gitterschwingungen eine Wellenzahl von 80 cm^{-1} hat [13].

Chemisches Verhalten. Löslichkeit

Chemical Reactions. Solubility

Bei Raumtemperatur ist K_2MnF_6 in Abwesenheit von Feuchtigkeit stabil [1]. Die gelbe Verbindung wird bei gelindem Erhitzen rotbraun, nimmt aber beim Erkalten ihre ursprüngliche Farbe wieder an. Bei stärkerem Erhitzen in Anwesenheit von Luftfeuchtigkeit färbt sie sich violett, und HF wird frei. Bei sehr starkem Erhitzen wird fortlaufend HF abgegeben; es hinterbleibt ein Gemenge von KF und Mn_3O_4 [7]. An der Luft tritt bei 350 bis 370°C geringe Zersetzung unter Braunfärbung ein [14]. Thermogravimetrische Untersuchungen ergeben, daß K_2MnF_6 unter Luftausschluß bei 800°C in KF, MnF_3 und F_2 zerfällt [1].

K_2MnF_6 ist in H_2O nur wenig löslich [8]. Von kaltem H_2O wird es langsam, von siedendem rasch zersetzt unter Abscheidung von MnO_2-Hydrat [7,12]. In wäßriger Lösung reagiert K_2MnF_6 mit F_2 zu einer roten Mn^{III}-Komplex-Lösung [19].

Die Verbindung zersetzt sich in wäßrigen Lösungen von Alkalihydroxiden, Alkalicarbonaten [7] oder NH_4F unter Abscheidung von Mangan(IV)-oxidhydrat [20]. Eine wäßrige H_2O_2-Lösung wird durch K_2MnF_6 trüb und entwickelt O_2; es verbleibt ein rötlicher Rückstand [7]. In Salzsäure löst sich K_2MnF_6 zu einer tief dunkelbraunen Lösung, die bei schwachem Erwärmen Cl_2 entwickelt. In konzentrierter Schwefelsäure löst es sich in der Kälte mit tief dunkelbrauner Farbe; beim Erwärmen entweichen HF, O_2 sowie O_3, und die Lösung färbt sich violett. Mit Salpetersäure entwickelt sich HF, und MnO_2 scheidet sich ab; es geht kein Mangan in Lösung. Phosphorsäure löst K_2MnF_6 mit braunroter Farbe. Eisessig löst es nicht; aus verdünnter Essigsäure scheidet sich MnO_2-Hydrat ab. Oxalsäure wird sofort zu CO_2 oxidiert. Indigolösung wird entfärbt [7].

K_2MnF_6

In wasserfreiem HF ist K_2MnF_6 löslich. Wird der Lösung AsF_5 zugesetzt, so bildet sich MnF_4 neben $KAsF_6$ [21]. — K_2MnF_6 wirkt beschleunigend auf die Reaktion zwischen Xe und F_2 [22].

Literatur:

[1] C. B. Root, R. A. Sutula (Proc. Ann. Power Sources Conf. **22** [1968] 100/2; C. A. **70** [1969] Nr. 25091). — [2] D. S. Novotny, G. D. Sturgeon (Inorg. Nucl. Chem. Letters **6** [1970] 455/61). — [3] L. B. Asprey, M. J. Reisfeld, N. A. Matwiyoff (J. Mol. Spectry. **34** [1970] 361/9, 361). — [4] E. Huss, W. Klemm (Z. Anorg. Allgem. Chem. **262** [1950] 25/32, 25). — [5] A. M. Black, C. D. Flint (J. Chem. Soc. Dalton Trans. **1974** 977/81).

[6] E. E. Aynsley, R. D. Peacock, P. L. Robinson (J. Chem. Soc. **1950** 1622/4). — [7] R. F. Weinland, O. Lauenstein (Z. Anorg. Allgem. Chem. **20** [1899] 40/5). — [8] I. Bellucci (Gazz. Chim. Ital. **44** I [1914] 564/7; Atti Reale Accad. Lincei [5] **22** II [1913] 579/82; C. A. **1914** 1719, 2857). — [9] W. G. Palmer (Experimental Inorganic Chemistry, Cambridge 1954, S. 484/5). — [10] H. Bode, H. Jenssen, F. Bandte (Angew. Chem. **65** [1953] 304).

[11] B. Cox, A. G. Sharpe (J. Chem. Soc. **1954** 1798/803). — [12] A. G. Sharpe, A. A. Woolf (J. Chem. Soc. **1951** 798/801). — [13] A. Pfeil (Theoret. Chim. Acta **20** [1971] 159/70, 160, 162, 165). — [14] H. Bode, W. Wendt (Z. Anorg. Allgem. Chem. **269** [1952] 165/72). — [15] H. Zirngiebl (Z. Kryst. **36** [1902] 117/50, 149).

[16] W. Klemm (Angew. Chem. **66** [1954] 468/74, 474). — [17] J. D. H. Donnay, H. M. Ondik (Crystal Data, Determinative Tables, 3. Aufl., Bd. 2, Inorganic Compounds, Washington, D. C., 1973, S. H-70, C-209). — [18] C. D. Flint (J. Chem. Soc. D **1970** 482/3). — [19] F. Fichter, E. Brunner (J. Chem. Soc. **1928** 1862/8). — [20] Ch. K. Jørgensen (Acta Chem. Scand. **12** [1958] 1539/41).

[21] T. L. Court, M. F. A. Dove (Chem. Commun. **1971** 726). — [22] J. Levic, J. Slivnik, B. Zemva (Inst. Jozef Stefan IJS Rept. R-615 [1972]; C. A. **79** [1973] Nr. 13041). — [23] G. C. Allen, G. A. M. El-Sharkarwy, K. D. Warren (Inorg. Nucl. Chem. Letters **5** [1969] 725/8).

$KMnF_5$

4.3.1.3.6 $KMnF_5$ (= $KF \cdot MnF_4$)

Die ziegelrote, in der Hitze dunkelrote Verbindung wird aus $KMnF_3$ dargestellt, das zuerst in der Kälte, dann nach langsamer Temperaturerhöhung 4 h bei 450°C mit F_2 umgesetzt wird. Bei höheren Temperaturen (500°C) beginnt $KMnF_5$ stark zu sintern, was die vollständige Fluorierung sehr erschwert. Man läßt im F_2-Strom erkalten. Bei der Fluorierung von Salzgemischen statt $KMnF_3$ treten Mn-Verluste auf [1]. $KMnO_4$ reagiert heftig mit BrF_3 zu $KMnF_5$, wobei der Sauerstoff quantitativ entweicht. Überschüssiges BrF_3 wird im Vakuum bei 20°C entfernt. Die Präparate enthalten etwas Br und F, sind aber frei von KF, MnF_3 und K_2MnF_6. Die klare kochende Lösung von Mn^{II}-Jodat in BrF_3 reagiert mit trockenem KF oder $KBrF_4$ zu rosa $KMnF_5$ (im Überschuß zu K_2MnF_6, s. S. 218) [2]. Als rotbraunen Festkörper erhält man $KMnF_5$ in heftiger Reaktion bei Raumtemperatur, wenn SeF_4 auf $KMnO_4$ aufkondensiert wird. Sobald die O_2-Entwicklung aufgehört hat, wird zur Vervollständigung der Reaktion kurze Zeit am Rückfluß erhitzt, das überschüssige SeF_4 größtenteils im Vakuum bei 20°C entfernt und die letzten Spuren bei 160°C abgedampft [3].

Nach Röntgen-Pulveraufnahmen kristallisiert $KMnF_5$ hexagonal mit den Gitterkonstanten a = 11.44, c = 8.208 Å [4]. Es wird oktaedrische Koordination des Mn-Atoms angenommen, da eine IR-Bande bei 614 cm^{-1}, also ganz in der Nähe der IR-Bande des oktaedrisch koordinierten K_2MnF_6 (622 cm^{-1}) auftritt [5]. Diskussion der Symmetrie anhand des Elektronenspektrums s. [6].

Magnetische Messungen ergeben folgende für den diamagnetischen Anteil korrigierte Molsuszeptibilitäten χ_{mol} [1]:

Temperatur in K	90	195	295
$\chi_{mol} \cdot 10^6$ in cm^3/mol	19400	8900	5860

$KMnF_5$ gehorcht dem Curie-Gesetz (Θ = 0 K). Magnetisches Moment $\mu = 3.73\ \mu_B$ [1]. An einem unreinen Präparat wird $\mu = 4.3\ \mu_B$ erhalten [7]. Theoretischer Wert $\mu = 3.87\ \mu_B$ [1].

$KMnF_5$ zersetzt sich an der Luft [1]. Es ist im Vakuum bis 180°C stabil [2]. Bei 250°C wird $KMnF_5$ von H_2 zu $KMnF_4$ (s. S. 209) reduziert [1]. Durch H_2O wird es sofort hydrolysiert unter Ausfällung eines schwarzbraunen Niederschlags [1, 2], manchmal unter geringer Gasentwicklung [1]. Verdünnte Natronlauge fällt einen braunen Niederschlag aus; die überstehende Lösung ist zunächst grün gefärbt (MnO_4^{2-}?). Mit verdünnter Salzsäure wird Cl_2 frei. Mit verdünnter Schwefelsäure tritt relativ langsam Zersetzung und Bildung eines Niederschlags ein; die überstehende Lösung ist rotviolett (MnO_4^-) [1].

Literatur:

[1] R. Hoppe, W. Liebe, W. Dähne (Z. Anorg. Allgem. Chem. **307** [1961] 276/89, 277, 280/2). — [2] A. G. Sharpe, A. A. Woolf (J. Chem. Soc. **1951** 798/801). — [3] R. D. Peacock (J. Chem. Soc. **1953** 3617/9). — [4] H. C. Clark, Y. N. Sadana (Can. J. Chem. **42** [1964] 50/6, 52). — [5] R. D. Peacock, D. W. A. Sharp (J. Chem. Soc. **1959** 2762/7).

[6] G. C. Allen, R. F. McMeeking, R. Hoppe (J. Fluorine Chem. **2** [1973] 333/6). — [7] R. S. Nyholm, A. G. Sharpe (J. Chem. Soc. **1952** 3579/85, 3585).

4.3.1.3.7 $(NH_4)_2MnF_6$ (= $2NH_4F \cdot MnF_4$)

$(NH_4)_2MnF_6$

Zur Darstellung wird eine MnF_2-Suspension in Flußsäure elektrolytisch oxidiert, zu der entstehenden rotbraunen Mn^{III}-Lösung festes NH_4HF_2 oder eine gesättigte Lösung von NH_4HF_2 in Flußsäure zugegeben und anschließend die Elektrolyse fortgesetzt. Man wäscht mit Alkohol und Äther und bewahrt im Exsikkator auf.

Röntgen-Pulveraufnahmen ergeben hexagonale Symmetrie mit den Gitterkonstanten a = 5.91, c = 9.55 Å. $(NH_4)_2MnF_6$ ist isotyp mit hexagonalem K_2MnF_6 (s. S. 218). — Die Verbindung ist in Flußsäure löslich, B. Cox, A. G. Sharpe (J. Chem. Soc. **1954** 1798/803).

4.3.1.3.8 Rb_2MnF_6 (= $2RbF \cdot MnF_4$)

Rb_2MnF_6

Preparation

Darstellung. Die gelbe Verbindung wird durch 6stündiges Fluorieren eines Gemischs von $Rb_2SO_4 + MnSO_4 \cdot H_2O$ mit F_2 bei 375°C [1] oder aus K_2MnF_6 (s. S. 217) durch Kationenaustausch dargestellt [2]. Bei der ersten Darstellung wurde frisch gefälltes MnO_2-Hydrat (durch Hydrolyse von K_2MnO_4) mit flußsaurer RbF-Lösung versetzt [3]. — Einkristalle entstehen aus 40%iger Flußsäure bei langsamem Eindampfen [2].

Crystallographic Properties

Kristallographische Eigenschaften. Rb_2MnF_6 ist dimorph. Aus wäßriger Lösung scheidet sich unterhalb 40°C die dunkelgelbe hexagonale Modifikation, zwischen 70 und 100°C die hellgelbe kubische Hochtemperaturmodifikation ab [4]. Durch Fluorieren bei 375°C erhaltenes Rb_2MnF_6 ist überwiegend hexagonal. Nach 48 h wird es bei dieser Temperatur in die kubische Modifikation umgewandelt [1].

Hexagonales Rb_2MnF_6 ist mit hexagonalem K_2MnF_6 isotyp. Es kristallisiert in Form von sechsseitigen Täfelchen [3]; beobachtete Formen: {001} und {101}. Die Kristalle zeigen unvollkommene Spaltbarkeit nach der Basis [5]. — Pulverdiagramme ergeben die Gitterkonstanten a = 5.85_5, c = 9.50_3 Å; Z = 2. Raumgruppe $P6_3mc$-C_{6v}^4 (Nr. 186). Die Atomkoordinaten sind in der folgenden Tabelle wiedergegeben:

Crystal Structure of Rb_2MnF_6

Atom	Punktlage	x	y	z
Rb(1)	2b	$^1/_3$	$^2/_3$	0.89_5
Rb(2)	2a	0	0	0.60_5
Mn	2b	$^1/_3$	$^2/_3$	0.25
F(1)	6c	0.19_5	-0.19_5	0.35_5
F(2)	6c	0.47_2	-0.47_2	0.14_5

In der Kristallstruktur liegen reguläre MnF_6-Oktaeder vor. Die Rb- und F-Ionen bilden eine doppelte hexagonale Packung (ABAC), s. auch Fig. 94, S. 219.

Kubisches Rb_2MnF_6 kristallisiert in Form von Würfeln und Oktaedern sowie in Kombinationen beider Formen. — Pulverdiagramme ergeben die Gitterkonstante a = 8.430 Å; Z = 4. Raumgruppe Fm3m-O_h^5 (Nr. 225). Die Struktur ist wie bei kubischem K_2MnF_6 vom K_2PtCl_6-Typ. Atomlagen:

Atom	Punktlage	x	y	z
Rb	8c	0.25	0.25	0.25
Mn	4a	0	0	0
F	24e	0.20_5	0	0

Atomabstände: r(Mn-F) = 1.73 Å (Summe der Ionenradien 1.86 Å) und r(F-F) = 2.44 Å (Summe der Ionenradien 2.66 Å) [4].

Physical and Chemical Properties

Röntgendichte der hexagonalen Modifikation D = 3.98 g/cm³. Für die kubische Modifikation wird mit der Schwebemethode D = 3.70 g/cm³ gemessen; als Röntgendichte ergibt sich 3.73 g/cm³ [4].

Der Brechungsindex des hexagonalen Rb_2MnF_6 beträgt etwa 1.50 [4]; die geringe Doppelbrechung ist negativ [4, 5]. Die Lichtbrechung der kubischen Modifikation ist geringer als die der hexagonalen [4]. — Absorptionsspektren (IR- und Elektronenspektrum) und Raman-Spektrum von Rb_2MnF_6 sind mit den Spektren von K_2MnF_6 identisch [2].

Das chemische Verhalten von Rb_2MnF_6 entspricht ebenfalls dem von K_2MnF_6 [3].

Literatur:

[1] D. S. Novotny, G. D. Sturgeon (Inorg. Nucl. Chem. Letters **6** [1970] 455/61). — [2] A. Pfeil (Theoret. Chim. Acta **20** [1971] 159/70, 160, 162). — [3] R. F. Weinland, O. Lauenstein (Z. Anorg. Allgem. Chem. **20** [1899] 40/5). — [4] H. Bode, W. Wendt (Z. Anorg. Allgem. Chem. **269** [1952] 165/72). — [5] H. Zirngiebl (Z. Kryst. **36** [1902] 117/50, 150).

$RbMnF_5$

4.3.1.3.9 $RbMnF_5$ (= $RbF \cdot MnF_4$)

Die ziegelrote, in der Hitze unter F_2 dunkler gefärbte Verbindung wird durch Reaktion von $RbMnF_3$ mit gasförmigem F_2 analog zu $KMnF_5$ (s. S. 220) dargestellt. Die Fluorierungstemperatur kann auf 500°C erhöht werden, ohne daß stärkeres Sintern eintritt; die Reaktionszeit verkürzt sich dabei auf 4.5 h. Die Fluorierung von Salzgemischen anstelle von $RbMnF_3$ führt zu Verlusten an Mangan.

Röntgen-Pulveraufnahmen lassen Isotypie zwischen $RbMnF_5$, $KMnF_5$ und $CsMnF_5$ (s. S. 224) vermuten. — Magnetische Messungen ergeben folgende für den diamagnetischen Anteil korrigierte Molsuszeptibilitäten χ_{mol}:

Temperatur in K	90	195	295
$\chi_{mol} \cdot 10^6$ in cm^3/mol	19500	9570	6290

$RbMnF_5$ gehorcht dem Curie-Gesetz ($\Theta \approx 0$ K). Sein magnetisches Moment $\mu = 3.9\ \mu_B$ bei 295 K entspricht praktisch dem reinen Spinmoment $\mu = 3.87\ \mu_B$.

$RbMnF_5$ zersetzt sich an der Luft etwas langsamer als $KMnF_5$, aber schneller als $CsMnF_5$. Sein chemisches Verhalten entspricht im wesentlichen dem von $KMnF_5$, R. Hoppe, W. Liebe, W. Dähne (Z. Anorg. Allgem. Chem. **307** [1961] 276/89, 277, 281/2).

4.3.1.3.10 Cs_2MnF_6 (= $2CsF \cdot MnF_4$)

Cs_2MnF_6

Preparation

Darstellung. Die Verbindung wird aus einer stöchiometrischen Mischung von CsF und MnF_2, die 12 h bei 400°C in trockenem F_2 von 0.5 atm Druck gehalten wird, hergestellt [1]. Statt der Fluoride kann man auch eine stöchiometrische Mischung von CsCl und wasserfreiem $MnCl_2$ bei 350°C fluorieren [2], s. auch [3]. Ferner wird die Darstellung aus K_2MnF_6 (s. S. 217) durch Kationenaustausch erwähnt [4]. Versuche, die Verbindung (ähnlich wie K_2MnF_6 und Rb_2MnF_6, s. S. 221) aus MnO_2, CsF und 40%iger Flußsäure darzustellen, führten stets zu einem Mn^{III}-haltigen Produkt [2]. — Einkristalle erhält man aus 48%iger Flußsäure bei langsamem Eindampfen [4].

Crystal Structure

Kristallstruktur. Cs_2MnF_6 kristallisiert kubisch im K_2PtCl_6-Typ wie die kubische Hochtemperaturmodifikation von Rb_2MnF_6. Die Gitterkonstante beträgt a = 8.92 Å; Z = 4. Raumgruppe Fm3m-O_h^5 (Nr. 225); x(F) = 0.195 [5]. — Röntgendichte 4.068 g/cm³ [6].

Lattice Vibrations

Gitterschwingungen. Von den im Zentrum der Brillouin-Zone möglichen Gitterschwingungen ist eine ramanaktiv (T_{2g}) und eine infrarotaktiv (TO-Komponente von T_{1u}); die T_{1g}-Schwingung ist optisch inaktiv. Für ein von Chodos [7] entwickeltes Modell, das Urey-Bradley-Kraftkonstanten, effektive Ladungen und Phononendispersion berücksichtigt, werden 9 Parameter so ermittelt, daß die daraus abgeleiteten Wellenzahlen der Gitterschwingungen mit den experimentellen Werten 65(T_{2g})*), 95 (T_{1u}, TO), 113 (T_{1u}, LO) cm^{-1} genau übereinstimmen; für die T_{1g}-Schwingung ergibt sich dann $\nu = 151\ cm^{-1}$. Auch die für die MnF_6-Schwingungen berechneten Wellenzahlen stimmen gut mit Meßwerten (s. S. 95) überein [8].

Die T_{2g}-Schwingung wird mit wachsendem k (vom Zentrum der Brillouin-Zone zur Zonengrenze) zunehmend mit akustischen Schwingungen ähnlicher Frequenzen gemischt; T_{2g} zeigt nur sehr geringe Dispersion [8]. Aus dem Emissionsspektrum von festem Cs_2MnF_6 bei 4.5 K wurde bereits früher eine Gitterschwingung bei 61 cm^{-1} bestimmt [4].

Aus berechneten Phononen-Dispersionskurven (s. Diagramm im Original) ergibt sich die Wellenzahl der akustischen modes geringster Energie an der Grenze der Brillouin-Zone (L_3^-) zu 34 cm^{-1}, in ausgezeichneter Übereinstimmung mit der Bande geringster Energie im Lumineszenzspektrum. Diese Schwingung könnte durch Gitterdefekte ramanaktiv werden; dann würde ihr die an isotypen Verbindungen bei 38 cm^{-1} beobachtete schwache Raman-Linie entsprechen [8].

IR Spectrum

IR-Spektrum. Außer einer Bande im Bereich von 100 cm^{-1}, die durch die T_{2g}-Gitterschwingung bedingt ist [8], sind 2 starke Banden bei 340 cm^{-1} (Halbwertsbreite 25 cm^{-1}) und 620 cm^{-1} (Breite > 100 cm^{-1}) zu beobachten, die den Schwingungen ν_4 bzw. ν_3 des MnF_6^{2-}-Ions (s. S. 95) zugeordnet werden, ferner eine schwächere Bande bei 1130 cm^{-1}, die wahrscheinlich eine Kombination $\nu_2 + \nu_3$ darstellt [4]. Die beiden MnF_6-Banden werden auch von anderen Autoren [1, 2] registriert. —

*) Gemessen an Cs_2SiF_6 und Cs_2GeF_6.

IR Spectrum of Cs_2MnF_6

Lumineszenzbanden bei 155 und 183 cm^{-1} sind wahrscheinlich 2-Phononenprozessen zuzuordnen. Die Lage der ersten ist unabhängig von der Temperatur und erscheint bei ähnlichen Verbindungen (Cs_2GeF_6, Cs_2SiF_6) in gleicher Lage, kann also nicht der T_{1g}-Drehschwingung zugeordnet werden, da diese temperaturabhängig sein sollte [8].

Raman Spectrum

Raman-Spektrum. Statt der theoretisch zu erwartenden T_{2g}-Schwingung finden Asprey u. a. [1] eine Raman-Linie bei 115 cm^{-1}, die der LO-Komponente der T_{1u}-Schwingung entsprechen dürfte.— Mit dem Kr-Laser (647.1 nm) werden an festem Cs_2MnF_6 Raman-Linien mit 592, 508 und 308 cm^{-1} beobachtet, die den Schwingungen ν_1, ν_2 und ν_5 des MnF_6^{2-}-Ions (s. S. 95) entsprechen [2]. Bei Anregung mit einem He-Ne-Laser (623.8 nm) treten dagegen bei kristallinem Cs_2MnF_6 eine große Anzahl von Linien ungewöhnlich hoher Intensität auf (115 bis 1400 cm^{-1}, s. Original), als deren Ursache zunächst ein Resonanz-Raman-Effekt vermutet [1, 9], neuerdings aber Resonanzemission (Phosphoreszenz) nachgewiesen wird [2, 4]. Die drei MnF_6-Linien sind auch an einer 1 molaren Lösung von Cs_2MnF_6 in flüssigem, wasserfreiem HF zu beobachten: $\nu_1 = 610$, $\nu_2 = 488$, $\nu_5 = 290$ cm^{-1} [1] bzw. $\nu_1 = 615$, $\nu_2 = 480$, $\nu_5 = 282$ cm^{-1} [9].

Literatur:

[1] L. B. Asprey, M. J. Reisfeld, N. A. Matwiyoff (J. Mol. Spectry. **34** [1970] 361/9). — [2] C. D. Flint (J. Mol. Spectry. **37** [1971] 414/22). — [3] D. S. Novotny, G. D. Sturgeon (Inorg. Nucl. Chem. Letters **6** [1970] 455/61). — [4] A. Pfeil (Theoret. Chim. Acta **20** [1971] 159/70, 160). — [5] H. Bode, W. Wendt (Z. Anorg. Allgem. Chem. **269** [1952] 165/72).

[6] J. D. H. Donnay, H. M. Ondik (Crystal Data, Determinative Tables, 3. Aufl., Bd. 2, Inorganic Compounds, Washington, D. C., 1973, S. C-236). — [7] S. L. Chodos (J. Chem. Phys. **57** [1972] 2712/4). — [8] S. L. Chodos, A. M. Black, C. D. Flint (Chem. Phys. Letters **33** [1975] 344/6). — [9] N. A. Matwiyoff, L. B. Asprey (Chem. Commun. **1970** 75/6).

$CsMnF_5$

4.3.1.3.11 $CsMnF_5$ (= $CsF \cdot MnF_4$)

Die ziegelrote, in der Hitze unter F_2 dunkelrot gefärbte Verbindung wird durch Umsetzung von $CsMnF_3$ mit F_2 analog zu $KMnF_5$ (s. S. 220) dargestellt. Die Fluorierungstemperatur kann bis auf 500°C erhöht werden, ohne daß stärkeres Sintern eintritt; die Reaktionszeit verkürzt sich dann auf 3 h. $CsMnF_5$ wird auch durch Fluorieren geeigneter Salzgemische, beispielsweise $CsCl + MnF_2$, erhalten, da die Reaktion relativ schnell abläuft. — Durch längeres Tempern im F_2-Strom entstehen Einkristalle, die sich jedoch selbst in trockenen organischen Lösungsmitteln schnell zersetzen.

Röntgen-Pulveraufnahmen weisen auf Isotypie zwischen $CsMnF_5$, $KMnF_5$ und $RbMnF_5$ (s. S. 222) hin. — Aus magnetischen Messungen ergeben sich nach Korrektur für den diamagnetischen Anteil folgende Molsuszeptibilitäten χ_{mol}:

Temperatur in K	90	195	295
$\chi_{mol} \cdot 10^6$ in cm^3/mol	18600	8960	5880

$CsMnF_5$ befolgt das Curie-Gesetz ($\Theta \approx 0$ K). Sein magnetisches Moment von $\mu = 3.7$ bis 3.8 μ_B entspricht praktisch dem theoretischen Wert ($\mu = 3.87$ μ_B).

Das chemische Verhalten von $CsMnF_5$ ist dem von $KMnF_5$ sehr ähnlich. An der Luft zersetzt sich die Verbindung langsamer als $RbMnF_5$ oder $KMnF_5$. Die Reduktion mit H_2 liefert statt des erwarteten $CsMnF_4$ nur uneinheitliche Produkte, R. Hoppe, W. Liebe, W. Dähne (Z. Anorg. Allgem. Chem. **307** [1961] 276/89, 277, 281/3).

4.3.2 Verbindungen des Mangans mit Fluor und Elementen der 1. Nebengruppe

Compounds with Fluorine and Group Ib Elements

Wegen des Prinzips der letzten Stelle werden diese Verbindungen in den Bänden der jeweiligen Elemente behandelt. Entsprechende Verbindungen mit Ag ($AgMnF_3$, $AgMnF_4 \cdot 4H_2O$, $Ag^{II}MnF_6$ und $CsAg^{II}MnF_7$) sind in „Silber" B 4, S. 378/9, beschrieben.

4.3.3 Verbindungen des Mangans mit Fluor und Elementen der 2. Hauptgruppe

Compounds with Fluorine and Group IIa Elements

Vorbemerkung

Die Verbindungen mit den Erdalkalimetallen Mg, Ca, Sr und Ba werden in Analogie zu Kapitel 4.3.1 nach steigender Oxidationsstufe des Mangans angeordnet. Die Verbindungen mit Be passen jedoch nicht in dieses Schema, da nur Fluoroberyllate mit Mn^{II} (und weiteren Kationen) bekannt sind. Sie werden deshalb unter 4.3.3.1 gesondert beschrieben.

4.3.3.1 Verbindungen des Mangans mit F und Be einschließlich weiterer Elemente

Compounds with F and Be Including Other Elements

Die im folgenden behandelten Doppelfluoroberyllate mit Mn, den Alkalimetallen und Ammonium als Kationen sowie BeF_4^{2-} als Anionen ähneln deutlich den entsprechenden Sulfaten, die in „Mangan" C 6, S. 188/232 beschrieben sind. Dagegen zeigen $KMn(BeF_3)_3$ und $RbMn(BeF_3)_3$ eine strukturelle Verwandtschaft zu den Cyclosilicaten.

4.3.3.1.1 $MnBeF_4$?

$MnBeF_4$?

Die Existenz dieser Verbindung ist unsicher. In festem Zustand konnte sie bisher nicht isoliert werden. In Lösung soll sie vorliegen, wenn $Mn(NO_2)_2$ mit $(NH_4)_2BeF_4$ oder $MnCl_2$ mit Silberfluoroberyllat umgesetzt wird [1, 2]. Aus der eingeengten sirupartigen Lösung scheiden sich bei 4monatigem Stehen oder beim Kühlen mit Eis hellrötliche durchsichtige Kristalle ab, die außerordentlich hygroskopisch sind. Mit wasserfreiem Alkohol wird aus der Lösung ein hellrotes, sehr hygroskopisches Kristallpulver erhalten, das aber nach der Analyse (Mn:Be = 4:5) kein reines Mn^{II}-Fluoroberyllat, sondern vielleicht ein basisches Salz oder ein Gemisch von Manganfluoroberyllat und MnF_2 ist [1]. — Aus der Lösung, die aus $MnCl_2$ und Silberfluoroberyllat gewonnen wurde, fällt bei Zusatz von $(NH_4)_2BeF_4$ das Doppelsalz $(NH_4)_2Mn(BeF_4)_2 \cdot 6H_2O$ aus (s. S. 227) [2].

Literatur:

[1] N. N. Rây (Z. Anorg. Allgem. Chem. **205** [1932] 257/67, 261). — [2] N. N. Rây (Z. Anorg. Allgem. Chem. **206** [1932] 209/16, 213).

4.3.3.1.2 $K_2Mn_2(BeF_4)_3$ (= $K_2BeF_4 \cdot 2MnBeF_4$)

$K_2Mn_2(BeF_4)_3$

Die Verbindung wird nach $2MnCO_3 + K_2CO_3 + 3BeF_2 + 6HF \rightarrow K_2Mn_2(BeF_4)_3 + 3CO_2 + 3H_2O$ in flußsaurer Lösung dargestellt. Nach dem Einengen bei 60°C kristallisiert sie aus. Zur Verbesserung der Kristallisation wird 24 bis 28 h bei 200°C erhitzt [1].

Pulveraufnahmen ergeben kubische Symmetrie, Gitterkonstante a = 10.102 ± 0.003 Å; Z = 4, Raumgruppe $P2_13$-T^4 (Nr. 198) [1, 2]; d-Werte s. [1]. Die Struktur ist isotyp mit der von Langbeinit, $K_2Mg_2(SO_4)_3$ [3]. Röntgendichte 1.72 g/cm³ [1, 2].

Literatur:

[1] S. Aléonard, Y. le Fur (Bull. Soc. Franç. Mineral. Crist. **90** [1967] 168/71). — [2] Y. le Fur, S. Aléonard (Mater. Res. Bull. **4** [1969] 601/15, 604). — [3] A. Zemann, J. Zemann (Acta Cryst. **10** [1957] 409/13).

4.3.3.1.3 $KMn(BeF_3)_3$

$KMn(BeF_3)_3$

Zur Darstellung versetzt man eine stöchiometrische Mischung von $MnCO_3$ und K_2CO_3 mit einer flußsauren BeF_2-Lösung, die genugend HF zur Zersetzung der Carbonate enthält und dampft bei

KMn(BeF$_3$)$_3$

60°C auf dem Sandbad ein. Die Kristallisation wird durch anschließendes 24stündiges Erhitzen bei 250°C unter Ar verbessert.

KMn(BeF$_3$)$_3$ ist nach Pulveraufnahmen hexagonal, Gitterkonstanten a = 6.661 ± 0.003, c = 9.761 ± 0.004 Å; Z = 2, Raumgruppe $P\bar{6}c2$-D_{3h}^2 (Nr. 188). Die Struktur ist mit der von Benitoit (BaTiSi$_3$O$_9$, S3$_2$-Typ [1]) isotyp, besteht also aus Ringen, die von 3 über Ecken verknüpften BeF$_4$-Tetraedern gebildet werden. RbMn(BeF$_3$)$_3$ (s. S. 228) kristallisiert ebenfalls in diesem Typ. — Röntgendichte 2.57 g/cm^3 [2].

Literatur:

[1] W. H. Zachariasen (Z. Krist. **74** [1930] 139/46; Strukturberichte, Bd. 2, 1928/32 [1937], S. 128/30, 526/7). — [2] S. Aléonard, Y. le Fur (Bull. Soc. Franç. Mineral. Crist. **89** [1966] 425/7).

(NH$_4$)$_2$Mn$_2$-(BeF$_4$)$_3$

4.3.3.1.4 (NH$_4$)$_2$Mn$_2$(BeF$_4$)$_3$ (= (NH$_4$)$_2$BeF$_4$ · 2 MnBeF$_4$)

Die Verbindung wird analog zur entsprechenden Kaliumverbindung (s. S. 225) aus der flußsauren Lösung von BeF$_2$, MnCO$_3$ und (NH$_4$)$_2$CO$_3$ durch Eindampfen bei 40 bis 60°C dargestellt. — Sie ist mit K$_2$Mn$_2$(BeF$_4$)$_3$ isotyp (Langbeinit-Typ). Gitterkonstante a = 10.217 ± 0.003 Å; d-Werte im Original. Röntgendichte 1.50 g/cm^3. — Die Verbindung ist sehr hygroskopisch. Ab 90°C zersetzt sie sich unter Bildung von MnF$_2$, M. Genty, Y. le Fur, S. Aléonard (Bull. Soc. Franç. Mineral. Crist. **91** [1968] 237/41), Y. le Fur, S. Aléonard (Mater. Res. Bull. **4** [1969] 601/15, 604).

The NH$_4$MnF$_3$-NH$_4$BeF$_3$-H$_2$O System

4.3.3.1.5 Das System NH$_4$MnF$_3$-NH$_4$BeF$_3$-H$_2$O

Nach Löslichkeitsuntersuchungen bei 25°C bildet sich in diesem System die Verbindung (NH$_4$)$_2$Mn(BeF$_4$)$_2$ · 6 H$_2$O (s. S. 227). Das System stellt einen Teil des NH$_4$F-MnF$_2$-BeF$_2$-H$_2$O-Systems dar. Die Zusammensetzung der gesättigten Lösung und der Bodenkörper ist in der Tabelle wiedergegeben:

[NH$_4$F] in Gew.-%	2.16	7.83	10.42	15.23	17.50	19.27	21.39	23.88
[BeF$_2$] in Gew.-%	1.95	7.74	10.10	14.92	15.53	19.53	22.12	27.93
[MnF$_2$] in Gew.-%	1.70	4.43	5.92	8.02	6.26	5.60	5.28	4.97
[H$_2$O] in Gew.-%	94.19	80.00	73.56	61.83	60.71	55.60	51.21	43.22
Bodenkörper	NH$_4$MnF$_3$			NH$_4$MnF$_3$ + (NH$_4$)$_2$Mn(BeF$_4$)$_2$ · 6 H$_2$O				

L. R. Batsanova, A. V. Novoselova, Yu. P. Simanov (Zh. Neorgan. Khim. **1** [1956] 2638/41; Russ. J. Inorg. Chem. **1** Nr. 11 [1956] 214/7).

The NH$_4$MnF$_3$-(NH$_4$)$_2$-BeF$_4$-H$_2$O System

4.3.3.1.6 Das System NH$_4$MnF$_3$-(NH$_4$)$_2$BeF$_4$-H$_2$O

Die Löslichkeitsisotherme des Systems bei 25°C besteht aus zwei Abschnitten, die den Bodenkörpern NH$_4$MnF$_3$ und (NH$_4$)$_2$BeF$_4$ entsprechen, s. **Fig. 95**. Es bilden sich keine Mischkristalle oder Verbindungen. Zusammensetzung der gesättigten flüssigen und der festen Phase sind in der folgenden Tabelle wiedergegeben:

[NH$_4$F] in Gew.-%	19.66	19.47	15.66	11.57	9.21	6.49	4.26	2.35
[BeF$_2$] in Gew.-%	12.49	12.40	9.94	7.32	5.85	3.98	2.58	1.35
[MnF$_2$] in Gew.-%	0.12	0.25	0.29	0.37	0.42	0.51	0.60	0.66
[H$_2$O] in Gew.-%	67.73	67.88	74.11	80.74	84.52	89.02	92.56	95.64
[(NH$_4$)$_2$BeF$_4$] in mol/1000 mol H$_2$O	70.45	69.47	51.07	34.31	26.18	17.04	10.59	5.34
[NH$_4$MnF$_3$] in mol/1000 mol H$_2$O	0.34	0.71	0.72	0.88	0.93	1.08	1.24	1.31
Bodenkörper	(NH$_4$)$_2$BeF$_4$		NH$_4$MnF$_3$					

Fig. 95

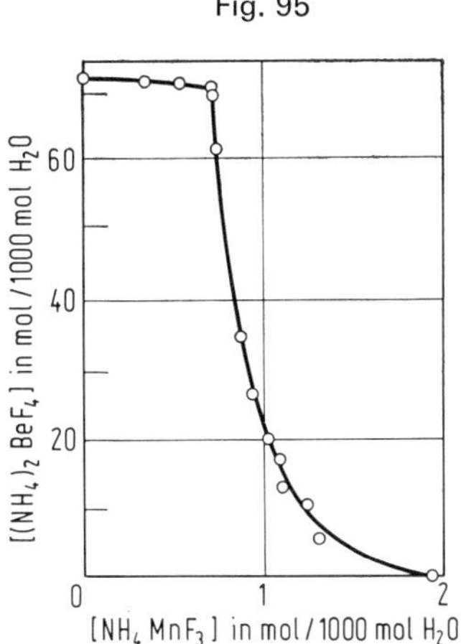

Löslichkeitsisotherme des Systems NH_4MnF_3-$(NH_4)_2BeF_4$-H_2O bei 25°C.

Bei 68.71 mol $(NH_4)_2BeF_4$/1000 mol H_2O und 0.73 mol NH_4MnF_3/1000 mol H_2O liegen beide Bodenkörper $(NH_4)_2BeF_4$ und NH_4MnF_3 nebeneinander vor, L. R. Batsanova, A. V. Novoselova (Zh. Obshch. Khim. **26** [1956] 1827/30; J. Gen. Chem. USSR **26** [1956] 2039/42).

4.3.3.1.7 $(NH_4)_2Mn(BeF_4)_2 \cdot 6H_2O$ (= $(NH_4)_2BeF_4 \cdot MnBeF_4 \cdot 6H_2O$) $(NH_4)_2Mn$-$(BeF_4)_2 \cdot$ $6H_2O$

Die Verbindung bildet sich im System NH_4MnF_3-NH_4BeF_3-H_2O, s. S. 226. — Zur Darstellung läßt man eine konzentrierte wäßrige Lösung von NH_4MnF_3 und NH_4BeF_3 bei Zimmertemperatur verdunsten [1], oder man setzt eine $(NH_4)_2BeF_4$-Lösung mit einer aus $MnCl_2$ und Silberfluoroberyllat erhaltenen wäßrigen Lösung von $MnBeF_4$ (s. S. 225) um und läßt über H_2SO_4 stehen [2].

Die großen transparenten Kristalle sind schwach rosa [1] oder rot [2] gefärbt. Röntgenographische d-Werte s. [1]. — Gemessene Dichte 1.758 g/cm^3 bei 30°C [2]. — Brechungsindizes n_α = 1.382, n_β = 1.386, n_γ = 1.392 [1].

Die Kristalle trüben sich rasch an der Luft [1] und verwittern [2]. Über P_2O_5 im Exsikkator verlieren die Kristalle das Kristallwasser und gehen in ein schwach rosa gefärbtes Pulver über [1]. Im Vakuum über H_2SO_4 wandeln sich feingepulverte Kristalle in das Dihydrat um (s. unten) [2]. Die Verbindung ist in Wasser löslich [1] und dissoziiert vollständig [2].

Literatur:

[1] L. R. Batsanova, A. V. Novoselova, Yu. P. Simanov (Zh. Neorgan. Khim. **1** [1956] 2638/41; Russ. J. Inorg. Chem. **1** Nr. 11 [1956] 214/7). — [2] N. N. Rây (Z. Anorg. Allgem. Chem. **206** [1932] 209/16, 211, 213).

4.3.3.1.8 $(NH_4)_2Mn(BeF_4)_2 \cdot 2H_2O$ (= $(NH_4)_2BeF_4 \cdot MnBeF_4 \cdot 2H_2O$) $(NH_4)_2Mn$-$(BeF_4)_2 \cdot$ $2H_2O$

Das Dihydrat bildet sich durch Dehydratation des Hexahydrats (s. oben) im Vakuum über H_2SO_4, N. N. Rây (Z. Anorg. Allgem. Chem. **206** [1932] 209/16, 213).

4.3.3.1.9 $Rb_2Mn_2(BeF_4)_3$ (= $Rb_2BeF_4 \cdot 2MnBeF_4$) Rb_2Mn_2-$(BeF_4)_3$

Die Darstellung erfolgt analog zur entsprechenden Kaliumverbindung (s. S. 225), mit der $Rb_2Mn_2(BeF_4)_3$ isotyp ist (Langbeinit-Typ). Gitterkonstante a = 10.243 Å; Röntgendichte 2.00 g/cm^3, Y. le Fur, S. Aléonard (Mater. Res. Bull. **4** [1969] 601/15, 604).

RbMn-$(BeF_3)_3$

4.3.3.1.10 $RbMn(BeF_3)_3$

Die Verbindung ist bisher nicht in reiner Form isoliert worden. Sie bildet sich analog zur entsprechenden Kaliumverbindung (s. S. 225) aus Rb_2CO_3, $MnCO_3$, BeF_2 und HF in wäßriger Lösung. Beim Eindampfen des Lösungsgemisches bei 60°C kristallisiert aber nicht das gewünschte Salz aus. Erst beim Erhitzen des Rückstandes auf 300°C unter Ar entsteht $RbMn(BeF_3)_3$ im Gemisch mit der Verbindung $Rb_2Mn_2(BeF_4)_3$ (s. S. 227).

Pulveraufnahmen ergeben hexagonale Symmetrie: Gitterkonstanten a = 6.784 ± 0.003, c = 9.855 ± 0.003 Å. $RbMn(BeF_3)_3$ ist wie $KMn(BeF_3)_3$ isotyp mit Benitoit. — Röntgendichte 2.86 g/cm³, C. Favre, Y. le Fur, S. Aléonard (Bull. Soc. Franç. Mineral. Crist. **92** [1969] 274/7).

$KRbMn_2$-$(BeF_4)_3$

4.3.3.1.11 $KRbMn_2(BeF_4)_3$ (= $K_2BeF_4 \cdot Rb_2BeF_4 \cdot 4\,MnBeF_4$)

Zur Darstellung s. bei der reinen Kaliumverbindung (S. 225), mit der $KRbMn_2(BeF_4)_3$ isotyp ist. Gitterkonstante a = 10.187 Å; Röntgendichte 1.82 g/cm³, Y. le Fur, S. Aléonard (Mater. Res. Bull. **4** [1969] 601/15, 604).

Cs_2Mn_2-$(BeF_4)_3$

4.3.3.1.12 $Cs_2Mn_2(BeF_4)_3$ (= $Cs_2BeF_4 \cdot 2\,MnBeF_4$)

Die Verbindung wird analog zur entsprechenden Kaliumverbindung hergestellt und ist mit dieser isotyp (Langbeinit-Typ), s. S. 225. Gitterkonstante a = 10.376 Å, d-Werte s. Original. Röntgendichte 2.26 g/cm³, Y. le Fur, S. Aléonard (Mater. Res. Bull. **4** [1969] 601/15, 604, 610).

$RbCsMn_2$-$(BeF_4)_3$

4.3.3.1.13 $RbCsMn_2(BeF_4)_3$ (= $Rb_2BeF_4 \cdot Cs_2BeF_4 \cdot 4\,MnBeF_4$)

Zur Darstellung wird wie bei der entsprechenden Kaliumverbindung (s. S. 225) verfahren, mit der $RbCsMn_2(BeF_4)_3$ isotyp ist. Gitterkonstante a = 10.327 Å; Röntgendichte 2.12 g/cm³, Y. le Fur, S. Aléonard (Mater. Res. Bull. **4** [1969] 601/15, 604).

Compounds of Manganese (II) with F and Mg, Ca, or Ba

4.3.3.2 Verbindungen von Mangan(II) mit F und Mg, Ca bzw. Ba

$MgMn_2F_6$. Mg_2MnF_6

4.3.3.2.1 $MgMn_2F_6$ und Mg_2MnF_6 (= $MgF_2 \cdot 2\,MnF_2$ und $2\,MgF_2 \cdot MnF_2$)

Die grau gefärbten Verbindungen werden durch Reaktion entsprechender Mengen von MgF_2 und MnF_2 bei 900°C hergestellt. Sie besitzen Rutil-Struktur wie die reinen Fluoride. Die tetragonalen Gitterkonstanten betragen bei $MgMn_2F_6$ a = 4.77 ± 0.01, c = 3.215 ± 0.005 Å, bei Mg_2MnF_6 a = 4.67 ± 0.01, c = 3.110 ± 0.005 Å, J. Portier, A. Tressaud, F. Menil, J. Claverie, R. de Pape, P. Hagenmuller (J. Solid State Chem. **1** [1969] 100/2).

$KMnF_3$-$KMgF_3$ Solid Solutions

4.3.3.2.2 $KMnF_3$-$KMgF_3$-Mischkristalle

Einkristalle der Zusammensetzung $KMg_{1-x}Mn_xF_3$ im Bereich $0 < x < 1$ können nach der Stockbarger-Technik in Ar-Atmosphäre (etwa 1.4 bar) aus MnF_2 und MgF_2 sowie einer stöchiometrischen Menge KF bei 1035°C (reines $KMnF_3$) bis 1075°C (reines $KMgF_3$) gezüchtet werden (etwas NH_4HF_2 wird zur Verhinderung der Oxidation zugegeben) [1]. Andere Autoren verwenden eine modifizierte Bridgman-Technik mit Temperaturen zwischen 1050 und 1080°C. Das Volumen der Kristalle erreicht 1 bis 3 cm³ [2].

Pulveraufnahmen bei Raumtemperatur zeigen, daß die Gitterkonstante der kubischen Mischkristalle linear mit dem Mangangehalt wächst ($KMnF_3$ und $KMgF_3$ kristallisieren beide im Perowskit-Typ) [1, 2]. Die Temperatur der polymorphen Umwandlung der kubischen Phase in die tetragonale, die für reines $KMnF_3$ bei 186 K liegt (s. S. 118), nimmt mit steigendem Mg-Gehalt rasch ab. Für x = 0.9 liegt sie bei etwa 144 K, für x = 0.8 unterhalb der Temperatur des flüssigen Stickstoffs (77 K), s. **Fig. 96** [2].

Fig. 96

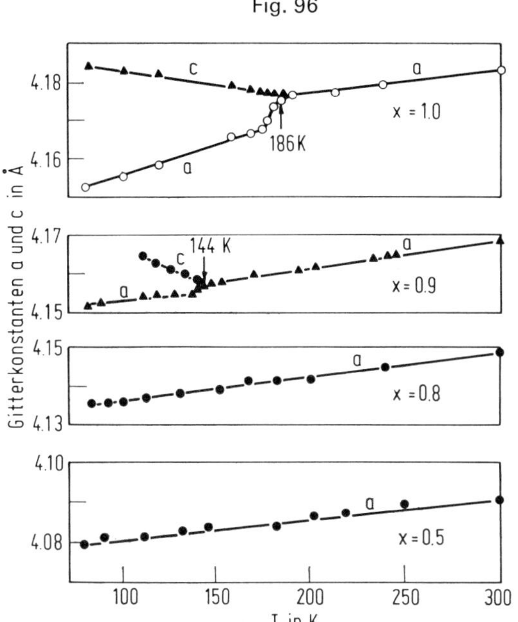

Temperaturabhängigkeit der Gitterkonstanten von $KMg_{1-x}Mn_xF_3$-Mischkristallen bei verschiedenem Mn-Gehalt x.

Die Breite ΔH der EPR-Linie nimmt mit steigendem Mg-Gehalt (x = 0.952, 0.902, 0.834, 0.685) ab; auch mit fallender Temperatur wird die Resonanzlinie schmaler bis zu einem Minimum, das bei der Néel-Temperatur (74.5, 80 bzw. 84 K für die ersten drei angegebenen Zusammensetzungen) erreicht wird [3]. Bei Raumtemperatur setzt sich die Abnahme von ΔH bis x = 0.6 fort; bei weiter steigendem Mg-Gehalt (x = 0.5 bis 0.2) steigt ΔH stark an [2]. Theoretische Überlegungen über die Beziehung zwischen ΔH und x s. bei Ishikawa [4].

Das ^{19}F-NMR-Spektrum von polykristallinem $KMg_{1-x}Mn_xF_3$ besteht bei 300 K aus 3 gut aufgelösten Linien, die der Besetzung der 2 einem ^{19}F-Kern direkt benachbarten Kationenplätze durch 0, 1 oder 2 Mn^{2+}-Ionen entsprechen. Die Verschiebungen gegenüber der ^{19}F-Resonanz im $KMgF_3$ betragen etwa 0, 1 bzw. 2%. Die Spin-Gitter-Relaxationsgeschwindigkeit $1/T_1$ (in $10^3 s^{-1}$) der unverschobenen Resonanz nimmt mit abnehmendem x zu von ≈ 1 bei x = 0.8 auf ≈ 30 bei x = 0.1 (s. Figur im Original). Aus der Linienbreite ΔH wird $1/T_2$ für x = 0.1 und 0.01 abgeleitet. Für die um 1% verschobene Resonanz wird die auf äußeres Feld $H_0 = 0$ extrapolierte Linienbreite als Funktion von x angegeben. Aus T_1 und ΔH werden Schlüsse auf das dynamische Verhalten der Elektronenspins gezogen [5].

Literatur:

[1] W. E. Vehse, F. A. Sherrill, C. R. Riley (J. Appl. Phys. **43** [1972] 1320/1). — [2] A. Ratuszna, D. Kraska-Skrzypek, P. Jakubowski, A. Chełtkowski (Acta Phys. Polon. A **49** [1976] 155/7 [in englisch]). — [3] R. P. Gupta, M. S. Seehra, W. E. Vehse (Phys. Rev. [3] B **5** [1972] 92/5). — [4] Y. Ishikawa (Iwate Daigaku Kyoikugakubu Kenkyu Nempo **35** [1975] 153/8 nach C. A. **85** [1976] Nr. 12091). — [5] F. Borsa, V. Jaccarino (Solid State Commun. **19** [1976] 1229/31).

MnF_2-CaF_2 Solid Solutions

4.3.3.2.3 MnF_2-CaF_2-Mischkristalle

Durch Einbau von MnF_2 in CaF_2 können Mischkristalle $Ca_{1-x}Mn_xF_2$ mit x = 0 bis 0.3 erhalten werden. Das Mn^{2+}-Ion ist dabei von 8 F^- koordiniert [1]. — Zur Untersuchung der Diffusion von Mn^{2+} mit Hilfe der EPR in pulverförmigen MnF_2(0.5%)-CaF_2-Gemischen bei Temperaturen bis 1000°C und einer Dauer bis zu einem Jahr s. [2].

Literatur:

[1] R. Hänsler, W. Rüdorff (Z. Naturforsch. **25b** [1970] 1306/7). — [2] G. F. J. Garlick, A. Cunliffe, M. N. Jones (Proc. Phys. Soc. [London] **79** [1962] 223/5).

$NaCaMn_2F_7$

4.3.3.2.4 $NaCaMn_2F_7$ (= $NaF \cdot CaF_2 \cdot 2MnF_2$)

Zur Darstellung werden entsprechende Mengen NaF, CaF_2 und MnF_2 unter Luftausschluß auf 700 bis 750°C erhitzt. Die Gehalte an Na und Ca können leicht variieren ähnlich wie bei der isotypen Verbindung mit Cd, s. S. 241.

Die Verbindung kristallisiert kubisch-flächenzentriert, Gitterkonstante a = 5.31_5 Å. Sie besitzt keine Pyrochlor-Struktur wie ähnliche Verbindungen $A_2B_2F_7$ (sonst müßte a den doppelten Wert haben), sondern wahrscheinlich eine CaF_2-Struktur mit ungeordneter Verteilung der Kationen und Lücken im Anionengitter, R. Hänsler, W. Rüdorff (Z. Naturforsch. **25b** [1970] 1306/7).

The BaF_2-MnF_2 System

4.3.3.2.5 Das System BaF_2-MnF_2

DTA und röntgenographische Untersuchungen ergeben im System MnF_2-BaF_2 unter Normaldruck $BaMnF_4$ (s. S. 231) als einzige Verbindung [1 bis 4], s. **Fig. 97** [3]. Eutektische Punkte liegen bei 735°C und etwa 45 Mol-% MnF_2 sowie bei 668 ± 10°C und 71 Mol-% MnF_2 [3], nach anderen Autoren bei 723°C, 46 Mol-% MnF_2 und bei 663°C, 67 Mol-% MnF_2 [4] sowie bei 760°C, 44 Mol-% MnF_2 und bei 700°C, 65 Mol-% MnF_2 [2].

Bei hohem Druck und hohen Temperaturen bildet sich im System als weitere Verbindung Ba_2MnF_6 (s. S. 231) in 2 abschreckbaren Modifikationen bei 10 kbar und 700°C bzw. bei 40 kbar und 800°C [5].

Fig. 97

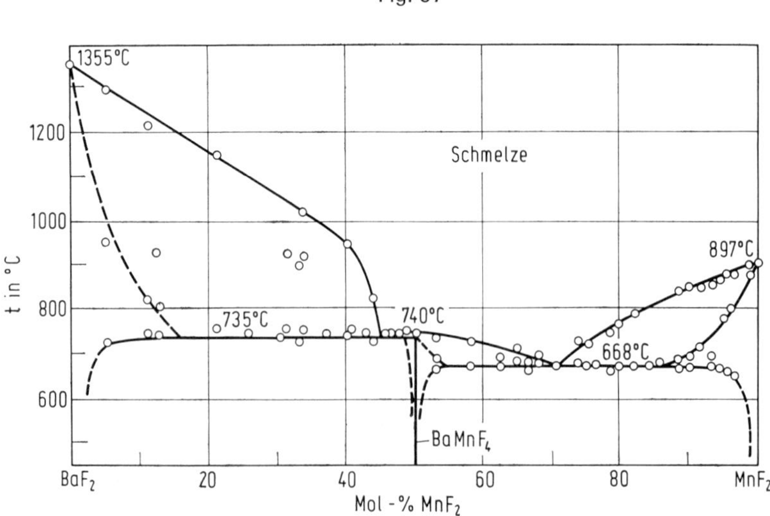

Zustandsdiagramm des Systems BaF_2-MnF_2.

Literatur:

[1] J. C. Cousseins, M. Samouël (Compt. Rend. C **265** [1967] 1121/3). — [2] M. Samouël (Rev. Chim. Minerale **8** [1971] 537/57, 550). — [3] S. V. Petrov, E. G. Ippolitov (Izv. Akad. Nauk SSSR Neorgan. Materialy **7** [1971] 876/7; Inorg. Materials [USSR] **7** [1971] 769/71), S. V. Petrov (Izv. Akad. Nauk SSSR Ser. Fiz. **35** [1971] 1259/61; Bull. Acad. Sci. USSR Phys. Ser. **35** [1971] 1151/3). — [4] W. Linz (Diss. Gießen 1971) nach H. J. Seifert, E. Dau (Z. Anorg. Allgem. Chem. **391** [1972] 302/12, 306). — [5] J. Chenavas, J. J. Capponi, J. C. Joubert, M. Marezio (Mater. Res. Bull. **9** [1974] 13/20).

4.3.3.2.6 Ba_2MnF_6 (= $2BaF_2 \cdot MnF_2$)

Ba_2MnF_6

Die Verbindung wird aus einem Gemisch von $2BaF_2 + MnF_2$ bei hohen Drücken und Temperaturen in 2 abschreckbaren Modifikationen erhalten.

Bei 10 kbar und 700°C bildet sich eine tetragonale Modifikation. Gitterkonstanten a = 4.148, c = 16.791 Å; Z = 2, d-Werte s. im Original. Raumgruppe $I4/mmm-D_{4h}^{17}$ (Nr. 139). Die Struktur ist vom Bi_2NbO_5F-Typ [1]. In Richtung der c-Achse folgen abwechselnd kubisch gepackte Ba_2F_2-Schichten und Schichten von MnF_6-Oktaedern. Ba ist von 12 F-Atomen in Form eines verzerrten Kubooktaeders umgeben. Strukturchemisch läßt sich diese Modifikation durch $Ba_2MnF_4(F_2)$ wiedergeben.

Bei 40 kbar und 800°C liegt nach 1 h eine Hochdruckmodifikation vor. Sie hat nach Pulveraufnahmen trigonale Symmetrie; Gitterkonstanten a = 6.076, c = 4.356 Å. Das Volumen der Elementarzelle ist mit 139.26 Å³ um 3.6% gegenüber der tetragonalen Modifikation verringert. Raumgruppe $P\bar{3}m1-D_{3d}^{3}$ (Nr. 164). Die Modifikation ist isotyp mit K_2GeF_6 ($I\,1_{13}$) [2]. Ba und Mn sind auch hier von 12 bzw. 6 F-Atomen umgeben wie bei der tetragonalen Modifikation, aber hexagonal gepackt [3].

Literatur:

[1] B. Aurivillius (Arkiv Kemi **5** [1953] 39/47; Structure Reports, Bd. 16, 1952, S. 178/9). — [2] Strukturberichte, Bd. 7, 1939 [1943], S. 34/6, s. auch Gmelin-Handbuch „Germanium" Erg.-Bd., S. 567. — [3] J. Chenavas, J. J. Capponi, J. C. Joubert, M. Marezio (Mater. Res. Bull. **9** [1974] 13/20).

4.3.3.2.7 $BaMnF_4$ (= $BaF_2 \cdot MnF_2$)

$BaMnF_4$

Darstellung

Preparation

Die rosa gefärbte Verbindung wird durch Erhitzen eines stöchiometrischen Gemisches von MnF_2 und BaF_2 bei 750°C dargestellt [1], zur Erzielung größerer Reinheit in HF-Atmosphäre [2]. Sehr reines $BaMnF_4$ wird erhalten, wenn man BaF_2-Einkristalle und in HF sublimiertes MnF_2 im HF-Strom allmählich auf 1230°C erhitzt und die Schmelze 0.5 bis 1 h bei dieser Temperatur hält. Dann wird rasch auf etwa 1000°C abgekühlt und anschließend N_2 durchgeblasen [3].

Einkristalle werden durch Zonenschmelzen erhalten [2, 4] oder nach dem Bridgman-Verfahren bei 650 bis 880°C in He-Atmosphäre aus der Schmelze gezogen (HF-Atmosphäre ist ungünstig, da die $BaMnF_4$-Schmelze HF aufnimmt; dieses wird zwar bei der Kristallisation wieder abgegeben, aber wegen der hohen Viskosität der Schmelze können die Gasblasen nicht entweichen) [3].

Kristallographische Eigenschaften

Crystallographic Properties

Die unter Normalbedingungen stabile rhombische Modifikation wandelt sich bei etwa 250 K in eine vermutlich monokline Modifikation um. Einzelheiten der Umwandlung s. S. 232.

Die rhombische Modifikation zeigt ausgezeichnete Spaltbarkeit nach (010) [5]. Nach Röntgenanalysen von Einkristallen betragen die Gitterkonstanten a = 5.9845 ± 0.0003, b = 15.098 ± 0.002, c = 4.2216 ± 0.0003 Å bei 298 K [5], a = 6.00, b = 15.10, c = 4.23 Å [3, 4], nach Röntgen-Pulver-

Crystallographic Properties of $BaMnF_4$

aufnahmen a = 5.99, b = 15.08, c = 4.22 Å [1]; Z = 4 [1, 5], d-Werte s. Original [1]. Raumgruppe $A2_1am\text{-}C_{2v}^{12}$ (Nr. 36), Standardsymbol $Cmc2_1$, Transformationsmatrix: $(001/0\bar{1}0/100)$. Alle Atome besetzen die Punktlage 4a:

Atom	x	y	z
Ba	0.4537	0.34383 ± 0.00005	1/2
Mn	0.0000 ± 0.0004	0.4160 ± 0.0001	0
F(1)	0.196 ± 0.002	0.2982 ± 0.0006	0
F(2)	−0.275 ± 0.003	0.3363 ± 0.0007	0
F(3)	0.337 ± 0.003	0.4651 ± 0.0007	0
F(4)	0.016 ± 0.003	0.4217 ± 0.0010	1/2

R = 4.46%. Die Atome zeigen eine starke Schwingungsanisotropie, anisotrope Temperaturkoeffizienten s. im Original. Bei der vorliegenden Aufstellung ist a die polare Achse und die x-Werte der Tabelle geben die absolute Konfiguration an. Alle F-Atome sind oktaedrisch um die Mn-Atome angeordnet mit Abständen von 2.037 bis 2.151 Å (im Mittel 2.098 Å). Die Ba-Atome sind von 6 F-Atomen in Form eines trigonalen Prismas im Abstand von 2.666 bis 2.880 Å umgeben; 2 weitere F-Atome liegen äquatorial in einer Entfernung von 2.588 und 2.871 Å (Durchschnitt aller 8 Abstände 2.745 Å). Die MnF_6-Oktaeder sind über Ecken zu Schichten || (010) verknüpft, wobei sich die freien Ecken in cis-Stellung befinden, s. **Fig. 98**. Die -Mn-F-Mn-F-Ketten innerhalb der Schicht sind in Richtung [001] praktisch linear, während entlang [100] Zickzackketten mit Winkeln von 138.6° am F(3)-Atom und von 98.3° am Mn vorliegen [5]. — Die homologen Verbindungen $BaM^{II}F_4$ mit M = Mg, Zn, Fe, Co und Ni sind mit $BaMnF_4$ isotyp [1, 5 bis 7].

Fig. 98

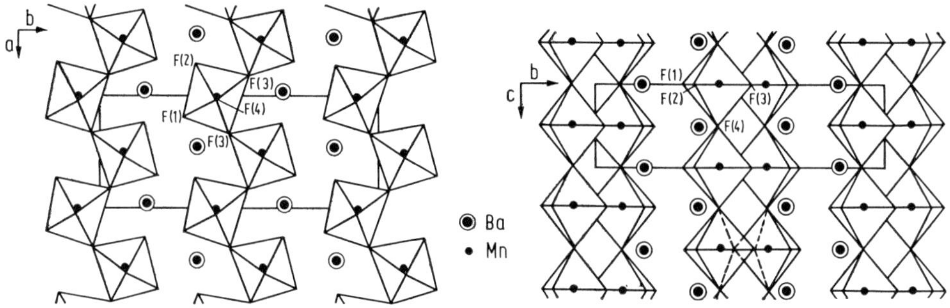

Projektionen der Kristallstruktur von $BaMnF_4$. Die F-Atome befinden sich an den Ecken der Oktaeder.

Nach Ultraschalluntersuchungen tritt bei 250 K eine Phasenumwandlung ein [8]. Ältere Untersuchungen ergaben eine Umwandlungstemperatur von T_C = 255 K [9]. Die Dielektrizitätskonstante zeigt bei 247.2 K eine Anomalie [10], der Verlauf der Wärmekapazität bei 250 K [11]. Das Raman-Spektrum weist unterhalb 255 K etwa die doppelte Anzahl von Linien auf [12], s. auch [13, 14]. Bei der Temperaturabhängigkeit der paramagnetischen Resonanz und der magnetischen Suszeptibilität sind keine Anzeichen einer Umwandlung zu erkennen [9]. — Mit wachsendem hydrostatischem Druck steigt T_C nach dT_C/dp = 3.3 K/bar [10].

Der Übergang ist von 2. Art [12], röntgenographisch ist keine Strukturänderung feststellbar [15]. Aus den Raman-Untersuchungen wird eine Verdopplung der Elementarzelle abgeleitet [12]. Gruppentheoretische Überlegungen und die Berücksichtigung der magnetischen Struktur führen zur monoklinen Raumgruppe $P2_1$-C_2^2 (Nr. 4) [16], s. auch [17]. Der Übergang ist antiferrodistortiv [12, 17, 18], wobei extrem geringe Rotationen der MnF_6-Oktaeder und Verschiebungen der Ba- und Mn-Atome in der (100)-Ebene angenommen werden [17]. — Die Modifikation ist nach Raman-Untersuchungen durch einen antiferroelektrischen optischen soft mode (A_1) bei 40 cm^{-1} gekennzeichnet [12].

Mechanische und thermische Eigenschaften

Mechanical and Thermal Properties

Die Dichte (in g/cm^3) ergibt sich aus den Gitterkonstanten zu 4.634 [5]; direkt gemessene Werte: 4.59 ± 0.05 [5], 4.72 [1].

Von den elastischen Moduln ist nur c_{44} gemessen worden; bei konstanter elektrischer Feldstärke wird $c_{44} = 1.985 \cdot 10^{10}$ N/m^2 erhalten [2]. Die Schallgeschwindigkeit v (in km/s) beträgt bei gewöhnlicher Temperatur in Richtung der a-, b- und c-Achse v = 3.90, 3.52 bzw. 4.95 (Longitudinalwellen); für Transversalwellen in Richtung der a- und b-Achse wird v = 1.93 bzw. 2.07 erhalten, in Richtung der c-Achse v = 2.71 (Schwingung || a) bzw. 2.15 (Schwingung || b) [9]. Die Änderung der Zeit, die eine Schallwelle für den Durchgang durch eine Probe benötigt, ist bei abnehmender Temperatur (295 bis 200 K) von Fritz [8] parallel zu den Kristallachsen gemessen worden; jedoch wurde, da die thermische Ausdehnung nicht bekannt war, v nicht ermittelt. Bei den Longitudinal- und bei einigen Transversalwellen ist ein scharfes Minimum bei etwa 250 K zu beobachten (s. S. 232).

Die Schalldämpfung nimmt mit dem Logarithmus der Frequenz (93 bis 2000 MHz) linear zu; bei 255 K tritt ein scharfes Maximum auf [9]. Aus Messungen in der Nähe dieses Maximums versucht Fritz [17] die Art der Umwandlung bei dieser Temperatur zu erschließen. Weitere theoretische Erörterungen hierzu s. bei Murata [19]. Auch in der Nähe der Néel-Temperatur (s. unten) weist die Schalldämpfung ein Maximum auf [9].

Der Schmelzpunkt, zunächst zu $t_f \approx 750°C$ [1] bestimmt, wird bei der Untersuchung des Systems MnF_2-BaF_2 zu 740 ± 10°C [3, 4, 20] bzw. 747°C [21] ermittelt. Nach DTA wird $t_f = 755 \pm 5°C$ [22] gemessen.

Magnetische Eigenschaften

Magnetic Properties

Wie K_2MnF_4 (s. S. 106) besteht auch $BaMnF_4$ unterhalb der Néel-Temperatur T_N aus antiferromagnetisch geordneten Schichten. Die Temperaturabhängigkeit der Suszeptibilität, gemessen zwischen 300 und 1.5 K, ist im Einklang mit diesem Modell; aus ihr ergeben sich $T_N = 27 \pm 0.5$ K und der Austauschparameter $J/k = -5.32 \pm 0.15$ K [23]. Frühere Messungen ergaben $T_N \approx 25$ K [24]. Unterhalb T_N scheint ein kleines resultierendes Moment (0.5 G/mol) in den zur b-Achse senkrechten Netzebenen zu bestehen, vermutlich infolge unvollständiger Antiparallelstellung der Mn-Momente [23]. Im Rahmen einer Untersuchung an zahlreichen Fluoriden wird für $BaMnF_4$ $T_N = 40$ K und die paramagnetische Curie-Temperatur $\Theta_p = -40$ K erhalten; das effektive Moment je Mn-Ion beträgt 5.68 μ_B [25]. Früher wurde $\Theta_p \approx -80$ K gefunden [5].

Die Temperaturabhängigkeit der Frequenz der antiferromagnetischen Resonanz läßt sich eher mit den oben zitierten niedrigeren T_N-Werten [23, 24] erklären, genauer mit $T_N = 25.6 \pm 0.5$ K. Die zwischen 45 und 100 GHz registrierte Resonanz kann als Anzeichen dafür gelten, daß die Momente kollinear ausgerichtet sind [26]. Weitere Resonanzmessungen werden bei 27.3, 33.7, 38.3 und 40.9 GHz durchgeführt, um die Übergänge der magnetisch geordneten Phasen in die paramagnetische Phase zu ermitteln [27]. Ein schwaches, auf Verkantung beruhendes resultierendes Moment wird auch aus der Winkelabhängigkeit des Resonanzspektrums bei 4.2 K abgeleitet [28]. Die Analyse des kernmagnetischen Resonanzspektrums von ^{19}F ergibt, daß unterhalb T_N zwei Untergitter existieren und daß bei 10.4 ± 0.2 kOe Spin-Flop stattfindet [29].

Zwischen 75 und 80 GHz ist unterhalb 20 K auch Absorption durch thermische Magnonen zu beobachten [30].

Bei der Frequenzabhängigkeit des magnetoelektrischen Effekts ist zwischen 3 und 18 kHz eine Resonanz zu beobachten; Einzelheiten über die zwischen 300 und 6.5 K in Feldern bis 20 kOe bzw.

Magnetic Properties of $BaMnF_4$

12 kV/cm erhaltenen Ergebnisse s. bei Al'shin u. a. [31]. Die Gittersymmetrie, die diesen Effekt ermöglicht, wird in den meisten Verbindungen der Zusammensetzung $BaMF_4$ (M = Fe, Co, Ni) erst unterhalb der Néel-Temperatur erreicht, in $BaMnF_4$ dagegen schon unterhalb des Phasenübergangs bei 255 K (s. S. 232); Einzelheiten s. bei Dvořák [16].

Electrical Properties

Elektrische Eigenschaften

Messungen an $BaMnF_4$-Einkristallen bei gewöhnlicher Temperatur ergeben für die Dielektrizitätskonstanten bei konstanter Spannung bzw. bei konstanter Deformation $\varepsilon_{22}^T = 1.61 \times 10^{-10}$ und $\varepsilon_{22}^S = 0.94 \times 10^{-10}$ F/m. Für den piezoelektrischen Koeffizienten wird $e_{24} = 0.360$ C/m^2 erhalten, für den elektromechanischen Kopplungsfaktor $k_{24} = 0.255$ [2]. — $BaMnF_4$ ist bei Raumtemperatur pyroelektrisch. Der pyroelektrische Koeffizient $dP_s/dT > 3 \times 10^{-9}$ C · cm^{-1}/K bleibt auch bei Einwirkung elektrischer Felder konstant [5]. Die Modifikation unterhalb 255 K ist ebenfalls piezoelektrisch [9] und außerdem antiferroelektrisch [12]. $BaMnF_4$ bleibt auch unterhalb T_N antiferroelektrisch [12].

Verbindungen der Zusammensetzung $BaMF_4$ (M = Mn, Fe, Co oder Ni) sind bis zum Schmelzpunkt ferroelektrisch. Der Unterschied zwischen den bei 1 kHz gemessenen spannungsfreien (stress-free) und den deformationsfreien (strain-free, 100 MHz) Dielektrizitätskonstanten ist stark temperaturabhängig und in der Nähe von T_f sehr groß (etwa 10^3 bis 10^4) entlang der a-, b- und c-Achse. Die deformationsfreie DK von $BaMnF_4$ entlang der a-Achse bleibt zwischen 0 und etwa 500°C nahezu konstant ($\varepsilon_a = 11$) und steigt darüber auf $\varepsilon_a = 51$ bei $T_f = 755 \pm 5$°C; die Curie-Temperatur beträgt 840 ± 5°C [22]. Für die spannungsfreie DK (100 MHz) bei gewöhnlicher Temperatur entlang der kristallographischen Achsen erhalten Eibschütz u. a. [32] $\varepsilon_a = 11$, $\varepsilon_b = 15$ und $\varepsilon_c = 7$.

Optical Properties

Optische Eigenschaften

$BaMnF_4$-Kristalle sind im sichtbaren Spektralbereich transparent [2, 5]. Sie sind optisch zweiachsig negativ mit (100) als optischer Ebene [2, 5], 2 V = 67.2° [2]. Die Hauptbrechungszahlen sind $n_\alpha = 1.48$, $n_\beta = 1.499$, $n_\gamma = 1.505$ entlang der b-, a- bzw. c-Achse (Na-Licht, $\lambda = 589.3$ nm) [2]. Von anderen Autoren wird ohne nähere Angaben $n_\alpha = 1.489$ und $n_\beta = 1.502$ angegeben [20].

Im Raman-Spektrum sind bei Vorliegen der Raumgruppe $A2_1am$ theoretisch 33 Linien zu erwarten; beobachtet werden im Bereich von 39 bis 453 cm^{-1} bei 4.2 K 23, bei 300 K nur 17 Linien [14]. Zur Änderung des soft mode während der Strukturumwandlung bei 255 K s. [12, 13, 18] und S. 233. Messung der Linienbreite des soft mode unterhalb 255 K und Diskussion des Streuungsmechanismus s. [10].

Chemical Reactions

Chemisches Verhalten

$BaMnF_4$ reagiert mit gasförmigem HF bei Zimmertemperatur unter Bildung von $BaMnF_4 \cdot HF$. Die Schmelze löst leicht HF, das beim Erstarren wieder abgegeben wird, s. auch S. 231 [3].

Literatur:

[1] J. C. Cousseins, M. Samouël (Compt. Rend. C **265** [1967] 1121/3). — [2] M. Eibschütz, H. J. Guggenheim (Solid State Commun. **6** [1968] 737/9). — [3] S. V. Petrov (Izv. Akad. Nauk SSSR Ser. Fiz. **35** [1971] 1259/61; Bull. Acad. Sci. USSR Phys. Ser. **35** [1971] 1151/3). — [4] S. V. Petrov, E. G. Ippolitov (Izv. Akad. Nauk SSSR Neorgan. Materialy **7** [1971] 876/7; Inorg. Materials [USSR] **7** [1971] 769/71). — [5] E. T. Keve, S. C. Abrahams, L. J. Bernstein (J. Chem. Phys. **51** [1969] 4928/36).

[6] H. G. v. Schnering, P. Bleckmann (Naturwissenschaften **55** [1968] 342/3). — [7] J. C. Cousseins, M. Samouël (Compt. Rend. C **266** [1968] 915/7). — [8] I. J. Fritz (Phys. Letters A **51** [1975] 219/20). — [9] E. G. Spencer, H. J. Guggenheim, G. J. Kominiak (Appl. Phys. Letters **17** [1970] 300/1). — [10] G. A. Samara, T. Sakudo, K. Yoshimitsu (Phys. Rev. Letters **35** [1975] 1767/9).

[11] E. J. Ryder, H. J. Guggenheim, F. S. L. Hsu, J. E. Kunzler laut Keve u. a. [5]. — [12] J. F. Ryan, J. F. Scott (Solid State Commun. **14** [1974] 5/9), J. F. Ryan, J. F. Muratore, J. F. Scott (Ferroelectrics **7** [1974] 279/81). — [13] Yu. A. Popkov, S. V. Petrov, A. P. Mokhir (Fiz. Nizk. Temp. [Kiev] **1** [1975] 189/92; C. A. **83** [1975] Nr. 87670). — [14] V. V. Eremenko, A. P. Mokhir, Yu. A. Popkov, O. L. Reznitskaya (Ukr. Fiz. Zh. **20** [1975] 144/7; C. A. **82** [1975] Nr. 147466). — [15] B. Morosin laut Fritz [17].

[16] V. Dvořák (Phys. Status Solidi B **71** [1975] 269/75). — [17] I. J. Fritz (Phys. Rev. Letters **35** [1975] 1511/4). — [18] J. Petzelt, V. Dvořák (J. Phys. C **9** [1976] 1571/86, 1587/601, 1594). — [19] K. K. Murata (Phys. Rev. [3] B **13** [1976] 4015/8). — [20] S. V. Petrov, E. G. Ippolitov, P. P. Syrnikov (Izv. Akad. Nauk USSR Ser. Fiz. **35** [1971] 1256/8; Bull. Acad. Sci. USSR Phys. Ser. **35** [1971] 1147/50).

[21] W. Linz (Diss. Gießen 1971) nach H. J. Seifert, E. Dau (Z. Anorg. Allgem. Chem. **391** [1972] 302/12, 306). — [22] M. Di Domenico, M. Eibschütz, H. J. Guggenheim, I. Camlibel (Solid State Commun. **7** [1969] 1119/22). — [23] R. V. Zorin, B. I. Al'shin, D. N. Astrov, A. V. Tishchenko (Fiz. Tverd. Tela **14** [1972] 3103/5; Soviet Phys.-Solid State **14** [1972] 2661/2). — [24] L. Holmes, M. Eibschütz, H. J. Guggenheim (Solid State Commun. **7** [1969] 973/6). — [25] A. Chrétien, M. Samouël (Monatsh. Chem. **103** [1972] 17/23).

[26] S. V. Petrov, M. A. Popov, L. A. Prozorova (Zh. Eksperim. i Teor. Fiz. **62** [1972] 1884/8; Soviet Phys.-JETP **35** [1972] 981/3). — [27] A. V. Tishchenko, B. I. Al'shin, D. N. Astrov (Zh. Eksperim. i Teor. Fiz. **65** [1973] 1583/90; Soviet Phys.-JETP **38** [1973] 789/93). — [28] E. L. Venturi, F. R. Morgenthaler (AIP [Am. Inst. Phys.] Conf. Proc. Nr. 24 [1975] 168/9). — [29] J. Barak, D. Fekete, N. Kaplan, H. J. Guggenheim (J. Magnetism Magn. Mater. **1** [1975] 153/60). — [30] L. A. Prozorova, A. I. Smirnov (Pis'ma Zh. Eksperim. i Teor. Fiz. **23** [1976] 148/52).

[31] B. I. Al'shin, D. N. Astrov, R. V. Zorin (Zh. Eksperim. i Teor. Fiz. **63** [1972] 2198/204; Soviet Phys.-JETP **36** [1972] 1161/4). — [32] M. Eibschütz, H. J. Guggenheim, S. H. Wemple, I. Camlibel, M. Di Domenico (Phys. Letters A **29** [1969] 409/10).

4.3.3.2.8 $BaMnF_4 \cdot HF$ (= $BaF_2 \cdot MnF_2 \cdot HF$)

$BaMnF_4 \cdot HF$

Die Verbindung bildet sich aus $BaMnF_4$ und HF-Gas bei Zimmertemperatur innerhalb einiger Tage, S. V. Petrov (Izv. Akad. Nauk SSSR Ser. Fiz. **35** [1971] 1259/61; Bull. Acad. Sci. USSR Phys. Ser. **35** [1971] 1151/3).

4.3.3.2.9 Das System $KMnF_3$-$LiBaF_3$

The $KMnF_3$-$LiBaF_3$ System

Die Verbindungen, die beide Perowskit-Struktur besitzen, bilden nach der DTA in einem trockenen CO_2-Strom unterhalb der Liquiduskurve eine kontinuierliche Mischkristallreihe (α), s. **Fig. 99**, S. 236. Bei tieferen Temperaturen zerfallen die α-Mischkristalle in $LiBaF_3$-reiche Mischkristalle (β) und $KMnF_3$. ($LiBaF_3$ schmilzt bei 852°C unter Zersetzung in BaF_2 und LiF; extrapolierter Schmelzpunkt von $LiBaF_3$: 880°C), I. N. Belyaev, S. A. Shilov, S. Kh. Kulaeva (Zh. Neorgan. Khim. **15** [1970] 1121/6; Russ. J. Inorg. Chem. **15** [1970] 572/5).

4.3.3.3 Bariumpentafluoromanganat(III) $BaMnF_5$ (= $BaF_2 \cdot MnF_3$)

Barium Pentafluoromanganate(III)

Die Reduktion von $BaMnF_6$ (s. S. 238) mit H_2 bei 250 bis 400°C liefert neben HF ein rotes Produkt, für das auf Grund des Fluorgehaltes, des Oxidationswertes und der Gewichtsänderung bei der Reduktion die Zusammensetzung $BaMnF_5$ angenommen wird. Das Röntgendiagramm unterscheidet sich von dem der Ausgangssubstanz $BaMnF_6$ und von einem BaF_2-MnF_3-Gemisch. Reine Präparate sind nur schwierig zu erhalten, da sich aus und neben $BaMnF_5$ bei weiterer Reduktion eine fast farblose, Mn^{2+}-enthaltende Substanz bildet, R. Hoppe, K. Blinne (Z. Anorg. Allgem. Chem. **291** [1957] 269/75, 271).

Fig. 99

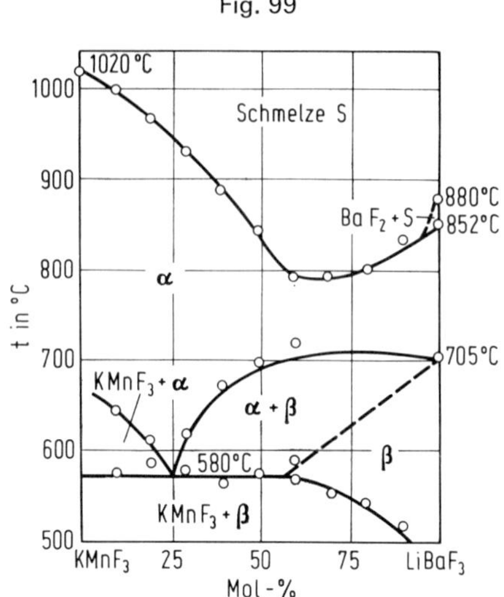

Zustandsdiagramm des Systems $KMnF_3$-$LiBaF_3$.

Hexafluoromanganates(IV)

4.3.3.4 Hexafluoromanganate(IV) $MMnF_6$ mit M = Mg, Ca, Sr bzw. Ba

$MgMnF_6$

4.3.3.4.1 $MgMnF_6$ (= $MgF_2 \cdot MnF_4$)

Die hellorangegelbe [1] Verbindung kann durch Umsetzung von $MgCO_3$-$MnSO_4$-Gemischen [2] oder von äquivalenten Gemischen der Sulfate sowie der Chloride mit F_2 bei 500 bis 550°C hergestellt werden (unter Verflüchtigung eines kleinen Mangananteils) [3]. Aus MgO, NH_4MnF_3 und F_2 bildet sich bei 300°C ein MgF_2-MnF_3-Gemisch, das nach erneutem innigem Vermischen und 3stündigem Behandeln mit F_2 bei 500°C $MgMnF_6$ liefert [1].

Nach Pulverdiagrammen kristallisiert $MgMnF_6$ rhomboedrisch; hexagonale Gitterkonstanten $a_h = 5.01_8$, $c_h = 13.11_0$ Å; $Z_h = 3$; Raumgruppe $R\bar{3}$-C_{3i}^2 (Nr. 148) [1]; ältere Werte s. [2, 3]. Die Struktur ist (wie bei $CaMnF_6$, $CdMnF_6$, $HgMnF_6$ und $MnSnF_6$, s. S. 237, 241, 242 und 251) vom $LiSbF_6$-Typ [4], einer Ordnungsvarianten des VF_3-Typs. Unter der Annahme oktaedrischer MnF_6-Baugruppen mit r(Mn-F) = 1.72 Å wird der Abstand r(Mg-F) = 2.03 Å und mit r(Mn-F) = 1.75 Å zu r(Mg-F) = 2.155 Å berechnet (in MgF_2 ist r(Mg-F) = 2.00 Å). Die Parameter des Fluors ergeben sich demnach zu x = 0.3049, y = 0.06, z = −0.0757 bzw. x = 0.2848, y = 0.0, z = −0.0771 [1].

Röntgendichte 3.39 g/cm³. Die pyknometrische Dichte kann wegen der Reaktion mit der Glaswand des Pyknometers nicht genau bestimmt werden: D ≈ 3.30 g/cm³. — Magnetische Messungen zeigen, daß das Curie-Gesetz erfüllt wird; $\chi_{mol} \cdot 10^6$ = 6530 bei 293 K und 9830 cm³/mol bei 195 K. Gemessenes magnetisches Moment $\mu = 3.9\ \mu_B$, berechnet $\mu = 3.87\ \mu_B$ [3].

Von H_2O wird $MgMnF_6$ unter Braunfärbung hydrolysiert [2, 3]. Beim Erhitzen im Vakuum auf 400°C bildet sich ein braunes Zersetzungsprodukt aus MgF_2 und MnF_3 [1, 3].

Literatur:

[1] R. Hoppe, G. Siebert (Z. Anorg. Allgem. Chem. **376** [1970] 261/7). — [2] R. Hoppe (J. Inorg. Nucl. Chem. **8** [1958] 437/40; Chem. Coord. Compounds Symp., Rome 1957 [1958], S. 437/40). — [3] R. Hoppe, K. Blinne (Z. Anorg. Allgem. Chem. **291** [1957] 269/75). — [4] J. H. Burns (Acta Cryst. **15** [1962] 1098/101).

4.3.3.4.2 $CaMnF_6$ (= $CaF_2 \cdot MnF_4$)

$CaMnF_6$

Leuchtend gelbes $CaMnF_6$ wird erhalten, wenn eine $CaCO_3$-NH_4MnF_3-Mischung zunächst bei 150°C, dann 3 h bei 500°C mit F_2 umgesetzt wird. Gasentwicklung (CO_2?, COF_2?) hält das Produkt porös [1]. $CaMnF_6$ kann auch durch Fluorieren von $CaCO_3$-$MnSO_4$-Mischungen [2] oder von Mischungen der Sulfate oder Chloride mit F_2 bei 500 bis 550°C dargestellt werden (dabei verflüchtigt sich ein geringer Teil des Mangans) [3].

Nach Pulverdiagrammen besitzt $CaMnF_6$ rhomboedrische Symmetrie; hexagonale Gitterkonstanten $a = 5.21_6$, $c = 14.17_5$ Å [1]; ältere Werte s. [2, 3]. Die Struktur ist (wie bei $MgMnF_6$, s. S. 236) vom $LiSbF_6$-Typ. Unter der Annahme oktaedrischer MnF_6-Baugruppen mit r(Mn-F) = 1.72 Å wird der Abstand r(Ca-F) = 2.217 Å und mit r(Mn-F) = 1.75 Å wird r(Ca-F) = 2.28 Å berechnet (in CaF_2 ist r(Ca-F) = 2.365 Å). Die Parameter des Fluors ergeben sich bei diesen Annahmen zu x = 0.2941, y = 0.06, z = −0.07 bzw. x = 0.2989, y = 0.0, z = −0.0713 [1].

Röntgendichte 3.07 g/cm³; die pyknometrische Dichte kann wegen der Reaktion mit der Glaswand des Pyknometers nicht genau bestimmt werden: D ≈ 3.16 g/cm³. — $CaMnF_6$ befolgt das Curie-Gesetz; $\chi_{mol} \cdot 10^6 = 6350$ bei 293 K, 9620 bei 195 K und 20400 cm³/mol bei 90 K. Gemessenes magnetisches Moment $\mu = 3.8_7 \mu_B$, berechnet $\mu = 3.87\ \mu_B$ [3].

Das chemische Verhalten entspricht dem von $MgMnF_6$.

Literatur:

[1] R. Hoppe, G. Siebert (Z. Anorg. Allgem. Chem. **376** [1970] 261/7). — [2] R. Hoppe (J. Inorg. Nucl. Chem. **8** [1958] 437/40; Chem. Coord. Compounds Symp., Rome 1957 [1958], S. 437/40). — [3] R. Hoppe, K. Blinne (Z. Anorg. Allgem. Chem. **291** [1957] 269/75).

4.3.3.4.3 $SrMnF_6$ (= $SrF_2 \cdot MnF_4$)

$SrMnF_6$

Die gelbe Verbindung wird durch Umsetzung von $SrMnO_3$ mit F_2 bei 300 bis 400°C dargestellt [1 bis 3].

Röntgenographische Untersuchungen an polykristallinem Material zeigen, daß die Verbindung rhomboedrisch kristallisiert; hexagonale Gitterkonstanten $a_h = 7.02$, $c_h = 6.78$ Å; $Z_h = 3$; Raumgruppe $R\bar{3}m$-D^5_{3d} (Nr. 166) [2, 3]. $SrMnF_6$ ist (wie $BaMnF_6$, s. S. 238) mit $BaGeF_6$ (bzw. $BaSiF_6$) isotyp (s. „Germanium" Erg.-Bd., S. 573 bzw. „Barium" Erg.-Bd., S. 489) [2, 3]. Mn besetzt die (rhomboedrische) Punktlage 1a (0,0,0); Sr ist in 1b (1/2, 1/2, 1/2); F in 6h (x, x, z usw.) mit x ≈ 0.26, z ≈ -0.08_3. Die isolierten MnF_6-Oktaeder sind nicht streng regulär [3].

Röntgendichte 4.43 g/cm³; der pyknometrisch bestimmten Dichte von 4.13 g/cm³ kommt wegen der Reaktion mit der Glaswand des Pyknometers nur orientierender Wert zu. — $SrMnF_6$ befolgt das Curie-Gesetz; die Molsuszeptibilität beträgt $\chi_{mol} \cdot 10^6 = 6130$ bei 295 K, 9130 bei 195 K und 19900 cm³/mol bei 90 K. Gemessenes magnetisches Moment $\mu = 3.8\ \mu_B$, berechnet $\mu = 3.87\ \mu_B$ [3].

$SrMnF_6$ ist thermisch stabil. Erhitzen im Vakuum auf etwa 450°C führt erst nach längerer Zeit zu einem geringen bräunlichen Beschlag an der darüberliegenden Glaswand. Beim Erhitzen unter F_2 vertieft sich die gelbe Farbe [3]. Durch H_2O tritt Hydrolyse unter Braunfärbung ein [2, 3].

Literatur:

[1] R. Hoppe (Rec. Trav. Chim. **75** [1956] 569/75, 573). — [2] R. Hoppe (J. Inorg. Nucl. Chem. **8** [1958] 437/40; Chem. Coord. Compounds Symp., Rome 1957 [1958], S. 437/40). — [3] R. Hoppe, K. Blinne (Z. Anorg. Allgem. Chem. **291** [1957] 269/75).

BaMnF$_6$

4.3.3.4.4 BaMnF$_6$ (= BaF$_2$ · MnF$_4$)

Die gelbe Verbindung entsteht aus BaMnO$_4$ (oder BaMnO$_3$ [1]) und F$_2$ bei 150 bis 200°C; zur Vervollständigung der Reaktion wird anschließend bei 400°C fluoriert [2], s. auch [3].

Nach Röntgen-Pulverdiagrammen besitzt BaMnF$_6$ wie SrMnF$_6$ (s. S. 237) rhomboedrische Symmetrie; hexagonale Gitterkonstanten a = 7.35, c = 7.09 Å. Die Struktur ist ebenfalls vom BaGeF$_6$-Typ [1 bis 4]. Die Parameter des Fluors betragen $x \approx 0.24_3$, $z \approx -0.11_4$ [2]. — Röntgendichte 4.580 g/cm³ [5]. — BaMnF$_6$ erfüllt das Curie-Gesetz; $\chi_{mol} \cdot 10^6$ beträgt 6070 bei 295 K und 20000 cm³/mol bei 90 K. Gemessenes magnetisches Moment $\mu = 3.8\ \mu_B$ [2] bis 3.9 μ_B [3, 4], berechnet $\mu = 3.87\ \mu_B$ [2 bis 4].

Beim Erhitzen im Vakuum bis etwa 450°C bleibt die Verbindung zunächst unverändert; erst nach längerer Zeit bilden sich Spuren eines durchscheinenden bräunlichen Beschlages an der darüber befindlichen Glaswand. — Von H$_2$ wird BaMnF$_6$ ab etwa 250°C merklich, bei 400°C schneller reduziert. Dabei entsteht zunächst neben HF eine rote Verbindung der vermutlichen Zusammensetzung BaMnF$_5$ (s. S. 235), dann ein fast farbloses, Mn^{II} enthaltendes Produkt. — Wird BaMnF$_6$ in F$_2$-Atmosphäre erhitzt, so bleibt es unzersetzt. Seine gelbe Farbe vertieft sich und geht über orange in dunkelrot (bei 500°C) über. — Von H$_2$O wird die Verbindung bei Zimmertemperatur unter Braunfärbung hydrolysiert. Von wäßriger NH$_3$-Lösung wird sie braun gefärbt; die überstehende Lösung wird durch Disproportionierung des Mangans rot [2].

Literatur:

[1] R. Hoppe (J. Inorg. Nucl. Chem. **8** [1958] 437/40; Chem. Coord. Compounds Symp., Rome 1957 [1958], S. 437/40). — [2] R. Hoppe, K. Blinne (Z. Anorg. Allgem. Chem. **291** [1957] 269/75). — [3] R. Hoppe (Rec. Trav. Chim. **75** [1956] 569/75). — [4] W. Klemm (Angew. Chem. **66** [1954] 468/74). — [5] J. D. H. Donnay, H. M. Ondik (Crystal Data, Determinative Tables, 3. Aufl., Bd. 2, Inorganic Compounds, Washington, D. C., 1973, S. H-85).

Compounds of Manganese with Fluorine and Group IIb Elements

4.3.4 Verbindungen des Mangans mit Fluor und Elementen der 2. Nebengruppe

MnF$_2$-ZnF$_2$ Solid Solutions

4.3.4.1 MnF$_2$-ZnF$_2$-Mischkristalle

Die beiden Fluoride bilden eine lückenlose Mischkristallreihe [1, 2]. Sie werden durch Zusammenschmelzen von MnF$_2$ und ZnF$_2$ im Graphittiegel unter reinem N$_2$ von 20 Torr bei etwa 950°C dargestellt [3]. Sie bilden sich auch bei der thermischen Zersetzung von NH$_4$Mn$_x$Zn$_{1-x}$F$_3$ (s. S. 240) zwischen 210 und 240°C [1]. Mn$_{0.5}$Zn$_{0.5}$F$_2$ wird erhalten, wenn eine stöchiometrische Mischung von MnCO$_3$ und ZnF$_2$ mit überschüssiger Flußsäure behandelt, dann zur Trockne eingedampft und im Graphittiegel bei 1000°C geschmolzen wird [4]. Einkristalle lassen sich mit Hilfe der Stockbarger-Technik unter trockenem N$_2$ von 60 bis 150 Torr [3, 5, 6] oder nach der Methode von Kyropoulos [7] über die Schmelze züchten [2]. Die Mischkristalle besitzen tetragonale Rutil-Struktur wie die reinen Komponenten (Struktur von MnF$_2$ I s. S. 13). Ihre Gitterkonstanten befolgen die Regel von Vegard [1]. — Mn$_{0.5}$Zn$_{0.5}$F$_2$ schmilzt bei 897°C [4].

Magnetic Properties

Von den magnetischen Eigenschaften wurde zunächst die Suszeptibilität χ zwischen 76 und 295 K gemessen. Sie folgt dem Curie-Weiss-Gesetz $\chi = C/(T-\Theta_p)$, wobei $|\Theta_p|$ mit wachsendem Zn-Gehalt der Mn$_{1-x}$Zn$_x$F$_2$-Mischkristalle folgendermaßen abnimmt:

x	0	0.05	0.15	0.25	0.50	0.75	0.90	0.95
$-\Theta_p$ in K	97.0	93.0	85.0	76.5	49.5	25.5	9.5	5.5

Das effektive Moment nimmt von 5.98 μ_B auf 5.90 μ_B für $x \geqq 0.9$ ab [8]. — Die Néel-Temperatur T_N fällt mit x allmählich ab und wird gleich Null bei x = 0.72 [5]. Dieser Wert wird durch Untersuchung der Neutronenstreuung bestätigt [6]. Aus theoretischen Überlegungen ergibt sich dagegen $T_N = 0$ bei $x \approx 0.76$ [2]. — Der Einfluß geringer Zn- (sowie Fe- oder Ni-) Zusätze auf die Temperaturabhängigkeit der Magnetisierung von MnF$_2$ wird theoretisch untersucht [9]; damit können experimentelle Daten von Butler u. a. [10] befriedigend gedeutet werden. — Im Spektrum der an $Mn_{0.32}Zn_{0.68}F_2$ bei 5.05 K gestreuten Neutronen finden Svensson u. a. [11] eine bestimmte Feinstruktur, die von Dietrich u. a. [20] auch an $Mn_{0.68}Zn_{0.32}F_2$ gefunden wurde; frühere Angaben über die Neutronenstreuung s. bei Svensson u. a. [12]. Die Intensität der gestreuten Neutronen, gemessen bei x = 0.22 und 0.70, ist mit vorhandenen Theorien nicht zu erklären [6].

Die Austauschparameter in MnF_2-ZnF_2-Mischkristallen wurde von Brown u. a. [13] und Owen [14] aus dem Spektrum der paramagnetischen Resonanz abgeleitet. Der Einfluß von Zn-Zusätzen auf die Austauschwechselwirkung zwischen Mn-Ionen (sowie die Austauschparameter zwischen Mn- und zugesetzten V-, Fe-, Co- oder Ni-Ionen) wurde von Butler u. a. [10] aus der Kernresonanz von ^{19}F erschlossen. Zum Hyperfeinfeld am Ort eines Mn-Kerns und zur übertragenen („transferred") Hyperfeinkonstante s. beispielsweise Ikenberry und Das [15].

NMR of ^{19}F

NMR-Untersuchungen an Mn-reichen Proben im paramagnetischen Bereich ergeben 4 ^{19}F-Resonanzlinien, die der Besetzung der 3 einem ^{19}F-Kern direkt benachbarten Kationenplätze durch 3, 2, 1 bzw. 0 Mn^{2+}-Ionen entsprechen. Messungen der Temperaturabhängigkeit der Intensität (relativ zum Untergrund) zur Bestimmung der Néel-Temperatur zeigen, daß alle 4 Linien bei derselben Temperatur (T_{krit}) verschwinden. Reduzierte Linienbreiten $\Delta H/H_0$ für die „unverschobene" Linie (kein Mn^{2+}) in Abhängigkeit von $T-T_{krit}$ (0 bis 90 K) für Mn-Konzentrationen von 11, 43.5 und 60% im Original [5]. Gepulste NMR-Messungen der Relaxationsgeschwindigkeit $1/T_1$ an der unverschobenen Linie ergeben eine starke Abhängigkeit von der Mn-Konzentration: $1/T_1$ (in $10^3\ s^{-1}$) < 1 für 1%, ≈ 30 für 5%, ≈ 23 für 20% und ≈ 5.5 für 50% (aus Figur im Original; vgl. Angaben bei den $KMnF_3$-$KMgF_3$-Mischkristallen, S. 229) [21]. Über NMR-Untersuchungen an MnF_2 mit Zusätzen von ZnF_2 s. auch S. 45/61.

Optical Properties

Optische Eigenschaften. Die Untersuchung des IR- und des Raman-Spektrums diente vor allem der Ermittlung der Magnonenenergien. Zwischen 80 und 120 cm^{-1} wird für x = 0.035 und x = 0.06 die Absorption durch Magnonenpaare festgestellt; im Raman-Spektrum (x = 0.035 bis 0.109) tritt nur eine den Magnonenpaaren zuzuordnende Linie auf [16]. Durch neuere Messungen bei 5 K an Proben mit x = 0.10, 0.50 und 0.67 [2] wird das Spinwellenspektrum ermittelt, das anschließend theoretisch ausführlich diskutiert wird [17]. Einen zusammenfassenden Überblick über das Spinwellenspektrum von MnF_2, in das Zn, Fe, Co oder Ni eingebaut ist, geben Cowley und Buyers [18]. — Bei noch kleineren Wellenzahlen ist die antiferromagnetische Resonanzabsorption zu beobachten; sie nimmt von $\nu = 8.67\ cm^{-1}$ für reines MnF_2 mit zunehmendem Zn-Gehalt x (gemessen bis x = 0.5) um $d\nu/dx = 11.1\ cm^{-1}$ ab, müßte somit bei x = 0.79 verschwinden [19].

Die Brechungsindizes von $Mn_{0.5}Zn_{0.5}F_2$ sind $n_\omega = 1.487$ und $n_\varepsilon = 1.517$ [4].

Literatur:

[1] S. L. Roscoe, H. M. Haendler (Inorg. Chim. Acta **1** [1967] 73/5). — [2] M. Buchanan, W. J. L. Buyers, R. J. Elliott, R. T. Harley, W. Hayes, A. M. Perry, I. D. Saville (J. Phys. C **5** [1972] 2011/26). — [3] D. M. Finlayson, I. S. Robertson, T. Smith, R. W. H. Stevenson (Proc. Phys. Soc. [London] **76** [1960] 355/68, 356). — [4] E. Ingerson, G. W. Morey (Am. Mineralogist **36** [1951] 778/80). — [5] J. M. Baker, J. A. J. Lourens, R. W. H. Stevenson (Proc. Phys. Soc. [London] **77** [1961] 1038/41).

[6] G. J. Coombs, R. A. Cowley, W. J. L. Buyers, E. C. Svensson, T. M. Holden, D. A. Jones (J. Phys. C **9** [1976] 2167/83). — [7] S. Kyropoulos (Z. Anorg. Allgem. Chem. **154** [1926] 308/13). — [8] L. Corliss, Y. Delabarre, N. Elliott (J. Chem. Phys. **18** [1950] 1256/7). — [9] L. R. Walker, B. C. Chambers, D. Hone, H. Callen (Phys. Rev. [3] B **5** [1972] 1144/63). — [10] M. Butler, V. Jaccarino, N. Kaplan, H. J. Guggenheim (Phys. Rev. [3] B **1** [1970] 3058/83), M. Butler, V. Jaccarino, N. Kaplan (J. Phys. [Paris] **32** [1971] Suppl. C1-718/C1-723).

[11] E. C. Svensson, W. J. L. Buyers, T. M. Holden, D. A. Jones (AIP [Am. Inst. Phys.] Conf. Proc. Nr. 29 [1975] 248/9). — [12] E. C. Svensson, T. M. Holden, W. J. L. Buyers, R. H. Cowley,

R. W. H. Stevenson (Solid State Commun. **7** [1969] 1693/6). — [13] M. R. Brown, B. A. Coles, J. Owen, R. W. H. Stevenson (Phys. Rev. Letters **7** [1961] 246/7). — [14] J. Owen (J. Appl. Phys. **33** [1962] 355/7). — [15] D. Ikenberry, T. P. Das (Phys. Rev. [3] B **2** [1970] 1219/25).

[16] H. Mitlehner, R. Geick, W. Lehmann, R. Weber, G. Dietrich, H. Schönherr (Solid State Commun. **9** [1971] 2059/64). — [17] W. J. L. Buyers, D. E. Pepper, R. J. Elliott (J. Phys. C **6** [1973] 1933/52). — [18] R. A. Cowley, W. J. L. Buyers (Rev. Mod. Phys. **44** [1972] 406/50); vgl. auch E. C. Svensson, W. J. L. Buyers, T. M. Holden, R. A. Cowley, R. W. H. Stevenson (AIP [Am. Inst. Phys.] Conf. Proc. Nr. 5 [1971] 1315/33). — [19] M. C. K. Wiltshire (J. Phys. C **10** [1977] L37/L39). — [20] O. W. Dietrich, G. Mayer, R. A. Cowley, G. Shirane (Phys. Rev. Letters **35** [1975] 1735/8).

[21] F. Borsa, V. Jaccarino (Solid State Commun. **19** [1976] 1229/31).

$ZnMnF_5 \cdot 4H_2O$

4.3.4.2 $ZnMnF_5 \cdot 4H_2O$ (= $ZnF_2 \cdot MnF_3 \cdot 4H_2O$)

Im Anschluß an die Darstellung von $K_2MnF_5 \cdot H_2O$ (s. S. 205) folgt bei O. T. Christensen (J. Prakt. Chem. [2] **34** [1886] 41/6, 43) eine kurze Bemerkung, daß sich gut kristallisiertes $ZnMnF_5 \cdot 4H_2O$ (vermutlich nach analogen Verfahren) gewinnen läßt.

$ZnMnF_6$

4.3.4.3 $ZnMnF_6$ (= $ZnF_2 \cdot MnF_4$)

Die gelborangefarbene Verbindung wird durch vorsichtiges Fluorieren (maximal 2 h bei 500°C) eines $ZnCl_2$-NH_4MnF_3-Gemisches hergestellt. Nach Pulverdiagrammen kristallisiert sie rhomboedrisch; hexagonale Gitterkonstanten: $a = 4.96_6$, $c = 13.29_3$ Å. Die Struktur ist vom VF_3-Typ (s. „Vanadium" B 1, S. 182), Raumgruppe $R\bar{3}c$-D^6_{3d} (Nr. 167); $Z_{rh} = 1$, mit statistischer Verteilung von Zn^{2+} und Mn^{4+} auf den V^{3+}-Plätzen. Die Kationen ordnen sich auch nicht nach 48stündigem Tempern bei 400°C in F_2-Atmosphäre. Molvolumen aus den Röntgendaten V = 57.0 cm³/mol, nach Biltz 61.0 cm³/mol. — Erhitzen auf 300 bis 400°C in Ar und erst recht im Vakuum führt zur Zersetzung in ein Gemisch von ZnF_2 und MnF_3. Bei höheren Temperaturen entweicht MnF_4 im F_2-Strom. $ZnMnF_6$ ist empfindlich gegen Luftfeuchtigkeit und Wasser, R. Hoppe, G. Siebert (Z. Anorg. Allgem. Chem. **376** [1970] 261/7), s. auch R. Hoppe, V. Wilhelm, B. Müller (Z. Anorg. Allgem. Chem. **392** [1972] 1/9, 8).

$KMnF_3$-$KZnF_3$ Solid Solutions

4.3.4.4 $KMnF_3$-$KZnF_3$-Mischkristalle

Zur Darstellung von Mischkristallen der Zusammensetzung $KMn_{0.5}Zn_{0.5}F_3$ wird einer siedenden flußsauren wäßrigen Lösung von 5.7 g $KF \cdot 2H_2O$ (0.06 mol) die Lösung von 0.02 mol des äquimolaren Gemischs eines Mn^{II}- und eines Zn^{II}-Salzes zugegeben, 15 min auf dem Wasserbad erhitzt, der Niederschlag mit kaltem H_2O, dann mit Aceton und schließlich mit Äther gewaschen und im Vakuum getrocknet. Röntgen-Pulverdiagramme zeigen, daß $KMn_{0.5}Zn_{0.5}F_3$ eine kubische Perowskit-Struktur besitzt; Tabelle der d-Werte im Original. Die Gitterkonstante a = 4.11 Å liegt etwa in der Mitte zwischen den Gitterkonstanten von $KMnF_3$ (4.19 Å, vgl. S. 121) und $KZnF_3$ (4.05 Å, s. „Zink" Erg.-Bd., S. 1009). Aus den scharfen Röntgenreflexen wird geschlossen, daß die Mn- und Zn-Atome statistisch im unverzerrten Gitter verteilt sind. Das IR-Spektrum der schmutzigweißen Mischkristalle ist identisch mit dem der Ausgangsverbindungen, J. Silver (J. Fluorine Chem. **8** [1976] 527/30).

Wie die Untersuchung der unelastischen Neutronenstreuung an einem Einkristall der Zusammensetzung $KMn_{0.96}Zn_{0.04}F_3$ bei 4.3 K zeigt, bewirken die Zn-Ionen eine starke, resonanzartige Störung im Spinwellenspektrum bei 1.86 bis 1.88 THz, R. H. March, E. C. Stevenson, T. M. Holden, R. Stedman, D. A. Jones (AIP [Am. Inst. Phys.] Conf. Proc. Nr. 29 [1975] 252/3).

NH_4MnF_3-NH_4ZnF_3 Solid Solutions

4.3.4.5 NH_4MnF_3-NH_4ZnF_3-Mischkristalle

Wird eine warme gesättigte Lösung von NH_4F in Methanol mit einer methanolischen Lösung von $MnBr_2$ und $ZnBr_2$ unter N_2-Atmosphäre versetzt, so fallen Mischkristalle der Zusammensetzung $NH_4Mn_xZn_{1-x}F_3$ mit x = 0 bis 1 aus. Der Niederschlag wird mit CH_3OH bromidfrei gewaschen und vorsichtig über siedendem Aceton getrocknet.

Röntgen-Pulverdiagramme zeigen, daß eine kontinuierliche Mischkristallreihe existiert. Die Gitterkonstante a wächst linear mit der Zusammensetzung von a = 4.120 Å bei x = 0 auf a = 4.242 Å bei x = 1. Das magnetische Moment μ der Mischkristalle weicht vom linearen Verlauf zu höheren Werten ab: μ = 3.77 bei x = 0.5. Das effektive magnetische Moment des Mn^{2+}-Ions liegt für alle Mischkristalle dicht bei μ_{eff} = 5.00 μ_B, d. h. NH_4MnF_3 ist unter diesen Bedingungen nur paramagnetisch, da durch die Substitution von Mn durch Zn die antiferromagnetischen Wechselwirkungen zwischen den Mn-Ionen abnehmen. Theoretisches Moment μ = 5.92 μ_B. — Die Hauptabsorptionsbande im IR-Spektrum verschiebt sich kontinuierlich von 3300 cm^{-1} (x = 0) nach 3250 cm^{-1} (x = 1).

Beim Erhitzen in N_2 zersetzen sich die Mischkristalle zu $Mn_xZn_{1-x}F_2$-Mischkristallen (s. S. 238). Die Zersetzungstemperatur wächst linear mit dem NH_4MnF_3-Gehalt von 210°C (x = 0) auf 240°C (x = 1), S. L. Roscoe, H. M. Haendler (Inorg. Chim. Acta **1** [1967] 73/5).

4.3.4.6 $\mathbf{CdMnF_6}$ (= $CdF_2 \cdot MnF_4$)

$CdMnF_6$

Die gelbe Verbindung wird erhalten, wenn ein Gemisch von $CdCO_3$ und NH_4MnF_3 zunächst 90 min bei 130°C mit einem F_2-Ar-Gemisch teilweise fluoriert und dann nach erneutem innigem Durchmischen 3 h bei 500°C vollständig fluoriert wird. Nach Pulverdiagrammen kristallisiert sie rhomboedrisch; hexagonale Gitterkonstanten: a = 5.08, c = 14.00_7 Å. Die Struktur ist (wie bei $MgMnF_6$, $CaMnF_6$, $HgMnF_6$ und $MnSnF_6$, s. S. 236, 237, 242 und 251) vom $LiSbF_6$-Typ [1], einer Ordnungsvarianten des VF_3-Typs (mit statistischer Kationenverteilung, s. bei $ZnMnF_6$, S. 240). Unter der Annahme oktaedrischer MnF_6-Baugruppen mit r(Mn-F) = 1.72 Å wird der Abstand r(Cd-F) zu 2.146 Å und mit r(Mn-F) = 1.75 Å zu r(Cd-F) = 2.21 Å berechnet (in CdF_2 ist r(Cd-F) = 2.333 Å). Molvolumen aus Röntgendaten 62.6 cm^3/mol, nach Biltz [2] 64.0 cm^3/mol. — Magnetische Messungen zeigen, daß das Curie-Weiss-Gesetz erfüllt wird, Curie-Temperatur 3 K; gemessenes magnetisches Moment μ = 3.78 μ_B, berechnetes μ = 3.87 μ_B. — Das chemische Verhalten entspricht dem von $ZnMnF_6$ [3].

Literatur:

[1] J. H. Burns (Acta Cryst. **15** [1962] 1098/101). — [2] W. Biltz (Raumchemie der festen Stoffe, Voss, Leipzig 1934). — [3] R. Hoppe, G. Siebert (Z. Anorg. Allgem. Chem. **376** [1970] 261/7).

4.3.4.7 $\mathbf{NaCdMn_2F_7}$ (= $NaF \cdot CdF_2 \cdot 2\,MnF_2$)

$NaCdMn_2F_7$

Zur Darstellung werden NaF, CdF_2 und MnF_2 in entsprechenden Mengen unter Luftausschluß auf 700 bis 750°C erhitzt. Der Homogenitätsbereich reicht von $NaCdMn_2F_7$ bis $Na_{0.4}Cd_{1.6}Mn_2F_7$. Die Verbindung kristallisiert kubisch-flächenzentriert, Gitterkonstante a = 5.26_0 Å. Sie besitzt wahrscheinlich eine CaF_2-Typ-Struktur mit ungeordneter Verteilung der Kationen und Lücken im Anionengitter (und nicht Pyrochlor-Struktur wie zahlreiche ähnliche Verbindungen), R. Hänsler, W. Rüdorff (Z. Naturforsch. **25b** [1970] 1306/7).

4.3.4.8 $\mathbf{M^I_2M^{II}_2(BeF_4)_3}$, M^I = K, Rb, Cs; M^{II} = Cd, Mn

$M^I_2M^{II}_2$-$(BeF_4)_3$

Die Verbindungen werden nach der Reaktionsgleichung $M^I_2CO_3 + 2\,M^{II}CO_3 + 3\,BeF_2 + 6\,HF \rightarrow M^I_2M^{II}_2(BeF_4)_3 + 3\,CO_2 + 3\,H_2O$ dargestellt. Dabei wird zu einer flußsauren BeF_2-Lösung ein Gemisch der Carbonate zugegeben und die Lösung zwischen 40 und 80°C eingedampft. Danach wird unter Ar auf Temperaturen zwischen 600 und 700°C erhitzt (keine Angaben für einzelne Verbindungen im Original).

Die Verbindungen kristallisieren im Langbeinit-Typ ($K_2Mg_2(SO_4)_3$), Raumgruppe $P2_13$-T^4; Z = 4. Gitterkonstanten a und Röntgendichten D sind in folgender Tabelle wiedergegeben:

$M^I_2M^{II}_2$-$(BeF_4)_3$

Verbindung	a in Å	D in g/cm³
$K_2CdMn(BeF_4)_3$	10.133	1.92
$KRbCd_{1.55}Mn_{0.45}(BeF_4)_3$	10.270	2.13
$KRbCdMn(BeF_4)_3$	10.220	2.04
$Rb_2CdMn(BeF_4)_3$	10.285	2.16
$RbCsCdMn(BeF_4)_3$	10.380	2.28
$Cs_2CdMn(BeF_4)_3$	10.451	2.41

Tabelle der d-Werte von $K_2CdMn(BeF_4)_3$ s. Original. — Die Verbindungen sind thermisch stabil. Sie besitzen kongruente Schmelzpunkte zwischen 500 und 700°C, Y. le Fur, S. Aléonard (Mater. Res. Bull. **4** [1969] 601/15).

$HgMnF_6$

4.3.4.9 $HgMnF_6$ (= $HgF_2 \cdot MnF_4$)

Die orangegelbe Verbindung wird durch Fluorieren eines Gemisches von $HgSO_4$ oder $HgCl_2$ und NH_4MnF_3 bei höchstens 420°C hergestellt. Bei höheren Temperaturen entweicht HgF_2. Auch ein Mn-Verlust (als MnF_4) ist kaum zu vermeiden. Nach Pulverdiagrammen kristallisiert $HgMnF_6$ hexagonal mit den Gitterkonstanten a = 5.08_4, c = 14.12_5 Å. Die Kristallstruktur ist (wie bei $MgMnF_6$, $CaMnF_6$ und $CdMnF_6$, s. S. 236, 237 und 241) vom $LiSbF_6$-Typ. Unter der Annahme oktaedrischer MnF_6-Baugruppen mit r(Mn-F) = 1.72 Å wird der Abstand r(Hg-F) = 2.157 Å berechnet, für r(Mn-F) = 1.75 Å wird r(Hg-F) = 2.28 Å erhalten (in HgF_2 ist r(Hg-F) = 2.399 Å). Molvolumen aus Röntgendaten V = 63.6, nach Biltz V = 66.0 cm³/mol. Das chemische Verhalten entspricht dem von $ZnMnF_6$ (s. S. 240), R. Hoppe, G. Siebert (Z. Anorg. Allgem. Chem. **376** [1970] 261/7).

Compounds of Manganese with Fluorine and Group IIIa Metals

4.3.5 Verbindungen des Mangans mit Fluor und Metallen der 3. Hauptgruppe

The MnF_2-AlF_3 System

4.3.5.1 Das System MnF_2-AlF_3

Das Zustandsdiagramm in **Fig. 100** wird nach thermischen (in Ar-Atmosphäre) und röntgenographischen Untersuchungen aufgestellt. Es zeigt die Bildung der peritektischen Verbindung $MnAlF_5$ (s. S. 243). Der peritektische Punkt (P) liegt bei 875°C, 75 Mol-% MnF_2, der eutektische Punkt (E) bei 830°C, 80 Mol-% MnF_2, J. C. Cousseins, A. Erb, W. Freundlich (Compt. Rend. C **268** [1969] 717/9).

Fig. 100

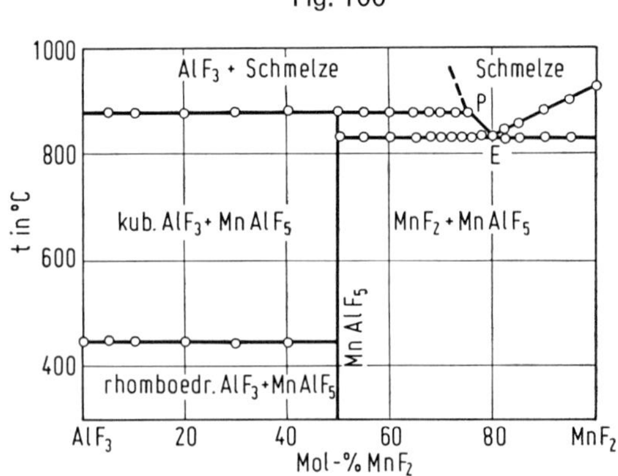

Zustandsdiagramm des Systems MnF_2-AlF_3.

4.3.5.2 $MnAlF_5$ (= $MnF_2 \cdot AlF_3$)

Die Verbindung tritt im System MnF_2-AlF_3 auf (s. S. 242). — Durch 15stündiges Erhitzen äquimolarer MnF_2-AlF_3-Mischungen bei 700°C im geschlossenen Goldrohr unter Ar [1] erhält man Einkristalle in Form von durchsichtigen rhombischen Prismen [2]. Gitterkonstanten: a = 9.54, b = 9.85, c = 3.58 Å [2, 3]. Über den Einfluß der Substitution von Al durch Fe auf die Gitterkonstanten s. [1]. Z = 4 [3], d-Werte s. Original [1]; Raumgruppe Ama2-C_{2v}^{16} (Nr. 40). Die Atome besetzen folgende Punktlagen:

Atom	Punktlage	x	y	z
Mn	4a	0	0	0.499
Al	4b	0.25	0.204	0.022
F(1)	8c	0.115	0.329	0.050
F(2)	8c	0.112	0.062	0.000
F(3)	4b	0.25	0.196	0.482

R = 15.5%. Die Mn-Atome sind von 6 F-Atomen in Form eines nahezu regulären Oktaeders umgeben; Atomabstände Mn-F = 2.09 und 2.06 Å. Die Al-Atome sind ebenfalls von 6 F-Atomen fast regulär oktaedrisch koordiniert; die Abstände zwischen Al und F(1), F(2) bzw. F(3) betragen 1.79, 1.92 bzw. 1.71 Å. Die MnF_6-Oktaeder sind über Kanten zu Ketten parallel c verknüpft. Dazwischen befinden sich die AlF_6-Oktaeder [3], s. **Fig. 101** [4].

Fig. 101

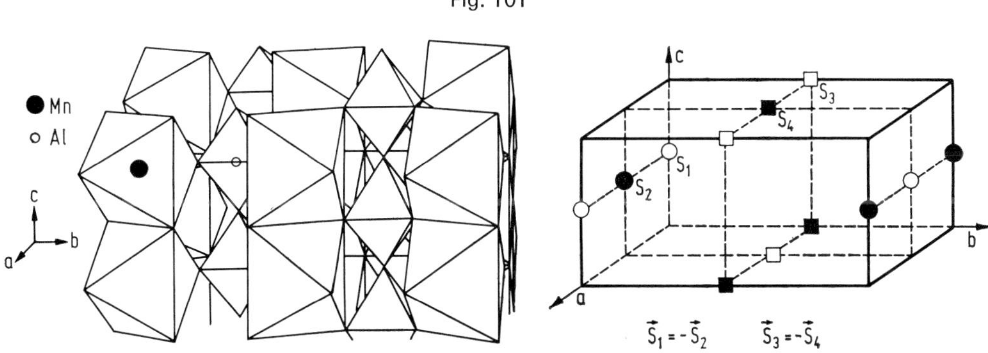

Kristallographische (links) und magnetische Struktur (rechts) von $MnAlF_5$.

Pyknometrische Dichte 3.52 g/cm³ [3].

Nach Messungen der Neutronenbeugung ist $MnAlF_5$ antiferromagnetisch unterhalb T_N = 2.35 ± 0.10 K. Die magnetische Elementarzelle wird aus der kristallographischen durch Verdoppelung der Gitterkonstanten b und c erhalten. Die magnetischen Momente liegen etwa in Richtung der b-Achse. In der in Fig. 101 schematisch dargestellten magnetischen Struktur sind die magnetischen Momente $\vec{S}_i$ numeriert von 1 bis 4 in der Reihenfolge $\vec{S}_1$ in 0, 0, z; $\vec{S}_2$ in $^1/_2$, 0, z; $\vec{S}_3$ in 0, $^1/_2$, $^1/_2$ + z und $\vec{S}_4$ in $^1/_2$, $^1/_2$, $^1/_2$ + z. Die Anordnung in Ebenen senkrecht zur b-Achse kann erklärt werden durch negative Wechselwirkungskräfte zwischen Mn-Atomen in den Ketten einerseits (Wechselwirkung entlang der c-Achse), zum anderen zwischen Mn-Atomen auf gleicher Höhe von z in parallelen Ketten (Kopplung durch Superaustausch Mn-F-Al-F-Mn entlang der a-Achse) [4].

Die aus Messungen der Temperaturabhängigkeit der Molsuszeptibilität χ_{mol} zwischen 4.2 und 300 K graphisch wiedergegebenen Werte für $1/\chi_{mol}$ zeigen eine Zunahme von etwa 4 auf 68 mol/cm³.

MnAlF$_5$

Aus dem schwach negativen Wert der paramagnetischen Curie-Temperatur (Θ_p = − 6 K) ist auf eine leichte, direkte antiferromagnetische t_{2g}-t_{2g}-Kopplung zwischen den Mn-Atomen zu schließen. Auch an Verbindungen der Formel $MnAl_{1-x}Fe_xF_5$ ($0 \leqq x \leqq 0.58$) wird die Temperaturabhängigkeit von $1/\chi_{mol}$ gemessen, so daß die Abnahme von Θ_p mit zunehmendem Fe-Gehalt ermittelt werden konnte [1].

Literatur:

[1] A. Tressaud, J. M. Parenteau, J. M. Dance, J. Portier, P. Hagenmuller (Mater. Res. Bull. **8** [1973] 565/70). — [2] J. C. Cousseins, A. Erb, W. Freundlich (Compt. Rend. C **268** [1969] 717/9). — [3] A. Rimsky, J. Thoret, W. Freundlich (Compt. Rend. C **270** [1970] 407/9). — [4] M. Wintenberger, J. M. Dance, A. Tressaud (Solid State Commun. **17** [1975] 185/8).

LiMnAlF$_6$

4.3.5.3 LiMnAlF$_6$ (= LiF · MnF$_2$ · AlF$_3$)

Die farblose Verbindung wird analog wie $LiMnGaF_6$ hergestellt und besitzt auch die gleiche trigonale Struktur (s. S. 245). Gitterkonstanten a = 8.480 ± 0.001, c = 4.703 ± 0.002 Å; Röntgendichte D = 3.450 g/cm³, W. Viebahn (Z. Anorg. Allgem. Chem. **413** [1975] 77/84, 78).

MnGaF$_5$

4.3.5.4 MnGaF$_5$ (= MnF$_2$ · GaF$_3$)

Die Untersuchung des Systems MnF_2-GaF_3 im festen Zustand (in verschlossenen Nickelrohren) ergibt die Existenz der dimorphen Verbindung $MnGaF_5$. Der Umwandlungspunkt, der sich aber bei der DTA nicht zu erkennen gibt, liegt zwischen 540 und 560°C.

Die Tieftemperatur-Modifikation α-$MnGaF_5$ wird durch 4tägiges Erhitzen eines MnF_2-GaF_3-Gemisches bei 520°C erhalten. Nach Röntgenuntersuchungen ist sie rhombisch mit den Gitterkonstanten a = 15.43, b = 7.41, c = 6.26 Å, Tabelle der d-Werte s. Original; Z = 8, Raumgruppe Cmmm-D_{2h}^{19} (Nr. 65). Die Modifikation ist isotyp mit $MnCrF_5$ (s. S. 259). — Dichte D = 4.09 g/cm³ bei 24°C.

Die Hochtemperatur-Modifikation β-$MnGaF_5$ wird rein und gut kristallisiert erhalten, wenn ein MnF_2-GaF_3-Gemisch erst 48 h auf 620°C, dann auf 700°C erhitzt und anschließend in flüssigem Stickstoff abgeschreckt wird. β-$MnGaF_5$ bildet sich auch bei langsamem Abkühlen von 620°C. Langsames Abkühlen von 700°C liefert teilweise, von 820°C allein die α-Modifikation. Die β-Modifikation bleibt (metastabil) erhalten, auch wenn sie mehrere Tage auf 520°C erhitzt wird.

β-$MnGaF_5$ kristallisiert rhombisch mit den Gitterkonstanten a = 19.69, b = 7.35, c = 9.67 Å, Tabelle der d-Werte s. Original; Z = 16. — Dichte D = 4.12 g/cm³ bei 24°C. — Die Modifikation ist paramagnetisch und befolgt das Curie-Weiss-Gesetz zwischen 77 und 293 K. Das mittlere effektive magnetische Moment $\mu_{eff} = 5.75\ \mu_B$ entspricht dem theoretischen Moment des Mn^{2+}-Ions, J. Chassaing, P. Julien (Compt. Rend. C **274** [1972] 871/3).

MnGaF$_5$ · 7 H$_2$O

4.3.5.5 MnGaF$_5$ · 7 H$_2$O (= MnF$_2$ · GaF$_3$ · 7 H$_2$O)

Zur Darstellung werden 1.5 g $MnCO_3$ in verdünnter Salzsäure gelöst und die Lösung wird bis zur Trockne eingedampft (um Verbindungen mit höheren Oxidationsstufen des Mangans zu zersetzen). Der Rückstand wird in H_2O gelöst, in einem Pt-Gefäß mit 2 g $GaF_3 \cdot 3H_2O$ in verdünnter Flußsäure versetzt und bis zur Trockne eingedampft. Nach weiterem dreimaligem Eindampfen mit Flußsäure wird der Rückstand in 30 ml heißer verdünnter Flußsäure gelöst. Beim Abkühlen scheiden sich aus der Lösung klare farblose Kristallbüschel mit einem schwach rosa Schimmer aus. Sie werden mit eiskaltem H_2O gewaschen und an der Luft bis zur Gewichtskonstanz getrocknet.

Die pyramidenförmigen Kristalle sind wahrscheinlich rhombisch. Der Verbindung wird die Konstitution $[Mn(H_2O)_6][GaF_5(H_2O)]$ zugeschrieben. Dichte D_{20}^{20} = 2.216 g/cm³. Die Kristalle sind optisch zweiachsig negativ; Brechungszahl n = 1.45.

Die Verbindung ist stabil an der Luft und sehr leicht in H_2O löslich. Beim Erhitzen auf 110°C werden 5 H_2O, aber kein HF abgegeben. Bei höheren Temperaturen tritt Zersetzung zu MnF_2 und Ga_2O_3 ein. Nach 7stündigem Erhitzen bei 230°C liegen nur noch 70 % der ursprünglichen Verbindung vor. Beim Abrauchen mit konzentrierter Schwefelsäure wird die Verbindung zersetzt, wobei HF entweicht, W. Pugh (J. Chem. Soc. **1937** 1959/62).

4.3.5.6 $LiMnGaF_6$ (= LiF · MnF_2 · GaF_3)

$LiMnGaF_6$

Zur Darstellung werden die bei 150°C im Hochvakuum getrockneten Fluoride LiF, MnF_2 und GaF_3 in einer Festkörperreaktion bei 500 bis 700°C in unter Argon abgeschmolzenen Platinampullen umgesetzt. Die Züchtung von farblosen Einkristallen gelingt durch langsames Abkühlen einer unter Argon auf 850°C erhitzten Schmelze.

Sie sind trigonal, Gitterkonstanten a = 8.6381 ± 0.0015, c = 4.7376 ± 0.0010 Å; Z = 3. Raumgruppe P321-D_3^2 (Nr. 150). $LiMnGaF_6$ kristallisiert in einer Ordnungsvarianten des Na_2SiF_6-Typs (s. „Natrium" Erg.-Bd. 4, S. 1534/5) mit einer verzerrten hexagonal dichtesten Kugelpackung der Fluorid-Ionen; Atomlagen:

Atom	Punktlage	x	y	z
Ga(1)	1a	0	0	0
Ga(2)	2d	$^1/_3$	$^2/_3$	0.5019(3)
Mn	3e	0.6342(2)	0	0
Li	3f	0.333(3)	0	$^1/_2$
F(1)	6g	0.0984(8)	0.8887(8)	0.780(1)
F(2)	6g	0.4565(7)	0.5803(7)	0.728(1)
F(3)	6g	0.2228(8)	0.7671(7)	0.282(1)

R = 6.6%. Die Li-, Mn- und Ga-Ionen besetzen die Hälfte der vorhandenen Oktaederlücken, und zwar befindet sich Ga auf der Lage von Si, während Li und Mn die Lage von Na einnehmen. Die Kationen sind auf den Ebenen xy0 und xy 0.5 so angeordnet, daß sich jeweils 9 Ladungen auf den Ebenen befinden: 1 Ga^{3+} + 3 Mn^{2+} zu 2 Ga^{3+} + 3 Li^+, s. **Fig. 102**, S. 246. Die GaF_6-Oktaeder sind nahezu regulär mit einem mittleren Ga-F-Abstand von 1.893 Å, die LiF_6- und MnF_6-Oktaeder sind dagegen stark verzerrt mit Abständen zwischen 1.88 und 2.23 bzw. 2.06 und 2.19 Å. F-F-Abstände und Winkel s. Original. Innerhalb der xy0-Ebene sind 3 MnF_6- und ein GaF_6-Oktaeder über Kanten zu einer Gruppe verknüpft, die mit den Gruppen der xy0.5-Ebene über Ecken unter Beteiligung von LiF_6-Oktaedern verbunden sind. Auf diese Weise entstehen in c-Richtung Ga-F-Li-F-Ga-, Mn-F-Li-F-Mn- und Mn-F-Ga-F-Mn-Zickzackketten. In diesem Strukturtyp kristallisieren auch die Verbindungen $LiMnAlF_6$ (s. S. 244), $LiMnTiF_6$ (s. S. 254), $LiMnVF_6$ (s. S. 257), $LiMnCrF_6$ (s. S. 259) und andere homologe Fluoride.

Pyknometrische Dichte 3.94, Röntgendichte 3.996 g/cm³, W. Viebahn (Z. Anorg. Allgem. Chem. **413** [1975] 77/84).

4.3.5.7 $LiMnInF_6$ (= LiF · MnF_2 · InF_3)

$LiMnInF_6$

Zur Darstellung wird ein äquimolares Gemisch von LiF, MnF_2 und InF_3 bei 550°C in einer verschlossenen Goldröhre umgesetzt, zur Vervollständigung der Reaktion 24 h bei 500°C gehalten und danach abgeschreckt. — Die hellbeige Verbindung ist isotyp mit dem hexagonalen $LiFeInF_6$. Die Gitterkonstanten betragen a = 8.86 ± 0.01, c = 4.785 ± 0.005 Å. In Analogie zu $LiFeInF_6$ wird auch für $LiMnInF_6$ eine geordnete Verteilung der Kationen angenommen. — Gemessene Dichte D = 4.45 ± 0.05, Röntgendichte D = 4.45 g/cm³, F. Menil, J. Grannec, G. Demazeau, A. Tressaud (Compt. Rend. C **275** [1972] 495/8); vgl. J. Gaile (Diss. Tübingen 1973, S. 1/109).

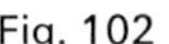
Fig. 102

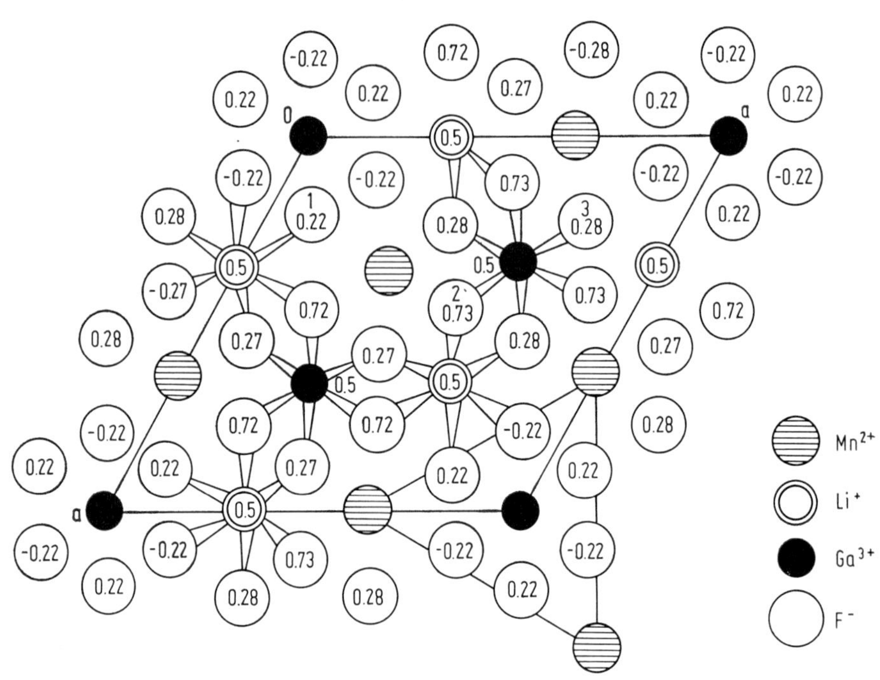

Projektion der Kristallstruktur von $LiMnGaF_6$ entlang [001].

$TlMnF_3$

4.3.5.8 $TlMnF_3$ (= $TlF \cdot MnF_2$)

Preparation

Im System TlF-MnF_2 tritt $TlMnF_3$ als einzige Verbindung auf [1]. Sie bildet sich so leicht aus MnF_2 und TlF, daß sie bereits beim Zerstoßen des Fluoridgemisches im Achatmörser in 40%iger Ausbeute entsteht. Ein Druck von mehreren t/cm² erhöht die Ausbeute nur um 5%. Zur Darstellung mit quantitativer Ausbeute wird ein äquimolares TlF-MnF_2-Gemisch 2 h im Pt-Tiegel in trockner Ar-Atmosphäre auf 300°C erhitzt. Bei 350°C ist die Reaktion in 30 min beendet [1]. Auf nassem Wege wird die Verbindung durch Mischen wäßriger MnF_2- und TlF-Lösungen [2, 3] oder durch Eindampfen einer verdünnten flußsauren Lösung stöchiometrischer Mengen MnF_2 und TlF bis zur Trockene erhalten [4]. Es wird empfohlen, in der 17%igen, flußsauren Lösung ein Molverhältnis $MnF_2 : TlF = 1 : 1.6$ einzusetzen, da die Präparate bei stöchiometrischem Verhältnis mit MnF_2 verunreinigt sind. Die Kristalle werden mit 20%iger Flußsäure und destilliertem Wasser gewaschen und auf dem Wasserbad getrocknet [5, 6]. Sie können noch 1 Gew.-% H_2O enthalten [5].

Zur Herstellung von Einkristallen wird das polykristalline Material vorher bei 500 bis 600°C in HF-Atmosphäre gereinigt. Einkristalle lassen sich nach der Stockbarger-Methode in mit Pt ausgekleideten verschlossenen Molybdänbehältern unter leichtem TlF-Druck ziehen (das Verschließen ist wegen des hohen Dampfdruckes von $TlMnF_3$ am Schmelzpunkt notwendig) [4]. Kleine Einkristalle (0.8 mm) lassen sich bei 18°C durch Gelzüchtung herstellen, wenn eine 0.2 N $MnCl_2$-Lösung in Agar-Agar-Gel mit wäßriger 1.0 N TlF-Lösung überschichtet wird [7].

Crystallographic Properties

$TlMnF_3$ erfährt zwischen 60 K und Zimmertemperatur keine polymorphe Umwandlung [4]. An den schwach rosa gefärbten [6] Einkristallen werden die Formen {100} und {110} beobachtet [7]. $TlMnF_3$ kristallisiert kubisch im Perowskit-Typ ($CaTiO_3$, s. „Titan", S. 427) [1]. Die Gitterkonstante beträgt nach Messungen an Einkristallen bei Raumtemperatur a = 4.2507 ± 0.0004 Å [4], nach Pulverdiagrammen a = 4.250 ± 0.001 Å [3], a = 4.25 Å [2], a = 4.26 Å [1]. Röntgen- und Neutronenuntersuchungen bei Raumtemperatur ergeben a = 4.248 ± 0.002 Å [8, 9]. Bei 60 K ist a = 4.238 ± 0.005 Å [4]. Tabelle der d-Werte s. Originale [1, 3]. Z = 1; Raumgruppe Pm3m-O_h^1 [1].

Die Dichte wird zu D = 6.79 g/cm³ gemessen [1]. Der Schmelzpunkt liegt bei etwa 820°C [4].

Magnetische Eigenschaften. Unterhalb der von Eastman, Shafer [4] aus der Temperaturabhängigkeit der Magnetostriktionskonstante λ_{100} (s. unten) bestimmten Néel-Temperatur T_N = 76 ± 1 K finden Rao u. a. [8, 9] durch Untersuchung der Neutronenbeugung (4.2 K) eine magnetische Struktur vom G-Typ; die magnetische Elementarzelle ist in drei Richtungen doppelt so groß wie die chemische. Das magnetische Moment des Mn^{2+}-Ions beträgt 4.90 μ_B bei 4.2 K. T_N = 85 K erhalten Kizhaev u. a. [3] aus der Temperaturabhängigkeit der Suszeptibilität. Magnetic Properties

Für die durch Superaustausch bewirkte Wechselwirkung zwischen benachbarten Mn-Ionen berechnet Rao [10] aus der Neutronenstreuung im paramagnetischen Bereich (300 K) den Austauschparameter J/k = 3.0 ± 0.3 K (Mittelwert für Streuwinkel von 30° und 45°). Aus ihren Messungen der Suszeptibilität berechnen Kizhaev u. a. [3] den Austauschparameter nach drei verschiedenen Methoden, die den Mittelwert |J|/k = 3.0 ± 0.6 K ergeben. De Jongh, Block [11] berechnen den gleichen Wert. Aus Molekularfeldbeziehungen unter Verwendung des Wertes T_N = 76 ± 1 K und der aus Messungen der Suszeptibilität bestimmten Curie-Temperatur Θ_p = −138 ± 5 K leiten Eastman, Shafer [4] für die Austauschwechselwirkung zwischen den nächsten und übernächsten Nachbarn $|J_1/k|$ = 3.42 ± 0.08 K und $|J_2/k|$ = 0.246 ± 0.04 K ab.

Die Resonanzfeldstärke H_0 im Spin-Flop-Zustand, gemessen bei 25.0 GHz und 4.2 K in den {100}- und {110}-Ebenen, hängt von den Winkeln zwischen H_0 und den Kristallachsen ab, s. **Fig. 103.** Dabei muß das angelegte Feld viel stärker als das Spin-Flop-Feld $(2H_E \cdot H_A)^{1/2}$ = 3 kOe sein (H_E, H_A = Austausch- bzw. Anisotropiefeld). Durch die vierfache Symmetrie der Resonanz in der (001)-Ebene und die zweifache Symmetrie in der (1$\bar{1}$0)-Ebene zeigt sich, daß $TlMnF_3$ bei 4.2 K eine ungestörte kubische Struktur hat und die ⟨111⟩-Richtungen die leichten Achsen sind. Die berechneten Werte (durchgezogene Kurven) sind in sehr guter Übereinstimmung mit den experimentellen Ergebnissen, wenn für H_E und H_A die Werte 630 ± 60 kOe und 6.8 ± 1 Oe verwendet werden [4].

Fig. 103

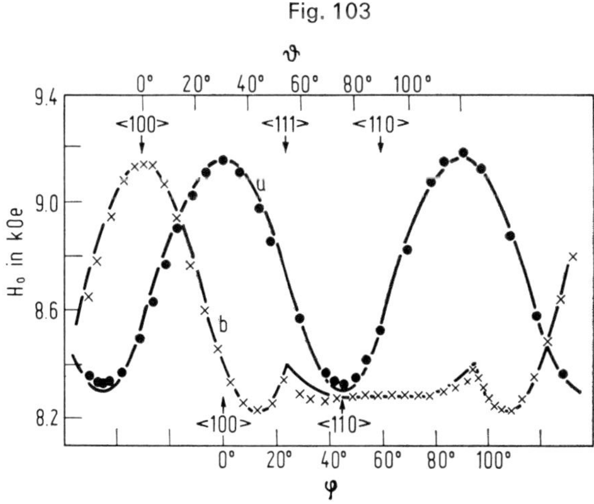

AFMR-Feldstärke H_0 bei 4.2 K und 25.0 GHz in Abhängigkeit vom Winkel φ in der (001)-Ebene (Kurve a) und in Abhängigkeit vom Winkel ϑ in der (1$\bar{1}$0)-Ebene (Kurve b).

Die Magnetostriktionskonstante λ_{100} ergibt sich durch Messung des AFMR-Felds unter dem Einfluß eines einachsigen Druckes in [001]-Richtung bei 4.2 K zu $\lambda_{100} = (-3.2 \pm 0.3) \times 10^{-6}$ [4].

AFMR of Doped $TlMnF_3$

Nach einer schwachen Dotierung mit Co zeigen Untersuchungen der AFMR (Figuren für die Winkelabhängigkeit von H_0 in der (001)- bzw. $(1\bar{1}0)$-Ebene für x = 0.005 s. im Original), daß für Konzentrationen von x = 0 bis 0.001 die Kristalle $TlMn_{1-x}Co_xF_3$ bei 4.2 K kubisch bleiben. Die Kristallanisotropie nimmt von $K_1/M_S = -5.1$ Oe für das reine $TlMnF_3$ linear zu bis auf + 8.2 Oe für $TlMn_{0.999}Co_{0.001}F_3$, wobei der Wert Null für x = 0.0004 durchlaufen wird (K_1 = Anisotropiekonstante, M_S = Untergittermagnetisierung). T_N und H_E werden durch diese geringen Co-Konzentrationen nicht beeinflußt [12].

NMR

Kernmagnetische Resonanz (NMR). Das ^{19}F-NMR-Feld H_0 ist nach Untersuchungen [2] an polykristallinen Proben gegenüber dem „normalen" Wert um $\delta H > 0$ verschoben: $\omega/\gamma(^{19}F) = H_0 + \delta H = H_0(1 + \alpha)$, Symbole s. S. 45. Zwischen 130 und 300 K ist $1/\alpha$ proportional $T-\Theta$ mit $\Theta \approx -125$ K. Aus der isotropen Verschiebung folgt die isotrope Hyperfein(HF)-Kopplungskonstante $A_s = (15.3 \pm 2) \times 10^{-4}$ cm^{-1} [2], s. auch Wiedergabe bei Bose [14]. Der Bruchteil ungepaarten Spins im 2s-Orbital des F^- ergibt sich hieraus mit $A_{2s} = 1.5$ cm^{-1} nach Moriya [15] zu $f_s = (0.49 \pm 0.07)\%$. Bei Berücksichtigung des Einflusses der 1s-Elektronen nach Freeman, Watson [16] folgt $f_s = (0.75 \pm 0.1)\%$ [2].

Für die nicht beobachtete ^{55}Mn-NMR wird eine theoretische Linienbreite $\Delta H = 416.6$ Oe (Grenzwert für hohe Temperaturen) berechnet [17]. Als HF-Kopplungskonstante wird $A(^{55}Mn) = -90.8 \times 10^{-4}$ cm^{-1} (auf Grund der Angaben bei Colpa u. a. [18]) benutzt [17].

Sowohl die ^{203}Tl- als auch die ^{205}Tl-NMR wird an polykristallinen Proben von Petrov, Smolenskii [2] beobachtet. Die integrierten Intensitäten entsprechen etwa den natürlichen Häufigkeiten beider Nuklide (29.52 bzw. 70.48%). Die Resonanzfelder sind gegenüber $\omega/\gamma(^{203,205}Tl)$ um $\delta H = \alpha H_0 < 0$ verschoben. Zwischen 170 und 300 K wird für ^{205}Tl $|1/\alpha| \sim T-\Theta$ gefunden mit $\Theta = -125 \pm 10$ K (ähnliche Beziehung für ^{203}Tl). Für gewöhnliche Temperatur und $H_0 = 6638$ Oe wird $\delta H = -239$ Oe angegeben [2]. Ein berechneter Wert ist $\delta H \approx -310$ Oe [19]. — Die Linienbreite ergibt sich zu $\Delta H \approx 7$ Oe, wenn der für beide Nuklide gemessene Wert $\Delta H = 14 \pm 3$ Oe (Abstand der Extrema in der abgeleiteten Resonanzkurve) bezüglich der großen Modulationsamplitude korrigiert wird. Ein auf der Basis der HF-Kopplung berechneter Wert ist $\Delta H = 2.6$ Oe. Die Differenz gegenüber dem experimentellen Wert könnte zum Teil durch die Inhomogenität des entmagnetisierenden Feldes bedingt sein [2], s. auch [14]. Für den Grenzfall hoher Temperaturen wird für $^{203}TlMnF_3$ und $^{205}TlMnF_3$ $\Delta H = 17.4$ bzw. 17.2 Oe berechnet [17]. — Aus der Verschiebung ergibt sich eine isotrope HF-Kopplungskonstante $A_s = -(3.5 \pm 0.2) \times 10^{-4}$ cm^{-1}. Als Bruchteil ungepaarten Spins im 6s-Orbital von Tl^+ folgt mit $A_{6s} \approx 5$ cm^{-1} nach Fermi, Segré [20] $f_s = (0.14 \pm 0.01)\%$ [2], s. auch [14].

EPR

Die Linienbreite ΔH der paramagnetischen Resonanzabsorption wird nach Messungen unterhalb Raumtemperatur in der Nähe der Néel-Temperatur kleiner, bleibt aber größer, als nach der einfachen Theorie des Einflusses der Austauschwechselwirkung auf ΔH zu erwarten ist [13].

Chemical Reaction

Chemisches Verhalten. $TlMnF_3$ wird von kochendem 0.1 N HNO_3 aufgelöst [1].

Literatur:

[1] J. C. Cousseins (Rev. Chim. Minerale **1** [1964] 573/616, 583, 609). — [2] M. P. Petrov, G. A. Smolenskii (Fiz. Tverd. Tela **7** [1965] 2156/61; Soviet Phys.-Solid State **7** [1965] 1735/9). — [3] S. A. Kizhaev, A. G. Tutov, V. A. Bokov (Fiz. Tverd. Tela **7** [1965] 2868/71; Soviet Phys.-Solid State **7** [1965] 2325/7). — [4] D. E. Eastman, M. W. Shafer (J. Appl. Phys. **38** [1967] 1274/6). — [5] T. S. Srivastava (Current Sci. [India] **38** [1969] 538).

[6] G. S. Rao, S. K. Gupta (Indian J. Chem. **11** [1973] 956/7). — [7] R. Leckebusch (J. Cryst. Growth **23** [1974] 74/6). — [8] L. M. Rao, C. S. Somanathan, B. S. Srinivasan, N. S. S. Murthy (Proc. 14th Nucl. Phys. Solid State Phys. Symp., Roorkee, India, 1969 [1970], Bd. 3, S. 522/5; C. A. **75** [1971] Nr. 124418). — [9] L. M. Rao, N. S. S. Murthy (J. Phys. [Paris] **32** [1971] Suppl., Bd. 1, S. C1-617/C1-618). — [10] L. M. Rao (Proc. 14th Nucl. Phys. Solid State Phys. Symp., Roorkee, India, 1969 [1970], Bd. 3, S. 530/3).

[11] L. J. De Jongh, R. Block (Physica B **79** [1975] 568/93). — [12] D. E. Eastman, M. W. Shafer, R. A. Figat (J. Appl. Phys. **38** [1967] 5209/11). — [13] R. R. Navalgund, S. Kasthurirengan, L. C. Gupta (J. Magn. Resonance **16** [1974] 65/8). — [14] M. Bose (Progr. Nucl. Magn. Resonance Spectrosc. **4** [1969] 335/444, 359, 366). — [15] T. Moriya (Progr. Theoret. Phys. [Kyoto] **16** [1956] 23/44, 40/1).

[16] A. J. Freeman, R. E. Watson (Phys. Rev. Letters **6** [1961] 343/5). — [17] C. W. Myles (Phys. Rev. [3] B **11** [1975] 3225/37, 3234). — [18] J. H. P. Colpa, E. G. Sieverts, R. H. van der Linde (Physica **51** [1971] 573/87, 583/4). — [19] D. A. Zhogolev (Fiz. Tverd. Tela **8** [1966] 2798/800; Soviet Phys.-Solid State **8** [1966] 2237/8). — [20] E. Fermi, F. Segré (Z. Physik **82** [1933] 729/49, 746).

4.3.5.9 $Tl_5Mn_3F_{13}$ (= $5TlF \cdot MnF_2 \cdot 2MnF_3$)? $Tl_5Mn_3F_{13}$?

Eine Verbindung dieser Zusammensetzung soll aus flußsauren wäßrigen Lösungen von TlF (im Überschuß) und Mn^{III}-Fluorid auskristallisieren. Das Mn^{III}-Fluorid wird zuvor durch Oxidation einer ammoniakalischen Mn^{II}-Acetatlösung mit H_2O_2 und Auflösen des noch feuchten Mn^{III}-Hydroxidniederschlags in Flußsäure erhalten. Die Analyse ergibt jedoch nur 2.09 und 2.33 Gew.-% aktives Fluor statt 2.65 Gew.-%, wie es der Formel entsprechen würde.

Die bordeauxvioletten, wahrscheinlich tetragonalen Prismen können über 0.5 cm lang werden. Von H_2O werden sie unter Abscheidung höherer Mn-Oxide zersetzt. In verdünnter Flußsäure sind sie schwer löslich, in konzentrierter dagegen leicht löslich. Konzentrierte Salzsäure löst die Verbindung unter Abscheidung von TlCl zu einer farblosen Flüssigkeit, verdünnte Salpetersäure löst sie unter Rosafärbung, die beim Sieden verschwindet. Konzentrierte Schwefelsäure löst sie in der Kälte zu einer violetten Lösung, die beim Sieden ebenfalls farblos wird. In H_2SO_4-haltiger H_2O_2-Lösung löst sich die Verbindung leicht; nach längerem Stehen trübt sich die Flüssigkeit. In verdünnter Wein- und Oxalsäure ist $Tl_5Mn_3F_{13}$ leicht zu einer violetten Flüssigkeit löslich, die beim Erwärmen farblos wird. Nach Reduktion mit SO_2 ist die Substanz leicht löslich in H_2O [1]. Die Existenz dieser Verbindung wird wegen des geringen Gehalts an aktivem Fluor in Zweifel gezogen [2].

Literatur:

[1] F. Ephraim, L. Heymann (Ber. Deut. Chem. Ges. **42** [1909] 4456/63, 4456/8). — [2] I. G. Ryss, B. S. Vitukhnovskaya (Zh. Neorgan. Khim. **3** [1958] 1185/7; Russ. J. Inorg. Chem. **3** Nr. 5 [1958] 166/9).

4.3.5.10 $Tl_2Mn_2(BeF_4)_3$ (= $Tl_2BeF_4 \cdot 2\,MnBeF_4$) Tl_2Mn_2-$(BeF_4)_3$

Bei der Darstellung werden zu einer flußsauren BeF_2-Lösung entsprechende Mengen Tl_2CO_3 und $MnCO_3$ gegeben und die Lösung eingedampft. Bildungsgleichung analog $K_2Mn_2(BeF_4)_3$ (s. S. 225), s. auch S. 241. — Nach Pulveraufnahmen ist die Struktur vom Langbeinit-Typ ($K_2Mg_2(SO_4)_3$). Gitterkonstante a = 10.255 ± 0.03 Å; d-Werte s. Original. Röntgendichte D = 2.87 g/cm³. — Die Verbindung ist leicht hygroskopisch und thermisch stabil, M. Genty, Y. Le Fur, S. Aléonard (Bull. Soc. Franc. Mineral. Crist. **91** [1968] 237/41), Y. Le Fur, S. Aléonard (Mater. Res. Bull. **4** [1969] 601/15, 603).

Compounds of Manganese with Fluorine and Group IIIb Elements

4.3.6 Verbindungen des Mangans mit Fluor und Elementen der 3. Nebengruppe

MnF_2-HoF_3 Solid Solutions

4.3.6.1 MnF_2-HoF_3-Mischkristalle

Zur Darstellung von Mischkristallen mit 1% Ho wird Flußsäure zu einem entsprechenden Gemisch von Ho_2O_3 und $MnCO_3$ gegeben und das Fluoridgemisch zur Gewinnung von Einkristallen in HF-Atmosphäre geschmolzen. HoF_3 wird unter diesen Bedingungen aber kaum in MnF_2 (weniger als 1%) eingebaut. Dagegen werden in etwas sauerstoffhaltiger HF-Atmosphäre orangefarbene Mischkristalle mit 1% Ho erhalten. Es wird angenommen, daß die durch Ho^{3+}-Ionen erzeugte überschüssige Ladung durch die Substitution von F^--Ionen gegen O^{2-}-Ionen kompensiert wird. Aus dem Absorptionsspektrum (im sichtbaren und nahen UV-Bereich) geht hervor, daß bei den sauerstoffhaltigen Mischkristallen das MnF_2-Gitter nur wenig verzerrt ist, Ho im dreiwertigen Zustand vorliegt und gleichmäßig im Wirtskristall verteilt ist, A. I. Belyaeva, V. V. Eremenko, N. N. Mikhailov, S. V. Petrov (Zh. Eksperim. i Teor. Fiz. **49** [1965] 47/53; Soviet Phys.-JETP **22** [1965] 33/8).

The $KMnF_3$-ErF_3 System

4.3.6.2 Das System $KMnF_3$-ErF_3

Das Zustandsdiagramm des Systems $KMnF_3$-ErF_3 zeigt, daß sich $KMnEr_3F_{12}$ (s. unten) als einzige Verbindung bildet, die bei 985°C kongruent schmilzt, s. **Fig. 104**. $KMnEr_3F_{12}$ scheint eine geringe Phasenbreite zu besitzen. Eutektische Punkte liegen bei 816 und 981°C. $KMnF_3$ ist bis zu etwa 15 Mol-% in ErF_3 löslich (DTA-Untersuchungen unter N_2; die Proben wurden vorher zusammen mit NH_4HF_2 2 h auf 550°C erhitzt), M. Labeau, M. F. Gorius, S. Aléonard (Mater. Res. Bull. **7** [1972] 407/15, 408).

Fig. 104

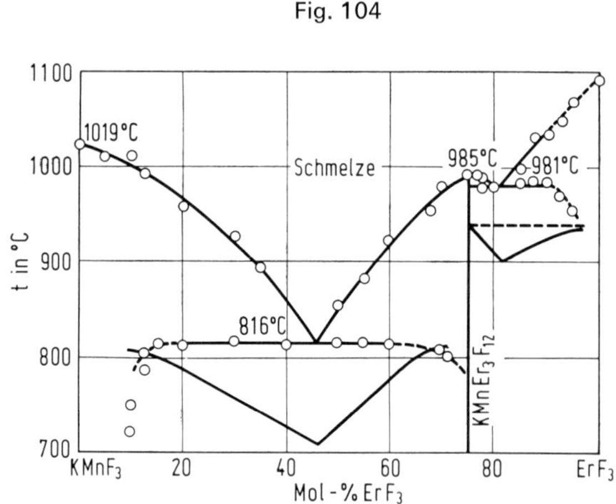

Zustandsdiagramm des Systems $KMnF_3$-ErF_3.

$KMnM_3F_{12}$

4.3.6.3 $KMnM_3F_{12}$ (= $KF \cdot MnF_2 \cdot 3MF_3$), M = Y, La, Pr, Nd, Sm, Eu, Gd, Tb, Dy, Ho, Er, Yb

$KMnEr_3F_{12}$ tritt im System $KMnF_3$-ErF_3 auf (s. oben). Nach Pulverdiagrammen und Einkristallaufnahmen besitzt es tetragonale Symmetrie; Z = 4.

Für die 12 isotypen Verbindungen sind in der folgenden Tabelle die Temperatur der Darstellung (aus $KMnF_3$ + MF_3), Gitterkonstanten und berechnete Dichte D aufgeführt:

Verbindung	Temp. der Darstellung in °C	Gitterkonstanten in Å a	c	D_{ber} in g/cm³
$KMnY_3F_{12}$	550	8.137 ± 0.005	11.548 ± 0.007	5.11
$KMnLa_3F_{12}$	1350	8.406 ± 0.004	11.853 ± 0.004	5.90
$KMnPr_3F_{12}$	1100	8.057 ± 0.003	11.488 ± 0.005	6.63
$KMnNd_3F_{12}$	1040	8.064 ± 0.003	11.489 ± 0.005	6.71
$KMnSm_3F_{12}$	1140	8.131 ± 0.005	11.626 ± 0.009	6.68
$KMnEu_3F_{12}$	800	8.138 ± 0.004	11.627 ± 0.006	6.72
$KMnGd_3F_{12}$	650	8.101 ± 0.004	11.534 ± 0.008	6.97
$KMnTb_3F_{12}$	700	8.093 ± 0.004	11.541 ± 0.007	7.01
$KMnDy_3F_{12}$	550	8.182 ± 0.004	11.620 ± 0.006	6.91
$KMnHo_3F_{12}$	550	8.165 ± 0.002	11.581 ± 0.003	7.03
$KMnEr_3F_{12}$	550	8.118 ± 0.002	11.517 ± 0.003	7.20
$KMnYb_3F_{12}$	550	8.068 ± 0.002	11.412 ± 0.002	7.52

d-Werte der Verbindungen mit M = Pr, Eu, Ho und Yb s. Original. Bei $KMnEu_3F_{12}$ wird eine Dichte von 6.3 g/cm³ gemessen, M. Labeau, M. F. Gorius, S. Aléonard (Mater. Res. Bull. **7** [1972] 407/15, 408).

4.3.7 Verbindungen des Mangans mit Fluor und Metallen der 4. Hauptgruppe

Compounds of Manganese with Fluorine and Group IVa Metals

4.3.7.1 $MnGeF_6 \cdot 6H_2O$ (= $MnF_2 \cdot GeF_4 \cdot 6H_2O$)

$MnGeF_6 \cdot 6H_2O$

Die farblose Verbindung wird beim Auflösen von Mn oder $MnCO_3$ in einer wäßrigen Lösung von Fluorogermaniumsäure erhalten (hergestellt aus GeO_2 und Flußsäure im Molverhältnis Ge : F = 1 : 6). Die filtrierte Lösung läßt man an der Luft oder über H_2SO_4 eindunsten, preßt die gut ausgebildeten oktaederförmigen Kristalle zwischen Filterpapier ab und läßt sie an der Luft trocknen. Der Verbindung wird die Konstitution $[Mn(H_2O)_6][GeF_6]$ zugeschrieben. Beim Erhitzen wird bei 160 und 193°C H_2O abgegeben, bei 467°C zerfällt die Verbindung in MnF_2 und GeF_4 (DTA), I. V. Tananaev, K. A. Avduevskaya (Zh. Neorgan. Khim. **5** [1960] 63/7; Russ. J. Inorg. Chem. **5** [1960] 30/3).

4.3.7.2 $MnSnF_6$ (= $MnF_2 \cdot SnF_4$)

$MnSnF_6$

Die farblose Verbindung entsteht durch langsames Erwärmen des Hydrats (s. unten) im HF-Strom auf 200°C. Anschließend wird 4 bis 6 h bei 450°C getempert. — $MnSnF_6$ kristallisiert rhomboedrisch im $LiSbF_6$-Typ wie $CdMnF_6$ (s. S. 241). Hexagonale Gitterkonstanten a = 5.41_0, c = 14.13_6 Å; Z = 3, Raumgruppe $R\bar{3}$-C_{3i}^2 (Nr. 148). In der hexagonalen Zelle besetzt Mn die Punktlage 3b (0,0,$^1/_2$), Sn 3a (0,0,0) und F 18f (x,y,z). Unter der Annahme plausibler Mn-F- (2.02 Å) und Sn-F-Abstände ergeben sich für die F-Atome die Parameter x = 0.338, y = 0.064, z = 0.083. — Pyknometrische Dichte D = 3.98, Röntgendichte 3.99 g/cm³. — Bei 450 bis 500°C zersetzt sich die Verbindung im HF- oder F_2-Strom, wobei SnF_4 absublimiert, R. Hoppe, V. Wilhelm, B. Müller (Z. Anorg. Allgem. Chem. **392** [1972] 1/9).

4.3.7.3 $MnSnF_6 \cdot 6H_2O$ (= $MnF_2 \cdot SnF_4 \cdot 6H_2O$)

$MnSnF_6 \cdot 6H_2O$

Die zuerst von Marignac [1] neben vielen anderen Doppelfluoriden beschriebene Verbindung wird erhalten, indem SnF_2 und MnO (auch $MnCO_3$ oder Mn) unter Zusatz von H_2O_2 in 40%iger Flußsäure gelöst und dann vorsichtig eingedampft werden [2]. — Das Hexahydrat bildet blaßrosa, glänzende hexagonale Prismen [1]. Auf Grund der Morphologie wird gefolgert, daß $MnSnF_6 \cdot 6H_2O$ im rhomboedrischen $NiSnCl_6 \cdot 6H_2O$ ($I6_1$)-Typ (s. „Nickel" B3, S. 1192) kristallisiert [1, 3]. Gitter-

MnSnF$_6$ · 6 H$_2$O

konstanten a = 6.35 Å, α = 95°54′; Z = 1 [4]; bei hexagonaler Achsenwahl: a = 9.83, c = 10.15 Å [5], a ≈ 9.85, c ≈ 10.17 Å [4]; Z = 3, Raumgruppe $R\bar{3}$-C_{3i}^2 [4, 5]. — Pyknometrische Dichte D = 2.307 [6], Röntgendichte 2.306 g/cm^3 [5]. — Die Kristalle verwittern langsam an der Luft [1].

Literatur:

[1] C. Marignac (Ann. Mines [5] **15** [1859] 221/90, 258). — [2] R. Hoppe, V. Wilhelm, B. Müller (Z. Anorg. Allgem. Chem. **392** [1972] 1/9). — [3] L. Pauling (Z. Krist. **72** [1930] 482/92). — [4] W. Pies, A. Weiss (in: Landolt-Börnstein, Neue Serie, Gruppe III, Bd. 7, Tl. a, 1973, S. 329). — [5] J. D. H. Donnay, H. M. Ondik (Crystal Data, Determinative Tables, 3. Aufl., Bd. 2, Inorganic Compounds, Washington, D. C., 1973, S. H-108).

[6] H. Topsøe (Arch. Sci. Phys. Nat. [2] **45** [1872] 223; C. **1873** 76/9).

MnSnF$_8$

4.3.7.4 MnSnF$_8$ (= MnF$_4$ · SnF$_4$)

Die olivfarbige Verbindung wird aus Mn[Sn(OH)$_6$] erhalten, das bei 300°C zu MnSnO$_3$ dehydratisiert (s. „Mangan" C3, S. 85/7) und mit HF-freiem Fluor zuerst bei Zimmertemperatur, dann 1 h bei 500°C behandelt wird. Nach dem Abkühlen in F$_2$-Atmosphäre und Pulverisieren wird erneut 30 min bei 500°C fluoriert. Die Fluorierung wird 3- oder 4mal wiederholt und das Produkt anschließend in N$_2$-Atmosphäre gehalten. — Pyknometrisch gemessene Dichte D = 4.21 g/cm^3. Das effektive magnetische Moment beträgt μ_{eff} = 4.62 μ_B. Das IR-Spektrum zeigt Absorptionsbanden bei 179, 227, 251, 322 und 585 cm^{-1}. — MnSnF$_8$ ist äußerst empfindlich gegen Feuchtigkeit, P. J. Moehs, H. M. Haendler (Inorg. Chem. **7** [1968] 2115/8).

The MnF$_2$-PbF$_2$ System

4.3.7.5 Das System MnF$_2$-PbF$_2$

In diesem System, s. **Fig. 105**, tritt nach DTA-Untersuchungen als einzige Verbindung MnPb$_2$F$_6$ auf, s. S. 253. Der eutektische Punkt (E) liegt bei 40 Mol-% MnF$_2$ und 588°C, der peritektische Punkt (P) bei 36 Mol-% MnF$_2$ und 592°C, M. Samouël (Rev. Chim. Minerale **8** [1971] 537/57, 546).

Fig. 105

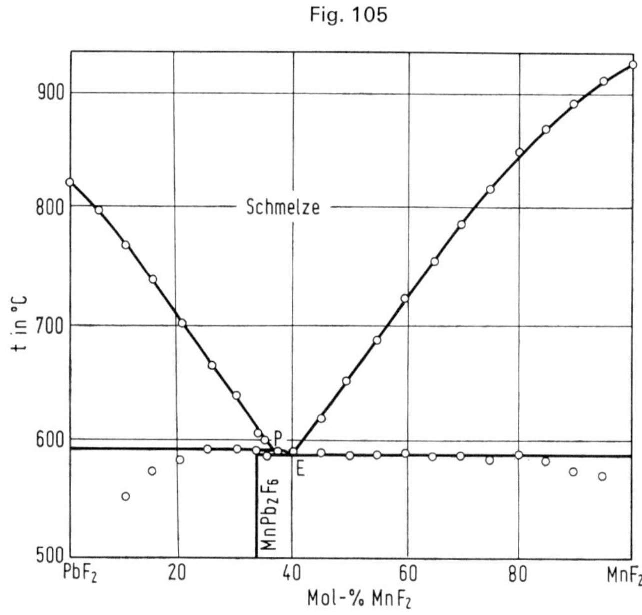

Zustandsdiagramm des Systems MnF$_2$-PbF$_2$.

4.3.7.6 $MnPb_2F_6$ (= $MnF_2 \cdot 2\,PbF_2$)

$MnPb_2F_6$

Die Verbindung tritt im System MnF_2-PbF_2 auf (s. S. 252). Zur Darstellung wird eine stöchiometrische Mischung von MnF_2 und PbF_2 15 h im Platingefäß bei 580°C in Ar-Atmosphäre erhitzt. — Röntgen-Pulverdiagramme ergeben tetragonale Symmetrie mit den Gitterkonstanten a = 7.98, c = 16.92 Å; Z = 8. Raumgruppe $P4_2/nbc$-D_{4h}^{11} (Nr. 133). Tabelle der d-Werte s. im Original. Pyknometrische Dichte D = 7.10, berechnete Dichte D = 7.19 g/cm^3, M. Samouël (Compt. Rend. C **268** [1969] 409/11; Rev. Chim. Minerale **8** [1971] 537/57, 544/7).

4.3.8 Verbindungen des Mangans mit Fluor und Elementen der 4. Nebengruppe

Compounds of Manganese with Fluorine and Group IVb Elements

4.3.8.1 $MnTiF_6$ (= $MnF_2 \cdot TiF_4$)

$MnTiF_6$

Die farblose Verbindung wird aus dem Hexahydrat (s. unten) durch vorsichtiges Erwärmen im HF-Strom erhalten. — Pulveraufnahmen zeigen, daß die Verbindung im rhomboedrischen VF_3-Typ kristallisiert wie $ZnMnF_6$ (s. S. 240). Die hexagonalen Gitterkonstanten betragen a = 5.42 Å, c = 13.7_0 Å; d-Werte s. Original. Unter Verwendung der hexagonalen Elementarzelle mit Z = 3 besetzen Mn und Ti statistisch die Lage 6b (0,0,0) und F die Lage 18e (x, 0, $^1/_4$). Der x-Parameter ist mit 0.395 so gewählt, daß sich der plausible Metall-Fluor-Abstand von 2.03 Å ergibt (in MnF_2: 2.10 Å). Pyknometrische Dichte D = 3.0_4, berechnete Dichte D = 3.09 g/cm^3. — $MnTiF_6$ nimmt an der Luft langsam H_2O unter Hydratbildung auf. Die thermische Beständigkeit ist gering [1]. Wird $MnTiF_6$ in feuchter Luft erhitzt, so geht es bei 700 K in $MnTiO_2F_2$ (s. S. 269), bei 800 K in $MnTiO_3$ (s. „Mangan" C3, S. 108) und HF über [2].

Literatur:

[1] R. H. Odenthal, R. Hoppe (Z. Anorg. Allgem. Chem. **384** [1971] 104/10). — [2] M. A. Heilbron, P. J. Gellings (Thermochimica Acta **17** [1976] 97/105, 100, 102).

4.3.8.2 $MnTiF_6 \cdot 6\,H_2O$ (= $MnF_2 \cdot TiF_4 \cdot 6\,H_2O$)

$MnTiF_6 \cdot 6\,H_2O$

Zur Darstellung wird ein äquimolares Gemisch von MnF_2 oder $MnCO_3$ und TiO_2 in Flußsäure eingedampft. Die Verbindung kristallisiert in Form rosafarbiger, hexagonaler Prismen aus [1, 2]. Sie besitzen rhomboedrische Symmetrie. Hexagonale Gitterkonstanten a = 9.75, c = 10.06 Å; Z = 3; d-Werte s. Original. Es wird Isotypie mit $FeSiF_6 \cdot 6\,H_2O$ [3] angenommen, Raumgruppe $R\bar{3}m$-D_{3d}^5 (Nr. 166) [2]. (Früher wurde die Verbindung auf Grund der Morphologie für isotyp mit $NiSnCl_6 \cdot 6\,H_2O$ gehalten [4].) Pyknometrische Dichte 2.07, Röntgendichte 1.93 g/cm^3 [2]. — Die paramagnetische Resonanzabsorption wird von Arakawa [5] bei Raumtemperatur untersucht; die Auswertung der Linienform führt zu zwei sehr verschiedenen Werten für den Aufspaltungsparameter D.

Wird $MnTiF_6 \cdot 6\,H_2O$ vorsichtig im HF-Strom erwärmt, so geht es in wasserfreies $MnTiF_6$ über (s. oben) [6]. Thermogravimetrische Untersuchungen ergeben, daß in zwei Reaktionsstufen bei 380 und 420 K je drei H_2O-Moleküle abgegeben werden [7].

Literatur:

[1] C. Marignac (Ann. Chim. Phys. [3] **60** [1860] 257/307, 304). — [2] R. L. Davidovich, T. A. Kaidalova, T. F. Levchishina (Zh. Strukt. Khim. **12** [1971] 185/7; J. Struct. Chem. [USSR] **12** [1971] 166/8). — [3] W. C. Hamilton (Acta Cryst. **15** [1962] 353/60). — [4] L. Pauling (Z. Krist. **72** [1930] 482/92, 490). — [5] T. Arakawa (J. Phys. Soc. Japan **17** [1962] 703).

[6] R. H. Odenthal, R. Hoppe (Z. Anorg. Allgem. Chem. **384** [1971] 104/10). — [7] M. A. Heilbron, P. J. Gellings (Thermochimica Acta **17** [1976] 97/105, 100, 102).

LiMnTiF$_6$

4.3.8.3 LiMnTiF$_6$ (= LiF · MnF$_2$ · TiF$_3$)

Zur Darstellung werden die einzelnen Metallfluoride zunächst im Hochvakuum bei 150°C mehrere Stunden getrocknet und dann bei 500 bis 700°C in Platinampullen, die unter Ar abgeschmolzen wurden, zur Reaktion gebracht. — Die Verbindung kristallisiert trigonal mit den Gitterkonstanten a = 8.755 ± 0.002, c = 4.701 ± 0.002 Å und ist mit LiMnGaF$_6$ (s. S. 245) isotyp. Röntgendichte D = 3.571 g/cm^3, W. Viebahn (Z. Anorg. Allgem. Chem. **413** [1975] 77/84); vgl. J. Gaile (Diss. Tübingen 1973, S. 1/109).

Compounds in the NaF-MnF$_2$-TiF$_3$ System

4.3.8.4 Verbindungen im System NaF-MnF$_2$-TiF$_3$

Zur Untersuchung des Systems werden Gemische der einfachen Fluoride in verschlossenen Goldampullen auf 600°C erhitzt. Nachgewiesen werden die wahrscheinlich stöchiometrische Phase $Na_{1.67}Mn_{0.61}Ti_{1.37}F_7$ und drei Mischkristallbereiche: $Na_xMn_xTi_{1-x}F_3$ ($0 \leqq x \leqq 0.25$) zwischen NaMnF$_3$ und TiF$_3$ sowie $Na_{2+3x}Mn_{6-6x}Ti_{3x}F_{14}$ ($0.08 \leqq x \leqq 0.42$ und $0.49 \leqq x \leqq 1$) mit konstantem Verhältnis Kation : Anion = 4 : 7. Im Randsystem MnF$_2$-TiF$_3$ treten keine ternären Verbindungen auf. Zum System NaF-MnF$_2$ s. S. 99.

$Na_{1.67}Mn_{0.61}Ti_{1.37}F_7$ kristallisiert kubisch-flächenzentriert mit der Gitterkonstanten a = 10.64$_8$ Å; Z = 8; d-Werte s. Original. Das Röntgendiagramm weist auf eine dem Pyrochlor-Typ (NaCaNb$_2$O$_6$F) ähnliche Struktur hin. Gemessene Dichte D = 2.98, Röntgendichte 2.96 g/cm^3; Schmelzpunkt etwa 720°C.

$Na_xMn_xTi_{1-x}F_3$ ($0 \leqq x \leqq 0.25$) kristallisiert rhomboedrisch. Die Abhängigkeit der Gitterkonstanten a und α von x ist in **Fig. 106** wiedergegeben. Bei x = 0.2 ist a = 5.55$_1$ Å, α = 59.90°; Z = 2; d-Werte s. Original. Die Struktur ist vermutlich isotyp mit Na$_x$FeF$_3$. Folgende Atomlagen werden unter Zugrundelegung der Raumgruppe $R\bar{3}c$-D_{3d}^6 (Nr. 167) vorgeschlagen: 2x Na in 2a (1/4, 1/4, 1/4), 2x Mn und 2(1 − x) Ti in 2b (0, 0, 0), 6F in 6e (x, 1/2 − x, 1/4). Bei der Zusammensetzung x = 0.2 ergibt sich der Parameter x = 0.83; R = 8%. — Gemessene Dichte D = 3.035, Röntgendichte 3.045 g/cm^3.

Fig. 106

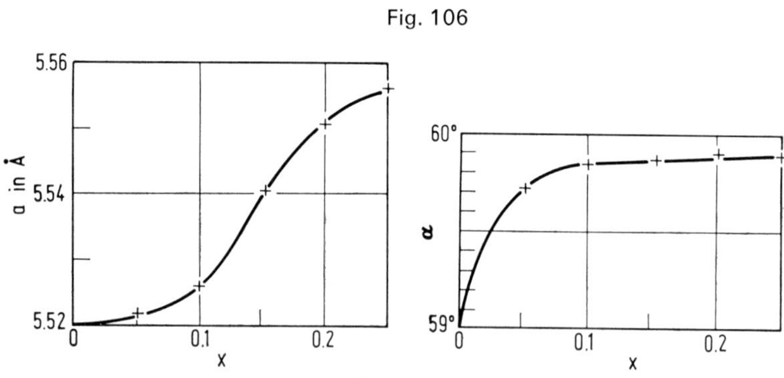

Abhängigkeit der Gitterkonstanten a (links) und α (rechts) von der Zusammensetzung x bei $Na_xMn_xTi_{1-x}F_3$.

$Na_{2+3x}Mn_{6-6x}Ti_{3x}F_{14}$ ($0.08 \leqq x \leqq 0.42$) kristallisiert kubisch. Die Gitterkonstante fällt linear mit steigendem x von a = 5.236 Å bei x = 0.1 auf a = 5.222 Å bei x = 0.42. Die Phasen besitzen Fluorit-Struktur mit Anionen-Leerstellen; Raumgruppe $Fm3m$-O_h^5 (Nr. 225). Die Kationen Na$^+$, Mn^{2+} und Ti^{3+} sind statistisch auf die Lage 4a (0,0,0) verteilt, F$^-$ besetzt die Punktlage 8c (1/4, 1/4, 1/4). Bei x = 0.26 ($Na_{1.39}Mn_{2.22}Ti_{0.39}F_7$) ergibt sich mit Z = 1 ein R-Faktor von 8%; d-Werte s. Original. — Gemessene Dichte D = 3.54, Röntgendichte 3.55$_5$ g/cm^3.

$Na_{2+3x}Mn_{6-6x}Ti_{3x}F_{14}$ (0.49 ≦ x ≦ 1) kristallisiert tetragonal. Die Gitterkonstante a steigt von 7.38 Å nichtlinear mit Abweichung nach kleineren Werten und c fällt von 10.45 Å bei x = 0.49 nichtlinear mit Abweichung nach größeren Werten bis zu den Gitterkonstanten der Grenzverbindung $Na_5Ti_3F_{14}$ mit a = 7.48₃, c = 10.3₁ Å. An der Grenze zu den kubischen Phasen (s. 254) gilt $a_{tetr} = a_{kub}\sqrt{2}$ und $c_{tetr} = 2a_{kub}$. Die Phasen kristallisieren im Chiolith-Typ ($Na_5Al_3F_{14}$). Sie stellen einen Übergang zwischen den Fluorit- und Na_xFeF_3-Typ-Phasen dar, s. die Gegenüberstellung der Strichdiagramme mit dem von Na_2MnTiF_7 (x = 2/3) im Original, C. Barbalat, A. Védrine (Rev. Chim. Minerale **11** [1974] 388/98, 393).

4.3.8.5 $MnZrF_6$ (= $MnF_2 \cdot ZrF_4$) und Mischkristalle mit ZrF_4

$MnZrF_6$ and Solid Solutions with ZrF_4

Die farblose, wasserfreie Verbindung $MnZrF_6$ wird durch direkte Reaktion von MnF_2 und ZrF_4 erhalten, indem das zerkleinerte Gemisch in einem geschlossenen Ni- oder Pt-Rohr in Ar-Atmosphäre 1 bis 3 d bei 850°C erhitzt wird [1, 2]. Bei einem Überschuß an ZrF_4 entstehen unter diesen Bedingungen Mischkristalle der Zusammensetzung $Mn_{1-x}Zr_xF_{2+2x}$ mit x = 0.5 (= $MnZrF_6$) bis x = 0.85 [1]. $MnZrF_6$ bildet sich auch bei der Dehydratation des Pentahydrats, s. unten [3].

Die Pulverdiagramme von $MnZrF_6$ lassen sich kubisch indizieren mit der Gitterkonstanten a = 8.162 ± 0.003 Å [2], s. auch [1], und a = 8.17 Å [3]; Z = 4 [2]. Mit wachsendem ZrF_4-Gehalt nimmt die Gitterkonstante zunächst nur geringfügig ab (a ≈ 8.15 Å bei x = 0.6) und fällt dann steiler linear bis auf a ≈ 8.00 Å bei x = 0.85. Vermutliche Raumgruppe Fm3m-O_h^5 (Nr. 225) [1]. $MnZrF_6$ ist vom ReO_3-Typ [4], aber mit doppelter Gitterkonstante, da Zr^{4+} und Mn^{2+} geordnet vorliegen [2]. — Nach neueren Pulveraufnahmen wird die Verbindung auch hexagonal indiziert mit a = 5.77, c = 14.14 Å; Z = 3. Wie die verwandten Verbindungen $M^{II}AF_6$ mit A = Ti, Sn oder Pb dürfte dann auch $MnZrF_6$ im $LiSbF_6$-Typ kristallisieren [3], s. bei $CdMnF_6$ S. 241.

Gemessene Dichte D = 3.09 [3] und 3.20 g/cm³ [2], Röntgendichte bei kubischer Elementarzelle D = 3.17 [3] und 3.177 [2], bei hexagonaler Elementarzelle 3.18 g/cm³ [3].

$MnZrF_6$ [2] und die Mischkristalle sind etwas hygroskopisch [1]. Bei hohen Temperaturen zersetzt sich $MnZrF_6$ allmählich zu MnF_2 und ZrF_4; in feuchter Atmosphäre tritt Hydrolyse zu ZrO_2 und Mn-Oxid ein [3].

Literatur:

[1] M. Poulain, M. Poulain, J. Lucas (Rev. Chim. Minerale **12** [1975] 9/16). — [2] M. Poulain, J. Lucas (Compt. Rend. C **271** [1970] 822/4). — [3] R. L. Davidovich, T. F. Levchishina, S. B. Ivanov (Izv. Akad. Nauk SSSR Neorgan. Materialy **11** [1975] 2180/4; Inorg. Materials [USSR] **11** [1975] 1872/5). — [4] K. Meisel (Z. Anorg. Allgem. Chem. **207** [1932] 121/8).

4.3.8.6 $MnZrF_6 \cdot 5H_2O$ (= $MnF_2 \cdot ZrF_4 \cdot 5H_2O$)

$MnZrF_6 \cdot 5H_2O$

Die Verbindung wird bereits 1860 von Marignac [1] aus MnF_2 und ZrF_4 in Form schiefwinkliger, rhomboedrischer Prismen erhalten. Sie wird dargestellt, indem MnF_2 einer Lösung von ZrO_2 in Flußsäure zugesetzt und die Lösung bis zum Beginn der Kristallisation eingedampft wird. Die Kristalle werden mit Aceton gewaschen und an der Luft getrocknet. Sie sind möglicherweise monoklin, Tabelle der d-Werte s. im Original [2].

Im IR-Spektrum der festen Verbindung werden 3 Banden beobachtet:

Wellenzahl in cm⁻¹ . .	490	1643	3400
Zuordnung	$\nu_3(ZrF_6)$	$\delta(H_2O)$	$\nu(H_2O)$

ν bezeichnet die Valenz-, δ die Deformationsschwingungen.

Das Auftreten einer ausgeprägten Bande bei 490 cm^{-1} erlaubt den Schluß, daß oktaedrische ZrF_6^{2-}-Baugruppen vorliegen. Aus der Breite der Bande bei 3400 cm^{-1} ($\Delta\nu_{1/2} \approx 700$ cm^{-1}) wird auf eine Verzerrung der H_2O-Moleküle durch Wasserstoffbindungen geschlossen [3].

$MnZrF_6 \cdot 5H_2O$

Beim Erhitzen gibt $MnZrF_6 \cdot 5H_2O$ das Wasser in 3 Stufen unter Bildung von $MnZrF_6$ (s. S. 255) ab: je 2 H_2O-Moleküle bei 80 bis 110°C und 140°C, das letzte H_2O-Molekül bei 220 bis 250°C [4]. $MnZrF_6 \cdot 5H_2O$ ist in H_2O leicht löslich und kann daraus ohne Zersetzung umkristallisiert werden [2].

Literatur:

[1] C. Marignac (Compt. Rend. **50** [1860] 952/5; Ann. Chim. Phys. [3] **60** [1860] 257/307, 282). — [2] R. L. Davidovich, T. F. Levchishina, T. A. Kaidalova, Yu. A. Buslaev (Izv. Akad. Nauk SSSR Neorgan. Materialy **6** [1970] 493/7; Inorg. Materials [USSR] **6** [1970] 433/7). — [3] V. I. Sergienko, R. L. Davidovich, T. F. Levchishina, Yu. N. Sklyadnev (Izv. Akad. Nauk SSSR Ser. Khim. **1970** 1021/5; Bull. Acad. Sci. USSR Div. Chem. Sci. **1970** 966/8). — [4] R. L. Davidovich, T. F. Levchishina, S. B. Ivanov (Izv. Akad. Nauk SSSR Neorgan. Materialy **11** [1975] 2180/4; Inorg. Materials [USSR] **11** [1975] 1872/5).

$Mn_2ZrF_8 \cdot 6H_2O$

4.3.8.7 $Mn_2ZrF_8 \cdot 6H_2O$ (= $2MnF_2 \cdot ZrF_4 \cdot 6H_2O$)

Die Verbindung ist nur in der älteren Literatur beschrieben. Sie entsteht, wenn einer wäßrigen Lösung von $MnZrF_6 \cdot 5H_2O$ (s. S. 255) Flußsäure und überschüssiges $MnCO_3$ zugegeben werden. Die schiefwinkligen rhomboedrischen Prismen lösen sich in kaltem Wasser, von heißem Wasser werden sie unter Abscheidung von MnF_2 zersetzt, C. Marignac (Compt. Rend. **50** [1860] 952/5; Ann. Chim. Phys. [3] **60** [1860] 257/307, 284).

Li_2MnZrF_8

4.3.8.8 Li_2MnZrF_8 (= $2LiF \cdot MnF_2 \cdot ZrF_4$)

Die Verbindung wird durch Festkörperreaktion der einfachen Fluoride im verschlossenen Goldrohr bei 550°C in 20 h erhalten. Sie kristallisiert tetragonal mit den Gitterkonstanten a = 5.052 ± 0.002, c = 10.327 ± 0.005 Å; Z = 2, Raumgruppe $I\bar{4}$-S_4^2 (Nr. 82). Die Struktur ist isotyp mit der von Li_2CaUF_8, die vom Scheelit-Typ ($CaWO_4$) abgeleitet werden kann, A. Védrine, L. Baraduc, J.-C. Cousseins (Mater. Res. Bull. **8** [1973] 581/7).

$MnHfF_6$

4.3.8.9 $MnHfF_6$ (= $MnF_2 \cdot HfF_4$)

Die Verbindung entsteht aus $MnHfF_6 \cdot 5H_2O$ (s. unten) bei 250°C. Nach Röntgen-Pulveraufnahmen kann sie kubisch mit der Gitterkonstanten a = 8.16 Å, Z = 4 indiziert werden. Sie läßt sich aber auch hexagonal mit a = 5.77, c = 11.11 Å, Z = 3 indizieren und dürfte dann, wie die verwandten Verbindungen $M^{II}AF_6$ mit A = Ti, Sn oder Pb, im $LiSbF_6$-Typ kristallisieren, s. S. 241. — Gemessene Dichte D = 4.18 g/cm³, Röntgendichte bei kubischer und hexagonaler Elementarzelle 4.25 g/cm³. — Beim Erhitzen zersetzt sich $MnHfF_6$ zu MnF_2 und HfF_4, in Gegenwart von Luftfeuchtigkeit werden die Fluoride zu HfO_2 und Mn-Oxid hydrolysiert, R. L. Davidovich, T. F. Levchishina, S. B. Ivanov (Izv. Akad. Nauk SSSR Neorgan. Materialy **11** [1975] 2180/4; Inorg. Materials [USSR] **11** [1975] 1872/5).

$MnHfF_6 \cdot 5H_2O$

4.3.8.10 $MnHfF_6 \cdot 5H_2O$ (= $MnF_2 \cdot HfF_4 \cdot 5H_2O$)

Die schwach rosa gefärbte Verbindung bildet sich, wenn MnF_2 einer stöchiometrischen Menge HfO_2 in Flußsäure zugegeben und bis zum Beginn der Kristallisation eingedampft wird. Nach Röntgen-Pulverdiagrammen ist $MnHfF_6 \cdot 5H_2O$ möglicherweise monoklin und isotyp mit der entsprechenden Zr-Verbindung (s. S. 255); d-Werte s. Original. Die Verbindung ist leicht löslich in H_2O und bleibt beim Umkristallisieren aus wäßriger Lösung unverändert [1, 2]. Beim Erhitzen gibt sie das Wasser in drei Stufen unter Bildung von $MnHfF_6$ (s. oben) ab: je zwei H_2O-Moleküle bei 80 bis 100 und 160°C, das letzte H_2O-Molekül bei 250°C [3].

Literatur:

[1] R. L. Davidovich, Yu. A. Buslaev, T. F. Levchishina (Izv. Akad. Nauk SSSR Ser. Khim. **1968** 688; Bull. Acad. Sci. USSR Div. Chem. Sci. **1968** 676). — [2] R. L. Davidovich, T. F. Levchishina,

T. A. Kaidalova (Izv. Akad. Nauk SSSR Neorgan. Materialy **7** [1971] 1992/6; Inorg. Materials [USSR] **7** [1971] 1773/6). — [3] R. L. Davidovich, T. F. Levchishina, S. B. Ivanov (Izv. Akad. Nauk SSSR Neorgan. Materialy **11** [1975] 2180/4; Inorg. Materials [USSR] **11** [1975] 1872/5).

4.3.8.11 Li_2MnHfF_8 (= 2 LiF · MnF_2 · HfF_4)

Li_2MnHfF_8

Die Verbindung wird aus einem stöchiometrischen Gemisch von $MnHfF_6$ (s. S. 256) und LiF im verschlossenen Goldrohr bei 550°C in 20 h erhalten. (Wenn man von LiF, MnF_2 und HfF_4 ausgeht, bildet sich vorwiegend Li_2HfF_6.) Li_2MnHfF_8 kristallisiert tetragonal mit a = 5.047 ± 0.002, c = 10.300 ± 0.005 Å; Z = 2. Raumgruppe $I\bar{4}$-S_4^2 (Nr. 82). Es ist wie Li_2MnZrF_8 (s. S. 256) isotyp mit Li_2CaUF_8, A. Védrine, L. Baraduc, J.-C. Cousseins (Mater. Res. Bull. **8** [1973] 581/7).

4.3.9 Verbindungen des Mangans mit Fluor und Metallen der 5. Hauptgruppe

Compounds of Manganese with Fluorine and Group Va Metals

4.3.9.1 $Mn(SbF_6)_2$ (= MnF_2 · 2 SbF_5)

$Mn(SbF_6)_2$

Die Verbindung wird durch Oxidation von überschüssigem metallischem Mn mit SbF_5 in flüssigem SO_2 hergestellt. In heftiger Reaktion bildet sich eine farblose Lösung nach Mn + 4 SbF_5 + y SO_2 → $Mn(SbF_6)_2$ · y SO_2 + 2 SbF_4. Durch Abpumpen im Vakuum (p < 10^{-3} Torr) und gleichzeitiges Erwärmen auf 50°C wird das SO_2 entfernt. — Die farblose Verbindung hat das magnetische Moment μ_{eff} = 5.91 ± 0.09 μ_B bei 298 K. In Analogie zu MnF_2, den Trifluoromanganaten und Hexafluorometallaten wird angenommen, daß auch in der vorliegenden Verbindung das Mangan sechsfach koordiniert ist, P. A. W. Dean (J. Fluorine Chem. **5** [1975] 499/507).

4.3.9.2 $Mn(SbF_6)_2 \cdot 6H_2O$ (= MnF_2 · 2 SbF_5 · 6 H_2O)

$Mn(SbF_6)_2 \cdot 6H_2O$

Zur Darstellung der farblosen Verbindung wird Manganoxoantimonat(V) (s. „Mangan" C 3, S. 135) in kalter 40%iger Flußsäure aufgelöst und auf dem Wasserbad eingeengt. Der entstehende Kristallbrei wird über P_2O_5 völlig getrocknet und dann mit Aceton aufgenommen (ebenfalls gebildetes MnF_2 bleibt dabei ungelöst). Die Acetonlösung wird möglichst schnell durch Warmluft eingedunstet, der ausgefallene Kristallbrei auf dem Tonteller über P_2O_5 und Paraffin rasch getrocknet. Die Verbindung ist sehr hygroskopisch. Sie löst sich gut in Methanol und Aceton, A. Meuwsen, H. Mögling (Z. Anorg. Allgem. Chem. **285** [1956] 262/70, 265, 269).

4.3.10 Verbindungen des Mangans mit Fluor und Elementen der 5. Nebengruppe

Compounds of Manganese with Fluorine and Group Vb Elements

4.3.10.1 $LiMnVF_6$ (= LiF · MnF_2 · VF_3)

$LiMnVF_6$

Die gelbgrüne Verbindung ist isotyp mit $LiMnGaF_6$ und wird analog dargestellt, s. S. 245. Die trigonalen Gitterkonstanten betragen a = 8.700 ± 0.002, c = 4.651 ± 0.001 Å; Röntgendichte D = 3.705 g/cm³, W. Viebahn (Z. Anorg. Allgem. Chem. **413** [1975] 77/84, 78); vgl. J. Gaile (Diss. Tübingen 1973, S. 1/109).

4.3.10.2 $CsMnVF_6$ (= CsF · MnF_2 · VF_3)

$CsMnVF_6$

Die Verbindung wird durch Erhitzen stöchiometrischer Mengen von $CsHF_2$, MnF_2 und VF_3 auf 600 bis 1000°C in inerter Atmosphäre dargestellt. — Nach Pulveraufnahmen kristallisiert sie kubisch mit der Gitterkonstanten a = 10.57 Å; Z = 8, Raumgruppe Fd3m-O_h^7 (Nr. 227). $CsMnVF_6$ besitzt eine modifizierte Pyrochlor-Struktur (die zuerst bei $RbNiCrF_6$ bestimmt wurde), wie die Verbindungen M^IMnCrF_6 (M^I = Rb, Cs, Tl; Näheres zur Struktur s. dort, S. 259), $CsMnTiOF_5$ und $CsMnMoO_3F_3$ (s. S. 269 und 270). Der Parameter der F-Atome auf der Lage 48f (x, 1/8, 1/8) beträgt x = 0.320; R ≈ 5%, D. Babel, G. Pausewang, W. Viebahn (Z. Naturforsch. **22b** [1967] 1219/20).

$Mn_5H_5Nb_3F_{30} \cdot 28\ H_2O$?

4.3.10.3 $Mn_5H_5Nb_3F_{30} \cdot 28H_2O$ (= $5MnF_2 \cdot 3NbF_5 \cdot 5HF \cdot 28H_2O$)?

Eine Verbindung dieser Zusammensetzung soll sich beim Auflösen äquivalenter Mengen von $MnCO_3$ und Nb_2O_5 in konzentrierter Flußsäure und anschließendem Eindampfen der Lösung bilden. (Bei neueren Untersuchungen wird auf ähnliche Weise $MnNbOF_5 \cdot 4H_2O$ hergestellt, s. S. 270.) Die langgezogenen, sechseckigen, rosa Prismen verlieren HF an der Luft, B. Santesson (Bull. Soc. Chim. France [2] **24** [1875] 52/5).

$MnTaF_7 \cdot 6H_2O$

4.3.10.4 $MnTaF_7 \cdot 6H_2O$ (= $MnF_2 \cdot TaF_5 \cdot 6H_2O$)

Zur Darstellung wird eine flußsaure Lösung von Ta_2O_5 (HF : Ta ≈ 20) mit einer äquivalenten Menge $MnCO_3$ versetzt und auf dem Wasserbad eingedampft. Die ausfallenden Kristalle werden mit Methanol oder Aceton gewaschen und im Vakuum getrocknet. — Sie besitzen hexagonale Symmetrie mit den Gitterkonstanten a = 9.86, c = 10.24 Å; Z = 3; d-Werte s. Original. Aus den Pulverdiagrammen wird geschlossen, daß $MnTaF_7 \cdot 6H_2O$ und $MnTiF_6 \cdot 6H_2O$ (s. S. 253) isotyp sind. Pyknometrische Dichte D = 2.30 ± 0.03, berechnete Dichte D = 2.75 g/cm³. Im IR-Absorptionsspektrum werden folgende Banden gemessen:

Wellenzahl in cm^{-1}	415	490	562	725	1650	3270	3450	3510
Intensität	w	w	s	sh	m	sh	s	sh
Zuordnung	$\rho_{wag}(H_2O)$		ν(TaF)	$\rho_{rock}(H_2O)$	$\delta(H_2O)$		$\nu(H_2O)$	

s = stark, m = mittel, w = schwach, sh = Schulter; ν bezeichnet die Valenz-, δ und ρ die Deformationsschwingungen.

$MnTaF_7 \cdot 6H_2O$ zerfließt an feuchter Luft. Es löst sich leicht in H_2O und kann ohne Veränderung aus wäßriger Lösung umkristallisiert werden, R. L. Davidovich, T. F. Levchishina, T. A. Kaidalova (J. Less-Common Metals **27** [1972] 35/43).

Compounds of Manganese with Fluorine and Group VIb Elements

4.3.11 Verbindungen des Mangans mit Fluor und Elementen der 6. Nebengruppe

The MnF_2-CrF_3 System

4.3.11.1 Das System MnF_2-CrF_3

Das Zustandsdiagramm wird durch Differentialthermoanalyse unter Ar erhalten, s. **Fig. 107**. Die Gemische werden zuvor 48 h bei 650°C getempert. Als einzige Verbindung bildet sich peritektisch $MnCrF_5$, s. S. 259. Der peritektische Punkt (P) liegt bei 885°C und 71 Mol-% MnF_2, der eutektische Punkt (E) bei 796°C und 80 Mol-% MnF_2 [1]. Als peritektische Temperatur wird außerdem 910°C gefunden [2].

Fig. 107

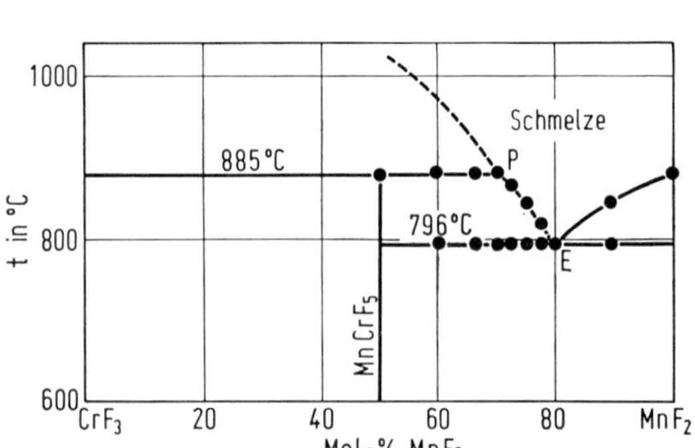

Zustandsdiagramm des Systems MnF_2-CrF_3.

Literatur:

[1] G. Férey, M. Leblanc, C. Jacoboni, R. de Pape (Compt. Rend. C **273** [1971] 700/2). — [2] A. de Kozak (Rev. Chim. Minerale **8** [1971] 301/37, 328).

4.3.11.2 $MnCrF_5$ (= $MnF_2 \cdot CrF_3$)

$MnCrF_5$

Die Verbindung bildet sich im System MnF_2-CrF_3, s. S. 258. — Zur Darstellung wird ein äquimolares Gemisch von MnF_2 und CrF_3 15 h auf 700°C erhitzt [1]. Einkristalle in Form rhombischer Prismen werden durch Erhitzen auf 840°C in 30 d erhalten [2]. — Nach Einkristallaufnahmen kristallisiert $MnCrF_5$ rhombisch mit den Gitterkonstanten a = 15.486 ± 0.003, b = 7.381 ± 0.003, c = 6.291 ± 0.003 Å; Z = 8 [2]; d-Werte s. Originale [1, 2]. Raumgruppe wahrscheinlich Cmmm-D_{2h}^{19} (Nr. 65) [2]. Die Verbindung ist isotyp mit α-$MnGaF_5$ (s. S. 244) [3]. Die Dichte wird zu D = 3.72 gemessen und zu D = 3.73 g/cm³ berechnet [2]. Zur peritektischen Zersetzung s. beim System MnF_2-CrF_3

Literatur:

[1] A. de Kozak (Rev. Chim. Minerale **8** [1971] 301/37, 328). — [2] G. Férey, M. Leblanc, C. Jacoboni, R. de Pape (Compt. Rend. C **273** [1971] 700/2). — [3] J. M. Dance, A. Tressaud (Compt. Rend. C **277** [1973] 379/82).

4.3.11.3 $MnCrF_6 \cdot 6H_2O$ (= $MnF_3 \cdot CrF_3 \cdot 6H_2O$)

$MnCrF_6 \cdot 6H_2O$

Zur Darstellung wird in Flußsäure gelöstes MnF_3 mit einer wäßrigen Lösung von Cr^{III}-Nitrat oder -Chlorid vermischt, wobei sich violette Kristalle der Verbindung abscheiden. Sie besitzen die Form kleiner hexagonaler Prismen mit ausgeprägter Doppelbrechung und lebhaften Interferenzfarben. Wahrscheinlich liegt die Konstitution $[CrF_2(H_2O)_4][MnF_4(H_2O)_2]$ oder $[CrF(H_2O)_5]$-$[MnF_5(H_2O)]$ vor.

Werden die Kristalle bei 140°C getrocknet, so erhalten sie einen braunen Schimmer. Wahrscheinlich durch teilweise Hydrolyse und Verdampfen von 2 HF anstelle von H_2O tritt ein höherer Gewichtsverlust ein als dem H_2O-Gehalt entspricht. Die Summe der Oxidationsäquivalente bleibt dabei unverändert. Die Verbindung ist in H_2O sehr wenig löslich und wird allmählich hydrolysiert, I. G. Ryss, B. S. Vitukhnovskaya (Zh. Neorgan. Khim. **3** [1958] 1185/7; Russ. J. Inorg. Chem. **3** Nr. 5 [1958] 166/9).

4.3.11.4 M^IMnCrF_6 (= $M^IF \cdot MnF_2 \cdot CrF_3$), M^I = Li, K, Rb, Cs, Tl

M^IMnCrF_6

Zur Darstellung werden entsprechende Mengen der Metallfluoride zunächst 12 h im Vakuum bei 180°C [1, 2] oder 250°C [3] getrocknet und dann in Platinampullen, die unter Ar abgeschmolzen werden, 10 h [1] bis 3 d [3] auf 750 (Li) [1, 2], 800 (K, Rb, Cs) bzw. 600°C (Tl) erhitzt [3]. Anstelle von CsF kann auch $CsHF_2$ eingesetzt werden [4]. Die Verbindungen fallen als Sinterkörper an [1]. Dunkelgrüne Einkristalle in Form verzerrter Oktaeder von 1 bis 2 mm Größe lassen sich aus einer RbCl-Schmelze nach

$$(x + 2y)\,RbCl + 3y\,MnF_2 + 2y\,CrF_3 \rightarrow 2y\,RbMnCrF_6 + x\,RbCl + y\,MnCl_2$$

züchten. Um einen niedrigen Schmelzpunkt zu erhalten, werden Zusammensetzungen in der Nähe des eutektischen Punkts des Systems gewählt. Als Nebenprodukt entsteht Rb_2CrF_5 [5].

Symmetrie, Gitterkonstanten a und c (in Å), Anzahl der Formeleinheiten Z in der Elementarzelle sowie die pyknometrische Dichte D_{pyk} und Röntgendichte D_{ber} (in g/cm³) sind in der folgenden Tabelle wiedergegeben:

Verbindung	Symmetrie	Gitterkonstanten		Z	D_{pyk}	D_{ber}	Lit.
$LiMnCrF_6$	trigonal	a = 8.658 ± 0.002	c = 4.727 ± 0.002	3	3.64	3.698	[1, 2]
$KMnCrF_6$	tetragonal	a = 12.674 ± 0.004	c = 3.980 ± 0.005	5	3.43 ± 0.01	3.377	[3]
$RbMnCrF_6$	kubisch	a = 10.260 ± 0.002		8	3.76 ± 0.01	3.768	[3]
$CsMnCrF_6$	kubisch	a = 10.478 ± 0.002		8	4.08 ± 0.01	4.086	[3]
		a = 10.49					[4]
$TlMnCrF_6$	kubisch	a = 10.334 ± 0.002		8	5.03 ± 0.01	5.119	[3]

$LiMnCrF_6$ Das grüne $LiMnCrF_6$ ist isotyp mit $LiMnGaF_6$ (s. S. 245) [1, 2]. — Es gehorcht dem Curie-Weiss-Gesetz mit $\Theta_p = -8$ K im Bereich von 90 bis 473 K und ist nur schwach antiferromagnetisch. Folgende Tabelle gibt die gemessene sowie die aus den Ionen Mn^{2+} und Cr^{3+} berechnete Molsuszeptibilität χ_{mol} (in cm^3/mol) bei verschiedenen Temperaturen wieder:

$\chi_{mol} \cdot 10^6$(gem.) . . .	55500	27000	17850	14500	12100
$\chi_{mol} \cdot 10^6$(ber.)	68900	31800	21160	16626	13690
T in K	90	195	293	373	473

Im Reflexionsspektrum von $LiMnCrF_6$ treten 3 Banden des Cr^{3+} auf, von denen die erste aufgespalten ist (diese Aufspaltung tritt nur bei ternären und quaternären Verbindungen auf, nicht aber bei CrF_3): 15150, 15900, 16500 ($^2A_{2g} \rightarrow {}^4T_{2g}$), 23000 ($^2A_{2g} \rightarrow {}^4T_{1g}$ (F)) und 35700 cm^{-1} ($^2A_{2g} \rightarrow {}^4T_{1g}$ (P)).

$LiMnCrF_6$ läßt sich durch eine Na_2O_2-Na_2CO_3-Schmelze aufschließen [1].

$KMnCrF_6$ $KMnCrF_6$ hat nach Röntgen-Pulverdiagrammen eine ähnliche Struktur wie $KFeF_6$ [3], das isotyp mit tetragonalem $K_{0.5}WO_3$ ist, Raumgruppe P4/mbm-D^5_{4h} (Nr. 127) [6]. — Die magnetische Suszeptibilität gehorcht dem Curie-Weiss-Gesetz mit C = 6.19 (berechnet C = 6.265), $\Theta_p = -20.6$ K. Bei 26 K wird eine magnetische Ordnung beobachtet. Das Sättigungsmoment beträgt $\sigma_0 = 0.0685$ G · cm^3/g, das effektive magnetische Moment 3.2 μ_B je Formeleinheit [3].

$RbMnCrF_6$ $CsMnCrF_6$ $TlMnCrF_6$ $RbMnCrF_6$, $CsMnCrF_6$ und $TlMnCrF_6$ kristallisieren im $RbNiCrF_6$-Typ, einer modifizierten Pyrochlor-Struktur [3, 4]; Raumgruppe Fd3m-O^7_h (Nr. 227). Bei $CsMnCrF_6$ befindet sich Cs auf der Punktlage 8b ($^3/_8$, $^3/_8$, $^3/_8$), Mn und Cr statistisch auf 16c (0, 0, 0) und F auf 48f (x, $^1/_8$, $^1/_8$) mit x = 0.321, R ≈ 5%. Wie in den Pyrochloren liegt ein dreidimensional über Ecken verknüpftes Oktaedernetz $(Mn,Cr)F_6$ vor; die Hohlräume werden von den M^I-Ionen ausgefüllt [4]. — Alle drei Verbindungen gehorchen dem Curie-Weiss-Gesetz mit folgenden Konstanten [3]:

Verbindung	C(gemessen)	C(berechnet)	Θ_p in K
$RbMnCrF_6$	6.38	6.265	−73.9
$CsMnCrF_6$	6.27	6.265	−66.5
$TlMnCrF_6$	6.28	6.265	−54.6

Literatur:

[1] W. Viebahn, W. Rüdorff, R. Hänsler (Chimia [Aarau] **23** [1969] 503/10, 507/8). — [2] W. Viebahn (Z. Anorg. Allgem. Chem. **413** [1975] 77/84, 78). — [3] E. Banks, O. Berkooz, J. A. de Luca (Mater. Res. Bull. **6** [1971] 659/67). — [4] D. Babel, G. Pausewang, W. Viebahn (Z. Naturforsch. **22b** [1967] 1219/20). — [5] J. Nouet, C. Jacoboni, G. Ferey, J. Y. Gérard, R. de Pape (J. Cryst. Growth **8** [1971] 94/8).

[6] R. de Pape (Compt. Rend. **260** [1965] 4527/30).

4.3.11.5 $MnUF_6 \cdot 3H_2O$ (= $MnF_2 \cdot UF_4 \cdot 3H_2O$)

$MnUF_6 \cdot 3H_2O$

Werden die gesättigten Lösungen von UF_4 und MnF_2 in 40%iger Flußsäure bei Zimmertemperatur vereinigt, so scheiden sich nach einigen Stunden bis Tagen kleine nadelförmige, pseudohexagonale Einkristalle von $MnUF_6 \cdot 3H_2O$ ab [1, 2]. — Sie sind monoklin [1, 3] mit den Gitterkonstanten a = 12.37, b = 6.98, c = 8.06 Å, β = 93°20'; Z = 4. Raumgruppe C2/c-C_{2h}^6 (Nr. 15). d-Werte s. im Original. Gemessene Dichte D = 4.41 ± 0.02, berechnete Dichte D = 4.398 g/cm^3 [3]. — DTA und TGA ergeben, daß bei 163 ± 4°C und 195 ± 2°C jeweils 1 H_2O abgespalten wird. Vollständige thermische Dehydratation in inerter Atmosphäre führt zur Zersetzung, bei der HF nur in vernachlässigbarer Menge entsteht [1].

Literatur:

[1] F. Montoloy, S. Maraval (Compt. Rend. C **267** [1968] 1309/11). — [2] F. Montoloy, S. Maraval, M. Capestan (Compt. Rend. C **266** [1968] 787/9). — [3] P. Charpin, F. Montoloy, M. Nierlich (Compt. Rend. C **268** [1969] 156/8).

4.3.12 Verbindungen des Mangans mit Fluor und Elementen der 7. und 8. Nebengruppe

Compounds of Manganese with Fluorine and Group VIIb and VIIIb Elements

Wegen des Prinzips der letzten Stelle werden diese Verbindungen bei den entsprechenden Elementen behandelt. $CoMnF_5 \cdot 4H_2O$ und $NiMnF_5 \cdot 4H_2O$ sind in den Bänden „Kobalt" A, S. 487, bzw. „Nickel" B 3, S. 1240, beschrieben.

4.4 Verbindungen des Mangans mit Fluor und Xenon

Compounds of Manganese with Fluorine and Xenon

4.4.1 $XeMnF_6$ (= $XeF_2 \cdot MnF_4$)

$XeMnF_6$

Die weinrote Verbindung wird dargestellt, indem 47 mmol XeF_2 im Hochvakuum auf etwa 10 mmol getrocknetes MnF_2 sublimiert und dann 60 h bei 120°C gehalten werden [1 bis 5]. Anschließend wird bei −80°C das entstandene Xe abdestilliert und bei Raumtemperatur das überschüssige XeF_2 abgepumpt. Demnach ergibt sich die Bildungsgleichung $MnF_2 + (2 + n) XeF_2 \rightarrow XeMnF_6 + Xe + n XeF_2$ [1, 2]. Die Verbindung bildet sich auch bei der Reaktion von Xe mit F_2 in Gegenwart von MnF_3 [6, 7]. Debyeogramm s. [5].

$XeMnF_6$ ist paramagnetisch; die Suszeptibilität folgt zwischen 90 und 290°C dem Gesetz von Curie: $\chi_{mol} = (1.86 \pm 0.01)/T$; $\Theta_p = 0$ K. Aus der Größe des magnetischen Moments von $\mu_{eff} = 3.86 \pm 0.01\ \mu_B$ wird geschlossen, daß Mn^{IV} vorliegt (theoretischer Wert 3.87 μ_B), das von Fluor oktaedrisch umgeben ist [1 bis 5]. Die Bindung wird als ionisch angenommen [1]. — Das IR-Spektrum zeigt Absorptionsbanden bei 440 s, 468 w, 510 m, 517 vs, 529 w, 600 m, 661 s, 692 s cm^{-1} (Intensitäten: vs = sehr stark, s = stark, m = mittel, w = schwach) [1].

Die Verbindung zersetzt sich rasch an feuchter Luft [2 bis 5]. Beim Erhitzen auf 120°C im Vakuum zersetzt sie sich zu $XeMn_2F_{10}$ (s. S. 262) und XeF_2 [1]. $XeMnF_6$ wirkt nur wenig beschleunigend auf die Reaktion zwischen Xe und F_2 (im Gegensatz zu $AgMnF_6$ oder $NiMnF_6$) [8, 9].

Literatur:

[1] M. Bohinc, J. Grannec, J. Slivnik, B. Žemva (J. Inorg. Nucl. Chem. **38** [1976] 75/6). — [2] B. Žemva, J. Zupan, J. Slivnik (J. Inorg. Nucl. Chem. **33** [1971] 3953/5). — [3] B. Žemva, J. Slivnik (IJS-R-589 [1970] 1/12 [englisch]; C. A. **75** [1971] Nr. 25886). — [4] B. Žemva, J. Zupan, J. Slivnik (IJS-R-585 [1970] 1/4 [englisch]; C. A. **74** [1971] Nr. 71137). — [5] B. Žemva, (IJS-P-265 [1971] 1/48 nach C. A. **75** [1971] Nr. 25883).

[6] J. Slivnik, B. Žemva, B. Frlec, T. Ogrin (IJS-R-566 [1969] 1/10 [englisch]; C. A. **74** [1971] Nr. 150454). — [7] J. Slivnik, B. Žemva (IJS-R-598 [1971] 1/11 [englisch]; C. A. **79** [1973] Nr. 118817). — [8] J. Levic, J. Slivnik, B. Žemva (IJS-R-615 [1972] 1/11 [englisch]; C. A. **79** [1973] Nr. 13041). — [9] J. Levic, J. Slivnik, B. Žemva (Vestn. Sloven. Kem. Druszva **20** [1973] 13/20 [englisch] nach C. A. **81** [1974] Nr. 96730).

$XeMn_2F_{10}$

4.4.2 $XeMn_2F_{10}$ ($=XeF_2 \cdot 2\,MnF_4$)

Die dunkelviolette Verbindung bildet sich durch thermische Zersetzung von $XeMnF_6$ (s. S. 261). Sie ist paramagnetisch und befolgt nach Messungen zwischen 94 und 286 K das Curie-Weiss-Gesetz, $\Theta_p = -10$ K; magnetisches Moment $\mu_{eff} = 4.15\ \mu_B$. Demnach dürfte Mn^{IV} vorliegen. In Analogie zu ähnlichen Verbindungen der 2. und 3. Reihe der Übergangselemente wird auch hier ionische Bindung angenommen. Das IR-Spektrum zeigt Absorptionsbanden bei 550 sh, 610 vs, 673 s cm^{-1}, (vs = sehr stark, s = stark, sh = Schulter), M. Bohinc, J. Grannec, J. Slivnik, B. Žemva (J. Inorg. Nucl. Chem. **38** [1976] 75/6).

Xe_4MnF_{28} · Xe_2MnF_{16} · $XeMnF_{10}$ · $XeMn_2F_{14}$

4.4.3 Xe_4MnF_{28}, Xe_2MnF_{16}, $XeMnF_{10}$, $XeMn_2F_{14}$ ($=n\,XeF_6 \cdot MnF_4$, n = 4, 2, 1, 0.5)

Hell orangefarbiges Xe_4MnF_{28} bildet sich beim Erhitzen von metallischem Mn mit überschüssigem Xe und F_2 auf 225°C unter Druck in 65 h oder aus Mn, XeF_6 und F_2. Die gasförmigen überschüssigen Komponenten werden bei −183 und −60°C abgepumpt [1]. Die Herstellung gelingt auch durch mehrstündige Reaktion von trockenem MnF_2 mit überschüssigem, aufsublimiertem XeF_6 bei 60°C im Kupfergefäß. Die Verbindung wird bei 0°C isoliert. Bei Zimmertemperatur geht sie im dynamischen Vakuum in orangefarbiges Xe_2MnF_{16} und XeF_6 über. Bei 60°C schreitet die Zersetzung fort zu rosafarbigem $XeMnF_{10}$ und bei 140°C zu dunkelrotviolettem $XeMn_2F_{14}$ [2]. $XeMnF_{10}$ bildet sich auch direkt aus Xe_4MnF_{28} oberhalb von 40°C im dynamischen Vakuum [1].

Alle Verbindungen sind paramagnetisch. Die magnetische Suszeptibilität folgt im Bereich von 94 bis 286 K (Xe_4MnF_{28}) bzw. 4 bis 294 K (die übrigen 3 Verbindungen) dem Curie-Weiss-Gesetz (Werte von Θ_p s. in der Tabelle). Das gemessene magnetische Moment μ_{eff} deutet darauf hin, daß in allen Verbindungen Mn^{IV} vorliegt (theoretischer Wert 3.87 μ_B):

Verbindung . . .	Xe_4MnF_{28}	Xe_2MnF_{16}	$XeMnF_{10}$	$XeMn_2F_{14}$
μ_{eff} in μ_B	3.86	3.89	3.89	3.81
Θ_p in K	−12	−2	−8	−12

Im IR-Spektrum werden folgende Banden beobachtet (in cm^{-1}):

Xe_2MnF_{16}: 484 w, 567 m, 612 s, 633 vs, 655 sh
$XeMnF_{10}$: 467 m, 537 m, 587 s, 607 m, 637 vs, 655 sh, 687 sh, 707 s
$XeMn_2F_{14}$: 550 sh, 600 s, 655 vs, 705 s
(vs = sehr stark, s = stark, m = mittel, w = schwach, sh = Schulter)

Xe_4MnF_{28} und Xe_2MnF_{16} färben sich unterhalb −50°C zitronengelb, die Farbänderung ist reversibel [2].

$XeMnF_{10}$ kann ohne Zersetzung in N_2-Atmosphäre in Glasgefäßen aufbewahrt werden. Es wird an feuchter Luft braun und reagiert heftig mit H_2O bei 25°C, aber nicht mit polymerem $(CF_2CFCl)_n$-Öl [1].

Literatur:

[1] J. Aubert, G. H. Cady (Inorg. Chem. **9** [1970] 2600/2). — [2] M. Bohinc, J. Grannec, J. Slivnik, B. Žemva (J. Inorg. Nucl. Chem. **38** [1976] 75/6).

4.5 Verbindungen des Mangans mit Fluor und Sauerstoff einschließlich weiterer Metalle

Compounds of Manganese with Fluorine and Oxygen Including Other Metals

4.5.1 Mangan(VII)-trioxidfluorid MnO_3F (Permanganylfluorid)

Manganese (VII) Trioxide Fluoride

4.5.1.1 Darstellung

Preparation

Im allgemeinen wird $KMnO_4$ mit einer Fluorverbindung nach dem Schema $MnO_4^- + F^- \rightarrow MnO_3F + O^{2-}$ umgesetzt. Die Verbindung wird erstmals von Wöhler [1] beschrieben, der $KMnO_4$, CaF_2 und konzentrierte Schwefelsäure miteinander reagieren läßt, wobei ein gelbes Gas entsteht, das sich an der Luft purpurrot färbt. — Zur Darstellung werden mit Hilfe der zuerst von Ruff [2] durchgeführten Reaktion $KMnO_4 + 2HSO_3F \rightarrow MnO_3F + KSO_3F + H_2SO_4$ nach Engelbrecht, Grosse [3] 100 g (0.63 mol) feinkristallines $KMnO_4$ sehr langsam in kleinen Anteilen zu 250 g (2.50 mol) HSO_3F in ein Kupfergefäß gegeben und mit Trockeneis gekühlt. Dann läßt man das Gefäß sehr langsam im Vakuum auf Raumtemperatur erwärmen. Das entweichende grüne MnO_3F-Gas wird in Fallen kondensiert und mit Trockeneis gekühlt. HF und andere Nebenprodukte werden zum größten Teil durch fraktionierte Kondensation abgetrennt. Zur vollständigen Reinigung wird MnO_3F mehrere Stunden bei 0°C in Kontakt mit wasserfreien KF-Preßlingen gehalten, die mit HF die Verbindung KHF_2 bilden, und dann mehrmals destilliert. Man kann auch das unreine MnO_3F mit überschüssigem $KMnO_4$ behandeln, das mit HF weiteres MnO_3F bildet [3]. Zur Reinigung von HF eignet sich auch NaF [4]. Bei der spektroskopischen Untersuchung des MnO_3F-Moleküls (s. unten) wird meistens dieses Darstellungsverfahren [3] benützt. — Für die Herstellung von $Mn^{16}O_2{}^{18}OF$ wird mit ^{18}O angereichertes $KMnO_4$ mit HSO_3F umgesetzt [5]. — MnO_3F bildet sich in ähnlicher Weise beim Eintragen von $KMnO_4$ in flüssiges HF [6, 7], ist daraus aber schwieriger zu isolieren [8], s. auch [3]. Unabhängig davon ist das Verfahren für die Untersuchung des Moleküls geeignet [9]. — Mit flüssigem JF_5 bildet sich MnO_3F ab 40°C nach $KMnO_4 + JF_5 \rightarrow MnO_3F + JOF_3 + KF$. JF_5 muß in großem Überschuß eingesetzt werden, um eine Explosion zu vermeiden, wenn die Temperatur bis auf etwa 60°C erhöht wird. Da sich MnO_3F schon bei 0°C zersetzt, entstehen bei diesem Verfahren deutliche Mengen MnO_2 und MnF_2 (s. S. 267). Das entstehende MnO_3F wird in einer Falle von −80°C kondensiert. Zur Befreiung von den festen Zersetzungsprodukten und JF_5 wird das rohe Oxidfluorid in eine Falle mit wasserfreien KF-Preßlingen destilliert und dann noch dreimal destilliert. Die Kristalle werden bei −80°C gesammelt [10].

4.5.1.2 Molekül

The Molecule

4.5.1.2.1 Punktgruppe. Elektronenkonfiguration. Terme

Point Group. Electron Configuration. Terms

MnO_3F mit 58 Elektronen (davon 24 Valenzelektronen) ist isoelektronisch mit dem Permanganat-Ion MnO_4^-, s. „Mangan" C 2, S. 25/30. Die Orbitale des gestörten MnO_3F-Tetraeders (Punktgruppe C_{3v}) korrelieren mit denen des MnO_4^--Ions (T_d) gemäß:

$$a_1 \rightarrow a_1,\ e \rightarrow e,\ t_1 \rightarrow e + a_2,\ t_2 \rightarrow e + a_1\ (T_d \rightarrow C_{3v}).$$

Grundzustand

Ground State

Die Elektronenkonfiguration ergibt sich für den Grundzustand $^1A_1$ nach der SCF-Xα-SW-Methode (in energetischer Reihenfolge):

Die Rumpforbitale $(1a_1)^2\ (2a_1)^2\ (3a_1)^2\ (4a_1)^2\ (1e)^4\ (5a_1)^2\ (2e)^4\ (6a_1)^2\ (3e)^4\ (7a_1)^2\ (8a_1)^2\ (9a_1)^2\ (4e)^4$ sind die reinen Atomorbitale Mn1s, Mn2s, F1s, $Mn2p_z$, $Mn2p_x$, $2p_y$, O1s, O1s, Mn3s, $Mn3p_x$, $3p_y$, $Mn3p_z$, F2s, O2s, O2s.

Die Valenzorbitale

$(10a_1)^2(5e)^4$	$(6e)^4$	$(7e)^4(11a_1)^2$	$(12a_1)^2$	$(8e)^4(1a_2)^2$

gehen aus den T_d-Orbitalen

$(5t_2)^6$	$(1e)^4$	$(6t_2)^6$	$(6a_1)^2$	$(1t_1)^6$

Ground State of the MnO_3F Molecule

hervor [9]. Eine abweichende energetische Reihenfolge der Valenzorbitale ergibt eine semiempirische SCF-LCAO-MO-Berechnung nach der ZDO-Methode [11].

Folgende MO-Eigenwerte ε (in atomaren Einheiten) liefern die genannten Verfahren (die Werte sind nicht vergleichbar, da für die Xα-Eigenwerte das Koopmanssche Theorem nicht gilt):

MO	$10a_1$	5e	6e	7e	Lit.
−ε(Xα) . . .	0.55235	0.5520	0.5360	0.47955	[9]
−ε(ZDO) . .	1.332	0.981	0.771	0.6453	[11]
MO	$11a_1$	$12a_1$	8e	$1a_2$	Lit.
−ε(Xα) . . .	0.47775	0.4531	0.4361	0.4200	[9]
−ε(ZDO) . .	0.832	0.565	0.4402	0.41 *)	[11]

*) Einziger Wert für die Ionisierungsenergie von MnO_3F.

Rumpforbitalenergien (Xα) s. Original [9].

Die Populationsanalyse von Ionova, Dyatkina [11] ergibt als Charakterisierungen der Valenz-MOs:

$10a_1$ und 5e:	σ- bzw. π-bindend zwischen Mn3d, 4s und $F2p_z$
6e:	Mn-O-σ, π-bindend
7e:	Mn-O-π-bindend
$11a_1$:	Mn-O-σ-bindend, Mn-F-σ-antibindend
$12a_1$:	schwach Mn-O-π-bindend, Mn-F- und Mn-O-σ-antibindend
8e:	Mn-F-π-, Mn-O-σ-antibindend
$1a_2$:	nichtbindendes Ligandenorbital

Die Verteilung der gesamten Elektronenladung (−58) auf die verschiedenen Bereiche bei der SCF-Xα-SW-Rechnung (vgl. „Mangan" C 2, S. 26, 28), wobei r in atomaren Einheiten:

Mn-Sphäre	(r = 1.7385):	−22.7246
O-Sphäre	(r = 1.2585):	−18.7833
F-Sphäre	(r = 1.5193):	− 8.0132
Interatomarer Bereich:		− 8.0481
Extramolekularer Bereich	(r = 4.7770):	− 0.4309

Beiträge der einzelnen Orbitale s. Original [9].

Das erste unbesetzte Orbital von MnO_3F liegt erheblich unter dem entsprechenden von MnO_4^-, daher wird auf die Existenz von MnO_3F^-- und MnO_3F^{2-}-Ionen (analog zu MnO_4^{2-} und MnO_4^{3-}, vgl. „Mangan" C 2, S. 11/2, 2/3) geschlossen [11].

Excited States. Absorption in the Visible and UV Region

Anregungszustände. Absorption im Sichtbaren und UV

Die drei ersten unbesetzten Orbitale 9e und $13a_1$, 10e (entsprechend 2e und $7t_2$ von MnO_4^-) sind am Mn-Atom lokalisierte Mn3d-Orbitale mit O2p- (und für $13a_1$ auch F2p-) Beiträgen. Vom Grundzustand $\cdots (8e)^4 (1a_2)^1\ ^1A_1$ sind elektrische Dipolübergänge (= charge-transfer-Übergänge von O und F nach Mn) erlaubt nach $^1A_1$- und ^1E-Zuständen der Konfigurationen wie $\cdots (8e)^4 (1a_2)^1 (9e)^1$, $\cdots (8e)^3 (1a_2)^2 (9e)^1$, $\cdots (8e)^4 (1a_2)^1 (13a_1)^1$, $\cdots (8e)^3 (1a_2)^2 (13a_1)^1$, $\cdots (8e)^4 (1a_2)^1 (10e)^1$, $\cdots (8e)^3 (1a_2)^2 (10e)^1$ und entsprechende Übergänge aus tieferen Orbitalen wie 7e, $11a_1$, 6e, 5e, $10a_1$ [9].

Im Absorptionsspektrum von MnO_3F-Gas (t = 10°C, p ≈ 10 bis 500 Torr) werden fünf Bandensysteme zwischen 800 und 190 nm mit gut ausgeprägter Schwingungsstruktur beobachtet, im Absorptionsspektrum von dünnen MnO_3F-Filmen (T ≈ 63 K) drei Bandensysteme zwischen 800 und 280 nm mit schwacher Schwingungsstruktur. Berechnung der Übergangsenergien ΔE (SCF-Xα-

SW) und Schwingungsanalyse der Absorptionsbanden (s. unten) führen zu folgenden Zuordnungen (Wellenzahlen in cm^{-1}) [9]:

Bande	Bereich	Ursprung	Übergang C_{3v}	Übergang T_d	ΔE berechnet
I	12000 bis 18000	12525	$1a_2 \rightarrow 9e$	$1t_1 \rightarrow 2e$	13790
II	18000 bis 26000	18196	$8e \rightarrow 9e$		17300
III	26000 bis 36000	27928	$7e \rightarrow 9e$	$6t_2 \rightarrow 2e$	28710
	[26000 bis 31000	26631] *)	$11a_1 \rightarrow 9e$		27610
IV	36000 bis 43000	36664	$5e \rightarrow 9e$	$5t_2 \rightarrow 2e$	41680
V	43000 bis 52000	43488	$10a_1 \rightarrow 9e$		44560

*) Dünner Film. Sonst Gasphasenwerte.

Berechnete Übergangsenergien für (in Klammern T_d-Parent-Orbitale) $6e \rightarrow 9e$ ($1e \rightarrow 2e$), 8e, $1a_2 \rightarrow 13a_1$, 10e ($1t_1 \rightarrow 7t_2$), 7e, $11a_1 \rightarrow 13a_1$, 10e ($6t_2 \rightarrow 7t_2$), $10a_1$, $5e \rightarrow 13a_1$, 10e ($5t_2 \rightarrow 7t_2$) und $6e \rightarrow 13a_1$, 10e ($1e \rightarrow 7t_2$) s. Original [9].

Eine ältere Untersuchung an MnO_3F-Gas bei geringer Auflösung ergab zwischen 750 und 230 nm vier Banden mit Maxima bei 15000, 22400, 33200 und 39400 cm^{-1} [12].

4.5.1.2.2 Struktur. Mikrowellenspektrum

Structure. Microwave Spectrum

Aus der Hyperfeinstruktur des Rotationsübergangs $J = 3 \leftarrow 2$ bei ≈ 24770 und ≈ 24000 MHz von $Mn^{16}O_3F$ bzw. $Mn^{16}O_2{}^{18}OF$ ($t = -60°C$) ergeben sich für den Schwingungsgrundzustand die Strukturparameter r(Mn-O) = 1.586 ± 0.005 Å, r(Mn-F) = 1.724 ± 0.005 Å und α(O-Mn-F) = 108° 27′ ± 7′, die Rotationskonstante $B_0 = 4129.106 \pm 0.04$ MHz ($\triangleq 0.13773\ cm^{-1}$), die Kernquadrupolkopplungskonstante $eqQ(^{55}Mn) = 16.8$ MHz; die Untersuchung des Stark-Effekts ergibt ein Dipolmoment von $\mu = 1.5 \pm 0.2$ D [5]. Theoretische Überlegungen zum Zusammenhang zwischen eqQ und Bindung anhand der Ergebnisse aus [5] s. [13].

Eine neuere Untersuchung [14] bestätigt die Ergebnisse für den $J = 3 \leftarrow 2$-Übergang im Schwingungsgrundzustand, erweitert das Spektrum um den $J = 2 \leftarrow 1$ (≈ 16500 MHz)- und $J = 4 \leftarrow 3$-Übergang (≈ 33000 MHz) und revidiert Ergebnisse für angeregte Schwingungszustände mit $v_3 = 1$, $v_5 = 1$, $v_6 = 1$. Es werden $B_0 = 4129.141 \pm 0.009$ MHz, Zentrifugaldehnungskonstanten $D_J = 1.12 \pm 0.29$ kHz, $D_{JK} = 1.87 \pm 0.86$ kHz sowie Rotations- und Schwingungs-Rotations-Wechselwirkungskonstanten B_i und α_i^B (i = 3, 5, 6) und l-Verdopplungskonstanten $|q_5|$, $|q_6|$ für die entarteten Biegeschwingungen hergeleitet.

Die Rotationskonstante $A_0 = 0.15516\ cm^{-1}$ folgt mit Hilfe der Strukturparameter aus der P-R-Aufspaltung der A_1-Streckschwingungsbanden im IR-Spektrum (s. unten) [4].

4.5.1.2.3 Molekülschwingungen. Kraftkonstanten. IR-Absorption

Molecular Vibrations. Force Constants. IR Absorption

Das MnO_3F-Molekül besitzt sechs Normalschwingungen, ν_1, ν_2, ν_3 in der Rasse A_1 und ν_4, ν_5, ν_6 in der Rasse E; alle sind IR- und Raman-aktiv.

Das IR-Spektrum von MnO_3F-Gas bei $t \approx 10°C$ und $p \approx 70$ Torr, untersucht zwischen 100 und 4000 cm^{-1}, enthält alle Fundamentalschwingungsbanden mit gut aufgelöster PQR-Rotationsstruktur (ν_5 nur Q-, P-Kanten), Obertöne $2\nu_3$, $2\nu_5$ und Kombinationsbanden $\nu_1 + \nu_4$, $\nu_4 + \nu_5$, $\nu_1 + \nu_3$, $\nu_2 + \nu_6$. Folgende Wellenzahlen der Q-Kanten werden zugeordnet [4] (in Übereinstimmung mit einer früheren Messung [12], die ν_1, ν_2, ν_4 ergab):

Molecular Vibrations of the MnO_3F Molecule

Schwingung	Schwingungstyp	Wellenzahl in cm^{-1}
$\nu_1(A_1)$	Symmetrische Mn-O-Streckung	905.2
$\nu_2(A_1)$	Mn-F-Streckung	720.7
$\nu_3(A_1)$	O-Mn-O und O-Mn-F-Deformation	337.7
$\nu_4(E)$	Antisymmetrische Mn-O-Streckung	952.5
$\nu_5(E)$	O-Mn-O-Deformation	373.9
$\nu_6(E)$	O-Mn-F-Deformation	264.3

Die Zuordnung (insbesondere der Deformationsschwingungen) wird bestätigt durch Untersuchung von Gesetzmäßigkeiten in Schwingungsspektren und Kraftkonstantenberechnungen von MO_3X^{n-}-Tetraedern (M = Cr, Mn, Tc, Re; X = F, Cl, Br; n = 0, 1) [15].

Mittlere Schwingungsamplituden u(Mn-O) = 0.038 Å, u(Mn-F) = 0.041 Å bei T = 298 K werden mit geschätzten Streckkraftkonstanten (f_R = 6.5, f_r = 4.3 mdyn/Å) berechnet [12].

Coriolis-Kopplungskonstanten $\zeta_4 = 0.10 \pm 0.03$, $\zeta_6 = 0.37 \pm 0.03$ folgen aus der P-R-Aufspaltung der ν_4- und ν_6-Banden, $\zeta_5 = 0.00 \pm 0.03$ aus der P-Q-Aufspaltung der ν_5-Bande und $\zeta_5 = -0.03 \pm 0.03$ nach der Summenregel [4].

Kraftkonstanten ergeben sich nach der FG-Matrix-Methode für ein vereinfachtes Valenzkraftfeld (Nichtdiagonalelemente $F_{ij} = 0$) [4] und nach der Fadini-Methode [15] (in mdyn/Å):

f_R . . .	6.40 ± 0.03	6.28	Mn-O-Streckung
f_{RR} . . .	0.32 ± 0.03	0.24	Wechselwirkung
f_r . . .	4.50 ± 0.04	4.49	Mn-F-Streckung
f_α . . .	0.39 ± 0.00	0.425 (= $f_\alpha - f_{\alpha\alpha}$) *)	O-Mn-O-Deformation
$f_{\alpha\alpha}$ . . .	−0.01 ± 0.00		Wechselwirkung
f_β . . .	0.26 ± 0.01	0.22 (= $f_\beta - f_{\beta\beta}$) *)	O-Mn-F-Deformation
Lit. . . .	[4]	[15]	

*) Im Original [15] $(f_\alpha - f_{\alpha\alpha}) \cdot R^2 = 1.07$ mdyn · Å, $(f_\beta - f_{\beta\beta}) \cdot r^2 = 0.65$ mdyn · Å.

Schwingungen in elektronischen Anregungszuständen aus der Schwingungsstruktur der Elektronenbandenspektren (s. S. 264) von MnO_3F-Gas und dünnen Filmen (ν_i in cm^{-1}) [9]:

Bande	I	II	III	IV	V
ν_i (Gasphase) . . .	ν_1 = 851, ν_3 = 280	ν_1 = 815, ν_3 = 269	ν_2 = 652	ν_2 = 655	ν_2 = 695
ν_i (dünner Film) . . .	ν_1 = 807	ν_1 = 752	ν_1 = 818		

Thermodynamic Functions

4.5.1.2.4 Thermodynamische Funktionen

Für den idealen Gaszustand und das Modell des starren Rotators-harmonischen Oszillators berechnet aus eigenen IR-Frequenzen: C_p°/R = molare Wärmekapazität, $(H^\circ - H_0^\circ)/RT$ bzw. $-(G^\circ - H_0^\circ)/RT$ = Funktion der Enthalpie bzw. Freien Enthalpie, S°/R = Entropie (R = molare Gaskonstante = 1.98797 cal · mol^{-1} · K^{-1}) [4]:

T in K	235.16*)	254.16	273.16	298.16	300**)	400
C_p°/R	8.21	8.52	8.81	9.17	9.20	10.31
$(H^\circ - H_0^\circ)/RT$	5.73	5.92	6.12	6.36	6.37	7.23
$-(G^\circ - H_0^\circ)/RT$ . . .	28.04	28.49	28.92	29.47	29.51	31.46
S°/R	33.77	34.42	35.04	35.83	35.88	38.69

T in K	500	600	700	800	900	1000
C_p°/R	11.05	11.54	11.87	12.11	12.28	12.41
$(H^\circ-H_0^\circ)/RT$	7.92	8.49	8.95	9.33	9.65	9.92
$-(G^\circ-H_0^\circ)/RT$	33.15	34.65	36.00	37.22	38.33	39.37
S°/R	41.08	43.14	44.95	46.55	47.98	49.28

*) Schmelzpunkt; **) ≈ Siedepunkt.

Entsprechende Rechnungen für T = 100 bis 4000 K s. [16], Standardwerte: $C_{p,298}^\circ$ = 18.224 cal · mol⁻¹ · K⁻¹, $H_{298}^\circ - H_0^\circ$ = 3.677 kcal/mol, S_{298}° = 71.204 cal · mol⁻¹ · K⁻¹ [16].

4.5.1.3 Physikalische Eigenschaften

Physical Properties

Die dunkelgrünen Kristalle [3, 10] schmelzen bei −38 [3] bis −38.2°C [10] zu einer dunkelgrünen Flüssigkeit [3]. Der Dampfdruck beträgt bei −15, −10, 0 und + 10°C p = 22.5, 30, 52 bzw. 90 Torr und folgt der Gleichung lg p = 8.2 −1770/T. Extrapolierter Siedepunkt etwa 60°C bei 760 Torr. Verdampfungswärme nach obiger Gleichung 8.1 kcal/mol [3].

4.5.1.4 Chemisches Verhalten

Chemical Reactions

MnO_3F hat einen charakteristischen stechenden Geruch, der etwas an Ozon erinnert, und reizt stark die Atmungsorgane [8]. Es ist nur unterhalb 0°C stabil [3, 8, 10] und wird zweckmäßig bei −79°C (Trockeneis) aufbewahrt [3]. Oberhalb 0°C zersetzt es sich oft explosionsartig und unter Flammenerscheinung zu MnF_2, MnO_2 und O_2 [2, 3]. An feuchter Luft tritt in heftiger Reaktion Hydrolyse ein zu intensiv violetten Dämpfen von Mn_2O_7 oder $HMnO_4$, mit überschüssigem H_2O bilden sich $HMnO_4$ und HF [1, 3, 7, 8, 10]. — Kupfer wird von MnO_3F bei Raumtemperatur nicht angegriffen, Quecksilber dagegen sofort [3]. MnO_3F ist ein besonders starkes Oxidationsmittel; flüssig oder gasförmig reagiert es heftig mit organischen Verbindungen. Es ist in wasserfreiem HF ziemlich gut löslich zu einer tiefgrünen Lösung, die sich langsam entfärbt und oberhalb 0°C zu MnF_2 und O_2 zersetzt [3, 8].

Literatur:

[1] F. Wöhler (Ann. Chim. Phys. [2] **37** [1828] 101/4). — [2] O. Ruff (Ber. Deut. Chem. Ges. **47** [1914] 656/60). — [3] A. Engelbrecht, A. V. Grosse (J. Am. Chem. Soc. **76** [1954] 2042/5). — [4] M. J. Reisfeld, L. B. Asprey, N. A. Matwiyoff (Spectrochim. Acta A **27** [1971] 765/72). — [5] A. Javan, A. Engelbrecht (Phys. Rev. [2] **96** [1954] 649/58), A. Javan, A. V. Grosse (Phys. Rev. [2] **87** [1952] 227).

[6] G. Gore (J. Chem. Soc. **22** [1869] 368/406, 395). — [7] H. Fredenhagen (Z. Elektrochem. **37** [1931] 684/94, 686; Z. Anorg. Allgem. Chem. **242** [1939] 23/32, 30). — [8] K. Wiechert (Z. Anorg. Allgem. Chem. **261** [1950] 310/23, 317). — [9] J. P. Jasinski, S. L. Holt, J. H. Wood, J. W. Moskowitz (J. Chem. Phys. **63** [1975] 1429/44). — [10] E. E. Aynsley (J. Chem. Soc. **1958** 2425/6).

[11] G. V. Ionova, M. E. Dyatkina (Zh. Neorgan. Khim. **10** [1965] 2036/40; Russ. J. Inorg. Chem. **10** [1965] 1108/11). — [12] P. J. Aymonino, H. Schulze, A. Müller (Z. Naturforsch. **24b** [1969] 1508/10). — [13] J. F. Lotspeich (J. Chem. Phys. **31** [1959] 643/9). — [14] J. Høg, T. Pedersen (J. Mol. Spectry. **61** [1976] 243/8). — [15] A. Müller, K. H. Schmidt, E. Ahlborn, C. J. L. Lock (Spectrochim. Acta A **29** [1973] 1773/88).

[16] N. I. Zavalishin, A. A. Mal'tsev (VINITI Nr. 2763-75 [1975] 15 S. nach Ref. Zh. Khim. **1976** 2 B Nr. 874, 11 B Nr. 1024; Vestn. Mosk. Univ. Khim. **31** [1976] 123 nach C. A. **84** [1976] Nr. 170600).

4.5.2 $Mn(OH)F^+$

$Mn(OH)F^+$

Aus spektralphotometrischen Untersuchungen von flußsauren MnF_3-Lösungen (s. S. 88) wird auf die Existenz dieses komplexen Ions geschlossen. Die Auswertung der Messungen zwischen 400

$Mn(OH)F^+$

und 560 nm ergibt $K = [Mn(OH)F^+][H^+]/[MnOH^{2+}][HF] = 190 \pm 30$ bei $I = 5.35$ ($Mn(ClO_4)_2$) und 23°C sowie $K \approx 370$ bei $I = 2$ und 25°C, außerdem $^*K = [Mn(OH)F^+][H^+]/[MnF^{2+}] \approx 1.1$ bei $I = 5.35$ und 23°C, G. Davies, K. Kustin (Inorg. Chem. **8** [1969] 1196/8).

$MnBe(OH)$-$F_3 \cdot nH_2O$

4.5.3 $MnBe(OH)F_3 \cdot nH_2O$ (n = 1 und 4)

Das Tetrahydrat entsteht beim Eindunsten einer gesättigten wäßrigen Lösung von $Mn(NO_2)_2$ und $(NH_4)_2Be(OH)F_3$ im Vakuum bei Raumtemperatur. Die Kristalle sind etwas zerfließlich und gut in Wasser löslich. Bei 85°C gehen sie in das Monohydrat über, G. Mitra (J. Indian Chem. Soc. **33** [1956] 45/8; C. A. **1956** 9925).

Ca_2MnO_{4-x}-F_x

4.5.4 $Ca_2MnO_{4-x}F_x$ ($0 < x \leqq 0.30$)

Homogene Phasen dieser Zusammensetzung werden in Form schwarzer Pulver erhalten, wenn trockene Mischungen von Ca_2MnO_4, MnF_2 und CaO im verschlossenen Platinrohr in Argon-Atmosphäre 15 h auf 1250°C erhitzt und dann abgeschreckt werden: $(1 - x/2)Ca_2MnO_4 + xCaO + x/_2MnF_2 \rightarrow Ca_2MnO_{4-x}F_x$. Nach Pulverdiagrammen besitzen sie tetragonale Symmetrie und gehören dem K_2NiF_4-Struktur-Typ an (s. „Nickel" B 3, S. 1032) wie Ca_2MnO_4 (s. „Mangan" C 2, S. 247). Gitterkonstanten bei 25°C sowie gemessene und berechnete Dichten sind für verschiedene Zusammensetzungen in der folgenden Tabelle wiedergegeben:

x	a ± 0.005 in Å	c ± 0.01 in Å	c/a	D_{gem} in g/cm³	D_{ber} in g/cm³
0	3.672	12.06	3.285	3.90	4.067
0.10	3.688	12.04	3.265	3.87	4.047
0.15	3.694	12.03	3.256	3.90	4.038
0.20	3.702	12.02	3.246	4.00	4.027
0.25	3.712	12.01	3.236	3.95	4.012
0.30	3.719	12.00	3.225	4.00	4.003

Die Gitterkonstante a wächst linear mit x, während c linear abnimmt. Demnach tritt eine Kompression der Anionen-Oktaeder in der z-Richtung ein, vermutlich unter Mitwirkung des Jahn-Teller-Effekts der Mn^{3+}-Ionen. Mit steigender Temperatur wächst a, während c zunächst abnimmt und dann ein Minimum durchläuft: t_{min} = 580, 500 bzw. 400°C für x = 0.10, 0.20 bzw. 0.25. Die Temperaturabhängigkeit von a weist bei t_{min} einen Knick auf, s. **Fig. 108**. Bei t_{min} ist bei allen Phasen $c/a \approx 3.2$.

Fig. 108

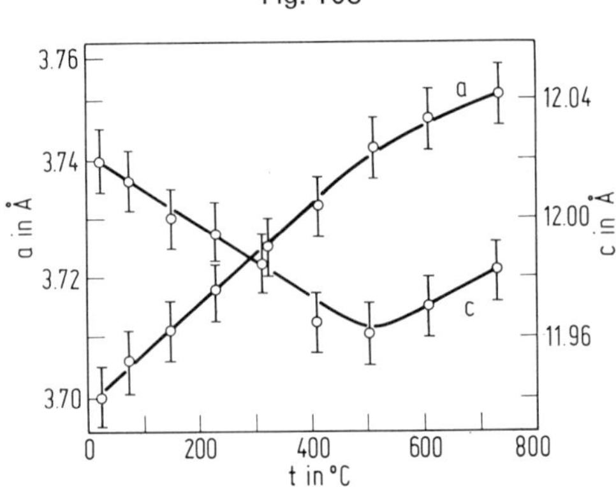

Temperaturabhängigkeit der Gitterkonstanten a und c bei $Ca_2MnO_{3.8}F_{0.2}$.

Das Volumen der Elementarzelle steigt im untersuchten Bereich linear mit der Temperatur und zeigt bei t_{min} keine Unstetigkeit. Es wird angenommen, daß die F^--Ionen bevorzugt die gemeinsamen Ecken der $Mn(O,F)_6$-Oktaeder in den xy-Ebenen besetzen. — Die linearen thermischen Ausdehnungskoeffizienten betragen bei $Ca_2MnO_{3.8}F_{0.2}$ unterhalb t_{min}: $\alpha_a = 2.21 \times 10^{-5}$, $\alpha_c = -1.03 \times 10^{-5}$ und oberhalb t_{min}: $\alpha_c = 0.73 \times 10^{-5}$. Weitere Werte bei x = 0.10 und 0.25 s. Original, G. le Flem, R. Colmet, C. Chaumont, J. Claverie, P. Hagenmuller (Mater. Res. Bull. **11** [1976] 389/96).

4.5.5 $Hg_2Mn_2OF_6$?

$Hg_2Mn_2OF_6$?

Bei dem Versuch, eine Verbindung dieser Zusammensetzung durch Erhitzen stöchiometrischer Mengen HgO, HgF_2 und MnF_2 in Goldampullen herzustellen, bildet sich eine rosafarbene Substanz, die aber immer nicht umgesetztes MnF_2 enthält. Sie ist nach Röntgen-Pulveraufnahmen kubisch, Gitterkonstante a ≈ 10.38 Å und besitzt Pyrochlor-Struktur. Während die Existenz von $Hg_2Mn_2OF_6$ fraglich ist, gelingt die Darstellung analoger Verbindungen $Hg_2M_2XF_6$ mit M = Mg, Cu, Zn, Co, Ni und X = O sowie M = Mn, Mg, Cu, Zn, Co, Ni und X = S, s. „Mangan" C6, S. 264, D. Bernard, J. Pannetier, J. Lucas (J. Solid State Chem. **14** [1975] 328/34, 330).

4.5.6 $MgMn_{0.29}Al_{1.71}O_{3.71}F_{0.29}$

$MgMn_{0.29}$-$Al_{1.71}$-$O_{3.71}F_{0.29}$

Die Verbindung wird wahrscheinlich nach Banks und Robbins [1] durch Erhitzen der Oxide, Carbonate und Fluoride der beteiligten Metalle in trockner N_2-Atmosphäre erhalten. Nach Röntgenanalysen der pulverförmigen Präparate besitzt sie Spinell-Struktur; Gitterkonstante a = 8.125 Å; Z = 8, Raumgruppe Fd3m-O_h^7 (Nr. 227). Aus der kernmagnetischen Resonanz der F-Atome wird ein durchschnittlicher Abstand r(Mn-F) = 3.8 Å (≈ $^1/_2$ a) abgeleitet. Mn und F sind also willkürlich im Gitter verteilt und stehen in keiner unmittelbaren Beziehung zueinander [2].

Literatur:

[1] E. Banks, M. Robbins (Nature **191** [1961] 1387/8). — [2] A. Sobel (J. Phys. Chem. Solids **28** [1967] 185/96, 190).

4.5.7 $MnTiO_2F_2$

$MnTiO_2F_2$

Die Verbindung bildet sich, wenn $MnTiF_6 \cdot 6H_2O$ (s. S. 253) an feuchter Luft auf 700 K erhitzt wird. Bei Temperaturerhöhung auf 800 K zersetzt sich $MnTiO_2F_2$ zu $MnTiO_3$ (s. „Mangan" C3, S. 108) und HF, M. A. Heilbron, P. J. Gellings (Thermochimica Acta **17** [1976] 97/105, 100, 102).

4.5.8 $CsMnTiOF_5$

$CsMnTiOF_5$

Die Verbindung wird durch Erhitzen stöchiometrischer Mischungen der Oxide und Fluoride auf 600 bis 1000°C dargestellt. Nach Pulveraufnahmen kristallisiert sie kubisch mit der Gitterkonstanten a = 10.50 Å; Z = 8, Raumgruppe Fd3m-O_h^7 (Nr. 227). $CsMnTiOF_5$ besitzt eine modifizierte Pyrochlor-Struktur vom $RbNiCrF_6$-Typ wie die Verbindungen M^IMnCrF_6 (M^I = Rb, Cs, Tl; Näheres zur Struktur s. dort, S. 259), $CsMnVF_6$ und $CsMnMoO_3F_3$ (s. S. 257 und 270), D. Babel, G. Pausewang, W. Viebahn (Z. Naturforsch. **22b** [1967] 1219/20).

4.5.9 Manganfluoroantimonate

Manganese Fluoroantimonates

Werden 2.0 mol $MnCO_3$, 1.0 mol Sb_2O_3 und 1.2 mol NH_4HF_2 in Aceton vermahlen, getrocknet, auf 550°C erhitzt und nach erneutem Mahlen noch 2 h bei 850°C erhitzt, so wird eine Phase mit 26.8 Gew.-% Mn, 49.7 Gew.% Sb und 0.35 Gew.% F erhalten (etwa $Mn_{2.4}Sb_2O_{7.1}F_{0.1}$). Als Nebenprodukte treten Mn_2O_3 und $MnSb_2O_6$ auf. Das Manganfluoroantimonat kristallisiert kubisch mit der Gitterkonstanten a = 10.141 ± 0.003 Å und besitzt Pyrochlor-Struktur, d-Werte s. Original. Mit den isotypen Verbindungen $Ca_{1.56}Sb_2O_{6.37}F_{0.44}$ und $Cd_{2.0}Sb_2O_{6.9}F_{0.1}$ bildet die Mangan-Verbin-

Manganese Fluoroantimonates

dung lückenlose Mischkristallreihen, M. A. Aia, R. W. Mooney, C. W. W. Hoffman (J. Electrochem. Soc. **110** [1963] 1048/54, 1049/50). — In der Natur kommt ein Fluoroantimonat mit Mn und anderen Kationen als Mineral Romeit vor, s. „Antimon" A, S. 268/70.

$MnNbOF_5 \cdot 4H_2O$

4.5.10 $MnNbOF_5 \cdot 4H_2O$

Wird eine äquivalente Menge $MnCO_3$ einer Lösung von Nb_2O_5 in Flußsäure (HF : Nb ≈ 20) zugesetzt und die Lösung auf dem Wasserbad eingedampft, so fällt $MnNbOF_5 \cdot 4H_2O$ aus. Die Kristalle werden mit Methanol oder Aceton gewaschen und im Vakuumexsikkator getrocknet.

Nach Pulverdiagrammen kristallisiert die Verbindung rhombisch mit den Gitterkonstanten a = 7.62, b = 9.28, c = 10.69 Å; Z = 4; d-Werte s. Original. — Pyknometrische Dichte D = 2.76 ± 0.03, berechnete Dichte D = 2.91 g/cm³. — Im IR-Spektrum der festen Verbindung werden folgende Banden beobachtet:

Wellenzahl in cm^{-1}	420	457	557	570	600	947	1650	3280	3500
Intensität	w	w	s	sh	sh	s	m	sh	s
Zuordnung	$\rho_{wag}(H_2O)$		ν(NbF)	$\rho_{rock}(H_2O)$		ν(NbO)	$\delta(H_2O)$	$\nu(H_2O)$	

ν = Valenz-, δ, ρ = Deformationsschwingungen; s = stark, m = mittel, w = schwach, sh = Schulter. Für die Nb-O-Bindung wird eine Kraftkonstante von 7.24 mdyn/Å berechnet.

Die Verbindung löst sich leicht in H_2O und kann aus wäßriger Lösung umkristallisiert werden, R. L. Davidovich, T. F. Levchishina, T. A. Kaidalova (J. Less-Common Metals **27** [1972] 35/43).

The $KMnF_3$-$KNbO_3$ System

4.5.11 Das System $KMnF_3$-$KNbO_3$

Thermische Analysen zeigen, daß das System eutektisch ist; der eutektische Punkt liegt bei 42 Mol-% $KMnF_3$ und 882°C. Die maximale Löslichkeit von $KMnF_3$ in kubischem $KNbO_3$ beträgt 8 Mol-% bei der eutektischen Temperatur. Da ein Zusatz von nur 2.5 Mol-% $KMnF_3$ die Umwandlungstemperatur zwischen der tetragonalen und kubischen $KNbO_3$-Modifikation von 414 auf 358°C erniedrigt, wird eine begrenzte Löslichkeit des kubischen $KMnF_3$ in der tetragonalen $KNbO_3$-Modifikation angenommen. Der Existenzbereich von Mischkristallen bei tiefen Temperaturen konnte wegen der Unschärfe der Phasenübergänge nicht festgestellt werden. Tabelle mit Schmelz- und Umwandlungspunkten s. im Original, I. N. Belyaev, S. A. Shilov (Zh. Neorgan. Khim. **14** [1969] 2243/6; Russ. J. Inorg. Chem. **14** [1969] 1178/9).

$CsMnMoO_3F_3$

4.5.12 $CsMnMoO_3F_3$

Die Verbindung wird durch Erhitzen stöchiometrischer Mischungen der Oxide und Fluoride auf 600 bis 1000°C dargestellt. Nach Pulveraufnahmen kristallisiert sie kubisch mit der Gitterkonstanten a = 10.55 Å; Z = 8, Raumgruppe Fd3m-O_h^7 (Nr. 227). $CsMnMoO_3F_3$ besitzt eine modifizierte Pyrochlor-Struktur vom $RbNiCrF_6$-Typ wie M^IMnCrF_6 (M^I = Rb, Cs, Tl; Näheres zur Struktur s. dort, S. 259), $CsMnTiOF_5$ und $CsMnVF_6$ (s. S. 269 und 257), D. Babel, G. Pausewang, W. Viebahn (Z. Naturforsch. **22b** [1967] 1219/20).

$MnUO_2F_4 \cdot 4H_2O$

4.5.13 $MnUO_2F_4 \cdot 4H_2O$

Gut ausgebildete Kristalle werden beim Eindampfen äquivalenter Mengen UO_2F_2 und MnF_2 in 5- bis 10%iger Flußsäure erhalten [1, 2]. — Röntgenuntersuchungen an Einkristallen ergeben, daß $MnUO_2F_4 \cdot 4H_2O$ triklin kristallisiert, Gitterkonstanten a = 7.330 ± 0.004, b = 6.890 ± 0.004, c = 9.833 ± 0.005 Å, α = 70°31' ± 6', β = 70°54' ± 6', γ = 74°29' ± 6'; Z = 2; d-Werte s. Original. Pyknometrische Dichte D = 3.31, Röntgendichte 3.61 g/cm³ [2]. — Die Verbindung ist in H_2O sehr leicht löslich und läßt sich daraus umkristallisieren [1].

Literatur:

[1] R. L. Davidovich, Yu. A. Buslaev, L. M. Murzakhanova (Izv. Akad. Nauk SSSR Ser. Khim. **1968** 687/8; Bull. Acad. Sci. USSR Div. Chem. Sci. **1968** 675). — [2] A. A. Udovenko, Yu. N. Mikhailov, R. L. Davidovich, V. G. Kuznetsov (Zh. Neorgan. Khim. **17** [1972] 2746/51; Russ. J. Inorg. Chem. **17** [1972] 1439/41).

4.6 Verbindungen des Mangans mit F, N und weiteren Elementen

Compounds of Manganese with F, N, and Other Elements

4.6.1 $(NO)_2MnF_6$

$(NO)_2MnF_6$

Wird in einer Suspension von MnF_3 in flüssigem BrF_3 überschüssiges $NOBrF_4$ gelöst, mehrere Stunden bei 100°C gehalten und dann BrF_3 und $NOBrF_4$ bei 120 bis 150°C abgedampft, so verbleibt hellgelbes $(NO)_2MnF_6$ neben nicht umgesetztem MnF_3. Das Röntgendiagramm ist ähnlich wie bei K_2GeF_6 und K_2TiF_6. Die wäßrige Lösung, in der die Verbindung schnell hydrolysiert, zeigt die Reaktion des Nitrosyl-Ions. $(NO)_2MnF_6$ ist in BrF_3 löslich und kann daraus umkristallisiert werden. Die Lösung leitet den elektrischen Strom, P. Bouy (Ann. Chim. [Paris] [13] **4** [1959] 853/90, 885); vgl. auch die Übersichtsarbeiten von A. Chrétien (Bull. Soc. Chim. France **1961** 61/3) und A. A. Woolf (Advan. Inorg. Chem. Radiochem. **9** [1966] 217/314, 255).

4.6.2 Nitrylfluoromanganat?

Nitrylfluoromanganate ?

Aus $Mn(JO_3)_2$, überschüssigem N_2O_4 und BrF_3 entsteht wahrscheinlich ein Nitrylfluoromanganat(IV?) unbekannter Zusammensetzung. Die thermische Zersetzung bei 150°C ergibt MnF_3 als festen Rückstand, A. G. Sharpe, A. A. Woolf (J. Chem. Soc. **1951** 798/801).

4.6.3 Das System MnF_2-$Mn(NO_3)_2$-H_2O

The MnF_2-$Mn(NO_3)_2$-H_2O System

Dieses System ist dadurch gekennzeichnet, daß bei den untersuchten Temperaturen die Löslichkeit von MnF_2 mit wachsender Konzentration an $Mn(NO_3)_2$ fällt. Folgende Tabelle gibt die Konzentration der mit MnF_2 gesättigten Lösungen und die Aktivität f_a von MnF_2 wieder:

Bei 20°C

$[MnF_2]$	in Gew.-% . . .	1.05	0.94	0.79	0.74	0.66	0.57	0.51
	in mol/kg H_2O .	0.1155	0.1020	0.0860	0.0802	0.0715	0.0616	0.0551
$[Mn(NO_3)_2]$	in Gew.-% . . .	0.83	7.80	21.75	29.85	41.45	51.51	55.05
	in mol/kg H_2O . .	0.0465	0.471	1.391	2.378	3.952	5.927	6.860
$f_a(MnF_2)$		0.4578	0.3290	0.2648	0.2348	0.2159	0.2086	0.2141

Bei 50°C

$[MnF_2]$	in Gew.-% . . .	0.64	0.55	0.53	0.48	0.41	0.40
	in mol/kg H_2O . .	0.0693	0.0591	0.0573	0.0516	0.0443	0.0433
$[Mn(NO_3)_2]$	in Gew.-% . . .	9.98	25.03	30.24	40.66	50.70	55.21
	in mol/kg H_2O . .	0.619	1.865	2.422	3.828	5.745	6.886

Bei 100°C

$[MnF_2]$	in Gew.-% . . .	0.35	0.38	0.32
	in mol/kg H_2O . .	0.0378	0.0410	0.0345
$[Mn(NO_3)_2]$	in Gew.-% . . .	8.96	18.99	24.57
	in mol/kg H_2O . .	0.550	1.310	1.820

A. B. Zdanovskii, G. E. Zhelnina (Zh. Neorgan. Khim. **20** [1975] 1997/9; Russ. J. Inorg. Chem. **20** [1975] 1114/5).

$[Cr(NH_3)_6]$-MnF_6

4.6.4 $[Cr(NH_3)_6]MnF_6$

Zur Darstellung wird eine stark flußsaure Lösung von $[Cr(NH_3)_6](NO_3)_3$, $Mn(NO_3)_2 \cdot 6\,H_2O$ und überschüssigem NH_4F bei Raumtemperatur mit $KMnO_4$-Lösung oxidiert. (Bei zu niedrigem Fluoridgehalt der Lösung bilden sich dunkelbraune, fluoridärmere Komplexe.) Nach dreistündigem Stehenlassen bei 0°C wird zunächst mit einer 10%igen Lösung von NH_4F in 7%iger Flußsäure, dann zweimal mit Äthanol dekantiert, mit Äthanol und Äther gewaschen und im Luftstrom getrocknet [1].

Die Verbindung fällt als goldbraune, gut ausgebildete kleine Würfel und Plättchen an. Sie kristallisieren kubisch; Gitterkonstante a = 10.059 ± 0.003 Å; Z = 4; Raumgruppe Pa3-T_h^6 (Nr. 205) [1, 2]. Aus Einkristallaufnahmen ergeben sich folgende Atomkoordinaten:

Atom	Punktlage	x	y	z
Cr	4b	0.5	0.5	0.5
Mn	4a	0	0	0
F	24d	0.1138 (2)	0.1403 (2)	0.9378 (2)
N	24d	0.3707 (3)	0.1415 (3)	0.0742 (3)
H(1)	24d	0.1540 (59)	0.1658 (63)	0.3634 (58)
H(2)	24d	0.1419 (47)	0.0424 (44)	0.2877 (47)
H(3)	24d	0.2149 (51)	0.0524 (50)	0.3891 (47)

R = 3.0%. Anisotrope Temperaturfaktoren s. Original. Die Verbindung ist aus diskreten Komplexionen $[Cr(NH_3)_6]^{3+}$ und $[MnF_6]^{3-}$ aufgebaut, die im NaCl-Gitter angeordnet sind, s. **Fig. 109**. Im Gegensatz zu den Alkali-Hexafluoromanganaten(III) K_3MnF_6, NaK_2MnF_6 und KCs_2MnF_6 (s. S. 203, 204 und 215), wo die MnF_6-Oktaeder auf Grund des statischen Jahn-Teller-Effekts gestreckt sind und D_{4h}-Symmetrie besitzen, umgeben hier 6 F-Atome das Mn-Atom in einem regelmäßigen Oktaeder (O_h-Symmetrie) mit der Bindungslänge r(Mn-F) = 1.922(2) Å. Die Winkel weichen nur um etwa 0.2° von 90° ab, liegen also innerhalb der Fehlergrenzen. Daß hier keine Verzerrung in Erscheinung tritt, wird auf Grund der Strukturanalyse und des IR-Spektrums (s. S. 89) als dynamischer

Fig. 109

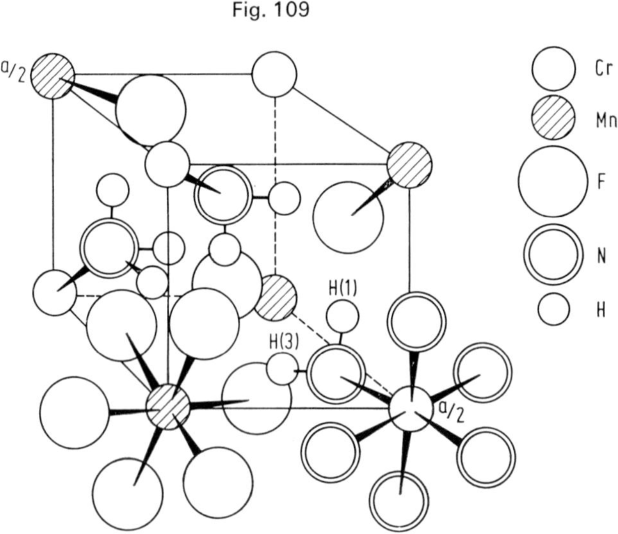

Ausschnitt aus der Kristallstruktur von $[Cr(NH_3)_6]MnF_6$.

Jahn-Teller-Effekt gedeutet, d. h. als rascher Wechsel von drei Gleichgewichtskonfigurationen mit D_{4h}-Symmetrie und daraus resultierender Oktaeder-Symmetrie. Über die Schwingungen des MnF_6^{3-}-Ions s. S. 90. Das Cr-N-Oktaeder ist ein wenig verzerrt; die Bindungswinkel weichen um etwa 2.4° von 90° ab. Bindungsabstände r(Cr-N) = 2.067(3) Å. Die Abstände N-H betragen 0.93, 0.89 bzw. 0.79 Å. Jede NH_3-Gruppe ist von 6 F-Atomen umgeben und jedes F-Atom von 6 NH_3-Gruppen. Die N-F-Abstände betragen 2.926, 2.964, 3.009, 3.119, 3.288 und 3.342 Å. N- und F-Atome sind, wie auch das IR-Spektrum zeigt, über Wasserstoffbrücken gebunden, Winkel s. Original. Die NH_3-Gruppen zeigen keine Rotation [2].

Pyknometrische Dichte D = 2.10 g/cm³ [2].

$[Cr(NH_3)_6]MnF_6$ ist an der Luft und am Tageslicht beständig. Durch H_2O und schneller durch Säuren wird die Verbindung zersetzt [1]. Über allgemeine Eigenschaften von Hexamminchrom(III)-salzen s. „Chrom" C, S. 21/8.

Literatur:

[1] K. Wieghardt, H. Siebert (Z. Anorg. Allgem. Chem. **381** [1971] 12/20). — [2] K. Wieghardt, J. Weiss (Acta Cryst. B **28** [1972] 529/34).